战略环境评价手册

[美]巴里·萨德勒 等 著
王文杰 刘军会 李泰然 蒋卫国 等 译

中国环境科学出版社·北京

图书在版编目（CIP）数据

战略环境评价手册/（美）萨德勒（Sadler, B.）等著；
王文杰等译. —北京：中国环境科学出版社，2012.7
全国环境监察培训系列教材
ISBN 978-7-5111-0995-8

Ⅰ. ①战… Ⅱ. ①萨…②王… Ⅲ. ①环境质量评价—手册 Ⅳ. ①X82-62

中国版本图书馆 CIP 数据核字（2012）第 086441 号

策划编辑 王素娟
责任编辑 俞光旭
文字编辑 刘 杨
责任校对 唐丽虹
封面设计 金 喆

出版发行 中国环境科学出版社
（100062 北京东城区广渠门内大街 16 号）
网 址：http://www.cesp.com.cn
电子邮箱：bjgl@cesp.com.cn
联系电话：010-67112765（编辑管理部）
发行热线：010-67125803，010-67113405（传真）
印装质量热线：010-67113404
印 刷 北京中科印刷有限公司
经 销 各地新华书店
版 次 2012 年 7 月第 1 版
印 次 2012 年 7 月第 1 次印刷
开 本 787×1092 1/16
印 张 29.5
字 数 680 千字
定 价 120.00 元

前 言

战略环境影响评价（以下简称“战略环评”）是对政策、计划或规划方案实施可能产生的环境影响进行综合评估，并将综合评估结果作为方案优化调整的约束性依据，预防或减缓方案实施可能造成的不良生态环境影响，实现从源头预防生态破坏和环境污染的产生。近几十年来，我国高度重视战略环评工作，《中华人民共和国环境影响评价法》、《规划环境影响评价条例》都明确了战略环评的作用和要求。但由于我国战略环评起步较晚，战略环评尚未形成规范、完善的评估框架、技术方法以及标准体系，其科学性、客观性受人为影响较大，在一定程度上阻碍了战略环评参与综合决策作用的发挥。为此，在环保部环评司的推荐下，中国环境科学研究院承担了2010年国家环保公益性行业科研专项“基于生态系统管理的规划环境影响评价技术研究”，该项目研究旨在为战略环评中的生态系统影响评价建立一套科学、规范的评估框架、技术方法。

在项目研究过程中，项目组收集了大量国内外战略环评研究进展资料，巴里·萨德勒主编的《战略环境评价手册》就是其中一部优秀的战略环评著作。该著作内容涵盖世界主要国家开展战略环评的现状与发展、流程与框架、战略环评与环境管理关系以及未来发展趋势等内容，可以拓宽国外战略环评研究的认识，为国内战略环评研究的评估框架、技术方法、环评管理等提供重要参考依据。为此，项目组决定将该著作翻译成中文出版，以期对国内同行有所裨益。

《战略环境评价手册》的出版，得到了环保部环评司程立峰司长、崔书红副司长、李天威处长，环保部评估中心任景明副总工程师的悉心指导，得到了2010 年国家环保公益性行业科研专项（编号：201009021）经费支持，在此深表感谢！《战略环境评价手册》由中国环境科学研究院环境信息科学研究所组织翻译，参加翻译工作的同志包括：王文杰、刘军会、李泰然、蒋卫国、王维、高振记、刘孝富、许超、张哲、吴昊、刘晨峰、郎海鸥、白雪、白杨、刘锬、刘小岚、吴春丽、冯宇、吴春生、郭翔、陈晨、聂新艳、雷璇、袁丽华、陈强、陈文娣、温月雷、杨徽石、李甜甜。由于译者受战略环评领域专业水平的限制，书中难免存在疏漏和错误之处，敬请各位读者在阅读和使用过程中批评指正。

译者

2012 年 6 月 20 日于北京

目　录

第五篇 战略环境评价过程发展与能力建设

第六篇 向着综合性可持续发展评价迈进

图、表、专栏索引

图

表

专栏

致　谢

本手册是在大家的帮助和辛勤努力下完成的。编者首先要感谢各章作者所做的大量工作，使原先为国际战略环境评价（SEA）大会（由国际影响评价协会于 2005 年 9 月在布拉格组织召开）征集的稿件得以出版。在此我们对通过投稿或参与各类工作谈话来提供信息和阐述观点的所有参与者表示感谢。还要对那些曾协助安排会议和制定议程的工作人员致以谢意，尤其要感谢的是与编者同在大会程序指导委员会供职的 Urszula Rzeszot、执行秘书处的 Ausra Jurkeviciute 和 Simona Kosikova Sulcova；还有国际顾问委员会的成员，他们是 Hussein Abaza、Virginia Alzina、John Ashe、Michelle Audoin、David Aspinwall、Elvis Au、Ingrid Belcakova、Olivia Bina、Aleg Cherp、Ray Clark、Barry Dalal-Clayton、Jenny Dixon、Carlos Dora、Linda Ghanimé、Kiichiro Hayashi、Miroslav Martis（主席）、Nenad Mikulic、Sibout Noteboom、Wiecher Schrage、Riki Thérivel、Martin Ward 和 Christopher Wood；同时还要感谢地区组织委员会的成员，他们是 Ivana Kasparova（联合主席）、Vera Novakova、Martin Smutny、Vaclav Votruba 和 Vladimir Zdrazil（联合主席）；并要感谢主办会议的捷克农业大学；还有其他为本书的出版而辛劳奔波的很多同仁，尤其要感谢 Earthscan 出版社的 Rob West、Nicki Dennis、Claire Lamont、Camille Bramall 和 Nick Ascroft，是他们始终不渝的支持使这本书最终得以出版。

SEA 会议程序还包括对 2005 年 8 月去世的曼彻斯特大学环境影响评价（EIA）中心的 Norman Lee 博士致悼词。Lee 博士因在环境评价领域所做的工作以及在欧盟 SEA 发展过程中所作出的卓越贡献而享誉全球。他对这个领域的影响是深远的，这既直接体现在他所参与的科研活动中，又间接体现在他所教授的一代又一代学生身上。这些学生中，一些人的名字出现在本书的投稿人名录中，这也是他留给后人的宝贵财富。

缩略语表

AAPC 英美铂金公司
ADB 亚洲开发银行
ADF 澳大利亚国防军
AEAM 适应性环境评价与管理
AEE 环境效应评价
AFMA 澳大利亚渔业管理局
ANSEA 分析性战略环境评价
ASEAN 东南亚国家联盟
BAP 生物多样性行动计划
BCLME 本格拉海流大型海洋生态系统
BEACON （欧盟）达成环境评价共识项目
BEE 黑色经济授权
BLM （美国）土地管理局
BPA （美国）Bonneville 电力局
CAMP 海岸带管理规划
CAPE 造福于人与环境的海角行动计划
CBA 成本效益分析
CBBIA 生物多样性与影响评价能力建设
CBD （联合国）生物多样性公约
CCME 加拿大环境部长理事会
CEA 累积效应评价
CEAA 加拿大环境评价局
CEQ 环境质量委员会
CESD （加拿大）环境与可持续发展议会委员
CIA 累积影响评价
CIDA 加拿大国际开发署
CNSOPB 加拿大新斯科舍省石油委员会
CPRGS （越南）扶贫和经济发展战略
CSR 企业社会责任
CZM 海岸带管理
CZMP 海岸带管理规划
DAC 发展援助委员会

DEAT （南非）环境事务与旅游部
DEH （澳大利亚）环境与遗产部
DEMP 分散式环境管理项目
DfID （英国）国际发展部
DG 总署
DGENV （欧盟）环境总署
DHS （美国）国土安全部
DISR （澳大利亚）工业、科学与资源部
DPSIR 驱动力—压力—状态—影响—响应模型
DTI （英国）贸易与工业部
EA 环境评价
EAA 环境评价附录
EAAIA 东部非洲影响评价协会
EARP （加拿大）联邦环境评价与审查程序
EBS 环境基准研究
EC 欧盟委员会
EDPRS （卢旺达）经济发展与扶贫战略
EEB 欧洲环境局
EECCA 东欧、高加索和中亚
EIA 环境影响评价
EIR 环境影响报告
EIS 环境影响声明
ELC 欧洲景观委员会
ELP 生态景观规划
EMF 环境管理框架
EMPR 环境管理计划报告
EMS 环境管理体系
EOAR （加拿大）生态系统概述与评价报告
EP & EP （新西兰）环境保护与增强程序
EPA （美国）环境保护局
EPAA （澳大利亚）环境规划与评价条例
EPBC Act（澳大利亚）环境保护与生物多样性保护法
ETC （荷兰）EIA 运输中心
EU 欧盟
FMA （澳大利亚）渔场管理法
FTIP （德国）联邦运输基础设施规划
GDP 国内生产总值
GHG 温室气体
GIS 地理信息系统

GMI 全球采矿行动
GPRS 加纳扶贫战略
GTZ 德国技术合作协会
GWP 全球水资源伙伴关系
HEFRMS 河口洪水风险管理战略
HIA 健康影响评价
HIMI Heard 岛和 McDonald 岛
IA 影响评价
IAIA 国际影响评价协会
IBA 影响利益协定
ICMM 国际采矿与金属协会
ICZM 海岸带综合管理
IDP 综合发展规划
IIRIRA （美国）非法移民改革与移民责任条例
ILM 综合景观管理
IMF 国际货币基金组织
INS （美国）移民归化局
IPA 综合性政策评价
IPPC 污染综合预防和控制
IT 信息技术
IUCN 国际自然保护联盟
IWRM 水资源综合管理
JPOI 约翰内斯堡执行计划
LCA 生命周期分析
LEP 地方环境规划
LFP 景观框架规划
LHA 景观遗产评价
LMM 景观管理模型
LOMA 大范围海洋管理面积
LP 景观规划
LPOE 陆上入境口岸
LTCCP 长期理事会社区计划
MDG 千年发展目标
MEA 千年生态系统评价
MLT （日本）土地、基础设施和运输省
MMSD 采矿、矿产与可持续发展项目
MoD （英国）国防部
MOE （日本）环境部
MOP 缔约方会议

MPA 海洋保护区
MRC 湄公河委员会
NAAEC 北美环境合作协定
NAFTA 北美自由贸易协定
NCEA 荷兰环境评价委员会
NDPC 国家发展计划委员会
NEPA （美国）国家环境政策法
NEPAD 非洲发展新伙伴计划
NEPC （澳大利亚）国家环境保护理事会
NEPM （澳大利亚）国家环境保护措施
NES 国家环境标准
NGO 非政府组织
NHS （英国）国民健康服务
NIMBY 利己主义* （*NIMBY=Not In My Backyard）
NIS 新独立国家
NPS 国家政策声明
NSDS 国家可持续发展战略
NSGRP （坦桑尼亚）国家经济发展与扶贫战略
NSSD 国家可持续发展战略
NTT 国家特别工作组
NWT （加拿大）西北地区
ODPM （英国）副首相办公室
OECD 经济合作与发展组织
OVOS 环境影响评价（俄语缩写）
PARPA （莫桑比克）赤贫缓解行动计划
PCO （加拿大）枢密院办公室
PEI 贫困与环境计划
PEIA 规划环境影响评价
PEIS 计划性环境影响声明
PEP 环境政策保护
PERS （韩国）初期环境审查体系
PHAC （新西兰）公共健康顾问委员会
PI 公众参与
POPs 持久性有机污染物
PPP 政策、规划和计划
PRSC 扶贫支持信贷计划
PRSP 扶贫战略文件
PSIA 贫困与社会影响评价
PSL Act（澳大利亚）石油（下沉陆地）条例

RAC （澳大利亚）资源评价委员会
RBMP 流域管理计划
RCEP （英国）皇家环境污染委员会
REC （东欧）区域环境中心
REDSO （美国国际开发署）区域经济发展服务办公室
REP 区域环境规划
REIA 区域环境影响评价
RFA 区域性森林协议
RIA 规制影响评价
RISDP 地区战略发展指导计划
RLTS 区域陆上运输战略
RMA （新西兰）资源管理法
RMP 区域性海洋规划
ROD 决策记录
RPS 区域政策声明
RSA 区域部门评价
RSEA 区域战略环境评价
RSP 区域战略规划
RUL （纳米比亚）Rössing 铀矿有限公司
SA 可持续发展评价
SADC 南部非洲发展共同体
SAIEA 南部非洲影响评价协会
SAR （香港）特别行政区
SD 可持续发展
SDF 空间开发框架
SEA 战略环境评价
SEACAM 东非海岸带管理秘书处
SEAN 战略环境分析
SEDP 战略环境发展规划
SEIA 社会和环境影响评价
SEMP 战略环境管理规划
SEPA 中国国家环境保护总局（现更名为中华人民共和国环境保护部）
SEPP （澳大利亚维多利亚州）环境保护政策
SER （东欧、高加索和中亚各国）国家环境审查
SFA 物质流分析
SI 战略举措
SIA 社会影响评价
SIDA 瑞典国际开发合作署
SLP 社会和劳动计划

SMP 战略总体规划
SPREP 南太平洋区域环境计划
SWOT 优缺点、机会和威胁
TEA 跨边界环境分析
UN 联合国
UNDP 联合国开发计划署
UNECE 联合国欧洲经济委员会
UNEP 联合国环境规划署
UNU 联合国大学
USAID 美国国际开发署
USFWS 美国鱼类与野生生物管理局
US-VISIT 美国游客及移民身份显示技术
VEC 已定价值的生态系统组成部分
WFD （欧盟）水框架指令
WHO 世界卫生组织
WMP 废物管理计划
WSSD 可持续发展世界峰会

导论　战略环境评价述评

巴里·萨德勒
（Barry Sadler）

越来越多的国家和国际组织正在以正式或非正式的方式开展战略环境评价（SEA）工作。过去10年来这一领域经历了飞速发展，如今成为诸多专业著作的主题，并始终与SEA在新领域的拓展和多样化趋势保持同步。该领域的重点在于欧盟SEA指令（2001/42/EC）和联合国欧洲经济委员会（UNECE）SEA议定书（2003年）中明确提到的环境影响评价（EIA）的标准模型。然而从国际上看，这仅是应用于政策和规划层面行动计划的诸多SEA形式之一，而新的派生形式和特有的变化则以新名词、新概念的面貌不断出现，尤以捐助机构惯常采用的借贷与援助手段为主。此类趋势在拓展SEA实际应用范围的过程中，暴露出有关对SEA作用、理论和方法的疑虑与新问题。

本手册旨在作出有关SEA领域发展状况的评论，将一系列观点综合到一起，从这些观点引申出层出不穷的论述，并着重评述SEA的作用及其对决策制定过程有何裨益。本手册有三大相互关联的目标：总结SEA领域的国际经验；强调过程发展与应用领域的关键要素以及调查与SEA实际应用效果和质量有关的问题。总体而言，以下各章将对SEA领域的范围及发展动态作出全面的主题性探讨。各章评述了SEA活动的多层面和跨部门性质；SEA得以开展的体制和政策背景以及SEA与其他评价、规划和决策手段之间的联系。各章作者通过自己对该领域的理解，评点了SEA的相关趋势和议题，与通常的阐释略有不同，某些情况下亦表达出对流行概念和基本假设的一针见血的评判。

本部分对手册做了简要介绍。首先是对SEA程序基本特点的入门知识进行阐述；然后概述了本书的背景和结构；紧接着对主题和各章重点做了评述。对本书关键信息做如此编排，目的在于以最佳方式使读者掌握本书中近50位撰稿人所提供的海量信息。此外，一些作者在相关章节中针对SEA与具有类似作用和提高SEA作用的其他方法之间的关系，作出了更为充分的定义和更为详细的主题性概述。阅读以下章节时，读者可能要回头参阅本部分。

0.1　SEA的简要概述

本质上说，SEA是一个简单易懂的概念，尽管这可能是一种假象，因为在该领域的重要文献和本书大量篇幅中可以找到相当多的评注和限定条件。在走上这条有着众多分支岔路（甚至偏僻的死胡同）而又不断加宽的道路之前，简要识别一些起始点也许会有所帮助。这些起始点以SEA程序中或多或少得到普遍认同的某些关键要素为代表，通常从回答基本问题开始，例如“SEA 是什么”“SEA 为何如此重要”以及“SEA 如何与决策过程建立起联系”等。本节将纳入这些要素以涵盖 SEA 的前提与目的，以及其在应用方面的核心规则。至于具体细节和论证，留在后面的章节讨论。

广义上说，SEA 的基本原理是确保能够考虑到环境因素，并向涉及政策、规划和计划（这些术语在不同的背景下有不同的含义）的高级决策层通报信息。SEA 已经成了环境影响评价（EIA）发展过程中一个不可或缺的部分（尽管这不是唯一的发展源头）。从这个角度看，EIA 在传统上仅限于项目和具体活动的原因可以部分归结到 SEA 上。由于在审查程序中排除了公共政策和规划的制定，EIA 自身显然不包括对环境有重要意义的政府行动计划所涉及的范围。SEA 拓宽了审查范围并将其提升到高于项目层次的开发建议书的级别，最重要的是使其处于战略性议程与方向性决策的地位，指出了对土地、资源和生态系统利用具有潜在重要意义的经济发展的方向。在这一背景下，SEA 作为推动环境优化发展与可持续发展的手段而得到积极运用，从“造成最小伤害”的方法转变为“产生最佳效益”的模式。

这一转变还反映出 SEA 目标的等级结构，对应于环境因素与政策和规划制定过程之间逐渐深层次的融合。在从一级转换到下一级的过程中，目标逐渐变得越来越难以实现。SEA 的一个公认目标是分析和评估拟议行动计划对环境产生的潜在重大影响，目的在于制定出完善的决策制定程序。一些评论家认为，SEA 基本具备信息传递与决策辅助的作用，并强调环境效应仅是政策与规划制定过程中应予以考虑的部分因素。就其自身而言，这一目标与相对浅层次的环境融合等级（尽管可能以矢量元素来表示长期数值变化）相关联。另一些评论者则超出了这一最低要求的立场，认为应实施 SEA 以实现更多有助于环境保护和可持续发展的目标（SEA 法规中多处提及）。就表面意义来看，这些相互关联但又不同的目标即反映出更深层次和更为复杂的环境融合度。

在任何司法管辖范围内，通常都应用相对标准化的程序以实现法律或政策中明确提出的目标，最典型的例子就是欧盟 SEA 指令（2001/42/EC）。这一措施在体制和方法上会因 SEA 程序与鉴定手段的不同而不同，但各方对于普遍性和决定性的某些特征或原则却予以广泛认可。例如，作为一般程序，SEA 被认为是分析拟议政策、规划或计划的潜在环境后果的系统性和主动性方法，旨在确保这类环境后果能在决策制定过程中得到考虑。SEA 是作为这一程序不可或缺的部分而加以实施的，程序的最初阶段是提交建议书和确认替代性行动方案。SEA 程序遵循一系列众所周知的步骤，这些步骤是按顺序组织和实施的，并针对特定目的或目标而加以调整，最终得以完全或部分施行。方法中的一般要素包括与相关方协商；确认可能产生的环境效应；评估其重要性；确定旨在减缓负面影响或加强正面影响的措施；以及向决策者通报研究结论。此外，本书各章将讨论 SEA 良好的规范的公认原则。

0.2 本书的背景与结构

过去 10 年，SEA 领域的文献和专著数量大幅增加，这一学科的学术研讨会也在频繁举办。尽管本学科取得了相当大的进步，但仍然存在一系列与 SEA 程序、实际操作和绩效有关的突出问题，包括由来已久的疑问和担忧，例如 SEA 能在多大程度上实现其目标并有助于决策制定程序或产生积极后果。这些问题已成为 SEA 程序评估要经常涉及的主题，近年来更将重点放在 SEA 在促进可持续发展的过程中起到何种作用和具有何种潜力这一问题上，使其应用范围从仅限于环境领域扩大到综合性领域。

在 10 多年的时间里，国际影响评价协会（IAIA）的定期年会一直在为讨论这些问题和相关问题提供平台。总的来说，在推动 SEA 理论与实践更快提上议事日程这方面迈出了很大的步伐。2005 年，IAIA 在布拉格首次召开了年会之外的专题会议，以评估 SEA 的进展。其目的在于搭建一个内容涉及该领域关键要素与范围的交互式平台。尽管做过很多修改，但本书所有篇章都取材于为布拉格大会（后面章节中多次提及）准备的主要论文或其他材料。在这一背景下，正如众多撰稿人所指出的那样，这些文章都借鉴并受益于专题会议上发表的增补论文和工作讨论中所涵盖的信息和观点。因此，本书各章在不同程度上反映了专家意见的精髓和来自正常渠道的信息。

本书分为 6 篇，本部分为导论。第一篇着重介绍一些特定的国家（澳大利亚、加拿大、新西兰和美国）、发展中地区（非洲、亚洲、拉丁美洲和新独立国家）和欧盟范围内现有的 SEA 体系，还介绍了根据跨界环境影响评价《埃斯波（Espoo）公约》的《UNECE SEA 附加议定书》的规定所建立的 SEA 体系。第二篇主要介绍特定领域（采掘工业、运输业、水体与海岸带管理）的 SEA 实际操作，以及在这些领域和其他领域实施的指标。第三篇重点介绍 SEA 的运用及其与其他相关领域和手段（环境管理、空间规划、景观规划、生物多样性保护和扶贫战略）之间的联系。第四篇主要介绍 SEA 领域的跨部门问题（叠加效应、公众参与以及健康、累积效应和跨界因素等）。第五篇主要介绍 SEA 过程发展与能力建设的手段和方式方法（理论与研究、知识储备、导则、跟踪评价、组织强化和专业与机构能力建设）。第六篇重点介绍可持续发展评价（或鉴定）以及与 SEA 和 EIA 的关系（理论框架和案例应用）。下面可以看到，各篇章之间的划定并不十分严格，所讨论的主题之间也有很多重叠。

第一篇　SEA 框架及其实施

本篇重点介绍 SEA 的法律与体制框架及其在选定国家和包括欧盟在内的地区实施的经验。在任何司法管辖范围内，这些措施都起到了构建 SEA 体制基础的作用，并可被视为良好规范的启动条件。本篇各章都证实，尤其在过去 10 年里，SEA 法律和程序的发展可谓颇具规模，其在国际上受欢迎程度出乎意料。《欧盟指令》（2001/42/EC）及其随后在 27 个成员国向国家法律的转变都在这方面产生了巨大的推动力，使此后为 SEA 制定条款的国家数量增长了将近一倍。《UNECE SEA 议定书》（于 2003 年由 35 个国家和欧盟在基辅签署）的缔结将会进一步推动这一趋势（尽管在本书编写之际，这一协议还未正式生效）。然而，众多国家的经验表明，SEA 框架本身是一回事，其实施又是另一回事。

澳大利亚：澳大利亚在 SEA 领域已有 30 多年经验，Ashe 和 Marsden 介绍了在澳大利亚执行 SEA 所依据的联邦和州一级法规的范围。在国家层面，《环境保护与生物多样性保护法》（1999）规定了 SEA 的自愿性（一般性）和强制性（仅限于渔业）应用范围。到目前为止 SEA 的应用范围有限，但 Ashe 和 Marsden 认为其在海洋管理规划方面的应用已相当成功，使大约 120 项规划通过了生态可持续性认证（在国际上鲜有这样的范例）。他们还介绍了应用于联邦或各州（据报道 SEA 在各州的发展不均衡）的 SEA 措施和要素。尽管 SEA 取得了这些进步，Ashe 和 Marsden 认为其在澳大利亚仍未得到充分运用，并认为其在未来有朝着可持续发展评价这一方向演变的趋势。

加拿大：Sadler 介绍了联邦政府依据《内阁指令》（1990 年发布，此后有多次修订）建立的 SEA 体系。从国家层面上说，这一体系没有严格意义上可与之相对照的省或地区一级的体系；而从国际范围来看，这一体系可以看作是脱离 EIA 而单独建立的“新一代”SEA 框架的首例。导则中阐明其重点在于灵活运用 SEA，根据联邦机构的政策或规划形势作出调整，并考虑环境、经济和社会因素。这一灵活性被一系列评估和审核程序证明有明显弊端，主要反映为与指令条款不相符，程序实施方面存在基本缺失，且对 SEA 实际操作的连贯性和质量极少甚至从未予以监督。尽管在渐进式改革方面有过几次尝试，但进展依然不令人满意。Sadler 据此宣称，在今后 20 年，加拿大的 SEA 体系仍会存在系统性缺陷，使其不能实现既定目标。在经过至少 15 年的无效应用之后，这一体系需要进行彻底改革。

新西兰：Wilson 和 Ward 介绍了新西兰目前推行的各类 SEA 措施，这些措施依据的是《资源管理法》（1991）和《地方政府法》（2002）等法律框架内的各类条款，或区域陆上运输战略这样的强制性规划，抑或是城市发展战略这样的临时性规划。在新西兰，SEA 操作规范被认为是综合性方法的典范，即与政策和规划制定过程紧密结合，而非另行实施。Wilson 和 Ward 认为，原则上说这一方法就其范围和应用而言，尤其是作为可持续性发展手段而言具有相当大的潜力。但他们指出，在实际应用中留给那些缺乏完成任务所需知识、工具和资源的规划者和分析者去做的工作实在是太多了，而缺少针对 SEA 的具体条款和正式要求也越来越成为一个大问题。打好技能基础会有所帮助，但作者认为最终可能还需要实施法律和体制改革，以支持现有的综合性方法。

美国：Clark、Mahoney 和 Pierce 介绍了依据 1969 年《美国国家环境政策法》（NEPA）实施的 SEA 程序和操作规范。NEPA 条例适用于联邦机构拟定的所有重要行动，但实际上政策、规划和计划基本上不会受到检查。Clark 等人还特别指出，计划性环境影响声明（PEIS）作为依据 NEPA 实施的 SEA 主要形式，每年只有“很少部分”得以完成。分析表明，PEIS 使用不当的现象深深植根于美国政府内部体制结构和决策程序的政治文化中，并且最近制定的那些降低了 NEPA 要求的新法规和规章使这一现象更为突出。面对这种局面，Clark 等人举出两个 SEA 实际操作的革新性实例，阐述其基于商业案例和生态系统的实际应用。他们还剖析了在美国政策制定过程中广泛应用 SEA 时面临的十大主要挑战（从对概念的无知到各方在综合性方法优缺点这一问题上意见不合等，不一而足），并据此得出结论，SEA 必须灵活适应决策程序的现实情况，因为人们发现，这些也许可以通过不依据 NEPA 实施的程序而得以实现。

亚洲地区：Hayashi、Song 和 Au 介绍了在亚洲地区推广实施的 SEA 体系和程序，并特别把重点放在经历快速变革的东亚和东南亚国家。他们强调了这一地区对 SEA 越来越深刻的认识以及为应对地区性条件和环境，如由于经济发展、政治文化和机构能力等方面变化而出现的多样化方法。到目前为止，仅有部分国家和地区（如中国内地及中国香港、韩国和越南）建立了 SEA 体系，更多的国家（如印尼、马来西亚和泰国）正在向这个方向努力，还有一些国家（如老挝和柬埔寨）在试验性或临时性基础上实践着某种形式的 SEA。Hayashi 等人对以上提到的首批实施 SEA 的国家（外加日本）逐一分析了 SEA 的发展前景，并在更大范围内的东亚和东南亚国家之间做了比较分析，凝练出这一地区 SEA

的主要趋势、问题和特点。尽管 SEA 在法规上越来越正规化，但他们得出的结论是，仍有很多限制和阻碍因素需要去克服，并呼吁在更大范围内开展区域合作与自助。

东欧、高加索地区和中亚（EECCA）：Cherp、Martonakova、Jurkeviciute 和 Gachechiladze-Bozhesku 评估了东欧、高加索地区和中亚（EECCA）新独立国家 SEA 体系的发展。作为前苏联加盟共和国，这些国家继承了以往集中规划的惯用方法和手段，包括应用于项目和战略层面建议书的 EIA 类程序。Cherp 等人介绍了这些所谓国家环境审查（SER）和环境影响评价体系（俄文缩写为 OVOS）的演变与革新，并将它们与国际公认的 SEA 框架和协议加以比较。他们强调了 SER/OVOS 特征的一贯性，同时在不同的 EECCA 国家推行的混合型 SEA 体系又有不同程度的改进。有些国家相对没有变化，另一些国家（如摩尔多瓦、俄罗斯和亚美尼亚）则引入了国际公认的要素。突出这一地区 SEA 体系当前优缺点、机会与威胁等特点的概括性描述表明，在达到国际标准方面进展相对缓慢，而管理手段总体而言不利于进一步改进。作为回应，作者呼吁采取基于需求且根据具体情况来区分的方法，以加强 EECCA 地区 SEA 体系的能力建设。

欧盟：Sadler 和 Jurkeviciute 概述了欧盟成员国的 SEA 体系，尤其将重点放在《欧盟 SEA 指令》（2001/42/EC）的转变和实施方面的经验上。酝酿已久的 SEA 指令涵盖了特定的规划与计划，并确立了必须遵守的最低程序要求，涉及面包括以往没有针对 SEA 制定任何条款的许多欧盟成员国。作者指出，在使该指令得以在全欧盟范围内生效（2004 年以后）方面所取得的初步进展颇为缓慢，而且在欧盟各个地区并不均衡，某些成员国在遵守法规方面仍存在问题。此外，成员国之间在评价的处理量上存在着巨大差距，Sadler 和 Jurkeviciute 还对此加以归类，并将其与管理方法上的基本地缘政治分区联系在一起。更能说明问题的是，他们还列举出不断出现的对 SEA 实际操作状况与质量的担忧，例如在程序的关键实施阶段确定需要考虑到的范围和替代方案。同时可以肯定的是，这方面的信息并不完备。有鉴于此，很多问题还有待欧洲委员会对指令的执行予以督查。

南部非洲：Audouin、Lochner 和 Tarr 评估了 SEA 在南部非洲的发展以及促成这一发展的社会生态与地缘政治背景。他们强调了农村贫困人口对日益受到人类活动压力影响的自然资源的依赖，以及延缓了对环境管理与可持续发展概念予以接受的后殖民时代思潮。尽管按 Audouin 所称，南部非洲地区已有“惊人数量的”国家引入了 SEA 框架，但在其应用方面不见得就会有详细的配套要求予以支持，实际状况常常是支持乏力。他们概括出越来越多的应用于政策、规划和计划的 SEA 类程序实例，尤其是作为区域或跨界行动计划的一部分而在南非实施的 SEA 类程序，并指出 SEA 对支持可持续发展与扶贫行动计划的生态系统与资源管理的影响本应比现在大得多，所以这方面有着巨大的潜力有待挖掘。与其他任何地区相比，这一关系对于改善非洲贫困人口的生活水准而言显得更为重要（另见第三篇）。

SEA 议定书：Bonvoisin 介绍了跨界环境影响评价《埃斯波（Espoo）公约》（1991）的《UNECE SEA 附加议定书》的背景、要求和特点。他概述了该议定书的范围，强调其可能成为 UNECE 覆盖地区以外的国家均可接受的全球性法律文件，并强调其在规划和计划中的强制性应用以及在自愿性基础上于跨界背景之外的政策和法规中的应用。尽管深受之前缔结的《欧盟 SEA 指令》（2001/42/EC）的影响，但该议定书与其相比仍有相当多的重要差异，对此作者作了注解。在这一背景下，Bonvoisin 尤其注重他所说的“操作性条款”，例如与程序的目标、方法或要素以及与该指令覆盖范围之外的政策和法规等应用领域相关的条款。他还点评了该议定书执行方面未来的发展方向，例如推动签约国批准并予以实施；UNECE 覆盖地区以外的国家均可加入该协议；以及其在政策和法规中的应用。

第二篇 SEA 在特定部门的应用

第二篇的重点在于 SEA 在特定部门的实际操作。有充分的理由认为，这些部门是 SEA 最常见的应用领域，而此处所指的部门只是目前 SEA 所涉及的部门的一部分。此处提到的与运输和水务相关的部门，属于 SEA 应用经验最为丰富的部门。之所以评论运输规划和水务管理这两个部门，与其说与 SEA 具体应用紧密相关，倒不如说与 SEA 程序如何融入到这两个部门规划中的部分新方法的关系更为紧密。与之相比，SEA 在预先核准或管制特定地区烃类物质或矿产开发方面的应用或在海岸带管理中的运用所积累的经验就不是那么丰富了。然而正如本篇所指出的那样，SEA 实际操作在这两个领域都有所进展，而此处援引的早期实例则可看作是区域层次评价中受到关切的公众意见所引起的海啸前兆，有助于协调发展机会与资源潜力之间的关系。

SEA 与运输规划：Tomlinson 研究了 SEA 与运输规划之间的融合逐渐深入，指出运输部门在纳入 SEA 并将其潜力运用于政策服务时的自我定位比其他大多数部门都要恰当。在这一前提下，他注意到作为对经济、环境和社会的普遍发展趋势所作出的回应，很多国家的运输规划在方法上都发生了转变。Tomlinson 尤其关注向更广泛的基于社区的运输目标的转变，以及为实现这些目标所需考虑的更为庞大的选择方案阵容，逐步从为满足不断增长的私人汽车需求（通常是公众反对意见的焦点）而在传统上依赖于道路基础设施建设向多模式网络管理转变。在运输系统规划这一更为综合的方法中，Tomlinson 认为 SEA 可以提供一个强有力的分析工具来确认权益与环境效应、重要的政策冲突与交易以及解决冲突的替代方案，并有可能为达成共识而确立相应的机制。他也承认，要使 SEA 完全融入运输规划中，还有很多工作要做，包括处理 SEA 实际操作中已经发现的诸多问题，例如 EIA 与 SEA 之间的相互叠加、适当的参与过程以及效应监督等。

SEA 与水务管理：Nooteboom、Huntjens 和 Slootweg 阐述了 SEA 对水务管理可能起到的积极作用，这一领域正快速成为涉及资源可利用性和潜在冲突的最为紧迫的全球性问题之一。他们强调，用水问题的范围、司法复杂性及不对称性经常使人们为找到性价比高的技术解决方案而作出的努力付之东流，因此这就要求有适用于涉及土地利用与供水和水质之间关联的流域管理综合协作性方法。Nooteboom 等人使用“水系”这一术语来表述管理与决策过程的制度化措施和规范，列举出其重要特点，包括 SEA 在提供可靠信息和推动透明度高、参与性强的规划形成的过程中所具有的价值，并从与在这些关键要素上取得成功所需创造的条件有关的几个案例中汲取经验。特别是它们与 SEA 的关系不如与协作手段的作用之间的关系更为密切，这些协作手段旨在支持综合性水资源管理和确认需要进一步发展的关键领域。这其中包括针对多利益相关方参与和对话的参与性方法、水务管理和空间规划的结合、气候变化适应战略和经济分析，以及在科学、政策和执行之间搭建桥梁的新方式。

区域部门评价和采掘工业：Baker 和 Kirstein 概述了区域部门评价（RSA）的方法，重点放在 RSA 在采掘部门的应用。他们使用这一术语而非 SEA，声称目前的术语不能恰当地描述 RSA 的不同特点，尤其是它在考虑与明确划定的地理区域内能源或矿业开发相关的战略性替代方案时表现出来的更有限的范围。Baker 和 Kirstein 特别指出，RSA（又称区域环境影响评价）可用来评估替代性开发方案在整个区域内的环境效应，以确立用以指导的条件，但不能延伸其应用范围以分析采矿或能源利用是否代表了指定区域的最佳利用模式。作者讲述了几个 RSA 应用实例（例如与近海石油和天然气勘探与开采工业相关的项目），列举了其对环境保护的益处，并强调了面临的主要挑战，包括急需为预测区域影响而制定完善的方法，以及推动对多部门开发与区域利用所产生的影响实施综合评价。

SEA 与海岸带管理：Govender 和 Trumbic 讨论了 SEA 有助于加强海岸带管理（CZM）的可能性，尤其是通过为密集开发、具有高度价值而又相对封闭地区的可持续发展确认环境机遇与制约来实现这一点。他们利用世界各地的经典案例专门分析了 SEA 如何被用来解决作为 CZM 不可或缺的一部分的港口规划问题。至于水务管理，最重要的是采取综合性方法以考虑这一地带的多重用途和相互作用，以及确保资源利用模式既具有可持续性，又能适应当地条件和需求。有鉴于此，Govender 和 Trumbic 强调，应在 SEA 和 CZM 所共有的手段和工具，如脆弱性区域制图的基础上，利用前者来强化后者。迄今为止，SEA 应用方面的经验总体上都与 CZM 有关而又特别与港口规划相关，但作者评估了几个经典案例以吸取已有的教训和确认面临的主要挑战（例如，与其说利用 SEA 来影响决策过程还不如说是用来创造新的认知）。

第三篇　SEA 与其他措施之间的联系

第三篇的重点在于 SEA 与其他用于类似目的的对等性或补充性手段和工具之间的功能联系。SEA 被公认为包含一系列方法，并构成针对环境规划与管理的一整套事前与事后战略的一部分。在这一层面上，新工具已经有所发展，而已有的工具也得到了改进，以应对强度更大或范围更广的环境影响，并对可持续发展议程作出响应。实际上很多情况要取决于政策背景和已生效的司法协议，此时至关重要的是要更好地了解选定工具之间潜在的和实际的关系，尤其是 SEA 如何适应这一领域，以及寻求与这些工具之间更紧密联系所带来的利与弊。

此类问题已成为 SEA 文献中越来越引起关注的主题。本篇内容强调了 SEA 与其他工具之间在处理重要的跨部门问题方面的主要联系。尤其强调了两大类主题：SEA 在应对保护生物多样性和减少贫困等受到密切关注的首要问题时所起的作用和作出的贡献，并可提供战略性措施和特殊的方法；SEA 与面向空间与景观规划和环境管理的基础更为广泛的程序之间的关系和潜在性融合。第一类主题中的方法及其与 SEA 之间的联系很大程度上是在《联合国生物多样性公约》（CBD）和《千年发展目标》（MDGs）中各自明文昭示的国际法律与政策义务推动下形成的；而第二类主题中的程序则是很多国家公共政策体制的固有部分。

主题性概述：Fischer 评估了本篇讨论的方法和观点（即环境管理、景观规划、生物多样性保护、扶贫战略和空间规划）。他强调这些方法和观点在提高备受关注的环境问题和权益问题过程中各自和总体的作用，在发展政策、规划、计划和建议中这两个问题没有受到重视；并指出只要考虑到文化背景和机构能力，那么将 SEA 和对决策程序予以支持并与之紧密相关的方法联系在一起，这些方法和观点就会带来很大的益处。有鉴于此，工具和应用范围都是相对多样化的，包含了以问题为导向、以区域为中心和以环境为基准的方法，以评价和管理发达国家和发展中国家在发展过程中所产生的影响。

SEA 与环境管理体系（EMS）及其他：Sheate 讨论了 SEA 与 EMS 之间的关系在推动跟踪评价和在更大范围内分析两者与其他战略方法之间联系方面所体现出的重要性。他注意到，SEA 文献中大肆吹嘘的融合所带来的益处并不是自然而然产生的，他还强调有必要使有效利用现有工具和方法所产生的收益最大化。Sheate 坚持认为，为“开发”新工具（不客气地说，其实就是“改头换面，新瓶装旧酒”而已）而在表面上看起来付出持久努力，实际上却在起着反作用，浪费了大量的时间和精力却完全徒劳无益。总的来说，这似乎已经是对 SEA 程序开发所能给予的最精辟言论了，它尤其强调有必要加强机构能力建设，以确保工具与程序的结合确实能带来收益（另见第五篇）。

SEA 与景观规划：Hanusch 和 Fischer 分析了 SEA 和景观规划之间的联系，借鉴了四个国家（德国、加拿大、爱尔兰和瑞典）的经验，尤其将重点放在德国。因为，SEA 与景观规划在德国都具有法律效力且得到广泛执行。他们强调了景观规划方法在确立环境基准和评估替代方案等方面对 SEA 的积极作用。他们还谈到了此类方法所面临的主要挑战，例如对环境影响的考虑有限，达不到 SEA 通常的要求。此外他们还警告，景观规划“同样受制于 SEA 所面临的普遍存在的局限性和挑战”。

作为维护生物多样性手段的 SEA：Treweek 等人发掘了 SEA 作为生物多样性保护和生态系统产品及服务可持续利用的工具的使用价值，借鉴南非和印度等多个国家的国际经验和范例，以识别使这一应用更为系统和有效的趋势以及问题和要求。虽然取得了相当可观的进步，他们仍然强调，开发决策中的“主流”生物多样性问题仍是一个重大挑战。尽管就采用 SEA 方法（例如遵循导则颁布的要求以支持 CBD）所能产生的收益这一问题已达成一致意见，然而对于为此来规范化 SEA 是否有益则众说纷纭。

作为扶贫手段的 SEA：Ghanimé、Risse、Levine 和 Sahou 分析了 SEA 作为主要宏观政策手段开辟出越来越多的途径应用到减少贫困战略文件（PRSPs）中，以确认减少贫困和实现其他 MDGs 所需的结构改革计划。他们将重点放在从几个非洲发展中国家（贝宁、加纳、卢旺达和坦桑尼亚）那里吸取的经验与教训，并强调了 SEA 在 PRSP 程序最新版本中将环境因素与社会公平、健康和发展等因素结合在一起的过程中所起的作用。但很多问题仍然很突出，Ghanimé 等人阐述了促进 SEA 在 PRSP 中的应用方面所需采取的一系列措施。

SEA 与空间规划：Nelson 评估了 SEA 与空间或土地利用规划之间不断发展中的关系，概述了实际操作现状，借鉴了布拉格学术研讨会上的综合性文献和案例研究，以描述可能是最为广阔的 SEA 应用与经验领域的方法的关键要素与范围。他强调了国家已经建立的空间规划模型与体系的范围以及应用于或融入规划制定程序中的不同类型 SEA，并谈到了有关如何在两者之间建立最好的联系以及这样做的目的何在等持续不断的争论。Nelson 揭示了提到布拉格学术研讨会议事日程的国际经验范例中普遍存在的问题以及得出的教训（尽管它们在背景和侧重点上有所不同），并在此基础上确认了 SEA 成功应用于空间规划所必备的关键要素。

第四篇 SEA 中的跨部门问题

第四篇的重点在于介绍那些妨碍或支撑 SEA 的实施与实际操作的一系列问题。其中包括指标的开发与利用、公众参与的作用、对健康的影响和涉及累积效应与跨界问题的要素给予的考虑，以及 SEA 在不同应用层面上的叠加，例如与 EIA 的关系。按照定义，这些要素和问题是众所周知的，文章在此处可以大体分为三个主要部分，分别涉及：(a) 有关 SEA 范围的问题（公众参与的作用和对健康效应的考虑）；(b) 如何面对并抓紧解决新老问题（累积与跨界效应）；(c) 以指标（分析）和叠加（程序与实质性结合）的形式协助改善 SEA 实际操作。

SEA 中的环境指标：Donnelly 和 O'Mahony 描述了环境指标在支持 SEA 健全实施机制方面的关键作用和潜力。他们强调了在根据环境报告的相关目标或基准（如指令 2001/42/EC 附录 I 列出的）来开发和选择那些恰当的多功能指标时所需的复杂程序，这些指标要能够追踪或预测与规划（或计划）有关的变化。按照作者的说法，有关 SEA 中环境指标的有效利用方面的刊印资料少之又少，有关这一主题的大部分工作都是理论性而非实践性的，严格健全的框架仍有待开发。作为回应，Donnelly 和 O'Mahony 提出了一种"简单而又有逻辑"的方法来开发仅限于规划的目标、对象和指标并列出了评估这些目标、对象和指标以确保其质量（例如确保其政策相关性和确保其覆盖一系列环境受体）所需依照的基准。最后，他们还考虑（按照指令 2001/42/EC 第 12 款的要求）应用这些指标来评估环境报告中所体现的 SEA 质量，在借鉴爱尔兰经验的基础上吸取实践中的教训。

SEA 中的公众参与：这是 SEA 文献中分析与讨论的一成不变的主题，涉及的问题无非是哪些要素构成了这一活动的良好规范，以及在对拟定政策和规划实施战略环境评价时如何才能更好地与利益相关方和公众进行充分协商等（公众大多认为这样的协商不会给他们的环境和福利带来多少直接影响，尤其是与附近大型项目的环境影响评价相比较）。Elling 在思索公众参与 SEA 程序的过程中所面临的主要挑战以及实施这一活动所需考虑的基本问题与事项时寻找到新的理论依据。他指出，SEA 的战略性与抽象性特点解释了为何公众参与如此重要，并要求采用的方法需有别于 EIA 程序中所采用的方法。按照他的观点，公众是激发理性实践的多维概念的一种手段，这其中涉及伦理和美学价值，而非仅是停留在 SEA 主模型层面上的技术工具主义。相关章节的论述超越了传统界限，对细心认真的读者给予了回馈。

SEA 与健康：Bond、Cave、Martuzzi 和 Nuntavorakarn 讨论了与单独开发一套战略健康评价方法相比，将健康因素与 SEA 相结合所涉及的趋势、话题和选择方案，意识到对这一问题的响应会因国家的不同而有所不同。最近几年，有关 SEA 与健康影响评价（HIA）之间关系的讨论越来越多。这一讨论是由两大发展主线推动的：HIA 在政策层面上的应用；以及将健康因素纳入 SEA 中，这在 SEA 指令中有所提及，而在 SEA 议定书中则占据突出位置。然而作者又指出，存在着妨碍这方面进展的一系列涉及面更广的机构与专业能力的根本问题，例如健康专家在 SEA 程序中的参与很有限。作者当然也指出，需要在哪些领域做进一步的工作以解决这些问题。有鉴于此，未来在 SEA 议定书执行方面所做的工作可能会成为在实际操作中考虑 SEA 与健康因素之间关系的重要驱动力。

SEA 与累积效应：Dixon 和 Thérivel 将累积影响评价（CIA）形容为 SEA 的搭档，将重点放在资源和整体活动给环境受体带来的影响上，而非仅仅是评价一项拟定规划或计划。他们意识到累积影响分析也是 SEA 法律框架不可或缺的一个要素，尽管实际操作还很欠缺，“顶多也就是在三心二意、零零星星地执行而已”。此外，Dixon 和 Thérivel 认为 CIA 方法还处于“婴儿期”，尤其是涉及诸如气候变化、生物多样性损失和用水供需不平衡等亟待解决的大尺度重大累积影响等问题。按照他们的观点，累积效应管理代表了最危急和最严峻的挑战，涉及如何促使行为转变等复杂问题，使具有不同授权背景的各类参与者坐到一起，协调解决司法责任划分的问题。由于已有了相当清晰的明文规定，最好是通过行政管理与能力建设的改革计划来完善累积效应管理，而这要比实施分析性改进难得多。

SEA 与跨界问题：Bonvoisin 指出应用 SEA 时应考虑到跨界问题，在对有可能对别国领土产生重大环境影响的国家规划和计划实施的 SEA 和对范围超出两个或多个国家边界的大尺度区域规划实施的SEA之间加以区分。第一种情况下，欧盟SEA指令和UNECE SEA议定书都包括有关与受影响国家进行跨界协商的要求。按 Bonvoisin 的观点，这些条款也可用于第二类跨界问题，例如湖泊或流域的共享资源管理。虽然跨界效应的战略环境评价方面的经验相对有限，Bonvoisin 还是分析了各类型案例以吸取有关实际操作中遇到困难方面的教训，并提出了克服这些困难的一些想法和程序，包括双边和多边协议及其在建立于永久或临时基础上的联合体范围内的推行。

叠加 SEA 和 EIA 以使其相互关联：Arts、Tomlinson 和 Voogd 认为，SEA 和 EIA 的叠加是还未加以批评性讨论的该领域文献中重要的概念。他们指出，将一系列评价予以“叠加”，即从大范围声明转向小范围声明这一概念，尤其是作为将 EIA 与规划和计划的优先级 SEA [在指令 2001/42/EC 第 3.2（a）款中提及] 联系在一起的方法，一直以来都得到支持。但是按照他们的观点，传统上理解的叠加概念呈现为线性规划程序，并不解决包含水平、垂直和对角关联的战略决策程序的复杂性问题，而 SEA 与 EIA 的叠加操作还未成为标准操作规范。Arts 等人揭示了与叠加操作有关的问题，将 SEA 跟踪评价和“趋前性范围划定”确认为更有效传递信息与结论的关联手段，并运用直喻和隐喻手法来描述成功的叠加操作的特点与启动条件（例如“在决策的海洋中将一个个评价的孤岛用桥梁串联起来”）。

第五篇　SEA 过程发展与能力建设

SEA 程序开发一直是该领域文献讨论中一成不变的主题，经历了从基于 NEPA 形成的雏形一直到其后在越来越多的司法领域内演变和适应的各个阶段。这一讨论的覆盖面将一如既往地广泛，涉及 SEA 研究与分析的众多领域和要素，本书也不例外。除本节阐述的以外，很多章节都有助于我们了解 SEA 的程序开发（例如审查世界上不同国家和地区的制度安排）。第五篇的重点在于介绍 SEA 程序开发的某些基本要素和面临的挑战，包括如何通过能力建设计划和措施来处理相关问题。总的来说，也许最为突出的问题是已列入讨论议程的某些要素的范围和多样性，例如如何强化 SEA 程序或改善其实施状况，以及观点表达的多样化。

主题性概述：Partidário 讨论了与 SEA 程序开发和能力建设有关的主题和关注领域。她强调了本篇传达的关键性主题与核心信息，以及旨在推进 SEA 改进措施共同目标的行动与优先权。这些问题的分析可以分为三大主题：改进 SEA 的标准；决策程序具有向可持续发展目标靠近的更强能力；认可 SEA 基本原理的不同阐释。意识到关于 SEA 还有很多东西要了解，Partidário 呼吁更清楚地阐明其目的，包括梳理出其与 EIA 重叠的部分。与此同时，她强调认可多重背景下 SEA 丰富的实践与经验的重要性，强调将 SEA 当作可持续性工具来加以利用，更强调对可以通过其他领域的探查决策理论和管理模式而掌握的 SEA 发展趋势有更好的了解。

SEA 理论与研究：Bina、Wallington 和 Thissen 认为，SEA 的概念化基础得到的关注太少，尽管一直以来都有这样的呼吁。按照他们的观点，有关这一程序的作用与未来发展方向的不确定性和自相矛盾的解释威胁到其生存力，需要当作首要任务来解决。从这个角度出发，他们讨论了与涉及理论发展的三大相互关联性主题有关的问题，即 SEA 的实质性目的、实现这些目的的战略以及操作性实施所需的工具。在剖析了这些问题以后，作者认为环境可持续性成为了政策与规划制定过程中的 SEA“开拓出既定空间”的实质性关键要素。这就要求有一套将交互式程序与分析性程序结合在一起并选择适应特定场合的适当技术的战略。

SEA 能力建设：Partidário 和 Wilson 概述了有关 SEA 能力建设的当前趋势和问题，评估了布拉格学术研讨会上讨论的该领域经验教训与实例，并总结了旨在加强 SEA 为决策过程献计献策这方面的专业与机构能力的原则和措施。他们将能力建设目标定义为发展 SEA 的程序与方法，其活动范围包括通过指导与培训从业者来巩固 SEA 框架、结构和参与的组织。在从本书各章节中汲取一系列经验后，Partidário 和 Wilson 确认了 SEA 能力建设中的机构与技术驱动力，旨在增强其对决策过程的影响力的原则以及处理问题区域的优先权。

SEA 导则：Schijf 评估了 SEA 导则和手册，并很看重其在支持 SEA 良好规范方面所起的作用和作出的贡献。注意到这些材料的数量在这些年得到了前所未有的增长，Schijf 阐述了正规指导的不同类型与级别，涉及从国家司法体系确立的法律与程序要求的实施，到与具体部门或空间规划有关的 SEA 应用等各个领域。此外，还介绍了对这些正规指导起补充作用（尤其在国际层面上）的支持手册和工具箱。作者还推动了为专门目的和目标受众定制 SEA 导则，并促进了不同方法之间的协调。她还概述了在编制 SEA 导则的过程中良好规范的经验教训与实例，承认针对此类文件及其对有效应用的影响很少做过系统评估。

SEA 的体制挑战和组织结构的演变：Kørnøv 和 Dalkmann 讨论了那些影响 SEA 程序开发与实施并使其用途具体化为报告和研究成果的社会与组织动态。最近这些相互作用在有关 SEA 的论述中得到了越来越多的关注，作者剖析了其中起作用的关键因素。Kørnøv 和 Dalkmann 特别分析了正式与非正式体制结构的作用、政治权力的运用和影响以及关键参与者（政治家、行政管理人员、利益相关者和顾问）之间的关系，并强调了能够弥合这些团体之间在知识与偏好方面差异的交流和学习过程的重要性。按照他们的观点，为使 SEA 程序对决策过程产生影响，需要更好地了解体制上的这四大挑战，并要反映在组织结构的演变上。

SEA 跟踪评价：Cherp、Partidário 和 Arts 讨论了 SEA 程序开发过程中跟踪评价的作用，首先认可其来源于与 EIA 跟踪评价相类似的原则和基本原理，但要应对更为复杂的挑战，并要考虑到诸如不确定性和战略行动计划的制定与实施之间的差异等因素。他们评估了 SEA 跟踪评价的关键要素，以及在将战略决策程序与不同类实施活动联系在一起的过程中可能要遵循的多重途径。在这一背景下，SEA 跟踪评价对环境因素与实施活动相结合以及平衡传统上对战略规划（被认为是非线性过程）的重视而言特别重要。正如作者指出的那样，讨论涉及的概念与模型仍有待根据经验进行检验，但它们为实际操作提供了启示，例如在一项行动计划的整个生命周期内实施 SEA 跟踪评价所产生的效果。

SEA 的知识：van Gent 评估了 SEA 知识中心与专业技能交换网络的作用，阐述了其功能和活动并概述了可资利用的资源、导则、培训材料和工具箱。关于选定的 SEA 知识中心的信息与服务类别的具体细节，在本书一系列注释框中都做了归类整理。此外，van Gent 讨论了获取基于网络的信息、融资和确保信息质量等话题，并为互动式学习和观念与经验的分享设定了未来发展方向。她强调，虽然这些中心服务于不同的团体和行业，但一个普遍更大的挑战是如何使信息与时俱进，如何方便 SEA 从业者之间的知识交换，以及尤其是当国际机构已编制出不同的 SEA 培训手册用于发展合作时如何创造协作机制。van Gent 指出，通过许可证交易实现内容共享，会有助于设计出量体裁衣式的培训课程。

第六篇　向着全面的可持续发展评价的目标迈进

可持续发展评价既可被看作是 SEA 的下一个发展阶段，也可被视为一种更具包容性和普适性的方法，这种方法结合了那些存在于一切形式的公共政策分析与评估（而非仅适用于 EIA 或 SEA 体系的政策分析与评估）中的经济、环境和社会可持续发展要素。无论是哪种情况，SEA 都可被视为向着在政策与规划方案和决策中更加系统地考虑可持续发展问题这一目标转变所必需的重要程序性与分析性手段。一个全面的、以可持续性为导向的方法的基本要素已显现于 SEA 概念与实际操作中，尽管这一点可能被过分强调或夸大。SEA 与可持续发展评价之间的关系是布拉格学术研讨会上争论的焦点，其后又成为该领域专刊的题目。第六篇中关于可持续发展评价的概念、方法及应用存在着两种观点，使这一被很多人看作是 SEA 未来发展方向与能力建设定位的主题所引发的唇枪舌战终于告一段落。

从 SEA 到可持续发展评价：Pope 和 Dalal-Clayton 将这一转变形容为引导所有层面上的决策程序转向可持续性目的所做的一种尝试。他们探究了可持续性的概念，努力将“三大支柱”方法的局限性公之于众，这一方法在阐述经济、社会和环境因素时奉行简化法而非一体化法。在考虑用其他方法来替代这一方法时，Pope 和 Dalal-Clayton 将重点放在程序设计上，以推动一体化过程，其间采用了已嵌套在评价方法里的粗略步骤，并更有效地利用了管理与协商程序（同时还意识到某些司法领域可能要进行体制改革）。作者将讨论“大体定位在概念层面上”，这反映出他们将可持续性看作是挑战评价与良好规范构成要素的概念，同时意识到在将可持续发展评价转变为操作性术语的过程中还有很多工作要做。在借鉴最新经验与案例的基础上，他们在如何去做这一问题上提供了一些启示。

可持续发展评价：Hacking 和 Guthrie 在六大案例研究的基础上，讨论了如何通过构建理论框架和阐述其在矿业部门的应用来重新将评价引向可持续发展道路。基于该领域的文献，他们确认了用以辨别以可持续发展为导向的评价的三大主要特点，即“战略性”、“综合性”和“完整性”。Hacking 和 Guthrie 承认这些要点作为标准化概念还有待检验，但他们同时指出有经验证据表明，EIA、SEA 和其他形式评价方法的运用已产生了积极结果，如对可持续发展要素的确认。他们特别分析和比较了代表“最佳规范”但又纳入了其他评价形式（如 SEA 和成本效益分析等）的几大采矿项目，以检验可持续发展导向特征的代表性。作者尤其将重点放在“战略性”概念及其与项目层面评价的关系上，这一概念已具备了 SEA 类特征，但无法在这一方向上走得太远，除非已经具有有效的叠加机制（同时意识到这一概念在更大程度上已得到推动而非应用）。

0.3 回顾与展望

本书将有关 SEA 实际操作现状与理论方法基础的海量信息和诸多不同观点集中到一起。在全面评估这一领域后，突出了三大主要趋势：

（1）SEA 是快速发展和多样化的领域，反映在法律改革、程序开发、新应用领域和发展中国家开始进入这一领域等方面。

（2）SEA 目前拥有一个由各类方法和工具组成的庞大家族，它们有着共同的基本目标（将环境因素融入政策与规划制定过程中），但在条款、范围和程序要素上又有所不同，最为明显的就是欧盟 SEA 指令和 UNECE SEA 议定书中明确规定的基于 EIA 的程序与一系列 SEA 类工具之间存在的差异，这类 SEA 工具是在支持政策性借贷与发展合作的多边与双边援助机构框架内发展出来的。

（3）最新发展方向包括向广受好评的综合性方法（可持续发展评价）演变，前提是评价程序中没有弱化环境因素（有些人把这看成是严重威胁）。

尽管取得了巨大进展，对 SEA 实际操作整体状况的担忧依然存在。三大不足表现为：

（1）SEA 程序在实施上没有连贯性，反映为没能满足各自司法领域内的要求，或通俗地说，没能贴近国际公认的原则（更高标准，即提倡 SEA 适应具体建议书的背景与内容）。

（2）SEA 投入与产出上的质量不能令人满意，反映为分析上的缺失和报告内容不充分，没能提供决策过程所必需的信息（因此也就没能通过有关 SEA 有效性的基础检验）。

（3）几乎没有证据表明，SEA 的实施产生了积极结果和成果，反映为缺少对 SEA 决策过程、政策与规划实施和陈述以及环境收益之间的联系的跟踪评价和研究（这提出了进一步研究的一个重要领域）。

第一篇

战略环境评价框架

第一章　澳大利亚的战略环境评价

约翰·阿什　西蒙·马斯登
（John Ashe　Simon Marsden）

引言

澳大利亚的联邦政府体系分为九个独立的司法管辖区域，分别是联邦政府、六个州政府和两个自治领地。每一区域都有自己的环境影响评价（EIA）法规和程序。各个司法管辖区域的战略环境评价（SEA）正式条款都不相同。然而，众多政策、规划和计划（PPP）的环境评价实例虽未明确表述为 SEA，但仍可归纳为广义的 SEA 系列。它们包括公开调查、根据土地利用规划和环境保护法规实施的评价，以及自然资源利用评价。

本章主要讨论根据法规实施的各种形式的 SEA，其中涵盖了 PPP 的评价，包括环境影响声明或类似文件的编制与公开展示。本章首先分析了澳大利亚政府层面的 SEA，然后分析各州和领地层面的 SEA，最后得出结论并作出总结性陈述。

1.1　澳大利亚政府层面的 SEA

1.1.1　根据 EPBC 法第 146 款实施的 SEA

1999 年环境保护与生物多样性保护法（EPBC 法）是澳大利亚政府层面上环境评价法规的核心内容。根据 EPBC 法第 146 款，环境部长可以与负责采纳或实施 PPP 的相关人员达成一致意见，即环境评价应涉及“依据 PPP 采取的行动对受到 EPBC 法第 3 条相应条款保护的实体所产生的影响”。第 3 条确认了具有国家级环境意义的七大类实体。它们是：

- 世界遗产所有权。
- 国家遗产场址。
- 具有国际重要性的湿地。
- 列出的濒危物种和生态群落。
- 列出的迁移物种。
- 联邦区域内的海洋环境。
- 核活动。

表 1.1 澳大利亚 SEA 概览

主要的趋势与议题	澳大利亚在过去 30 年中积累了大量 PPP 评价方面的经验。并已根据一系列立法机制实施了这些评价。 联邦 EIA 法规（EPBC 法）包括自愿性的 SEA 普遍施行条款以及针对渔场战略环境评价的强制性条款。虽然强制性条款被用到的场合很少，但超过 120 家渔场已经得到评价。 对于已提出的国家环境保护措施和澳大利亚海外援助计划，同样要求实施战略评价。 最近几年，澳大利亚的海洋环境已成为大量 SEA 相关活动的焦点。包括渔业评价、石油勘探战略环境评价、区域海洋规划的制定以及对大堡礁世界遗产区域实施的战略评价。 联邦层面 SEA 领域最近的发展趋势是，在发展压力大且对具有国家级环境意义的实体有潜在影响的区域试行一系列非法令性区域战略规划。 各州与领地层面的 SEA 条款则随司法管辖区域的不同而相互之间有很大差异，有的有明确规定，有的则连相关条款都没有。很多司法管辖区域都有相关条款，规定必须针对环境保护政策、土地利用规划和其他类型管理规划实施 SEA 类评价
关键成果与结论	虽然澳大利亚长期以来有很多 SEA 类评价的实例，但其中大部分在本质上都是非正式的，都没有运用过 SEA 的专门术语，因此在某些情况下可以称为“准 SEA 评价”。 联邦渔场 SEA 强制性条款成效显著，可以与旨在更为普遍地施行而有限施加自愿性条款的情况加以比较。最近对自愿性条款提出的修正案可能会对条款支持者和工业部门给予更多的鼓励和更大的回报，以鼓励他们参与到战略评价中来。 战略评价在一些特定领域似乎也成效卓著，例如与国家环境保护措施和澳大利亚海外援助计划相关的领域。 在自然资源评价领域已实施了颇为成功和极富创新性的战略评价，并提供了利于广泛应用的模型。 澳大利亚的经验向 SEA 过程的众多参与者表明，SEA 完全可以取得巨大成功，而成功的 SEA 既可以是强制性的，也可以是自愿性的。这些能够感受到的好处在很大程度上决定了相关方自愿参与的热情以及在整个过程中所付出的努力和产生的实效
未来方向	总体上说，尽管有着具体的 SEA 法规，澳大利亚 SEA 的开发程度还是显得不足。在州和领地层面上，SEA 的开发利用很不均衡。 澳大利亚政府尤其将渔场战略评价视为联邦法规的成功要素，但也很关心法规中自愿性条款的有限利用，并于近期颁布了修正案，以鼓励在更大范围内实施战略评价。 未来在联邦、州和领地层面上，SEA 的发展很有可能会反映出 EIA 和其他环境法规将可持续性目标纳入进来的趋势。在未来几年我们很有可能看到 SEA 与可持续发展评价趋同的局面

该法第 3 条还规定对联邦领土范围内的环境以及设立于全世界其他地区的联邦机构的活动所能影响到的环境实施保护。

EPBC 法中的 SEA 条款适用于根据 PPP 实施或采纳的“活动”所产生的相关影响。该法（第 523 款）规定，“活动”应包括以下内容：

（1）项目；

（2）开发计划；

（3）企事业；

（4）一项活动或一系列活动；

（5）以上四项所述事项的任何变动。

所有的法规、EPBC 法都有司法解释。最近几年已经宣布了有关决定，对可能会影响到 EPBC 法中 SEA 条款解释的几个关键术语的含义作出了规定（McGrath，2005）。

EPBC 法详细说明了第 146 款协议规定的实体。在特定场合，第 146 款协议可能还会规定，针对某一州或领地将要采取的相关活动对不受该法第 3 条保护的实体产生的影响必须作出评价，而在环境部长和该州或领地的部长之间也要达成协议[第 146 款（1A）]。战略评价可能会减少或消除对依照 PPP 采取的行动实施后续环境评价的需求。根据 EPBC 法第 87 款规定，部长在决定对受控活动采取何种评价方法时[①]，必须考虑到针对该活动所依照的 PPP 作出的战略评价报告中涉及的有关活动所产生影响的信息。如果战略评价过程中，相关活动的影响已经得到了评价，部长就可以决定，应通过预备文件的形式来评价影响，而不是更加繁重的评价形式，例如公开环境报告或环境影响声明。同样，如果部长根据法律签署了一项包含在管理规划中的 PPP，则部长可以根据第 33 款发布声明，或者签订双边协议，宣布依据管理规划而批准的活动不需要依照第 3 条中明确规定的条款再行批准。

Marsden 对照环境评价有效性国际研究报告中确认的“SEA 基本原则”评估了第 146 款。虽然他总结到，联邦政府依法执行 SEA 要求是在正确方向上迈出了一步，但他指出了法规中的大量薄弱环节。这其中有 SEA 条款的自愿性本质、对部长判断力的依赖，以及对 SEA 中可能考虑到的环境实体范围的限制。

虽然 EPBC 法于 2000 年 7 月生效，但直到 2006 年 6 月，仅依照第 146 款启动了两项自愿性战略评价，而且都没有完成。这两项评价是：（a）联邦海洋水体中近海石油勘探和鉴定活动的环境影响战略评价（见专栏 1.1）；（b）主要军事活动的战略评价。由于该法支持者和工业部门感受不到存在什么利益，因此以上条款被用到的场合很少。鉴于 SEA 条款的执行度相当低，政府于 2006 年晚些时候提出 EPBC 法修正案，旨在对权力机关和支持者给予更大幅度的激励措施，鼓励他们依照 EPBC 法参与到战略评价、生态区域规划和保护协议中来[②]。这些修正案旨在便于在规划过程的早期和战略与区域背景下考虑发展问题。新颁布的 146B 条款使得部长能够在无需进一步开展环境评价的情况下批准一项行动，只要该行动是依照有关战略评价的 146 款批准的 PPP 要求实施的就可以。

专栏 1.1 近海石油勘探与鉴定活动的战略评价

2001 年 9 月 27 日，工业、科学与资源部长和环境与遗产部长一致同意在联邦海洋水体实施近海石油勘探与鉴定活动战略评价。该评价根据 1967 年石油（下沉陆地）法（PSL 法）调查了联邦政府司法管辖范围内勘探活动各方面的影响。评价范围涵盖了近海石油勘探面积的选择和公布、勘探权的授予以及勘探活动（高空勘查、地震勘查、勘探性钻孔等）和鉴定活动。

评价权限最终于 2002 年 9 月确定。其中包括但不限于要求描述战略评价与根据近海石油计划建议采取的活动有关而依照 EPBC 法作出的决策之间的相关性，以及依照 EPBC 法对遵循 PSL 法的评价程序予以鉴定的范围。

由工业、科学与资源部（DISR）编制的战略评价报告草案于 2005 年 1 月连续公布六周，以征求公众意见。它确认了 5 个区域以供环境与近海面积批准程序常务委员会进一步考虑[③]。它们主要与拟议石油勘探和鉴定活动应遵守的评价程序相关。

评价的中心议题是近海区域地震活动性对鲸类动物的影响。2007 年 5 月，环境与水资源部发布了 EPBC 法政策声明 2.1——“近海地震探查与鲸类动物之间的相互影响”，以取代 2001 年 10 月的导则。

1.1.2 渔业战略评价

EPBC 法第 10 条包括了联邦渔场强制性战略评价的条款④。该法要求澳大利亚渔场管理局（AFMA）必须依照 146 款，对根据 1991 年渔场管理法（FMA）进行管理的渔场范围内相关活动开展的影响评价制订协议。根据 FMA，AFMA 必须为所有渔场制订管理规划，除非它决定不授权某一渔场施行管理规划。无论是否对渔场实施管理规划，都要制订第 146 款协议。对于 EPBC 法生效当日不具备管理规划的所有渔场，要求自生效之日起 5 年内（截至 2005 年 7 月 16 日）必须签订该协议。

EPBC 法还要求执行 1984 年 Torres 海峡渔场法的部长必须依照第 146 款，针对 Torres 海峡渔业管理政策或规划允许实施的活动开展的影响评价签订协议。要求自 EPBC 法生效之日起 5 年内签订的协议必须包括所有政策或规划。如果环境部长和执行 FMA 的部长一致认可渔场内相关活动的影响远大于以往评价所估计的情况，则必须进一步签订战略评价协议。

依照第 146 款协议实施的渔场评价还包括根据 EPBC 法，出于其他目的，要求对相关活动的影响实施的评价，即第 13 条——与受保护物种的相互影响和第 13A 条——本地物种的输出。除了要根据第 10 条实施联邦渔场评价，还要依照第 13 条和第 13A 条对澳大利亚各州和北领地渔场实施渔场评价。所有的渔场评价，无论是否依照第 10 条实施的，都要根据《渔场生态可持续管理导则》来实施（Environment Australia，2001）。

EPBC 法规定部长要依照该法第 9 条、第 13 条和第 13A 条来鉴定渔场管理规划或政策。按照经审定的管理规划或政策实施的渔场作业依照该法的上述条款也因此得到批准。

截至 2006 年 6 月，对超过 120 家渔场实施了评价。专栏 1.2 阐述了 Heard 岛和 McDonald 岛（HIMI）渔场战略评价的操作程序。

专栏 1.2 Heard 岛和 McDonald 岛（HIMI）渔场战略评价

2001 年 5 月 31 日，环境与遗产部部长与 AFMA 签署了一份协议，规定根据第 146 款对 HIMI 渔场管理规划实施战略评价。权限规定如下:

- 描述对环境的潜在影响;
- 对类似影响的本质和范围的分析;
- 评价这些影响是未知的、不可预知的还是不可逆转的;
- 对潜在影响重要性的分析。

对任何环境影响都要根据《渔场生态可持续管理导则》来进行评估，导则包括了目标和涉及各个方面的准则。准则 1 涉及捕捞过度的问题；准则 2 涉及对生态系统的影响最小化，包括副渔获、濒危物种、受威胁物种和受保护物种。

2001 年 9 月 1 日，SEA 报告与管理规划草案公开发布以征求公众意见。征询结束后，根据接收到的反馈意见，对报告进行了修订。最终评价报告和管理规划草案提交到环境与遗产部（DEH），根据 2001 年 12 月 19 日的导则予以评估，确保评价得到正确执行，并责成 DEH 向部长建议是否应对管理规划草案予以审定。2002 年 4 月，DEH 海洋与水体处发布了评价报告。

评价报告只涉及（拖网）捕鱼作业目前对目标和非目标物种以及更广泛的海洋环境的影响。如果未来捕鱼方式发生了改变（例如变为多钩长线法），则要求予以另行评价。总体而言可以得出结论，渔场和捕鱼业是依照导则得到完善管理和运作的。可以认为管理体制拥有充分的预防措施，完全能够控制、监督和执行渔业操作水准的有效捕获量，同时又确保对种群的可持续性捕捞。

然而，报告也表达了对大量副渔获物种受到的影响的关注，同时建议对这些物种实施风险评价和缓和开发战略。最严重的关注集中于巴塔哥尼亚美露鳕的非法的、未经报道的和不受约束的捕捞，建议扩大调查 HIMI 与邻近岛群（Kerguelen 群岛）跨界种群资源的分布。底栖群落栖息地的保护是另一个关注焦点，而且取得了部分收效，报告建议设立 1A 类海洋保护区（MPA），以保护渔场与渔业资源的生态可持续利用性。

有鉴于以上各点，DEH 认为渔猎活动不会对海洋环境产生不可接受的和不可持续的影响，建议对管理规划草案予以鉴定。在部长鉴定之后，管理规划被提交到议会讨论，由于没有反对意见，因此规划生效。随后于 2002 年 10 月建立了 HIMI 海洋保护区（包括 MPA）。65 000 km^2 面积的保护区为底栖群落、陆生食肉动物和受保护物种提供了保护，并为影响监督提供了参考区。

HIMI 渔场 SEA 可以与为管理澳大利亚岛屿和海洋而采取的措施加以比较。尽管 EPBC 法第 147～153 款要求对澳大利亚渔场实施战略评价，第 146 款对于其他战略评价而言是自愿性的，包括那些保护区管理规划。在 HIMI 海洋保护区宣布成立之后，紧接着就要求依照 EPBC 法第 362 款对其制订管理规划。考虑到 2003 年 3 月至 5 月初步公开征询意见期间收到了大量反馈意见，海洋保护区管理规划草案（由澳大利亚南极处编制）包括以下内容：

- 旨在预防人类活动导致外来物种入侵的综合性措施；
- 旨在保护重要的陆地与海洋生物、栖息地和生态系统的措施；
- 旨在解释与 19 世纪猎捕海豹活动和最早期澳大利亚南极科学考察与探险活动相关的文化遗产价值的措施。

尽管规划中承认保护区与渔场之间的关系对于二者的价值维护而言均至关重要，然而对保护区管理规划既不会单独评价，也不会与 AFMA 渔场规划合并评价，其设想是没有必要这样做，因为前者的设计初衷就是要避免产生环境影响。2005 年，环境与遗产部部长批准了海洋保护区管理规划，在提交议会讨论之后，规划生效。

1.1.3 区域海洋规划

于 1998 年颁布实施的《澳大利亚海洋政策》要求澳大利亚政府对澳大利亚的海洋实施基于生态系统的综合性管理，以及制订区域性海洋规划（RMPs）。《海洋政策》确认战略评价是 RMPs 制订、签署和实施过程中的关键机制。RMPs 旨在协调部门商业利益和保护要求，以预防涉及资源获取和分配的冲突。

2005 年 10 月，环境与遗产部部长宣布将直接依照联邦环境法制定区域海洋规划程序。按照这种模式，依据 EPBC 法第 176 款，可以将区域海洋规划作为生态区域规划来制订。由于部长在根据与规划相关的法作出任何决策时都要考虑到生态区域规划，因此这一变化意味着 RMPs 将具备法律效力[第 176（5）款]。部长宣布的这一变化是在覆盖面更广的区域海洋规划性计划范畴向着为澳大利亚海洋政策提供新动力并掀起 MPAs 开发热潮的方向迈进。

RMPs 是由现归属于 DEH 的国家海洋办公室制订的。有关东南区域规划的工作业已完成（见专栏 1.3）。有关北部地区和 Torres 海峡规划的工作正在进行当中。

专栏 1.3 东南区域海洋规划

东南海洋区域包括维多利亚海区、塔斯马尼亚海（包括 Macquarie 岛）、新南威尔士南部和南澳大利亚东部，面积达到 200 万 km^2 左右。东南区域海洋规划的制订始于 2000 年 4 月，包括以下内容：

- 范围界定：包括发布界定文件和提供地区概括性描述的“快照”文件。
- 评价：与六大主题有关的评价报告的编制和发布：（1）生物与物理特征；（2）资源利用；（3）对生态系统的影响；（4）社区与文化价值；（5）本土资源的使用价值和价值；（6）管理与机构安排。
- 讨论文件：发布旨在协助公众向规划程序提供反馈意见的讨论文件。
- 规划草案：东南区域海洋规划草案的发布，并公开征询三个月的公众意见。
- 最终规划：于 2004 年 4 月发布。

规划由国家海洋办公室制订，在该过程的各个阶段都与政府和利益团体有密切合作，并广泛征询公众意见。

1.1.4 大堡礁世界遗产区域国防活动战略环境评价

有别于依照 EPBC 法实施的重大军事活动战略环境评价，大堡礁世界遗产区国防活动的战略评价于 2006 年初完成（见专栏 1.4）。

专栏 1.4 大堡礁世界遗产区域国防活动战略环境评价

大堡礁地区是由澳大利亚国防军（ADF）和其他机构以一系列军事活动为目的而加以利用的地区。这些活动要遵守 1975 年大堡礁海洋公园条例、EPBC 法和联邦与昆士兰地区的其他法规。

由澳大利亚国防部实施的基于风险评价的 SEA 完成于 2006 年 1 月。评价的整体目标是便于大堡礁世界遗产区和邻近地区的军事活动持续进行。

评价的三个部分是：

（1）对由 ADF 和国防承包商在大堡礁世界遗产区实施的全方位国防活动予以描述和量化；

（2）考虑这些活动的环境意义，尤其是与世界遗产价值和制约这些活动的规章制度联系起来看；

（3）对旨在减小环境风险而规划、评价和控制这些活动的管理框架予以审查。

评价的最终结论是，大堡礁世界遗产区的国防活动不太可能对该地区的世界遗产价值或社会经济价值产生严重的负面影响。大堡礁海洋公园条例于 2006 年 3 月将 SEA 纳入进来。鉴于评价所取得的骄人战绩，当地政府与国防部达成协议，若常规军事训练活动满足双方一致认可的要求，则无需单独提请相关机构审查。

1.1.5 国家环境保护措施战略环境评价[⑤]

国家环境保护理事会（NEPC）属于联邦、州和领地一级的法定团体，根据 1994 年国家环境保护理事会条例（联邦 NEPC 法）和相应的州及领地法规的规定而拥有立法权。理事会成员是由参与立法的司法管辖区域任命的部长。理事会有两个主要职能：（1）制定国家环境保护措施（NEPMs）；（2）对其在参与立法的司法管辖区域的实施和效果作出评价和报告。NEPMs 被理事会形容为“由 NEPC 法定义的旨在制定广泛性框架的法定手段”（NEPC，2005）。它们概括出了为保护环境的特定方面而一致认可的国家目标，可能涉及各类目标、标准、协议和导则。

截至 2006 年 5 月，已制定出七项 NEPMs，内容涉及环境空气质量、国家污染物清单、受控废物的转移、场地污染的废弃包装物评价、柴油机动车排放以及空气毒素。

在制定 NEPM 之前，NEPC 必须准备一份草案和一份影响陈述，内容涉及一系列事项，包括环境与社会影响[⑥]。影响陈述是根据 NEPC 协议编制的。对 NEPM 草案和影响陈述在为期两个月的时间内予以公示以征求公众意见。NEPC 在决定是否实施 NEPM 时必须重视影响陈述和在意见征询期间收到的反馈意见。

1.1.6 澳大利亚海外援助计划的战略环境评价

依照 EPBC 法第 160 款的规定，澳大利亚海外援助机构（AusAID）在签订合同、契约或协定，以实施一项必定会、可能会或将会对全世界任何地方的环境产生重大影响的项目时必须听取环境部长的意见和建议。为依照 EPBC 法履行其自身义务，并实现其旨在要求在规划和实施援助活动时必须考虑到潜在环境影响的政策，AusAID 已采纳了环境管理体系（EMS）。EMS 涵盖战略环境评价的内容，要求对政策、计划、规划、国家或区域战略、部门战略或其替代方案所产生的环境影响进行评价，还要求将 SEA 的研究成果融入政策、计划、规划或战略中（AusAID，2003）。

Keen 和 Sullivan（2005）指出，EPBC 法的出台使得 AusAID 和 DEH 出于实施战略评价的目的而走得更近了。他们观察到，诸如近期旨在消除持久性有机污染物（POPs）的太平洋计划这样的几个大型区域项目的协调性战略评价都涉及一些政府机构、南太平洋区域环境计划（SPREP）和伙伴国家。他们的观点是，这样的评价可以预先防范未预料到的任务分派需求、提请 DEH 警惕具有潜在重要性的活动、促使澳大利亚政府形成一贯的“政府整体型”的视角，以及在评价程序初期向区域合作伙伴开放以促其参与进来。他们认为对 POPs 计划的内部审查所得到的反馈意见可谓极为肯定，指出战略评价有利于制订出强效计划和环境管理规划（Keen 和 Sullivan，2005）。

1.1.7 区域战略规划（RSPs）

RSPs 由 DEH 实施，旨在对确认为有较高开发压力，并对具有国家级环境意义的实体产生潜在影响的区域执行非法令性战略评价。DEH 正在试行这一规划，以超乎寻常的积极性致力于在关键地区依照 EPBC 法施行项目水准的环境影响评价。

截至 2006 年 6 月，四项 RSPs 已经在试行当中，范围涉及西澳大利亚州西南部的 Busselton 地区、维多利亚州 Greater Geelong 地区、昆士兰州 Magnetic 岛、昆士兰州 Mission 海岸。

值得特别关注的环境影响集中于世界遗产区、湿地生境、受威胁物种和生态群落。

人们都寄希望于 RSPs 的发展有助于使联邦政府由 EPBC 法赋予的权利和义务与州、区域和地方层面上的土地利用规划之间形成更为积极的相互关系。RSPs 有可能成为基于 EPBC 法第 146 款的战略评价的传播媒介或基于 EPBC 法第 176 款的生态区域规划的实施手段。

1.1.8 森林资源的战略评价

多年以来澳大利亚所实施的自然资源规划程序已具备了 SEA 的诸多特点。尤其值得注意的是资源评价委员会（RAC）和区域性森林协议（RFA）程序共同向公众公开征询意见。

1.1.8.1 资源评价委员会（RAC）

在 1989 年到资源评价委员会解散的 1993 年之间[⑦]，RAC 向公众实施了三次重要的公开征询意见，涉及：（1）澳大利亚森林与木材资源的利用和管理；（2）Kakadu 保护区的采矿业；（3）海岸带资源利用与管理（Stewart 和 McColl，1994）。

森林与木材资源向公众征询意见范围非常广泛，旨在确认和评估澳大利亚森林与木材资源利用的各类方案。Dalal-Clayton 和 Sadler（2005）指出，“尽管到目前为止已经超过 10 年之久了，但向公众征询意见仍然是综合性战略、环境与可持续发展评价的参照点之一”。RAC 所确认的各类方案对 1992 年国家森林政策声明和 RFA 程序的实施具有深远的影响。

1.1.8.2 区域性森林协议（RFA）程序

RFA 程序自 1990 年代中期开始一直持续施行了 5～6 年。它被形容为“澳大利亚有史以来实施的最具综合性也最昂贵的资源与环境规划行动”(Dargavel, 1998)。1997 年至 2001 年间共签署了 10 项 RFA，范围涵盖澳大利亚大部分的天然林木产区。虽然未正式表述为 SEA，RFA 程序与 SEA 在形式上有着很强的联系，例如以行业部门为中心，以及将环境、社会和经济评价纳入政策开发和自然资源决策制定过程中。

1.2 州与领地层面上的战略评价[⑧]

1.2.1 新南威尔士州

1979 年《环境规划与评价条例》（EPAA）为综合性土地利用规划和具备某些 SEA 类要素的环境评价体系提供了法律框架。条例要求在编制区域环境规划（REPs）草案和地方环境规划（LEPs）时要做一些环境研究的准备工作。这些研究作为制定 REPs 和 LEPs 的公开征询程序的一部分而公诸于众。

于 2005 年 8 月生效的 EPAA 修正案包括了对主要项目、规划和计划予以“概念性批准”的条款。概念性批准具有法律效力，旨在为那些旷日持久或错综复杂，或涉及的包罗万象的战略需要法律认可的项目或计划予以直截了当的肯定。应用实例包括主要高速路的道路规划或基础设施规划，例如货运战略[⑨]。

根据 1997 年环境保护实施条例，环境保护局（EPA）可以编制，或在部长的指导下编制环境政策保护（PEPs）草案。在编制 PEP 草案的过程中，EPA 必须考虑政策的环境、经济和社会影响，并起草一份与 PEP 草案有关的影响声明。EPA 必须公示 PEP 草案和影响声明以征询公众意见。

1.2.2 维多利亚州

根据 1970 年环境保护法，内阁总理可以在 EPA 的建议下宣布维多利亚州环境保护政策（SEPPs）。在 SEPPs 被宣布或变更前，EPA 必须起草一份政策草案和一份政策影响评价，而且均要公示。政策影响评价必须包括但不限于对政策或其变动所借以实现的替代性手段在金融、社会和环境领域有可能产生的影响进行评价。部长可以指定一个审查小组来审查政策影响声明，并将政策草案或其变动的恰当性报告给 EPA。

1.2.3 西澳大利亚州

1986 年环境保护法在 2003 年颁布的修正案使得 EPA 可以评价“战略建议书”。如果一份建议书可以确认为以下两点之一的，则可称之为“战略建议书”：

（1）未来与之相关的建议书将是一份重要的建议书；

（2）未来与之相关的所有建议书如果合并执行，将很有可能对环境产生重大影响（第 37B 款）。

建议者完全在自愿的基础上将某建议书提名为“战略建议书”。这样做对提议者的好处在于，被确定为战略建议书之后的建议书会被 EPA 宣布为“派生建议书”而无需进一步评价。部长可以为战略建议书的批准确定法律约束条件，但在部长宣布后续建议书为派生建议书后，这些条件才会生效。之后这些条件对于派生建议书同样具有约束力[第 45A（2）款]。截至 2006 年 6 月，已提名两项战略建议书，目前仍处于评价程序的最初阶段。

环境保护法对规划方案的评价规定了具体的条款。1996 年生效的法律修正案要求所有的法定城镇、区域规划方案和再发展方案及其所有的修正案都由相关部门提交到 EPA，由后者来决定是否依据正式的 EIA 程序来对其进行评价（Malcolm，2002）。相关的规划条例规定了何时以及如何向 EPA 提交相关材料。西澳大利亚规划委员会可以自行选择将基于 1928 年《城镇规划与开发条例》制定的规划政策声明提交给 EPA（WA EPA，2005）。

1.2.4 塔斯马尼亚州

塔斯马尼亚州资源管理与规划体系包括法律、政策和行政管理措施，旨在最终形成可持续性利用与开发该州自然资源的模式。资源规划与开发委员会在该体系中起到了核心作用，其职权范围包括对根据相关法律制定的政策和规划实施评价并编制报告。其中涉及的评价与审查涵盖以下内容：

- 根据 1993 年《州政策与项目条例》制定州立政策，内容涉及自然与物理资源可持续开发、土地利用规划、土地管理、环境管理、环境保护以及其他可能规定的事项；
- 依照 1993 年《土地利用规划与批准条例》实施规划方案草案的认证与批准、规划方案修正案草案的批准以及规划指令的发布；
- 根据 1999 年《水务管理条例》制定水务管理规划。

评价程序包括政策或规划的公示，还可能包括公开听证会。在政策或规划方案定稿前必须作出陈述。

根据 1994 年《环境管理与污染控制条例》，组建了环境保护政策审查小组以对环境保护政策草案实施评价。审查程序包括环境保护政策草案的公示、影响声明以及听证会。

根据 1995 年《海洋水产养殖规划条例》组建了海洋水产养殖规划审查小组，以对《海洋水产养殖发展规划草案》实施评价。审查程序包括规划草案的公示、环境影响声明以及听证会。

1.3 结论

澳大利亚在过去 30 年积累了丰富的 SEA 类评价的经验。这些评价是在一系列法律机制下实施完成的。有些评价在本质上是非正式的，普遍没有运用 SEA 术语。有些被认可为主流 SEA 的优秀范例，而另外一些则至多被当成"准 SEA"（Dalal-Clayton 和 Sadler，2005）。

在澳大利亚政府层面，战略评价是依照一系列法规来实施的。针对渔场评价制定的强制性条款尤为成功，部分可能归功于它的强制性，但也确实因为在某些情况下，这些条款方便了出口许可证的获取，并与受保护物种密切相关，从而在客观上提供了激励机制。

与之形成对照，基于 EPBC 法第 146 款的自愿性 SEA 条款至今都不能看成成功范例，因为自条款于 2000 年 7 月生效以来，只签署了两份 SEA 议定书，而且均未产生实质性成果。最近的该法修正案有助于消除提议者和政府机关的抵触情绪，促使他们将建议书提交给相关机构依据第 146 款进行评价。

即使抛开 EPBC 法去看，SEA 在一些领域也有相当不错的范例，例如对国家环境保护措施和澳大利亚对外援助计划的评价。

自然资源评价是成功的和创新性的战略评价得以实施并为广泛应用持续提供最优模型的领域。RAC 实施的评价和 RFA 部分程序的制定与区域海洋规划的编制一样成效卓著。DEH 试行的区域战略规划是另一个创新领域。

而各州与领地所拥有的战略评价方面的经验就显得很不均衡了。有些州具有一系列面向 PPP 评价的机制，而另外一些州和两个自治领地甚至连报告都无法出具。

无论在联邦层面上还是州—领地层面上，SEA 的未来发展方向都很有可能反映出 EIA 和其他环境法规将可持续性目标纳入进来的趋势。在不久的将来我们将看到 SEA 与可持续发展评价越来越趋近。

注释

① 受控活动是指需要得到 EPBC 法第 9 条批准后才能实施的活动。

② 2006 年《环境与遗产立法修正条例》（1 号）。

③ 环境与近海面积批准程序常务委员会是一个由工业部和环境部资深官员组成的委员会，定期召开会议以审查和解决两大部门在涉及近海石油与天然气勘探与开采方面职权范围交叠的问题。

④ 澳大利亚渔业管理局（AFMA）管理联邦各（商业）渔场。这些渔场位于距澳大利亚海岸线 3～200 海里的渔业水域（1 海里＝1 852 米，译者注）。

⑤ 欲求更多有关国家环境保护措施的信息，登录 NEPC 网站：www.ephc.gov.au。

⑥ （联邦）1994 年 NEPC 法，第 17 款。

⑦ 尽管 RAC 作为一个组织已于 1993 年解散，但 1989 年《资源评价委员会条例》并未废止。

⑧ 想要更为深入地解读澳大利亚各州与领地的 SEA 立法，参见 Marsden and Ashe（2006）。

⑨ 《环境规划与评价修正案》（基础设施与其他计划改良）建议书的第二次解读，2005 年 5 月 27 日。

参考文献

[1] Ashe, J. (2002) 'The Australian Regional Forest Agreement Process: A case study in strategic natural resource assessment', in Marsden, S. and Dovers, S. (eds) *Strategic Environmental Assessment in Australasia*, The Federation Press, Sydney.

[2] AusAID (2003) *Environmental Management Guide for Australia's Aid Program*, www.ausaid.gov.au, accessed June 2006.

[3] Dalal-Clayton, B. and Sadler, B. (2005) *Strategic Environmental Assessment: A Sourcebook and Reference Guide to International Experience*, Earthscan, London.

[4] Dargavel, J. (1998) 'Regional forest agreements and the public interest', *Australian Journal of Environmental Management*, vol 5, pp133-134.

[5] Environment Australia (2001) *Guidelines for the Ecologically Sustainable Management of Fisheries*, www.deh.gov.au, accessed June 2006.

[6] Keen, M. and Sullivan, M. (2005) 'Aiding the environment: The Australian Development Agency's experience of implementing an environmental management system', *Environmental Impact Assessment Review*, vol 25, pp628-649.

[7] Malcolm, J. (2002) 'Strategic Environmental Assessment: Legislative developments in Western Australia', in Marsden, S. and Dovers, S. (eds) *Strategic Environmental Assessment in Australasia*, The Federation Press, Sydney.

[8] Marsden, S. (2002) 'Strategic Environment Assessment and fisheries management in Australia: How effective is the Commonwealth legal framework?', in Marsden, S. and Dovers, S. (eds) *Strategic Environmental Assessment in Australasia*, The Federation Press, Sydney.

[9] Marsden, S. and Ashe, J. (2006) 'Strategic Environmental Assessment legislation in Australian States and Territories', *Australasian Journal of Environmental Management*, vol 13, pp205-215.

[10] McGrath, C. (2005) 'Key concepts of the EPBC Act 1999', *Environmental and Planning Law Journal*, vol 22, pp20-39.

[11] NEPC (National Environment Protection Council) (2005) *Annual Report* 2004-2005, www.nepc.gov.au, accessed June 2006.

[12] Sadler, B. and Verheem, R. (1996) *Strategic Environmental Assessment: Status, Challenges and Future Directions*, Ministry of Housing, Spatial Planning and the Environment, The Hague.

[13] Stewart, D. and McColl, G. (1994) 'The Resource Assessment Commission: An Inside Assessment', *Australian Journal of Environmental Management*, vol 1, pp12-23.

[14] WA EPA (Environmental Protection Authority of Western Australia) (2005) *Draft Guidance Statement No 33*, (June 2005), www.epa.wa.gov.au/accessed June 2006.

第二章　加拿大的战略环境评价

巴里·萨德勒
（Barry Sadler）

引言

加拿大的战略环境评价包括了一系列非法定程序，其中一些由来已久，而另一些则刚刚浮出水面。1990 年，加拿大成为率先推行有别于项目层面上环境评价（EA）的面向政府方针、规划和计划（PPP）的专门性正规 SEA 体系的国家。这一仅适用于联邦政府决策的程序要面对诸多越来越严格的审查，而当前它的发展受到诸多因素的影响。尽管已经或正在陆续推行其他战略程序，但到目前为止还未形成完全可操作性的省或地区级的类似程序。举例来说，旨在审查东海岸近海石油与天然气钻探的联邦联合 SEA 机制已到位；阿尔伯塔省正在推广作为累积效应管理工具的区域战略环境评价（RSEA）；而在其他司法管辖区域，类似的方法和要素也已就位或已提上日程。这一发展趋势，尤其是联邦体系和 RSEA 的未来面貌都成为加拿大战略环境评价圈子里热火朝天的讨论主题，而且还越来越成为全世界关注的焦点。

本章紧跟国际上法律、政策和实践方面的发展趋势，借鉴文献综述和布拉格学术研讨会上发表的论文和学术讨论内容，研究分析了以上议题和加拿大在 SEA 相关方面的经验。本章分为以下三个主要部分：

（1）SEA 在加拿大的发展背景以及在联邦和各省层面上使用到的框架和要素。

（2）对在国际上享有很高声誉和处于领军地位的面向加拿大政府 PPP 的联邦战略环境评价体系展开探讨。

（3）SEA 政策和方法的最新发展方向和尤其受到加拿大环境部长理事会（CCME）关注的 RSEA。

2.1　SEA 发展背景

加拿大 SEA 既包括正式程序，也包括土地与资源利用规划机制中的非正式程序。这是加拿大对国际通用的 SEA 方法的改良形式，尽管在美国（第四章）和欧盟成员国（第七章）的法律框架中还没有对等的程序[①]。本节将简要阐述加拿大 SEA 发展过程中的以下几个要点：

- 广袤的领土所具有的地缘政治现实以及联邦、省和地区各级政府之间在资源和环境管理问题上所体现出来的相互分立的司法管辖区域，这在 SEA 实施手段的交错混杂现象上有所反映；
- 由最初面向战略性焦点的 EA 演变为与仅适于指定项目的《加拿大环境评价法》有派生关系又与之并行而面向 SEA 独立体系的联邦条款；
- SEA 的这一体系和其他新近出现的体系与良好规范的国际潮流、经验和概念之间的关系。

2.1.1 地缘政治背景

在加拿大，环境评价与管理的相关权力与责任主要由两级政府分享，并分别由联邦政府、十个省和三个地区具体履行。所有这些司法管辖区域都已制定了仅适用于或主要适用于具体项目的 EA 框架，尽管有些区域的条款适用于某些规划或计划，例如安大略省（Gibson，1993）的等级评价或工业部门的区域影响（例如英属哥伦比亚省的鲑鱼养殖业）。另外，各类 EA 体系在很多自治市（例如渥太华首都圈）和加拿大北部原住民居住区均已到位（例如马更些山谷环境影响审查委员会）②。其他 EA 体系是通过联邦与各省达成协议的方式联合建立的，旨在当项目由相互交叠的司法管辖区域共同负责时在各方之间进行协调。这些协议规定了多种多样的 EA 程序和应用领域，尽管到目前为止国际公认的 SEA 框架与要素仍是这一司法管辖区域体制内相对受限的部分（Dalal-Clayton 和 Sadler，2005）。

2.1.2 SEA 的演变

关于 SEA 在加拿大的发展史，可以说是众说纷纭（Sadler，2005a；Noble 和 Harriman，2008）。有鉴于此，可以将其简单划分为两个相互关联的阶段，以联邦政府 SEA 正式条款的出台之日为阶段之间的分水岭。虽然这是个重要的里程碑，但也不失为一种策略，因为影响 SEA 的推行的诸多趋势和发展方向在具体项目评价的应用中继续发挥着作用。最值得注意的是，这些趋势包括出现了旨在解决累积效应问题的基于生态系统的区域尺度方法，这是在逐个项目的基础上对累积效应分析局限性作出的一种早期事实性回应（Sadler，1986）。一些人现在认为累积效应评价（CEA）是加拿大实践（例如，Duinker 和 Grieg，2006）的一个独特分支，是引入战略性区域尺度和预测形式化状况的一种手段（Sadler，1990；Noble，2003）。

2.1.3 SEA 的前身与原型 1973—1990

SEA 在加拿大形成之前有很多雏形，有些可以回溯到 1970 年代早期和中期。最早是于 1973 年根据内阁指令制定的联邦《环境评价与审查程序》（EARP），涉及项目和计划。然而实际上只有项目遵循 EARP 的规定，计划则排除在外。尽管如此，仍然在非正式基础上直接涉及战略议题，尤其是在联邦环境问询和北部地区与近海水域几个重要能源项目审查的第一阶段，这一阶段主要是在发展不完善和不完整的政策与规划框架下进行的。其中的一些程序在 SEA 这一术语得到广泛应用之前就已使其关键性雏形初具规模（Sadler，1986，1990）。专栏 2.1 概述了三个主要实例。

专栏 2.1 SEA 在加拿大的前身 1974—1984

加拿大北部几个重要的石油与天然气项目的环境影响审查和公开征询是将战略尺度引入 EA 程序过程中的关键影响因素。早期环境问询和审查程序涉及相关政策与规划议题：

- ❖ 马更些（Mackenzie）山谷管线问询（1974—1977）为影响评价的范围和程序确立了早期和持久的基准，包括为北部地区整整一代人的发展铺平道路的政策与规划审查。因关键性建议而得以推迟修建管线以解决原住民的居住权诉求、牢固树立土著居民的权利以及放弃在北育空地区连接跨区管线并将该地区划为原野保留区等（Berger，1977）措施都对公共政策产生了重要影响，而加拿大乃至全世界鲜有其他环境审查项目能取得这样的成绩。
- ❖ EA 专门小组对在作为高纬度北极区独特生态系统的兰开斯特海峡实施的勘探性石油与天然气钻井项目执行审查程序时意识到："一项有意义的评价……不能'脱离影响该地区开发利用的各方面的广泛议题'来实施，而要求'对比所有政策方案的优缺点'"（FEARO，1979）。在推迟联邦政府的裁定之后，审查组敦促联邦政府"尽快构建兰开斯特海峡地区的最佳开发利用模式"，从而启动了一系列冗长拖沓的规划程序（Jacobs 和 Fenge，1986）。
- ❖ 对波弗特海石油与天然气生产和运输实施的 EA 审查（1982—1984）的范围前所未见。它涉及在定义的早期阶段多组分建议书的效果和潜在议题，包括一系列潜在的替代方案和模式以及政府对发展实施管控的潜力，要求具体机构作出相关政策与计划的声明（FEARO，1984）。这一称为概念审查的训令及其执行为发展政策的战略环境评价及其在北部地区土地利用规划中的区域融合树立了一个强有力的范例（Sadler，1990）。

1980 年代中晚期，预示着 SEA 即将出现的一些方法要素在专门针对东西海岸近海能源开发项目实施审查的 EA 小组审查程序中已有明显体现，如今当有新的地区对租赁开放时，都要遵守 SEA 的规定。最值得注目的先例是由加拿大政府和不列颠哥伦比亚省（1986）联合授权组建 EA 专门小组，对重新开始的西海岸近海勘探活动产生的潜在环境与社会经济影响实施为期两年的审查。虽然焦点集中于规章条款和活动得以进行所需的条件，这实际上是一个涉及面覆盖大面积大陆架（大约 75 000 km^2）的区域评价，援引了诸多文件（而不只是一份影响声明）并建议专门划出影响隔绝与保护区（尽管目前仍缺乏资源规划或管理策略）[③]。其结果是开发活动中止的禁令并未解除，而几乎 20 年以后，在迄今为止有可能是在当前联邦 SEA 体制下实施的最为冗长的程序中，同样的议题和措施（以非同寻常的连续性）又重演。

2.1.4 SEA 的条款与前款 1990—2007

加拿大最初于 1990 年颁布了 SEA 的正式条款，作为联邦 EARP 综合性改良的一部分。根据这个一揽子条款，EARP 由仅适用于指定项目的《加拿大环境评价法》（颁布于 1992 年，于 1995 年生效）所取代，而根据有关政策与计划（直到此时虽原则上包括在 EARP 之内，但实际上被排除在外）建议书的内阁指令[④]，构建了单独的 EA 程序[⑤]。这一新程序基于这样一个前提，即政策评价所要求的程序与项目评审所要求的程序完全不同，且提供了一个“在很大程度上得到加强的渐进性”方法。此时，上述前提中的第一项预设命题得到了加拿大评价圈的支持，因此也就得到了其他建立了非法令性 SEA 专有体系的国家的支持（Sadler 和 Verheem，1996）。至于渐进性方法，其希望在很大程度上寄托于 SEA 能施用于向加拿大最高行政决策机关即联邦内阁提交的政策与计划建议书。

20 年以后再回过头来看，很明显这一体制并未实现其当初对满足程序要求或完成政策目标的期望（见下节）。在过渡阶段，一直少有措施来强化支持力度或强化 SEA 程序，对此，Wilburn（2005）和在布拉格学术研讨会上做过陈述的加拿大联邦官员都深表赞同。关键性发展包括：

- 1999 年《关于政策、规划和计划建议书的环境评价的内阁指令》是对原先的指令的修订，旨在当有必要实施 SEA 时提供更为明确的背景和指导。
- 《内阁指令实施指南》更新了 1993 年的“蓝皮书”，以提供有关程序的详细信息，例如范围、公众参与和文件。
- 2004 年《关于政策、规划和计划建议书的环境评价的内阁指令》是对上一版本的进一步修正，以强化透明度和部门责任，尤其是 SEA 成果的公开报告。

作出以上改变在很大程度上是为了回应对联邦政府部门在执行要求和实现 SEA 指令目标方面的绩效实施的独立审核与稽查。最具权威和影响力的是依据审核员基本法（1995 年修订版）行使职权的环境与可持续发展议会委员（CESD，1998，2004，2008）出具的报告[⑥]。委员对 SEA 的专注来自于涉及面更广的战略性方面的担忧，即政府没有很好地利用当前旨在提供有关拟议活动的环境与可持续性效应方面信息的决策制定工具。这还反映出对 SEA 作为在最高层面上解决这些问题的手段所具有的重要性的特别认可。然而 10 年过去了——也许更长，如果把早期的审查也算在内的话（CEAA，1996；LeBlanc 和 Fischer，1996）——我们发现大部分联邦政府部门与机构在遵守内阁指令上一直乏善可陈，而在 SEA 的运用和将其成果融入决策制定过程方面又能力不足和缺乏创见（见专栏 2.2）。下一节将会对这些基本不足之处和其他议题一起进行深入分析。

专栏 2.2　环境与可持续发展议会委员（CESD）实施的 SEA 审核的关键结论

议会委员已对联邦政府部门和机构在遵守 SEA 和绩效方面执行了四次审核。其标题性结论的简短评注对 SEA 实施方面的进展给予了一个相对暗淡的概括性描述：

- （分别于 1998 年和 2000 年实施的）SEA 的最初审核是相对有限的调查，以作为对 EA 合法运用的大范围审查的一部分。1998 年的审核确认了指令执行过程中的重大缺失，而 2000 年的追踪调查则“未发现明显改善的迹象”，尽管 1999 年发布了修订过的指令。
- 2004 年的审核是第一次对选定的联邦政府部门和机构进行深入的跨政府部门 SEA 管理与实践。这次审核发现大多数部门仍未作出“实质性努力”来执行指令，也不能保证战略建议书的环境影响得到了系统评价。部长也缺乏充足的信息来作出深思熟虑的决定。
- 最近一次的审核（2008 年）报告了在 2004 年审核报告中提到的不足之处并未得到令人满意的改进。尽管有一些进步，但在责任与透明度方面仍发现有基本缺失；强制履行责任与义务的机制没有到位；大多数部门也没有按《内阁指令》（2004 年修订版）的要求准备对其评价作出公开声明。

2.2 联邦SEA体系

总的来说，如上所述，加拿大联邦层面上SEA实施方面的总体形势不太乐观，与要求实现的目标还有一段差距。至多可以这样说，进展缓慢且不均衡，SEA的具体实施质量与结果存在严重问题。然而联邦SEA体系，如同其他体系一样，是多层面的，而非单体式结构，既有优势也有弱势，既有可以被认为是创新性的机构特点，也有对应于国际认可的良好规范的方法要素。本节主要分析SEA体系的特点及其应用，着重于SEA的框架、程序与结果及其与决策制定过程之间的关系，以及推而广之，与环境健全和可持续的发展之间的关系。这一分析借鉴最新的信息来源（Sadler，2005a），修正了以前对联邦SEA体系的评估（CESD，2008）。

2.2.1 基本原则：政策制定过程的目的、范围和作用

《内阁指令》以期许的语气拟定了SEA的主要目标，即具有潜在环境效应的PPP计划建议书应与政府作出的可持续发展承诺得到一视同仁的对待（加拿大政府，2004）。同样期待的是SEA"在同等基础上对政策、规划和计划的制定与对经济或社会分析均作出贡献"，以及"环境因素应完全与……拟定的方案相结合"以利于决策制定（加拿大政府，2004）。做到这些，政府就认为联邦部门与机构将能够更好地实现那些所谓的二级目标，包括使拟议活动的正面环境效应最大化而负面环境效应最小化；实施可持续发展战略；把注意力转移到潜在环境义务上以节省时间和金钱；以及适合在战略层面上解决的问题就不放到项目层面的评价当中来解决，以简化流程（加拿大政府，2004）。前面列出的是加拿大和其他很多国家共同确立的颇为典型的SEA职能。

有鉴于此，SEA与可持续发展战略之间的联系就显得尤为重要了，它预示着SEA在决策制定过程中的潜在重要地位。其他框架很肯定地认可SEA为对可持续发展产生实效的一种途径，尤其是欧盟指令（见第七章）。可以论证的是，根据加拿大体制，即联邦部门和机构有法定义务来制定可持续发展战略并每三年修订一次，使得这一层关系更为清晰，而非指向不明。此外，1999年对《内阁指令》作出的修正旨在强化SEA在推动和实施战略过程中的作用，而这一关系则是与之相伴的方针政策中反复出现的主题。然而实际上有关这一内容的导则在用词上更具劝诫性，而非建议性，对于具体建议书的战略环境评价是否应当或者可以与部门政策和可持续发展的优先性联系在一起这一问题甚少给予指导。这就使SEA在致力于发挥其政策性功能的过程中失去了实现其专门的实质性的作用。

与政府决策程序相关的SEA应用范围同样体现出其政策作用与意义。仅要求对向内阁或个别部长提交的具有潜在重要环境效应的PPP建议书实施SEA，尽管各部门和机构"在情况允许时"（例如协助完成可持续发展目标或消除公众对环境问题的忧虑）也同样被"鼓励"去为其他选定建议书实施评价（加拿大政府，2004）。因此尽管受到诸多限制，加拿大SEA体系仍被置于联邦决策制定程序的顶端，使其在世界范围内有别于其他大多数体系（Sadler，2005b）。最为突出的是，SEA成为与备忘录一道向内阁提交的文件的一部分⑦，而且乍看之下，SEA所处的这一位置使其正好对得到批准的最高级别重要政策和

计划倡议施加环境影响。其宣称，为与有关内阁保密性的宪法公约保持一致，这一程序是机密的，而所谓SEA的影响力也只是利用间接信息作出的一种推测——以上这些都暗示其对决策过程的影响是很有限的（Sadler，2005a）。

2.2.2 体制框架：SEA条款、要求和义务

前面已经提到，SEA条款是依照《内阁指令》（于1990年颁布，2004年修订）制定的。加拿大联邦体系的非法定基础是对渥太华政策圈子所强烈表达出来的忧虑的一种回应，也是对萦绕在流向内阁的信息周围的神秘性与敏感性气氛的一种回应。虽然指令在出台时还颇具意义，但这一方法在确保各部门执行SEA条款时能够切实遵行并承担责任与义务方面被证明为一种无效手段。尽管在1999年和2004年有过两次修订，并且有完善的指导，这些基本职能在指令框架下仍未得到执行，环境与可持续发展委员会的最新研究成果可以为此提供佐证（CESD，2008）。在指令出台17年之后，这些职能的缺失预示着需要进行一场根本性改革，在本书编写之际，一项机构授权的相关评价正在进行当中。

目前成文的指令是一份简短的一页纸的文件，为联邦部门与机构实施PPP建议书的战略环境评价规定了基本的责任与要求。此外它还为联邦机构与部门确立了明确的义务，责令它们遵照部长和枢密院官员等社会服务部门的负责人签发的书面命令来遵守指令中的条款。照这样说，似乎可以合情合理地假定指令具有约束性和准法律效力。然而，事实却是另一回事。指令用语是概略性和非强制性的，以部长的期许和应予完成哪些事项的语气表达出来（唯一的例外是以法令方式规定部门和机构"应制定一份公开声明"），没有一种核心机制来确保不遵守条款时应承担相应的责任，或责令机构和部门作出有限的承诺。

实际上，指令是一种除了自我约束性责任以外没有明确的质量控制核心的体制框架。支持与援助的责任和义务都摊派到一系列参与制定指令的部门中去了，主要是加拿大环境署（提供专家意见）、CEAA（加拿大环境评价局，提供指导与培训）和CESD（审查遵守情况与绩效）等部门。而且没有一个部门拥有执行权（尽管议会委员的报告责令受审核部门给予关注和响应）。枢密院办公室（PCO）作为核心的权力中间机构，已经拒绝了议会委员委托其带头组建权力机构以监督遵守情况和评价质量的建议（CESD，2004）。这种状况即前面提到的SEA的遵守与责任方面存在的基本缺失一直迁延至今（见专栏2.3）。

专栏2.3 SEA的遵守与责任：CESD的研究成果

1998年、2000年和2004年，CESD审核确认职能的明显缺失和面向SEA的低水平承诺归因于"资深管理层不充分的承诺、核心所有权的缺失、没有分配责任与权力来确保评价程序的质量与连贯性"。对于2008年的追踪审核，CESD期望找到一个可接受的责任框架，涵盖"明确的作用和责任、明确的绩效期望值、可信的报告以及合理的调整与审查"。审核中发现，很多受到检查的部门和机构没有取得令人满意的进展。尤其是它们"没有在提交给议会的文件中提供关于其遵守《内阁指令》的信息。而那些提供了SEA执行情况信息的部门，其大部分信息都不足以证明其遵守了《内阁指令》"。

来源：CESD，2008。

2.2.3 SEA 实施程序的基本原则和指导

对《内阁指令》作出补充的是准则，它对如何在实施 SEA 的同时承担义务和满足要求这方面对联邦机构和部门的政策分析家与资深管理者提供建议。在短短九页的篇幅里，准则只提供了一些关于实施《内阁指令》的基本要点的简短介绍。虽然可以称得上简洁，但 SEA 的执行人员觉得这份加拿大指南在细节方面实在是着墨甚少，尤其是与其他国家发布的指南相比较，而且也没有明确限度、规则或框架来鼓励机构和部门润色其文件以支持其开发 PPP 的需求（加拿大政府，2004）。

涉及的关键领域包括指导原则、分析环境效应的程序与方法、了解公众的关注焦点和文件以及研究成果报告。其他方面包括不要求实施建议书战略环境评价的“特殊案例”（紧急响应、紧急事件或以前评价的议题）、作用与责任的总结以及解释性定义。关于最后一点，有两方面值得注意：环境效应的广义定义，例如包括健康与社会经济条件[⑧]；对作为涵盖政策、规划和计划的专业术语的政策评价的运用（实际上并没有定义或区分这些手段）。

专栏 2.4 SEA 的指导原则

在实施《内阁指令》时，联邦机构和部门应遵循以下原则:

- ❖ 尽早融入：在建议书的概念性规划阶段的早期，不可逆的决策制定之前就应该将对环境因素的分析完全融入 PPP 的开发中。
- ❖ 检查替代方案：最重要的一个方面就是在新 PPP 开发过程中对有助于确认修正或改变如何……减少环境风险的替代方案所产生的环境效应予以评估和比较。
- ❖ 灵活性：机构和部门在确定它们将如何实施战略环境评价时可以自行决断，并鼓励它们在适当情况下调整和改善其分析方法与工具。
- ❖ 自评价：每个单独的部门和机构都有责任适时地将战略环境评价应用于 PPP，确定应如何实施评价、执行评价并报告有关评价的结论。
- ❖ 适当的分析水准：潜在环境效应的分析范围应与预期效果相匹配。
- ❖ 责任：战略环境评价应是联邦政府范围内开放的负责任的决策制定程序的一部分。应适时地通过将受影响的个人与社区纳入进来以及编制文件和建立汇报机制来推动责任机制的形成。
- ❖ 现有机制的利用：机构和部门应利用现有机制来实施环境效应分析，必要时邀请公众参与，评估绩效并报告结果。

来源：加拿大政府，2004。

导则主要由七项核心原则组成（专栏 2.4）。如上所述，这些原则是在大方向而非用词上与国际影响评价协会（IAIA，2002）发布的国际上认可的报告如 SEA 执行基准保持一致，主要是提倡尽早与政策或规划开发相结合、对替代方案的检查、适当的分析水准以及将责任融入有关方的开放程序。这四项原则是实现良好规范的手段，如果实施得当，则可以引出其他三项原则，即灵活性、自我评价和对现有机制的运用（强调机构和部门在实施评价过程中的判断力）。在这种情况下，使工具适应并运用于特殊情况的灵活性就得到了SEA 文献的认可；自评价在一些人看来更像是一种自我说明而非大多数 SEA 体系中规定的核心原则，但很少有人会提出反对意见；在联邦政策背景下和特殊的内阁备忘录程序范围内，激励机构和部门利用现有的机制作出分析和报告是有道理的。一如既往，真正的考验是根据原则来实施符合需要的评价。

2.2.4 SEA 程序与方法

加拿大导则强调不存在什么“最好”的方法，并鼓励部门和机构“运用适当的框架和技术手段来开发适应其特定需求的方法”（加拿大政府，2004）。这就概括出了它的普遍准则，即灵活性（适用于不同的政策背景）、实用性（可被非专业人士应用）和系统性（基于清晰的逻辑分析）。导则还断定，对于政策分析家而言“真正的挑战”是以更广阔的视角来看待建议书及其与环境的相互关系，以及将 SEA 与持续进行的经济与社会分析相结合，而非仅把它当作附加的或单独的程序来实施。这些论述与有关 SEA 方法的主流文献的观点一致。

导则中概述了分为两个阶段的 SEA 程序，包括确定一份建议书是否有可能产生重大环境影响的初审，如果必要的话，再作进一步详细分析。初审是非标准化筛选程序，旨在利用矩阵、清单和专家意见，并依据专栏 2.5 列出的基准来确认“战略考虑”。原则上说，这一方法似乎更适合在联邦评价程序中发挥作用，且与导则所提倡的灵活性方法相一致（在对难以确定直接后果的范围很广的政策倡议实施初审时尤其需要这一方法）。然而其应用既不恰当，也不具有连贯性。根据最近的一份报告显示，自 2004 年以来，在由受审核的 12 个部门和机构筹备的建议书中，只有不到一半完成了初审，其中有些部门筛选的建议书不到其总数的三分之一，而系统并没有适当地对要求实施详细评价的 PPP 予以确认（CESD，2008）。

专栏 2.5 实施初审的基准

- ❖ 建议书所产生的结果对自然资源的影响既有正面的，也有负面的。
- ❖ 建议书会产生已知的直接后果或可能的间接后果，可能会对环境造成不可忽视的正面或负面影响。
- ❖ 建议书所产生的结果有可能会影响环境质量目标[例如减少温室气体（GHG）的排放量或保护濒危物种]的实现。
- ❖ 建议书有可能会影响那些需按加拿大环境评价法或等价程序的要求接受项目层面环境评价的受资助活动的数量、地点、类型和特性。
- ❖ 建议书包含一项具有重要环境意义的新程序、技术或送货协定。
- ❖ 建议书的级别或时间选择可能会引起与环境的重大相互影响。

来源：加拿大政府，2004。

对于有着潜在重要环境效应的建议书，针对每一项提出的政策或规划方案都要实施详细和重复的分析。如图 2.1 所示，这一过程应涉及五大主要因素：潜在环境效应的范围和特质；缓解措施的必要性/提高的机会；残留效应的潜在意义；监督与追踪调查的必要性；了解公众和相关方的关注点。在对效应进行评价和确定工作强度级别的过程中需要纳入的关键基准包括量值、频率、地点和风险。这一程序大体上与用于质量控制的国际公认步骤和措施一致。然而，前面提到的方法与责任机制存在着缺失，这意味着相关部门和机构在制定导则时有很大的灵活性和自主权。往最好了说，就是程序应用和分析的质量发展不均衡。往最坏了说，各部门还没有准备对诸如危险废物进出口这样具有潜在重要影响的建议书实施详细评价（CESD，2008），因此削弱了 SEA 的基本意图。

初审
• 确认资源或环境质量建议书或政策的直接和间接后果； • 确定这些后果是否会产生潜在重要环境影响

>>如果否，完成进一步程序
>>如果是，进入下一阶段

环境效应分析
• 描述建议书实施所产生的潜在影响的范围和本质； • 考虑实施缓解措施的必要性以减少或消除这些影响； • 描述短期和长期残留效应的范围和本质； • 考虑实施追踪措施以监督其对环境产生的效果，或确保实施过程对政府可持续发展目标起到支持作用； • 为决策者确认受影响的各相关方的关注焦点

来源：加拿大政府，2004。

图 2.1 加拿大 SEA 程序

2.2.5 公众关注与文件编制

导则将大量的篇幅给了这类内容。潜在环境效应分析应适时地确认那些最易受影响的人群、其他利益相关方以及大众的关注点。了解到这些将有助于以多种方式提高决策制定的质量和可信度，例如因对进一步分析的需求而避免了延误，以及随着过程的推进而逐渐提高可信度和信任度。涉及公众关注的信息来源包括社会与经济分析、利用现有机制实施的持续的公共咨询、专业部门和机构以及机构外的专家和组织。如导则中所述，公众与相关方的参与只是确认受影响的人群和其他利益相关方的关注点的途径之一。乍看之下，公众参与在其他 SEA 体系中的作用更直观，而在很多应用案例中完全不存在公众参与，虽然也有一些著名的范例接近或超过了良好规范的国际标准（Sadler，2005a，专栏 2.6；Noble，2009）。

对《内阁指令》作出的最近一次的修订（2004 年）旨在加强 SEA 程序的透明度，还包括一项要求，即实施详细评价后需要起草一份环境效应公开声明。公开声明旨在表明决策制定过程中考虑到了环境因素，以及陈述建议书的结论。不要求准备一份单独的或专门的报告，相反，“声明应与现有报告机制在最大程度上整合在一起”，其内容与范围应反映出每一份建议书的细节（加拿大政府，2004）。事实上，公开声明概述了任何随备忘录提交到内阁的 SEA 报告（所有此类文件都是机密的）。然而对于某些建议书，尤其是那些有着严重负面影响或会引起公众关注的建议书，部门或机构“可能会选择”据此发布一份更为详细的报告，作为对环境效应公开声明的补充。无论是哪种情况，加拿大的相关程序都要比其他大多数 SEA 体系所要求达到的水平要低，甚至连最低标准都没有达到[⑨]。

专栏 2.6　SEA 良好规范：不列颠哥伦比亚省近海石油与天然气开发项目政策性延期的公开审查

联邦导则要求公众在 SEA 中的参与程度要与“作为建议书的一部分而在进行当中的”（加拿大政府，2004）任何活动相匹配，而在很多情况下根本没有这样的活动。实际上对公众参与讨论得最多，而在联邦 SEA 体系中却应用得最少，虽然也有一些例外。一个良好规范的实例是关于不列颠哥伦比亚省近海石油与天然气开发项目延期（于 1970 年代早期强制实行，自此受到一系列环境审查）的“扩展性” SEA。这一程序是作为多阶段独立公开审查来实施的，包括以下内容：

❖ 科学评议：由一个独立的专家小组根据预防原则来实施科学评议，以评估和报告相关信息和认识差距以及它们对近海石油与天然气管控的意义。
❖ 公开听证会和咨询：由审查小组召开听证会，以详细讨论有关环境与社会经济议题的各类观点和关注点，这些议题涉及延期裁决和联邦 SEA 导则中概述的五步骤程序。
❖ 第一民族约定：通过单独的、自主推动的对话来探讨与海岸地区原住民密切相关的话题，尤其是他们以传统方式对海洋资源的利用以及任何潜在的侵害行为。

来源：加拿大自然资源部。

最近的 CESD 审核情况表明，大多数受到审核的部门和机构“都不符合指令的公开报告要求”（CESD，2008）。议会委员在实施审核的过程中期待部门和机构公开报告其所有详细评价的结果，而且这些公开声明“足以使相关方和公众确信环境因素已经得到了妥善考虑”（CESD，2008）。然而，12 个接受审核的组织中有 5 个还没有发表任何关于其详细评价的公开声明，而只有 3 个组织完全遵守了指令条款。此外，很多声明都不完整，没能确认一份建议书的潜在环境效应或确定如何在决策制定过程中考虑到这些效应。作为对上一次审核结论的回应，联邦政府作出承诺，要建立一个关于其详细评价声明的易于登录的核心公共注册体系，而这次审核发现这方面的进展不令人满意（CESD，2004）[⑩]。只有少数部门能够链接到 CEAA 的官方网站（www.ceaa-acee.gc.ca），至于自 2004 年以来完成的所有详细评价，公众则只能接触到这方面不到四分之一的信息。以任何合理的标准来衡量，这些统计数据说明有关 SEA 的内阁指令的执行甚至连最基本的透明度测试都没有通过。

2.2.6　SEA 质量与结果

联邦政府在程序上的不足和 SEA 应用上的发展不均衡都预示着加拿大 SEA 的应用很难取得高质量或积极的结果。有一个好的程序并不能担保就会有好的结果，而一个差的程序则一定不会有好结果。有鉴于此，环境效应的公开声明可以作为对输入到决策制定程序中的资料的质量记录的主要档案，尽管前面提到了，它提供的经常是随同备忘录一起提交给内阁的有关 SEA 报告的二手不完整信息。作为首要决策文件，备忘录的分析性章节应当包括对 SEA 结果的讨论，并陈述 PPP 如何与部门的可持续发展战略联系在一起，随同备忘录提交的 SEA 报告中包含有更多的细节（加拿大政府，2004）。实际情况是否如此只能去推测，但回顾十多年前，找出来的间接证据则表明我们很难对此持乐观态度（CEAA，1996；LeBlanc 和 Fischer，1996；CESD，1998）。

最近因 CESD（2004，2008）实施了独立审核，而使得有关联邦政府内 SEA 实际操作质量与效果的话题吸引了更多的关注。例如 2004 年议会委员报告，大多数情况下，机构和部门不知道它们实施的评价是如何影响作出的决策的，也不知道最终会对环境产生什么样的影响；报告还提到，很难保证环境议题得到了系统的评价，也很难保证部长和内阁接收到了充足的信息，使得他们能够对摆放在他们面前的建议书作出深思熟虑的决策。四年之后，SEA 实际操作的基础成分几乎未见改善，使人们难以改变原先得出的结论。此外议会委员会还报告，公开声明“通常不包含足够的信息以确保……环境因素已经整合到决策制定程序中，亦即（指令的）既定目标未能实现”（CESD，2008）。某些人可能更愿意把这当成 SEA 体系破碎而又不值得修补的墓志铭去读。

2.3 SEA 其他方面的发展

尽管联邦体系的可信度令人怀疑，加拿大国内对 SEA 的兴趣仍在持续升温，尤其是对区域层面上的空间方法更是偏爱有加。RSEA 或相关领域有大量的计划和活动正在策划和进行当中。大体上按其发展顺序排列如下：

- 基于加拿大环境评价法的区域评价条款；
- SEA 在联邦—省近海石油与天然气联合管控体系中的作用；
- 生态系统评价在综合性海洋规划与管理中的应用；
- 作为阿尔伯塔省土地利用规划一部分的 RSEA 的颁布；
- CCME 的 RSEA 工作组。

2.3.1 联邦区域评价的自愿性条款

最近，依照《加拿大环境评价法》（颁布于 1992 年，于 2003 年修订）第 16.2 款，为区域研究制定了以下自愿性条款：

“联邦机构可能在该法管辖范围之外参与该地区未来可能实施的项目，在对该区域项目实施环境评价的过程中，尤其是在分析可能由该项目和其他已经实施或将要实施的项目或活动合并产生的累计环境效应时，可能会考虑针对项目的环境效应得出的研究结论。”

在支持项目环境评价以解决由来已久的累积效应问题这一过程中，该研究的潜在作用很明显，运用到了目前加拿大实际操作中所没有的叠加方法。对于是否要或者如何应用这一方法，目前还不清楚。作为自愿性条款，第 16.2 款可能缺少明确的启动环境评价的要求，而且在承担一项在法律管辖范围之外实施的区域研究所需具备的基础，及其随后与受法律约束的项目之间的关系等问题上含糊不清。对于实施一项“可能会被加以考虑的”区域研究的责任当局，似乎很少有甚至不存在激励机制，而且（以我所能确信的程度断言）也没有关于这一问题的补充指导或非正式建议。举例来说，怎么理解“对某地区未来可能实施的项目所产生的环境效应进行的研究”（范围与内容）；哪些联邦程序有资格成为满足实际需要的手段；以及如何将其结果进行叠加或以其他方式加以考虑（以减少或消除在项目层面上解决累积效应问题的需求）。在本书编写的同时，这一有待讨论的条款似乎还没有什么明确的用途，尽管一项旨在支持波弗特（Beaufort）海近海石油与天然气开发计划的区域环境评价示范性试验项目正在进行当中。

2.3.2 近海石油与天然气勘探与开发联合机制

过去 10 年，由新斯科舍省和纽芬兰省分别建立的近海石油委员会组建的联合会实施了几次评价。这些委员会是独立管理机构，其责任之一是在近海石油勘探与开采活动的各个阶段确保环境得到保护。SEA 用以在向勘探竞标活动开放海域之前确认环境问题，例如在对 Eastern Sable Island Bank、Western Banquereau Bank、Gully Trough 和 Eastern Scotian Slope 等拥有包括重要鱼类栖息地在内的重要生态物种的地区发放开采权许可证时实施 SEA（CNSOPB，2003；CNSOPB，2005）。该评价的程序基本遵守《内阁指令》的要求，可以登录网站（www.cnsopb.ns.ca）获取评价文件。对 SEA 覆盖地区的所有后续项目，包括地震勘测计划和勘探性钻井活动在内，仍要求依照《加拿大环境评价法》实施针对具体项目的环境评价，其中要涉及叠加法（尽管和其他地方一样，这方面 SEA 实际操作带来的实际收益要少于预期）。根据这一经验，魁北克州政府正致力于从圣劳伦斯河入海口与圣劳伦斯湾西北内湾开始对近海石油与天然气勘探和开发项目实施 SEA 程序（BAPE，2004）。

2.3.3 大范围海洋面积生态系统评价

在联邦层面也有一些与 SEA 相当的空间直观程序在《内阁指令》管辖范围之外得到应用（Sadler，2010）。最著名的也许是《生态系统概述与评价报告》（EOAR），即渔业与海洋部（DFO）实施的海域全面规划与管理综合程序的初始步骤（DFO，2005a）。其部分目的在于了解各类活动对大范围海洋管理面积（LOMA）的生态系统功能和特性产生的累积影响。EOAR 尤其提供了有关生态系统状态与趋势的基准信息，确认了具有生态意义的区域、物种和特征，在驱动力—压力—状态—影响—响应（DPSIR）框架内分析了各类活动和应激源产生的威胁和影响，并分别从恶化与损耗的角度描绘了有重要意义的区域和物种以及影响路径。这一程序吸收了重要生态系统组分（DFO，2004）中具有相对重要性的最佳估算生态系统科学知识，以证明与人工合成 LOMA 规划（例如针对面积达到 325 000 km^2 的新斯科舍省近海区域东斯科舍陆架的项目）（DFO，2005b）制定过程中需考虑到的相互关系。在本书编写之际，其他的 EOAR 还不完善，现在就确定它们将在何种程度上对生态系统结构、资源生产力和环境质量受到的累积威胁这一问题提供令人满意的解释还为时尚早。

2.3.4 阿尔伯塔省 RSEA、土地利用规划和累积效应管理

目前阿尔伯塔省政府正致力于推行 RSEA，作为对其土地利用规划和环境评价与管理体系实施的全面革新计划的一部分。这项改革是对逐渐加速和强化的开发活动，尤其是在时间和空间上集中对阿尔伯塔省油砂资源实施重大开发项目所产生的大范围环境影响足迹作出的回应。RSEA 被当作是一种主动性手段，旨在通报为累积效应管理提供框架的区

域土地利用规划的制定情况。如同 CCME 方法（见下），借助空间直观模型、方法和决策支持工具[11]，RSEA 将被用来分析和比较各类开发方案，以确认那些将实现"根据公共价值（协定）[12]来衡量的可持续性区域结果和（或）目标"。在 RSEA/规划程序的前期，累积效应评价开始之前，将参考有关环境现状、社会与经济发展趋势、公共价值和优先权的基准信息来确认优先发展路径和结果，反映不同的区域背景和阈值。这一程序实施起来将是一个挑战，但必定会为土地和资源利用的发展与合乎环境要求的分区提供全面指导（重新塑造阿尔伯塔省 1980 年代初抛弃的框架）。最后，它还应有助于降低项目评价与管理的重复性和无效性，尽管它是否能按人们希望的那样消除这一层面上处理累积效应问题的需求还是一个很大的问题。

表 2.1　加拿大 SEA 概况

主要趋势和议题	加拿大是世界上第一个建立完全独立的、专门的 SEA 体系的国家，利用非法定框架来确保其在联邦政策与规划中的应用。自此之后，SEA 在应用方面的成绩一直不佳，表现为在遵守规定和为决策过程献计献策方面存在着最基本的和持久性的不足。基本议题主要在于是否应该改进这一程序以及如何改进
主要观点	联邦层面上的 SEA 条款是依照《内阁指令》制定的，由关于如何实施 SEA 的指导性文件加以补充，简单陈述有关如何执行 SEA 并使其适应各种情况的基本要求和一般建议。 SEA 体系的核心潜力在于其在最高层面决策中的运用，及其与法定可持续发展战略（基本没有实现）之间的联系。 审核结果表明，大多数部门和机构都存在以下问题：在 SEA 方面作出的承诺水平较低；确保透明度和责任的体系存在持续不足；SEA 应用上缺乏连贯性；报告和追踪评价方面存在不足；以及缺乏监督和执行机制。 这些缺陷降低了 SEA 的质量和效果。无法保证 SEA 体系能为内阁或部长提供决策程序所需的信息
关键教训	制度弱点源自于 SEA 是不承担法律义务的，而仅仅满足最低标准的行政管理的基本要求，这样的体制仅在执行机构作出承诺，且在环境上负责时才起作用。 遵守规定方面的水平这样低，反映出缺乏确保透明度、责任和质量的核心机制。 仅能对决策过程提供最低限度的帮助这一事实削弱了实施 SEA 的基本目的，损害了政府的环境与可持续发展政策
未来方向	在联邦层面上对 SEA 进行立法改革——现有体系功能失常且行将就木。 在全省和全国建立机构和培养技能以支持不断涌现的 RSEA 程序

2.3.5　朝着全加拿大共同实施 RSEA 的目标迈进

作为跨政府机构，CCME 的环境评价工作组（EATG）已认可 RSEA 为第一要务（CCME，2007）。认识到联邦和省级机构正考虑或应用一系列概念、方法和行动，EATG 发布了有关实施这一方法的基本指导原则（CCME，2009），旨在为 RSEA 实际操作建立一个固定的程序与方法框架（Noble 和 Harriman，2008）。鉴于 CCME 这一命令的强制性，这一推力必然会通过阐明该方法的好处而加快 SEA 的发展进程，尽管其缺点在于没有关于如何实施这一方法或持续操作等方面的建议。它的局限性还在于拟议程序要求过高，在某些从业者看来可能方法上太过繁杂[13]，尽管另外一些人不这么看，他们认为实施过程中强调了工具的使用，推动了国家潜力的提升（PRI，2005a，b）。

2.4　结论

作为第一个为 SEA 制定具体条款的国家，加拿大被国际公认为程序改革中的领头羊。通过建立非法定程序，联邦政府致力于确保 SEA 能够灵活地适应高层次政策与规划的背景与内容。尽管这一原则引起学术界的共鸣，但在过于依赖支持者良好信誉的行政管理框架下，加拿大联邦政府的实践经历暴露出其法规不严和绩效不佳等大量问题。实际上，独立审核结论证明，很多部门只针对 SEA 作出了低水平承诺，而在应用没有明确责任确保机制的程序时又存在持续性不足的问题。鉴于这些缺陷，很多已完成的评价的质量及对决策过程能起到的作用很值得商榷。

SEA 的联邦体系如今站在了一个十字路口上，《内阁指令》的形式和结构都有待评议。联邦官员，包括那些参加布拉格学术研讨会的人在内，理所当然地指出这一体系的积极面，比如良好规范的范例、用以强化《内阁指令》的行动以及有关其实施的指导。尽管有这些举措，SEA 的历年成绩记录所体现出的改进实在乏善可陈，可以说是停滞不前。基于本章援引的独立审核报告的证据，一个没有偏见的旁观者会得出结论，即目前的体系不能实现既定目标，而且不值得去改进。至于什么样的 SEA 体系会取代它则完全是另外一个问题。法律条款可能是最佳选择，可以单独立法，也可以对《加拿大环境评价法》提出修正案。无论哪种情况，最重要的是使 SEA 与项目层次的评价更紧密地结合在一起，比如利用叠加法来获益，以及保证程序的效率等，并且要有部门可持续发展战略，以作为一种确保拟议政策和规划与既定目标相一致的手段。

从世界范围来看，加拿大在 SEA 实践方面已经从世界领袖退步到落后者的地步，尽管在联邦机构圈子里不乏与之相反的主观愿望。加拿大法律框架与国际法律框架之间惊人的差距，在《内阁指令》与《SEA 议定书》[2003 年在基辅由联合国欧洲经济委员会（UNECE，其覆盖范围包括北美）35 个成员国联合采纳，见第九章]之间的关系上得到了印证。加拿大不是《SEA 议定书》的签约国，而且只要目前的协议仍然有效，加拿大就不太可能成为其中一员。有鉴于此，联邦与国际之间在行为规范标准上具有不可调和性，因为迄今为止加拿大各省和地区仍未针对 SEA 制定过任何正式条款⑭。然而，鉴于阿尔伯塔省出台了 RSEA 并有望由 CCME 在全国范围内推动实施，这种局面可能会有所改观。如果这一方法制度化，SEA 在加拿大的面貌（见表 2.1）会得到极大提升，没准会由此产生出摧枯拉朽的动力来使行将就木的联邦程序产生彻底变革。

注释

① 关于加拿大 SEA 的法律与政策框架的布拉格学术研讨会是由加拿大环境评价局（CEAA）与其他联邦机构合作筹备的。它包括加拿大代表团成员发表有关以下内容的一系列简短声明：SEA 议定书与指导；环境与可持续发展议会委员实施的 SEA 审核；在 SEA 与农业有关的应用方面的部门经验；运输与交易；SEA 与原住民环境权之间的关系；以及一个综合报道会议。

② 综合性和解协议覆盖了加拿大北部相当大的地区。例如，第一项和解协议“因纽特阿留申（加拿

大北极圈居民）最终协议（1984）”给 Mackenzie 三角洲地区 2 500 名因纽特阿留申人完全或部分权利来以传统方式利用大约 9 万 km^2 的土地。该协议还批准因纽特阿留申人在整个区域（435 000 km^2，几乎是英国面积的两倍）的捕猎和设陷权。

③ 在东海岸，目前 EA 小组审查则是在更受限制的基础上实施的。例如，Hibernia 近海石油与天然气项目的 EA 审查仅限于野外足迹（130km^2），尽管其位置处于具有重要渔业资源的 Grand Banks。东西海岸评价范围的差异在很大程度上反映出地缘政治体制的差异，大西洋沿岸近海石油与天然气开发项目是一种联邦与省之间达成的合作性协定，与之相比，太平洋陆架的近海石油与天然气开发项目则是联邦政策性延期。

④《关于政策与计划建议书环境评价的内阁指令》，联邦环境评价与审查办公室，加拿大政府，渥太华。

⑤ 加拿大环境评价法比 EARP 方针命令（1984）范围更窄，其中申明：“程序应……确保所有建议书（发起部门是决策制定机构）的环境意义都得到充分考虑，如果意义重大，应将建议书交予部长以组建专门小组实施公开审查。”

⑥ 委员的训令旨在对政府活动实施客观独立的分析，以兑现有关环境与可持续发展的政策许诺。委员提交给下议院的年度报告陈述了针对具体领域与方面所取得进展的审查与审核。它们可以作为确保环境与可持续发展事务方面责任的重要手段。委员提交的关于 SEA 遵规与实践的报告对于内阁指令与方针的变革很有帮助。

⑦ Couch（1998）描述了政策背景下以及向内阁提交备忘录的过程中 SEA 所处的地位，强调了为将这一要求融入政府核心决策机制所采取的步骤和措施。内阁备忘录是依据枢密院办公室（PCO）的严格规定编制的，其中倡导：“用词简明的决策文件；对所有相关因素的彻底的综合性分析；完全的成本核算；明确识别的风险与机会；必要时适当的咨询；以及与涉及面更广的政府要务，如可持续发展之间的联系；此外……枢密院分析家期待适时彻底的环境评价以及对相关环境因素的清楚核算。”然而，CESD 没有发现任何证据表明 PCO 行使了这一职能。

⑧ 根据指导方针的描述，环境效应是：“政策、规划或计划可能给环境造成的任何变化，包括任何此类变化给健康与社会经济状况、物理与文化遗产、原住民出于传统目的对当前土地与资源的利用或具有历史学、考古学、古生物学或建筑学意义的任何结构、场所或事物带来的任何影响，以及环境可能给政策、规划或计划带来的任何变化，无论任何此类变化是发生在加拿大境内还是境外。”

⑨ 有关公开声明的指导进一步建议公开声明应总结 SEA 结论，包括环境效应是正面的还是负面的；需采取什么样的增强、缓解或后续措施；以及咨询的结果如何。原则上说，这一限制性条款使加拿大 SEA 更贴近国际公认标准，尽管实际操作仍不达标。

⑩ 在 CEAA 网站（www.ceaa-acee.gc.ca）可以链接到其他部门和机构的公开声明。

⑪ 举例来说，已经确认了大约 20 个候选模型供综合性模型框架开发程序选择。作为在该省特别流行的用以处理累积效应的陆地景观干扰模型，ALCES 与其他空间模型和决策支持工具先后被推荐使用，如 MARXAN 或其他旨在协助土地/水体分区的脆弱性与适用性制图的多目标土地分配（MOLA）工具。

⑫ 至于 RSEA 在阿尔伯塔省预期的应用，定义如下：“RSEA 是战略性的、基于区域的、前瞻性的系统信息收集与分析程序。它是一个可以通过对与替代性发展方案、一组管理方法的确认和能最好地平衡既定环境结果的土地利用战略相关的累积效应实施分析来支持区域规划的工具。”

⑬ 按照他们的说法，导则是对先前经过审校的草案的进一步完善，它支持那些“能够处理大量空间数据集，运行多重脚本迭代计算，同时又兼顾复杂路径和已定价值的生态系统组成部分之间交互作用”的定量模型，并列举出曾妨碍累积效应评价顺利推进的影响评价中用到的传统“穷举性方法”。从这个角

度看，RSEA 的定位应该是，通过采取基于风险的预防性方法来确认和比较那些联系到人类活动与特定生态系统（按地理学定义，换句话说就是那些能决定自身结构与功能的生态系统）关键特征之间相互关系的潜在重大累积效应与后果。这当然就给它自身带来了挑战。

⑭ 这一评论暗指这样一个事实，即加拿大仅以联邦政府的名义参与缔结 UNECE 跨界环境影响评价 Espoo 公约（并附 SEA 议定书），换句话说就是不对各省和地区（这些地区均已建立了 EIA 体系）捆绑执行该条约。这是一个很奇怪的反常现象，因为所有的缔约国都是作为民族政治实体来签署条约的。尽管受到其他缔约国的质疑，UNECE（和加拿大）看起来很乐于让这样的非正常状况维持下去。这是否会为加拿大今后批准 SEA 议定书树立一个先例，还有待法学专家去讨论或由法律来定夺。

参考文献

[1] Alberta Environment (undated, c2007) 'A Guide to Undertaking Regional Strategic Environmental Assessment', Alberta Environment, Edmonton, Oil Sands Environmental Management Division, draft paper.

[2] BAPE (Bureau d'Audiences Publiques sur l'Environnement) (2004) Les enjeux liés aux levés sismiques dans l'estuaire et le Gulf of St Lawrence, BAPE Report 193.

[3] Berger, T. (1977) Northern Frontier, Northern Homeland: The Report of the Mackenzie Valley Pipeline Inquiry (2 vols), Minister of Supply and Services Canada, Ottawa.

[4] Canada-Newfoundland (1985) Hibernia Development Project, Report of the Environmental Assessment Panel, Ministry of Supply and Services, Ottawa.

[5] CCME (Canadian Council of Ministers of the Environment) (2007) CCME Action on Environmental Assessment, CCME Environmental Assessment Task Group, Statement of 30 November 2007, Winnipeg.

[6] CEAA (Canadian Environmental Assessment Agency) (1996) Review of the Implementation of the Environmental Assessment Process for Policy and Program Proposals, CEAA, Ottawa.

[7] CESD (Commissioner of the Environment and Sustainable Development) (1998) 'Chapter 6: Environmental Assessment-A Critical Tool for Sustainable Development', Report of the Commissioner of the Environment and Sustainable Development to the House of Commons, Office of the Auditor General of Canada, Ottawa.

[8] CESD (2004) 'Chapter 4: Assessing the Environmental Impact of Policies, Plans, and Programs', Report of the Commissioner of the Environment and Sustainable Development to the House of Commons, Office of the Auditor General of Canada, Ottawa.

[9] CESD (2008) 'Chapter 9: Management Tools and Government Commitments-Strategic Environmental Assessment', Report of the Commissioner of the Environment and Sustainable Development to the House of Commons, Office of the Auditor General of Canada, Ottawa.

[10] CNSOPB (Canada-Nova Scotia Offshore Petroleum Board) (2003) Strategic Environmental Assessment of Potential Exploration Rights Issuance for the Eastern Sable Island Bank, Western Banquereau Bank, the Gully Trough and the Eastern Scotian Slope, CNSOPB, Halifax, NS.

[11] CNSOPB (2005) Strategic Environmental Assessment of the Misane Bank Area, CNSOB, Halifax, NS.

[12] Couch, W. (1998) 'Strategic Environmental Assessment within Canada' s Memorandum to Cabinet Procedure: Some Personal Reflections', in Kleinschmidt, V. and Wagner, D. (eds) Strategic

Environmental Assessment in Europe: Fourth European Workshop on Environmental Impact Assessment, Kluwer Academic.

[13] Dalal-Clayton, B. and Sadler, B. (2005) Strategic Environmental Assessment: A Sourcebook and Reference Guide to International Experience, Earthscan, London.

[14] DFO (Department of Fisheries and Oceans) (2004) Identification of Ecologically and Biologically Significant Areas. DFO, Canadian Science Advisory Secretariat, Ecosystem Status Report 2004/006, Ottawa.

[15] DFO (2005a) National Technical Guidance Document: Ecosystem Overview and Assessment Report. Ottawa, draft report, Oceans Directorate, DFO.

[16] DFO (2005b) 'The Eastern Scotian Shelf Integrated Ocean Management Plan', DFO, Dartmouth, NS, www.mar.dfo-mpo.gc.ca/oceans/e/essim/essim-intro-e.html.

[17] Duinker, P. and Greig, L. (2006) 'The impotence of cumulative effects assessment in Canada: Ailments and ideas for redeployment', Environmental Management, vol 37, no 2, pp153-161.

[18] FEARO (Federal Environmental Assessment Review Office) (1979) Report of the Environmental Assessment Panel: Lancaster Sound Drilling, Federal Environmental Assessment Review Process 7, Government of Canada, Ottawa.

[19] FEARO (1984) Beaufort Sea Hydrocarbon Production and Transportation: Final Report of the Environmental Assessment Panel, Federal Environmental Assessment Review Process 25, Government of Canada, Ottawa.

[20] FEARO (1990) 'Environmental Assessment of Policies and Programs', Factsheet no 7, Federal Environmental Assessment and Review Office, Ottawa.

[21] Gibson, R. B. (1993) 'Ontario's class assessments: Lessons for policy, plan and program review', in Kennet, S. (ed) Law and Process in Environmental Management, Canadian Institute of Resources Law, Calgary.

[22] Government of Canada (2004) Strategic Environmental Assessment: The Cabinet Directive on the Environmental Assessment of Policy, Plan and Program Proposals –Guidelines for Implementing the Cabinet Directive, Government of Canada, Privy Council Office and Canadian Environmental Assessment Agency, Ottawa.

[23] Government of Canada and Province of British Columbia (1986) Offshore Hydrocarbon Exploration, Report and Recommendations of the West Coast Offshore Exploration Environmental Assessment Panel, Ministry of Supply and Services, Ottawa.

[24] IAIA (International Association for Impact Assessment) (2002) Strategic Environmental Assessment Performance Criteria, Special Publication Series No 1, IAIA, Fargo, ND.

[25] Jacobs, P. and Fenge, T. (1986) 'Integrating resource management in Lancaster Sound: but on whose terms?', in Lang, R. (ed) Integrated Approaches to Resource Planning and Management, University of Calgary Press, Calgary.

[26] LeBlanc, P. and Fischer, K. (1996) 'The Canadian federal experience', in de Boer, J. J. and Sadler, B. (eds) Environmental Assessment of Policies: Briefing Papers on Experience in Selected Countries, Publication 53, Ministry of Housing, Spatial Planning and the Environment, The Hague.

[27] Noble, B. (2003) Regional Cumulative Effects Assessment: Toward a Strategic Framework, Research and Development Monograph Series, Canadian Environmental Assessment Agency, Ottawa.

[28] Noble, B. (2009) ‘Promise and dismay: The state of strategic environmental assessment systems and practices in Canada’, Environmental Impact Assessment Review, vol 29, pp66-75.

[29] Noble, B. and Harriman, J. (2008) ‘Strengthening the Foundation for Regional Strategic Environmental Assessment in Canada’, draft report for CCME, Winnipeg.

[30] PRI (2005a) Integrated Landscape Management Models for Sustainable Development Policy Making, Sustainable Development Briefing Note, PRI, Ottawa.

[31] PRI (2005b) Towards a National Capacity for Integrated Landscape Management Modelling, Sustainable Development Briefing Note, PRI, Ottawa.

[32] Sadler, B. (1986) ‘Impact assessment in transition: A framework for redeployment’, in Lang, R. (ed) Integrated Approaches to Resource Planning and Management, University of Calgary Press, Calgary.

[33] Sadler, B. (1990) An Evaluation of the Beaufort Sea Environmental Assessment Panel Review, Federal Environmental Assessment Review Office, Ottawa.

[34] Sadler, B. (2005a). ‘Canada’, in Jones, C., Baker, M., Carter, J., Jay, S., Short, M. and Wood, C. (eds) Strategic Environmental Assessment and Land Use Planning: An International Evaluation, Earthscan, London.

[35] Sadler, B. (2005b) ‘The status of SEA systems with application to policy and legislation’, in Sadler, B. (ed) Recent Progress with Strategic Environmental Assessment at the Policy Level, Czech Ministry of the Environment for UNECE, Prague.

[36] Sadler, B. (2010) ‘Spatial approaches to integrated management for sustainable development’, Horizons, vol 10, no 4, pp95-105 (special issue on sustainable places available at www.policyresearch.gc.ca/page.asp?pagenm=2010-0022_01).

[37] Sadler, B. and Verheem, R. (1996) Strategic Environmental Assessment: Status, Challenges and Future Directions, Publication 53, Ministry of Housing, Spatial Planning and the Environment, The Hague.

[38] Taylor, L. (2004) ‘The Privy Council and integrated decision making: Proceedings of the First Strategic Environmental Assessment (SEA) Workshop’, CEAA, Ottawa, www.ceaa.gc.ca/016/001/0_e.htm.

[39] Wilburn, G. (2005) ‘SEA Experience at the Federal Level in Canada’, in Sadler, B. (ed) Recent Progress with Strategic Environmental Assessment at the Policy Level: Recent Progress, Current Status and Future Prospects, Czech Ministry of the Environment for UNECE, Prague.

第三章 新西兰的战略环境评价

杰西卡·威尔逊 马丁·沃德
（Jessica Wilson Martin Ward）

引言

战略环境评价（SEA）并不是一个在新西兰政策与规划团体内通用的术语。考虑到缺乏针对 SEA 制定的具体法律要求，这一术语可能不为从业者所熟知。尽管新西兰在环境评价（EA）领域已有超过 30 年的经验，但这一程序刚刚在政策层面上缓慢站稳脚跟。通常以 SEA 的国际标准来看，政策与规划分析并不是一般性惯例。

迄今为止，新西兰相关领域的趋势一直是将 EA 的总原则融入到规划法中，而非依据法规或政策指令来明确推行 SEA。结果使得针对 SEA 的要求在任何场合都显得隐晦而非明朗。这一趋势可以追溯到 1991 年资源管理法（RMA），即新西兰管理空气、土地和水资源的关键法令。更近一些的陆上运输和地方政府法律中也体现出这种趋势。

很多评论家都认为新西兰的这种举措代表了 SEA 的一种综合性方法，即把 EA“嵌入到”政策与规划制定过程中。理论上说，这一方法有其吸引人之处，至少表现在它将政策开发方案与 EA 程序无缝链接在一起的这种方式上。然而实际上，SEA 明确条款的缺失越来越成为一个严重问题。正如 Dixon（2002）指出的那样，没有正式的条文规定，SEA 的发展将在很大程度上取决于“规划者和决策者在制定政策和规划的过程中认可并采纳 SEA 准则的程度，以及各机构对其实施所给予的支持”。

本章分析了新西兰在 SEA 整合方面的经验，着眼于实际操作的最新发展和现有问题。为提供研究背景，本章首先分析 EA 在新西兰的发展史。然后分析 SEA 准则是如何融入到法规中去的，集中探讨与资源管理、陆上运输和地方政府有关的法律。本章还概述了非法定政策与规划开发过程中的 SEA 类实际操作最新实例。

3.1 背景

新西兰在 EA 方面的经验可以追溯到 1974 年采用环境保护与增强程序（EP&EP）的阶段。采用这些程序是为了应对人们对环境状况的关注持续升温这一大气候。和世界其他地方一样，在 1960 年代和 1970 年代时，新西兰公众持续关注越来越严重的无节制开发计划的环境影响。国际事件如 1972 年联合国人类环境大会也使得国内民众开始关注对规划程序的限制性措施。

EP&EP 旨在提升政府决策过程中环境因素的地位，其基本依据的条文是美国国家环境政策法（1969）：程序要求所有政府组织对影响环境的任何工作和管理政策以及要求持有政府颁发的许可证或接受政府资助的任何项目都执行环境影响评价（EIA）。然而允许州一级机构在决定 EIA 执行程度时有较大的自主权。只有当预期会产生重大环境影响时才要求编制完整的环境影响报告（EIR）。

实际证明，政府组织不愿意运用 EP&EP。1974—1985 年，平均每年只发布了九份 EIR（Wells 和 Fookes，1988）。大部分都涉及重大开发项目而非政府方针。在一些部门看来，程序是对它们内部事务的干涉。它们尤其反感有关公开评论 EIR 的要求。而在那时，这是公众仅有的参与资源管理过程的机会之一。它们还反感新西兰首要环境机构环境委员会要求对 EIR 实施的审核。其结果是，委员会与某些政府部门之间的关系经常是剑拔弩张的。

新西兰环境管理框架在 1980 年代进行的重大变革最终导致 EP&EP 的废止以及环境委员会的解散。从技术层面上说，EP&EP 一直都没有被撤销，表面上仍然有效。然而，由于程序不再在法律框架内制定，而属于内阁指令的范畴，它们就失去了法律基础。这就使得政府组织有一段时间不再使用 EP&EP 了。

1980 年代的改革还组建了环境议会委员办公室和一个新的环境部，并促成了 RMA 的出台。随着 RMA 的通过，EA 进入到一个新阶段。RMA 废除了超过 60 项法律，并把有关空气、土壤和水务管理的要求纳入到一个法律框架内。起草 RMA 的目的之一是力求使 EA 与法定规划程序相结合。与 EP& EP 维持一个单独的评价程序不同，RMA 的目标是将 EA 的关键原则与组分纳入进来。

这一方法背后的动机很复杂。在 RMA 刚刚出台之时，国内有着强烈的政治诉求来提升规划程序的效率。将 EA 与规划程序结合在一起被认为是比维持单独的程序具有更高的效费比。某种程度上，那些参与起草法规，意图使 EA 不那么显眼，从而降低其政治脆弱性的人也对方法的形成产生了影响（Fookes，2000a）。Fookes 解释到："新西兰和澳大利亚 EIA 的经验表明，只要 EIA 成功解决了环境问题，并因此暂停了开发项目，政府作出的反应就是审查它的程序……换句话说，一旦权力机关的权益开始受到 EIA 程序的影响，就会出台一项针对 EIA 的单独法令，使其处于效力被削弱的被动地位。"（Fookes，2000a）

自 RMA 出台以来，其他领域的法规也纷纷效法。新西兰规划法越来越要求评价拟议行动的环境效应。目前的趋势是由法规对决策者规定一般义务，要求其在制定政策和规划时考虑环境影响，而不是规定具体的 SEA 程序。理论上说，这类综合性方法意味着有可能在受益于 SEA 的同时却无需遵守具体法规。然而新西兰的经验表明，事实上未必是这么回事。在接下来的章节中，我们将详细讨论这一经验。

3.2　SEA 和 RMA

在刚刚出台的时候，RMA 在一些地方被看作是革命性的议会法而广受好评。前环境部长 Geoffrey Palmer 甚至宣称，RMA 将新西兰置于"国际改革领导者的地位"（环境部，1988）。对 RMA 的这一赞许主要是针对其可持续性管理条例这一指导原则（见专栏 3.1）而发出的。

专栏 3.1 RMA 中的可持续管理

资源管理法第 5 款将可持续管理定义为:“以这样一种方式或按这样的速度来管理自然与物理资源的使用、开发和保护，既能够满足个人与社区对社会、经济和文化福祉以及对自身健康与安全的需求，同时又能够:

❖ 维持自然与物理资源（不包括矿物）满足后代可预见的合理需求的潜力;
❖ 维护空气、水、土壤和生态系统的生命保障能力;
❖ 避免、补偿或缓解各类活动给环境带来的任何负面影响。

3.2.1 RMA 针对 SEA 的法令：观点与议题

对于 SEA 研究者而言，关注焦点一直是 RMA 的政策与规划开发框架。该法建立了一个政策与规划的等级体系，以实现其可持续性管理的目的。处于等级体系顶端的是国家政策声明（NPSs），内容涉及具有国家意义的事务和针对国家重大议题制定的国家环境标准（NESs）。环境部长可以自行选择是否草拟 NPSs 和 NESs。

在区域层面上，RMA 要求所有地区议会起草一份区域政策声明（RPS），以“概述本地区的资源管理议题和用以实现整个地区自然与物理资源综合管理的政策与方法”（第 59 款）。地区议会还可以制定区域规划来协助贯彻其职能。在等级体系中处于 RPSs 和区域规划之下的是强制性的市区规划，必须由每个市区和市议会来制定。市区规划为市区确定重要的资源管理议题，并制定目标、政策和方法来处理这些议题。

理论上说，EA 旨在支持政策与规划的制定和项目的批准。在法律框架内，在与资源赞助申请有关的条款中很容易找到项目层面的 EA 要求。当规划中没有明确允许使用空气、土地或水资源时，要使用这些资源就必须申请资源赞助。必须与资源赞助申请一同提交的还有环境效应评价（AEE）。

然而在政策与规划开发中，针对 EA 的要求更为隐晦。战略 EA 中可以被确定的部分包括:

➢ 对考虑替代方案和评估拟议活动的要求（第 32 款）;
➢ 对环境监督的要求（第 35 款）;
➢ 对公众参与政策与规划开发的要求（第一议事日程）。

尤其是 SEA 研究者还把注意力吸引到第 32 款的规定上来，即责成决策者在所有拟议政策、规划和标准被采纳前对其予以评估。该法并没有对这一评估过程规定具体程序。而是列出了评估过程需要检查的事项:

➢ （政策、规划或标准中的）每一个拟定目标在何种程度上最适于实现该法的目的;
➢ 就其效率和效果而言，拟定政策和规则是否是实现目标的最适当方式。

评估过程还须考虑以下因素:

➢ 政策、规则或其他方法的收益和成本;
➢ 如果有关政策、规则或其他方法主旨的信息不充分，采取行动或不采取行动的风险有多大。

Memon（2004）指出第 32 款等同于 SEA，并确信该条款已有效地使 SEA 在环境规划中制度化。然而其他评论家对此持更为谨慎的观点（Dixon，2002；Ward 等，2005a）。自该法出台以来，第 32 款已经被修订多次以使其更为清晰明确。从业者已经发现该款的含义很容易让人混淆。类似“效率和效果”和“收益和成本”等术语的运用使得评估更注重经济成果而非环境后果。环境组织也批评这一条款，称其为环境管理与控制设置了障碍。

Dixon（2002）认为第 32 款是要求实施一种政策评价，但又认为 RMA“针对 SEA 的法令是很片面的”。她指出，RMA 条款与理想的 SEA 体系的预期还有差距。在该法中没有对 SEA 的一些关键组分作出具体规定。例如，没有针对独立的质量审查程序制定的条款。一旦政策或规划被公开通报，实施某种形式的审查的主要机会就要通过公开提交程序来实现了。Dixon（2002）还指出，“SEA 这一术语或其任何派生词都不应该出现在该法中”，这一点很重要。

如果把 RMA 看作是 SEA 的法令，那么还需强调，该法不涵盖所有的资源利用，并且仅为空气、土地和水资源的管理提供框架。渔场和矿物被排除在条款的管辖范围之外。类似运输这类问题的处理则有专门的法规另行规定。尽管具体的道路修建项目一般要求依据 RMA 提请资源赞助，运输政策开发与规划则不受该法的约束。这意味着对空气、土地和水务管理具有重大意义的政策议题可能不会在 RMA 框架下得到考虑。

3.2.2 实施 RMA：实践中的 SEA

虽然对 RMA 针对 SEA 提出的要求有不同的解读，但在实践中意见很少有分歧。迄今为止，RMA 的实施仍未实现当初为增强 EA 结果提出的目标。实施过程中出现的问题部分归因于质量低下的实际操作。地方政府有限的资源、缺乏来自中央政府的指导以及对公众参与设置的障碍都被认为是妨碍实现良好规范的不利因素。此外，该法对 EA 提出的要求缺乏透明度也是一个问题。

在对依据 RMA 作出的政策声明和规划进行审查后，Ericksen 等人（2004）将其中大部分材料的质量仅评为一般到差，形容其“毫无生气”。他们把有限的人力资源和对法律法规的无知列为造成这一后果的关键因素。毫无疑问，这些因素已经对依据第 32 款实施的评估的质量造成了影响。评估程序在很大程度上是用来证明决策的合法性，而不是综合评价替代性行动过程。环境监督也已受到了资源问题的影响。环境部公布的数据显示，只有 53%的地方议会承诺实施环境监督（环境部，2009）。

这些问题在很大程度上又因缺乏来自中央政府的指导和支持而日趋严重。在 RMA 发展史的大多数阶段，实施的责任都落在地方政府的肩上，而中央政府则退居二线。为该法的实施负责的环境部则只有非常有限的预算来贯彻其职能。接连几任环境部长也都不愿意制定那些可能会改善环境后果的国家政策声明（地方政府调查平台，2007；Wilson，1996）。制定国家环境标准的工作进展缓慢，第一批标准于 2004 年才发布，距该法出台已有 13 年之久了。

至于公众参与，有太多的妨碍因素影响到区域部门参与政策与规划程序的能力。参与政策开发的机会似乎都被行业部门垄断了，它们能够比那些因资源不足而受到羁绊的公共利益团体更容易抓住机会。目前的各项工作过于依赖公众来监督环境法规的实施，这是一个很严重的问题。

3.3 其他法规中的 SEA

自 RMA 推行以来，其他领域的规划法规越来越多地纳入有关评价拟议活动的环境影响的要求。如上所述，目前的趋势是由法规对决策者规定一般义务，要求其在制定政策和规划时考虑环境影响。例如，约束渔业管理的《渔业法》（1996）规定了避免、补偿或缓解负面环境效应的责任与义务。类似地，《有害物质与新生物法》（1996）规定决策者的一般责任是“通过预防或管理有害物质与新生物体的不利影响来保护环境和个人与社区的健康与安全”（第 4 款）。对陆上运输与地方政府法规作出的改动是这一趋势的有力例证。这一变动还突出了与新西兰 EA 方法有关的一些重要议题。

3.3.1 EA 和陆上运输法规

新西兰对运输规划的要求主要在《陆上运输法》（1998）中有所规定。类似于针对国家政策声明的起草而制定的 RMA 条款，陆上运输法规定运输部长需要制定国家陆上运输战略。但是与 RMA 类似，该法给部长以自主权，让他们自行决定是否制定战略。但迄今为止还没有一份战略被制定出来。

在缺少国家战略的情况下，区域陆上运输战略（RLTS）提供了确立运输政策的主要机制之一。这些战略属于强制性规划文件，必须由每个地区议会在与公众协商后编制。大体上说，RLTS 就是要为该地区的陆上运输确定预期目标以及实现该目标的手段。

对运输活动逐渐增加的环境影响的意识推动了运输法规的变革。这些变革强化了地区议会在 RLTS 制定过程中处理环境问题的职责。根据对 2003 年陆上运输管理法作出的修正案，现要求地区议会制定有益于可持续陆上运输体系和环境可持续性的 RLTS。作为 SEA 原则的体现，每一项 RLTS 还必须：

- 因地制宜地避免对环境产生负面影响；
- 考虑及早和充分重视陆上运输方案与选择的需求；
- 考虑为公众参与战略开发而及早和充分提供机会的需求。

此外，法规现在还要求对 RLTS 实施独立审核。地区议会也有义务监督 RLTS 的实施过程。

该法还参考了一整套协商原则（见专栏 3.2），即强调积极促使社区参与 RLTS 开发过程的重要性。这些原则还强调为公众提供适度接触相关信息的渠道、发表个人观点的适当机会以及决策制定所依据的理由。

3.3.2 EA 与地方政府法规

地方政府法（2002）规定了地方当局（地区议会、区议会和市议会）的结构和权力。它要求地方当局“以可持续发展的方式”来履行其职责，同时还要考虑以下因素：

- 个人与社区的社会、经济和文化福祉；
- 保持和提高环境质量的需求；
- 后代可预见的合理需求。

该法的关键要素之一是要求地方当局制定长期理事会社区计划（LTCCP）。这些计划提出的新要求，责成各级议会与其管辖区内的社区协商确定预期的社区成果。要求所有议会在 2006 年 6 月 30 日之前制定出一项 10 年 LTCCP，并接受每三年一次的审查。

专栏 3.2 2003 年《陆上运输管理法》中提到的协商原则

协商必须根据以下原则进行:

- ❖ 对于将要或可能受到决策或重要事件影响或与此有利害关系的人，应根据其偏好和需求来为其提供适度获取相关信息的机会;
- ❖ 对于将要或可能受到决策或重要事件影响或与此有利害关系的人，应鼓励其发表自己的观点;
- ❖ 对于受邀或被鼓励发表自己观点的人，在对其发表的观点予以考虑后，应向其提供有关协商目的和决策范围的明确信息;
- ❖ 对于希望其关于决策或重要事件的观点得到考虑的人，应根据其偏好和需求来为其提供发表自己观点的适当机会;
- ❖ 应以开放的态度来对待发表的观点，并在决策制定的过程中对其加以适当考虑;
- ❖ 应向发表观点的人提供涉及相关决策和决策形成原因的信息。

在制定其 LTCCP 的过程中，要求地方当局在制定决策前确认并评价“所有合理实用的方案”。方案评价必须考虑到当前和未来环境收益以及每项方案的成本。关于市议会的供水服务（供水与废水处理），该法规定了有关评价当前和未来需求以及考虑“所有方案及其环境与公共健康影响”的具体责任。

与陆上运输法有关联的地方政府法要求审核 LTCCP 并对规划实施予以监督。二者均规定了有关评价替代方案、考虑环境影响和为公众参与政策与规划开发提供机会的要求。这些条款体现出 SEA 的关键原则并指出其必要性。然而，二者均未对明确的 EA 程序或该术语的运用作出详细规定（2002 年《地方政府法》，第 128 款）。

3.3.3 评估实施过程

迄今为止，对于地方政府在依照陆上运输与地方政府法规履行其职责方面所取得的成绩，一直没有进行深入研究。在这一阶段，全面检查各级议会对法规的响应还为时尚早。与 RMA 的情况类似，EA 条款的实施很可能要取决于各级议会所拥有的资源和技能以及中央政府提供的支持。

在运输规划的背景下，相关研究表明 EA 技能还未得到充分发展。尤其是对于 2003 年之前制定的 RLTS，EA 的实际操作具有以下特征:

- ➢ 对选择方案的环境分析有限;
- ➢ 公众参与的机会有限;
- ➢ 未实施充分的监督来评价相关战略是否实现了预期环境结果（Ward 等，2005b）。

该分析指出，地区议会可能需要在 EA 程序上投入大量时间和精力以有效应对新的法规要求。分析还显示，地方政府法的实施可能会对各级议会提出挑战。一项对地方当局实施的调查显示，条款实施起来“比较困难或非常困难”，并确认各级议会的能力及资源与指导的提供是影响实施进程的主要因素（Borrie 和 Memon，2005）。资源利用直到今天仍是个问题。

这些调查结果突出了新西兰 EA 框架的关键问题之一：缺少对 SEA 的明确要求以及在政策与规划程序中没有适时认识到这一问题。其结果是，没有提供适当的资源，技能基础仍然有限，而专业发展与实践不充分。有鉴于此，综合性方法可能使得 EA 事实上“隐形了”。有效的 SEA 实际操作很大程度上仰赖明确的法规和适当的指导与支持。

3.4 其他 SEA 行动计划

尽管将 EA 要求融入规划法规仍存在问题，一些评论家指出，在非法定政策与规划程序中新出现了一些 SEA 实际操作实例（Dixon，2002；Fookes，2000a；Ward 等，2005a）。Ward 等人（2005a）在用以制定奥克兰地区议会发展战略（专栏 3.3）的程序中以及在议会特别委员会对运输所产生的环境效应作出的调查（专栏 3.4）中确认出了 SEA 要素。Dixon（2002）强调议会环境委员作出的关于负鼠管理和家兔杯状病毒的报告就是对政府方针建议书实施战略环境评价的范例。有关政策层面上健康影响评价（专栏 3.5）的最新行动计划也可能给 SEA 类方法提供了一个好机会。

然而，SEA 的这些实例都倾向于具有专门性。总体而言，很难找到 SEA 应用的实证。在中央政府层面上，大多数具有环境意义的政策决策都不受任何针对 EA 提出的要求的约束。政府在 1998 年作出的取消进口机动车税的决策就是一个恰当的例子。这一导致进口机动车数量猛增，并使随之而来的机动车排放和其他环境影响上升的决策就是在没有参考 RMA 规定的情况下作出的（Ward 等，2005a）。在十多年后的今天，同样可以在不对政策层面上的 EA 提出任何要求的情况下作出同样决策。

专栏 3.3 奥克兰地区发展战略

大奥克兰地区拥有新西兰全国人口的 30%。前奥克兰地区议会负责起草一份区域政策声明以指导整个地区自然与物理资源的综合管理。为应对持续增加的发展压力，地区议会开始为整个地区制定一项发展战略。由一个名为区域发展论坛的临时性团体执行的这一程序把该地区负责控制土地利用的四个市议会和三个区议会集合到一起。

由各议会成员组成的项目组主要做以下几方面工作：区域规划概述；国家资源与物理资源制约；运输能力；物质基础设施与社会基础结构；发展管理技术；强化措施；就业地点以及农村问题。

考虑旨在适应未来发展的选择方案时参考了以下预期成果：安全、健康的社区；就业与商业机会的多样化；住房选择；城区环境的舒适性；地区自然环境特征的保护与维持；地区资源（包括基础设施）的可持续利用与保护；以及每个人都能高效参与各类活动，并在社会基础结构中找到适合自己的位置。

程序的每一步都与公开协商有关联。在第一阶段，与各组织和范围更广的公众之间进行的初步协商促成了战略草案的产生；第二阶段发布了战略草案以征求意见，并召开了听证会。

来源：Ward 等，2005a。

在没有具体要求的情况下，SEA 的实施依赖于战略文件中提供的指导，例如基于新西兰对 2002 年可持续发展世界峰会作出的响应，由政府为可持续发展制定的《行动计划》(总理与内阁部，2003)。它列出了旨在支持公共部门所有政策开发方案的一系列原则。原则指出，应通过以下举措来考虑决策在经济、社会、环境与文化方面的重大意义：

- 考虑决策的长期意义；
- 寻求能彼此加强的创新性解决方案；
- 使用能利用到的最佳信息来支持决策过程；
- 在作出选择时处理风险与不确定性问题，并采取预防措施；
- 与地方政府和其他部门紧密合作，并努力使合作过程参与性强、透明度高；
- 从新西兰乃至全球角度看待决策意义；
- 消除经济发展带给环境的压力；
- 重视环境极限，保护生态系统并推动土地、水和生物资源的综合管理；
- 与合适的毛利人机构合作以授权毛利人在影响他们的开发决策中拥有自主权；
- 尊重人权、法律规则和文化多样性。

这些原则反映出其与 SEA 共有的一系列视角，例如确保向决策程序提供高质量信息以及提高程序的透明度和参与度。然而重要的是要注意，《行动计划》没有法律基础，因而也就没有约束力。国家各部门不会因为没能遵守原则而受到法律制裁。随着 2008 年政府的改组，《行动计划》实际上已被束之高阁了。

专栏 3.4　特别委员会对道路运输的环境效应作出的调查

1998 年，由来自政府和反对党议会成员组成的新西兰议会运输与环境特别委员会针对道路运输的环境效应作出了一项调查。实施这项调查的过程中，委员会的授权调查范围包括：

- 考虑道路运输环境效应的本质与级别；
- 对目前政府承担的工作予以审查，以调查这些效应；
- 考虑由路政顾问团推荐的管理方案；
- 确认旨在使道路运输的环境效应最小化的可能机制；
- 在检查以上各项后，向议院提交报告，并向政府提出建议。

委员会得到了议会环境委员办公室和独立顾问的大力协助。委员会与相关政府部门和机构定期碰面，并向后者征求意见和报告。然而，委员会并未征求政府范围之外的公众与专家的意见。

在一项不寻常但又并非无前例可循的条例中，委员会致力于使未被主要政策机构涉及的政策制定领域规范化。在一份 1998 年的临时报告中，委员会指出，资源管理法对道路运输的环境效应管理影响有限，而且该条例没有与运输规划相结合。委员会最后得出结论，缺乏综合性法律框架来管理道路运输的环境效应，将对环境构成威胁。

来源：Ward 等，2005a。

专栏 3.5 政策层面的健康影响评价（HIA）

政策层面的 HIA 被认为是新西兰健康战略的目标，是公众健康目标的政府声明。为支持其执行，作为政府顾问团的公共健康顾问委员会（PHAC）为决策者编制了一份 HIA 指南。编制指南也是为了回应有关中央政府的政策没有充分考虑其对国民健康与福祉的影响的忧虑。指南旨在提供 HIA 的实用性方法，并致力于推动对健康的更广泛的社会经济与环境决定因素的了解。

超过 45 项 HIA 正在进行当中或已完成。其中大部分由作为 PHAC 指南首要目标的地方政府实施或针对地方政府，而非中央政府。其中的 16 项评价专注于城区规划的不同方面，另有 10 项则涉及运输。议会环境委员也实施了一项 HIA，以分析潜在能源方案的健康影响。

总体而言，HIA 的应用并未明确涉及环境问题，因此不符合 SEA 的“测试”标准。然而，基督城（Christchurch）城区发展战略的健康影响评价所遵循的程序阐述了这样一种可能性，即把 HIA 当成向 SEA 趋近的工具来使用。这一程序考虑到了健康的一系列环境与社会经济决定因素，促成了对与 SEA 相类似的议题和方案涉及面更广的思考。

3.5 结论

主要结论在表 3.1 中已经总结了。理论上说，新西兰的 SEA 综合性方法似乎在 EA 和决策程序之间建立起了紧密联系。在 RMA 和陆上运输与地方政府法规中，SEA 这一部分有可能成为政策与规划开发中不可或缺的成分。理论上说，在这些程序中“嵌入”SEA 则有望在环境与效率方面双丰收。

表 3.1 新西兰的 SEA 概貌

主要趋势与议题	新西兰在 EA 方面的经验始于 1970 年代环境保护与加强程序出台之时。这些程序为政府方针与项目引入了环境影响评价框架。但实际上应用领域主要集中在项目上。 1980 年代的重要改革导致环境管理发生重大变革。EA 的关键原则与组分融入到 RMA 这一新西兰关键环境法规中。EA 的要素随后纳入到其他环境与规划法中，例如陆上运输与地方政府法规。然而，新西兰还未曾制定任何具体的 SEA 法规
主要观点	新西兰综合性方法的吸引人之处在于它将 EA 与政策开发联系到一起。然而，没有具体的 SEA 条款是它的硬伤。没有正式要求，SEA 的实施就要依赖于政策与规划团体的知识与技能以及它们所拥有的资源。直到今天，在 SEA 领域的经验还是很有限。在任何场合，EA 通常都受制于有限的资源和技能。有效的 SEA 的关键要素，例如监督，仍然受到资源供给不足这一问题的羁绊。这就意味着经常只能靠有限的信息来评价环境目标是否已实现
关键教训	新西兰的经验表明，EA 若想获得充分的资源，就必须在政策与规划程序中占据明显的位置。这可能就需要为 SEA 制定具体的法律条款来实现这一目标。专业知识与指导也是确保 SEA 行之有效的必要条件
未来方向	在不远的将来，精力要投入到增强中央和地方政府一级政策与规划团体的知识与技能基础的工作中去。还需要将注意力引到如何排除公众参与面临的阻力这一问题上来。目前的各项工作过于依赖于公众和游说团体来监督环境法规的实施。从中期来看，应将注意力集中在增强综合性 SEA 的法律基础这方面工作上

但实际上，缺少针对 SEA 的具体要求就意味着 EA 在政策与规划程序中的作用不会得到应有的承认。其结果是，用以支持程序实施的资源没有到位，SEA 的技能基础也仍然有限。有鉴于此，综合性方法可能会使 EA 显得“隐形”或模糊不清，从而限制其效果。为使其在政策与规划开发中占据明显的位置，就需要颁布针对 SEA 的具体法律条款。

没有正式要求，SEA 在新西兰的实施就会过于依赖政策与规划团体的知识与技能。尽管也能找到一些实例，证明实际操作有所改善，但这些基本都属于特例而非惯例。到目前为止，地方政府承担了大部分的 EA 法律责任。然而，地方政府依据 RMA 和陆上运输法规来实施规划的证据表明，SEA 程序是有局限性的，有效实施的关键要素，例如监督，依然停滞不前，而支持这些程序的实施所需的专业知识和指导也同样不足。

在中央政府层面，大多数政策开发都在持续进行当中，而无任何遵循 EA 的必要。越来越多的环境问题迹象，尤其是气候变化，都迫使今后要采取更为积极的措施。国际影响力同样也很重要。新西兰视自身为守法的国际公民，还是诸多国际环境协议的签署国。到目前为止，国外 SEA 领域的发展在新西兰国内的影响力微乎其微，因此新西兰在利用 SEA 良好规范的国际经验方面还有很大的空间。

过去的经验表明，不积跬步，无以至千里。新西兰是否会在短期内出台任何与 SEA 有关的法规还不好说。在不远的将来，进步要取决于为增强中央和地方政府一级政策与规划团体的技能基础所付出的努力。反过来，这些努力又取决于中央政府为确保现有法规得以有效实施而提供资源和其他支持的意愿。从中期来看，工作重点在于完善综合性 SEA 的法律基础，以针对其应用提出明确的指示。

第四章　美国的战略环境评价

雷·克拉克　莉萨·马奥尼　凯西·皮尔斯
（Ray Clark　Lisa Mahoney　Kathy Pierce）

引言

美国是世界上第一个提出环境影响评价（EIA）并将其当作 1969 年美国环境政策法（NEPA）的一部分而加以推行的国家[①]。NEPA 包括为将这一程序应用于战略或非项目层面上的重要行动而制定的条款，美国联邦机构通常称之为计划性 EIA。然而传统上这种战略环境评价（SEA）的形式在 NEPA 应用范围内一直没有得到充分利用。自 1987 年以来，只有不到 100 份计划性环境影响声明（PEIS）提交到美国环境保护局。这一状况仍在持续，每年只有区区 500 份被冠以“计划性”环境影响声明的草稿、最终稿和补充稿被提交上来。

本章分析了依据 NEPA 制定的 SEA 条款、程序和规范。首先，介绍了 NEPA 的实施背景，尤其是那些解释了为什么计划性分析和其他战略层面分析只得到有限利用的制度安排和政策制定程序。其次，总结了旨在进一步消除或弱化战略和项目层面上 NEPA 条款影响力的法规与规章最新发展趋势。再次，援引了两个 SEA 具体操作的创新性实例，以阐明这一方法如何有助于产生深思熟虑的决策以及为后续的 NEPA 应用提供一个框架。最后，确认了美国政策制定过程中 SEA 的实际应用所面临的十大主要挑战，然后作出总结性陈述。

4.1　背景

美国国会于 1969 年通过 NEPA 时，正有越来越明显的迹象显示人类环境质量处于严重退化过程中。面对引人瞩目的重大环境事件，如南加州沿岸圣巴巴拉石油泄漏事故，全国范围内的环境意识不断高涨。为应对这一局面，国会颁布了一项国家环境政策，规定了执行这一政策的手段，并设立了确保执行过程顺利推进的监督机构。作为监督机构，环境质量委员会（CEQ）于 1978 年制定了执行条例，为联邦机构确立了 NEPA 执行过程中必须遵守的基本程序（CEQ，1978）。这些条例给予联邦机构很大的灵活性，使其得以相对自由地制定自己的实施步骤。

NEPA 是一项里程碑式的法规，并且是同类法规中最先被政府采纳的。自此以后它成为全世界法规的典范，但在美国国内，如今 NEPA 却备受指责。尤其是 NEPA 框架下战略分析的运用广受质疑，而拥护者甚少。为使美国能够借此划时代法规实现最大利益，就必须有更多的机构坚信 NEPA 所固有的灵活性，尤其是战略分析的益处。

NEPA 要求针对所有可能会对人类环境质量产生重大影响的联邦建议书拟定一份详细声明。它授权 CEQ 承担为实施评价确定定义和程序的责任。CEQ 法令规定，如果判断任何政策、规划和计划（PPPs）可能会对人类环境质量产生重大影响，则必须对其环境影响实施评价[②]。尽管每年有大约 500 份环境影响声明（EIS）草稿、最终稿和补充稿以及大约 50 000 份不太全面的环境评价（EAs）完成并提交，但很少有机构会起草一份计划性环境影响声明（PEIS），至于起草政策性环境影响声明的机构就更少了。

美国联邦机构传统上一直是在项目实施层面上开展环境分析。近些年这一重点更加明显，反映为最近在部分联邦机构范围内的一种趋势，即驳斥 NEPA 要求对规划或政策实施 EA 或起草 EIS 的条款（更有甚者，要取消对某些项目实施环境审查）。不过仍有一些优秀范例表明，一些机构在完善其决策制定程序时充分利用了 PEIS 或战略分析的优势。

4.2　框架

CEQ 鼓励各机构在其法规制定和 NEPA 周期性评估过程中始终采用计划性方法。CEQ 法令规定在有必要对按以下方式归类的建议书实施评估时，必须制定计划性分析方案：(a) 从种类上说，包括那些有着共同的时间选择、影响、替代方案和主题的行动；(b) 从地理上说，包括那些在大致相同地点采取的行动；(c) 按技术发展阶段划分[③]。1997 年 CEQ 发布了一份有关 NEPA 有效性的报告，确认联邦机构未能利用计划性方法所固有的战略机会（CEQ，1997）。2003 年，NEPA 现代化任务组又建议联邦机构充分利用计划性方法的优势来使 NEPA 程序更有效率（NEPA，2003）。该报告指出，尽管有些机构应用计划性方法来解决累积效应问题和制定缓解战略，其他机构仍在费力研究如何使用这一方法。重要的是，机构的决策者完全可以自行选择最适合当前决策的分析手段。尽管有这样的决定权，但很少有机构选择拟定一份 PEIS。

2003 年，CEQ 召集了一系列圆桌会议，与会者是来自商业界、企业界、学术界和非政府组织（NGOs）的专家，他们一同评估了 NEPA 现代化任务组的报告。圆桌会议的最终报告总结到："类似计划性 NEPA 分析到底是什么这样的困惑仍时隐时现，人们对其功用和价值众说纷纭。"人们甚至不清楚任何一个具体年份究竟拟定了多少份 PEIS。2006 年美国环保局的数字显示，自 1987 年以来总共才起草了大约 75 份计划性 EIS。然而，这一数字是有争议的，因为所有提交的 PEIS 在其范围方面都是自我归类的，而某些没有归类为 PEIS 的报告实际上却可以如此归类（例如森林或土地资源管理规划的 EIS）。所以明显有必要定义计划性分析是由哪些要素构成的，及其在机构规划中的作用。圆桌会议的专家鼓励 CEQ 实施试验项目，以挖掘机构内部和跨机构范围以及生态系统范围内计划性分析的利用价值。

NEPA 实践者、政客和公众之间在计划性分析的价值和目的这一问题上仍然有巨大分歧。计划性分析往往被公众形容为"骗局"，因为很多机构将问题推迟到后续叠加分析中去解决，而当具体项目的问题产生后，又告诉公众"这些问题已经被解决了"。另一方面，圆桌会议期间收到的一些群众意见反映计划性分析还是有价值的，因为它有能力对机构行动的累积效应作出最佳评价。

4.3 决策制定程序

有关美国政策或战略的最初决策通常都是由联邦部门秘书和助理秘书一级的委任官员制定的。这些人都是肩负着每一任新的总统施政权的行政任命者，有着他们自己关于世界该如何运作的看法，并依此作出政策决策，给整个社会打上他们的烙印。他们的决策是在与国会众议院议员和政府部门法律分支机构的工作人员协商后作出的，协商对象经常是最受这些决策影响的行业、协会和公共利益团体。这些行政任命者制定的很多部门层面上的重大政策决策既不会被负责其实施的项目层面工作人员影响，也不会被最有可能受其影响的广大公众影响。

举例来说，能源部部长在国家能源战略（1992）中指出，超过 90 项战略动议可以不依据新法规来实施。尽管很多此类动议都是环境友好型的，但没有针对战略完成一项 NEPA 分析。能源部由此推论，战略不包含任何要求实施分析的动议，因为战略中没有任何具体提议。2001 年由当时的副总统迪克·切尼领导的白宫能源任务组甚至不太愿意实施任何环境影响分析，或透露谁向任务组提出了建议。其目的是加速与能源有关的项目，包括加速许可程序。2001 年 5 月，白宫发布了国家能源战略，而没有作出相关环境影响分析。2002 年根据信息自由法发布要求后，很多环境非政府组织对此提出批评并提请诉讼[④]，联邦法官责令能源部发放文件告知有关能源政策的消息。发放的文件显示很多企业高管都参与了这一过程，包括石油公司的行政主管[⑤]，但没有显示出公众参与或 NEPA 分析的迹象。

很多分析都作出结论，认为改善环境影响评价质量和对决策结果产生影响的最有效方式是通过行政与管理行动来将环境影响分析纳入机构政策和决策程序的日常业务中。Andrews（1997）指出，NEPA 最基本的局限性之一是对政策、计划和法规层面上真正重要的联邦决策施加的影响太少。很多机构没能将 NEPA 纳入早期战略规划过程的诸多原因也已经找出来了。这些原因从规划与环境部门职员之间交流不畅，到确定和分析战略层面决策的固有困难等不一而足（Keysar 等，2002）。无论何种原因，这样的失职所产生的负面结果都越来越明显。虽然通常项目层面上的 EIS 完成得最多，但作为其基础的政策与法规动议和拨款预算案是重要的联邦举措，会产生更为普遍深入的影响，而通常在 NEPA 框架下没有对此进行过分析。Andrews（1997）列举的实例包括造成不当环境效应的政府决策，例如农业作物缴费公式、低于成本价的木材销售、化石燃料和采矿补贴以及与公共交通相对照的高速路差量投资。此外，NEPA 程序由于启动得太晚而没有完全生效，削弱了它的基本目的，即考虑替代方案、淘汰粗劣建议书以及支持革新以避免或减小环境影响。时间上滞后的分析使 NEPA 受到的局限是 NEPA 有效性研究报告的一项重大发现(CEQ,1997)。

公众显然想更多地参与联邦机构作出的战略决策，但当助理秘书和其他高层决策者在众多方案中间作出筛选和选择时，公众参与却很少成为讨论与决议的一部分。虽然很多政策制定者确实有与公众进行磋商的愿望，但很多人相信，公众需要对实质性建议书而不仅仅是概念作出反应。他们之所以不愿意让公众参与此类毫无头绪的讨论，是怕他们在公众面前显得准备不足，或可能出现被起诉等更糟的局面。不幸的是，这些建议书只在高层决策者中间进行磋商并形成决议，他们甚至经常在公众意识到政策或计划出台之前很久就预先结束对其他方案的讨论了。这一级参与的人相对较少，政治精英之间经常因政治议程问题发生冲突。很少有战略决策会得到重新讨论，因此项目层面上的公众参与实际上变得毫无意义。

总的来说，大多数 EIS 看起来都是在某些人已作出有关战略道路的决策后才草拟的。例如很少有运输部起草的 EIS 会涉及运输战略。更多的情况是，在有关何种运输模式将得到利用的决策制定出来以后，再针对某种具体的运输模式，例如道路、铁路或机场等来编制 EIS。

美国国会每六年就要通过一项几亿美元的运输建议书，50 个州的运输部长都在翘首期盼他们自己的那份拨款。到目前为止，最大的一笔款项通常都用在国家的高速路系统上。战略问题（例如应该花费多少钱来扩建高速路系统，以缓解交通堵塞？与之相对的是应该花费多少钱来维护现有的高速路系统？）是在法律分支机构内得到解决的。虽然行政主管和法律分支机构讨论决定基金款额，并就哪些项目上马达成一致意见，州一级官员作出大部分有关项目的决定，并依据 NEPA 的要求起草 EIS 或 EA。这一级公众参与、辩论和诉讼都是针对高速路建设的日益盲目扩展所产生的影响，但很少有关于运输替代模式的可能性等广泛议题的讨论。美国用以援助各州的基金方案主要惠顾大型设备改建，而非现有道路的维护。

2005 年运输法“安全、负责、灵活、高效的运输平等法：造福于民（SAFETEA-LU）”力图简化运输规划⑥。它引导各州运输部长和其他联邦机构负责人相信，只要特定条件得到满足，运输规划程序的成效就构成了环境审查的基础。该法的一个主要目标是加速项目层次环境审查的进程。新法增添了环境计划和针对特定缓解措施的基金等内容，但基本上仍然是一项旨在支持高速路项目实施的高速路法。其结果是，美国运输项目更贴近于最大程度上简化各个层面上的环境审查程序。

决策制定上的这一分歧受到了负责报告政府效力的政府机构的注意。审计总署作为美国国会的一个监督分部，公布了一份有关森林管理局决策制定程序的报告，并得出结论称，目前旨在将森林规划提升至项目层次决策水平的举措存在严重的效率低下问题。该研究报告建议随规划或项目实施的环境分析“叠加”或关联到范围更广的环境研究。然而，美国森林管理局目前建议取消森林规划这一依据 NEPA 实施的“行动”。类似地，美国陆军环境政策研究所（AEPI）的一项研究发现，尽管在陆军基地内将 NEPA 完全与总体规划相结合会产生潜在效益，“在陆军基地内同时进行的土地利用规划文件及其必需的 NEPA 文件的编制工作是个例外”（Keysar 等，2002）。

4.4　对 NEPA 造成削弱作用的最新趋势

最近 NEPA 程序的核心已经受到了众多法规、规章和机构决策的削弱。旨在豁免某些机构或项目遵守 NEPA 的法律已经被通过，而一些机构已建议取消在广泛动议基础上遵守 NEPA 的要求。以下是相关实例。

4.4.1　真实身份法（2005）

1996 年，国会通过了非法移民改革与移民责任法（IIRIRA）⑦，授予相关部门搁置 NEPA 和濒危物种法的权力，以在加州圣地亚哥附近兴建 14 英里（1 英里=1 609.344 m，译者注）

长的边境围栏，并在边境附近地区修建其他障碍物。这是为出入境计划规定要求的相同法律，该计划现已成为美国游客及移民身份显示技术（US-VISIT）的一部分，后面将对此作出讨论。虽然有这样的搁置权，负责修建这些围栏与障碍物的机构仍然选择完成有关项目的 EIS。然而，由于 2004 年加州海岸委员会的反对，该项目实际上已搁浅，而且一直没有完成。海岸委员会有权依据海岸带管理法这一没有被 IIRIRA 搁置的法律来审查项目。作为回应，美国国会扩大了 IIRIRA 搁置权的适用范围。

2005 年 5 月 11 日，真实身份法[⑧]被通过，该法授予国土安全部（DHS）新任部长在必要时对任何及所有法律予以搁置的权力，以允许在边境修建道路与障碍物。值得注意的是，这一条款是作为伊拉克战争追加拨款法的附加条款增添上去的，因此降低了对其搁置提出反对意见的可能性。2005 年 9 月 14 日，为体现以往政策实现的转变，国土安全部部长宣布其施行新搁置权的意向，随后国安部在联邦公报上发布通知，正式宣布其搁置 NEPA 和至少其他七项联邦环境法的计划。圣地亚哥围栏项目现在又重新启动，而亚利桑那州边境围栏的项目规划也在推进过程中（Garcia 等，2005）。这一方向转变反映出全美范围内出现的与 NEPA 有关的大趋势。

4.4.2 能源政策法（2005）

作为美国脱离环境分析的持续性趋势的明证，2005 年能源政策法[⑨]第 390 款从环境审查程序中明确排除了以下活动：

- 不足 5 英亩范围内的单个表面扰动，只要租期内总体表面扰动范围不大于 150 英亩（1 英亩≈4 046.86m^2，译者注），且依照 NEPA 编制的文件中具体地点分析在此之前已经完成；
- 在石油和天然气开采地点或油井垫上钻探，其所处位置在此次油井钻探开始前五年内已有过钻探活动；
- 在已开发油田钻探油井或天然气井，而在已获批准的土地利用规划或依照 NEPA 编制的任何环境报告书中分析，在该油田进行的钻探活动是一种完全可预见的活动，只要此类规划或文本在此次油井钻探开始前五年内已获批准；
- 将管线铺设于可合法进出的廊道，只要该廊道的通行权在管线铺设前五年内已获批准。

4.4.3 健康森林恢复法（2003）

该法作出了无条件排除的规定，将允许森林管理局实施大尺度采伐项目，而无需考虑任何替代方案或其相关环境影响。该法覆盖的地理范围非常广，可能适用于国家森林与土地管理局（BLM）所管辖的大部分地区。该法没有具体限制实施地点与社区的距离，但总的来说允许在荒地与城区的交界地带或混杂区“附近”任何地点加速完成采伐项目。因此，只要森林管理局认为存在火势蔓延和威胁生命与财产安全的“重大风险”，各机构就要在距离任何社区几英里远的地方实施采伐活动。该法将允许各机构忽略其拟议燃料减量项目的任何替代方案，而不管公开辩论的规模、环境影响和级别有多大。该法甚至不要求各机构考虑“不采取行动”的替代方案，以在项目影响和环境现状之间加以比较。根据 CEQ 规章，替代方案的评估是“环境影响声明的核心内容”，并起到了“为决策者和公众在各方案中间作出选择提供明确基础”的作用[10]。因此，该法将有效剔除 NEPA 程序的核心部分。

4.5 运用工具：良好规范实例

尽管面对这样的趋势，仍有相当多的机构将 NEPA 奉为可持续性工具，并利用计划性方法来节省时间和金钱以及协助制定机构决策。以下介绍两个回避 SEA 理论问题，但畅言战略方法实际收效的突出的具体实例。

4.5.1 美国 Bonneville 电力局（BPA）

1990 年代初，BPA 需要在其企业责任和联邦机构责任之间加以平衡。该机构明确需要一个健全合理的商业计划来提升其在电业市场的竞争力，并为其公共责任持续提供资金。BPA 的商业计划旨在为定价系统、电力营销策略、电力输送和其他必要活动，如自然资源保护和鱼类与野生生物管理活动等确立政策方向。这样的商业计划显然将成为对 EIS 的编制提出要求的一项重大联邦行动，但在 1995 年之前，很少有美国机构成功完成了这类战略政策分析，而此类战略分析是否能实现 NEPA 的意图这一点备受质疑。从全球范围看，1990 年代初更少有实践者或立法者信奉 SEA 的理念。BPA 的事业因此成了一项重大成就，因为它是成功运用 SEA 法则的最早范例之一。这些法则所涉及的方法[11]在法庭上受到了质疑，而法庭支持其环境影响声明。BPA 从未将其 EIS 冠以“计划性”或“战略性”等称号，但作为这一层次的分析所能实现的成就而言，这确实是一个突出的优秀范例。

BPA 所面临的挑战是，当存在有相当多的不同变数时，当受到影响的环境迅速变化时，以及当如此之多的信息不完整和不可用时，如何编制一份 EIS。BPA 勇敢面对这一挑战，成功地编制了一份覆盖面广的商业计划 EIS，涉及一系列提供支持的替代方案，以防各机构今后需要转变其商业方向。环境影响分析框架以对之前揭示出众多需要考虑到的变量的环境分析实施审查为其基础，它预测具体数量不确定，但数量后面的基本关系真实有效。随后实施了定性分析以阐释这些基本关系。

BPA 的环境影响声明依赖于对 20 个不同政策模块的利用，以协助制定六个替代方案，并允许有充分的灵活性以选出任何数量的实施方案。EIS 声明，BPA 最终采取的行动“可能不会完全等同于单一替代方案及其内在模块”。然而，这六个替代方案和 20 个模块“旨在涵盖影响 BPA 商业行为的重要议题的一系列选择方案以及这些选择方案的影响”（BPA，1995）。这一影响评价方法对于 EIA 领域的很多研究者而言很难接受。如下面所讨论，SEA 所面临的主要挑战之一是程序所固有的不确定性、分析的概念本质以及 NEPA 范畴内没有建议书这一问题。尽管 BPA 的方法允许机构在其决策程序中保留相当大的灵活性，但它也适当评价了其建议书与替代方案的潜在环境影响。

商业计划的 EIS 旨在成为一个鲜活证据，证明其适应 BPA 在不断发展的电业市场的需求，并通过叠加化的决策记录（ROD）战略为一系列未来决策提供了指导。尽管这些创新性方法在当时仍有争议，BPA 方法还是经受住了众多挑战，并产生出大约 25 项决议，展示出这一方法的效用。这一战略性方法允许 BPA 通过解决之前长期存在的问题，并因此免除每年实施多重环境分析的必要性来减少遵守 NEPA 所需的时间和成本。时间与成本的节省使 EIA 程序得到了计划管理者的广泛支持，而战略性方法则确保在规划程序初期能够适当考虑潜在环境影响。商业计划的 EIS 在十多年的时间里一直起到决策制定框架的作用，因此一直为 BPA 资深管理层所接纳。

4.5.2 US-VISIT 计划

US-VISIT 计划作为 DHS 的一部分于 2003 年启动。US-VISIT 和 DHS 的其他部分在很大程度上都是作为对 2001 年 9 月 11 日恐怖袭击作出的回应。计划的主要要求是增强美国公民与游客的人身安全，同时又使跨越美国边境的合法旅行与商务活动更加便捷。这一出入境计划最初是基于 1996 年通过的法规（IIRIRA），即要求前移民归化局（INS）确保在美国的游客遵守其签证的规定。该计划旨在使外国游客进出美国的合法流动更为便捷。然而，该计划在 INS 的实施多年以来受到资金不足和政令不畅的困扰。在 DHS 成立并将重点转变为边境安全行动计划后，US-VISIT 就应运而生以在所有的空中、海上和陆上入境口岸实施行动计划。其使命是协助确保边境安全、使出入境程序更加便捷，以及加强移民系统的完整性，同时又尊重游客的隐私。美国拥有大约 12 000 公里的国境线、153 000 公里的海岸线和 330 个空中、海上和陆地边界入境口岸，使得该要求的执行受到前所未有的挑战。

自启动以来，US-VISIT 就一直在开发新技术和商业程序以满足这些目标。然而当计划启动以后，随着计划主管和企业界快速运作以构建一个体系，技术或方案却还难觅踪影。自从为应对美国受到的与日俱增的安全威胁而启动该计划以来，计划所有领域的开发对效率和速度的要求就显而易见了。为确保潜在环境影响得到考虑，又不妨碍所需解决方案的快速展开，环境计划主管提出战略环境评价（SEA）这一概念。SEA 的提出是为了早在具体项目或计划得到确认之前首先确认环境资源及其管理权，将生态系统当作评价范围的地理边界。

基于 US-VISIT 的既定目标，对在准确识别出入美国的游客和维护个人隐私保障数据的完整性过程中存在的难点自始至终都在进行分析。解决方案包括运用不同类型的技术与生物测定、增加新的商业程序以及建立或改造设施以容纳新的技术与程序。在作出任何关于在边境将设置何种系统的决策之前就已形成了 SEA 的概念。仅能确知的是，边境会有这样的一个系统，并且会作出改变。基于所选择的系统和操作，环境工作组得出结论，即作出的改变可能会造成入境口岸通行的延迟，并对空气质量产生后续环境影响；作出的改变可能会对现有入境口岸设施的改造提出要求，并可能会使历史结构发生改变，以及可能对现有土地利用模式产生影响；作出的改变还可能对购买或交换邻近入境口岸的土地提出要求。

US-VISIT 计划利用 NEPA 的灵活性及其赋予机构决策者的任意决定权来为所有的陆上入境口岸规划战略环境评价程序。这一评价法是环境规划的"NEPA 方法前身"。其目的是通过了解受到计划实施所影响的环境基准条件是什么来通报有关未来 NEPA 分析与决策制定程序的情况。SEA 考虑到了广泛背景下拟议计划的潜在的自然、物理和人类环境后果。在早期阶段，US-VISIT 还不具备最终将被考虑的关于系统或目标的足够信息来制定一项依据 NEPA 的计划性或战略性分析。他们在决策已完备到足以实施 NEPA 分析的程度之前，通过环境规划来利用 SEA 通报有关未来分析的情况。

尽管计划将在空中、海上和陆上入境口岸（LPOE）实施，但就环境敏感性而言，后者才是最值得注意的地点。SEA 程序的第一步是收集环境基准数据。按照基于美国鱼类与野生生物管理局（USFWS）分类方法的生态系统来为 166 个 LPOE 分组，现场勘查为生态系统范围内的每一个入境口岸提供基准信息。环境基准研究（EBS）包括有关空气质量、湿地和其他生态组分的数据、有关历史与文化属性的信息以及有关管理现有资源的法律和机构的清单。EBS 报告总结了这些研究发现，确认了每个 LPOE 及其周边具体位置的环境局限，并评估了每一个生态系统范围内的潜在累积影响问题。每一个口岸都被分配了由绿色、琥珀色或红色表示的最终评价分数。绿色表示被 LPOE 影响的环境没有容纳任何可受到严重影响的资源；琥珀色表示被 LPOE 影响的环境所容纳的资源若受到影响，则会产生引起关注的问题，但现阶段不会产生可量化或可知的影响；红色表示被 LPOE 影响的环境所容纳的资源若受到影响，将产生由自身强度决定的潜在重大影响。这些等级可当作规划指导，但不会取代依据 NEPA 要求所实施的任何影响分析。

程序的第二步是编制 SEA 报告，该步骤提供了一个比 EBS 报告更高层次的筛选程序，并对每一个生态系统范围内最受关注的资源作出了进一步分析。编制的 15 份 SEA 报告的每一份都对应于按 USFWS 分类方法划分的每一个生态系统。这一程序有效协助决策者获知他们在任何概念甚至还未形成时就应当选取的方向以执行出入境要求。举例来说，某些最初的概念包括在边境线上使用底层结构重质液体的点子。SEA 报告显示，在城市与乡村的很多地区，敏感性资源就存在于陆地边界口岸的邻近地区。了解此类方法的潜在环境后果有助于向决策者通报情况，并开始将计划重心放在寻求技术驱动的解决方案上。虽然有关要采取何种方法的最终决定直到计划性 EA 完成几年后才作出（US-VISIT，2006），早期评价与规划还是促使决策者考虑采用对环境损害较小的替代方案，并最终为其对后续计划性 NEPA 分析的支持奠定了基础。

4.6　在美国实施 SEA 所面临的十大挑战

尽管 SEA 是将环境因素融入最高级别决策过程的颇有前途的方法，它仍处于相对较早的形成阶段。应用于 SEA 的程序、方法和体制框架仍存在很多实际问题。同时，政策制定者被敦促在越来越大的尺度上，甚至在全球范围内作出决策。尽管 EIA 实践者承认存在这一现象，但业内人士从来都没有十分成功地使 EIA 适应艰巨任务。为使 SEA 吸引政策制定者的关注并成功融入实际操作中，必须克服十大主要挑战：

4.6.1　定义

对于任何新方法而言，首要难题就是准确定义概念是什么，并对概念有一个大体了解。Thérivel 等人已将该领域朝着 SEA 通用定义的目标向前推进了一大步。本章所展示的定义上的灵活性也许可以被系统化。为使其在美国的决策者面前显得有吸引力，SEA 必须与计划性 EIS 区别开来，后者尽管被很多人误解，但对于众多决策者来说它不是一项有吸引力的建议。平均来说，数据显示计划性 EIS 平均要多耗费大约五个月的时间来完成，花费则大约要多三倍。与之相比，SEA 方法则是一种综合性决策制定方法，可以有助于减少时间轴并使成本最小化，同时对有助于减少负面环境影响的更为深思熟虑的决策作出规定。

4.6.2 组织

目前的组织，至少在美国国内没有足够的凝聚力，使其能够在一个部门内的战略层面上合作。例如运输项目经常是由个别州提交建议书。立法分支机构（尤其是运输委员会）和执行分支机构（尤其是运输部长）制定了有关是否应执行这些建议书的渐进式决策。运输决策是在几个州、立法分支机构和执行分支机构（总统及其内阁）的协作下制定的，但并不是基于具有凝聚力的战略规划。

为使组织支持 SEA 的实施，计划主管需要放眼于各机构，并就特定生态系统范围内的累积效应作出思考。正是在生态系统层面上，大部分物种和环境资源都有可能受到某一地区不同的联邦与非联邦活动的共同影响。然而目前的组织架构，例如运输系统，却使得对分散于各个生态系统的联邦和非联邦项目分开予以考虑。组织架构和思维模式都需要转变以支持 SEA。

4.6.3 数据

数据与信息使良好的决策程序所必需的环境影响分析得以进行。目前在美国，分析家很少提供给领导人以他们认为决策程序所必需的所有数据。即使是对现有数据，联邦与州立机构也不具备基础架构来协调数据或信息的分享。在战略层面上数据就更少了，数据解译更加模糊，而决策者的接受程度更不确定。对分析家或政策制定者而言，很难评价一个缺乏背景与时间的概念性要旨的环境效应。但经常可能有充足的信息来判断几个关键宏观问题上的战略决策的后果：（a）对能源和原材料等自然资源的利用；（b）废物流的量与质；（c）向空气、水和土壤的排放；（d）人类健康与安全；（e）空间利用（Verheem，1994）。决策层次越高，环境分析专家就越不可能具有量化影响或预测某些影响的概率的能力。

4.6.4 不确定性

数据不足经常被视为不能在更高层次上实施 EIA 的原因。尽管数据对于良好的决策而言很重要，但分析家往往太依赖数据而忘记，即使在不完全了解所有事实的情况下，依然有可能和有必要作出某些层次上的决策。总是有风险规避者不愿意作出决定，或允许在不具备有效确定性的情况下作出决定。在决策过程的各个阶段确实有几个关键点需要有更多的细节（例如工程制图）。但通常对具体数据的需求出现在战略决策之后的某一个（或两个）层级上。随着 EIA 领域的经验越来越丰富，SEA 将融合那些能适应数据不可利用这一现实情况而非坚持要求具备预先确定性的监督与适应战略。

4.6.5 诉讼

在美国，NEPA 作为一种工具，其目的在于终止或变更联邦项目、规避环境影响和创立大量认可环境为机构决策程序要务的判例法。尽管法院已判定 NEPA 给政府机构施加了程序义务来考虑环境因素，联邦最高法院（政府三权分立体制的第三分支）已指示初级法院不要代替联邦机构作判断。只要联邦机构一直在用“挑剔的眼光”来看待其决策的环境后果，它们就很可能在法院胜诉。1979 年，在 Andrus 诉 Sierra 俱乐部案中[12]，联邦最高法院裁定，不要求 EIS 成为预算程序的一部分，从而丧失了以战略性眼光考虑环境责任的最佳机会。尽管法院评述，如果环境因素没有融入到机构规划中，诉讼的法律效力就会丧失，它在终止此类分析的过程中起到了重要作用。按照本书作者的定义，战略性 EIA 由于有很多缺陷，目前决策者不愿意接受它。实质性建议书的缺乏或“纯粹的推测”等情况已经借由判例法而明确免于接受 NEPA 审查，自愿接受可能的诉讼这一行为将被机构工作人员和领导层视为没有必要。将美国政策制定者吸引到 SEA 领域上来的是在无需提防程序圈套尤其是诉讼的情况下利用 EIA 效益的机会。诉讼不应该成为政策的驱动力。在战略决策层面上毕竟没有不能收回的对策承诺，而这可能就是 SEA 优于项目层面 EIA 的最大好处。

4.6.6　因没有建议书而带来的问题

将资源耗费在新一代核电站发展目标上是否算是一份“建议书”？如果没有附加任何地点的话，那就不会有直接证据显示建议书的潜在具体地点影响。即使是这样，也应该可能评价各个可选择战略之间的差别。举例来说，在宏观层面上，评价可能将重点放在拟议替代方案对环境产生的相对影响方面，在替代方案之间做比较将或多或少占用土地，或多或少造成栖息地损失，或多或少产生空气污染物排放，或多或少消耗能源，以及或多或少具有可接受的风险。通过在战略开发程序最初阶段适当的公众参与，同样有可能确定公众接受风险的意愿。

4.6.7　能力、知识和技能

在项目层面上制定 EIA 要求具备高级技能，而目前合格专业人员的数量很少。SEA 在复杂程度上又上了一个台阶，更适合于有着较高期望的政策层面决策者，而目前合格专业人员的数量更少。EIA 从业者还未掌握战略分析和类似承载力和可持续性阈值这样的概念。这一新方法需要既了解 SEA 又了解作为研究对象的政策或商业部门的分析者。在取得了一定成绩（在政策制定者眼里看来）之后，业内人士就可以推进这一部分的 EIA 了。除了这些分析性技能之外，SEA 从业者还必须具备以合理的成本和在合理的期限内完成该程序的能力。

4.6.8　政治意愿

政策制定者不冒无必要的风险，但他们会承担自己能掌控的风险。他们在推进组织核心目标的过程中寻求新的突破以作为回报。实践者知道 EIA 可以成为一个将雄辩化为行动的工具，而至今还有很多政策制定者不相信这一点。

4.6.9　公众的作用

公众参与 EIA 的时机要有多早这一问题一直是最恼人的问题之一。公众能够承诺在没有建议书而不确定性又较高的某一阶段发挥作用，且同意不会因为决策者提出半生不熟的想法就提出诉讼，对于 SEA 在美国的成功而言至关重要。当这一切发生时，决策者应将 SEA 和公众参与视为有用和有益的成果，而不是针对投身于这一程序的公众的治疗过程。

4.6.10　融合

在美国 EIA 学术圈总是有这样的争论，即把经济、社会和环境问题融合成一种为决策者所用的分析方法的 EIA 到底是一种客观的分析工具，还是综合性的规划工具。SEA 有机会将经济发展、环境保护和社会福利结合为一种有凝聚力的分析手段，并将分析推进到有关可持续性的讨论阶段。

4.7 结论

政策制定是一个动态过程，而且不可避免地，政策问题永远不会像 EIA 业内人士想象的那样明确。由于决策是渐进式的，政府并不总是在一个明确的阶段确定公共政策，因此 EIA 也应该演变为一个叠加的渐进式方法。SEA 的重心从一个地点、一处场所转向更具战略性的层次，因此政策制定者可以了解其全部运作是如何契合国家甚至全球背景的。在目前 NEPA 的框架内，一旦开始对项目进行评价，留给人们作出的关于是否将继续提出建议的决策已经很少了。这一方法适于某些类型的项目，但不适于可持续战略的制定。

我们是否需要使 SEA 的程序有别于 EIA？答案是肯定的。虽然二者的首要分析要素是相似的，但还是有很大差别。SEA 必须更为灵活，允许决策者采纳那些有用的要素，并将其应用到程序中。举例来说，公众参与的起始点与范围将取决于那些必定了解 SEA 裨益的决策者。SEA 应接受适应性管理的概念，即在信息不完整的情况下作出决策，并将监督当作基本要素来纳入，还要容许计划向前推进。SEA 远比 EIA 复杂得多，要求挖掘专业潜力以确保成功并被采纳。它提供了一种重复性和持续性的视角来看待拟议行动的环境效应。

对监督而非确定性的强调将产生出新的信息，一般情况下这些信息在程序上要求有新的 EIA。由于 SEA 应使评价过程朝着更快捷、更简单和更开放的方向发展，因此可能就不应该做任何程序上的要求了。新模式在不同的时间实施分析，覆盖不同的范围，同时坚持 EIA 的科学性与艺术性。SEA 排除了在评价过程的初期实施 EIA 所遇到的阻碍，使决策程序得到了改进，将重点放在可持续性上而非过程上。在美国，只有当这一模式带给 EIA 学术界和 PPPs 相关决策者的好处显而易见时，这一切才会实现。

注释

① 42 USC　4321 以及下列

② 40 CFR　1508.18

③ 40 CFR　1502.4

④ 5 USC.　552

⑤ www.washingtonpost.com/wp-dyn/content/article/2005/11/15/AR2005111501842_pf.homl

⑥ 23 USC　507

⑦ Pub.L.No.104-208

⑧ Pub.L.No.109-13

⑨ Pub.L.No.109-58（119Stat.594）

⑩ 40 CF4　1502.14

⑪ 公共机构消费者协会及博纳维尔电力局

⑫ 442 U.S.347，1979

参考文献

[1] Andrews, R. (1997) 'The unfinished business of national environmental policy', in Clark R. and Canter L. (eds) Environmental Policy and NEPA: Past, Present and Future, St Lucie Press, Boca Raton, FL.

[2] BPA (Bonneville Power Administration) (1995) 'Business plan: Final environmental impact statement', BPA.

[3] CEQ (Council on Environmental Quality) (1978) 'Regulations for implementing the procedural provisions of the National Environmental Policy Act', US Government Printing Office, Washington, DC.

[4] CEQ (1997) The National Environmental Policy Act: A Study of its Effectiveness After Twenty-five Years, Washington, DC.

[5] Garcia, M., Lee, M., Tatleman, T. and Eig, L. (2005) Immigration: Analysis of the Major Provisions of the REAL ID Act of 2005, Congressional Research Service Report 32754 for US Congress, Washington, DC.

[6] Keysar, E., Steinemann, A. and Webster, R. (2002) Integrating Environmental Impact Assessment with Master Planning at Army Installations, Army Environmental Policy Institute, AEPI-IFP 0902A, Atlanta.

[7] NEPA Modernization Task Force (National Environmental Policy Act) (2003) 'Modernizing NEPA Implementation', report to the Council on Environmental Quality, Washington, DC.

[8] Thérivel, R., Wilson, E., Thompson, S., Heaney, D. and Pritchard, D. (1992) Strategic Environmental Assessment, Earthscan, London.

[9] US-VISIT (US Visitor and Immigrant Status Indicator Technology) (2006) Programmatic Environmental Assessment on Potential Changes to Immigration and Border Management Processes, Washington, DC.

[10] Verheem, R. (1994) SEA of Dutch Ten Year Programme on Waste Management, paper to IAIA 1994, Quebec City.

第五章　亚洲地区的战略环境评价

林树一郎　宋扬义（音）　埃尔维斯·奥　吉利·杜西克

（Kiichiro Hayashi　Young-i/Song Elvis Au Jiri Dusik）

引言

战略环境评价（SEA）目前得到广泛认可，并在亚洲地区得到越来越普遍的应用。然而，亚洲的战略环境评价体系及其实施落后于发达地区，如欧洲和北美地区。亚洲的战略环境评价应用范围仍仅限于相对较少的几个国家和地区。作为主要的司法管辖区之一的香港特别行政区（香港特区）把建立和实施 SEA 体系作为其规划进程的一部分。还有其他国家，如韩国和中国，也都在这一领域取得了最新进展。

本章回顾了 SEA 体系及其在亚洲地区特别是东亚和东南亚国家的实施情况。本章主要依据 2005 年布拉格 SEA 会议的结果和一项由本书作者及其他成员做的该地区发展调查报告。该文件由以下主要部分组成：区域背景及其环境影响评价和战略环境评价的发展历史；对战略环境评价体系及其在选定国家的实施状况的分析，以及关键措施和程序进展的比较审查；对推动亚洲战略环境评价发展的关键问题和未来方向的探讨。

5.1　背景

亚洲占据了世界一半的人口，因而是一个多元化地区，其经济发展水平、体制和政治、文化、社会、环境条件都互有差异。例如，日本是一个发达国家，也是经济合作与发展组织（OECD）的成员国之一。此外，当前一些亚洲国家的人均国内生产总值（GDP）都在每年 1 000 美元到 2 000 美元之间。近年来，亚洲国家，特别是中国、韩国和东南亚国家联盟（ASEAN）组织成员国以每年约 10%的 GDP 增长速度成为了推动世界经济发展的主要力量。

亚洲地区不同国家和司法管辖区的开发项目政策决策体系与流程也是形式各异，繁简不一。在这样的多样化背景下，需要建立一种高度灵活性的多样化方法，以使战略环境条件适应不同的社会经济状况。

5.2　亚洲地区环境影响评价的实施

大部分亚洲国家/经济体已经引入了不同形式的环境影响评价（EIA）体系，并且制定了多种形式的环境影响评价法律法规。下文所列举的实例说明环境影响评价已成为该地区战略环境评价发展的先导。

韩国自 1977 年环境保护法出台之始就建立了环境影响评价体系。随后，环境政策的框架法也于 1990 年建立，其中包括对重大项目环境影响评价的要求。此外，环境影响评价法（1993 年通过，1997 年修订）是第一个独立的项目环境影响评价法规。目前，环境、交通和灾害影响评价法（6095 号条例，1999 年颁布，2003 年修订）也都得以实施。

在日本（见 MOE-J 网站），环境影响评价的概念最早形成于 1972 年通过的有关公共工程环境保护措施的内阁指令。有关实施环境影响评价的指令于 1984 年批准通过，使得大型开发项目的环境影响评价程序规则标准化。环境影响评价法规于 1997 年颁布，于 1999 年全面执行。

香港于 1997 年颁布了自己的环境影响评价法以规范 1980 年代中期以来就存在的行政性环境影响评价体系，并于 1998 年 4 月全面实施环境影响评价法规，对主要发展计划的环境影响评价做出了规定。2003 年，中国通过了环境影响评价法，对运用到计划、战略和项目中的环境影响评价程序做出了规定。已建立环境影响评价体系的南亚国家有印尼、老挝、马来西亚、菲律宾、泰国和越南。柬埔寨也正在建立环境影响评价制度（Dusik 和 Xie，2009）。

5.3 亚洲地区的战略环境评价：回顾和分析

和世界其他地区一样，在过去几年中，战略环境评价在亚洲地区受到了越来越多的关注，主要是因为重要战略或政策引起的累积性或大规模环境影响带来了与日俱增的挑战。但是，那些没有战略环境评价体系的国家所依据的仍是国际惯例。许多亚洲国家也在努力克服体制、技术和行政上的困难，使环境影响评价制度充分发挥效力。

自 20 世纪 90 年代初以来，东亚和东南亚的一些发展中国家和转型国家（例如中国、越南、菲律宾和马来西亚）已经对各项计划的环境评价流程进行了试点检验。自 2003 年以来，战略环境评价在这些地区都已制度化，有的国家（如中国、菲律宾和泰国）已经把战略环境评价当作某些规划或计划的环境影响评价原则来应用，也有的国家（如印度尼西亚、马来西亚）把战略环境评价视为将环境因素纳入到规划过程中的更为灵活的方法。自 2005 年起，越南已建立了在许多方面类似于欧盟战略环评机制的自主性战略环境评价体系。亚洲地区的其他发展中国家和转型国家（如老挝、柬埔寨和斐济）在 2005 年也已启动了战略环境评价的试点检验，或者是由捐赠者支持的类似评价程序（Dusik 和 Xie，2009）。

5.4 亚洲国家和地区战略环境评价体系案例

本节重点介绍了几个精选的战略环境评价体系及其在亚洲国家和地区规划过程中的应用。所举实例代表了该地区采用的更为先进的环境影响评价框架和元素。然而，需要指出的是，由于亚洲国家的体制变革和借助国际发展合作进程而开展的能力建设活动，这个地区正在迅速发生变化。

5.4.1 香港特别行政区

在亚洲所有地区，香港可能是自20世纪90年代起为数不多的拥有战略环境评价实际操作经验和范例的地区之一。其环境影响评价条例涉及针对重大发展规划可行性研究而实施的环境影响评价所规定的要求。最近香港完成的几项重大战略环境评价战略或政策的重要性和实用性得到了进一步承认和接受。一些较早的环境影响评价案例见表5.1。

表5.1 香港战略环境评价实例

研究项目	涉及的关键部门	尺度	环境问题涉及范围	战略环境关注点及焦点
港区发展战略评审（1995）	港区土地利用规划；运输	港区土地利用规划 全港人口从1999年中期的680万增长到2011年的810万	港区； 行政区	潜在环境影响及对各种开发模式的接受度。关键因子有空气、水、交通噪声及环境保护
第三次整体运输研究（1997）	运输	全港跨境人口从1999年中期的680万增长到2016年的890万	港区，行政区和局部地区	不同的交通方式、政策及发展方式带来的环境影响。关键因子为空气污染和交通噪声
第二次铁路发展研究（2000）	交通燃料； 消耗量； 土地利用	全港跨境人口从1999年中期的680万增长到2016年的890万	港区，行政区和局部地区	铁路发展方式带来的潜在环境影响，包括与公路运输方式相比所产生的减少空气污染的间接效应和收益
电子道路定价系统研究（1993）	公路运输；经济性和公正性；收费技术	如果不加限制，2016年全港将有96万辆私车	港区，行政区和局部地区	各类收费方案带来的潜在收益和环境表现；关键因子为空气质量和交通噪声
1 800MW 发电厂（1999）	电力供应； 局域土地利用； 燃料供应； 发电技术	1 800MW发电容量	全球，地区，港区，行政区和局部地区	各类燃料、技术和选址方案带来的潜在环境影响。关键因子为温室气体（GHG）、区域和地方空气质量和生态影响

来源：Au，2003。

香港战略环境评价的发展经历了三个主要阶段。第一阶段是1988—1992年的形成阶段，这一阶段是将环境影响评价进程应用于主要新城镇。第二阶段始于1992年，当时总督宣布了一项重要的政府措施，要求战略环境评价要应用到所有的重大政策、战略和规划中。1992—1997年，香港逐渐摸索着运用战略环评来制定各类重大战略和土地规划，例如土地发展战略和交通运输与铁路发展战略。此类应用带来了非常实际的成果和收益，战略环境评价的实用性也被更广泛地认可。特别是运用于行政区发展战略中的战略环境评价推动了香港可持续发展体系的演变和发展。

自 2000 年以来，战略环境评价被应用到更多的行业和不同类型的规划与战略中，如废物管理战略、全港能源节约计划等。最近应用的战略环境评价针对的是截至 2030 年的长期规划。此次战略环境评价与以往的不同，是以可持续发展为驱动力，并引入了持续的公众参与概念，使战略环境评价过程自始至终对参与其中的所有利益相关者更加透明。

香港取得的另一个进展就是 2005 年 12 月由中国环境保护部总干事、香港特别行政区环保局常任秘书长以及环境咨询委员会主席共同推出的基于网络的战略环境评价双语知识中心。香港环境影响评价手册于 2004 年 10 月发布，旨在促进香港特区和中国南部地区更广泛地应用战略环境评价。同时也能将战略环境评价应用于珠江三角洲和中国其他地区并与大陆建立起良好的合作关系。战略环境评价已成为重要的知识与经验共享媒介和合作平台。

5.4.2　中国

中国于 1979 年引进了环境影响评价，是最早引进环境影响评价的发展中国家之一。1979 年试行的环境保护法和随后有关空气、水、噪声和固体废物的环境法规促成了一系列项目环境影响评价支持性文件的形成。这些规定主要集中于环境影响评价项目，并没有推广至规划、计划和政策中。与此同时，20 世纪 90 年代以来，战略环境评价的重要性不断引起环境影响评价专家和政府的注意。例如，1996 年国务院提出了针对区域和资源规划以及城市和工业发展规划的环境影响分析，以及涉及工业结构和生产力布局的经济建设或社会发展重大决策的环境影响分析（李天威，2008）。

20 世纪 90 年代的区域战略环境评价：中国的战略环境评价始于区域环境影响评价（R-EIA）。1993 年 1 月，国家环保总局（SEPA）发出了关于加强建设项目环境保护管理工作的通知。1998 年国务院对建设项目的环境保护管理工作做出了正式规定。这就需要对流域和经济开发区的发展、新城区建设和旧城区重建做出区域性环境影响评价（李天威，2008）。开发区区域环境影响评价的主要目的如下：（1）评价环境质量、环境承载力；（2）制定环境管理方案；（3）简化未来的地区规划建设活动的环境影响评价工作。然而，Da Zhu 和 Jiang Ru（2008）发现发展计划总是由指定政府机构聘请的学者和专家来做出区域环评报告，以识别和减轻上述计划对环境可能产生的影响。虽然区域环评研究结果已反馈到各机构的决策过程中，但其环评研究结果的应用还是由机构来最终决定。

20 世纪 90 年代超大规模项目环境影响评价的战略环境评价要素：除了区域环境评价和开发区的环境评价，其他两类环境评价也涉及战略环评要素。其中第一类是一些大型工业企业就其发展计划进行的战略环境评价。其目的是为规划好的工业活动确定环境补偿措施。例如，三大钢铁公司五年发展计划的环境影响评价、三江平原综合农业开发项目的环评和环保规划、西电东送工程、西气东输工程以及南水北调工程的环境影响评价。Da Zhu 和 Jiang Ru（2008）指出，虽然类似的区域环评以及这些环评报告为确定环境问题找到了补救办法，但是它们并不能决定项目的环境可行性。公众参与也仅限于主管机构选定的专家范围。

2003 年环境影响评价法中战略环境评价条款及其应用领域：新的环境影响评价法

（2003 年起生效）适用于某些项目和规划。环境影响评价法的初步草案还为政策规定了环评义务。不过这些建议遭到了一些政府部门的强烈反对（李巍，2006）。环境保护部（环保部）完全意识到由于规划往往只涉及很小的范围而拥有较小的影响力，所以战略环境评价不能仅限于这些规划。环境保护部尝试把战略环境评价拓展应用到宏观指令性计划和政策中，如产业政策、贸易政策和一个地区或整个国家的宏观发展计划。为了这个目的，环境保护部在 2007 年 10 月成功举办了国际研讨会——“中国的战略环境评价”，引起了国务院总办公厅和相关机构部门的极大关注。根据环境影响评价法的规定，计划的涵盖领域分为两类：土地利用、区域、流域和近海水域的总体规划以及针对农业、工业、畜牧业、养殖业、林业、自然资源、城市、能源、交通和旅游业的具体规划（表 5.2）。对于总体规划，战略环评就是用来把环境因素纳入规划的制定工作中，而且在编制作为拟议规划一部分的环境评价章节或声明时也必须实施战略环评。针对与其他有关当局或公众的协商则没有做出规定。

表 5.2　针对总体规划和专项规划的战略环境评价要求之间的比较

战略环境评价要素	总体规划和专项规划中的“指导”规划	专项规划
应用范围	总体规划，例如土地利用规划、区域、流域和海水开发与利用规划，以及专项规划中的“指导”规划	为工业、农业、畜牧业、林业、能源、水利、交通、城市建设、旅游与自然资源开发等领域制定的专项规划
报告要求	有关环境影响的章节或声明	单独的规划环境影响评价报告（P-EIA 报告）
与规划过程的联系	规划起草阶段就应当做出评价	评价应在规划草案提交前获得批准。一般是在规划草案制定完毕后和提交审查与批准之前实施评价
评价的着重点	对项目实施可能会带来的环境影响的分析、预测和评价；旨在预防或缓解不良环境影响的措施	对项目实施可能会带来的环境影响的分析、预测和评价；旨在预防或缓解不良环境影响的措施； P-EIA 报告的结论
利益相关者的参与	不要求	对于那些被认为会带来负面环境影响进而直接影响公众利益的专项规划，权威机构必须举办座谈会、听证会或其他形式的讨论会，征求对 P-EIA 报告草案的意见，然后提请审查和批准。不过，根据国家安全条例而被划定的保密规划不受该义务的约束
审查	环境影响声明应当与规划一并提交相关机构审批	规划以及各自的 P-EIA 报告应提交给相关环境保护部门，或者政府指定的其他部门；这些机构在受理规划草案后，必须成立一支由相关部门代表和环境专家组成的审查小组以审查 P-EIA 报告
法律责任	负责起草规划的部门	规划审批机构

来源：Li Tianwei，2008；Tao Tang 等，2005。

对于专项规划，在发展规划草案完成之前需要实施战略环境评价来分析其影响，并需要起草一份单独的规划环评报告（P-EIA）。环境影响评价法规定在规划草案和报告提交到有关环保机构进行审批之前应咨询公众意见，并为此召集一个专家小组。负责审批规划的机构必须同时考虑规划环境影响评价（PEIA）报告的结果和决策制定过程中的审查意见。

环境保护部已经颁布了实施环境影响评价法及其战略环境评价条款的若干规定，包括规划环评报告的审查，此外还制定了规划环评的实施技术导则和环境评价的编制技术导则。此外，许多省份已提出类似法规或指导意见（Wei，2005）。然而，对于如何在实践中运用战略环境评价流程，特别是将环境因素融入到空间规划中这方面的可用信息相对较少。较为受关注的可能是大规模试点性战略环境评价，该项评价在 2008—2009 年对大理市城市总体规划中环评的应用及利益相关者的参与进行了检验（Yang 等，2009；YEPB 和 Ramboll Natura，2009）。迄今为止，已有包括上海、河北、内蒙古、江苏、山东、湖北、陕西、广西、云南、新疆在内的超过 13 个省（市、区）以地方性法规和政府文件的形式发布了战略环境评价的相关规定（Li，2008）。这些法规规定了战略环境评价的程序、审查方法和财力资源，同时考虑到当地的条件。此外，环境保护部已经编制了一系列技术导则，如发展计划的战略环境评价技术导则试用版。

也有越来越多的中国学者开展了有关战略环境评价概念和案例的研究，着重于不同类型规划及其应用的战略环评试点性拓展计划也在紧锣密鼓地进行着，有望更深入地阐明实施状况和焦点问题（Dusik 和 Xie，2009）。今后环境保护部就战略环境评价体系开发这一点所确定的重点包括：环境影响评价法的修订，其目的在于确保环境影响评价适用于所有对环境有重大影响的决策制定过程；针对重点领域和行业的项目环评技术导则的编制；对战略环评专家和官员的培训；以及建立几个国家战略环评研究中心（Li，2008）。

5.4.3 韩国

韩国在 1993 年引进了初期环境审查体系（PERS）并在 2005 年进行了结构重组，以在专项规划和计划的早期阶段查明和减少对环境的影响。PERS 的审查对象是对需进行环境影响评价的项目决议产生影响的政策、规划和计划（PPP）。PERS 的目的是克服环境影响评价的局限性以及实现环境友好型可持续发展模式。

如上所述，基于 PERS 的规划和计划的范围由它们与基于环境影响评价的开发项目之间的后续联系来确定。具体来说，修正后的 PERS 系统适用于 100 多个行政管理与开发规划和计划，这些规划和计划与基于环境影响评价的 63 类开发项目有关。这些基于 PERS 的规划和计划被分为两组：根据它们的特点分为高级别和低级别计划（表 5.3）。这一新 PERS 体系一步步从应用于规划和计划逐步发展到应用于开发项目，促进了系统化环境评价的发展。

在一项规划或计划被采纳或提交至立法程序之前，需要准备一份 PERS 报告（审查程序有所不同且每个程序的协商时机也不同）。公众和权力机构的协商必须限期完成，以确保咨询者能够得到有效机会来表达自己对 PERS 报告的意见。

PERS 报告必须提供某些必要信息，包括范围界定结果、对替代方案的采纳和公开协商。相关机构在与 PERS 委员会就替代方案、范围界定、公开协商程序和公众参与程度等问题进行协商后，起草一份报告。报告草案包含了 PERS 报告最终稿所需要的除协商结果之外的所有信息。报告草案应该至少公示 20 天，PERS 委员会如果认为必要，还应召开公开听证会。

表 5.3 高级别与低级别规划和计划的数量及特点

分类	特点	规划的数目
高级别规划和计划	带有政策性或战略性特点的中长期规划； 对后续规划的开发项目有间接影响的规划	依照 11 项法规制定的 16 项规划和计划
低级别规划和计划	对开发项目有直接影响的规划； 涉及具体地域界限的规划； 将在后续开发项目中直接实施的规划	依照 48 项法规制定的 72 项规划和计划

相关机构应把报告草案的内容、可查看或获取草案副本的地址以及公开协商期限等公诸于众，并邀请公众对报告提出意见，通过多次在日报上发布信息来详细介绍如何发表这些意见。如果要举行一次公开听证会或会议，相关机构应至少在听证会或会议举办前 14 天，多次在多份国家和地区日报上发布公告以告知公众。

如果委员会认为是以下原因，报告草案不需要公诸于众：以服务国防为唯一目的的规划或计划；法律禁止公诸于众的规划或计划；或公诸于众会导致难以实现行政目标的规划或计划。

PERS 委员会的作用在于它可以通过提供有关构建替代方案和划定范围的专业技能来协助当局起草报告。目前的 PERS 系统不允许将 PERS 结果应用于最终规划或计划。委员会允许在制定规划和计划的初期考虑环境因素。PERS 委员会由一个主席（相关机构的文职人员）和成员（由专家、环境团体的成员、相关机构的文职人员、居民代表或由地区领导提名的地方议会成员组成的少于 10 人的成员组）构成。

5.4.4 日本

日本是亚洲地区重要的发达国家，但除了依据现有环境影响评价法的港口规划，并没有形成以国家法律为基础的战略环境评价体系。然而，最近由日本环境部（MOE）委托实施的研究项目和举措为战略环境评价体系的发展奠定了基础，这一体系对项目环境影响评价体系是一个补充。MOE 已发布了城市废物管理计划（WMP）的战略环境评价初步导则。2007 年，日本环境部借助基于环境影响评价法的项目计划阶段的战略环境评价新导则，在建立国家战略环境评价体系方面取得了新的进展。第三次全国环境规划规定了战略环境评价导则的发展方向。2010 年，在环境影响评价法实施 10 年后，有关修订现行环境影响评价法的讨论正在如火如荼地进行当中。讨论重点是将战略环境评价引入到国家法规系统中。（欲查询国家和地方战略环境评价/环境影响评价相关信息，请登录 MOE-J 网站）

地方政府也引进了一些战略环境评价体系，如琦玉县、东京都地区、广岛和京都地区。此外，日本国土、基础设施与运输部（MLIT，见 MLIT 网站）也出台了相关导则以推动公众参与公路、机场、港口和河流规划。所谓的公众参与（PI）体系考虑到了环境、社会和经济因素以及替代方案的开发。对于道路规划，公众参与（PI）体系在依据环境影响评价法实施环境影响评价的道路建设项目启动之前就已投入使用。在这个阶段，项目倡议者需提交路线选择方案和道路结构选择方案，例如决定是选择高架桥结构还是地下结构，并从经济、社会和环境角度展开讨论。

例如，东京附近的神奈川横滨西北环形高速公路已应用了公众参与系统（见横滨西北在线网站）。在这一过程中，专家会议、公众和公司的问卷调查、公开听证会、特定网站和文件摘要的出版与销售均成为咨询手段。虽然分析范围与方法相对有限，但是环境评价的重点是空气、噪声、动植物、地下水、土壤景观和太阳能使用权受到的量与质的影响。公众参与系统可被视为战略环境评价的类似方法。自战略环境评价导则颁布实施以来，MLIT 修正了公众参与系统以符合战略环境评价导则的要求。

5.4.5 越南

政策承诺：自 20 世纪 90 年代以来，越南的法律框架在概念上就已经包含了战略环境评价，例如 1993 年颁布的环境保护法，其 175 号政府执行法令和 490 号通知规定“环评不仅要在项目层面实施，还要面向区域、部门、省、市和工业区的总体发展规划”。然而，2005 年之前只执行了少数类似于大尺度环评的试点性战略环境评价。2005 年之前，越南实施了各类“试点性战略环境评价”。此类研究大多采用了早期的环境影响评价技术，其重点在于缓解环境问题，而非在战略层面上干预规划过程（ICEM，2006）。各项计划结束之后，再分别实施分析。战略环境评价整合过程由于缺乏法律强制力而导致其影响决策过程的能力下降。

自 2000 年以来，一些政府决策呼吁对政策、规划和计划实施战略评价，并呼吁把环境因素纳入到发展规划中，从而使越南的战略环境评价框架得到不断发展。尤其重要的是全面扶贫和发展战略（2002），呼吁“积极地将环境和自然资源问题全面纳入到各省、各地区的社会经济发展总体规划中以确保可持续发展和避免自然资源的退化”。2010 年国家环境保护战略和 2020 年战略前瞻（2003）高度重视“社会经济规划与环境因素的整合”，并呼吁引进战略环境评价。

2005 年修订了环境保护法（LEP），其内容涵盖了国家、省和省际战略与计划的强制性规定。战略环境评价通常要求具备的完善建议书包括国家及省级社会经济发展战略和规划；国家部门的发展战略和规划；土地利用、森林保护与发展的总体规划；跨省或跨区域其他自然资源的开发利用；重点经济区发展规划和省际流域规划。

环境保护法规定战略环境评价报告必须由制定相关战略或规划的机构编制。环境保护法要求战略环境评价报告必须成为规划文件不可或缺的一部分，且必须与战略或规划的制定同步进行。这些框架要求在 MONRE 的第 05 号通告中得到了进一步完善，其中规定了详细的战略环评程序和战略环评报告必须具备的内容。通告要求项目倡议者成立一个工作小组来实施战略环境评价，小组成员包括环境专家和相关科学家。通告不仅要求评价有关的环境问题，还要求提供社会经济背景信息和规划建议书。

战略环评报告由评审委员会来评估，其评审结果应作为批准依据。MONRE 负责组织针对战略和规划的审查委员会，这些战略和规划都得到了国民议会、政府和首相的核准。部委、部级机关和政府机构为在其职权范围内得到批准的战略和规划设置评审委员会。最后，省人民委员会组织评审委员会审核省一级层面确定的战略和规划。

环境保护法允许组织和个人对环评报告的审查提出意见。意见可提交给有关的环境保护机构、负责建立战略环境评价审查委员会的机构或是负责审批战略和规划的机构。然而，与利用越南当地资源实施国内首个试点性战略环境评价有关的初步经验表明，公众参与将可能成为战略环境评价中最具挑战性的部分（Nam 和 Dusik，2008）。

2006—2008 年，自然资源与环境部利用瑞典国际开发合作署资助的 SEMLA 项目制定了战略环境评价通用技术导则（MONRE，2008）。有关导则的详尽描述包括由 SIDA、GTZ、ADB 和世界银行在越南资助实施的战略环境评价试点项目中进行的试点检验。导则规定战略环境评价的目的是把环境影响因素纳入到规划过程中，并建议在必要时灵活地将以下任务纳入到规划过程的各阶段来实施战略环境评价：

（1）界定广泛的战略环境评价范围并阐述相关战略环境评价的职权范围。

（2）确定主要环境问题和有关战略或规划的环境目标。

（3）识别主要利益相关者并制定利益相关者参与计划。

（4）在缺少战略或规划的情况下分析环境趋势。

（5）评价拟定发展目标和战略或规划方案。

（6）评价受到战略或规划影响的未来环境趋势。

（7）总结概述建议的缓解/改善措施并提出环境监测安排。

（8）编制战略环境评价报告并提交有关当局进行审核。

表 5.4　2005 年通过环境保护法后越南实施的由捐赠者支持的战略环境评价试点项目实例

战略环境评价项目名称	捐赠单位
Vinh Phuc 省社会经济发展规划的战略环境评价（SEDP）2006—2010	GTZ
Son Duong 地区（Tuyen Quang 省）社会经济发展规划的战略环境评价（SEDP）2006—2011	GTZ
第四期国家电力发展计划的战略环境评价——水电部门就生物多样性受到的影响编写的调研报告	世界银行
林业总体规划的预战略环境评价 2010—2020	世界银行
红河三角洲地区社会经济发展总体规划的战略环境评价	世界银行
Quang Nam 省水电开发规划的战略环境评价	ADB
越南第四期电力发展计划框架下水电开发总体规划的战略环境评价	ADB
Quang Nam 省社会经济发展规划的战略环境评价	Danida
北部湾沿岸廊道社会经济发展规划的战略环境评价	Sida
北部地区重要经济开发区土地利用规划的战略环境评价	Sida
中部地区重要经济开发区工业发展规划的战略环境评价	Sida
Con Dao 社会经济发展规划（SEDP）及国家公园旅游业发展规划的战略环境评价	UNDP/WWF

导则指出，战略环境评价可以利用简单的技术，如矩阵、专家判断、计算、与相关参照点的比较或即使在缺失重要数据的情况下也可操作的趋势分析。可以通过以下方式来展示相关趋势：（1）描述整体趋势、主要驱动力、区域尺度和这些趋势带来的关键问题和机遇的变化曲线；（2）空间发展模式图；（3）阐述超越时限的关键问题演变过程的图表。

针对这一问题，2005 年 11 月，MONRE 开展了捐助者合作协调活动，旨在为战略环境评价在越南的实施提供更长期有效的支持。这一机制涉及 Sida、德国技术合作公司（GTZ）、瑞士发展合作公司、丹麦国际开发署和世界银行，促进了他们之间的经验交流和相互合作（见表 5.4 的实例）。捐助者还启动了一项国家战略环境评价多方捐助计划，支持各行各业建立战略环境评价体系，他们还支持使用 MONRE 战略环境评价通用技术导则，作为部门制定各项计划范畴内战略环境评价技术导则的基本参考文件（Nam and Dusik，2008）。

2009 年，建设部针对城市规划采用了战略环境评价专项技术导则；同时规划与投资部也针对社会经济发展规划起草了战略环境评价导则。2010 年，渔业与农业战略环境评价导则也开始编制。在本书编写之际（2010 年 10 月），最新进展体现为战略环境评价总理法令的制定，其目的是细化各行业部门的作用并区分对各类规划过程的不同战略环境评价要求。

2005—2010 年，越南战略环境评价成功实施的关键是，第一批试点项目要成功适应当地潜力和规划背景，并涵盖多个规划层次和部门。因此未来 2～5 年内有针对性的支持活动对推动越南战略环境评价的发展有着重要作用。

鉴于战略环境评价在各部门、各规划层和各个地理位置的广泛应用，各主要部级单位以及省一级层面上战略环境评价的知识和经验仍然只得到了有限提升。还需进一步支持能力建设，以将知识培训的覆盖面拓展到省一级层面和目前还未开展试点活动的部门。

5.4.6 印度尼西亚

1998 年以来，印尼环保部（MOE）对将战略环境评价当作环境整合工具而加以运用表现出浓厚兴趣。当各捐助机构呼吁更严肃地考虑规划过程中的环境风险和局限性时，战略环境评价的概念在海啸后重建计划中便开始得到更为普遍的接受。

环保部认为，重要的是相关机构和公众不要把战略环境评价当作是政策、规划和计划审批上的一个官僚主义阻碍因素，而是要把它看作是促进规划和决策进程的一个重要手段。1996 年，环保部和国家发展计划局（Bappenas）以及内政部（MOHA）一道致力于在印尼—丹麦环境支持项目范畴内开发战略环境评价体系。ESP2 计划促进了各部门之间有关战略环境评价的协商；支持了国家、各省和地方层面上各规划程序中实用性战略环评的实施；建立了战略环境评价和指导材料的管理框架；并在全国广泛提高了认识水平，推动了能力建设。

战略环境评价体系发展的主要动力是 2009 年 9 月实施的有关环境保护与管理的第 32/2009 号法令。该法的制定自 2007 年以来在促进和发展印度尼西亚战略环境评价方面取得了巨大成就，是辛勤努力的结晶。这部法律对面向空间规划、长期发展计划和国家、省和地方各级中期发展计划而实施的战略环评规定了强制性责任。对于可能会造成重大环境影响和（或）风险的政策、规划或计划，还要求实施自愿性战略环境评价。本法规定了评价过程中可能要强制性和选择性实施的分析，并要求利益相关者参与战略环评过程。法律明确规定战略环评应至少包含以下几方面的评价：

- 环境承载力和发展容纳能力；
- 预期环境影响和风险；
- 生态系统服务绩效；
- 自然资源利用率；
- 面对气候变化的环境脆弱性和适应能力；
- 生物多样性。

该法规定，战略环境评价应当成为相关计划的制定基础。它指示政府不能让任何超出环境承载能力的事业和（或）活动得以持续进行。

未来新法律框架在应用上面临的主要挑战是印尼规划进程的灵活性和对决策过程中环境问题的有限认识。对 2007—2009 年第一批十个战略环评试点项目的回顾所取得的经验教训表明，印尼的规划、计划和政策的制定通常都是依托很灵活的协商过程，只有通过战略环评专家的引领才能对这一过程施加影响，仅有技术投入是不够的。

2010 年，环境保护法中规定的战略环评相关条款在战略环评政府条例和环保部战略环评通用导则中得到了进一步完善。根据导则，战略环评应由涉及相关机构代表的工作组实施。战略环评可以利用（取决于决策的需要）快速评估或更为详细的评价来推动各相关机构之间就确认的话题进行协商。如果有外聘顾问参与，将可能会充当进程调解人或关键决策问题上的具体技术提供者（Dusik 等，2010；Setiawan 等，2010）。战略环评的目的是完善规划建议书，并在各相关机构中间推动学习过程，整个环评过程与世界银行推动的以机构为中心的战略环评方法有很多相似之处。

2010 年，Bappenas 成功测试了棕榈油行业战略环评通用导则中提出的战略环评协商方法。随后，Bappenas 开始为国家发展规划和国家行业规划制定战略环评导则，进一步详细阐述了战略环评过程的协商要素（Sucofindo，2010）。内政部制定了自己的战略环评部级条例和战略环评综合方法导则（Wibowo，2010），从而对单一评价过程中的多个规划进程实施评价。2010 年，各省市和地方政府已进行了五次这样的综合战略环评过程的试点检验。

5.4.7 亚洲其他国家经验

在东亚和东南亚地区，除了上述几个国家，其他国家也已经在引入或运用战略环评。越南已依据环境保护法（2005 年修订，2006 年生效）建立并实施了战略环评体系。这个过程适用于国家和省级社会经济发展与部门战略和规划以及跨区域地区的土地与资源利用规划。该过程必须和规划过程同时进行，战略环评报告的编写必须接受作为规划或决策审批基础的审核程序的审查。自然资源与环境部第 05/2008 号通告进一步概述了实施战略环评的要求。

正在实施战略环评的其他国家有（Dusik and Xie，2009）：

- 马来西亚：作为规划的可持续性评估进程的战略环评已在制定之中。
- 菲律宾：战略环评法规处于待定阶段（等待提交国会）。
- 泰国：正在制定战略环评导则，主要针对共同的程序，但灵活的应用范围又能体现出建议书的类型和必须达到的细节水平。

5.4.8 比较分析

本节介绍了东亚和东南亚国家战略环评程序开发的比较分析，其中包括：

- 战略环评体系总体状况、发展水平和实施状况（见专栏 5.1）。
- 截至 2005 年，战略环评实施与演变过程中的关键因素（表 5.5）。

专栏 5.1　东亚和东南亚地区战略环境评价体系现状

在该地区，尤其是发展中国家的战略环境评价体系的发展主要分为五大类：

1. 已经引进并实施包括法律框架、专项导则和更广泛实践在内的 SEA 体系的国家，即中国和越南。

2. 正提出建议来引进 SEA 体系的国家（马来西亚、泰国和菲律宾）。

3. 依靠捐助机构的支持，已经处于 SEA 体系应用与试验的早期阶段的国家，即老挝、柬埔寨。

4. 从未或很少开展由国家推动或捐助机构支持的 SEA 活动的国家（该地区所有其他低收入国家或转型国家）。

来源：Dusik and Xie，2009。

表 5.5　SEA 在亚洲地区的实施状况（以 2010 年为例）

地区	政治意愿	法律训令	机构	SEA 程序	公众参与	SEA 应用
日本	○	×	○	□	○	□
韩国	○	○	○	□	○	□
中国	□	○	○	□	□	□
香港特区	○	○	○	○	○	○
蒙古	□	×	○	×	×	×
新加坡	□	×	○	×	□	×
印度尼西亚	□	×	○	×	×	×
菲律宾	○	×	○	□	□	□
泰国	□	×	○	×	□	×
越南	○	□	□	□	□	□
柬埔寨	□	×	○	×	×	×
老挝	□	×	○	×	□	×

注：○，最低程度的实施；□，实施中；×，未实施。

来源：Xie，2005。

总之，根据布拉格战略环评会议的结论，亚洲地区战略环评实施状况的主要特征如下：

- 亚洲地区战略环评的总体状况、质量和效益有很大差异。
- 优点包括地域邻近优势和文化与思维方式的相似优势；战略环评灵活地应用于不同的环境和社会经济背景，这一点可以在不同的战略环评方法和实践中得以体现。
- 缺点主要有缺乏战略环评上的区域合作精神以及不同背景之间缺乏信息、经验和知识的共享。除亚洲一些地方以外，在 PPPs 的战略环评实际管理与执行方面普遍缺乏责任制、能力和知识。
- 作为可持续发展工具，战略环评的优点正逐渐得到认可。

主要趋势和问题归纳如下：

- 有关战略环评的法律和法规越来越多，但在亚洲一些国家，战略环评的实施依然面临抵触、保守和阻碍因素。
- 越来越重视公众参与。
- 越来越重视战略环评和可持续发展之间的联系。
- 能力建设、实际经验的获取和执行战略环评的当前要求仍是主要问题。

5.5 结论

本章的主要研究结论总结于表 5.6。虽然目前战略环评在亚洲地区得到广泛认可，但是其实施范围仍仅限于相对较少的几个国家或地区，如香港特区、韩国、中国、日本和越南。亚洲地区在经济发展的层次和类型、机构能力以及政治、文化、社会和环境条件等方面差异很大。各不相同的情况就要求在运用战略环评时以灵活多样的方式来适应不同的社会经济环境。

在亚洲，战略环评必须结合针对可持续发展和扶贫措施的覆盖面更广的政府议程。这对克服战略环评执行力不足的问题至关重要。需要更加注重实践，而不仅仅是制定法律和规则。而且，各个机构和从业人员要边实践边学习，树立能力建设成功范例，并使战略环评的应用得到更广泛认可。

表 5.6 东亚和东南亚地区的 SEA 现状

主要趋势和问题	❖ SEA 越来越有成为法律与规章正规要求的趋势。但在亚洲某些地区，SEA 在国家范围内的实施依然面临阻碍； ❖ 公众参与和 SEA 与可持续发展之间的必然联系已经得到了重视； ❖ 在能力建设、获取经验和执行要求方面仍然存在问题
主要观点	❖ 优势：地理位置邻近、文化风俗及思维方式相似；且 SEA 程序具备高度的灵活性和适应性来适应不同的社会经济环境； ❖ 劣势：亚洲地区 SEA 项目缺乏合作，不同背景间也缺乏信息、经验和知识的交流。除了亚洲少数地区，大部分地区在管理和实施 PPP 的战略环境评价的过程中普遍存在能力与知识不足
重要经验	❖ SEA 需要同政府议程，例如可持续发展和扶贫措施等联系并结合起来； ❖ 对其实施应给予更多的关注，而不仅仅是推行法律和法规； ❖ 应当更加着力于推动个体机构和从业者的学习进程，以及树立有关能力建设和提高 SEA 手段接受程度的成功案例
未来方向	❖ 促进 SEA 专家和国际机构组成的合作网络的发展； ❖ 促进 SEA 经验的交流； ❖ 促进相互帮助和经验分享，以协助那些实施试点性 SEA 或 SEA 实际应用的人员

参考文献

[1] Au, E. (2003) International Trend of Strategic Environmental Assessment and the Evolution of Strategic Environmental Assessment Development in Hong Kong, Hong Kong Environmental Protection Department.

[2] Dusik, J. and Xie, J. (2009) Strategic Environmental Assessment in East and Southeast Asia: A Progress Review and Comparison of Country Systems and Cases, World Bank, Washington, DC.

[3] Dusik, J. (2010) ‘SEA as a dialogue and planning support tool: Lessons from pilot projects in Indonesia’, Indonesia-Denmark Environmental Support Programme, Ministry of Environment in Indonesia, Jakarta.

[4] Dusik, J. and Nam, L.H. (2008) ‘Status of SEA in Vietnam’, Workshop on Strategic Environmental Assessment in East Asia and Pacific Region, World Bank Institute and ADB-GMS Environment Operations Center, Hanoi, December.

[5] Dusik, J., Setiawan, B., Kappiantari, M., Argo, T., Nawangsidi, H., Wibowo, S.A. and Rustiadi, E. (2010) ‘Making SEA fit for the political culture of strategic decision-making in Indonesia: Recommendation for general guidance on SEA’, Environmental Support Programme, Ministry of Environment of Indonesia, Jakarta, June.

[6] ICEM (2006) ‘Strategic environmental assessment in the Greater Mekong subregion-status report’, GMS Environment Operations Centre, Bangkok, Thailand.

[7] Li, Tianwei (2008) ‘Status of SEA development in the People’ s Republic of China’, Workshop on Strategic Environmental Assessment in East Asia and Pacific Region, World Bank Institute and ADB-GMS Environment Operations Center, Hanoi, December.

[8] Setiawan, B. et al. (2010) ‘General guidance of SEA (draft 3)’ (in Bahasa Indonesian), Jakarta 25 September.

[9] Sucofindo (2010) ‘Draft SEA for national mid-term development plan for one sector’, Bappenas, Jakarta, 15 September.

[10] Tang, T., Zhu, T., Xu, H. and Wu, J. (2005) ‘Strategic environmental assessment of landuse planning in China’, Environmental Informatics Archives, vol 3, pp41-51.

[11] Wei, L. (2005a) ‘Progress of SEA in China’, presentation at the OECD/DAC workshop on SEA, Vietnam, January 2005 (CD Rom).

[12] Wei, L. (2005b) ‘SEA of Grand Western Development Strategy’, presentation at the OECD/DAC workshop on SEA, Vietnam, January 2005 (CD Rom).

[13] Wei, L. (2006) ‘Status of SEA development in the People’ s Republic of China’, Planning Workshop on Strategic Environmental Assessment of Economic Corridors and Sector Strategies in the Greater Mekong Subregion, ADB/EOC, 9-10 August.

[14] Wibowo, S.A. (2010) ‘SEA application for spatial and development plans: West Sumatra Province and its districts/municipalities’, Ministry of Home Affairs, Jakarta, September.

[15] World Bank (2006) Environmental Impact Assessment Regulations and Strategic Environmental Assessment Requirements: Practices and Lessons Learned in East and Southeast Asia, World Bank, Washington, DC.

[16] Xie, J. (2005) 'A cross-country review of EIA regulations, SEA requirements and practice in east and southeast Asia', paper presented at the IAIA SEA conference, Prague.

[17] Yang, Y., Luo, S., Yu, Y., Li, Z. and Zhang, H. (2009) 'Overview of pilot SEA for the Dali Urban Development Master Plan till 2025', Yunnan Appraisal Center for Environment and Engineering, April.

[18] YEPB and Ramboll Natura (2009) 'Core training material on strategic environmental assessment: Version 2', Yunnan Environmental Protection Bureau, April.

[19] Zhou, T., Wu, J. and Chang, I. (2005) 'Requirements for strategic environmental assessment in China', Journal of Environmental Assessment Policy and Management, vol 7, no 1, pp81-97.

[20] Zhu, D. and Ru, J. (2008) 'Strategic environmental assessment in China: Motivations, politics, and effectiveness', Journal of Environmental Management, vol 88, pp615-626.

第六章　东欧、高加索和中亚地区的战略环境评价

阿雷·切尔普　汉利艾塔·马多娜科娃　奥兹拉·杰科维休特　马亚·加杰西拉兹-伯泽斯库
（Aleh Cherp　Henrietta Martonakova　Ausra Jurkeviciute　Maia Gachechiladze-Bozhesku）

引言

本章回顾了东欧、高加索和中亚各国的战略环境评价体系的发展，这些国家曾是前苏联的一部分。虽然情况各不相同，但是这些国家都有类似结构，对其战略环评体系的演变产生着影响。具体而言，东欧、高加索和中亚各国的战略环评是基于前苏联时期遗留下来的国家环境审查（SER）和环境影响评价（俄语缩写为 OVOS）程序。其主要特征和对旨在结合国际公认战略环评实践标准的最新变革所具有的意义已经显现出来，提供了重要背景以了解区域性问题以及在引进有效的战略环评体系过程中所面临的挑战。通过分析东欧、高加索和中亚（EECCA）国家战略环评体系状况优缺点、机会和威胁（SWOT）以及评估为努力构建这一地区战略环评能力而提出的关键要求和指导，使这些观点得到了进一步发展。我们的审查基于被引用的研究结果，特别是布拉格战略环评大会期间 EECCA 区域会议上提交的论文和发起的讨论。

6.1　区域背景

EECCA 地区包括 12 个国家，它们曾是前苏联加盟共和国，在 1991 年底获得了独立。这一地区包括在地理、文化和经济上截然不同的三个分区域：东欧（白俄罗斯、摩尔多瓦和乌克兰）、高加索（亚美尼亚、阿塞拜疆和格鲁吉亚）和中亚（哈萨克斯坦、吉尔吉斯斯坦、塔吉克斯坦、土库曼斯坦和乌兹别克斯坦）。在这一地域占支配地位的俄罗斯联邦自身可以被视为幅员辽阔和复杂多样的地区。

尽管该地区具有这样的多样性，但有很多类似的条件在影响着它的战略环评体系。其行政管理结构继承自前苏联，且仍然体现了中央计划经济时期的一些特征。大多数国家在 20 世纪 90 年代经历了严重的经济衰退，但其中一些国家（例如俄罗斯、哈萨克斯坦和阿塞拜疆）依靠自然资源的出口而显现出强劲的复苏。该地区各个国家的经济条件仍各不相同，某些国家（例如俄罗斯）属于中等收入国家，而另一些国家（如摩尔多瓦和塔吉克斯坦）在人均收入上则与第三世界国家相当。一些国家（主要是格鲁吉亚、摩尔多瓦和乌克兰）已表示将致力于应用欧洲战略环评体制，而其他国家（如白俄罗斯、土库曼斯坦和乌兹别克斯坦）则采用更为谨慎的西方体制。

6.2 EECCA 地区环境评价的演变

6.2.1 SER 和 OVOS 程序

EECCA 地区的环境评价（EA）体系涵盖了项目以及更高级别的行动，如规划、计划和“战略”等。这些体系大体上基于 1980 年代后期前苏联引进的所谓的国家环境（专门）审查（SER 或“生态专家鉴定”）体系。SER 是对拟议活动的环境要素实施审查的过程，这些活动是由环境机构指定的“专家”委员会提议开展的。它主要是一个政府程序，对外不透明且不接受独立审查。SER 形成了一项强制性“决议”，这一决议可能支持或禁止某些拟议开发项目，并规定了若干实施条件。

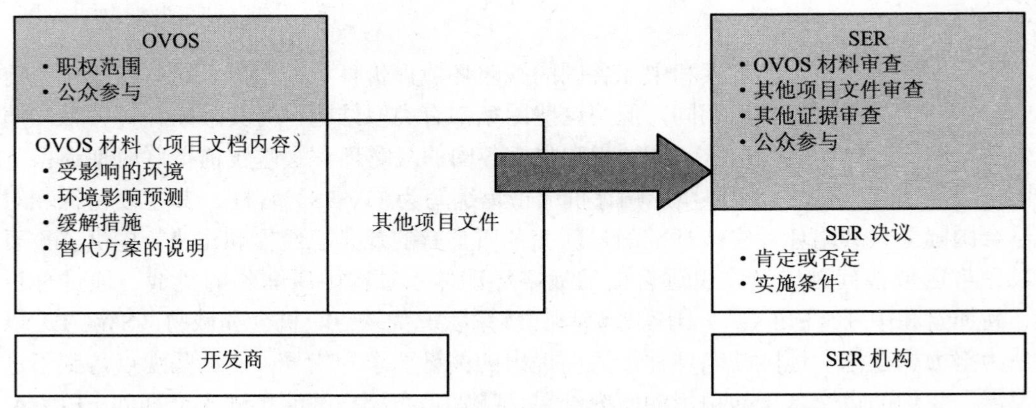

图 6.1 EECCA 国家 OVOS 和 SER 典型简化内容及其相互关系

自 1980 年代中期以来，主要受发达国家环境评价的启发，前苏联也提出了 OVOS 概念。OVOS 是由开发商实施的一个程序，用来记录规划活动引起的潜在环境影响。然而，与 SER 形成对照，法律文件中还没有明确体现出 OVOS 概念，而且在这一要求上几乎没有形成公众意识。因此，开发商经常忽视 OVOS 的要求。虽然在大多数体系中，OVOS 的研究结果应包括在 SER 审查过的项目文件中，但 OVOS 与 SER 之间的关系并非总能得到明确阐述。OVOS 最典型的内容及其与 SER 之间的联系以简化形式显示在图 6.1 中。因此，新独立国家（NIS）的环境评价体系通常被称为 SER/OVOS 体系（Cherp 和 Lee，1997）。

6.2.2 EECCA 地区的环境评价改革

随着前苏联的解体，所有 EECCA 国家的政治和经济体制都经历了前所未有的变化。与此同时，他们必须解决遗留下来的大量环境问题，并应对经济全球化加速融合这一趋势对环境产生的威胁。这些情况推动了 EECCA 的环境评价体制改革，其驱动力主要来自国际经验的启发以及环境责任和决议透明度的内部和外部压力。对 EECCA 国家尤其重要的是世界银行、欧洲建设开发银行和亚洲开发银行的环境评价程序以及跨边界背景下（1992 年）有关环境影响评价的《埃斯波公约》和联合国欧洲经济委员会关于信息准入的奥胡斯公约、公众对决策的参与和多数 EECCA 国家已经缔结的环境事项司法途径公约（1998）。对于战略环境评价，这一地区改革的主要动力是战略环评的欧洲经委会“基辅”议定书（2003 年），其中四个国家（亚美尼亚、格鲁吉亚、摩尔多瓦和乌克兰）在本章编写阶段就已签署该议定书。而其他一些国家，如白俄罗斯正在认真考虑是否签署。

环境评价改革的总体目标是减少 SER/OVOS 系统与国际公认的环境评价标准之间的差距。这一意图已在 1990 年代 EECCA 采用的 50 多项与环评有关的法律条文中体现出来。然而，根据 EECCA 不同国家的能力、状况和驱动力，改革正以不同的速度在不同的方向上展开。所有 EECCA 国家的框架性环境保护法都要求具备 SER，并且几乎所有的 EECCA 国家都有具体的议会法来规范 SER（在某些情况下规范 OVOS）。然而，其中一些法律没有对 SER/OVOS 系统做出重大修正，而其他国家（如摩尔多瓦、俄罗斯和亚美尼亚）则引进了国际公认的环境评价程序的显著要素。

6.3　区域战略环评与国际战略环评在实际应用上的差异

在几乎所有的 EECCA 国家，SER（在某些情况下是 OVOS）程序不仅适用于项目级规划，也适用于一些战略性举措。然而，大多数情况下，项目、规划、计划和其他活动之间并没有正式区别。因此，现有的战略环评举措大大偏离了国际最佳实践和国际惯例的要求，如基辅战略环评议定书。已有大量研究分析了这些差异（如 Cherp，2001；Dalal-Clayton 和 Sadler，2005；Dusik 等，2006），并且可以简要地概括如下：

（1）战略环评的“聚焦”要素（筛选和范围划定）实际上并不存在于 EECCA 国家的正式条款中。名义上所有的计划活动通常都要求实施战略环评，并应该解决所有的环境问题。而实际上第一个要求是不现实的，尤其因为战略环评的实施能力有限。因此，只针对一小部分任意选定的规划和计划来任意实施 SER，几乎没有涉及政策（Cherp，1999）。到目前为止，大部分记录在案的战略环评都是在国际组织如中欧和东欧区域环境中心（REC）和联合国开发计划署（UNDP）等支持和参与下完成的试点研究。范围划定程序的缺失既导致忽略了环境评价的重大环境影响，也导致过于激进而意图无所不包。

（2）战略环评的“分析”要素（影响预测和对目标以及其他环境意义的分析）已经在隐性假设中有所涉及，即这些要素等同于项目级影响预测。因此，战略环评实践者通常会在战略举措（SI）存在诸多不确定因素的情况下努力预测影响，最终导致他们对战略环评的运用情况颇为失望。例如 2006—2010 年白俄罗斯共和国实施全国旅游开发计划战略环评期间，国家级专家（甚至那些成功执行过环境影响评价的专家）努力试图确定计划的实施可能给环境和人类健康带来的严重后果，并提出相应的建议。这在很大程度上可以归因于战略环评和环境影响评价所使用的方法和技术不同。国家级专家仍缺乏相关的战略环评管理知识（Tchoulba，2005）。

由于 SER/OVOS 系统的传统重点在于核实计划活动是否遵守“环境要求”以及具体部门的技术标准，导致这种方法的缺陷继续加重。具体的技术标准不适用于许多战略举措，它阻碍了 EECCA 地区环境评价结果的解释和应用。此外，SERs 的重点主要在于消极影响，而不是积极影响以及如何加强这些积极影响。

（3）战略环评的“整合”要素相当滞后。战略环评有时被称为环境评价的“结果导向型”方法，而环境评价的一个最终目的就是决定是否允许开展一项规划活动（即所谓的“SER 决议”）。它侧重于最终项目、计划或程序文件，而不是文件的编制过程。此类方法不适合将环境因素整合到战略举措的筹划过程中，因为在更早之前的规划阶段就应该实现这一点。在正式记录战略举措的阶段，SER 和环境机构都没有足够的职权和影响力来改变其形式。因此，战略举措很少因为基于 SER/OVOS 的环境评价而得到改进。

（4）“战略环评的参与要素”也一直被忽视，甚至一些类似确保环评报告和相关文件向公众开放这样的最基本要求也被忽视。总体上说，EECCA 国家已经努力确保公众参与项目环境影响评价，这类评价的参与性被视为略强于国家许可程序，后者除了当局和开发商，并没有其他相关方参与。

EECCA 国家的这些不足大多归因于把项目级要求机械地推广到战略举措中。这可以追溯到前苏联的中央计划经济时期，那时的计划被视为一项纯粹的技术性工作，与项目设计没有明显的差异，并且其规则都是一样的（包括环境规则）。目前 EECCA 地区大部分 SER/OVOS 法规都不承认“规划”和“计划”这两个名词，即使承认（如格鲁吉亚），也不会把它们与“项目”区别对待，并且做出相同的环境评价规定。这种方法不可避免地导致产生重大现实问题，并且阻碍实施者和官员从事战略环评，从而使战略级 SER（或 OVOS）依然很少得到实际应用。

6.4 EECCA 地区战略环评体系发展所面临的主要挑战

就 EECCA 地区目前所引进的可行性战略环评体系所面临的挑战而言，布拉格国际影响评价协会在 EECCA 地区的战略环评会议主要关注如下问题：

（1）EECCA 国家是否需要环评？考虑到稀缺的资源和能力不能过于分散，引进战略环评是一个优先选择吗，或者说是否应该首先考虑现有的环境法规（包括项目环境影响评价）？

（2）战略环评是否能够在当地现有的规划体系中有效行使职能？战略环评最好结合“合理的”、以分析为基础的规划或者基于确认和调和不同利益集团的“参与性”规划。然而目前 EECCA 国家的规划进程符合这些定义吗？目前很多计划并不是以分析或参与为基础，因此似乎无法为战略环评的整合过程提供机会。

（3）国家环境审查与战略环评是否能够（以及如何）兼容？假如两者不能兼容，是否应该取消战略环评体系而实施更“现代的”环评体系？或者国家环境审查是否必须符合战略环评的原则？如果是该如何进行？战略环评中更新过的国家环境审查有何作用？

（4）EECCA 国家加强战略环评能力的最好办法是什么？这是个要优先考虑的问题。关键的能力建设措施应当用于哪些方面：法律改革、培训、导则、意识提升抑或网络或支持中心的建立？

6.5 对 EECCA 地区战略环评优缺点、机会和威胁（SWOT）的审查

根据布拉格战略环评会议上的讨论，本节将介绍 EECCA 地区战略环评体系的 SWOT 分析（表 6.1）。

6.5.1　战略环评体系的优势

该地区战略环评体系的现有优势包括能够对实施战略行动的环境评价提出法律要求。项目环境影响评价体系已在特定国家或管辖区实行了 10～20 年，因此具有了与影响评价原则和方法相关的意识、知识和技能。以 SER/OVOS 形式出现的环境影响评价尽管有许多缺点，但已被广泛接受并运用到了实践中。除了国家环境审查和环境保护法，还有相当先进的规划法规，特别是涉及经常间接规定战略环评——或“准战略环评”（Dalal-Clayton 和 Sadler，2005）——手段的城市规划。而且 EECCA 国家有很多进行环境研究的技术专家，往往集中在大型高校区。各个国家的优势并不一样，往往经济发达的 EECCA 国家的战略环评能力更强。

表 6.1　EECCA 地区战略环评体系的 SWOT 分析

优势	机遇
针对战略文件的环境评价或国家环境审查的法律要求； 项目环境影响评价的健全的实践应用体系和能力建设； 健全的规划体系； 具备相关环境专业知识和技术	致力于以各种国际标准协调统一环境评价体系，尤其是基辅战略环评议定书*； 经济复苏和对战略规划越来越多的关注； “更优管理模式”经受着与日俱增的压力
劣势	**威胁**
现有 SER 条款的技术性特点（重点在于“环境标准”）； 环保部门在 SERs 中起到的决定性作用； “强制性决议”被看作是 SER 的主要成果； 规划实践基本上已经过时，且效率低下；缺乏战略规划能力	对环境事务的关注减少； 管理趋向于权威化，妨碍了公众参与和独立讨论； 人才外流导致专业科学知识不足； 教育科研经费持续减少

*《埃斯波公约》的 SEA 附加议定书已由亚美尼亚、格鲁吉亚、摩尔多瓦和乌克兰共同签署。

6.5.2　战略环评体系的缺点

EECCA 地区战略环评体系的主要缺点在于 SER/OVOS 体系不适用于容纳目前多种战略环评方法。SER/OVOS 体系在其重点、范围、分析方法、整合能力以及参与性方面的缺点在上一节已经做出了概述。此外，布拉格会议上已讨论过，大部分地区的总体规划和战略实践都远远不能满足国际标准。规划过程通常既不正式也不合理，更不具备参与性，与战略环评整合的可能性与机会也很小。例如，在布拉格会议上提交的一个案例中，进行战略环评试点的计划草案在其正式被采纳之前几天才公开征求意见和进行协商。战略环评当然无法在这几天里完成，必须依赖于以前发布的“非正式”草案（Tchoulba，2005）。

这些缺点在该地区的表现各有不同，其中一些国家（如俄罗斯）对其战略规划体系进行了全面改革，在某些情况下为纳入可持续性因素提供了更多机会。较不民主的国家通常在实施战略环评要求时面临更大的问题。由于现有规划体系的开放性有限，使得战略环评难以纳入其中，这一问题也是 EECCA 地区所有试点国家重点关注的问题。

此外，各利益相关者对战略环评的好处缺乏认知。甚至环境部门的战略环评推行者也通常把它看作是项目级国家环境审查的一个延伸，仅仅视为一个环境许可工具。这一观念不仅有碍于高效战略环评体系的设计，而且还“吓走”了那些把战略环评看作是另一种官僚控制手段的战略举措实施者。学术界普遍缺少对战略环评经验的认识。当参与战略环评试点工作时，他们通常都寻求一种普遍性“战略环评方法”，而不是去设计适用于国际良好规范所规定的具体情况的方法。最终，大众和特别利益群体往往缺乏能力和兴趣来参与到战略环评中。由于程序规划不当，且专家和规划者在公众关注的问题上普遍存在偏见，公开协商往往不能成功进行。

6.5.3 战略环评体系改革的机会

虽然战略环评体系有上述缺点，但 EECCA 地区的改革还是有很多机会。这些机会源于遵守国际法规的外部压力，最显著的是基辅战略环评议定书，还有欧洲“战略环评”第2001/42/EC 号指令——摩尔多瓦和乌克兰这两个急于加入欧盟的国家尤其关注该指令，此外格鲁吉亚对此也颇为热心。再比如乌克兰欧盟行动计划为第聂伯罗彼得罗夫斯克地区启动区域规划战略环评试点项目提供了动力和框架（Schmidt 和 Palekhov，2005）。

其他的驱动力来自内部，与近几年的经济复苏相关，已经从解决眼前的短期问题转变为制定长期规划。20 世纪 90 年代该地区基本没有长期规划，而现在国家和地区的长期规划越来越多。通常使用国际公认的新规划方法来制定这些新兴长期规划，而不再使用前苏联旧式集中规划方法。

这种方法可以使战略环评与类似的环评工具更好地结合起来。例如，托木斯克州区域社会经济发展计划（2005—2020）（Ecoline 和 REC，2006；独联体技术援助计划和联合国环境规划署，2006）的综合评价就比较受欢迎，并纳入到战略制定过程。1991 年，针对克拉斯诺达尔斯科耶水库水位降低实施的管理计划战略环评由于极大地影响了计划的制定，因此也是一个令人鼓舞的范例（Kovalev，2005）。

非政府组织（NGO）对促成更有效的战略环评体系会发挥重要作用，尤其当它们在国际背景下运作的话。例如，最近芬兰的绿色和平组织报告指出，尽管还没有实施区域森林管理规划，但一些芬兰木材生产商就因采购俄罗斯卡累利阿共和国的木材而被指控。结果，该公司开始与当局进行对话并表示要求开展战略环评工作。

最后，努力引进更好的管理模式也会促进战略环评的开展。这样的努力在对呼吁采取更佳管理方式的强大外部压力做出响应的国家尤为显著，特别是格鲁吉亚、乌克兰和摩尔多瓦。总之，战略环评意识和知识在不断增长，其在非政府组织、学术界和政府机构的支持者也与日俱增。

6.5.4 战略环评体系开发过程中面临的威胁

另一方面，由于诸多不利因素和阻碍，有效性战略环评体系的引入进度缓慢，其原因归结为管理上的专制趋势妨碍了透明度和参与度的提升以及公众讨论的开展、对环境问题的关注降温以及对战略环评发展的外部支持持续减少。以亚美尼亚埃里温市城市总体规划的战略环评试点为例，项目倡导者要求有权使一些文件保密，从而“妨碍了对战略环评文件的学习、对总体规划细节的了解和做出有关环境影响的更明智判断”（Ayvazyan，2005）。由于人才外流和科研经费减少，实施战略环评的系统能力也在下降。如同我们分析的其他方面，这一区域各个国家面临的威胁各不相同，越是奉行专制主义、孤立主义且经济萧条的国家，其受到的威胁就越深远。

6.6 加强 EECCA 地区的战略环评能力

东南亚地区战略环评的推广面临很不利的条件，而这并不能随着时间的推移而得以改善。这就要求在普适性战略环评原则的解释和应用上大胆创新。任何为发展本地区战略环评能力所做出的努力都应该具有战略性，并且要考虑该地区环境评价体系加强过程中总结的经验教训。这些经验教训表明，环境评价政策网络的扩大和增强（涉及实施者、研究者、非政府组织、开发人员和监管机构，其共同目标是改善环评体系）对于能力建设而言至关重要（von Ritter 和 Tsirkunov，2002；Cherp 和 Golubeva，2004；Khusnutdinova，2004）。目前，这种网络几乎不存在，其原因为：（1）缺乏发展有效环评制度的积极性；（2）各行业战略环评推动者之间缺乏交流。

具体而言，东南亚地区战略环评发展的主要障碍在于主要利益相关者缺乏兴趣。政治领导人并不了解战略环评如何确保政策拥有更广泛的支持。战略举措的支持者（各部委、市政管理部门等）并不相信战略环评可以改善他们的规划或计划，而是将其视为环保部力求强加给他们的另一种官僚主义枷锁，以扩大它的控制范围，并限制别人的行动能力。反过来，环保部经常为战略环评的“软”特质而困惑，而对于是否和如何将其与他们所熟悉的国家环境审查、OVOS 以及其他工具顺利结合在一起则不太有把握。国家环境审查过程中涉及的埃里温市总体规划战略环评报告实例表明，对战略环评的看法正在转变。该地区的专家和从业人员在面对战略环评过程的“复杂性”时经常有畏难情绪。政治家、公众和媒体很难看到战略与普通市民日常关心问题之间的联系。最终在目前情况下，非政府组织和公共利益群体（他们经常是最支持战略环评的那部分人）的呼声太弱，以致不为人所知。

理想情况下，应该转变所有这些利益相关者的观念来克服这种不利情况以便于：

- 政策制定者开始把战略环评当作追求“更佳管理模式”议程的一部分。
- 支持者们开始把战略环评当作其战略举措可持续性的保证。
- 环境部寻求一种使战略环评和国家环境审查、OVOS 相结合的方法。
- 专家和从业人员意识到，战略环评即使应用到大尺度战略举措中也不需要搞得很复杂。
- 当依据战略环评和类似工具来客观和透彻地论证战略决策时，公众和媒体认可“协商性民主”的价值。

此外，这些利益相关者团体都应该开展合作或至少与对方进行沟通以建立互信，这是战略环评成功应用的前提。

不幸的是，并非所有能力建设举措的目的都是推动这一议程。很多人都看重“培训”或“指导”，这些举措往好了说是与紧迫问题不相关，往坏了说是加剧而非减轻了现在的恐慌。宣传发达国家或国际组织使用的复杂战略环评方法（显然与 SER/OVOS 不相容，但它们是 EECCA 国家的规划体系）无助于说服任何主要利益相关者相信战略环评的潜在效用。“法律改革”呼声（即通常意味着废除或者彻底改革 SER/OVOS 体系）通常既得不到

“保守”官员的积极回应，也不被一些环境学家所青睐，这些环境学家把这一体系视为抵抗国家无节制环境破坏现象的最后堡垒。该地区的能力需求分析指出了战略环评能力建设需要多样化的广泛努力（专栏 6.1）。

专栏 6.1　EECCA 地区 SEA 能力需求分析的研究结论

最近 UNDP 和 REC 对 EECCA 地区某些国家展开了能力需求分析，指出 SEA 能力建设领域面临如下需求和挑战：

- SEA 相关专业术语的清晰条理化：“规划、计划和政策”等术语的清晰定义对 SEA 体系的进一步发展至关重要。
- 通过制定新的法律法规或者修改现有法律来完善 SEA 法律框架。
- 针对 SEA 过程不同阶段制定的 SEA 国家导则、理论体系和培训材料：需要为筛选程序、范围划定、评价方法、累积效应评价、SEA 制定程序涉及的职权范围、监测、咨询和公众参与制定指导方针。
- 围绕个别 SEA 相关事项/主题展开研讨会和讲习班形式的培训，以满足不同利益相关者的要求：培训对象应该包括政府、各级公共机构、专家、培训人员、非政府组织、新闻工作者、学生以及范围更广泛的群众。
- 实施 SEA 试点项目来展示 SEA 的实际应用。
- 通过展示其他国家的范例和经验教训，针对不同类型的战略文件建立程序体系。
- 创建国家 SEA/EIA 中心，该中心任务有举办研讨会、培训、编制教育性或理论性文件、广告宣传、培养环境评价专业性人才、认证、建立网络等。这些中心也可以成为国家 SEA/EIA 质量验收机构。
- 建立评审系统以认证 SEA 专家的执业资格。

来源：Jurkeviciute，Dusik and Martonakova，2006。

“智能化”能力建设举措应促进“适应性环境评价政策体系”的建立（Cherp and Antypas，2003），不仅要有模仿其他方法的能力，还要有自我反思和针对问题提出有效性可持续解决方案的能力。因此，成功的能力建设应该使用传统的方法，例如一些试验研究，主要注重分析得出的战略目标（见表 6.2 中的实例）。最后，正如布拉格会议上与会者指出的那样，需要加强区域合作和网络化，考虑符合该地区情况的环评体系共性。

表 6.2　将典型能力建设工具的重点放在促进 EECCA 地区 SEA 发展这一首要目标上

能力建设工具	首要目标
提高认识，加强宣传	为关键的利益相关者同时带来“朋友”和“敌人”。这涉及有能力的发言人，他会将 SEA 带来的益处有效地传达给媒体、政府领导人和公众
支持法律和监管措施的改革	使立法者、政策制定者和技术专家共同参与。确保法律改革的建议能够考虑到利益相关者的利益，否则这些改革措施不会落实到位
培训	确保培训是由需求而不是供应推动的。着重打造国内 SEA 教育者团体（例如大学），这个团体会在卓有成效的 SEA 体系中起到举足轻重的作用

能力建设工具	首要目标
SEA 试点项目	争取利益相关者的支持。SEA 可以被“包装”成可持续发展评价，并且和关键政策问题联系起来，如安全、贫困和经济发展。制定现实的目标。强调试点项目的学习性质。建立有利于总结、讨论和交流正面与负面经验教训的机制。向试点项目实施期间出现的网络提供种子支持以利于资源上传
导则和其他材料的编撰	应尽可能利用这个机会来反思现有体系的优势和不足，而不是去思考应如何应用“理想”体系

注释

①Aleh Cherp（中欧大学，布达佩斯）和 Henrietta Martonakova（UNDP 欧洲与 CIS 区域中心，布拉迪斯拉发）为 SEA 布拉格大会 EECCA 地区会议的召开提供了便利。投稿的论文有：Chulba，I.，“白俄罗斯国家旅游开发计划的战略环评”；Schmidt，M.和 Palhekov，D.，“有关乌克兰区域战略环评实施的试点项目”；Kovalev，N.，“俄罗斯战略环评范例”；Ayvazyan，S.，“亚美尼亚埃里温市总体规划战略环评中的公众参与”；Jurkeviciute，A.、Dusik J.和 Martonakova，H.，“针对 EECCA 指定国家 UNECE 战略环评议定书实施的能力建设需求评估”；Borysova，O.和 Varyvoda，Y.，“乌克兰战略环评体系开发：关键问题、需求和不利条件”；Agakhanyants，P.，“俄罗斯新区域战略环评法规的采纳”。

参考文献

[1] Ayvazyan, S. (2005) ‘UNDP/REC pilot project: Strategic environmental assessment (SEA) of the Yerevan master plan as the capacity building tool for SEA protocol implementation in Armenia’, project report, www.unece.org/env/sea/eecca_capacity.htm.

[2] Cherp, A. (1999) Environmental Assessment in Countries in Transition, PhD thesis, School of Planning and Landscape, University of Manchester, Manchester.

[3] Cherp, A. (2001) ‘Environmental assessment legislation and practice in Eastern Europe and the former USSR’, EIA Review, vol 21, pp335-361.

[4] Cherp, A. (2003) ‘Dealing with continuous reform: Towards adaptive EA policy systems in countries in transition’, Journal of Environmental Assessment, Policy and Management, vol 5, no 4, pp455-476.

[5] Cherp, A. and Golubeva, S. (2004) ‘Environmental assessment in the Russian Federation: Evolution through capacity building’, Impact Assessment and Project Appraisal, vol 22, pp121-130.

[6] Cherp, A. and Lee, N. (1997) ‘Evolution of SER and OVOS in the Soviet Union and Russia (1985-1996)’, EIA Review, vol 17, pp177-204.

[7] Dalal-Clayton, B. and Sadler, B. (2005) Strategic Environmental Assessment: A Sourcebook and Reference Guide to International Experience, Earthscan, London.

[8] Dusik, J., Cherp, A., Jurkeviciute, A., Martonakova, H. and Bonvoisin, N. (2006) ‘SEA protocol-Initial capacity development in selected countries of the former Soviet Union’, UNDP, REC, UNECE.

[9] Ecoline and REC (Regional Environmental Centre) (2006) ‘Integrated assessment of the Tomsk Oblast development strategy’, Ecoline, Moscow, www.unep.ch/etb/areas/IAPcountryProject.php.

[10] Jurkeviciute, A., Dusik, J. and Martonakova, H. (2006) ‘Capacity development needs for implementation of the UNECE SEA Protocol: Sub-regional overview of Armenia, Belarus, Georgia, Republic of Moldova and Ukraine’, www.unece.org/env/sea/eecca_capacity.htm.

[11] Khusnutdinova, G. (2004) ‘Environmental impact assessment in Uzbekistan’, Impact Assessment and Project Appraisal, vol 22, pp125-129.

[12] Kovalev, N. (2005) ‘Examples of SEA in Russia’, paper presented at the SEA Conference, Prague.

[13] OECD (Organisation for Economic Co-operation and Development) (2003) Linkages between Environmental Assessment and Environmental Permitting in the Context of the Regulatory Reform in EECCA Countries, issue paper CCNM/ENV/EAP(2003)26, OECD, Paris.

[14] Schmidt, M. and Palekhov, D. (2005) ‘Pilot project on implementation of SEA for regional planning in Ukraine’, paper presented at the SEA Conference, Prague.

[15] TACIS and UNEP (2006) ‘Integrated assessment of Tomsk Oblast development strategy till 2020 and Tomsk Oblast program of socio-economic development from 2006-2010’, www.tacis.eac-ecoline.ru/pilots/tom/index-eng.html.

[16] Tchoulba, I. (2005) ‘Pilot SEA of the National Programme for Tourism Development in Belarus’, paper presented at the SEA Conference, Prague.

[17] von Ritter, K. and Tsirkunov, V. (2002) How Well is Environmental Assessment Working in Russia? World Bank, Washington, DC.

第七章　欧盟的战略环境评价

巴里·萨德勒　奥兹拉·杰科维休特
（Barry Sadler　Ausra Jurkeviciute）

引言

本章概述了欧盟成员国的战略环境评价（SEA）体系，特别是依据规划与计划环评的第2001/42/EC号指令（也即SEA指令）而建立的战略环境评价体系。作为一个框架性法律，SEA指令规定必须在所有欧盟成员国实施特定规划和计划的SEA程序和要求。然而，迄今为止，欧盟各国在指令转化及应用上进度不一。成员国以不同的速度引进SEA并使现有体系符合实际要求。国家计划和活动多种多样，在某些国家此类活动还包括与第2001/42/EC号指令要求无关的SEA程序。在这两大背景下，整个欧盟范围内的SEA实际应用状况和范围仍不明确。

不过，可以大体掌握欧盟指令框架下SEA新兴经验的大体轮廓。这一章将讨论其主要特点和特性，同时参考各成员国涉及政策和法律建议的SEA体系。讨论分为：

- SEA指令的采纳和要求的背景以及与其他SEA法律和政策框架的关系。
- 对欧盟成员国SEA指令转化和实施程序的审查。
- 对欧盟整体以及指定国家中SEA指令实施现状与质量的分析。

7.1　指令背景及指令的正式通过

在欧盟内部，SEA指令体现了SEA程序开发与实践所取得的重大进展。SEA指令本质上主要是程序性的，它规定了方法的各个要素，这些要素将成为所有成员国SEA体系的基础，包括那些以前很少或没有做出这些规定的国家。SEA指令沿循环境影响评价指令（85/337/EEC，后修订为97/11/EC）来制定，并应用针对特定规划和计划——尤其是那些为项目未来的开发审批建立了框架的规划和计划——的类似要求。这两项指令的陈述性条款证明，环境评价（EA）被定位为落实不断发展的欧盟环境与可持续发展政策议程的主要手段（Sheate等，2005）。然而同时也提出了许多关于如何实现SEA指令既定目标的假设。此外，SEA指令条款可以说是来之不易，不可避免地体现了成员国和欧盟机构争议和妥协的结果——因此一些人认为这些指令被大多数人理解、相信或接受（Glasson和Gosling，2001）。

7.1.1 指令的制定

像许多欧盟法规一样，第 2001/42/EC 号指令的协商和最终通过要经过一个漫长的过程，可以追溯到早期有关 EIA 指令是否包括政策和计划的讨论（Wathern，1988）。作为一个单独的工具，SEA 指令的初步建议于 1990 年由欧洲委员会总理事提出，这一建议基于委托实施的研究（Wood 和 Djeddour，1989）。此后五年内，这项建议被广泛讨论，尤其讨论了需涉及的战略行动类型（Therivel，2004），该建议还在一系列草案中得到修订，最终使正式建议书获得通过[COM（96）511]。在这个过程中，Jones 等人（2004）认为第五次环保行动计划（1993—2000）是 SEA 指令制定过程中一个重要的政策驱动力，尽管这项计划被许多成员国（不仅是英国）抵制（Reynolds，1998）。

EC 建议书[COM（96）511]在成为第 2001/42/EC 号指令之前（Feldmann 等，2001）经历了五年的时间。基于针对三大 EC 委员会建议书提出的建议以及在欧洲议会上的一读（1998），2000 年 3 月成员国（后扩充为 15 个）在委员会上讨论了修订的建议书[COM（99）73]并取得了一致立场。随着其后议会和理事会共同决策程序的协商，其共同通过的指令文本刊登在官方公报上（L197，2001 年 7 月 21 日）。从初稿形成到 SEA 指令的最终缔结，其间经历了长达 10 年的时间，如果把早期有关 EIA 指令正式接受前后的讨论作为起始点，时间会更长，如果再把三年执行期也纳入到考虑范围，那就更是漫长了。鉴于经历的时间很长，Therivel（2004）认为，SEA 指令远比它本应出现的面貌要好得多，并且比先前版本有了很大的进步。

回顾过去，许多人可能会倾向于认可针对复杂且根深蒂固的欧洲法律制定程序归根结底是什么这一问题做出的严肃总结。当然，那些对 SEA 指令中战略行动覆盖范围或对基于 EIA 的程序过于依赖等现状提出质疑的人也有自己的其他解释或进一步限定的空间。针对这些问题，在早期草案的评注和比较中做了大量讨论（Feldmann，1998；von Seht 和 Wood，1998），SEA 指令第 12（3）条规定实施进一步审议，包括由委员会来考虑“指令范围扩大到其他领域/部门和其他类型规划与计划的可能性”。如今在该领域的文献中也对这些问题重新做了讨论，包括下面讨论的由欧共体委托实施的最新研究。就历史记录现状而言，Therivel（2004）的比较性判断和其他手段一样站得住脚。

7.1.2 指令的要求

SEA 指令是大量学术文献审查的主题。SEA 指令已被逐一剖析并与其他的 SEA 法律工具进行了比较分析，特别是作为范本但在某些方面与之有所不同的环境影响评价指令以及深受其影响的联合国欧洲经济委员会（UNECE）跨界环境影响评价《埃斯波公约》的 SEA 附加议定书（Marsden，2008）。在大量资料中可以找到对 SEA 指令主要条款的完整解释，包括委员会和成员国指导文件（CEC，2003；ODPM，2005a，b）。这里只简要回顾 SEA 指令的主要要求，并简短描述这些要求和其他有关欧盟或成员国 SEA 法律与政策框架的关系。

就结构和内容而言，SEA 指令是一个相当简单的文件，虽然乍看是这样，但在对措辞用语进行更深入解读后，会发现存在诸多含糊其辞和矛盾之处（后面讨论）。该指令已被分为许多不同的类型（例如，Therivel，2004）。就目前而言，SEA 指令的基本原理可以说基于三大基石：（1）基本原理和目的；（2）覆盖范围；（3）实施评价的程序性要求（Sadler，2001b；Dalal-Clayton 和 Sadler，2005）。下面对各自特点和主题做出简评。

7.1.2.1　原理和目的

SEA 指令的原理和目的已在条约的陈述性条款中做了阐述，主要涉及环境一体化原则。实质上，第 1～3 段涉及相关的国际和欧盟环保法律和政策文件（条约第 174 款和第 6 款、第五次环境行动计划和生物多样性公约）。文章指出，指令的目的是“针对高水平环境保护做出规定，并致力于把环境因素纳入到规划和计划的编制与采纳程序中，同时着眼于促进可持续发展”。在程序上，条约的陈述性条款的其他各段（特别是 4～6 段）强调确立共同框架和要求的重要性，以确保 SEA 有助于使所有成员国实现这一目标。

依赖于正当程序以实现其既定目标的 SEA 指令符合国际公认惯例。随着 SEA 指令的生效，许多人认为 SEA 指令对“环境一体化进程产生了迫切需要的推动作用”（Sheate，2003，2004），尽管正当程序，同时作为一个先决条件，规定只有水平相对较低的环境一体化举措可以成为独立条款。这导致一些分析家力主纳入更具体的环境保障措施如“监管责任”来加强 SEA 指令条款或其他类似工具的应用以实现更高水平的环境保护（Sadler，2001b）。

7.1.2.2　覆盖面和应用范围

SEA 指令的应用范围分别在第一章和第二章中进行了阐述。作为正式名称而提到的“特定规划和计划”被定义为“已经被国家、区域或地方当局制定和（或）采纳”、“由法律、法规或行政条款做出要求”[第 2（a）条]，并“可能有重大环境影响”[第 3（1）条]的规划或计划。规划和计划的适用范围在第 3.2 条得到了进一步划定，这些规划和计划都针对明确指定的部门和行动而制定，并为 EIA 指令 85/337/EEC 附件一和附件二所列的未来项目开发建立框架，或因考虑到对现场可能造成的影响而明确要求依据[生境]指令 92/43/EEC 第 6 款或第 7 款实施评价。在第 3（3）～3（7）条中，成员国有义务确定该指令是否适用于：（1）经过稍微修改或确定使用小片局部地区的指定规划或计划；或（2）上文没有提到的其他类型规划或计划。第 3（8）和 3（9）条确认了那些不要求实施 SEA 的规划和计划，排除了那些涉及财务或预算事务或者只以国防和民用应急为目的的规划和计划，抑或在当前规划期内（至 2006 年）为结构基金或农村发展项目而共同融资的规划和计划。

总的来说，该指令的范围相当全面，无所不包。它包括了很多可能具有重大环境意义的各类规划和计划，但不包括任何既没有为项目设置框架，也不对保护区产生影响的规划和计划。此外，受指令要求约束的战略行动总有不确定的地方，而有关各个成员国以往以及当前如何解释这一条款的问题也不断浮出水面。这些问题已被越来越多的文献当作主题（Dalal-Clayton 和 Sadler，2005；Jones 等，2005a；Schmidt 等，2005），而几乎可以肯定的是，它还会成为未来欧洲法院司法解释的主题（Marsden，2008）。

7.1.2.3　程序要求

实施环境评价的程序要求在第 2 款中定义为“编制一份环境报告，开展咨询和协商，在做决策或者提供决策信息时要把环境报告和协商的结果考虑进去”，这些构成了文本的主体。主要特点包括：

（1）第四条阐述了有关评价的时间安排（特别是在规划或计划实施期间和正式通过

或提交之前）、指令要求（与现有或新设计的程序）的整合以及当规划和计划构成等级结构一部分时要避免重复实施。

（2）以附件 1 作补充的第五条描述了需包含在环境报告编制过程中以分析规划或计划实施所可能产生的重大影响及其合理替代方案的信息、应予考虑的因素，如“合理替代方案”[5（1）]和“现有的评价知识与方法”[5（2）]以及在确定细节范围与层次时需与指定机关进行商讨的义务。

（3）第六条描述了使环境报告向指定机关和公众开放[6（1）]、提供“既早又有效的”机会来使他们发表意见[6（2）]和使成员国识别相关机构与公众以及做出有关信息与协商等详细安排的义务[6（4）]。

（4）第七条描述了关于跨边界协商的要求（随后被正式通过并等待批准的 SEA 议定书取代）。

（5）第八条和第九条均涉及决策的制定，描述了在规划或计划制定阶段对协商过程传达的信息与观点予以考虑，并公开有关如何纳入这些考虑因素以及决策制定理由的义务。

（6）第十条要求成员国监控规划和计划实施所产生的显著环境影响，“以识别早期不可预见的不利影响，以及采取适当的补救措施”。

（7）第十一条规定了与其他社区法规之间的关系。它规定必须以无损于其他法律要求的方式来实施 SEA[11（1）]，并给予成员国自行决定的权利“来对协作性或联合程序做出规定”，以避免依据不同法律规定的同等义务而重复实施评价[11（2）]。例如，野生鸟类指令（79/409/EEC）、栖息地指令（92/43/EEC）和水框架指令（2000/60/EC）都在 SEA 指令陈述性条款的第 19 条中被引用。

（8）第十二条涉及信息、汇报和评审，并特别要求在 2006 年 7 月 21 日之前，各成员国“要确保环境报告有足够高的质量来满足这项指令的要求”[12（2）]，“委员会也要报告该指令的应用情况和有效性”[12（3）]。

上述条款为 SEA 规划和计划在欧盟的实施在程序上奠定了基础。两者结合起来看，它们反映了文献中广泛引用到的良好规范的诸多基本原理，虽然这在布鲁塞尔委员会深奥难懂的法律术语中已传达出来。尽管是说明性语言，许多法律评论指出，指令在范围界定、咨询和监控等流程问题上的措辞缺乏清晰性（Marsden，2008），例如，由什么构成“合理的替代方案”[5（1）]或对于公众评论而言的一个“早期且有效的”机会[6（2）]，以及“监控规划和计划实施所产生的重要环境影响”这一要求[11（1）]是单独适用还是具有普适性？在这些案例和其他案例中，成员国在转化和实施指令方面仍留有很多自主权，此外仍然有很多突出问题。

7.1.3 和其他法律手段的联系

SEA 指令和其他相关手段之间的关系已经成为了一个尤其涉及潜在重叠区域而需适度考虑的问题。委员会在涉及依照上述第 11 条所规定的执行义务以及依照几项指令而必须实施的规划与计划战略环境评价之间关系等问题上给予了指导（CEC，2003）。例如，尤其提到了欧盟水框架指令（2000/60/EC），它在规定规划评价的类似程序方面对 SEA 指令做了补充，此外还提到渐续适用的生境指令（92/43/EEC），以及针对可能影响指定受保护场所的规划和计划的 SEA 指令。任何联合评价都必须满足 SEA 指令的程序化要求和生境指令的独立检验，即证实该计划没有对受保护场所的完整性产生负面影响（CEC，2003，51）。和 SEA 指令不同的是，生境指令规定的长期义务是同样涉及联合评价的法律团体的讨论主题（Marsden，2008）。

原则上，SEA 指令和 EIA 指令是互补和纵向关联的，或者在规划和计划方面明显层叠，这些规划和计划为 EIA 指令附录 1 和附录 2 中列举出来的项目的开发审议设置框架。然而，最近的一项委员会研究确认了很多可能会有重叠的区域，它们可能是产生混淆的原因，且不符合上述两条指令的要求（Sheate 等，2005）。相关实例包括规划和计划必须实施的战略环境评价，在被采纳或修订后，该项战略环评就为可能要同时满足 SEA 指令和 EIA 指令要求的后续大型复杂项目建立约束性标准。在这种情况下，Sheate 等人（2005）认为平行或联合程序可以有一个范围，以同时满足以上两套要求，并在如何执行这些要求上提供非指令性指导，此外，阐述可能有助于成员国确认 SEA 指令和 EIA 指令两者之一或两者皆适用于不同重叠情况的一系列方法。然而，成员国在这方面的实际差异程度是不明显的，EIA 指令的判例法最近只是间接地阐述了这些问题（Tromans，2008）[①]。

在欧盟内部和国际与泛欧层面上，SEA 指令和联合国欧洲经济委员会（基辅）SEA 议定书（于 2003 年签署，现已批准）之间有实质性关系，并与联合国欧洲经济委员会有关信息准入、公众参与决策程序和环境事务司法准入的奥胡斯公约（1998 年颁布，2001 年生效）之间也有千丝万缕的联系。讨论通过后，欧盟和所有成员国签署了 SEA 议定书，不过迄今为止，只有少数国家批准了这一议定书（www.unece.org/env/eia/protocol_status.html）。SEA 议定书在生效后将使签署国承担额外的法律义务。假设这些签署国包括欧共体，那就可能要修改 SEA 指令或公众参与指令（2003/35/EC），两者在规划和计划方面贯彻了奥胡斯公约的有关规定。虽然指令和议定书在覆盖范围和程序要求上大体相似，但在某些方面各不相同。例如，议定书涉及对公众参与的额外要求（反映了奥胡斯公约的要求）以及一系列有关签署国责任和修订、批准和验收的规定（详见第九章）。

最后，虽然欧共体指令和成员国各自转化后形成的法律所构建的体制尤其重要，但仅代表欧盟 SEA 条款的一种形式。例如，欧洲委员会已针对旨在支持实施欧洲可持续发展战略的政策和法律建议书的潜在经济、社会和环境影响评价制定了一个内化程序[COM（2002）276 最终版，COM（2005）97 最终版]。许多成员国都拥有形式上大致相似的规制影响评价（RIA）或拥有适用于政策和（或）立法的 SEA 具体程序。这些将在下文从另一个角度予以阐述和举例说明，欲知其应用类型和审查，参见 Dalal-Clayton and Sadler（2005）。

7.2 各成员国指令的转化和执行

本节简要回顾了各成员国采取的 SEA 框架和法律措施及其实施进度。其信息来源包括：布拉格研讨会上 Soveri（2005）的演讲；Dalal-Clayton 和 Sadler（2005）对欧盟指定成员国的审查；Jones 等人（2005）、Sadler（2005）和 Schmidt 等人（2005）撰写的有关欧盟国家的相关章节；欧洲环境局（EEB，2005）对国家指令转化和应用质量的评价；Fischer（2007）实施的欧盟指令转化与实际执行调查。有关特定国家最新的国家立法信息，请登录 EUR-LEX 网站（http：//eur-lex.europa.eu），还可登录中欧和东欧成员国区域环境中心网站（www.rec.org），了解其正在开展的工作。

但是，有关跨成员国实施的细节和成员国内部实施的细节还存在很多空白。具体来说，围绕基本事实还有相当多的不确定性，如实施或完成的 SEA 的数量。大多数成员国并没有统计这一数量，有关信息各不相同，且经常不明确或相互矛盾。很难对依据第 2001/42/EC 号指令建立的体系而采用的 SEA 实施模式进行整合并做出可靠的判断。因此，本节对每个成员国 SEA 应用状况做出的估计仅代表对其可能应用范围的“最佳猜测”。

7.2.1 初步观点和比较

一些分析家认为 SEA 指令的要求是非限制性的，这种非限制性是指“为适应每个成员国的情况而给创造性、灵活性和适应性留以足够的空间”（Risse 等，2003）。这种大尺度指令可视为一把“双刃剑”，揭示了在阐释特定程序化要求方面存在的分歧和不确定性（Marsden，2008），因此会危及欧洲委员会旨在确保 SEA 的应用在各成员国中间保持一致的目标。尽管欧洲法律有共同的框架，但是各成员国法律却各不相同，特别是在某些方面差异明显，比如他们的环境管理模式、法律和政策框架以及行政管理体系和实践操作各异，这些都影响到 SEA 指令的转化（Soveri，2005）。

在这种背景下，在规划文化、环境态度和 EIA 与 SEA 方法上出现了众所周知的南北差异。一些分析家把这些差异解释为基本程序和“生态现代化”要素的一种体现（Elling，2007），并认识到欧盟北部国家起到的“政策弄潮者”的特殊作用（Janicke，2005）。其他可能如预期一样影响转化时机和质量以及 SEA 指令执行程度的间接因素包括体制能力的明显差异，特别是在较小国家和较大国家之间、新成员国[②]和旧成员国之间、以前有 SEA 经验的国家和没有 SEA 经验的国家之间的差异。

7.2.1.1 SEA 规范的预指令

广义上理解，目前可以认为欧盟成员国的 SEA 规范现状与质量体现出其领土面积和先前的 SEA 实施经验。如上所述，各国处于 SEA 指令生效之前的不同阶段。为便于总结，这些国家可以分为三大类[③]：

（1）在 2001/42/EC 指令正式通过前，SEA 规范便已日臻完善（例如，芬兰、法国、德国、荷兰、瑞典、英国）。

（2）SEA 规范处于一个相对较早的发展阶段或过渡期，而且是为应对指令的要求才引进的（大多数国家）。

（3）SEA 规范发展程度有限或根本不具备这样的规范，SEA 的实施仅遵循指令转化的要求（例如，塞浦路斯、希腊和葡萄牙）。

正式采用 2001/42/EC 指令期间 SEA 规范的类型和相关性也很重要，特别是对那些拥有不止一种 SEA 规定形式的成员国而言尤为如此。例如，芬兰和荷兰将 EIA 类程序应用于规划和计划建议书以及评估类程序以起草政策或法律文件。在这种情况下，SEA 规范的两大类型截然不同，分别直接或间接地与 SEA 官方指令要求相关联。Hilden（2005）以芬兰的规范为例阐述了这些联系，尤其阐述了 SEA 规划和计划经验与 SEA 指令主要特征之间的相似性（Hilden 和 Jalonen，2005）。与英国规范的预指令相比较则显示出类似差异。鉴于此，这两个体系基于不同形式的环境评估，而 SEA 规划体制与指令的要求在本质上差异更大，尽管随后相关要素合并到 SEA 指令要求中（Sadler，2005，下同）。

一般来说，为应对指令要求而引进 SEA 规范的成员国在启动阶段都通过了一系列试点研究，旨在把 SEA 指令要求融入到各个国家的规划体系中。例如，Scott（2005）阐述了爱尔兰在强调正式实施过程中所面临的挑战方面的经验价值。整个欧盟范围内有两种不同类型的方法。在欧盟 15 国，即 2004 年前的成员国中，SEA 试点大多是非正式的、临时的，并具有国家特点。在之后加入的国家中，在欧盟结构基金框架下，SEA 试点更为正式化，更具有外部驱动特征，而在中欧和东欧国家中，SEA 试点成为了索菲亚 EIA 倡议下区域经验交流的主题。人们普遍认为在能力建设中，旨在依据 SEA 指令要求来实施 SEA 的这一区域进程发挥了重要作用，而新近加入欧盟的一些国家，尤其是波兰、爱沙尼亚、捷克共和国和斯洛伐克，其 SEA 经验很可能已经超前于欧盟 15 国中的很多国家（Dusik 和 Sadler，2004）。

7.2.1.2　指令转化的时间框架

指令的第 13（1）条要求各成员国在 2004 年 7 月 21 日之前要达到其条款中的要求。结果到了截止日期，只有 9 个成员国声称达到了要求，同时，有 12 个国家因为没有按时达到要求而收到了“合理建议”或是警告[④]。即便收到了这样的通知，这一转化过程仍然持续了三年之久，尽管某些情况可能是情有可原的，比如某些联邦国家必须把 SEA 指令转化为地区性和国家性法律（例如奥地利、德国和意大利）。然而，用大多数标准来衡量，这却只是迈出了平淡无奇的一步，尤其在借鉴了作为 SEA 指令模板的 EIA 指令的相关经验后，这种感受就越是明显。这一缓慢的进程具有诸多含义，例如使委员会在 2006 年 7 月 21 日向欧洲议会汇报有关 SEA 指令实施以及效果[按第 12（3）条要求]的这一时间进度不具有法律意义[⑤]。事实上，借用第 13（1）款的原话就是，直到 2008 年所有成员国才“强制执行相关法律规定和行政管理条款以符合 SEA 指令要求”。

7.2.1.3　遵守指令

成员国把指令转化为国家法律这一事实并不等同于所有成员国都会遵守它的规定（Fischer，2007；Marsden，2008）。如下所述，成员国采用了不同的法律尺度来执行这个规定：大多数成员国修改了现行的 EIA 或综合性环境法（例如逐一修改），其他成员国则出台了新的 SEA 专门法，或在某一时期把 SEA 指令要求当作规划法的部分根基而与之相融合（比如说，英国只考虑了土地利用规划那一部分）。初看转化质量会注意到某些受调查的成员国存在着“巨大的法律缺口”（EEB，2005）；进一步审视则发现，在很多情况下，“我们并不清楚指令是被完全实施了，还是部分实施了”（Fischer，2007）。这些问题已成为欧共体正在实施的审查的主题，截至 2008 年 10 月，欧共体已经公布了涉及 SEA 指令不完全或不正确转化的 14 个违规程序（Novakova，2008）。至少部分问题很可能会通过冲突解决方案的试点程序来解决，但是其他问题可能会在欧洲法院（ECJ）那里才能得到解决。

7.2.1.4　SEA 的应用

如果 SEA 指令的转化和对 SEA 指令的遵守不一定是一回事的话，那么其在成员国的实施则是另一回事，而 SEA 规范的质量和效果又是另外的问题了。各成员国在 SEA 指令转化上步调的不一致已经严重影响了 SEA 的最初应用模式。正如表 7.1 指出的那样，有的成员国已经开展了相对高水平的 SEA 活动，每年有上百个应用项目已完成或正在实施当中。其他成员国还处于相对早期的实施阶段，大多数都处于中期阶段。这一远景目标还远没有完成（见表 7.1 的注释），并且还在不断变化之中。然而，就当前目的而言，它仍然是很重要的总体模式，且在近期不会改变。

SEA 实施过程中已经出现了一些问题，比如，由于对实施过程监控不力，一些规划和计划已经搁浅（EEB，2005）。近期由欧共体资助的 SEA 指令应用与效果研究（COWI，2009）和随后的委员会报告[COM（2009）469]已经进一步阐明了主要趋势和问题、有关实施状况的初步观察以及 SEA 程序在不同成员国取得的效果[⑥]。SEA 的学者和实施者尤其针对可能涉及的修改建议而对上述研究和报告期待已久，它们代表了整个欧洲对指令实施进度的评价。这里面包含的信息，再加上其他信息来源，已经被用来更新本章后续篇幅。

7.3 各国 SEA 制定与实施状况概要

本节简述了各成员国的 SEA 立法与实施状况。这项研究和委员会的报告都没有逐个分析各个国家的指令实施情况，尽管前者对国家立法程序做了注释性总结（COWI，2009），并基于成员国联络点和当地顾问提供的信息阐述了指定国家的实施经验。本节的初稿是由 Jurkeviciute 为布拉格 SEA 大会编写的，随后 Fischer（2007）和 COWI（2009）做了更新。所有对 SEA 活动实施水平的估计都对应于表 7.1 中所示的各个类型。

表 7.1 SEA 指令在欧盟成员国的应用（截至 2008 年中期）

活动类型/范围	成员国
低（小于 10）	塞浦路斯、意大利、卢森堡、马耳他、葡萄牙
低/中（10～50）	比利时、希腊、爱尔兰、立陶宛、斯洛伐克、西班牙
中/高（50～150）	奥地利、保加利亚、捷克共和国、丹麦、爱沙尼亚、匈牙利、拉脱维亚、荷兰、波兰、罗马尼亚、斯洛文尼亚
高（大于 150）	芬兰、法国、德国、瑞典、英国

注：这是对截至 2008 年中期各成员国 SEA 指令年度应用水平的粗略分类。考虑到数据的局限性，对成员国的程序执行仅有一个很宽泛的估计，以对欧盟范围内的 SEA 执行情况做出相对判断。即使如此宽泛，很多时候国家的分组仍然很有随意性，尤其是表中属于中等活动范围和某种程度上更高和更低级别活动范围的各个国家。

来源：Fischer，2007；COWI，2009。

7.3.1 奥地利

SEA 指令通过大量修订工作而把其要求融入现有法规和新法令条例（截至 2008 年总共超过 30 个）中，从而在联邦和省级层次上得以转化。在联邦水平上，这些法律法规包括很多条例，与废弃物管理能力、交通运输、环境噪声、空气质量和水务管理（例如，有关运输领域战略评价的联邦法）以及 EIA 法的修订息息相关（I 2/2008）。类似的法律改革程序都代表了省级水平，在这方面 SEA 指令的要求已经融入了空间规划和部门能力建设中[例如，《提洛尔（Tyrolean）空间规划法》、《萨尔斯堡废物管理法》等]。联邦环境部已发布了有关 SEA 过程中筛选步骤和其他步骤的导则，一些省政府也发布了地方土地利用规划 SEA 管理导则。在这些框架下，奥地利尤其针对空间和地方规划实施了大量评价工作，其 SEA 应用水平为中到高。

7.3.2 比利时

SEA 指令于 2006 年和 2007 年被转化成三项联邦法规。最近的一次是 2007 年 6 月 5 日有关跨边界背景下计划和规划评价的皇家法令。法律措施分别应用于弗兰德斯（Flanders）、瓦龙（Walloon）和布鲁塞尔首都特区。在弗兰德斯，SEA 指令在 2003 年被转化，并以 2002 年的 EIA 和 SEA 指令为基础。弗兰德斯发布的导则涉及如何实施 SEA。在瓦龙地区，SEA 指令的要求通过对可以区分土地利用规划和其他类型规划（例如，2005 年空间、城市和遗产规划法典）的多种法令加以修订以及通过环境法典（2005）所涵盖的规则而得到转化。布鲁塞尔首都特区也遵循类似的程序（例如，通过废止城镇规划条例和制定空间与城市规划法典）。估计比利时的 SEA 应用水平为中到低。

7.3.3 保加利亚

SEA 指令被转化为环境保护法（2002 年颁布，2007 年多次修订）和部长理事会第 139 号法令（2004 年颁布，2006 年修订，亦称作 SEA 条例）。这样保加利亚就完成了必要的法律措施，先于加入欧盟前使它的指令条款生效。最初人们一直以为在保加利亚，把 SEA 指令和现有计划程序结合起来可能会造成麻烦。但似乎并不是这样，因为据报道已有超过 100 份建议书实施了 SEA，主要是城市规划，其中绝大部分通过筛选程序而被采纳。

7.3.4 塞浦路斯

SEA 指令原封不动地转化为有关特定计划和规划环境影响评价的法律[102（I）/2005]。环境服务部已经为相关当局、咨询公司和其他相关方发布了信息通告。到目前为止，塞浦路斯只实施了为数不多的战略环评。

7.3.5 捷克共和国

SEA 指令在很大程度上转化为新的捷克 EIA 法（100/2004，在 244/1992 号法基础上修订而来），该法应用于政策和战略以及根据 SEA 指令第 3 款而要求实施的规划和计划。该法第 10 款规定了适用于规划和计划的程序要求，也有一些例外，尤其是针对土地利用规划。这在建筑法典中有所涉及，并在对建筑和土地利用规划法的拟议修订中有待进一步修改。SEA 导则于 2004 年发布，2006 年年中更新，有关土地利用规划的新导则也在制定当中。SEA 在捷克共和国的应用水平估计为中到高，而且还包括各类规划和计划。

7.3.6 丹麦

根据行政管理命令（首相办公室，1993 年修订），即将得到国会批准或考虑的 SEA 法和其他政府建议书的条款自颁布至今已超过 15 年，使之成为欧盟最早的目的明确的 SEA 体系之一。SEA 指令由规划与计划环境评价法（316/2004，修订为 1398/2007 号法）转化而来。导则于 2005 年起草，2006 年发布，附带有关 SEA 应用实例的补充材料。在 SEA 指令生效之前，SEA 是在试验基础上在区域层面和市区这一小范围内实施的（Elling，2005）。SEA 在丹麦的应用水平估计为中到高。

7.3.7 爱沙尼亚

SEA 指令由环境影响评价和环境管理体系法（2005）转化而来。这是一项由法规补充的框架法律，以使指令规定的 SEA 要求具备法律效力。然而，爱沙尼亚法规的覆盖面要大得多。SEA 适用于所有“战略”，而环境报告要涵盖潜在环境影响的方方面面，而不仅是那些“可能的重大影响”。尽管当局和利益相关者被要求在必要时和环境部门协商，但没有发布过国家指导方针。估计爱沙尼亚的 SEA 应用水平居于中等。

7.3.8 芬兰

针对立法建议书（管理条例）、特定政策、规划与计划（EIA 程序法，1994）和基于建筑与规划法（132/1998）和条令（1998）而实施的具体土地利用规划的预指令性 SEA 体系已建立健全。SEA 指令的程序要求大体上是由关于机构规划、计划和政策环境影响评价的 SEA 法（200/2005）和条例（347/2005）转化而来的。此外，建筑与规划法和条例以及水务管理法也得到了修订。已经发布了有关依据指令而实施的 SEA 内容与过程的导则，之前有关如何在土地利用规划中评估社会、生物多样性和自然遗址影响的准则对其做了补充。SEA 法第三款覆盖面很广（类似于已废止的 EIA 法第 24 款），包括量多面广的规划和计划（Hilden，2005）。这在芬兰进行的高层次地方土地利用规划评价中有所反映。

7.3.9 法国

SEA 指令由根据专项法令（489/2004）建立的法律框架以及一系列针对空间规划和其他各类规划和计划来制定评价与实施措施准则的规章条例转化而来。尤其要说明的是，法令 608/2005 修正了法国土地利用法典和法国区域与地方当局法典（与空间规划有关），而法令 613/2005 修正了法国环境法典（与其他规划和计划有关）。此外，法令 454/2006 修正了法国森林法典。此外还存在不同系列的 SEA 准则，分别针对运输规划（2004）、城镇与乡村规划、环境与废物管理（都发布于 2006 年）以及最近区域水平上的土地利用规划。估计法国实施的战略环评数量会很多，每年会涉及几百个区域。

7.3.10 德国

通过修订有关一般性条款的 EIA 法（2005）和修订有关针对城市和区域土地利用规划的具体条款的联邦建筑法典（2004），SEA 指令转化为联邦法律。联邦建筑法典包括规章许可实施的环境评价，作为履行 EIA、SEA 和生境指令条款的联合程序。在区域水平上，各联邦州针对空间规划和其他规划与计划颁布了各自的 SEA 法规。根据这些框架发布了各种各样的指导文件。例如，针对依据联邦建筑法实施的运输规划、空间规划和土地利用规划发布的导则、针对 SEA 指令执行程序的导则和提交给负责实施 SEA 的相关机构的导则。估计 SEA 在德国的应用水平较高。

7.3.11 希腊

SEA 指令由有关特定规划和计划环境影响评价的联席部长决议（2006/107017）转化而来。在本书编写的同时，只有少量有关法规、导则和应用的详细资料可资利用。估计希腊 SEA 应用水平较低，但在 2007—2013 年欧盟联合筹资的计划带动下有望得到提高。

7.3.12 匈牙利

SEA 指令由环境法修订案（53/1995，2004 年修订）和 2005 年有关特定规划与计划环境评价的法令（2/2005）转化而来。根据修订，环境法第 44 款描述了 SEA 程序，废止了之前已颁布但很少施行的一般性 SEA 条款。SEA 的指导文件包括由匈牙利区域发展和乡村规划局发布的“和区域开发计划有关的社会经济与环境影响评价的方法性问题”（2003）。估计 SEA 在匈牙利的应用水平为中到高。

7.3.13 爱尔兰

SEA 指令转化为两套法规。规划与发展（SEA）法规（436/2004）涉及具体的土地利用规划，欧共体（特定规划与计划的环境评价）法规（435/2004）涉及规划与发展法（2000）管束范围之外的其他类规划和计划。2004 年环境、遗产与地方政府部发布了针对区域与地方（土地利用）规划机构的 SEA 指令条款执行准则，2003 年环境保护局发布了 SEA 方法导则。估计 SEA 在爱尔兰的应用水平居于中等。

7.3.14 意大利

SEA 指令最初转化为环境法典，但其实施生效则推迟到欧共体要求上的分歧得到解决之时（法令 4/2008 已解决该问题，它分别规定了 SEA 和 EIA 的实施程序）。截至 2008 年 10 月，意大利并非所有的地区和自治省都把指令转化为法规。有大量的指导文件可资利用，其中涉及 2007—2013 年 6 年计划期间应用于欧盟结构基金的 SEA 指令（由环境部、意大利环境机构网和经济发展部联合发布）。估计 SEA 在意大利的应用水平较低。

7.3.15 拉脱维亚

SEA 指令由 EIA 法（1998）修正案和战略环境评价程序条例（157/2004）转化而来。SEA 在具体部门的应用超出了指令第 3（2）款规定的范围。它包括针对区域开发、矿物资源开采和港口建设编制的规划文件。指导文件包括 SEA 程序指南（2005）和 SEA 操作规范手册（2007）。估计 SEA 在拉脱维亚的应用水平为中到高。

7.3.16 立陶宛

预指令即空间规划法（1-1120/1995）规定要对总体规划和一般规划实施“彻底评价”（利用 EIA 程序）。SEA 指令是通过修正一般性条款，使之分解为两项总括性法规转化而来，即环境保护法（1992 年颁布，后修订为 36-1179/2004）和领土规划法（1995 年颁布，后修订为 21-617/2004）。具体要求通过多项条款来规定，其中涉及 SEA（政府决议 967/2004）、公众参与（环境部长法令 455/2004）、筛选程序（环境部长法令 456/2004）、自然保护区重要性判定（环境部长法令 255/2006）。指导文件包括一份 SEA 指南。估计 SEA 在立陶宛的应用水平为低到中。

7.3.17 卢森堡公国

2008年4月30日的法律实质上逐字逐句转化了SEA指令。截至2008年10月，很少甚至从未编制过导则，也没有开展过任何活动。

7.3.18 马耳他

SEA指令由SEA条例（418/2005）转化而来。指导文件草案已经发布了。估计SEA在马耳他的应用水平较低。

7.3.19 荷兰

SEA指令是在修订环境管理法（分别于1987年和1994年两次颁布，修订于2006年）和EIA法令相关规章条例（分别于1987年和1994年两次颁布，修订于2006年）的基础上转化而来。根据这项法令，指令强制性应用于某些规划和计划，尤其是在限定项目实施场所方面。虽然具有这样的经验，荷兰的法规转化仅奉行指令的最小程序要求。除了针对那些对保护区有潜在影响的规划和计划外，它并没有制定任何针对强制性独立审查的条款。已（由运输、水务管理与公共事务部联合）发布了大量SEA指导文件。估计SEA在荷兰的应用水平为中到高。

7.3.20 波兰

SEA条款最初是依据关于环境及环境保护的信息准入法和应用于政策、规划和计划[依据其后的SEA指令草案（COM/99/73）]的环境影响评价法（2000）制定的。SEA指令转化为好几项法规，即环境保护法（2001）、空间规划管理法（2003）、国家发展规划法（2004）和发展政策原则法（2006）。与此相关的还有环境保护部长条例（2002），详细阐述了针对当地土地利用规划造成的环境影响制定的基准。有关空间规划和规划与计划（战略文件）的SEA方法论的指导文件已发布。估计SEA在波兰的应用水平为中到高。

7.3.21 葡萄牙

SEA指令总体上转化为关于将SEA融入土地利用规划过程的第232/2007号法令和第316/2007号法令（在法令380/99的基础上修订）。葡萄牙环境部紧接着发布了有关SEA方法论的导则，补充了之前有关空间/土地和资源利用规划的战略评价准则（于2003年由土地利用和城市规划董事会主席发布）。估计SEA在葡萄牙的应用水平较低。

7.3.22 罗马尼亚

SEA 指令是在罗马尼亚加入欧盟前转化为政府决议（1076/2004）的，它建立了遵循先前颁布的欧共体要求（707/2004）的程序。环境与水务管理部和罗马尼亚环境保护局共同发布了程序应用导则（2006）。估计SEA在罗马尼亚的应用水平为中到高。

7.3.23 斯洛伐克

SEA条款最初是依据EIA法（127/1994）制定的。该法涉及对环境有重要意义的部门的政策与法规建议书以及国土规划或空间规划（尽管实际上法规是通过规章性影响评价提出的）。SEA 指令源自于 EIA 法（24/2006）修正案，尤其是涉及“发展概念与发展战略”应用范围的该法第二卷。根据这一修正案，SEA 覆盖了土地利用/空间规划和指令第 3.2 款（很大程度上对应于 1994 年 EIA 法最初列出的条款）指定的部门与区域的所有“实质性发展政策”。尽管有相当多的国家重大发展战略已接受审查，但估计 SEA 在斯洛伐克的应用水平为低到中。

7.3.24 斯洛文尼亚

SEA 条款最初是通过环境保护法（808/1998）中针对实体规划的 EIA 提出的要求制定。它基于环境脆弱度研究（依据第 51 款）。SEA 指令是在修正该法（57/2006）和执行关于环境报告和须遵循的详细程序的规章基础上转化而来的。估计 SEA 在斯洛文尼亚的应用水平为中到高，这样一个小国处理了相对大量的国家政策和区域空间规划。

7.3.25 西班牙

2000 年之前，西班牙很多自治区已经在 EIA 和环境保护或规划法框架下制定了 SEA 条款。SEA 指令在国家层面上转化为 SEA 法（9/2006），而在区域层面上则是通过引进新法规或修订现有法规转化而来。据报道，在国家层面上还从未发布过导则，但是有各种各样的区域文件（例如专门针对巴斯克地区）和案例材料（例如，安达卢西亚、巴利阿里群岛和卡特卢那）。估计 SEA 在西班牙的应用水平为低到中（依据有限数量的国家层面案例）。

7.3.26 瑞典

在 20 世纪 90 年代，针对某些部门（例如道路运输）和土地利用规划（将 1992 年规划与建筑法进一步修订为 1197/1995 版本）而分批分期地引进了 SEA 条款。SEA 指令大体上是通过 2004 年对综合环境法典（808/1998）的修订和之后的条例 57/2006 转化而来。对环境影响声明条例（905/1998）也做了相关修正。已发布了大量关于 SEA 的指导性文件，其针对的不仅是环境保护局的一般性应用，还特别涉及国家住宅、建设与规划委员会实施的土地利用规划。估计 SEA 在瑞典的应用水平较高。

7.3.27 英国

2001 年之前，基于有关政策评估（1991 年出台，针对中央政府部门）和环境发展规划评估（1994 年出台，针对地方当局）的指导文件制定了 SEA 非法定条款。考虑到英国的领土管理自治体系，SEA 指令是通过多项规章和同时期土地利用规划框架的重大改革（规划与强制采购法，2004）转化而来。一项总括性条例（1633/2004）应用在仅限于英格兰或英国其他地区的规划和计划。各项条例分别适用于北爱尔兰（280/2004）、苏格兰（258/2004，2005 年修订）和威尔士（1656/2004）[⑦]。针对土地利用规划，规章体系规定了 SEA 的综合性程序和可持续性评估（反映了先前规划评估体系的方法要素）。大量有关 SEA 实施活动的导则被归入可持续性评估，由各政府主管部门共同和单独发布。估计 SEA 在英国的应用水平较高。

7.4 SEA 实施状况与质量

由上可知，SEA 指令已经在欧盟各成员国中开始实施，尽管迄今为止各国的实施进度不一。这一节重点放在 SEA 的当前实施状况与质量，体现了对欧盟指令意图与要求的真正检验。当 SEA 的相关研究仍存在很大变数且在不断演变中时，此类特征就很难评估，也很难在相对早期阶段就拼凑成一幅完整的图景。本节重点在于 SEA 规范的发展趋势和相关问题，包括 SEA 指令转化分析（Soveri，2005）中可能面临的问题，以及在布拉格 SEA 研讨会上用作为基准参考的论文与讨论等大量信息基础上对 SEA 实施状况与质量作了初步了解的过程中遇到的问题[⑧]。随后我们也从委员会有关 SEA 指令应用状况与效能的研究与报告中更深入掌握了最新经验[COWI，2009；COM（2009）469]。然而，此时对 SEA 指令的效能做出明智判断未免为时尚早。

7.4.1 SEA 的应用领域与应用状况

总的来说，欧盟 SEA 执行机构早已超出了通过执行 SEA 指令 2001/42/EC 的要求来获取经验这一范畴。如前所述，欧盟一些成员国在制定法律和政策时分别应用基于评估的程序或 RIA 类程序。前者的实例包括丹麦针对法律草案的 SEA 建立的体系（Elling，2005b）以及荷兰的环境检测（van Dreumel，2005）。欧洲理事会应用 RIA 类程序来对年度政策战略或年度法制建设项目中涵盖的新重大举措实施环境、社会和经济影响评价。虽然这个程序旨在变得全面化和整体化，但它也是严格按照成本效益分析来运作的（Renda，2006）。英国也是同样的情况，英国的早期政策环境评估程序也是首先纳入到综合性政策评价（IPA）框架下，而后再与更为正式的 RIA 程序相结合（Sadler，2005）。

在转化为多项国家法律的过程中，SEA 的实际应用范围和原理也同样超越了 SEA 指令的最低要求。一些成员国（比如波兰和捷克共和国）和次一级国家司法管辖区（比如苏格兰）在政策和战略水平上施行 SEA。特别是捷克在指令转化之前好几年就已经获得了重大政策（开发理念）战略环评方面的大量经验，且在新的 EIA 法下仍然适用于这一层次的一系列具有重要环境意义的部门，比如能源、运输和区域开发等领域（Smutny et al.，2005）。根据多项标准来衡量，SEA 实践领域内最有意义的创新出现在英国，符合指令要求的新一代土地利用规划的持续性评估不仅考虑到环境影响，还考虑到社会和经济影响。目前已经开展了大量工作，其中包括基于正式评估的每年数百个案例，涵盖了区域空间战略、整体发展规划、地区规划、结构规划和地方性矿物与废物规划（ODPM，2005a）。这一 SEA 实践领域已经成为引人注目的大课题（Jones 等，2005b；Sadler，2005；Therivel 和 Walsh，2006）。

在以指令为基础的体系下需实施 SEA 的规划和计划的类型与多样性因成员国的不同而不同，某些情况下程序应用范围上的高端与低端国家在类型与多样性方面的差距更是惊人（表 7.1）。在很多国家，SEA 应用于比指令所规定的范围还要广的规划和计划中，基于详细地方规划方面特殊经验的芬兰规范对此有所阐述。在指令第 3（2）款列出的规划和计划范围内，SEA 尤其在地方层次上被广泛应用于土地利用规划和空间规划，这一领域目前拥有相当丰富的经验（Fischer，2007）。对部门规划和计划来说，运输作为一个重要的应用领域正逐渐凸显出其重要性。从另一个方面来说，基于有限的可利用信息，可以看出各个成员国的经验杂糅不一且互不协调。正如预期的那样，除了运输业以外，代表 SEA 高端业务的一系列行业（如水、能源和废物）也在一些国家（如法国和英国）得以体现。Sheate 等人已经讨论过 SEA 指令实施过程中面临的行业挑战和机遇（2004）。

社会团体支持的规划和计划现在受到了 SEA 指令要求的影响，并代表了快速崛起的实践领域。针对截至 2006 年的计划而建立的结构与发展基金起初依据第 3（9）款而享有豁免权，但最终要实施单独的评价程序。在当前欧盟凝聚政策（2007—2013）框架下，估计有 350 个合作项目在 2007 年实施过 SEA。预计这个数字还会增长（Parker，2008）。这一实践领域蕴含着一个重要机遇，能使欧盟新成员国低水平或中低水平的 SEA 活动提升一个档次。在欧盟 15 国中，希腊和葡萄牙这两个最不发达国家也是欧盟凝聚政策的受益国，如果再考虑人均 GDP 不足欧盟 15 国平均水平 75%的意大利南部地区“统计效应”的话，或许也可以算上意大利。在向这个为促进经济增长和增加就业岗位拨出 2 500 亿欧元预算的所谓会聚目标迈进的道路上还有很多路要走[规章 1083（2006）和 1084（2006）]。

7.4.2 实践质量——新兴议题和挑战

这里所讨论的实践质量基本上是指一项 SEA 在程序和分析上实施得有多好或有多不好，尤其是指实施所取得的最初成果是否与指令的要求和目的（有助于环境整合和环境保护）相一致。尽管到目前为止，很多成员国在 SEA 方面的经验仍然有限，但这仍展现出与实践质量有关的新发展趋势和大量议题。这些将在下面简要讨论，在本文最后的总结陈述里也有注释。

7.4.2.1 使成条件

很多因素，而非先前的经验水平（能力的代表），都推动和塑造着 SEA 实际应用与决策信息供应流程的质量。这些因素包括：

（1）在程序和方法上给予适当指导：有关指令实施的大量 SEA 导则已经由 CEC 等机构发布（2003）。它的可利用性和适当性因成员国的不同而不同，到目前为止只有很少有关其使用和良好规范相关性的信息（有关导则的起草，参见 Therivel 等， 2004）。英国导则的范围和详细程度是无与伦比的。一般类型文件覆盖英国所有规划和计划的 SEA 以及土地利用与空间规划的 SEA/可持续性评估（ODPM，2005a，b）。其他导则具体针对苏格兰、北爱尔兰、威尔士地区或特定部门（比如运输部门）或议题（比如气候变化）。这一系列建议很全面，其整体性也达到了令人吃惊的程度。SEA 从业人员有望只处理手边那些与任务搭边的事情。

（2）公开协商的特性和范围：尽管公开协商已被广泛视为 SEA 程序的一个重要组成部分，但委员会却指出很多成员国的参与程度“并没有达到应有的程度”，很大程度上是因为采用的时间表太紧[COM（2009）469]。根据条款 6（5），留给成员国的为公开协商做详细安排这一任务的重点已大部分放在详细阐明 6（1）～6（4）条款里专门规定的最低条件而非远远超出这个范围。这些安排包括“规定一个适当的时间表”（例如，在德国是 30 天，在荷兰是 6 周）以便于公众表达对 SEA 草案的意见以及在为报告涵盖的信息确定范围时商定咨询哪些环境机构。鉴于这一阶段针对公开协商做出规定的国家寥寥无几，指定机构（法定顾问）的作用对保证 SEA 的质量至关重要，英国的经验就是个范例（Susani，2005）。

（3）环境和独立审查机构的作用：在大部分成员国中，对规划或计划负责的机构同样有义务实施 SEA（COWI，2009）。这项安排主要依赖于为确保质量而实施程序核查（见下），尤其依赖于对法定顾问和受影响的利益相关者进行干预（见上）。在一些国家，环境部门在监管和确定 SEA 质量方面起着直接作用（比如在西班牙，环境部门就负责起草审查范围报告）。只有有限的条款是专为 SEA 的独立审查而制定的。例如在荷兰，对那些可能影响受保护区域和场所的规划和计划实施的 SEA 受到了独立 EIA 委员会的强制性审查，而在法国，独立委员要监督公众参与的质量。

7.4.2.2 SEA 在关键阶段的实际应用

SEA 的实践经验表明，大量出现的问题都与 SEA 程序的关键阶段有关（尽管很大程度上还有待证实）。在此，我们将这些问题划分为三大类型，它们都与实际应用质量有着特定的关系：

（1）筛选和划定范围：尽管筛选程序和规范并不是最受关注的问题，但是在确定指令是否适用时却给一些旨在"为未来的发展许可制定框架"和草拟"行政管理条款"的成员国提出了解释权问题（COWI，2009）。范围划定在程序上由成员国自行决定，根据委员会的观点，这不是个问题。具体程序在逐项基础上使用不同的方法来实施，包括与指定机构协商。一些国家也定期或在特殊情况下与民众就评价范围进行商议。根源于范围划定的重要议题包括在解释"重大影响"和选定"合理的供选方案"时遇到的困难。

（2）合理供选方案的确定：SEA 过程的这个阶段对于环境报告的质量和在管理负面影响的同时实现规划和计划目标的决策而言有着重大意义。按委员会的观点来看，这是少有的给成员国带来麻烦的议题之一[COM（2009）469]。大部分成员国都没有考虑怎样去识别和选定供选方案，把它留给了就事论事的评价程序（COMI，2009）。之前在布拉格的讨论指出，对供选方案的考虑只是为了达到要求而在报告编制过程中实施的形式上的分析，而不是在环境上健全的规划中的一项创造性举措（Fischer，2007）。

（3）环境报告：环境报告中的信息质量这一问题被视为布拉格专题讨论会的一个盲点，这反映出 SEA 实施过程仍普遍处于早期阶段，而很多国家的能力亦有限。更令人不安的可能是环境报告的公认缺陷，尤其是对复制 SEA 指令附录 1（未涉及公开协商）中信息的技术说明性材料的过分关注，和对其与规划或计划制定和实施程序之间相互融合过程的不充分关注。如果这一评论切中要害，那么环境报告应该被打造为沟通决策者和利益相关者的一个战略性和分析性工具，还应包含对通过公开协商过程而收集的信息的陈述（与奥胡斯公约相一致）。

（4）监管和审查：在对规划与计划执行过程的环境影响实施监管[条款 10（1）]或审查环境报告以确保其"质量足以满足这一指令要求"[条款 12（2）]这两方面知之甚少，而这两方面对更充分了解 SEA 效用来说至为关键。欧共体导则阐述了与可能采取的监管和实际应用步骤和方法有关的总体义务（CEC，2003），而英国这样的成员国发布的国家导则中也涉及类似讨论（ODPM，2005b）。目前仍然不清楚的是，成员国是否能系统地、选择性地、偶尔地承担影响监督工作，以及收集了哪类信息并如何加以利用（例如，若确认有意料之外的不良影响，就可以将其用来采取适当的补救措施）。类似的问题适用于环境报告质量的审查，尽管这是归类于全面性 SEA 效用评估的研究主题（RSPB，2007）。

7.4.2.3　环境整合

对 SEA 有效性的基本检验是看 SEA 程序是否实现了以下目标以及实现到什么程度：（a）把环境因素融入到决策（比如绿色规划和计划）中；（b）有助于产生好的结果。由于信息审查和监管的缺失（前面讨论过），可从整合过程的其他方面获得一些灵感，包括：

（1）涉及的议题和影响的类型与重要性：这种关系的其中一个迹象是对规划和计划的 SEA 中累积效应以及大规模变化的考虑，尤其与保护区有关。尽管公认其有可能涉及这些议题，但实际上，SEA 作为识别和管理普遍存在（见第二十三章）或仅在部分成员国中存在（布拉格研讨会上已做了确认）的累积效应的工具是不符合要求的。类似的保留态度也适用于利用 SEA 来使气候变暖和生物多样性等焦点问题以及优先度融入到规划与计划中去的做法。大部分国家尽管也取得了一些进展，但 SEA 领域的初步成果中既没有体现出这些要素的存在，也不见相关信息的身影（EEB，2005）。例如，已发布了专业导则来阐述 SEA 作为一个工具是如何将气候变化和生物多样性纳入到考虑范围的，并且该导则已在英国的某些实际项目中得到应用（RSPB，2007），而在荷兰，规划和计划的 SEA 也对气候变化和生物多样性给予了关注，尽管将生态影响纳入到考虑范围所具有的缺点仍然是大部分环境报告最显而易见的软肋（NCEA，2007）。

（2）SEA 应用于规划和计划：环境整合反映为旨在将 SEA 与规划过程相融合的步骤（这与把 SEA 当作一个单独的平行程序截然相反）。原则上，SEA 的实际应用可能会遵循前一种模式；然而实际情况下，它会随着成员国的不同而不同，并有程度各异的相对融合（或分离）。土地利用规划的 SEA 的经验总体上表明，结构化和等级化规划体系更有可能包容这样的整合过程，爱尔兰（Scott，2005）和荷兰（Thissen and van der Heijden，2005）就建立了相应的体系。然而，其他很多因素也促进了 SEA 和规划过程的融合，在某些情况下也尝试了革新性方法。例如在奥地利，圆桌会议的试验性应用（例如维也纳废物管理规划的战略环境评价）促进了融合，产生了一系列具体收益，包括更好的规划质量、不同利益之间的调和、规划的实施更为便利，以及对环境问题的解决作出的贡献（Arbter，2005）。

（3）产生的收益和交易成本：如果在更大的尺度上、在国家层面上或者在欧盟范围内得到复制的话，以上列出的这些收益可以视为成功实现 SEA 指令目标的指征。如果加上本章所述的来源，或者再加上程序性（例如透明度）和实质性（例如环境健全性计划）增值，其收益就数不胜数了。但是这些收益在各个成员国中间分配不均，在每个国家中也视具体情况而定。例如，英国的 SEA 质量调查发现很多程序[参阅导则 ODPM（2005a）]都阐述了为确保环境健全性规划得以实施而必备的良好规范要素（RSPB，2007）。到目前为止，在 SEA 质量、产生的收益和（财政与操作流程上的）交易成本之间的相互关系这方面，几乎没有可资利用的信息，而这方面信息对于更好地了解 SEA 有效性而言至关重要。

7.5　结论

欧盟 SEA 的经验主要分为两大部分：各类文献和本章大部分重点都放在了各成员国的 SEA 指令和法律框架及其操作系统上。然而，一些国家掌握了与 SEA 相类似的尤其适用于政策和法律的评价手段。这就在欧盟范围内以及某些情况下在国家范围内——例如英国在其行政管理自治体系内应用了包括土地利用可持续性评估在内的多种形式的SEA——拓宽了SEA的广泛和多元化背景。

国际上，SEA指令是一项重要的法律和程序基准，它确立了目前适用于27个成员国的基本标准并将拓展到更大范围的欧洲地区，特别是巴尔干地区新近加入欧盟的国家。与指令涉及的范围相比，其影响更为广泛，这在向欧洲经济委员会和其他地区签约国公开的SEA议定书中规定的比较性条款中可以看出。然而，尤其当与之前在欧盟施行的SEA条款和规范做比较时，指令的这一突出特征意味着它更适用于这一地区。这种比较性优势在以前很少或根本没有这方面经验的成员国引进SEA指令的过程中尤为明显，这种优势同时也体现为对某些国家已有的SEA体系所起到的巩固作用。一个明显的例子就是英国，其SEA指令的成就之一就是引发土地利用规划的大范围改革和创建基于SEA的可持续发展评价的独特体系。

尽管SEA指令取得了很大进展，但SEA指令下不断演变的制度和应用现状已然成为备受关注的焦点问题和批评意见的主题。本章将分析其主要趋势和问题：

（1）指令的制定和通过（1985—2001）是经过长期讨价还价和妥协的产物（如欧洲管辖权问题）。作为长期谈判遗留的产物，指令没有一些人期望的那样好，但也不像一些人想象得那样差。它规定了具体规划和计划的SEA程序的核心，同时也留下了有关指令措辞和解释等方面法律问题的后遗症。

（2）各成员国将指令转化为国家法律（2001—2008）的进程是不均衡和缓慢的。大多数成员国并没有在2004年7月21日之前完成，有些又过了三年才完成。如上所述，指令的转化并不等同于遵守指令要求和一些正在实施的违规程序，其中的一些很有可能成为欧洲法院司法裁决的主题。

（3）各成员国以不同的进展速度实施SEA指令（2004年起一直在实施中），反映了转化时间表和以往的SEA实施经验。各个国家在SEA活动水平上有明显的差异。一些国家每年完成或正在实施数百个SEA应用项目；而其他国家至今只启动了极少数程序。这一状况可以说很不完善，或者很有可能发生变革，尽管SEA执业水平较低的成员国的进展速度仍是值得商榷的。

（4）各成员国的SEA实施状况与质量也各不相同，不仅反映了先前的经验水平，也受到了指导性条款、公开协商和独立审查的影响。SEA过程关键阶段遇到的具体困难包括确定评价范围和需考虑的备选方案、环境报告的质量以及规划实施影响监测。在布拉格会议上发现SEA的实施状况与质量在很多方面都存在不足，因此提高其有效性被认为是前进道路上的核心要务（见表7.2）。

展望未来，欧洲议会及理事会已经收到了期待已久的关于SEA应用和成效的委员会报告，并且引进了最新的经验分析。根据第12（3）款，该委员会的任务是提出SEA指令的修改意见，特别要“考虑到其他地区/部门和其他类型规划和计划的指令范围拓展的可能性”。现在看来好像不会这样做了。这是布拉格会议与会者对de Boer的演讲（2005）（见表7.2）予以讨论的一个主题。在布拉格会议上，有人支持将该指令应用于政策水平上的法律、战略和法规，以拓展针对公众和利益相关者协商程序的正式要求，并应对SEA与健康影响评价的整合过程所提出的挑战。最后，对SEA作为可持续发展评价的基础所具有的优势和劣势展开了大量讨论：尽管大多数人倾向于这个方向，但还是有一些人对其可取性或实用性表示怀疑，反映出文献中存在的更广泛争议。

表 7.2　欧盟 SEA 体系综述

主要的趋势和问题	SEA 指令的发展主要经历了三个阶段：欧盟范围内的采纳；成员国的转化和实施；以及初步经验回顾。经过漫长的引进、吸收和转化，各成员国在 SEA 实施水平上参差不齐。问题仍继续停留在各国如何解读指令这样的表面问题上，现在的关注点则转向 SEA 的执行程度和执行质量
主要观点	各国的 SEA 应用范围各不相同，有的国家每年进行数百次交易，有的国家每年只有数次。在整个欧盟范围内，这种分布体现了领土的大小和以往的 SEA 经验水平，以及南北之间和东西之间在能力与决策文化方面的差异。这些因素也有助于解释 SEA 在不同地域国家所取得的成就也有所不同等其他方面原因。 布拉格研讨会指出，SEA 应用过程中面临的挑战有筛选和范围确定，这两项尤其关系到对影响的严重程度的阐释、叠加、SEA 与 EIA 之间的关系以及公开协商（作为一个非强制性程序而在众多成员国中间存在范围和形式上的广泛差异）。期待已久的是应由委员会做出的关于 SEA 规范各要素的强制性审查和报告，尽管它是否会“考虑到有可能会扩大指令这一概念的范围”仍是一个有争议的问题。 SEA 报告的质量也要接受审查，尤其是对那些已经完成大量报告的成员国而言。在其他缺乏经验的国家，重点仍然是 SEA 实施能力的建设和培训。如果要针对各成员国的 SEA 实施情况设定一个合理的比较标准，正如欧盟委员会所呼吁的那样，那就要系统处理这方面问题。 在欧盟整体水平上，仍然存在违规实施的程序、对特定条款的清晰度所持有的保留意见、SEA 指令与其他欧共体指令和 UNECE（奥胡斯）公约相关要求之间的关系以及何时最终得到批准纳入到 SEA 议定书等问题
主要经验教训	尽管范围比想象的要窄得多，但该指令是一个重要进步，它针对专项规划和计划的 SEA 规定了欧盟范围内适用的最低限度程序。 关于符合其要求的程度，仍然存在很多问题，几乎可以肯定的是，其中一些问题只能通过法律来解决（最终制定一个类似于 EIA 案例法的 SEA 案例法）。 在某些成员国，低水平的 SEA 应用现状说明进展陷入僵局而有待进一步提高。 布拉格研讨会上通报的有关 SEA 实施过程各关键阶段执业质量不均衡和执行力度欠缺等问题似乎自此之后并未得到显著改善，尽管一些国家已经超越了最低标准
未来方向	如果上述观点成立，则未来的核心任务（在布拉格研讨会上得到强力支持）是加强 SEA 程序的质量和成效，使之对决策制定过程更具重要意义，并将指令范围扩大到政策和立法领域，在范围划定、监督和后续评价等明显薄弱环节巩固其程序。其他需要加强的环节有累积效应分析方法和健康因素与 SEA 程序的整合。 关于 SEA 应在多大程度上从环境保护手段演变为可持续发展手段，目前还没有达成广泛的一致性意见

注释

① Tromans（2008）回顾了对有关两阶段评价的 EIA 条例（2093/2008）做出的修订（发现其不够清晰明确，很有可能会对不够谨慎的规划机构产生负面影响）。他还举出他在编写一部著作的过程中曾经仔细核查过欧洲法院于 2006 年 5 月 4 日针对两个相互关联的案例做出的决议（C-290/03，C-508/04）。这两个案例都与英国为大纲规划许可和其后保留事项的批准制定的规章有关，并专注于主管当局仅在初

期阶段实施评价的义务（即使项目的所有要素可能不会得到评价）。在上述两个案例中，欧洲法院都发现这些规章在遵守 EIA 指令方面有所欠缺，而英国还未把指令第 2（1）款和第 4（2）款完全转化为国家法律。

② 这里提到的欧盟新旧成员国之间的区别特指 2004 年 5 月 1 日欧盟东扩这一标志性事件，在此之后，由于八个中东欧国家和两个地中海国家的加入，欧盟 15 国变为欧盟 25 国，之后随着 2007 年 1 月 1 日保加利亚和罗马尼亚的加入，而进一步扩编为欧盟 27 国。在 SEA 指令转化这方面，新加入国的法律法规大体上与欧洲法典保持一致，表明欧共体出资启动的为期数年的 SEA 能力建设计划颇为见效（另见注释第 3 条）。

③ 并不是所有国家都可以轻易划入这些类别。例如，很难给那些作为土地利用规划的一部分而在 1990 年代应用于许多中东欧国家的准 SEA 程序归类，那时候这些国家既未采纳 SEA 指令，也未加入欧盟。在这种情况下，就要在内部驱动的临时性改革和外部驱动的系统化改革之间加以区分，以响应 SEA 指令的要求（Dusik 和 Sadler，2004）。

④ 接到最终书面警告（移交给欧洲法院裁决之前程序上的最后一步）令其限期转化 SEA 指令的国家有奥地利、比利时、塞浦路斯、卢森堡、希腊、意大利、马耳他、荷兰、葡萄牙、西班牙、斯洛伐克和芬兰（仅限于其奥兰自治省）。随后有五个成员国因未能转化指令而受到欧洲法院（ECJ）的谴责[COM（2009）469]。

⑤ 第 12（3）款全文如下：“2006 年 7 月 21 日之前，委员会应向欧洲议会和理事会递交一份有关这一指令应用情况与成效的初步报告。同时进一步着眼于根据条约第 6 款来整合环境保护要求，并纳入成员国在指令应用期间获得的经验，必要时应将指令修订提议随同报告一并提交。委员会尤其应该考虑将这项指令的范围扩大到其他领域/行业和其他类规划与计划。”

⑥ 这项研究以及委员会提交给理事会、欧洲议会、欧洲经济与社会委员会和区域委员会的有关“指令应用情况与成效”[COM（2009）469]的报告符合第 12（3）款的要求（见注释第 5 条），尽管离 2006 年 7 月 21 日这一期限已过去了三年。委员会在其报告的第二部分解释道，由于“很多成员国（MS）在转化指令上的拖延以及实践经验有限”，致使到 2006 年 7 月 21 日这一天，可以利用的信息“仍不足以按计划编制一份报告”。此外，委员会还注明：“这份初步报告必须考虑到 2004 年和 2007 年加入欧盟的新成员国所具备的经验。”

⑦ 作为其正式名称，英国相关的 SEA 法律框架包括：2004 年规划与计划条例环境评价（适用于英格兰或英国其他地区）；2004 年（北爱尔兰）规划与计划条例环境评价；2005 年（苏格兰）环境评价法[2006 年生效，并大体上废止了 2004 年（苏格兰）规划与计划条例环境评价]；以及 2004 年（威尔士）规划与计划条例环境评价。针对北爱尔兰和威尔士的条例与针对英格兰的条例类似；针对苏格兰的条例则在其应用于政策、规划和计划（PPPs）等公共部门战略方面相对明显有别于针对英格兰的条例。

⑧ 这一研讨会是由 David Aspinwall 和 Ursula Platzer（奥地利联邦农业、林业、环境与水资源管理部）召集和主持的，做陈述的与会人员有 Ulla-Rita Soveri（芬兰）、Kerstin Arbter（奥地利）、Jan-Jaap de Boer（荷兰）、Lucia Susani（英国）和 Ann Akerskog（瑞典）。本章作者在此感谢他们为本章完稿作出的贡献和参与讨论的过程中发表的精彩意见。

参考文献

[1] Akerskog, A. (2005) ‘How is environmental assessment dealt with since new rules of SEA were introduced in comprehensive planning in Sweden?’, presentation to the IAIA SEA Conference, Prague.

[2] Arbter, K. (2005) ‘Testing SEA in practice: Two practical examples’, presentation to the IAIA SEA Conference, Prague.

[3] CEC (Commission of the European Communities) (2003) ‘SEA Guidance on the Implementation of Directive 2004/42/EC on the assessment of effects of certain plans and programmes on the environment’, European Commission, Brussels.

[4] Dalal-Clayton, B. and Sadler, B. (2005) Strategic Environmental Assessment: A Sourcebook and Reference Guide to International Experience, Earthscan, London.

[5] de Boer, J-J. (2005) ‘Future of SEA in Europe’, presentation to the IAIA SEA Conference, Prague.

[6] Dusik, J. and Sadler, B. (2004) ‘Reforming strategic environmental assessment systems: Lessons from Central and Eastern Europe’, Impact Assessment and Project Appraisal, vol 22, pp89-97.

[7] EEB (European Environmental Bureau) (2005) Biodiversity in Strategic Environmental Assessment, Quality of National Transposition and Application of the Strategic Environmental Assessment (SEA) Directive, EEB Publication Number 2005/011, Brussels.

[8] Elling, B. (2005a) ‘Denmark’, in Jones, C., Baker, M., Carter, J., Jay, S., Short, M. and Wood, C. (eds) Strategic Environmental Assessment and Land Use Planning: An International Evaluation, Earthscan, London.

[9] Elling, B. (2005b) ‘SEA of Bills and other government proposals in Denmark’, in Sadler, B. (ed) Recent Progress with Strategic Environmental Assessment at the Policy Level, Czech Ministry of the Environment for UNECE, Prague.

[10] Elling, B. (2007) Rationality and the Environment: Decision-making in Environmental Politics and Assessment, Earthscan, London.

[11] Feldmann, L. (1998) ‘The European Commission’s proposal for a strategic environmental assessment directive: expanding the scope of environmental impact assessment in Europe’, Environmental Impact Assessment Review, vol 18, pp4-15.

[12] Feldmann, L., Vanderhaegen, M. and Pirotte, C. (2001) ‘The future directive on strategic environmental assessment of certain plans and programmes on the environment; state of the art and how this new instrument will link to integration and sustainable development’, Environmental Impact Assessment Review, vol 21, pp203-222.

[13] Fischer, T. B. (2007) Theory and Practice of Strategic Environmental Assessment, Earthscan, London.

[14] Gazzola, P. (2008) ‘What appears to make SEA effective in different planning systems’, Journal of Environmental Assessment Policy and Management, vol 10, pp1-24.

[15] Glasson, J. and Gosling, J. (2001) ‘SEA and Regional Planning-Overcoming the Institutional Constraints: Some Lessons from the EU’, European Environment, vol 11, pp89-102.

[16] Hildén, M. (2005) ‘SEA Experience in Finland’, in Sadler, B. (ed) Recent Progress with Strategic Environmental Assessment at the Policy Level, Czech Ministry of the Environment for UNECE, Prague.

[17] Hildén, M. and Jalonen, P. (2005) ‘Implementing SEA in Finland: Further development of existing practice’, in Schmidt, M., João, E. and Albrecht, E. (eds) Implementing Strategic Environmental Assessment, Springer-Verlag, Berlin.

[18] Janicke, M. (2005) ‘Trendsetters in environmental policy: The character and role of pioneer countries’, European Environment, vol 15, pp129-142.

[19] Jones, C., Baker, M., Carter, J., Jay, S., Short, M. and Wood, C. (eds) (2005a) Strategic Environmental Assessment and Land Use Planning: An International Evaluation, Earthscan, London.

[20] Jones, C., Baker, M., Carter, J., Jay, S., Short, M. and Wood, C. (2005b) ‘United Kingdom’, in Jones, C., Baker, M., Carter, J., Jay, S., Short, M. and Wood, C. (eds) Strategic Environmental Assessment and Land Use Planning: An International Evaluation, Earthscan, London.

[21] Marsden, S. (2008) Strategic Environmental Assessment in International and European Law: A Practitioner’s Guide, Earthscan, London.

[22] NCEA (Netherlands Commission for Environmental Assessment) (2007) Annual Report 2007, NCEA, Utrecht.

[23] Novakova, M. (2008) Legal issues on EIA/SEA: Infringement cases and ECJ judgements, European Commission, (Env.D.3, p16). Paris.

[24] ODPM (Office of the Deputy Prime Minister) (2005a) Sustainability Appraisal of Regional Spatial Strategies and Local Development Documents, ODPM, London.

[25] ODPM (2005b) A Practical Guide to the Strategic Environmental Assessment Directive, Scottish Executive, Welsh Assembly Government, Department of the Environment, Northern Ireland, ODPM, London.

[26] Parker, J. (2008) ‘SEA Directive (2001/42/EC): Preliminary Evaluation of the Experiences, with a focus on the Structural Funds Programmes’, report for DG XI (Environment), European Commission, Brussels.

[27] Renda, A. (2006) Impact Assessment in the EU: The State of the Art and the Art of the State, Centre for European Policy Studies, Brussels.

[28] Reynolds, F. (1998) ‘Environmental planning’, in Lowe S. and Ward, P. (eds) British Environmental Policy and Europe, Routledge, London.

[29] Risse, N., Crowley, M., Vincke, P. and Waaub, J-P. (2003) ‘Implementing the European SEA Directive: The member states’ margin of discretion’, Environmental Impact Assessment Review, vol 23, pp453-470.

[30] RSPB (Royal Society for the Protection of Birds) (2007) Strategic Environmental Assessment-Learning from Practice, RSPB, Sandy, UK.

[31] Sadler, B. (2001a) ‘A framework approach to strategic environmental assessment: Aims, principles and elements of good practice’, in Dusik, J. (ed) Proceeedings of the International Workshop on Public Participation and Health Aspects in Strategic Environmental Assessment, Regional Environmental Centre (REC), UNECE, WHO/Euro, Szentendre, Hungary.

[32] Sadler, B. (2001b) ‘Strategic environmental assessment: An aide memoir to drafting a SEA Protocol to the Espoo Convention’, in Dusik, J. (ed) Proceedings of International Workshops on Public Participation and Health Assessment in Strategic Environmental Assessment, REC, UNECE, WHO/Euro, Szentendre, Hungary.

[33] Sadler, B. (2005) ‘SEA developments in the United Kingdom’, in Sadler, B. (ed) Progress with Strategic Environmental Assessment at the Policy Level, Czech Ministry of the Environment for UNECE, Prague.

[34] Schmidt, M., João, E. and Albrecht, E. (eds) (2005), Implementing Strategic Environmental Assessment, Springer-Verlag, Berlin.

[35] Scott, P. (2005) 'Ireland', in Jones, C., Baker, M., Carter, J., Jay, S., Short, M. and Wood, C. (eds) Strategic Environmental Assessment and Land Use Planning: An International Evaluation, Earthscan, London.

[36] Sheate, W. R. (2003) 'The EC Directive on strategic environmental assessment: A muchneeded boost for environmental integration', European Environmental Law Review, vol 12, pp333-347.

[37] Sheate, W. R. (2004) 'The SEA Directive 2004/42/EC: Reinvigorating environmental integration', Environmental Law and Management, vol 16, pp115-120.

[38] Sheate, W. R., Byron, H. and Smith, S. (2004) 'Implementing the SEA Directive: Challenges and opportunities for the UK and EU', European Environment, vol 14, pp3-93.

[39] Sheate, W., Byron, H., Dagg, S. and Cooper, L. (2005) 'The relationship between the EIA and SEA Directives', final report to the European Commission, Contract No ENV.G.4./ETU/2004/0020r, Imperial College London Consultants, London.

[40] Smutny, M., Dusik, J. and Kosikova, S. (2005) 'SEA of development concepts in the Czech Republic', in Sadler, B. (ed) Recent Progress with Strategic Environmental Assessment at the Policy Level, Czech Ministry of the Environment for UNECE, Prague.

[41] Soveri, U-R. (2005) 'Overview of the Implementation of the SEA Directive', presentation to the IAIA SEA Conference, Prague.

[42] Susani, L. (2005) 'The role of the consultee in shaping the SEA process', presentation to the IAIA SEA Conference, Prague.

[43] Thérivel, R. (2004) Strategic Environmental Assessment in Action, Earthscan, London.

[44] Thérivel, R., Caratti, P., Partidário, M., Theodorsdottir, A. and Tydesley, D. (2004) 'Writing strategic environmental assessment guidance', Impact Assessment and Project Appraisal, vol 22, no 4, pp259-270.

[45] Thissen, W. and van der Heijden, R. (2005) 'The Netherlands', in Jones, C., Baker, M., Carter, J., Jay, S., Short, M. and Wood, C. (eds) Strategic Environmental Assessment and Land Use Planning: An International Evaluation, Earthscan, London.

[46] Thérivel, R. and Walsh, F. (2006) 'The strategic environmental assessment directive in the UK: One year on', Environmental Impact Assessment Review, vol 26, no 7, pp663-675.

[47] Tromans, S. (2008) 'The impact of the two-stage assessment', The Environmentalist, no 66, pp26.

[48] van Dreumel, M. (2005) 'Netherlands E-test', in Sadler, B. (ed) Recent Progress with Strategic Environmental Assessment at the Policy Level, Czech Ministry of the Environment for UNECE, Prague.

[49] von Seht, H. and Wood, C. (1998) 'The proposed European Directive on environmental assessment: Evolution and evaluation', Environmental Policy and Law, vol 28, pp242-249.

[50] Wathern, P. (1988) 'The EIA Directive of the European Community', in Wathern, P. (ed) Environmental Impact Assessment: Theory and Practice, Unwin Hyman, London.

[51] Wood, C. and Djeddour, M. (1989) The Environmental Assessment of Policies, Plans and Programmes and preparation of a Vade Mecum, vol 1, interim report to the European Commission, EIA Centre, University of Manchester.

第八章　南部非洲的战略环境评价

米歇尔·奥都恩　保罗·劳克那　彼得·塔尔
（Michelle Audouin　Paul Lochner　Peter Tarr）

引言

在非洲这片大陆上，自然环境的健康状况与大部分人的生活息息相关。而近几十年来贫困和土地退化等问题不断加剧，急需对资源基础及其提供的生态系统服务实施可持续管理。南部非洲的大部分国家已制定了环境评价与管理政策和法规，其中一些国家制订了针对战略环境评价（SEA）的具体条款。然而尽管有这样的趋势，但人们却还未意识到战略环境评价对于推动实现可持续发展所起到的重要作用。

本章介绍了南部非洲后殖民时代民主化背景下战略环境评价的演变历程和最新发展趋势，并主张战略环境评价对可持续发展的影响应比现在要大得多，这方面还有相当大的发展空间。若用隐喻的方式来形容战略环境评价在非洲的实施现状，那就是"冰山一角"，"水面"之下还有巨大的潜力尚待发掘。

8.1　非洲的战略环境评价背景

在南部非洲实施战略环境评价，要认识到两方面问题，一是要了解非洲人与其所处的以乡村占主导地位的生存环境之间的密切关系，以及当地人对维持其生存的自然资源的直接获取；二是要了解非洲后殖民时代促成环境决定论与环境评价形成的社会政治背景。

8.1.1　非洲对自然资源的依赖

非洲人民的福祉与非洲大陆自然环境的健康状况密切相关（MEA，2005）。非洲大部分地区的居民由于在经济和社会方面相对来说直接依赖于自然资源，因此在环境和资源退化面前就显得尤其脆弱。这些因素使得许多非洲当地居民特别难以适应由干旱或洪涝等自然灾害引起的自然资源基础状况持续恶化这一局面（UNEP，2002b）。随着人类不断增长的需求危及至关重要的生态系统服务的持续供应能力，环境恶化与深受其害的当地居民贫困化之间的关系日益明显。非洲联盟的环境保护倡议行动计划（NEPAD，2003）对这一局面做了完整记录，描述如下："在新千年来临之际，非洲呈现出两种相互关联的特征——贫困的加剧和环境退化的日益严重。"

大部分非洲国家的传统和非传统经济均是以自然资源及与之相关的农业、采矿业、木材加工业、采油业等开发活动为基础。以农业为例，政府间气候变化专门委员会（IPCC）报告指出，半数以上的非洲人民生活在乡村，直接依赖于本地生产的农产品。这就意味着非洲的粮食安全问题存在很大隐患，例如在全球气候变暖的背景下，受降水变化影响，导致土地肥力的下降变得更加显著（IPCC，2001）。

非洲各国对于自然资源的依赖程度高，南部地区表现得尤为明显。这些国家的经济主要依靠农业（如坦桑尼亚、马拉维和莫桑比克等国）、采矿业（如赞比亚和安哥拉）或者二者兼顾（如博茨瓦纳）（世界银行，2006）。非洲南部广大地区的农业生产仍沿循传统的劳动密集型方式，农业人口约占到 60%。在马拉维，农业产值占到 GDP 的 45%，供养了全国约 90%的人口。而在莫桑比克，全国 880 万劳动人口中约 8%从事农业生产（世界银行，2006）。与非洲其他很多地区的情况类似，这一地区农业生产潜力受到人为压力（如不可持续的农业生产方式）和自然因素（如降水变化和土地贫瘠）导致的土地退化的不利影响（SAIEA，2003）。南部非洲的采矿业仍处于比较落后的手工阶段，而且是该地区多个国家的重要收入来源，最多时能占到 GDP 的 5%（南部非洲矿业可持续发展项目，2002）。

造成土地退化、沙漠化、水质降低与水量减少、生物多样性降低和健康风险增大等影响的自然资源不可持续性管理方式，是阻碍可持续发展的主要限制性因素（非洲地区圆桌会议，2001）。目前非洲地区的生物多样性受到严重威胁，约有 2 018 种动物和 1 771 种植物面临灭绝的危险（NEPAD，2003）。森林资源全面减少，水生生态系统受到日益增大的来自水文过程变化的压力，这一切可归因于集水区退化、水质污染、水生外来物种入侵、城市化进程和气候变化，以及其他因素（NEPAD，2003）。

快速城市化进程和城市基础设施的老化问题是非洲可持续发展面临的两大挑战（NEPAD，2003）。特别是随着人口密度增大带来的人类健康影响导致重要资源（如饮用水资源）的服务与供给崩溃，而突出了这些挑战的紧迫性。

一系列社会因素加剧了非洲各地区居民在环境退化面前的脆弱性，这些因素中，贫困无疑是很重要的一点。贫苦的非洲人民饱受资源耗竭之苦，由于土地退化和森林消失而引起的环境变化，使得贫困以周期性方式不断加剧（UNEP，2002a）。

世界上 48 个最不发达国家中，非洲占了 34 个（非洲地区圆桌会议，2001）。这些国家中一半的人口每日生活开销低于 1 美元（NEPAD，2003）。与全球趋势相反，非洲人均粮食产量在过去 20 年里持续下降，导致大量人口营养不良，需依赖国际援助。在 2002 年世界可持续发展峰会上，非洲共同体报告指出，非洲的贫困问题仍将持续，未来 20 年内大约有 60%的人口将处于赤贫状态（非洲地区圆桌会议，2001）。

非洲人口的脆弱性还受到对外贸易方式的连带影响，反映了当地尤其对矿物的低水平工业选矿运作方式（IPCC，2001）。这使得很多国家面对全球原材料市场的变化表现出高度脆弱性。另一个重要的限制因素是战争，国内动荡的局势导致社会不稳定，基础设施遭到破坏（非洲地区圆桌会议，2001）。

非洲人民的福祉与自然资源条件紧密相关，因此需要强调在战略高度实施有效的环境管理的重要性。目前业已实施多项政策、战略和其他计划，如非洲发展新伙伴计划（NEPAD）——一项由非洲人民推动的可持续发展行动规划。只有当能够可持续地享有生态系统服务功能时，才可以保证这些优先行动计划顺利实施。战略环境评价能够在规划和政策制定过程中整合可持续发展目标，因此欲了解战略环境评价，首先要了解后殖民时代非洲的环评形成背景及相关影响因素。

8.1.2 南部非洲后殖民时代的环境评价

非洲南部各国的独立过程是激动人心的，各国政党联盟期望建立新民主政权。回顾殖民统治时期的历史，我们能从中找到答案。殖民统治不可避免地导致非洲南部各国纷纷开展民主独立斗争。许多本土领导人被驱逐，却极大地激发了各种政治思想的交融，反而促进了各国新政党的成长。

在这方面，来自“东方”社会的影响强化了非洲人民对于社会公平、集中规划和由上而下统治的渴望。这与少部分在西方接受了法律、政治、哲学、教育学以及货币经济学等大学教育的领导人的思想观念形成鲜明对比。因此许多国家对于新的统治制度提出了反对之声。回到故土的流亡政客、殖民时期受益的私营部门、学术界、工会会员和人权活动家突然发现他们坐在同一张桌子旁边，开始思考如何使国家具有可持续发展的未来。

为了弥合国内外各方面巨大的差异，各国提出了新宪法、新政策、新法律及新举措。此外更为重要的是，各国人民对殖民时期和种族隔离时期未曾得到的权利和利益提出更高要求，而统治者常采取一些政治手段，如过分宣扬解放斗争的作用来缓和这些不断上涨的呼声。正是满足这些要求的需要促使表面上相互对抗的敌对势力和解，弥合相互之间的分歧，这期间不乏这样的例子。

政治动荡时期，环境评价作为一种新的规划方式，在当时非洲南部各国新兴的主流政治和经济条件下并没有得到重视。而捐助基金、国际信贷机构和其他西方组织的影响以及环境决定论在此期间占据了主导地位。

令人感到意外的是，在非洲各国取得独立的早期，当地一些小型非政府组织和环保人士对于本国环境机构的发展发挥了巨大的作用。不断涌现的非政府组织机构将国外成功经验和资源运用到本国环境机构的发展过程中。这些非政府组织的雇员和志愿者通常都受过良好的教育，能够将国外相关政策和信息传递到国内。在这样的模式下，由西方国家援助的环境保护发展计划项目的实施才能够得到保证。日益强大的网络使得这些国际合作达到了史无前例的水平。

这一时期环境管理政策的发展得益于 1992 年召开的里约地球峰会以及其他一些国际会议。新独立的国家急于签订多边环境协议，以期通过这一举动提升国际形象，获得更多的捐助。区域性经济组织如南部非洲发展共同体（SADC），则修订了本地有关环境保护的现有制度和条约，制定了新的制度和条约。

环境管理领域迅速发展，事实上在这样的背景下社会和经济发展中已融入了可持续发展和环境评价理念。环境保护主义者所担忧的是，政客们并没有完全意识到生态系统服务功能对于经济发展和人类生存的重要性。

迄今为止，没有任何一个解放运动或执政党派强调环境保护的重要性。环境决定论仍排除在主流思想之外，而仅被一些民间团体、大学和非政府组织所热衷。这也就解释了为什么更多的南部非洲发展联盟国家的环境评价更多地只是停留在纸面上。缺乏足够的资金和人员，无法得到政府的重视，因而相关的机构无法履行他们的职责。人们在正确认识人与环境关系方面陷入了这样的矛盾中。

如今非洲各国政府逐渐意识到，通过在规划制定过程中进行环境评价，将有利于促进生产环境和生活环境的健康和安全，以及提高人类生存质量。许多国家也开始意识到工业、采矿业和农业的潜在影响将危害到未来子孙后代的生存与发展。环境保护机构也逐渐被广大民众所熟知，并且人们相信不久的将来它会成为政府中的强势部门。环境评价也不再被认为是西方国家限制非洲各国发展的“绿色遏制”手段。近年来这种“绿色遏制”的思维已有所改变，各国已开始着手制定一些与环境评价和管理有关的政策和法律，下一节中将予以介绍。

8.2　南部非洲环境评价和环境管理相关法律和政策介绍

8.2.1　南部非洲发展共同体对环境评价和管理的推动作用

成立于 1992 年的南部非洲发展共同体，是为其组织成员国应对发展中所面临的各种挑战而组建的重要机构，南部非洲发展共同体的前身是成立于 20 世纪 70 年代后期的非洲南部发展协调组织，目前该组织成员国包括安哥拉、博茨瓦纳、刚果、莱索托、马达加斯加、马拉维、毛里求斯、莫桑比克、纳米比亚、南非、斯威士兰、坦桑尼亚、赞比亚和津巴布韦。

南部非洲发展共同体条约第三章第 3 条规定其成员国须遵循以下要求：

- 国家主权平等；
- 独立、和平、安全；
- 人权、民主、法律；
- 正义、平等、互惠；
- 和平解决争端。

经过数十年的发展，南部非洲发展共同体制定了一系列政策和协议，对一些发展项目的实施产生了影响（Brownlie 等，2006）。其中在环境保护方面，制订了有关水资源共享、森林、矿产、渔业、能源及野生生物资源保护等方面的协议（www.iss.co.za/af/RegOrg/unity_to_union/SADC.html）。2004 年该联盟批准了一项地区战略发展指导计划（RISDP），来指导未来政策的制定和实施。规划选择了 12 个地区作为战略优先发展区域（SADC，2004）。规划的第 4.7 节介绍了这些规划中关于环境保护和可持续发展方面的内容，包括对南部非洲发展共同体的综合发展、可持续发展以及环境管理所取得的令人振奋的成效所做的点评。同时也指出，本地区社会经济可持续发展进程依然面临着土地退化率高、生物多样性降低、环境污染以及其他一些环境问题的挑战。

Brownlie 等人认为南部非洲发展共同体制订的环境保护和可持续发展相关政策与方针是具有启发意义的。联盟希望通过这些政策的实施以及其他相关举措，能够平等自立地实现经济快速发展，提高贫困人口生活条件，实现当代人以及子孙后代对环境资源的可持续利用，提升环境影响评价的技术手段，保证决策制定过程中监管体系的正常有效运作（Brownlie 等，2006）。但上文提及的举措并没有提高公民良好的环境保护意识，在 Brownlie 看来，这些政策只是昙花一现，缺乏支持者，在南部非洲发展共同体的后续政策和战略中也没有太多体现出这方面内容。

南部非洲发展共同体制定的区域生物多样性保护战略体现了相关发展趋势的一个方面，旨在开展跨国界区域生物多样性保护合作，并促进各成员国之间在生物多样性保护和资源可持续利用方面的协调合作（SADC，2006）。尽管该战略做出了生物多样性保护方面的承诺，Brownlie 认为其并没有着重讨论生物多样性资源对于未来经济发展的重要意义，也未告诫决策者应采取其他替代方式来满足经济增长需求，而非一味地依赖自然资源。

8.2.2　南部非洲发展共同体（SADC）国家的战略环境评价相关条款

非洲南部许多国家制定了战略环境评价相关法律。然而，其中一些国家的法律中缺乏具体的实施细则，没有规定如何开展战略环境评价工作。表 8.1 中列出了部分国家的战略环境评价政策和法律。

表 8.1　南部非洲各国战略环境评价相关政策法律概述

国家	相关法律
博茨瓦纳	《环境影响评价法》（2005）规定对待建项目、计划和政策要进行评价。该法还要求对区域发展的相关政策和项目实施战略环境评价。该法对相关环评如何开展及具体内容做了规定
莱索托	《环境法》（2008）规定对可能产生重大环境影响的政府行为、政策、规划等要实施战略环境评价，并附相关实施细则
马拉维	《环境管理法》（1997）规定对重大政治改革要进行环境评价。自然资源与环境保护部于 2004 年修订了国家环境保护政策，旨在加强本国社会经济发展过程中的环境保护力度，促进可持续发展。最新出台的政策中没有特别涉及战略环境评价，但要求建设项目承担者或政府对潜在风险进行战略评价，其中即包含战略环境评价的内容
莫桑比克	《环境保护法》（1997）是制定一系列环境保护措施的依据，根据本法第 16 条，规定了需实施环境评价的活动，部分内容属于项目环境评价
纳米比亚	依据《环境管理法》的要求，政府聘用专业环境评价组织对极有可能产生环境影响的政策、规划或计划，开展战略环评，并对战略环境评价如何实施做出了规定
南非	国家环境管理法（1995）第五章对执行政策、规划或计划环境评价的步骤做了相关规定。依据 2000 年的市政系统法，2001 年颁布了综合规划及实施条例。该条例指出，对于大型城市综合发展规划中的区域开发框架需实施战略环境评价。2010 年 6 月颁布的环境管理框架条例概述了针对环境管理框架的要求
斯威士兰	环境管理法第三十一章规定了对可能产生不良环境影响或影响资源可持续管理的国会建议书、规定、政策、规划和计划要实施战略环境评价
坦桑尼亚	根据 2004 年颁布的环境管理法第七部分的要求，需实施战略环境评价。该法还列出战略环境评价需涉及的信息
赞比亚	1990 年颁布了环境保护和污染控制法，为赞比亚环境委员会制定环境评价相关规划和政策提供了依据。然而目前仍没有开展真正意义上的战略环境评价
津巴布韦	无正式战略环境评价相关规定

来源：Dalal-Clayton 和 Sadler，2005；DBSA 和 SAIEA，2009。

8.3　南部非洲战略环境评价现状

本节简要回顾了近年来南部非洲实施的战略环境评价案例。这些内容并非简单的资料罗列，而是期望为读者提供此方面信息。内容主要来源包括 Dalal Clayton 和 Sadler（2005），以及 DBSA 和 SAIEA（2009）。

南部非洲发展共同体成员国开始尝试实施战略环境评价。现有的很多战略环评应用实例是将可持续性理念融入到政策、规划和计划制定过程的初始阶段。这期间有许多不同形式的战略环境评价得到了实施，尽管并不是都被称作“战略环境评价”，但这些案例都体现了战略环境评价的理念和原则，目的在于实现战略管理目标。在很多案例中采用了以可持续性理念为指导的战略环境评价方法，而不仅限于以往环境影响评价中采用的一些传统方法。南非战略环境评价指导手册中提出了以可持续发展理念为指导的方法，SEACAM 中也提出了类似的方法。专栏 8.1 中提供了一些相关案例，从中我们可以发现战略环境评价的实施通常是在规划过程中进行的，这些规划包括南非土地利用总体规划、保护区规划或资源管理项目（如 BCLME 项目中的渔业资源管理）。

专栏 8.1 南部非洲战略环境评价进程

（1）奥卡万戈三角洲管理规划

自 20 世纪 90 年代初，博茨瓦纳已实施过多项战略环境评价。其中大部分是关于水环境方面的评价，包括国家水资源管理规划以及奥卡万戈盆地和三角洲管理。其他则是针对区域发展规划开展的环境评价（Keatimilwe 和 Kgabung，2005）。

最近开展的评价是对奥卡万戈三角洲发展管理规划所进行的战略环境评价。此项规划是为了满足不同地区对水资源利用的需求，对三角洲地区水资源进行综合管理。类似这样的规划是为了保证三角洲地区资源能够得到长期保护，特别是生态功能维护以及物种保护。于 2006 年底完成的管理规划主要内容包括：

- ❖ 奥卡万戈三角洲远景规划，包括发展方式和管理手段；
- ❖ 综合、高效的管理规划，能够为进一步制定战略和规划提供重要的框架和指导方针；
- ❖ 确定利用等级，以保证可持续发展和自然资源保护；
- ❖ 针对奥卡万戈流域管理的开发方案（奥卡万戈三角洲管理规划项目，2005）。

（2）战略环境评价和保护规划

制定高级别规划来为后续具体项目构建总体远景、目标和指标（战略框架）这一理念已融入到南部非洲的几个保护规划项目中。造福于人与环境的海角行动计划（CAPE）就是以战略环境评价理念来构建总体规划程序的一个早期实例（Lochner 等，2003）。CAPE 程序包括：通过情景分析来了解区域特征和对生物多样性保护的限制性因素；在战略阶段以一种可以产生可持续性社会经济收益的方式来制定总体远景和目标；在实施阶段通过执行具体项目来实现战略目标。在此之后还有过其他一些案例，如南非 Greater Addo 大象国家公园建设战略环境评价和南非东开普省狂野海岸（Wildcoast）区域战略环境评价。

这一经验对于推动战略环境评价具有很大价值，主要关注两方面特殊需求：

①提高结果的实用性，特别是使结果能够有助于领导者制定决策。例如，当明确一个区域为重要的生物多样性保护区，就要采取相应的明确的管理措施，规定这个区域内何种活动是得到允许的，何种活动是要被禁止的。

②需要与具体的实施过程建立明确的关联，例如通过确认战略环境评价过程中各项工作的承担者、主管审批部门、资金提供方式，以及现行法律相关要求和立法机制。

（3）本格拉大型海洋生态系统（BCLME）项目

BCLME是世界上最高产的海洋生态系统之一，也是全球生物多样性热点区域、经济鱼类捕捞区、海洋钻石生产区以及近海石油天然气富集区。本区面临着一系列跨界环境问题，如高价值鱼类资源在国界线周边分布问题、远洋船只压舱水排放导致的外来物种入侵问题、陆上排污对近海水域的污染以及有害藻类爆发问题。正基于此，安哥拉、纳米比亚和南非发起了BCLME项目，旨在以综合性和可持续性方式开发管理和利用海洋资源。通过此项目改变国家的经济结构和提高经济容量，解决发生在海洋边界的环境问题，采取一体化方式来管理生态系统。

关于BCLME项目实施的原则、目标和行动在与之相关的战略行动规划中有所体现，如下所示：

- 提高对生态系统的了解和确定实施监测的优先顺序；
- 设立相应的管理机构和建设监管能力，完成管理工作；
- 可持续性资源管理（如协调管理三个国家的渔业资源捕捞）；
- 制定和谐的政策和法律；
- 模拟人类活动对生态系统产生的累积影响。

总体上来说，南部非洲地区针对战略环境评价仅做了为数不多的研究（或评价性分析）。通过对1997—2003年南非实施的50个战略环境评价案例的回顾，评估了战略环境评价工作的执行情况，加深了对战略环境评价如何在发展中国家运作这一问题的理解。虽然只是对南非战略环境评价的开展情况进行分析，但对于了解南部非洲的战略环境评价还是具有广泛意义的。

Retief等人的研究表明，南非已经建立了比较完善的战略环境评价机制，并不断改进。这主要归因于相关法律要求规划或决策制定过程需要开展战略环境评价，其中包括针对不同部门、不同政策、规划或计划的评价以及跨边界和区域尺度上的评价。虽然现有的相关政策和法律规定了战略环境评价实施所参照的依据，但是迄今为止尚未对战略环境评价的实施提出具体的要求和规定。

以往南非的战略环境评价相关工作是由具有一定实力的咨询部门承担，在发展中国家这种情况独树一帜。Retief通过对相关案例的分析，发现战略环境评价对于决策制定并没有起到太大作用。这样的结果表明，虽然咨询部门可以负责实施战略环境评价工作，但是却无法保证评价的有效性，且无法获得其他公共部门的支持（Retief，2006）。Retief进一步分析了南非战略环境评价的三个主要特征（表8.2）。

给作者留下深刻印象的是，自Retief的研究开展以来，除了纳米比亚在5年时间里开展了4项战略环境评价，其他一些国家每年实施的战略环境评价的数量呈下降趋势。下降的一个主要原因是引入了环境管理框架，在此框架下实施战略环境评价需按常规要求来进行。

国家环境管理法授权国家或省级环保部门编制环境管理框架，以有效促进可持续发展和政府间合作，实现环境保护目标（DWEA，2010）。在环境管理框架的实施过程中，需要分析特殊地理区域的环境特征，描述理想环境状况，以及简述通过哪种途径来实现目标。这些信息为区域环境管理工作提供支持，并辅助环境管理部门制定决策。

表 8.2　南非战略环境评价应用最新分析的主要特征

南非战略环境评价特征	回应
缺乏重点：战略环境评价涉及面和目标过于广泛，缺乏正式的范围划定程序	反映出当前南非对可持续性概念的掌握以及对“环境”这一术语的理解均面临挑战。战略环境评价通常在缺乏较高层次战略或规划（如：国家可持续发展战略、国家生物多样性战略和行动计划等）的情况下开展，而这些高层次的战略或规划有助于将战略环评的重点放在经确认的优先事项
与决策制定过程联系不紧密：战略环境评价工作面临着信息无法有效运用到决策制定过程中去等大量问题	战略环境评价需要改善的一个重要方面就是要使评价结果与当前的决策制定过程和项目实施过程紧密联系起来。要多考虑影响战略环境评价实施的因素
缺少“评价”：战略环境评价过程与规划联系紧密，通常并不包括对政策、规划或计划的正式评价。战略环境评价越积极主动就越趋近于规划	这可能是因为战略环境评价是基于可持续发展的方法，而不是基于环境影响评价的模型，以求表现得比较积极主动。基于前者的评价更像是在制定决策，而不是一项评价工作。这两种方式的评价运用在政策、规划和计划实施过程的不同阶段，其中战略环境评价通常是在初期开展的

8.4　南部非洲战略环境评价展望

在南部非洲开展的战略环境评价工作具有非洲特色，目前仍处于起步阶段，但蕴含着巨大的潜力，因此有必要对战略环境评价展开大量相关研究。有几个因素导致战略环境评价基本原理和程序得到越来越广泛的应用：

- 逐渐增多的战略层次规划明确了不同尺度上的优先发展顺序，对规划所需的信息进行了筛选，并提供了信息源。例如在制定南非保护区规划时，开展了由一系列小尺度（省级或生物群系尺度）评价组成的全国范围的生物多样性评价。战略环境评价的一个亮点在于其目的是加快后续项目的实施，使空间评估结果能够支持战略环境评价的需求，充分发挥战略环境评价的优势。
- 2010 年 6 月公布的相关规定与环境管理框架的内容具有紧密联系。
- BCLME 项目中的相关案例预示着政府间合作日益得到加强。
- 从保护区规划战略环境评价案例中可以发现，战略环境评价工作发挥着巨大作用，是弥合“科学”与“政治”之间隔阂的有力工具。

8.5　结论

面对非洲大陆脆弱的自然资源状况，需要采取整体管理方式。目前已采取了积极的政策和立法程序，运用政治手段和技术手段对资源进行有效管理。然而在南部非洲发展共同体和 NEPAD 发展协议中关于环境方面的内容略显单薄，因此南部非洲各国失去了有效实施战略环境评价的机会，无法从中获益。目前有大量战略环境评价案例可供研究与参考，这就意味着战略环境评价可以在跨界尺度上以可持续方式改善该地区的社会生态状况。因此要充分发挥战略环境评价的潜力，应以更广阔的视角和更深入的洞察力来促进南部非洲战略环境评价的有效实施。

注释

① 目前纳米比亚的战略环评工作主要侧重于：海岸带战略环境评价、千年发展挑战乡村发展计划战略环境评价、Karas 地区土地利用规划战略环境评价。

参考文献

[1] Audouin, M., Govender, K. and Ramasar, V. (2003) Guidelines for the Strategic Environmental Assessment, prepared by the Council for Scientific and Industrial Research (CSIR) for The Secretariat for Eastern African Coastal Area Management (SEACAM), SEACAM, Maputo.

[2] Brownlie, S., Walmsley, B. and Tarr, P. (2006) 'Southern African situation assessment', report to IAIA Capacity Building for Biodiversity and Impact Assessment (CBBIA) Project, Southern African Institute for Environmental Assessment, Windhoek.

[3] Dalal-Clayton, B. and Sadler, B. (2005) Strategic Environmental Assessment: A Sourcebook and Reference Guide to International Experience, Earthscan, London.

[4] DBSA (Development Bank of Southern Africa) and SAIEA (Southern African Institute for Environmental Assessment) (2009) Handbook on Environmental Legislation in the SADC Region, available at www.saiea.com, accessed 24 September 2010.

[5] DEAT (Department of Environmental Affairs and Tourism) (2000) Strategic Environmental Assessment in South Africa, DEAT, Pretoria.

[6] DWEA (Department of Water and Environment Affairs) (2010) Environmental Management Framework Regulations, Government Gazette, 18 June 2010, no 33306, Pretoria.

[7] Hempel, G., O' Toole, M. and Sweijd, N. (eds) Benguela-Current of Plenty, Benguela Current Large Marine Ecosystem Programme (BCLME), Benguela Current Commission, Cape Town.

[8] IPCC (Intergovernmental Panel on Climate Change) (2001) IPCC Third Assessment Report-Climate Change 2001, Chapter 10: Africa, Intergovernmental Panel on Climate Change, www.grida.no/climate/ipcc_tar/wg2/pdf/wg2TARchap10.pdf, accessed 24 April 2006.

[9] Kambewa, E. (2006) personal communication.

[10] Keatimilwe, K. and Kgabung, B. (2005) 'SEA experience in developing countries-Botswana', in Dalal-Clayton, B. and Sadler, B. (eds) Strategic Environmental Assessment: A Sourcebook and Reference Guide to International Experience, Earthscan, London.

[11] Lochner, P., Weaver, A., Gelderblom, C., Peart, R., Sandwith, T. and Fowkes, S. (2003) 'Aligning the diverse: The development of a biodiversity conservation strategy for the Cape Floristic region', Biological Conservation, vol 112, pp29-43.

[12] MEA (Millennium Ecosystem Assessment) (2005) Ecosystems and Human Well-being: Synthesis, Island Press, Washington, DC.

[13] MMSD Southern Africa (2002) Mining, Minerals and Sustainable Development in southern Africa. Report of the Regional MMSD (Mining, Minerals and Sustainable Development) Process, MMSD Southern Africa, University of the Witwatersrand, Johannesburg.

[14] NEPAD (New Partnership for Africa' s Development) (2003) Action Plan of the Environment Initiative of the New Partnership for Africa' s Development, NEPAD, www.environment-directory.org/nepad/documents/action, accessed 5 May 2006.

[15] Okavango Delta Management Plan Project (2005) Final Inception Report: Volume 1-Main Report, Okavango Delta Management Plan Secretariat, Maun, Botswana.

[16] Regional Round Table for Africa (2001) Regional Round Table for Africa: 2002 World Summit on Sustainable Development Report. Cairo, Egypt, 25-27 June 2001, www.un.org/jsummit/html/prep_process/africa/africa_roundtable_report.htm, accessed 24 April 2006.

[17] Retief, F., Jones, C. and Jay, S. (2006) 'The Emperor' s New Clothes-Reflections on SEA Practice in South Africa', paper presented at the IAIA conference in Norway.

[18] SADC (South African Development Community) (1992) Treaty of the Southern African Development Community, www.iss.co.za/af/RegOrg/unity_to_union/pdfs/sadc/sadctreatynew.pdf, accessed 4 May 2006.

[19] SADC (2004) SADC Regional Indicative Strategic Development Plan (RISDP). Gaborone, www.sadc.int/english/documents/risdp/index, accessed 3 May 2006.

[20] SADC (2006) 'SADC Biodiversity Support Programme (BSP) website', SADC Biodiversity Support Programme, www.sabsp.org/strategy/index.html, accessed 5 May 2006.

[21] SAIEA (Southern African Institute for Environmental Assessment) (2003) Environmental Impact Assessment in Southern Africa, Southern African Institute for Environmental Assessment, Windhoek.

[22] UNEP (United Nations Environment Programme) (2002a) Africa Environment Outlook: Past, Present and Future Perspectives, UNEP, www.grida.no/aeo/019.htm, accessed 6 April 2006.

[23] UNEP (2002b) Global Environment Outlook 3, Chapter 3: Human Vulnerability to Environmental Change, UNEP, www.cgner.nies.go.jp/geo/geo3/pdfs/chapter3vulnerability.pdf, accessed 24 April 2006.

[24] World Bank (2006) 'Country Briefs for Angola, Botswana, Malawi, Mozambique, Namibia, Tanzania, Zambia', http://web.worldbank.org/WBSITE/EXTERNAL/COUNTRIES/AFRICAEXT, accessed 2 May 2006.

第九章　战略环境评价议定书

尼克·邦瓦赞
（Nick Bonvoisin）

引言

本章着重介绍了战略环境评价议定书（The SEA Protocol，以下简称议定书），该议定书经联合国欧洲经济委员会（UNECE）成员国讨论商议，最终于2003年在基辅正式通过。本章详细叙述了议定书的编制背景、谈判过程、基本特征以及其与指令2001/42/EC的不同之处，并指出该议定书很有可能发展成为全球性的战略环评法律框架。

编制议定书是为了补充联合国欧洲经济委员会（UNECE）关于跨界背景下环境影响评价（EIA）的公约，该公约于1991年2月25日在芬兰的埃斯波（Espoo）正式通过，即后来人们所熟知的《埃斯波公约》。在详细介绍议定书之前，澄清关于该书理解上的两个误区是十分必要的，在后文中我们将详细叙述。首先，战略环境评价议定书虽由联合国欧洲经济委员会成员国磋商制定，但它的执行效力不仅仅局限于欧洲经济委员会管辖区域，得到广泛批准后，将升格成为全球性战略环境评价条约。其次，议定书虽隶属于《埃斯波公约》，但它适用于所有相关的规划和计划，并在适当情况下适用于政策与法律，无论它们有没有跨界背景。

议定书的磋商始于2001年，当时欧洲议会和欧盟理事会刚好通过了欧洲联盟第2001/42/EC号指令（EU Directive，以下简称指令），用以评估某些规划和计划对环境的影响。指令极大地影响了议定书的磋商过程，但两者之间存在着许多重要的不同之处，包括适用范围和在制定政策与法律时综合考虑环境因素。这些将在后面的分析与审查中深入讨论。

9.1　制定背景

2003年1月结束了关于议定书的磋商，并于同年5月21日在基辅召开的欧洲环境部长级会议上正式通过，缔约方主要是签署了《埃斯波公约》的成员国。本节叙述了有关议定书的程序条例、磋商过程、国际制度安排以及为支持议定书实施而开展的国际活动。

9.1.1　缔约国与审批程序

36个国家以及欧盟签署了该议定书，具体包括：所有欧盟成员国（除马耳他）、欧洲东南部七国（黑山后来独立于塞尔维亚共和国）、挪威、两个东欧国家（摩尔多瓦共和国和乌克兰）、两个高加索国家（亚美尼亚和格鲁吉亚）。

签署条约仅仅是程序的第一阶段。这之后的 90 天，UNECE 的 16 个成员国需经批准、接受、通过或加入议定书而使之生效。2010 年 7 月 11 日议定书正式生效，到 2010 年 7 月底，缔约国新增 18 个欧盟成员国，包括：阿尔巴尼亚、奥地利、保加利亚、克罗地亚、捷克共和国、爱沙尼亚、芬兰、德国、卢森堡、黑山、荷兰、挪威、罗马尼亚、塞尔维亚、斯洛伐克、西班牙和瑞典。本章中，批准是指经由接受、通过、加入和批准等手段使一国接受条约的约束。联合国《条约手册》提供了有关这些条款的解释（UN，2001）。

签署条约并不意味着一国经批准成为缔约国之后同意受到条款约束，更直接地说，缔约国有责任避免其行为可能违背条约的目的和宗旨。签署本身并没有规定该国所需承担的责任。

议定书公开接受缔约国批准或 UNECE 任何其他成员国加入。有关议定书的最新进展，请参阅 www.unece.org/env/sea。

此外，联合国任何成员国可经批准加入该议定书。这意味着一国若不是 UNECE 成员国，必须首先经缔约方会议批准才能签署议定书。从严格意义上讲，《埃斯波公约》缔约方会议可充当议定书缔约方会议（第 23 条第 3 款）。

如果正如所料，议定书缔约方采纳了类似于《埃斯波公约》缔约方所采纳的议事规则，那么正式批准则需要有出席缔约方会议的成员国 3/4 以上的多数票方可通过。如果出现了这样的局面，按照公约缔约方会议的 Cavtat 宣言，该议定书将升格成为全球性战略环境评价条约。

9.1.2　战略环境评价议定书的磋商过程

UNECE 是联合国经济与社会发展理事会的区域性委员会。UNECE 的 56 个成员国主要来自于欧洲、高加索、中亚、加拿大、以色列以及美国。UNECE 协助商讨有关涉及环境问题的国际法律手段，履行其促进整个地区经济可持续发展的职责。

UNECE 环境与水问题组织高级顾问制定了有关跨界背景下 EIA 的《埃斯波公约》，29 个国家以及欧共体签署了该公约，1997 年 9 月 10 日经 16 个国家的批准，该公约正式生效。截至 2010 年年中，43 个国家及欧盟正式批准了该公约并成为其缔约国，有关最新进展，请参阅 www.unece.org/env/eia。

1995 年，在保加利亚首都索非亚召开了欧洲环境第三次部长级会议，此次会议上通过了有关 EIA 应用的《索菲亚倡议》（UNECE，1995）。紧随《索菲亚环评倡议》，1998 年欧洲环境第四次部长级会议在丹麦奥胡斯举行，这次会议主要是共商 SEA 在中欧、东欧和新成立的独立国家如何执行的问题（克罗地亚和 REC，1998），邀请与会各国介绍战略环评的开展情况。有关信息公开、公众参与决策和环境事务诉诸司法的公约也在这次会议上通过，这就是后来人们所熟知的奥胡斯公约。

2000 年，在环境政策委员会会议（第七次会议）上，进行了有关制定具有法律约束力的 UNECE 战略环评手段备选方案背景文件的讨论，这次会议的与会成员是签署了《奥胡斯公约》和《埃斯波公约》的 EIA 工作组，会议上决定开展有关 SEA 议定书的磋商工作。

2001 年，这一决定得到了支持，当时《埃斯波公约》缔约方会议正决定针对该公约相关议定书的制定展开讨论。随后，除了加拿大和美国，UNECE 成员国就 SEA 议定书草案连续召开了八次会议进行商讨，会议开始于2001年5月，结束于2003年1月。有关环境影响评价和战略环境评价的欧盟指令以及《埃斯波公约》与《奥胡斯公约》条款对磋商过程产生了影响。正如本章引言所述，议定书目前正公开征求评审。

9.1.3 国际制度安排

在议定书实施生效前，签署国会议是议定书的决策制定机构。2004年，《埃斯波公约》缔约方第三次会议召开期间，《议定书》签署国第一次会议在Cavtat（克罗地亚）举行，此次会议上签署了《埃斯波公约》缔约方第Ⅲ/12 号决议，为《议定书》的实施生效做筹备工作。《埃斯波公约》缔约方还采纳了一项工作计划，包括为支持议定书执行而开展的相关活动，具体内容本节后文将予以讨论。

2005年，《议定书》签署国第二次会议召开。预计第三次会议将于2010年11月召开，为议定书执行机构首次会议作最后准备。执行机构将成为《埃斯波公约》缔约方，亦即《议定书》缔约方（MOP/MOP），在《议定书》正式生效后12个月内要举行首次会议，日期计划定于2011年6月。在其首次会议上，MOP/MOP将审议并通过旨在审查《议定书》《公约》遵守情况的程序施行方式（第14条第6款）。预计《埃斯波公约》执行委员会法令的覆盖面将扩大到涉及《公约》是否服从《议定书》等问题的程度。有关《埃斯波公约》执行委员会的信息可见www.unece.org/env/eia。此外，很可能会成立SEA工作组。

UNECE执行秘书为《埃斯波公约》（第13条）及《SEA议定书》（第17条）赋予了秘书处职能。

9.1.4 开展国际活动以支持实施

2004年6月议定书签署国第一次会议上决定编制一本资料手册，以支持《SEA议定书》的实际运用。手册并没有给出正式的法律或其他专业建议，而是对那些议定书使用者或支持其他人使用《议定书》的人提供指导。手册详情请见www.unece.org/env/sea/。

签署国会议还发起了一个在东欧、高加索和中亚（EECCA）地区五国——即四个签署国（亚美尼亚、格鲁吉亚、摩尔多瓦共和国和乌克兰）和白俄罗斯——实施的能力开发进程。该进程与联合国开发计划署（UNDP）的一个项目联合实施，针对同一地区，并且有着相似目的，涉及中欧和东欧地区的区域环境中心，因此总体上说：

- 五国就能力建设进行了需求分析，并编制了一份子区域概述。
- 亚美尼亚（埃里温市城市总体规划）和白俄罗斯（国家旅游发展计划）开展了试点项目。
- 格鲁吉亚、摩尔多瓦共和国和乌克兰编制了能力发展相关文件。
- 五国中有四国制定了能力发展战略和计划，以及一系列子地区倡议（其中，在荷兰EIA委员会的协助下，格鲁吉亚已制定了此类战略）。

有关这些活动的相关信息见www.unece.org/env/sea/。此外还在公报中介绍了这一进程（Dusik等，2006）。在贝尔格莱德“欧洲环境”部长级会议（2007年10月10～12日）期间，亚美尼亚、白俄罗斯和摩尔多瓦共和国提出了一项有关SEA的倡议，旨在继续支持东欧和高加索地区的国家开展SEA相关活动。

9.2 分析和回顾

9.2.1 《议定书》条款

《SEA 议定书》文本可从四个方面予以考虑：

（1）序言，为后面的条款提供背景说明。

（2）执行性条款，基本上是关于如何根据议定书的要求，将环境因素纳入到战略决策所考虑的范畴，其中包括健康因素。

（3）最终条款，是将议定书当作一项法律文书而应用于会议、秘书处以及签署、批准和撤销程序。

（4）附件，提供了有关执行性条款的细节。

在此，着重讨论执行性条款。可进一步分三方面讨论：

（1）目标、定义、总则（分别对应第 1～3 条）。

（2）SEA 规划与计划，涉及应用、环境影响识别、范围、环境报告书、公众参与、与环境和健康等相关机构的协商、跨界协商、决议、监测（分别对应第 4～12 条）。

（3）政策与立法（第 13 条）。

第一条定义了《议定书》的目标，并列举出可达到目标的五个途径。

目标：为环境，包括健康，提供更高层次的保护。

途径：

（1）确保将环境及人类健康等因素全部纳入到计划和规划制定过程中。

（2）政策及法律制定阶段需考虑环境及人类健康问题。

（3）为战略环境评价建立明确、透明及有效的流程。

（4）规定公众对战略环境评价的参与。

（5）通过这些方式将环境及人类健康等因素纳入到相关措施和手段中，以实现进一步的可持续发展。

每条途径都对《议定书》中其他部分的条款提供了对应的介绍。

《议定书》的目标与 SEA 第 2001/42/EC 号指令的目标大致相同。

计划与规划 SEA 的核心流程（载于第 4～12 条）简单易懂，与《SEA 指令》的核心流程大致相同。《议定书》和《指令》之间的区别将在下面讨论。

对于一个给定的计划或规划，第 4 条（应用领域）和第 5 条（环境影响识别）确定了按照《议定书》的要求是否有必要实施 SEA。针对计划和规划，《议定书》后文叙述了 SEA 的主要要素。

- 第一个要素（在筛选程序之后，旨在确定一项计划或规划是否需要进行 SEA）是确定环境报告的范围（第 6 条）。确定报告书的范围意味着界定报告编写之前所实施的分析范围。范围划定可将报告的重心放在公众、当局及决策者所关注的重要问题上，以期最大限度地发挥报告书的效用。报告书的范围不排除有改变的可能，因为随着研究的深入，有时范围的更改变得十分必要。范围的确定需征询环境与卫生部门，可向公众提供参与机会。

- 第二个要素是编制环境报告书（第 7 条），编制范围需与划定范围一致，报告编制阶段需向公众及相关当局提供有关环境要素、健康要素及计划或方案可能带来的影响这三方面信息。环境报告书的编制需要征求公众意见和咨询当地的环境与卫生部门。
- 第三个要素是公众参与（第 8 条）。在范围划定阶段，甚至在确定一个计划或规划是否需要按议定书要求实施 SEA 的阶段，就已经开展公众参与了。此处提及的公众可以对计划或规划草案以及环境报告书发表意见。
- 第四个要素是咨询当地环境与卫生部门（第 9 条）。在环境报告书编制阶段就针对当地环境与卫生部门展开咨询，相关部门可对计划或规划草案以及环境报告书发表意见。咨询和公众参与可以同时进行。
- 当成员国认为计划或规划可能会对另一成员国的环境产生严重影响时，或在可能会受到影响的成员国要求下，受到影响的一国或多国应得到通知并受邀参与跨国协商（第 10 条）。这类跨国协商——SEA 流程的第五个要素——必须为受影响的成员国相关政府及部门提供机会来表达其对计划或规划草案以及环境报告书的看法。
- 第六个要素是确定是否采纳某项计划或规划（第 11 条）。决策的制定必须考虑环境报告书以及国内和任何受影响的成员国公众与部门反馈上来的意见。决策制定者需发表一份声明，概述如何考虑到各方面的意见和建议，以及为什么会采纳该计划或规划而非其他计划或规划。被采纳的计划或规划、决策以及采纳的理由必须被公开。
- 最后一个要素是监控（第 12 条）。SEA 并不止于采纳某计划或规划这一决定的做出。在实施计划或规划时，必须监控严重的环境及健康影响，以辨别不可预见的不利影响并采取适当的补救行动。监测结果必须对当局及公众公开。

读者可参考上文提及的旨在支持《SEA 议定书》应用的《资源手册》，该手册对这一 SEA 进程的实际应用做了详查。

最后，第 13 条涉及政策和法规，要求成员国在政策及法规的编制阶段即需慎重考虑与整合环境及健康要素。这一规定很重要，因为作为一个框架性规定，它将对环境因素的考虑提升至决策树甚至可持续发展的高度。

《议定书》的前文中展望了 SEA 在计划、规划、政策、监管和立法层次上战略决策中的运用。在《议定书》的磋商期间，这一点却发生了很大的改变，迫使强制性条款与指令相一致，因此，强制性要求仅针对与 SEA 相关的计划和规划。然而，《议定书》第 13 条却要求成员国需努力确保在拟议政策与法规的制定阶段就适当考虑及整合环境与健康因素，因为这极有可能对环境及健康产生深远影响。此外，在这样做的同时，还需考虑议定书的基本原则与要素，并且在实际安排中应考虑决策是否应公开透明。最后，《议定书》还要求成员国汇报他们对第 13 条应用的具体情况。

虽然这并不代表针对政策和法规需强制性执行 SEA 或类似程序，但它却提供了一个框架，将环境因素融入到更高层次的决策中。强制性报告支持了第 13 条的实行。

9.2.2　《议定书》与《指令》的不同点

正如引言中指出的那样，《指令》与《议定书》之间存在着许多重要差异。

第一，两者的缔约方不同。《指令》只适用于 27 个欧盟成员国，外加冰岛、列支敦士登和挪威，并于 1992 年纳入欧洲经济区协定。此外，欧盟候选国（克罗地亚、冰岛、前南斯拉夫的马其顿共和国以及土耳其）必须执行《指令》才能加入欧盟，其他热心加入欧盟的候选国可在自愿基础上服从《指令》。除了上述国家，UNECE 成员国还包括：

- 部分东南部欧洲国家——阿尔巴尼亚、波斯尼亚和黑塞哥维那、黑山和塞尔维亚。
- EECCA 国家——亚美尼亚、阿塞拜疆、白俄罗斯、格鲁吉亚、哈萨克斯坦、吉尔吉斯斯坦、摩尔多瓦共和国、俄罗斯联邦、塔吉克斯坦、土库曼斯坦、乌克兰和乌兹别克斯坦。
- 部分西欧国家——安道尔、摩纳哥、圣马力诺和瑞士。
- 以色列。
- 加拿大和美国（这两个国家都未参与议定书的磋商）。

此外，如前所述，通过必要的流程，《议定书》可升格成全球性 SEA 条约。具体而言，任何 UNECE 成员国均可签署《议定书》，任何联合国成员国均可经批准加入《议定书》。

第二个关键的不同点是政策与法规，前文已有所提及。

此外，就如何强化 SEA 在相关计划与规划中的应用这一问题，《议定书》与《指令》也存在着诸多不同。如：

- 强制性征询卫生部门的意见。
- 公众可自愿选择参与筛选计划与规划（确定重要性）以及确定哪些相关信息应纳入环境报告书（确定范围）。
- 任何可能发生的重大跨界环境影响必须在环境报告书中予以表述。

9.3　结论

《议定书》提供了一个类似于《指令》的法律框架，却并不局限于欧盟国家。因此它为 SEA 提供了全球性法律框架和一致性标准。

对欧盟而言，《议定书》可强化 SEA 在计划与规划中的具体应用，对《指令》予以补充，而其跨界性条款可协助欧盟国家与非欧盟国家就环境问题进行协商。

最后，《议定书》为政策与法规是否需综合考虑环境及健康问题提供了一个非限制性框架，将类似 SEA 的进程提高到了决策的高度。

为更好地实施《议定书》，未来的发展方向包括：支持其在计划与规划中的运用；鼓励签约国批准《议定书》，并鼓励非 UNECE 国家加入《议定书》；支持执法；在执行第 13 条（政策与法规）时总结经验。

注释

①本文中发表的意见、解释与结论仅代表个人观点，并非联合国或其成员国观点。

参考文献

[1] Croatia and REC (Regional Environmental Centre) (1998) Sofia Initiative: Environmental Impact Assessment-Policy Recommendations on the Use of Strategic Environmental Assessment in Central and Eastern Europe and in Newly Independent States, Fourth Ministerial Conference, Environment for Europe, Århus, Denmark, 23-25 June 1998, www.rec.org/REC/Programs/EnvironmentalAssessment/pdf/AarhusSEAno17.pdf, accessed June 2006.

[2] Dusik, J., Cherp, A., Jurkeviciute, A., Martonakova, H. and Bonvoisin, N. (2006) 'SEA Protocol-Initial Capacity Development in Selected Countries of the Former Soviet Union', UNDP, REC, UNECE.

[3] UN (United Nations) (2001) Treaty Handbook, Treaty Section of the Office of Legal Affairs, United Nations, http://treaties.un.org/doc/source/publications/THB/English.pdf, accessed July 2010.

[4] UNECE (United Nations Economic Commission for Europe) (1995) Environmental Programme for Europe, Third Ministerial Conference, Environment for Europe, www.unece.org/env/europe/Epe.htm, accessed June 2006.

[5] UNECE (1998) Ministerial Declaration, Fourth Ministerial Conference, Environment for Europe, www.unece.org/env/efe/history%20of%20EfE/Aarhus.E.pdf, accessed July 2010.

[6] UNECE (2000) Background Document on Options for Developing a Legally Binding UNECE Instrument on Strategic Environmental Assessment, Seventh Session of the Committee on Environmental Policy, Second Meeting of the Signatories to the Aarhus Convention and the Working Group on EIA, www.unece.org/env/documents/2000/eia/mp.eia.wg.1.2000.16.e.pdf, accessed June 2006.

[7] UNECE (2001a) 'Decision II/9 in Annex IX', Report of the Second Meeting, Meeting of the Parties to the Convention on EIA in a Transboundary Context, www.unece.org/env/documents/2001/eia/ece.mp.eia.4.e.pdf, accessed June 2006.

[8] UNECE (2001b) Draft Elements for a Protocol on SEA, ad hoc Working Group on the Protocol on SEA, Meeting of the Parties to the Convention on EIA in a Transboundary Context, www.unece.org/env/documents/2001/eia/ac1/mp.eia.ac.1.2001.3.e.pdf, accessed June 2006.

[9] UNECE (2003) Protocol on Strategic Environmental Assessment to the Convention on EIA in a Transboundary Context, UN, New York and Geneva, www.unece.org/env/eia/documents/legaltexts/protocolenglish.pdf, accessed July 2010.

[10] UNECE (2004) Report of the Third Meeting, Meeting of the Parties to the Convention on EIA in a Transboundary Context, www.unece.org/env/documents/2004/eia/ece.mp.eia.6.e.pdf, accessed July 2010.

[11] UNECE (2007) 'Initiative on Strategic Environmental Assessment, submitted by Armenia, Belarus and Moldova to the Sixth Ministerial Conference "Environment for Europe"', Belgrade, 10-12 October 2007, www.unece.org/env/documents/2007/ece/ece.belgrade.conf.2007.18.e.pdf, accessed August 2010.

第二篇
战略环境评价的应用

第十章　战略环境评价和运输规划

保罗·汤姆林森
（Paul　Tomlinson）

引言

本章阐述了战略环境评价（SEA）与运输规划的关系，运输部门的程序整合比其他部门进展得更加深入。本章将分为以下四个主要部分展开讨论：首先，概述了变化中的运输规划政策背景，尤其提到了推动新的多模式运输规划方法产生的因素。其次，阐述了 SEA 在运输规划中的应用所呈现出来的变化和主要趋势。再次，基于 2005 年国际影响评价协会（IAIA）布拉格会议上就这一主题的讨论，回顾了有关 SEA 在运输规划中的实践这一问题的议事日程。最后，结论集中于把 SEA 完全整合到运输规划中所需要采取的措施以及值得特别关注的方法、程序、技术和文化等问题。

10.1　运输规划的演变背景

在很多国家，经济和人口统计学的变化、不断扩展的公共政策目标、对责任的更多强调、消费者的需求和技术创新正在改变着运输方式。运输项目有时由于缺乏公众的支持而被耽搁或拒绝。人们越来越认识到需要有广泛的出行选择来维持经济增长，而以高速公路来应对这一挑战并不能保证城市和农村地区的经济增长或获得平等的机会与服务。此外，国家规划越来越认识到迎合更多的私家车使用需求是不可能的，在运输规划方式满足社会广泛共享目标方面需要创新。

在一些国家，新的高速路基础设施规定主宰了运输议事日程，例如在未来 15 年，韩国的高速公路和其他道路数量将翻一番。这里的问题是如何把握住这些规定的效果，尤其是出现不利的公众反应时。

在一些国家类似的驱动力下，运输规划也正在发生转变，其中包括：

- 各级政府对公共基金的竞争增强。
- 职权分散于各运输部门、基础设施和服务供应商。
- 社会趋势是减少传统公共运输服务的吸引力和关联性。
- 调和竞争性或矛盾性运输目标和宗旨是困难的，例如究竟是支持经济增长，还是环境保护，抑或是成本控制。
- 车辆里程数的增长比人口、经济增长速度还快。

- 城市的无限制扩张和分散的出行方式阻碍了传统公共运输服务。
- 有限的创新激励机制或风险机制。
- 更多女性加入到劳动大军中来和不断增多的家务。
- 老年人口、单身和单亲家庭的增加。
- 商业结构发生转变，外部采购和即时物流不断增加。
- 运输对全球变暖产生越来越多的作用。
- 新的车辆和交通管理技术。
- 公众越来越多地参与到决策中（TRB，1999）。

作为这种趋势的反映，承载运输规划的政策框架受到众多竞争力量的制约，主要表现在以下领域：运输政策；环境政策；能源政策；税收政策；土地利用政策和其他政策，例如健康。

在运输网络健全完善的地方，运输规划正倾向于网络管理而不是兴建新的基础设施。所以，合理提高运输容量逐渐被视为只是在“购买时间”，而制定一种摆脱交通堵塞的方法是不可能的，即使这个方法在环境和经济方面都可行。结果，新的投资决定是根据运输网络的覆盖效应而不是单个项目来做出判断。同样，运输网络的管理而非新建设项目开始主宰运输规划，因此，与土地征用有关的环境影响开始让位于这一趋势下的自然和社会影响。

这些趋势要求运输规划有一个日益整合的方法，使运输服务满足社会目标（发展、公平、雇佣、保护健康和环境）而不是自身的目标。毕竟，运输是达到目的的方法，但它本身不是一个目的。这意味着对运输规划和项目的评价要基于它们对可持续发展（工作、社会等）的贡献，而不是流动性的增加或交通拥堵的减少。

由于运输规划开始把注意力集中于用户需求而不是基础设施或服务供应商的需求，因此与社会团体的接触及其受到的影响以及运输对更广泛社会目标的贡献变成值得监控的重要因素。在这种新模式下，新的高效措施不仅成为着眼于整体运输体系的多模式系统，而且更关注社会和环境需求。

在整个欧洲和北美洲，人们日益关注那些为规划运输措施（需求管理、交通管理和新的基础设施）而设置背景的多模式研究。然而，不是所有的国家都是这样的情况。例如，德国的联邦运输基础设施规划（FTIP）的任务就是在由下层规划提出来的大约 2 000 项基础设施措施中做出选择。然而从国家水平来说，一项运输规划必须处理大约 500 个项目。德国自下而上的规划方法可能会阻碍综合性与持续性运输模式的发展。但西班牙采用的自上而下的方法在将新政策方向与高速路机构项目的规划与方向保持一致时遇到了困难。

战略环境评价的主要目标是为运输政策和建议对政府的每一个主要相关目标作出的贡献提供健全的分析，强调结果、冲突和权衡。评价需要阐明问题和提出前瞻性方法，为利益相关者之间在问题的性质、可供选择的余地和最佳解决方案等方面达成共识提供一个机制。这不是一项轻松的任务，然而鉴于其擅于处理替代方案的传统，运输规划比之土地利用规划这样的发展部门，在完成这样的任务方面还是更为得心应手一些。

2000 年在布拉格召开的欧洲运输部长会议上，各位部长在制定可持续性运输政策（ECMT，2000）的通用方法上达成共识，该政策突出了为有关运输项目和政策的决策提供进一步支持的需求。在强调良好的成本效益分析和有效的战略环境评价的重要性的同时，也在力求为开发更好的程序和工具以向决策者呈交结果提供指导。完善的决策被看成是整合运输与环境政策的关键（ECMT，2004）。

10.2 SEA 应用到运输规划的趋势

由于战略环境评价在特定的背景下被整合，在将战略环境评价应用到运输规划的过程中需要考虑以下几点：战略环境评价的背景；法规框架；与运输规划的程序性或方法性整合。

10.2.1 SEA 的背景

在涉及新的规范时，运输以大量的战略多模式研究和政策研究为响应，这些研究是针对诸如养路费等问题展开的。这些规范需要运输规划人员去考虑各种标准，例如经济上的司法与公正、安全、软性与硬性运输响应。作为回应，那些识别这些更广泛考虑因素的多标准方法已经出现了。这个方法提供了一个适当的背景，在这个背景下战略环境评价能够起作用。因此，我们可以看到整个欧洲以及美国都已经自愿采用了战略环境评价类型的方法（ECMT，2004）。另外，那些正在扩大运输网络的国家，例如韩国，已经看到了战略评价在减少延迟和冲突方面体现出来的价值（Lee，2005）。对于这些国家来说，更好的运输规划和战略环境评价能够提供一种方法，以应对一些在环境影响评价中没有涉及的问题。

考虑到开展战略运输规划与评价的多种原因，拥有完善运输网络的国家和仍在构建核心运输网络的国家在 SEA 程序上产生分歧就不足为奇了。在那些拥有成熟运输体系的国家，容量管理需要一种多模式方法和与空间规划更清楚的关联。成功的评价可能伴随着对复杂关系的认识而出现，需要利用这种复杂关系去管理运输需求和传达社会目标。在那些正在建立运输网络的国家，战略环境评价应当有助于检验拟议项目的运输目标和界定替代方案。战略环境评价也可以是开放的，或者是一种媒介，旨在讨论新的运输基础设施的兴建，而这样的时机以前是不存在的。无论在何种背景下，战略环境评价都应该有助于使一些传统的运输——工作/经济目标面向更多的公众批评，在单个运输基础设施和服务供应商范围之外提供备选方案。

10.2.2 法律框架

如前所述，法律并没有成为战略研究的驱动力，在瑞士等国家都已经采用了可持续发展评价或其他研究，以支持运输规划（Hilty，2005）。然而在欧洲联盟（欧盟）范围内，运输部门被确定为正式要求实施战略环境评价的部门。

英国是第一个实施广泛运输体系的国家，依据法规来对 2006 年 7 月之前编制的 70 多份地方性运输规划和环境报告实施战略环境评价指令。这些战略环境评价是针对大都市机构、城市机构和包括下级机构在内的农村城镇实施的。因此，在那些将要实施战略环境评价的地方，虽然遵循相同的法规和政府引导，运输问题和规划背景仍会有相当大的差异。有趣之处在于判断各类战略环境评价在方法上相互偏离的程度——无论他们反映当地的情况还是严格遵守法律（导则）以尽量减少对法律挑战的担忧。

10.2.3 与运输规划的程序性或方法性整合

战略环境评价指令的核心问题是应避免重复评价。因此，运输规划和环境评价应与多模式运输研究和运输规划充分结合。然而，有一点要警惕。成本效益分析（运输规划所偏爱的工具）和多标准分析方法的缺点是，他们通常看起来都会产生精确的结果，并使政治家的决策以数字为导向。因此，他们往往忽视了此类方法背后的不确定性和假想性。

平衡问题是政治家的任务，而不是官方和顾问的任务。不幸的是，一些评价工具导致一定程度上的整合掩盖了本应在决策过程中予以探究的真正冲突。该技术将一系列议题缩减为需要报道的单一或少量数值，同时运用那些往最好了说也只能说是不透明且常被忽视的聚合方法。

当 SEA 必须整合到运输规划过程中时，它应力求使这些冲突得到充分体现，并显示所有决策结果，而不是将其归纳到高度数值化的分析方法中。

10.3 SEA 将要涉及的问题

以下问题已被确认为 SEA 从业人员在处理运输规划时应该考虑的问题：叠加；评价工具；参与过程；目标设定；目标主导的方法和基于证据的方法之间的关系；对替代方案的考虑；重要性准则；战略缓解措施；监测显著影响；SEA 与 EIA 的关联；独立评价或整合性评价以及 SEA 与经济评定的整合。

10.3.1 叠加

叠加由于使主题在不同的规划中得到评价，因此是一种针对更高规划层面上的评价所存在的复杂性问题而提出的解决办法。叠加要求只考虑那些适于在规划层面和决策过程可以接受的不确定水平上讨论的主题（有关叠加的进一步讨论见第二十五章）。

运输规划可能包括国家规划、区域和地方规划及项目，有一些运输规划要实施 EIA，其余的则不必实施。运输规划也是其他规划的重要组成部分，例如空间规划或土地利用发展规划。因此，为运输规划制定的 SEA 应与那些在运输规划的不同等级实施的评价以及为空间规划和其他部门实施的评价有效地联系在一起。由于有着不同的主管部门和移交的责任以及不同的空间尺度，所以提供有效的整合是具有挑战性的任务。除了跨行政边界和主题建立关联，如果不会导致重复性劳动的话，将问题分配给计划和项目规划程序的适当层级也是一个挑战。

将问题从某一类评价转移到另一类评价必须以清晰透明的方式进行，因为存在这样的风险，即一些规划评价将放弃对特定问题的责任，而不是将这些问题转移到其他规划中。此外，在怎样处理来自运输规划的影响上还存在问题，比如流域管理计划，其中运输干预可能引起轻微影响，但累积效应可能导致重大问题。

一些潜在问题在未经运输评价确认其潜在后果的情况下就被移交了，这样做是否恰当？显然，在计划的叠加和评价中缺乏整体透明度和问责制是有危险的。

10.3.2 评价工具

评价工具除了要把 SEA 过程和行政因素纳入运输规划，也需要与目标相适应。部分指导文件已经设法将项目水平上的评价工具应用到战略研究中，但结果良莠不齐。而其他工具往往是粗线条的，极少给决策过程提供有意义的帮助。虽然专家意见在 SEA 中的重要性与日俱增，但统计分析不应被忽视。专家意见应该有证据支持，可在听证会上对这些证据加以辩护。

运输规划是一个高度数值化的过程，经常依赖于运输模型和成本效益分析。虽然量化通常是可取的行为，但在 SEA 背景下，量化可能歪曲评价。因为数字经常隐瞒这样一个事实，即评价是基于价值来判断的，此类判断未接受外部审查，并且数值可能导致在精确度理解上的错位。考虑到货币估价技术通常只能捕捉到与环境影响有关的小部分问题，因此量化通常会降低定性评价的价值。例如，在那些没有人烟的地方，基于噪声对房价影响的货币化体系为噪声等级分配零噪声值。

在这一批评意见之下，Borken（2005a）提出了灵活的多准则方法，该方法明确了利益相关者意见的不确定性和多样性。这个高级别方法似乎尤其适于引导利益相关者参与，以及鉴于价值观的分歧而确定折中办法。无论从数量还是质量上说，所有被认为与利益相关者有关联的问题都可以得到处理。

此外，部分国家明显是依赖地理信息系统（GISs）来推动运输规划的 SEA。从本质上讲，GIS 是一种从 1970 年代后期流行起来的地图手绘技术发展而来的现代流行覆盖图。然而，在 GIS 操作技术的背后是与旨在汇总不同制图局限性的规则有关的问题。这种技术为对应于不同制图局限性的每一层次都采用权重来实现聚合，以定义“首选”路线。因此，这些技术产生了“最不坏”的选择方案而不是最好的选择方案。

因为 GIS 方法中缺少定性因素，所以不确定性、风险管理实践以及非制图信息被忽略了。因此，这些解决方案没有考虑到不利影响是可以很容易消除的，也没有考虑到增强措施有助于选出最优方案。

另一种符合定性与定量方法的手段是因果关系分析或系统图。这种手段在 Jiliberto（2005）介绍过的西班牙战略基础设施和运输规划中使用过，Jiliberto 强调了定性系统模型的影响力，表现在探索运输规划的环保特性的结构基础方面，以及允许评定行动和效果之间关系的相对强度方面。

10.3.3　参与过程

为了行之有效，SEA 应当嵌入运输规划过程中。有鉴于此，几个重要的步骤和措施包括：

- 负责规划编制的职员是以积极、及时和建设性的方式参与到 SEA 中。
- 利益相关者应参与环保目标的协商过程。
- 应向公众提供适当机会，让他们以无缝方式参与到评价的重要阶段中。
- SEA 专业人员不应将报告限制在范围划定和环境报告阶段，但也应确认在运输规划决策中起作用的因素。

在涉及公众时，Borken（2005b）注意到了这其中产生的几个问题：

- 如何从被动参与转换到主动参与？
- 如何持续参与？
- 谁是“公众”？
- 是否所有公众或利益相关者都参与到了 SEA 的所有阶段？
- 公众需要由代表来组织吗？
- 如何应对参与过程中的意见分歧？

- 如何应对利益团体？
- 如何应对规划过程中的不利因素？
- 如何确立“真相”？

这与其说是 SEA 的问题，不如说是民主规划系统中有关公众参与的更广泛问题。然而，专业评价人员需要熟知问题和可能提出的战略。此外，评价人员需要采用良好规范并实现以下目标（Alton 和 Underwood，2005）：

- 过程的透明度。
- 问责制：你需要知道在哪里采取了什么样的干预手段。
- 展示采取的行动并与决策相结合。
- 参与者的平等地位和发言权。
- 参与过程应与向参与者授权的过程同时进行。
- 就如何得出结论、怎么接受一个结论/决定以及何时总结或继续这一进程等问题制定标准。

10.3.4 目标设定

如果延误和修订的风险降到最低，则建立运输规划在早期阶段旨在实现的区域经济发展、环境和社会目标是非常重要的。为做到这一点，政治决策者在确认规划涉及的问题和社会目标时应发挥不可替代的作用。将更广泛的经济、社会和环境问题整合到规划和项目制定过程中的透明性机制因此是非常必要的。

10.3.5 以目标为主导或以证据为基础的方法

SEA 被视为既由数据引导（因此需要建立大型数据库）又由目标主导，依赖于提供旨在保持方法一致性的预定义指标。另一种方式可视为以证据为基础，在该方式下，数据是用来识别重大影响的。这些不同的方法是学术模型，而不是现实情况。然而，这些方法确定了程序上、技术上和文化上与 SEA 相关的问题的背景。

这方面的核心问题是目标是否在探知与计划有关的潜在环境影响之前就被界定。如果计划是由政策而不是项目主导，那么使用更高级别或相关计划确定的目标通常是一个合适的方法。但是，如果有更高的项目容量，一个以目标为主导的方法不能保证识别所有重大的影响，尤其是当目标和相关指标都必须与其他计划相一致时。

在确认目标和潜在的指标之前，基于证据的方法依赖于对政策和项目共同产生的潜在影响的探索。然而，至关重要的是，这种探索不会降低到环境影响评价的细枝末节的程度。当规划包含某些项目内容时，这些项目往往是建立在 SEA 可以开发利用的某一事先评价水平上。通过这种方法，SEA 积累了有关项目和政策评价产生的环境后果方面的知识，因而更有可能用更健全的方式报道重大环境影响而不是目标主导的方法。

10.3.6 考虑替代方案

SEA 在提供规划中考虑到的替代性运输战略环境绩效方面的适量信息时面临着挑战。不幸的是，规划不会从一张白纸开始。往往有一系列由以下要素强加的制约因素：

- 更高级别的计划。

- 针对尚在评价中的规划的政府规章/指导。
- 针对局部地区的早先计划。
- 早期研究，如旨在为尚在评价中的规划提供信息的多模式研究。
- 当选成员的决策和利益。
- 其他部门计划。
- 规划过程中的主要运输项目和其他项目。

因此对于 SEA 来说，为先前采用的决策制定新的替代方案看起来有些虚假。不过，替代方案的存在可能与政策范围而非广泛的运输战略有关，还可能与运输项目的日程安排有关，例如赶在新道路项目启动之前提出公共运输措施，此外还与基础设施建议书中标定的位置有关。

在 SEA 完全嵌入运输评价之前，这个过渡期可能导致产生肤浅的评价，对于没有适度涉及替代方案的运输规划过程而言，这些评价是个补充。除了没能增值，这种评价也会使规划过程变得声名狼藉，给自身带来法律纠纷。

10.3.7 重要性标准

识别重大环境影响特别是累积影响的过程对于评价范围的划定和确认影响的重要性而言均具有关键作用。似乎是为了逃避法律上的质疑，评价不受有意义的范围划定过程的支配。事实上对这些主题以及涉及这些主题的方式，都没有用一种可以确定评价要点的方式来定义。此外，对“覆盖所有基本要素”的诉求会使评价报道任何存在的影响，而不管这一影响是否有意义。这种“一网打尽”的方式只会形成过分冗长的报告，存在着无法向决策者们传达重要评价成果的风险。

同样值得关注的问题是，如何为单一影响和为旨在汇总这类影响以给整个替代性战略打分的机制制定重要性基准（Tomlinson，2004）。这也引起了量化和货币化技术问题。例如，在生态利益受到影响的多个地区，将轻微或中等负面意义归属为总体影响的理论依据是什么？是否所有受影响的生态地点都有同等价值呢？一个地区受到的不利影响能与其他地区受到的有益影响“交换”吗？如果想要 SEA 看起来严谨和健全，对这些问题就需要在环境报告中给予明确考虑。

10.3.8 战略减缓措施

SEA 为减缓措施提供了新的机会，因为减缓措施不需要再被视为项目规划的保险措施。相反，可以实施长期减缓措施，没准与项目鲜有关联的减缓措施在经济和环境上比贴近项目的措施更能产生收益。例如，补偿银行可能会被视为在经济和环保上更有效率的做法。此外，SEA 为组织或机构变动或先进的数据集成创造了时机，提供了避免或尽量减少重大影响的新方式。

10.3.9 监测重大影响

SEA 指令使监测计划或方案引起的重大环境影响成为一项必需的要求。鉴于自然和人为的环境可变性，这就产生了诸如该监测什么、如何发现趋势和如何把影响归为具体原因等问题。然后就有了数据集成的组织与管理问题，而这不仅仅针对单个计划，还需要均衡考虑一个地区运作的所有计划。

通常针对规划都有年度监督计划，以满足政府的报告要求。这样的年度进展报告可能会使用标准化指标，并报道政府指定的衡量标准，以提供比较全面的计划指标。我们面临的挑战将是扩大这些指标的覆盖面，以跟踪那些可预测的和不可知的重大环境影响。

10.3.10 使战略环评与项目环评相关联

如果要减轻评价的负担和实现 SEA 的环境效益，那么如何使 SEA 与环境影响评价相互影响就成了一个关键要点（Tomlinson 和 Fry，2002）。对于运输规划而言，如果 SEA 确认某些类型的项目极有可能没有重要影响，那么这可能意味着这些相应的项目不再需要进行环境影响评价。为了减轻项目的负担，EIA 要求国家法规认可 SEA 的作用以及特定项目的阈值或清单，作为筛选 EIA 需求的一种手段。

另外，本着减轻评价负担的精神，SEA 能更好地确定环境影响评价的范围，因此可以更有效率地进行评价。在这里，环境报告可能通过确认需涉及的关键问题以及那些仅需不太详细的评价来确证的问题，以有助于实施环境影响评价范围划定的活动。

实施 SEA 的原因之一是考虑所有运输干预措施的累积效应，因此 SEA 应该考虑到 EIA 和非 EIA 项目。因此，用 SEA 程序来协助规范非 EIA 项目是很有必要的。

也许最大的好处将是提供特定运输项目须遵守的一整套环保设计目标。有这样一套提前定义的具体目标，将有助于用影响规避手段和增强措施来替代减缓理念。

10.3.11 评价的独立性与融合性

当规划编制部门也对 SEA 负责时，与沟通手段相关联的任务便是维护评价的独立性。这是环境影响评价中出现的一个不正常情况。在法国，可靠而独立的机构能够充当仲裁人（ECMT，2004），而在荷兰，利益相关者咨询与专家评价的相互分离被视为头等重要。一个关键问题是如何保证评价的客观性，并避免出现早期环境影响评价不能保证客观性的局面。Hilty（2005）的一份报告中强调了瑞士对独立顾问的需求。

10.3.12 SEA 与经济评价的整合

人们开始认识到的是，具有经济效率的单一措施作为一种决策手段是有缺陷的，许多国家正在采取多标准的运输规划和项目分析。这一点特别重要，因为对经济效率的关注并非有助于充分了解成本和利益分配。在经济上同样高效的选择方案可能会导致产生一种非常不同的成本和利益分配模式。得益于战略环评的实施，应该不太可能浪费掉稀缺的金融资源，但能实现更具成本效益的目标。毫无疑问的是，将持续出现有关如何在整个运输规划过程中整合环境与经济评价活动的问题。

10.4 结论

鉴于其评价替代方案的传统，将 SEA 引入运输规划被视为比其他部门的整合来得更容易些。然而，将 SEA 充分嵌入到运输规划中，并确保战略环评不被视为浪费时间或是不得不跨越的行政障碍，则需要付出很多努力。同样重要的是，要认识到投入到

SEA 中的额外资源对于运输当局而言是一笔额外开销。因此，战略环评应该履行自己的目的，即增加可持续发展的可能性。不能带来真正的收益将导致系统负担过重和公共资源的浪费，这些资源也许本应用在后续程序的环境改善与缓解措施或是健康推动措施方面。

至关重要的是，评价圈子要意识到其在为分配给 SEA 的资源带来切实利益的过程中所起的作用。为达到这个目的，将程序与健康、社会和经济评价关联在一起是颇为有益的。

虽然叠加是一个很好的概念，然而 Arts、Tomlinson 和 Voogd 在其撰写的第二十五章中指出，实践和理论有所不同，其原因通常归结为评价程序与主题、个体责任与行政责任、程序的时间与空间框架以及不一致的规划等因素之间的不连续性。

在寻求与运输规划程序相互整合的过程中，专业评价人员必须认识到加诸于规划行业之上的现有文化与压力。在运输规划背景下，对数字的过分追求以及在重新开启那些将替代方案排除在外的旧有领域和建立有意义的整合程序时所遇到的困难就是目前面临的主要挑战。下述方法、程序、技术和文化问题尤其值得注意。

- 制定和评价运输规划中的替代战略：如何制定战略；达到什么样的细节程度；有谁参与；如何确定与其他计划和司法管辖权之间的界限？
- SEA 与其他评价活动一体化：如何使经济、社会、健康和环境评价在同一计划水平上整体运作，并提供 SEA 与项目 EIA 之间的整合？
- 在确定问题和目标时利益相关者的参与：只有当项目直接影响到大众利益时，他们才参与到运输规划中来，这种情况下如何吸引大众？如何管理施压集团的偏见、冲突和干预？
- SEA 评价工具：我们是否拥有合适的 SEA 工具和技术？如何确保 GIS 的正确使用？综合评价需要更适当的工具吗？还是这个过程不值得密切关注呢？过程中的哪些阶段为最佳的定性阶段和最佳的定量阶段？如何针对具有多项运输措施的战略来汇总影响？能确定环境容量吗？
- 在各类评价之间沟通有无：如何在使评价对于不同的受众均有意义的同时又维护技术上的健全性呢？什么是沟通内在不确定性的最好方式？
- SEA 中的质量控制：如果规划制定者也在评判 SEA 和它的缓解/监测要求，这算是一个问题吗？重要性标准需要什么规则呢？
- 更改运输规划：SEA 如何改变运输规划文化，将依照美国模式吗？当现有的规划者和决策者从根本上开辟出自己的套路，从而改变了规划文化时，SEA 可以独一无二地成功实施吗？

尽管运输部门也许比其他部门能更好地适应 SEA，主要任务仍然是促成运输规划的文化变革，使得问题得到更好的理解，并形成可持续性运输模式。这一领域的关键任务是，形成更为有效和开明的机制以使公众参与、运输规划者普遍愿意认可别人意见的合理性、提出不仅限于实现道路安全和缓解交通堵塞状况的目标，以及最终形成诸如环境承载力这样得到普遍认可的概念。

参考文献

[1] Alton, C. and Underwood, B. (2005) 'Successful tiering of policy-level SEA to project-level environmental impact assessments', paper presented at the IAIA SEA Conference, Prague.

[2] Borken, J. (2005a) 'Strategic environmental indicators for transport and their evaluation-qualitative decision aiding for SEA', paper presented at the IAIA SEA Conference, Prague.

[3] Borken, J. (2005b) personal communication.

[4] ECMT (European Conference of Ministers of Transport) (2000) Sustainable Transport Policies, ECMT, Paris.

[5] ECMT (2004) Assessment and Decision Making for Sustainable Transport, ECMT, Paris.

[6] Hilty, N. (2005) 'Transport sectoral plan-Switzerland', paper presented at the IAIA SEA Conference, Prague.

[7] Jiliberto, R. (2005) 'System model for SEA of transport', paper presented at the IAIA SEA Conference, Prague.

[8] Lee, M. (2005) 'Strategic environmental assessment of road construction', paper presented at the IAIA SEA Conference, Prague.

[9] Tomlinson, P. (2004) 'The role of significance criteria in SEA', conclusions of an informal workshop on significance criteria, IAIA Annual Meeting, Vancouver.

[10] Tomlinson, P. and Fry, C. (2002) 'Improving EIA effectiveness through SEA', paper presented at the IAIA Annual Meeting, The Hague.

[11] TRB (Transport Research Board) (1999) 'New paradigms for local public transportation organizations', TCRP Report 53, TRB, National Research Council, National Academy Press, Washington, DC.

第十一章　战略环境评价与水务管理

西勃·努布　帕特里克·汉切安斯　罗尔·斯鲁维格
（Sibout Nooteboom　Patrick Huntjens　Roel Slootweg）

引言

水务管理是一个世界上最紧迫的问题。重点地区和次大陆都有严重的水资源短缺、洪涝和污染问题，这些问题给人类及为人类提供了宝贵服务的湿地生态系统造成了严重的风险。水务管理的技术方案往往难以实现成本效益。其原因有很多，包括管理的规模、跨界水资源系统复杂的管辖权问题和水资源系统的多用途问题。这些因素引发了许多冲突，阻碍了合作和费用分摊。在某些情况下，水务管理也有非对称的相互依赖性，例如，上游管辖区控制着下游管辖区赖以生存的水资源，如果管理不善，将对下游管辖区的重大发展产生不利影响。

在此背景下，许多团体组织做出了很多努力去改善与水资源有关的问题的处理方式。国际组织（如世界银行）、政府间组织和超国家组织（如欧盟）可以帮助实施水务管理与合作，共同制定决策来支持可持续发展。特别值得关注的是规划过程的透明度和参与度，这两方面因素可以通过决策中的信息公开程度来进行评价。通过这种方法，可以或多或少地完善标准化操作规范或制度化系统。这些方法拥有不同的命名方式，这里被称为战略环境评价体系（SEA）。

本章介绍了水务管理的战略环境评价研究的发展趋势，并借鉴了 2005 年国际影响评价协会在布拉格战略环境评价会议上提出的实际案例经验。这些发展包括制度化进程的不同阶段，范围从欧盟法律体系和各类衍生性实际操作到由世界银行开展的试验性案例等各个方面。在对参与性水务管理规划最新文献予以全面审查后，我们逐一进行了个案审查，提出以下问题：

- 水资源系统是如何构成的？
- 这些问题与管理系统之间是怎样的关系？
- 透明度和参与度是如何产生的？
- 这个过程有怎样的结果？
- 成功的因素有哪些？

这些案例在几个方面有所不同，例如，是否有详细的联合规划的传统。在某些情况下，某些形式的中央政府在一定程度上要对共同问题负责，其他情况下则不是这样。在某些情况下，政策的主要目的是确保安全或避免财产损失；在其他情况下，其目的是保护生态系统。预计这种差异将导致不同的结果和不同类型的战略环境评价体系。

11.1 背景：健全的水务管理体系的迫切性

11.1.1 全球水资源的重要性

在可持续发展中，水是个关键因素，但却往往被忽略。这是 2002 年可持续发展世界峰会（WSSD）的主题。在评论其成果时，联合国环境规划署（UNEP）执行理事指出："可持续发展世界峰会强调，水不仅是最基本的需要，而且是可持续发展的核心，水还对消除贫困起着至关重要的作用。水与健康、农业、能源和生物多样性是紧密相连的。这方面工作停滞不前意味着很难实现其他千年发展目标。"（Toepfer，2003）

事实是惊人的。根据 2003 年联合国世界水资源发展报告，1991 年至 2000 年，超过 665 000 人死于 2 557 场自然灾害，其中 90%与水有关，97%的受害者来自发展中国家（UNWWAP，2003）。每年有案可循的与这些灾害有关的经济损失已经从 1990 年的 300 亿美元增长到 1999 年的 700 亿美元。与水有关的健康问题，估计有类似的代价。水的问题在区域水文管理的生物物理和技术层面是重要因素，在社会、经济和体制方面同样重要（Gleick，2003）。许多与水有关的挑战涉及社会经济分配和获取，在发展中国家尤其如此。对于有能力支付水费或属于精英社会群体的人而言，即使在供应量极为有限的情况下水往往也不稀缺。由于水是许多经济活动的基石，在供应不断变化的情况下，公平分配往往比对现有资源的绝对限制更具挑战（Pahl-Wostl 等，2005）。

11.1.2 水务管理方法的演变

世界各地的团体组织，长期以来都试图解决水环境问题。在这种背景下，自 20 世纪 70 年代以来，当水务管理和流域管理的"命令与控制"方法成为大势所趋时，将水看作自然系统就变得很流行了。此后，这一做法推广到其他自然系统和社会制度。现在全球范围内出现了诸如水资源综合管理（IWRM）、适应性水务管理和水资源支配等方法（Pahl-Wostl 和 Sendzimir，2005）。这一思维也引领了社会参与和制度化进程，是影响评价的三大支柱，即参与度、透明度和信息化的中心地位更加明显。

作为国际智囊团的全球水资源伙伴关系（GWP）将水资源综合管理定义为"一个促进水、土地和相关资源协调发展与管理的过程，其目的是在不影响重要生态系统可持续性的情况下，以公平的方式使经济和社会福利最大化（GWP-TAC，2000）。图 11.1 简要说明了水资源综合管理的三大支柱，确定评价和信息为主要管理手段。图 11.2 总结了水资源综合管理周期的各个步骤，以及它们的执行方式。适应性水务管理旨在处理水资源综合管理的基本不确定性因素，它强调了一个不断学习的过程，以适应不断变化的环境，并创造适应性制度（Pahl-Wostl 和 Sendzimir，2005）。以上这些不确定性更多地涉及社会发展（影响水资源的管理结构及管理议程）而非物理系统（Gunderson 等，1995）。其意义是图 11.2 中的周期不断重复，在大多数步骤中涉及透明度、信息和参与等要素。

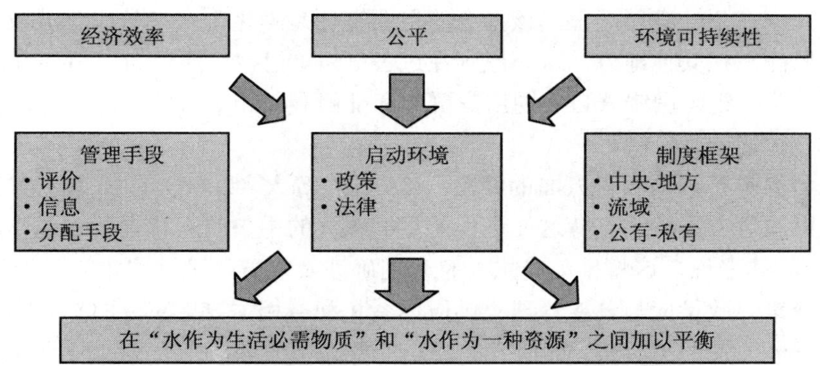

来源：GWP-TAC，2004。

图 11.1 IWRM 的“三大支柱”

11.1.3 制度化方法

如同实际评价工作，正式的水务管理系统也持续得到发展。例如，世界银行向借款国提供体制和技术援助，欧盟已建立了法律框架。在世界范围内，环境评价已正式应用于水务管理规划以及对水资源产生影响的其他规划，世界银行和欧盟都遵守辅助性原则：在可能的情况下分权，在需要时集权。

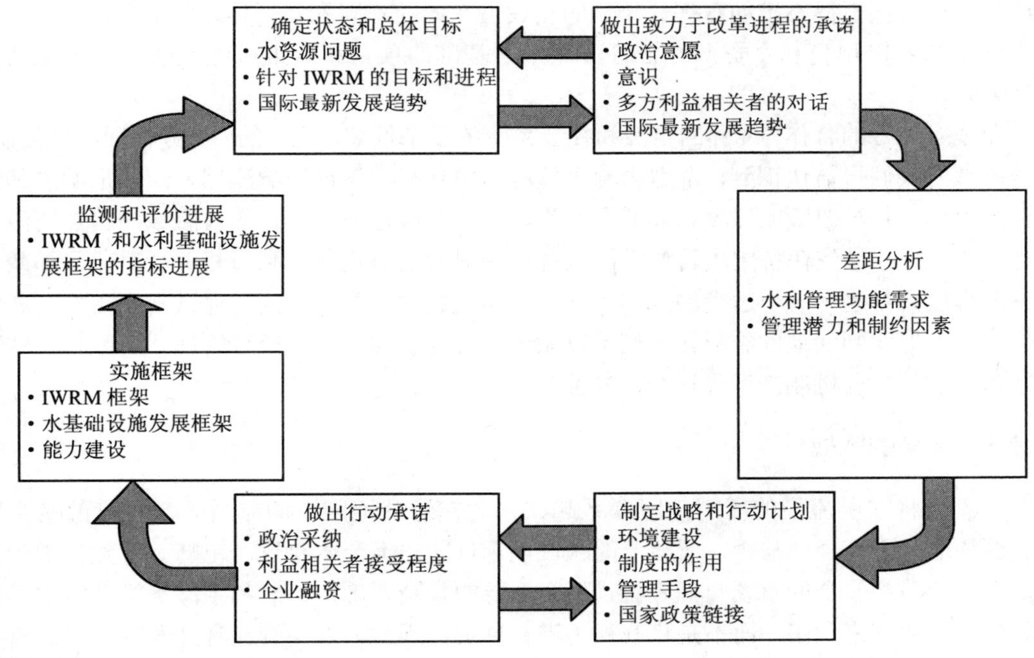

来源：GWP-TAC，2005。

图 11.2 IWRM 周期的各个步骤

这一原则被写入了欧盟水框架指令（第 2000/60/EC 号），规定水资源规划和管理应将流域当作整体单元来考虑，会员国应该为这些流域设置水质目标，作为对欧盟整体最低质量标准的补充。在州一级层面上，该指令的主要支柱是强化公众参与、全流域水务管理、政策规划及监测。在其他地方，这一原则在过去 15 年已被广泛公布，引导许多流域管理组织的创建，这些组织围绕来自不同用户群体和部门利益相关者的广泛参与而构建，目的是实现更加一体化的水务管理。

基于在世界银行资助项目方面的经验，Kemper 等人（2006）的结论是：分权在一个能够时刻在财政等方面持续支持这一进程的足够强大的中央政府背景下才起作用（世界银行，2003）。具体来说，这将推动产生一整套明确涉及水务管理并将水视为经济产物的综合性集中化政策。政策应与分权管理、供应体系和利益相关方更充分的参与相结合。

根据 Kemper 等人（2006）的研究，成功的权力下放取决于有关地区或行政区拥有足够的收入基础来开展活动。需要在潜在的利益相关者之间明确财产的定义和水资源权利的分配（以进行有效谈判和做出操作与维护的承诺）。还需要为公众参与和抵制精英掌控而设置社会政治性前提条件（例如，不分层的社会结构）。更需要具备透明度，包括法律权威的明确作用和责任，以及高质量信息。这也表明，制度化责任不能成为水资源问题和水环境治理的完整答案。这还要取决于不同利益团体与政府之间的合作，以此分享在水务管理方面的利益。这种合作不能仅仅通过营造透明度的法规或某种强制性参与形式来强制执行。

根据世界各地受世界银行资助的项目所取得的经验（Kemper 等，2006），将最低限度的管理理念转化为法律法规似乎相对比较容易。但是它的应用推广经常遇到阻碍，其原因归结为包括那些不得不推动责任分摊制的相关方在内的不同利益群体之间的利益分歧。实际上这意味着以项目和水资源综合管理原则为基础的项目和政策可能无法完全体现其潜在优势。

即使有良好的合作，纯粹的自然和社会系统的复杂性使“理性的”水务管理受到限制。全球范围内人们日益认识到，个别影响水环境的项目和政策也影响流域上游和下游的其他水资源用户，并对健康或环境总体质量有影响。日益快速的发展正在对流域的自然资源基础产生压力，并导致在特定项目邻近区域外能明显感受到退化。利益相关者对成本和效益分享的程度，对建立一个适当的水和土地管理系统起到了很大作用。通过向利益相关者展示关于福利的谈判活动的结果，他们可以做出更好的决定。综合流域管理一直是解决这些问题和影响的主要机制（世界银行，2006）。

11.1.4 未来的挑战

河流会将它所流经的所有地区联系起来，并在这些地区中间制造一定程度的紧张气氛。这些地区无论合作与否，所涉及的领域已远远超出河流本身这一范畴。既然认识到水体是未来繁荣和安全的重要自然资源，那么重要的就是要确定机制和手段来推动将水当作区域合作催化剂来利用，而不是将其视为潜在冲突的根源。协同管理和开发这些河流需要很高的技巧、严谨的制度、大量的投资以及跨辖区的司法合作（世界银行，2006）。

以下关键领域需要有科学上的突破性进展以及向实际应用领域的转移（Pahl-Wostl 等，2005）：

➢ 支配水务管理（旨在使利益相关者以多中心、横向联合的方式广泛参与到 IWRM 中来的方法）。

- 部门的一体化（包括 IWRM 和空间规划的整合、与气候变化适应战略的整合、跨部门优化和成本效益分析）。
- IWRM 的分析尺度（解决资源利用冲突及越境问题的方法）。
- 信息管理（例如，多方利益相关者的对话、多代理系统建模、策略在决策中的作用、创新的监测系统以及社区决策支持系统）。
- 基础设施（利用流域缓冲能力的创新性办法、在适应气候变化和极端气候条件的过程中，存储手段所起的作用）。
- 水务管理的财政和风险缓解战略（包括新手段、公—私安排在风险分摊中的作用）。
- 利益相关者的参与，促进在科学、政策和实施之间实现衔接的新途径。

参与度、透明度和可靠的信息作为 SEA 的关键要素，在这个研究过程中处于核心位置。然而，除了一些有关水务管理中包含的透明度、参与度和信息的程序，有关 SEA 正式程序的作用的信息很少。例如在欧盟范围内，水务管理计划通常都要求依据水框架指令或 SEA 指令来实施 SEA。

11.2 世界银行的经验

在发展中国家，世界银行和其他国际信贷与援助机构在改善水务管理系统方面起到了重要作用。布拉格研讨会上讨论的几个案例阐述了在印度、巴基斯坦、埃及、阿根廷和哥伦比亚出于这一目的而对 SEA 加以利用的情况（Panneer- Selvan，Harshadeep，2005；Slootweg 等，2007；Sanchez-Triana，Enriquez，2005）。对比前面列出的问题清单，对此予以了分析。

11.2.1 水环境系统及其问题是如何构成的

有一点是上述五国的共同点，即在人口众多的地区，即使基本供水服务都无法实现，水还是经济和社会的重点。许多人没有健康的饮用水、卫生或农业用水。这些案例不约而同地旨在找出水资源短缺、洪涝和污染的结构性原因，但他们在解决方案方面各不相同。在印度，规划和 SEA 进程针对的是整个 Palar 流域（18 000km^2），那里严重的水资源问题（稀缺性、跨部门和地区的竞争、可持续发展）不可避免地与环境问题（工业污染和生活污染以及自然资源管理）交织在一起。在埃及和巴基斯坦，重点是灌溉和排水措施问题，但其影响还扩展到其他供水服务领域，并对农业部门以外的利益相关者产生影响。在阿根廷和哥伦比亚，规划和评价程序直接关注机构改革。

11.2.2 与这些问题有关的管理制度是什么

基于现有的管理结构和合作文化，通过关注一个重点问题区域或要素，规划和评价过程的社会复杂性往往被减弱。在印度，关注全流域范围内水环境的同时，利益相关者通过城市、工业和农业代表的身份参与其中。在埃及和巴基斯坦，这个过程主要集中于灌溉和排水资源系统的管理。在阿根廷和哥伦比亚，原有的社会进程使大家广泛认识到，水环境治理制度有缺陷，它没有产生想象中的最优结果。

11.2.3 透明度和参与度是如何产生的

在印度，SEA 被当作一种工具来分析问题和确认政策与项目层面上的干预手段，以促进整体经济、环境和社会的进步。在埃及和巴基斯坦，也有一个类似的分析工具来创造更多的透明度，并推动共同思考如何干预灌溉和排水资源系统，识别受影响群体并使其参与进来。在阿根廷和哥伦比亚，与在印度一样，重点放在社会研究过程，这个过程建立在已经取得共识的水务管理的更广泛层面上。这个研究的过程旨在构建一个透明的和参与性较高的制度体系，使其具有足够的权力和责任来实施各方一致通过的方案。

11.2.4 这一进程的结果是什么

在印度，SEA 将环境因素融入到了流域规划框架内。分析性与参与性方法的结合有助于在不同利益相关者——包括政府、农民、行业协会、学术界、研究机构和非政府组织（NGO）——中间就 Palar 流域远景达成共识。通过结构化协商过程，流域利益相关者确认了支持性目标、战略和战术，并制定了最后的任务或行动，这些都对实现共同远景非常重要。这些干预措施包括软件（知识管理、培训和研究）和投资要素。

在埃及和巴基斯坦，排水资源系统综合分析框架（亦称排水框架）被证明是有效的，它从自然资源综合管理的角度评价灌溉和排水措施（Abdel-Dayem 等，2004）。这个框架提供了对折衷方案的讨论和协商，这些方案受水务管理措施的不同职能和自然资源价值观的影响。因此，这个框架总体上说适用于自然资源管理，而不仅限于排水资源系统。这是一个旨在使综合分析与评价嵌入到参与性规划过程中的工具。该工具已经在一体化战略评价中得到了实地测试，如埃及的灌区改造以及巴基斯坦的国家整体排放规划，并在向埃及西三角洲地区供应地表水的公私伙伴关系项目中进行了实测。

在阿根廷和哥伦比亚，机构改革催生出更坚定的乐观态度，他们认为水务管理问题可以通过可持续方式来解决。

11.2.5 成功的因素是什么

在印度，世界银行关注的是双管齐下地解决共同问题。一是提供信息分析工具，二是提供调停人，他们具备使参与群体相信目前迫切需要解决共同问题这一技巧。最初的重点是形成对问题机制的共同看法。通过这个过程，开始涌现出各类解决方案。这个过程从现有的社会结构中获益，这种结构有利于一些群体中有影响力的代表参与制定一个为全流域共同利益着想的解决方案。经过几年的时间，世界银行在促成这种体制形成方面做了投资，以便在核心代表中间促成更多的参与、信任和共识，这种结构让他们与支持他们的群体进行沟通，并促进更广泛的社会学习过程。一个关键的成功因素在于以一种微妙的方式来使世界银行代表通过与受助人共同寻找不同利益群体中间的盟友来调节相关过程，从而解决长期问题。需要有小尺度与微结构的社会过程来寻求大尺度社会干预的可接受方案，这将对水资源系统联合干预行动予以支持。主要的成功因素是两方面的结合：第一，在流域战略中，世界银行长期以决策者的方式参与，本身没有具体的地方利益来缓和幕后过程；第二，提供工具来开发与当前形势和未来可能发展方向有关并得到广泛接受的信息库。

在阿根廷和哥伦比亚，形势更进一步推进，以至于社会资本（在问题本质和解决办法的方向上达成了广泛一致的意见）已经出现。世界银行能够直接协助机构改革，建立使水务管理方式得以改善的国家背景。在类似情况下，国际机构可能推动这样的社会学习过程，这个过程不仅需要通过协助不同利益相关者组成的工作组来解决共同问题，还需要通过识别优选方案并站在最弱势群体立场上来发表对理想的可持续性水务管理战略和政策的共同看法。

在埃及和巴基斯坦，评价促使人们对水资源系统提供的多种服务有了更好的了解。通过确认这些服务的利益相关者，可能对灌溉和排水措施的社会与经济后果产生更深刻的认识。邀请所有利益相关者（无论是受益人还是可能受到拟定规划损害的人）就意味着使规划的制定过程完全透明。一个已经被影响评价群体周知的重要教训是，SEA 在规划过程中开展得越早，就会越有效。这些案例清楚地表明，规划过程中的每个额外步骤都会使 SEA 更难以影响这个过程，例如形成有意义的替代方案。一个不断进展的规划过程（由于时间和精力的投入）增加了国家和世界银行的部门利益。在规划工作进展顺利时，很少有余地来改变这个过程。

总之，SEA 和国际机构开展的相关进程可以是一个积极的外部力量，以求在开发有效的水务管理系统时将多个团体组合在一起，并协助解决和满足自身需要。尽管如此，很多问题取决于该流域范围内不同背景的参与者寻求共同目标并让他们的支持者群体加入这个过程的意愿。世界银行的效用取决于它是否有能力通过推动大规模社会学习过程来吸引这些人参与并提升国家能力。由于这个过程可能会很缓慢，因此持续努力是必要的，将重点放在识别社会层面上的机遇和成功，应被视为旨在实现长期目标的良好做法。

11.3　西北欧洪水管理

在未来几十年，有两种趋势使欧洲的洪水风险增加。首先，气候变化导致洪水的规模和频率可能在未来有所增加（高强度降雨以及海平面上升）。其次，洪水风险区往往位于人口和经济资产总量显著增长的地方。我们面临的挑战是，现在就要预见到这些变化，并保护社会和环境免受洪水的负面影响。SEA 被广泛应用于欧洲西北部，从零敲碎打的方式转变为更为连贯统一的整体区域性方式。布拉格研讨会上讨论的案例中，最具代表性的就是英国在将 SEA 运用于洪水管理战略这一过程中所取得的经验（Ashby-Crane，2005；Collyer，Marshall，2005；Slater 等，2005）。关键要点已经在专栏 11.1 中有所总结。在本节中，我们将这个方法放到更广泛的管理系统和社会进程背景下，这对于制定针对复杂问题的长期解决方案而言是至关重要的。这一讨论基于对英格兰、比利时、法国、德国和荷兰等国的洪水管理的比较研究（DHV 和 RIZA，2005）。由于欧洲没有防洪政策，因此所有这些国家都有国家体系和分权体系。尽管欧盟正在制定一项洪水指令，以减少洪水给人员、财产和环境带来的风险，但该指令在编著此书时并没有被依法强制执行。其实施正在进行当中。

专栏 11.1 英国洪水风险管理规划战略环评的经验

英格兰和威尔士环境局是负责管理水资源部门的机构，同时是一个咨询机构，一直在积极推动实施水务管理规划战略环境评价。在其洪水风险管理规划和计划的编制中，该机构制定了一种基于目标导向式方法和与后续项目 EIA 之间关系的特殊性 SEA 方法。在落实这一方法时面临的主要挑战包括:（1）SEA 的目标设定——通过有效的协商来调整利益相关者对 SEA 的预期目标；（2）SEA 和 EIA 在规划、计划和项目的等级体系中由上而下的叠加。

SEA 的应用也反映出洪水风险管理规划中涉及的区域问题，如英国东北部的工业区，这个工业区里面有着庞大老化的防洪与水利基础设施网络，同时却又有着高度密集的需要特别保护的地区和高密度的人口（Slater 等，2005）。在 Trent 河洪水风险管理战略中，SEA 的实施重点集中于 200 多公里的河道，覆盖了 27 个经确认的洪水风险地段，涉及大范围环境问题和相互冲突的公共利益，此外还能及时采用最佳实践操作指南（Collyer 和 Marshall，2005）。Humber 河口洪水风险管理战略（HEFRMS）是一个长期（100 年）规划，旨在取代早先零敲碎打式的整修措施，改善了日益恶化的洪水防御体系，响应了新的《栖息地指令》要求。

SEA 旨在促使战略开发的各个阶段都能获取一系列防洪措施的信息，试图协调洪积平原居住区、工业和基础设施以及自然保护的需求。它包括对“战略”影响的评价，也包括对环境风险与机会之间关系的确认（Ashby-Crane，2005）。

11.3.1 水资源系统及其问题是怎么构成的

在欧洲西北部，莱茵河和 Meuse 河等主要国际性河流使洪水管理成为跨界及全流域问题。但是，这方面的国际政策很少，因为很难在国家层面上就洪水管理问题达成一致意见。欧盟范围内各成员国的做法也有相当大的差异。例如，在荷兰和英国部分地区，洪水灾害主要使财产受损，然后导致产生经济问题；而在法国和德国，洪水已造成生命损失，这就是安全问题了。在荷兰，全国 1/3 的地区低于海平面，防洪保护具有较高的认可度。然而，海与河的防洪体系被认为是安全的，而人身安全则被认为是一个次要的国家政治层面问题。其他利益必须让位于主河道堤防，它们往往被重新安置在内陆以扩大河床，这样在地势低洼地区当聚积区和淹没区重叠时，就能抵御高峰值水位了。这里防洪主要是一个地域问题，涵盖了国防措施影响到的几个都市区。

在其他西欧国家，政策目标必须正视上游排水区和下游洪泛区的主要区别。评价洪水影响时所面临的共同挑战是如何体现以农业和城市土地利用方式集约化为代表的基线的逐渐变化，它们加速了径流和洪水的累积。规划方案很容易理解：上游流域保护（为水土保持而保留自然植被）、以减缓径流为目的的河岸缓冲区，以及对洪水灾害区建设项目的限制，辅以对损失赔偿责任的限制。SEA 面对的是一个不完美的世界。

11.3.2 相关问题的管理制度是什么

这些国家对防洪治理和开发系统都实施了一些措施。这其中无一例外地包括土地利用规划的清晰透明且参与性强的程序，以及对评价那些对环境有潜在重大影响的规划和项目的明确要求。例如荷兰法律规定了针对堤坝的定位和发展的环境评价等级。再如以安全性为例，主堤坝必须足以承受万年一次的洪水。但是，目前还没有针对损失保护的规范。每一个决定都必须基于一个特定的折衷方案，并且水灾的影响难以评价，因为土地利用增量变化对未来洪水的形成有一个较长时间的滞后效应。如果在洪水容易发生的地方开展建设项目，投资者很难估计未来风险的增加或为防止更快的上行径流而承担任何责任，即使其他人可能也承担不起。

作为对洪水灾害的响应，欧洲各国已经调整了水务管理制度。所有成员国负责洪水管理、堤防和基础设施维护的政府机构都参与空间规划进程，但没有权力制定土地利用决策，因为这需要一个平衡不同利益的折衷方案。人们普遍认识到，过去在进行土地利用交易时对防洪保护考虑不足。在不同的国家对这个问题已有不同的解决方案。例如，在法国，国家损害赔偿基金几乎成为使土地利用开发持续进行的推动力。与之形成对照，荷兰政府已经与地方当局沟通，他们将不再对由现阶段空间决策导致的未来损害负责。此外还引进了土地利用规划影响的“水测试”。英国的政策重点放在以堤坝为主项的洪水预防措施上，以集中化社会成本效益分析为基础。当地参与者不会对这些预算的使用产生影响，且承担了增加洪水风险的任何空间或发展决策的全部风险。

11.3.3　透明度和参与度是如何产生的

洪水管理措施的完善已远高于适用于大型堤坝和其他基础设施的影响评价或规划程序的完善，这种情况已十分明显。真正的困难是由具有递增性、累积性和大尺度后续影响的次要决策所支配的大量群体和对政府采取预防措施或赔偿损失的依赖。重大损失后损害赔偿的传统方式不鼓励当地或个人来负责任，空间开发也不考虑对其他司法管辖区的长远影响。

一些国家已经认识到社会的复杂性是主要障碍，而不能仅仅由统一程序来处理。相反，他们正在尝试涉及风险的大众沟通方式，包括现在及未来在洪水易发区实施建设项目的风险和洪灾理赔的责任。鉴于这些地区城市化的进程，专家们一致认为，这一动态产生了不做出长远考虑的巨大风险。

在德国和荷兰的部分地区，政府利用社会学习过程来解决这一问题。这些过程涉及“在下游和上游”建立正式及非正式的社会网络，以寻找可以接受的解决方案，如双重用途（例如，水土保持和其他一些收益）的土地利用模式。由于这些解决方案是未知的，需要很多人的参与，因此这些群体就会形成自己的动态模式和信息库。根据结果的不同，他们可以采取更适当的干预措施。然而，这些过程仍仅限于小区域，仅覆盖了一些城市。

11.3.4　这一进程的结果是什么

对空间开发中洪水风险的前瞻性评价可能有其积极的影响，但这一点很难确定。不过，水土保持区正在增加，且原则上城市发展要考虑洪水风险。因此，一项评价要取决于内行人的观点，他们可以判断过程的透明度和参与度是否导致策划者对理想行动方案理解上的变化。至少在荷兰，初步审查表明，社会学习能力部分得到了提高，但成果仍仅限于不太昂贵的解决方案，或那些不要求不同参与者之间进行大量资源交换的解决方案（例如“我采取措施保护你，你采取措施保护我”，或者“我将花费高得多的成本，因为我有责任保护你”）。

11.3.5 成功的因素是什么

在水务管理和土地利用规划以及环境评价的责任机制已经很完善的情况下（例如欧盟国家就是这样的情况），果树上够得着的果子都被摘掉了。在此之后，由于问题的社会复杂性，而使进展速度变慢，因为参与一整套相关政策制定的团体太多了。城市和农业发展也有自己的内在动力，而不是由程序管制。因此，土地利用决策有可能继续反映短期需求，增加了洪水风险。关于这个问题，来自几个国家的答案有很多，第一，如果受害人不确定自己的损害来自洪水风险，政府将不会进行补偿；第二，确保规划和评价程序中此类风险有足够的透明度，并利用更大风险意识所引发的关注来启动社会学习进程，这种方式也培养了对可能解决办法的认识。同时这也将推动对相关干预措施的支持。

11.4 欧盟水质管理

在欧盟范围内，由于 SEA 和水框架指令的实施，SEA 已经成为水环境规划和决策中至关重要的手段。根据 SEA 的管理规定，成员国要对同样或类似的程序做出判断，以避免在不同法律条件下进行重复性工作。这当然包括水框架指令（WFD，见第七章）。在布拉格会议上对两者的联系大体上进行了探究，并特别介绍了它们的潜在贡献，那就是 SEA 能够朝着可持续发展的规划和水务管理的方向发展（Gullón，2005）。在这一节中，我们就从这个角度来审查水框架指令（WFD）。

11.4.1 欧盟的水务管理体制是如何构成的

欧盟水框架指令的制定是为了建立一个内陆地表水、过渡水域、沿海水域和地下水的保护框架。除此之外还有流域管理计划和水质保障方案的编制。这些行动计划包括设定适合其功能的水体水质目标，以及将流域管理和土地利用规划、环境规划相结合。在国家法律和流域规划的约束下，这些行动计划正在实施中。

11.4.2 相关问题的管理体制是什么

这些指令的实施基于流域，同时也基于那些在流域问题上需要国际合作的国家。各国应该为每一个流域制定一个包含基于“谁污染谁支付”原则的污染控制措施在内的六年流域管理计划。内容应涉及自然规划、环境管理和其他欧盟指令（例如 SEA 和 EIA）。

欧盟的 SEA 指令是 2004 年颁布实施的，是对 WFD 组织提出的“水务管理计划制定前进行更广泛研究”这一要求的补充。各国如何履行 WFD 的要求是一件国家大事。目前还没有国际流域一级的管辖权，但在国家层面上这是有可能实现的。各国水务管理的程度不同，多数欧盟国家的水务管理部门具有不同于土地利用规划和污染控制部门的地理范围。

上游水质的污染会影响下游，反之亦然，权衡这些影响需要考虑水体功能。这意味着水体功能的确定必须总体考虑相关的土地利用状况，以及大范围区域内的一致性。例如，在荷兰，传统的水务管理委员会对许多水体生态系统的质量具有较高的要求。然而，实现这样的目标代价很大。例如，由于不能与当地经济体制（主要是农业体制）的发展相结合，如果不降低要求，就等同于将土地的区域功能从农业转到其他用途。

之前欧盟一个关于硝酸盐的水环境指令已经削减了养猪场的盈利能力，由于此项法规的效力，养猪场正在逐渐消失。随着 WFD 的发展，类似的取舍是必需的，这会产生难以打破的政治僵局，如荷兰的管理制度。在荷兰改变水务管理方式以应对 WFD 之前，西班牙已经大幅度改善了水质保护和水价的管理系统（Gullón，2005）。

11.4.3　如何保证透明度和参与性

WFD 要求确保信息的供应和咨询，同时鼓励所有水资源用户和利益相关者积极参与流域规划。在这种情况下，SEA 法令实施的区域、公众参与度和透明度都扩大了。同时，WFD 要求欧洲委员会汇报公众参与的过程，表明其对流域的影响。

11.4.4　这个过程的结果是什么

很难大体上揣测相关的透明度和参与性对水体功能或环境的影响。之前与水环境相关的欧盟法令没有多少透明的程序，此外水质管理的核心问题是水体功能的空间决策。在整个欧盟层面上，空间规划程序并不规范，但在需要进行环境影响评价的项目中，SEA 需要进行空间规划。通过 SEA 法令，WFD 对欧盟国家水体功能决策的制定方式有了显著的影响。这个过程导致了不同空间功能间以及上下游区域间极其复杂的权衡，为了使规划能够切实实施，相关部门必须进行复杂的管理。

这些问题视具体的国家不同而不同，但在某些情况下也可能是独特的，例如荷兰养猪场减少的问题。另一个有趣的问题是流域规划中的公众参与如何与土地利用规划和环境保护规划中的公众参与相结合。WFD 表示这些程序应当是一致的，但事实上并不是那么简单。空间决策的问题可能和水务管理的问题并不相同，而规划过程和程序可能要遵循不同的节奏。但是目前尚不清楚各国如何处理这些复杂情况，以及如何使分享某一流域的不同国家保持一致。这些对于 SEA 具有重要意义。

11.4.5　成功的因素是什么

我们相信 WFD 的要求，以及欧盟 SEA 对空间规划和相关流域规划的要求对于更好的合作和更多相关的水资源利用规划来说是价值无法估量的推动力。截至目前，这还只是布拉格研讨会上一种基于初步和零散评论的观念。但实施过程中遇到阻力这一事实表明，污染者现在正在面对公共部门和利益相关者，他们需要做出选择，决定是否以短期经济利益为代价来清理那些被他们污染的水。应确保有足够的透明度，并使欧洲委员会通过制裁那些运转不畅的国家来施加压力，使有关当局行动起来，但也不应太过分，否则那些相互依存的治理措施的复杂性将成为实施过程中的阻碍因素。

11.5　结论

透明度、参与度和高品质的信息（如决策资源）已经引起世界多个地区政府部门的关注。国际组织如世界银行和欧洲委员会鼓励层次较低的司法管辖区改善他们的水务管理体系并运用 SEA 的要素。世界银行与国家和地方行动者建立了长期关系，使他们相信，如果国家付出足够努力以改善他们的 SEA 进程，将吸引更多的贷款。世界银行随后协助各国开展了 SEA，并利用国际专家来描述案例，或根据当地的情况给出建议。欧洲委员会批准建立国家级规划系统来实现水质目标，这个系统包括对参与和报告的要求，并要求狠抓行动计划的落实情况。欧盟指令制定了一个水环境治理的新游戏规则，其中真正的压力似乎施加在污染者身上，他们需要根据满足整体利益的水功能来调整自己的做法。

西欧国家都采取类似的办法进行洪水管理。一些国家施行透明的程序，以确保规划者和投资者意识到由他们的决定所引起的洪水风险，且国家不会弥补任何由此类决定所导致的损害。这种意识加上透明度和参与度都较高的过程对较低水平的更合理规划是一种激励。此外，英国有一个强大的叠加规划体系和应用于洪水管理和治理体系的相关 SEA 方法，它们明确了不同层次和各级政府的责任。由于越来越多地使用 SEA，他们应该创造一个激励制度来促使共同参与水务管理的组织更加合作。这些因素不仅依据 SEA 规范或行业法规而得以正式提出，还可通过如世界银行等有影响力的机构使用软压力方式来施压，使其自动施行。

自布拉格国际影响评价协会会议以来，主要发展领域一直是水务管理战略环境评价与气候变化和体制评价之间的联系。在世界大部分地区，人们预计气候变化对与水有关的利益，如防洪、生态系统和食品供应会有相当大的影响。面对这种新局面，SEA 作为一种工具，被视为一种将水资源综合管理原则纳入更广泛决策的行之有效的方法（Slootweg，2010）。在 IWRM 为评价提供了必要经验的地区，SEA 都提供了国际公认的程序性手段来提供决策所需的信息，确保最低程度的透明度与公众参与。利用 SEA 来推进 IWRM 原则的好处在于，SEA 人尽皆知，已被水务管理领域以外的各界所接受。与水有关的事业和与气候变化有关的水资源和水环境要务可能因此而在其他部门制定的规划中得到推进。

同时，人们越来越认识到，同样与气候变化有关的可持续性水务管理取决于适当的制度。为实现这一目标和更广泛的目标，世界银行总结了针对部门改革的战略环境评价的普遍方法（世界银行，2010）。一种称为“适应能力车轮”的具体方法（Gupta 等，2010a）在荷兰已被应用于机构能力建设，以适应因气候变化而改变的水资源系统。初步结果显示，正式的权力和责任分摊到相互依存的各级政府中，这种权力和责任是对水务管理以及与水有关的土地利用和气候变化的适应。因此，适应性措施的制定和实施高度依赖于非正式的领导网络。案例表明，如果需要制定有关气候变化适应性的法律，这种网络可能更容易在“等级结构的影响与控制下”出现。其他一些缺点还包括推动形成社会创造力的能力，以及解决对土地利用变化的适应所导致的不平等问题的能力（Gupta 等，2010b）。

致谢

本书作者感谢 Ernesto Sanchez-Triana 对本章草稿的审校。

注释

① 欲了解三大项目（埃及西三角洲水资源保护与灌溉修复项目、巴基斯坦主要排水区规划以及埃及综合灌溉改进与管理项目）信息，请联系 R. Slootweg（sevs@sevs.nl）。

参考文献

[1] Abdel-Dayem, S., Hoevenaars, J., Mollinga, P., Scheumann, W., Slootweg, R. and van Steenbergen, F. (2004) 'Reclaiming drainage: Toward an integrated approach', Agriculture and Rural Development Department, Report No 1, Inter-American Bank for Reconstruction and Development, Washington, DC.

[2] Ashby-Crane, R. (2005) 'Has SEA influenced the development of the Humber Estuary flood risk management strategy (UK)?', paper presented at the IAIA SEA Conference, Prague.

[3] Collyer, E. and Marshall, R. (2005) 'SEA of water management: Issues identified and lessons learnt luring the Fluvial Trent Strategy', paper presented at the IAIA SEA Conference, Prague.

[4] DHV and RIZA (2005) 'Europlano II Comparison of the Approach to Flood Management in Western European Countries', consultant report.

[5] Gleick, P. (2003) 'Global freshwater resources: Soft-path solutions for the 21st century', Science, vol 302, pp1524-1528.

[6] Gullón, N. (2005) 'SEA and hydrological planning: Two synergetic European Directives', paper presented at the IAIA SEA Conference, Prague.

[7] Gunderson, L., Holling, C. and Light, S. (eds) (1995) Barriers and Bridges to the Renewal of Ecosystems and Institutions, Columbia University Press, New York.

[8] Gupta, J. C., Termeer, C., Klostermann, J., Meijerink, S., van den Brink, M., Jong, P., Nooteboom, S. and Bergsma, E. (2010a) 'The adaptive capacity wheel: A method to assess the inherent characteristics of institutions to enable the adaptive capacity of society', Environmental Science and Policy, vol 13, pp459-471.

[9] Gupta, J. C., Termeer, C., Bergsma, E., Biesbroek, R., van den Brink, M., Jong, P., Klostermann, J., Meijerink, S. and Nooteboom, S. (2010b) 'Assessing the ability of Dutch institutions for stimulating the adaptive capacity of society (Project IC-12)', IVM report.

[10] GWP-TAC (Global Water Partnership Technical Advisory Committee) (2000) 'Integrated water resources management', Technical Advisory Committee Background Paper No 4, GWP, Stockholm.

[11] GWP-TAC (2004) Technical Advisory Committee Background Paper No 10, Global Water Partnership, Stockholm.

[12] GWP-TAC (2005) Catalyzing Change: A Handbook for Developing Integrated Water Resources Management (IWRM) and Water Efficiency Strategies, GWP-TAC, Stockholm.

[13] Kemper, K., Dinar, A. and Blomquist W. (eds) (2006) 'Institutional and policy analysis of river basin management decentralization: The principle of managing water resources at the lowest appropriate level-when and why does it (not) work in practice?', research paper, World Bank, Washington, DC.

[14] Pahl-Wostl, C. and Sendzimir, J. (2005) 'The relationship between IWRM and adaptive management', NeWater Working Paper 3, Institute of Environmental Systems Research, University of Osnabrück.

[15] Pahl-Wostl, C., Downing, T., Kabat, P., Magnuszewski, P., Meigh, J., Schlueter, M., Sendzimir, J. and Werners, S. (2005) 'Transition to adaptive water management', NeWater Working Paper 10, Institute of Environmental Systems Research, University of Osnabrück.

[16] Panneer-Selvam, L. and Harshadeep, N. (2005) 'SEA in basin planning in India', paper presented at the IAIA SEA Conference, Prague.

[17] Sanchez-Triana, E. and Enriquez, S. (2005) 'Using strategic environmental assessments for environmental mainstreaming in the water and sanitation sector: The cases of Argentina and Colombia', paper presented at the IAIA SEA Conference, Prague.

[18] Slater, M., Murphy, J. and Empson, B. (2005) 'Implementing SEA for flood risk management plans: The experience of the UK's Environment Agency', paper presented at the IAIA SEA Conference, Prague.

[19] Slootweg, R. (2010) 'Integrated water resources management and strategic environmental assessment: Joining forces for climate proofing', Perspectives on Water and Climate Change Adaptation, vol 16, Co-operative Programme on Water and Climate (CPWC), the International Water Association (IWA), IUCN and the World Water Council.

[20] Slootweg, R., Hoevenaars, J. and Abdel-Dayem, S. (2007) 'Drainframe as a tool for integrated strategic environmental assessment: Lessons from practice', Irrigation and Drainage Management, vol 56, ppS191-S203.

[21] Toepfer, K. (2003) 'Balancing competing water uses-a necessity for sustainable development', Water Science and Technology, vol 47, no 6, pp11-16.

[22] UNWWAP (United Nations World Water Assessment Programme) (2003) UN World Water Development Report: Water for People, Water for Life United Nations Educational, Scientific and Cultural Organization (UNESCO) and Berghahn Books, Paris, New York and Oxford.

[23] World Bank (2003) World Resources Sector Strategy, World Bank, Washington DC.

[24] World Bank (2006) 'The Water Resources Management Group', www.worldbank.org.

[25] World Bank (2010) 'Policy SEA: Conceptual model and operational guidance for applying strategic environmental assessment in sector reform', www-wds.worldbank.org/external/default/WDSContentServer/WDSP/IB/2010/06/29/000333038_20100629002611/Rendered/PDF/553280REPLACEM1EA1Final0Report12010.pdf.

第十二章　区域性部门评价与采掘工业

吉尔·贝克　弗雷德里克·科斯坦恩
（Jill Baker　Friederike Kirstein）

引言

在新的区域得到开发之前，对采掘工业环境影响的关注越来越早，且呈现出区域化特点。开展这些大尺度评价可以实现一系列目标。例如，这些评价可以被用于确定指定区域是否会使采用可持续性基准的特殊工业得到发展。此外，它们还可以被当作工具来探讨公众观点和推动其纳入决策者的考虑范畴。

本章总结了区域性部门评价（RSA）现状，尤其将重点放在 RSA 在采掘工业领域的应用经验。相关讨论将：（1）突出 RSA 的某些经验；（2）讨论有关 RSA 所产生的实效和面临的挑战等精选实例；（3）思考革新性实践和吸取的教训；（4）确认某些未来挑战，包括考虑如何使 RSA 有益于规划制定和可持续性成果的产生。

12.1　背景：定义、目标和案例

12.1.1　术语和定义

RSA 是一个包罗万象的术语，旨在描述对超出个体项目层次的采掘工业实施的评价。如其名所指，这种战略评价形式的重点在于规定区域具体工业部门的开发活动（如具体地区的金矿开采业）。评价程序可用于评价部门政策、规划或计划（PPP）在整个区域产生的环境与社会经济影响，以及确定使开发方案得以实施的条件。

在这里使用 RSA 这一术语而非战略环境评价（SEA），是认识到 RSA 的应用不太可能符合 SEA 的某些基准（IAIA，2002）。举例来说，和 SEA 不同，RSA 可能不会考虑其所涉及的工业部门开发方案的替代方案。具体来说，RSA 可能会检查既定区域金属矿床开采活动的适当性，但不会考虑是否会有取代采掘方案的优先替代方案（例如提高循环利用率或开发替代部门）等更大的战略性问题，但这样的问题在 SEA 范畴内会得到讨论。尽管如此，RSA 在推动规划程序囊括环境与社会经济因素的过程中起到了重要作用。

尽管与 SEA 明显不同，但 RSA 还是与 SEA 和本书中介绍的其他形式环境影响评价（EIA）程序（见专栏 12.1）有一些共同特征（Noble，2000）。然而，现有术语没有完整阐释 RSA 的关键要素（例如在区域尺度上评价具体部门，据此提出建议以引导未来发展）。

因此，有人提议将 RSA 这一术语添加到词典中。

专栏 12.1 EIA 中使用到的一些与 RSA 部分相同的术语

累积效应评价：评价一项行动对环境产生的渐进性效应，尤其是当该效应与过去、现在和未来的行动所产生的效应累积在一起时（Hegmann 等，1999）。

事前评价：对新政策或建议书可能的未来影响进行预见性评价（EEA，2001）。

事后评价：对已出台的政策或建议书产生的影响进行回顾性评价（EEA，2001）。

区域环境评价：对与特定战略、政策、规划、计划或一系列针对特定区域的项目有关的问题和影响予以研究（FAO，1999）。

SEA：定义目标；提出实现目标的选择方案和选取最优方法的整个过程。

部门环境评价：用于评价与特定部门的战略、政策、计划或一系列项目有关的环境问题和环境影响，奠定基础以确定旨在加强部门环境管理的必要措施（FAO，1999）。

12.1.2 RSA 的目标

RSA 有以下主要目标：

- 确定一个区域有多大面积适合于特定工业部门的开发，要考虑到可持续性基准和开发方案得以实施的条件。
- 了解可接受的影响水平并为其设置阈值，以及提供指导，来实施必要的缓解或监督措施（例如预先确认未来发展的条件）。
- 为决策制定和管理战略提供可实现的最佳基础，包括提供平台以考虑那些可能纳入可持续性目标的战略决策或全区域规划。
- 对指定区域特定部门开发活动的累积效应有一个全面了解。
- 获取为支持影响分析所必需并可用于未来进行比较分析的某地区环境状况原始资料。
- 了解数据需求并制定战略以收集长期数据。
- 探查公众与利益相关者的意见以影响决策过程。
- 将环境、社会与经济因素融入到规划程序中。
- 通过以上列出的各要点来改进和简化未来特定项目的评价工作。

12.1.3 RSA 案例经验

本章汲取了马里、秘鲁、挪威和巴伦支海国家的经验。每一个案例研究都提供了与 RSA 略有不同的方法，虽然其共同特点是评价一个指定区域的一个（或几个）部门。这些案例研究之间的差别在于与开发有关的评价时间的选择——RSA 可能是事后评价、事前评价或两者皆有。在挪威近海石油开发项目案例研究中，在毗邻挪威的海域实施大规模开发之前就已采用了区域环境影响评价（REIA）（事前评价）。秘鲁的采矿案例研究则是世界银行在社会与环境影响预测的基础上发布报告后实施的事后评价。马里的采矿案例研究尽管表述为 SEA，但审查的则是以往的采矿项目及其影响，旨在汲取经验为未来的预期发展做准备。因此最好将其表述为出于事前评价的目的而做的事后评价。巴伦支海综合管理方法通过评价多样化活动与部门对生态系统造成的潜在影响而使RSA向前迈进了一大步（挪威政府，2002）。

12.2　RSA的经验与现状

总的来说，RSA的实践仍多少受到局限，尽管现已建立健全了几大程序并在持续改进。举例来说，近海石油与天然气工业在RSA领域有着相当多的经验，其中涉及SEA的派生体系（例如在巴西和英国）、计划性审查（美国）以及区域环境影响评价（挪威）。在一些案例中，甚至某些区域在向开发活动“开放”之前就已在区域层面上考虑到了这一活动的环境意义（Kirstein和Jeffrey，2004）。对于其他行业而言，可以实施与RSA相类似的评价，尽管此类评价没有正式归类为RSA（例如由加拿大萨斯喀彻温省实施的《20年森林管理规划》）。欧盟SEA法规和对大尺度部门评价（世界银行，1996）优点的认可将使RSA领域积累越来越多的经验。

RSA程序开发有一系列潜在的驱动因素。举例来说，可能有必要利用区域方法来解决地区性工业的累积效应。换句话说，如果同类型项目得到重复评价，而问题又最好是在区域层面上加以解决的话，那么可以实施RSA来应对具体项目的EIA低效与无效问题。如果RSA提出具体建议来引导实施未来项目的EIA（例如叠加），那么高效率也许可以实现。在某些情况下，公众或行业会支持RSA程序的开发以应对上面提到的情况。RSA还可以被用做一个平台，使关于区域发展的战略问题得到讨论（即那些在项目EIA范围之外加以讨论的问题）。为最终满足法规要求，必须实施RSA程序。

随着采掘工业的RSA变得越来越普遍，有关目前经验的质量与效果问题也随之而来了。对SEA的优势及其所面对的挑战，有关方面已做了多年记录（Dalal-Clayton和Sadler，1999；UNDP和REC，2003），但这些优势和挑战仍值得进一步加以考虑并对比RSA来做出事实分析。当然，与任何其他评价程序一样，RSA必须有的放矢（具有制定决策所需的特性）以实现潜在收效。以下列出了RSA的要素和目前的实际操作实例。

12.2.1　RSA在推动利益相关者参与的过程中积累的经验

公众参与已被认可为SEA的基本特征。考虑到RSA结果所具有的区域性意义，为公众参与提供完全彻底和富有意义的机会对于任何程序的开发而言都是至关重要的。RSA尤其应该：（a）使利益相关者全程参与；（b）在文件记录和决策中要明确体现利益相关者的意见和关注点；（c）具有清晰易懂的信息要求；（d）确保相关信息易于获得。利益相关者的早期介入应有助于确保备受关注的问题在RSA实施过程中得到了解和考虑。同样，若有机会使利益相关者的意见被采纳并最终影响区域发展，会有助于使这一过程合法化并使相关结果可接受。同时，若要全面了解关键系统，掌握地方知识是必要的。按照Gibson（2004）的观点，对利益相关者参与的驱动力包括明确的程序定义和了解利益相关者的意见如何被加以利用。

目前在RSA领域对于如何界定利益相关者参与的作用和定义似乎众说纷纭，并可能需要在吸取其他类似程序经验教训的基础上进一步拓展。在英国近海石油开发活动中实施的SEA是注重公众参与的过程典范。这一过程是由多方利益相关者指导委员会引导的，其中涉及一个 SEA 网站、学术研讨会和公众发表意见的机会（Hartley，2004）。在为秘鲁矿业部门实施 RSA 的过程中，总结了一系列经验教训，其内容涉及参与会给利益相关者带来什么收效，以及成功所必需的要素等建议（Zarzar，2005）。这一案例研究尤其强调，RSA：（1）总的来说激发了公众对政府、投资者和受影响的社区的关注；（2）在政策和技术层面上促进了利益相关者的交流；（3）可以对决策过程产生重要影响；（4）可以提高投资的社会效益和可持续性。这一案例还强调，要想成功，RSA：（1）应当及时实施；（2）必须使所有的主要利益相关者参与协商过程；需要政府部门的支持以促进其发展并与部门负责人的关注点和要求协调一致；必须依靠实地研究经验丰富的地方专家团体。

12.2.2 RSA 对环境保护的益处

RSA 对环境保护的潜在益处数不胜数。直观上说，RSA 应成为累积环境效应分析的理想工具，这一效应在特定项目 EIA 中经常被忽略或得不到合理对待。RSA 允许利益相关者从具体项目上退后一步来重新审视采掘工业在整个地区的开发活动。RSA 的综合性方法将评价各类开发选择方案的效益和影响或指定地区最高可预见级别的部门活动（以及来自其他行业和活动的其他环境压力）。这一完整性方法意味着诸多机遇。举例来说，可以将其用来为受到拟议开发项目影响的环境要素确认影响阈值，并因此可用来确保区域内的全部活动不会造成无法承受的损害。

RSA 还可以被用来确认一个指定区域内的敏感性、代表性或文化性区域。这是在将整个地区当作一个整体来予以审视的基础上实现的。对特殊区域所受到影响的评价可用来确定使未来活动被批准进行的同时又能保护环境价值所需具备的条件。换句话说，RSA 可用来确认一个地区最适于进行工业开发的区域，并基于相互作用的特性来详细说明特殊区域内的活动是否应受到限制，或必须实施特殊管理或应予完全禁止。

RSA 还可以揭示研究区域的环境数据鸿沟，并指明需要予以收集以支持影响分析的基线数据类型。有鉴于此，RSA 可以协助开发区域数据或制定监督计划，借此可以收集信息以供各相关方使用。如果在开发过程中能与知名科学家、研究人员和监管当局进行合作，则数据质量和区域方法的整体可接受性将得到加强。从理论上说，在通过监测结果和吸取教训而得到持续不断的更新之下，协作型数据库的建立应能改进影响预测这一 EIA 的未来应用领域，并因此完善决策制定所依据的信息。

最为重要的是，RSA 不仅要形成涉及潜在结果的有用信息，还要提供建议来引导一个地区未来的工业发展方向。如上所述，这可能包括基于环境（以及社会经济）方面的考虑来针对适于一个地区的工业活动类型与等级来提供建议。基于影响分析、公众意见或其他因素，也可以制定其他类管理条款（例如与技术、时间选择、空间尺度、未开发区域以及监测需求有关的条款）。

与 SEA 类似，RSA 也可以提高人们对区域开发所产生的环境影响的意识。这一意识可能促使人们在政策与规划讨论中对环境因素给予和社会经济因素同等的重视。理想情况下，这些讨论将涉及区域开发的正面与负面影响——RSA 也可能涉及区域开发方案对可持续发展的贡献（Gibson 等，2005）。RSA 还可能有助于制定具体部门政策。例如最近对马里金属矿业部门实施的 RSA 就促成了一系列具体建议的形成，其主旨是将矿业发展规划与有关能源、水和土地利用的国家政策相结合（Bouchard 和 Keita，2005）。

12.2.3　区域性部门评价给支持者带来的收益

RSA 能够给工业生产带来收益。例如，前期选址和辅助管理等工作能够为地区投资提供有价值的信息。投资者通常都是趋利的，因此当环境影响评价结果表明本地区不适宜某种开发模式，则投资者不会在本地投资。相关管理规定对地区开发活动的指导是 RSA 的另一个优点。这些规定能够向支持者阐明与特定区域内部门发展有关的要求和预期。一些特殊的项目要遵循 EIA 的要求，RSA 通过详细的分析可以有效降低后续工作量。这类叠加以及 EIA 程序的高效率都节约了大量时间和成本[《挪威近岸石油开采活动区域环评》就属于这类实例，它使项目环评免予实施某些活动（Kinn，2004）]。

专栏 12.2　挪威的 REIA——投资者的机遇与挑战

（1）机遇

- 通过简化的和公开化的工作流程来提高环境影响评价的效率；
- 加深对石油化工行业环境影响的认识；
- 对于同一地区开展的不同项目，应避免进行重复的或相互矛盾的环境影响评价工作；
- 提高项目环境影响评价的成本效益；
- 加强投资者之间的联系；
- 为本行业制定基本的目标和规划，并作出承诺；
- 开展区域综合监测，提高对未来影响的预测能力，拓宽信息获取渠道。

（2）挑战

- REIA 对于区域内的不同影响均有所侧重，关注与获批项目有关的主要影响因素；
- 为同一地区的开发活动提供普遍性环境保护战略指导；
- 明确各方责任，如保证数据质量；
- 优化影响评价的方法和模型。

来源：Kinn，2005。

项目环境影响评价工作由基础数据收集、项目环境影响的缓解以及其他相关后续评价工作组成。通过采取区域性行业管理方法，使投资者在公平分担数据收集工作和累积效应管理工作方面达成一致意见（Kirstein 和 Jeffrey，2004）。投资者提高净结余的方式有：（1）尽早了解管理者的期望；（2）协商管理方式与效率问题，以及管理者之间的相互协作；（3）提高区域基础信息的可用性。

12.3　挑战与发展方向

12.3.1　对于可持续发展的贡献

从国际影响评价协会（IAIA）制定的评价标准可以看出，战略环境评价是以可持续发展思想为主导的，可以定义为“对更具可持续性特征的开发方案和其他建议的确认”（IAIA，

2002）。虽然RSA中没有考虑备选方案，但是仍然可以在整个进程中融入可持续性理念。

RSA工作的开展要与区域环境保护和社会经济可持续发展的目标相一致。在启动RSA工作前首先要确定可持续性目标，进而实施相应的影响分析。依照此种模式，可以促使行业发展达到预期目标。

通过确定可持续发展评价准则，可以在RSA工作中体现可持续发展理念（Pope 等，2004；Gibson 等，2005）。可持续发展评价要求影响评价的重点从消除不良影响转变为使发展方式能够为可持续性作出整体积极贡献。同时，综合社会、经济和生态环境三方面因素来考虑长期发展模式。这种途径可以为投资者提供关于收益回报的信息，在特定区域内选择拟投资的行业。评价过程可用来权衡与区域发展有关的各类方案，判断哪种行业可实现长期可持续性目标（Gibson 等，2005）。

在开发建设过程中将可持续发展评价准则与RSA整合，能够使本区域受益。在明确可持续性目标后，能够使行业内各成员或政府共同努力来促进目标的实现。特别是采取这种发展模式能够创造出最优的劳动力雇佣方式和确定人员配置规模。最后，按照EI Serafy的可持续发展理论，RSA能够促使部分不可持续性产业模式向可持续性模式转变，以可再生资源利用模式替代不可再生资源利用模式。

Gibson（2004）认为，在将可持续发展评价准则整合到RSA的过程中，需要转变传统的研究方式，这个过程中要关注公众在权衡利弊后做出的关于未来的选择。然而，迄今为止并没有人意识到这个问题。

12.3.2 综合性评价——未来之路

RSA未来的另一个挑战是综合评价问题。不仅要对单一产业进行评价，而且要考虑多个产业的综合优势和影响。《巴伦支海综合规划》是对综合评价的一次从理论到实践的勇敢尝试。

专栏 12.3 《巴伦支海综合管理规划》的启示

- 在有充分时间保证的情况下，由各部门联合实施综合评价是一种较好的方式，但首先应制定好规划和协调措施；
- 确保具备充分的方法学专业知识；
- 首先要充分了解各种方法的优劣；
- 积极开展多方对话。如果目标是使各方意见达成一致，那么传统方法很难完成这个目标；
- 打破不同部门之间的藩篱；
- 情景分析方法是制定发展战略的有效方法，特别是在与影响评价工作中的传统方法配合运用时；
- 若我们不了解明确的环境压力，则无法有效评价生态系统受到的累积影响；
- 弥补专业知识的不足；
- 建立明确的准则来应对不确定性因素；
- 建立不同于环境影响评价方式的综合评价方法。

来源：Sandar，2005。

在加拿大萨斯喀彻温省大沙山开展的区域环境研究，是一次将社会、经济和生态因素与区域发展相互整合的过程。本研究针对多行业（石油和天然气、牧业、休闲旅游业等）土地利用规划而展开，对发展规划进行评价，划分保护区域和开发区域，指导未来的开发建设活动，实现在获得经济利益的同时保护生态完整性的目标。在大沙山研究项目中成功整合了多个行业和各种利益，这对于其他地区和产业的相关研究有良好的指导意义。

12.4 结论

本章介绍了 RSA，一项在特定区域内对产业部门开展评价的工作。RSA 是为了达到区域生态保护与社会经济发展目标而探寻合适的发展途径和规模。其优势在于充分考虑累积效应和区域环境阈值，实现对产业部门的管理。早期区域发展评价为投资者提供投资建议。在影响分析方面，RSA 必须符合其目标并发挥潜在优势。

RSA 未来发展趋势在于整合，即在评价过程中对各个部门和各类活动进行综合评价。综合评价能够多方面考虑累积效应，使多个产业部门共同实现环境保护和社会经济发展目标。通过在 RSA 中增加可持续发展评价准则来实现综合评价。引入可持续发展理念，保证区域发展能够达到预期社会目标。最终实现能够取得良好环境与社会经济效益的发展方式。

尽管到目前为止，RSA 所取得的整体经验是有限的，但在某些行业，如石油和天然气行业的经验则日臻完善，并逐渐开始涉及其他行业。本章回顾了以往相关工作的经验，强调综合性评价和可持续发展评价是区域未来发展研究的重要领域。理论研究和实际工作促进了对这些概念的理解，使其逐渐适用于 RSA 工作，最终成为 RSA 工作中的核心内容。目前已在挪威巴伦支海和加拿大大沙山开展了相关研究工作。

致谢

感谢 2005 年 IAIA 布拉格会议的全体与会人员，特别是那些在研讨会上发表演说的代表，以及协助完成本文的 Michel Bouchard，Sigurd Juel Kinn，Gunnar Sander，Clive Wicks 和 Alonso Zarzar。感谢 William Verkamp 协助共同主持本次会议，感谢 Barry Jeffrey 和 Jayne Roma 对于本章提出的建议。

注释

① 本章部分内容源自 IAIA 布拉格 SEA 大会的会议纪要。此外，研究结论主要基于作者确认的关键案例研究。本章无意总结所有关于该主题的经验与案例。

参考文献

[1] Bouchard, M. and Keita, S. (2005) 'SEA of the mining sector in Mali', paper presented at the IAIA SEA Conference, Prague.

[2] Dalal-Clayton, B. and Sadler, B. (1999) 'Strategic environmental assessment: A rapidly evolving approach', IIED Environmental Planning Issues, no 18, www.nssd.net/pdf/IIED02.pdf, accessed October 2010.

[3] Dalal-Clayton, B. and Sadler, B. (2004) 'Strategic environmental assessment: An international review, with a special focus on developing countries and countries in transition', final draft, www.iied.org/pubs/pdfs/G02207.pdf, accessed October 2010.

[4] EEA (European Environment Agency) (2001) 'Reporting on environmental measures: Are we being effective?', Environmental Issue Report No 25, EEA, Copenhagen.

[5] El Serafy, S. (2003a) 'Structural adjustment in retrospect: Some critical reflections', in Goodland, R. (ed) Strategic Environmental Assessment and the World Bank Group, www.eireview.org.

[6] El Serafy, S. (2003b) 'Serafian quasi-sustainability for non-renewables', in Goodland, R. (ed) Strategic Environmental Assessment and the World Bank Group, www.eireview.org.

[7] FAO (Food and Agriculture Organization of the United Nations) (1999) Environmental Impact Guidelines, FAO Investment Centre, Rome.

[8] Gibson, R. B. (2004) 'Sustainability assessment and implications for regional effects assessment', in Kirstein, F. and Jeffrey, B. (eds) Proceedings of the Information Session: Learning about Regional and Strategic Environmental Assessments, 22-23 May 2003, Halifax, Canada, Environment Canada, Dartmouth.

[9] Gibson, R. B., Hassan, S., Holtz, S., Tansey, J. and Whitelaw, G. (2005) Sustainability Assessment: Criteria, Processes and Applications, Earthscan, London.

[10] Government of Norway (2002) 'White Paper', no 12 (2001-2002), Rent og Rikt Hav (Clean and Rich Seas), Oslo.

[11] Hartley, J. (2004) 'SEA for UK offshore oil and gas licensing', in Kirstein, F. and Jeffrey, B. (eds) Proceedings of the Information Session: Learning about Regional and Strategic Environmental Assessments, 22-23 May 2003, Halifax, Canada, Environment Canada, Dartmouth.

[12] Hegmann, G., Cocklin, C., Creasey, R., Dupuis, S., Kennedy, A., Kingsley, L., Ross, W., Spaling, H. and Stalker, D. (1999) Cumulative Effects Assessment Practitioners Guide, Cumulative Effects Assessment Working Group and AXYS Environmental Consulting Ltd., prepared for Canadian Environmental Assessment Agency, Ottawa.

[13] IAIA (International Association for Impact Assessment) (2002) Strategic Environmental Assessment Performance Criteria, Special Publication Series No 1, IAIA, Fargo, ND.

[14] Kinn, S. J. (2004) 'The Norwegian experience with regional environmental impact assessment', in Kirstein, F. and Jeffrey, B. (eds) Proceedings of the Information Session: Learning about Regional and Strategic Environmental Assessments, 22-23 May 2003, Halifax, Canada, Environment Canada, Dartmouth.

[15] Kinn, S. J. (2005) 'Regional-sectoral assessments in the Norwegian offshore petroleum industry', paper presented at the IAIA SEA Conference, Prague.

[16] Kirstein, F. and Jeffrey, B. (eds) (2004). Proceedings of the Information Session: Learning about Regional and Strategic Environmental Assessments, 22-23 May 2003, Halifax, Canada, Environment Canada, Dartmouth.

[17] Noble, B. (2000) 'Strategic environmental assessment: What is it and what makes it strategic?', Journal of Environmental Assessment Policy and Management, vol 2, no 2, pp203-224.

[18] Noble, B. (2004) 'Environmental, regional and strategic assessment: Canadian perspective', in Kirstein, F. and Jeffrey, B. (eds) Proceedings of the Information Session: Learning about Regional and Strategic Environmental Assessments, 22-23 May 2003, Halifax, Canada, Environment Canada, Dartmouth.

[19] Pope, J., Annandale, D. and Morrison-Saunders, A. (2004) 'Conceptualising sustainability assessment', Environmental Impact Assessment Review, vol 24, pp595-616.

[20] Sandar, G. (2005) 'Integrated management plan for the Norwegian part of the Barents Sea', paper presented at the IAIA SEA Conference, Prague.

[21] Saskatchewan Environment (undated) 'The Great Sand Hills Regional Environmental Study', www.environment.gov.sk.ca/2007-104Great Sand Hills Environmental Study, accessed April 2006.

[22] UNDP and REC (United Nations Development Programme and Regional Environmenal Centre) (2003) Benefits of a Strategic Environmental Assessment, prepared by J. Dusik, T. Fischer and B. Sadler with further input from A. Steiner and N. Bonvoisin for UNDP and RCE for Central and Eastern Europe, http://archive.rec.org/REC/Programs/EnvironmentalAssessment/pdf/BenefitsofSEAeng.pdf, accessed October 2010.

[23] Wicks, C. (2005) 'WWF and SEAs', paper presented at the IAIA SEA Conference, Prague.

[24] World Bank (1996) 'Regional environmental assessment', in Environmental Assessment Sourcebook Update, No 15, Environment Department, World Bank, Washington, DC.

[25] Zarzar, A. (2005) 'A social assessment of the mining sector in Peru: Issues and recommendations', paper presented at the IAIA SEA Conference, Prague.

第十三章　战略环境评价与海岸带管理

科吉·高文德　伊维卡·特兰别克
（Kogi Govender　Ivica Trumbic）

引言

在沿海国家中，一半人口居住在海岸带区域，世界上2/3的特大城市位于海岸带周边（工作组会议报告，2001）。在许多沿海国家中，大部分海岸带地区都受到负面人为影响。这其中包括来自当地和高海拔地区的污染、人口增长导致的环境衰退、若干资源利用方式之间的冲突以及资源的过度开发（Norse，1993）。如果这些区域需要得到修复，加强或维持管理上的干预是十分必要的。因此，海岸带综合管理（ICZM）被认为是解决这些问题的最有效方式。ICZM的目的在于确保目标制定、规划和实施过程涉及尽可能广泛的利益群体，使得不同利益相关方在海岸带的利用上相互妥协并达成平衡（Post和Lundin，1996）。

政策、规划和计划的战略环境评价（SEA）是另一个关键性手段，它不仅仅停留在项目层面，而是将整体性环境管理因素纳入到决策制定过程中。SEA已经广泛应用于各个部门，尤其是交通运输和土地利用规划领域（Dalal-Clayton和Sadler，2005）。迄今为止，尽管SEA具有很大潜力，但以支持ICZM的发展为目的而对SEA的利用依然有限。具体而言，通过明确环境发展过程中的优势与限制性条件，然后提供可持续发展的战略框架，SEA将加强对包括港口在内的海岸带区域的管理能力。

这一章的主要目的在于介绍战略环境评价（SEA）与海岸带综合管理（ICZM）之间的关系。同时阐述了 SEA 应用于海岸带整体管理和港口规划的前景。最后，本章将举例说明SEA在海岸带管理领域的应用，突出最佳规范这一要素，同时指出它所面临的挑战。

13.1　背景：海岸带

海岸带包含一些具有地球上最高生产力的生态系统以及生物多样性最丰富的区域；同时，它也支撑着世界上人口的主体。广义地讲，海岸带指能够被海洋影响的陆域和受陆域影响的海域。海岸带包括以下三种主要组分（UNEP，2001）：

（1）从低水位线向近海延伸的海域；

（2）从低水位线向海岸植被边缘延伸的海陆交错带；

（3）从交错带边缘向内陆延伸一段距离的陆域（各国对这一距离的定义可能不同）。

上面介绍的三个部分以多种方式相互作用，之间的边界也不固定。进一步说，海岸带并不是一个孤立的生态系统，而是一个复杂的、高生产力的环境。CHUA（1993）认为海岸带是一个具有生产力和自然防御功能的特殊地带，能够对远远超过它物理边界的环境条件和经济条件产生重要影响。另外，他认为海岸带能以生产力（石油、天然气、航运、旅游、渔业）和服务功能（大气控制、干扰控制、污染物处理和营养物质循环）的形式为人类创造巨大的财富。上述定义包括可持续发展原理，即生物物理环境与当地的社会经济状况是一个整体，该定义也认识到海岸带拥有多样化的和高生产力的生境，对于人类定居、发展和繁衍具有重要意义。

13.2　海岸带综合管理（ICZM）

在 20 世纪中叶，对人类沿海岸带活动的管理都归到海岸带综合管理（ICZM）范畴内（Haag，2002）。近年来，ICZM 已经成为各种不同名词的统称，例如：海岸带管理（CZM）、海岸带综合规划、海岸综合管理、海岸带区域综合管理、海岸带规划和（或）管理、海岸带综合资源规划或海岸带综合资源管理（Hildebrand，2002）。

今天大部分有关海岸带综合管理的理论均来源于《21 世纪议程》第 17（A） 章，即保护大洋和各类海域，包括封闭和半封闭的海，以及各沿海区，并保护、合理利用和开发其生物资源。《21 世纪议程》指出：海洋环境（包括大洋、所有海域和其他毗邻的海岸带区域）构成了一个综合体，是全球生命支持系统的重要组成部分，同时也是支持可持续发展的有利因素。

在里约峰会上，参会的海岸带资源拥有者和使用者达成共识，即沿海国家应相互协作，实现海岸带的综合管理，同时在国家管辖范围内实现沿海地区渔业海洋环境的可持续发展（联合国，1992）。

可持续发展思想贯穿于海岸带综合管理概念中，它被定义为一种持续、动态的过程，使可持续利用、沿海和海洋地区及其资源开发保护的决策得以制定（Cicin-Sain 和 Knecht，1998）。ICZM 的基本原则是理解海岸带资源、资源利用以及资源开发与经济和环境的相互影响等因素之间的关系。因为海岸带资源能够被同时用于不同的经济和社会部门，只有当所有资源的使用者以及他们之间的关系被确知，ICZM 项目才能被实施（UNEP，1995）。

ICZM 主要原则包括（UNEP，1995）：

- 海岸带是需要专门的管理或规划措施的独特资源系统。
- 在海岸带资源系统中，水陆交错带是统一的整体。
- 对陆地和海洋的利用及其特定属性与要求，应进行统一规划与管理。
- 海岸带管理和规划边界应基于具体问题，并能适应各种情况。
- 各级政府均对海岸带规划和管理负有责任。
- 社会经济效益评估和公共利益相关方均是海岸带管理的重要组成部分。
- 海岸带保护是海岸带可持续开发利用的重要目标。
- 多部门方法对于资源可持续利用而言至关重要，因为它涉及各个部门的相互影响。

尽管 ICZM 计划需要根据当地实际需要进行必要的调整，但各方一致认可的是，ICZM 大体上是由四个主要步骤构成（见专栏 13.1）。

专栏 13.1 海岸带综合管理步骤

（1）识别和评价问题

❖ 基准数据的收集和对当地资源状况的了解。

❖ 对信息进行编译、整合、分析和排序。

❖ 利用遥感技术和地理信息系统（GIS）技术。

（2）制定政策、规划和计划

❖ 确定管理目标和目的。

❖ 提出若干项不同的管理战略并选择其中最适当的。

❖ 制定一个框架来引导决策者制定相应决策，以合理分配人类所需的稀缺资源，解决当前或未来海岸带地区资源短缺的问题（如土地、鱼和水）。

（3）实施

❖ 海岸带综合管理战略行动计划。

❖ 为实现规划阶段拟定的计划、战略和项目来分配职责。

❖ 能力建设和评价。

❖ 制定旨在提高公众意识的计划。

（4）监测和评估

❖ 检验海岸带综合管理是否正在实现其目标，同时提出相应的改进建议。

来源：Audouin 等（2003）；ICZM 基础理论（2003）；Gerges（2002）；Dalal–Clayton 和 Sadler，2005。

拥有必要的战略工具是 ICZM 成功的关键因素之一，目的在于纳入利益相关方的广泛参与，确认和了解影响海洋和海岸带环境的一系列事件，以及确定哪些管理问题应该提上议事日程（Audouin 等，2003）。“典型”环境影响评价（EIA）虽然已经实施了较长时间，但仍不足以满足上述需求。甚至包含战略要素的一系列环境影响评价（例如：大型基础设施建设或大型码头的情况）也不能揭示一连串战略项目的累积影响，因为每一项环境影响评价都是相对孤立实施的。SEA 更能有效地满足需要。因为它不仅仅是针对政策、规划和计划的环境评价，同时也可以被视为自身的规划工具（Kay 和 Alder，1999）。

13.3 战略环评在海岸带综合管理中的应用

目前没有专门针对海岸带战略环评的法规或导则，但是管控战略环评应用情况的国家和国际法规[例如，欧盟指令和联合国欧洲经济委员会（UNECE）SEA 议定书]因其通用性而足以应用于海岸带综合管理，尤其是在得到旨在使战略环评应用于具体海岸带背景的导则的补充时。为此，东非海岸带管理秘书处（SEACAM）针对东非国家和西印度洋岛国制定了海岸带管理的 SEA 导则。这些导则要求 SEA 成为海岸带综合管理进程不可或缺的组成部分。理想状态下，SEA 原则和工具应与 ICZM 有机结合，使海岸带规划和管理方案被整体考虑。具体来说，SEA 的应用需要确保各方重点关注的海岸带焦点问题得到确认和处置，促进利益相关方的相互协商，以及考虑在可持续发展背景下开展的各类活动对环境的影响（Audouin 等，2003）。

实行 SEA 的目的并不在于取代 ICZM，而是提供信息，并改进已有进程。如专栏 13.1 所示，ICZM 和 SEA 有许多共通之处，同时也汲取了优秀规划原理（Dalal-Clayton 和 Sadler，2005）。通过在适当的时机提供适当的信息，并将可持续理念融入规划，SEA 的工具和策略性步骤均可用于 ICZM 执行，最终提升其产出价值和效率。例如：在 ICZM 的第一步（识别和评估问题），以下工具（通常应用于 SEA）能够提供信息以加强 ICZM 的进程：环境背景分析、环境报告、利益相关方的投入及其相互影响、已有的 PPPs 分析；基于 GIS 的适宜性分析和敏感性评价。

SEA 的一个主要优势在于它的健全性、灵活性和它对不同情况的适应性（Kjörven 和 Lindhjem，2002）。SEA 能够被用于整合海岸带规划中的经济、生物物理学和社会问题，以促进区域可持续发展。SEA 有很多不同的实现途径，“目标主导”或是“可持续理念主导”模式都是适应不同国家环境、需求及问题的适宜途径。

这些模式涉及一个涵盖环境要素的可持续性框架的开发，以针对特定的 ICZM 问题提供决策支持。引入可持续发展框架能够使 ICZM 过程更加强大、更有效率。它也提供了海岸带综合管理的基础——建立评价标准，判别那些 ICZM 政策、规划和计划能否通过评估。在为海岸带综合管理设置环境参数的过程中，可持续框架所发挥的功能就是将可持续性原则纳入决策中，例如：未来海岸带的利用、海岸带资源的开发和处理海岸带利用过程中存在的问题。依据目前已有的海岸带管理倡议，我们鼓励更多的战略环境影响评价方法在可持续发展框架下用于评估它们的影响和效果。

到目前为止，仅有很少的基于 CZM 需求的 SEA 案例研究。本文在下一节列举了在国际影响评估协会战略环评会议上发表和讨论的数个案例，以及若干个港口规划。

13.3.1 Fuka Matrouh 项目，埃及

在地中海行动计划的海岸带管理方案（CAMP）的资助下，在埃及的 Fuka Matrouh 地区，战略环评的重要性得到当局的高度重视。启动这一项目的目地在于提供整体管理方案，通过制定总政策，整合 Fuka Matrouh 地区的海岸带规划以应对旅游业的发展趋势。战略环评的 Fuka Matrouh 地区海岸带综合管理规划用于评估整个海岸带受到的累积性、次要性、长期性和延后性影响（Abul-Azm 等，2003）。

矩阵分析用于预测在管理规划中拟议活动的六个主要部门受到的影响，包括运输业、城市化和服务业、工业、农业、旅游业和其他行业。这一地区的发展目标包括拥有五个新的具有 10 000 个床位的旅游集散中心。当地居民数量从现有的 100 000 人规划增长至 480 000 人。如此巨大的人口增长对当地的自然资源有很大影响，同时，也可能导致当地人的冲突，主要是贝都因人。

战略环评重视主要资源管理问题和规划性开发的影响。它提出了一系列减轻空气、河流、海洋、噪声污染的措施，用于保护生物多样性；减少土壤侵蚀和土壤污染，减轻对当地脆弱社会环境的消极影响；维护当地传统价值观。因为战略环评是第一次在埃及实施，也是在海岸带地区的首次实践，因此在准备阶段遇到了大量问题。1994 年，环境影响评价法律尚没有专门针对战略环评的条文。由于缺乏法律约束，当地政府并不认为推动 SEA

是他们的责任。结果很难获取如地图这样的基础信息，当然也就无法进行 GIS 分析。尽管面临如此多的问题，战略环评仍然能够分析海岸带区域开发计划造成的可能影响及其累积效应。

13.3.2 SEA 与海岸带虾业养殖，泰国

养虾业是一种外向型海产品产业，通常在发展中国家的封闭、半封闭海域进行，伴有一系列环境问题。泰国是世界上最大的虾业养殖国家。普通的 SEA 原则和程序被用于评估 Bangpakong 流域养虾业的影响。针对开发行为存在巨大差异的地区，SEA 使用 GIS 支持下的区域影响情景模型评估其累积效应（Szuster 和 Flaherty，2002；Szuster，2005）。

在该研究中，水量、水质及农业灌溉用水被选取为有价值的生态系统组分。这一选择基于 Bangpakong 流域的特征以及与养虾业有关的环境问题。收集这些参数的数据，并以此来评估该流域养虾业的累积效应。

关于水产养殖的 SEA 研究相当有限。以前对养虾业的环境影响研究仅仅是针对某一事件或是某一特殊的项目，但这种有限的研究方法忽视了水产养殖对区域环境质量的深远影响。针对 Bangpakong 流域的研究表明，在发展中国家引进 SEA 技术面临诸多挑战，其中很多是关于数据可获取性和数据质量。如果 SEA 要获得成功，关于环境系统和发展影响的大量基础数据是不可或缺的，以便于评估环境累积效应。但大部分信息都是不可获取的，即使得到了数据，其质量仍是个问题。尽管面临这么多问题，但 SEA 在这个项目中仍表现为一个有效的管理工具，以解决水产养殖或其他经济行为所带来的环境问题。

13.3.3 大西洋海岸带的 SEA，加拿大

该项目通过分析海岸带规划和社会生态、发展之间的关系，展现了 SEA 的作用（Collins 和 Wilkie，2005）。在分析过程中，考虑到了缓合或适应气候变化的影响。在加拿大新斯科舍省海洋石油局的指导下，SEA 在新斯科舍省东北部大约 16 123km^2 的土地上开展，主要用于评估该区域是否应被允许开采石油和天然气，如果可以开采，应在何种条件下开采。

两个相关的政府部门授权加拿大新斯科舍省海洋石油局支持 SEA 运作。按照加拿大政府内阁指令对 SEA 的要求，使之适用于联邦政府部门和机构，同时也与新斯科舍省能源战略一致。SEA 并没有考虑到单独的管理系统涉及的社会问题和利益。

SEA 的目的在于查明知识和数据鸿沟，重点解决关心的问题，提出有关缓解策略和规划的建议。在本案例中，SEA 报告更多的是在提供信息而不是做出决策。他们试图协助加拿大新斯科舍省海洋石油局决定是否应向整个或部分地区授予开采权；为开采活动确认适当的规程或缓解环境压力的措施；开展研究，分析区域环境影响。总之，SEA 被视为一个有效的工具以提供指导或解决关心的问题。

13.4 SEA 和港口规划

港口建设和运营将改变或干扰海岸带生境的生态功能。SEA 作为促进可持续发展规划的工具的价值，逐步被全世界的港口所认知。下面的三个例子将探讨 SEA 的各要素如何

协助提升港口规划、运营和管理。

13.4.1　南非开普敦和理查兹湾港口的 SEA

根据南非导则的定义，SEA 是一个将可持续发展概念融入战略决策中的过程。SEA 对于港口规划、运营和管理的重要作用已经被上升至国家战略，写入了《国家港口政策白皮书》(2002)。《白皮书》提到，SEA 被推荐使用，以便于积极整合在政策和规划层次的生物物理和社会经济问题。南非国家港口管理局（港口的“主人”）已经开始执行这一政策，并在开发南非开普敦和理查兹湾时试行 SEA（Govender 等，2005）。

在以上两个案例中，SEA 程序大体上遵循了南非 SEA 导则，包括可持续发展框架下的三个相互独立的时期——审核、选址评估、开发。在前期评审阶段，投资者直接参与详细调查，为评审专家阐述港口可持续开发的前景以及可能出现的战略问题。例如：生态系统或生境维持；海岸古迹保护；海岸线稳定；港口道路建设；城市空间规划；社会经济学；经济学与制度建设。

在评估阶段，主要问题在审核过程中就已经被详细研究。专项研究被用于：阐述已经存在的环境政策和相关的变化趋势；明确可持续发展的目的、指标和目标；分析未来港口建设面临的环境机遇与局限；优化导则以克服局限性并抓住机遇；利用关键性的可持续发展指标建立监测指标体系。在最终的报告中，这些研究的调查结果融入到了“可持续发展框架”之中，包括港口开发、管理和监测的行动指南。两个港口城市的各相关部门将补充完善这一报告。

我们可以从这些 SEA 项目中学到很多经验。为了 SEA 取得成功，从一开始就做出承诺是十分重要的。专家需要了解 SEA 的目地以避免将它仅仅看成是“环境影响评价”，从而使他们的注意力集中在未来发展的机遇和挑战上，而不是常见的环境影响评价。最终，规划和项目的优先级是十分重要的，同时必须提供配套的细则以补充规划。例如：从现在开始，我们可能需要建立监测系统以评估未来 25 年可能实施的开发项目。

13.4.2　中国港口规划的 SEA

中国的《环境影响评价法》已于 2003 年实施，该法律要求包括主要港口规划在内的政府规划进行环境影响评价。按照这一法律，国家环境保护部已经颁布实施了四项条例和导则以作为它的补充。根据“环境影响声明编制规划范围”，环境影响评价程序必须包括以下几个部分：规划分析；环境状态分析；环境影响识别及环境目标和评价指标的确定；预测、分析和评价环境影响；减轻环境压力的措施；公众参与；监测和跟踪评价以及 SEA 文件的起草。

按照上述要求，营口港作为中国北方主要的国际贸易港口之一，实施了 SEA（Lili 等，2005）。环境问题主要在以下五个相关方面得到了分析：港口位置；规划目标；与其他相关规划的比较分析；港口布局及土地利用区以及环境基础设施。在评估中使用了许多不同的方法和技术，包括矩阵分析、数学模型、情景分析、统计分析和类比分析。将这些分析中获取的数据整合到一起，并使用 GIS 技术预测开发动态的环境影响，并提交决策审议。

目前许多处于高效工业化过程中的发展中国家面临的最大挑战是收集适当的数据。在本研究中，数据收集被限制，部分用于环境评价的指标竟从未被监测过。未来 SEA 的时间周期将进一步缩短，数据收集和分析将被更加重视。尽管面临这么多的困难，SEA 的报告仍然为港口主体规划提供了很多有益的信息。

13.4.3 越南头顿区港口战略环评

头顿区位于 Thi Vai 河下游的胡志明市和头顿市附近，是越南南部发展最快的地区之一。许多港口和港口相关工业已经开始得到开发，或在不久的将来被规划开发。目前面临的主要问题是许多港口建设用地位于生态敏感区域，如红树林。SEA 主要关注于以下几个方面：水资源、噪声及振动；空气污染和光污染；社会经济学；公众健康及安全；动物及植被；古迹及文化历史。SEA 同样关注这些方面的累积效应（Rutten 等，2005）。

地形图和 SPOT 影像被用于土地利用分类，将该区域分为森林、水产养殖、河流、运河、居民区用地、裸土地和湿地。利用 GPS 进行地面调查和问卷调查的方式对这些数据的真实性进行检验。近五年来的土地利用变化显示出该区域城市建设用地的增长，尤其在与其他港口开发区国道相连的区域。通过分析近年来的变化，可以想象未来新的主要港口规划将导致资源的衰退，例如红树林面积的下降。这一信息为预测未来变化以及提出管理措施十分有用。

13.5 结论

SEA 已成为国际影响评价的重点内容。目前，关于 SEA 的探讨主要围绕其潜在成果而非实际经验所能带来的经济价值，导致的结果是为应对越来越多的各种要求，SEA 作为一种工具承担起许多不必要的压力（Govender，2005）。然而，更值得关注的是 SEA 在实际执行过程中存在着明显的经验不足问题，尤其是对于 CZM 类问题。当 SEA 的实际操作与 EIA 的执行比较时，这种不足显得非常明显，在许多国家，SEA 仅充当着一种标准工具。对 SEA 的期望与实际应用之间的差距将成为未来研究的关键。

另一个值得关注的问题是 SEA 缺乏标准的方法以及体系。虽然有关 SEA 的总原则和基本流程已众所周知，但大家还未认可其作为一种工具应该得到使用，SEA 的最终成果应该值得研究与探讨。对某种评估该被视为 EIA 还是 SEA 通常存在着一些困惑。近期一个 EIA 案例评价石油管道是否可能对亚得里亚海产生潜在的深远影响，由于其全区域开发的战略意义，该案例极易被误解为 SEA。

在布拉格展开了有关 SEA 与 ICZM 的讨论，重要成果包括如下几点：

- 某些战略环评很大程度上是一种知识运用的过程，而不会影响决策。
- 只有得到了制度上的支持，SEA 才是有效的。获取政治认同和支持在 SEA 执行的进程中是至关重要的。
- 通常战略环评侧重于当地海岸带环境，不考虑诸如气候变化和海平面上升的影响等全球性问题；考虑到这种变化所造成的深远影响，我们需要有关如何在 SEA 框架下解决这些问题的指导。
- 对于战略环评所服务的决策者而言，研究结果和建议必须与经济框架相互关联，例如，生态影响的经济成本。但是这并不容易做到，需进一步开展有关如何在战略环评指导下满足环境和资源经济需求的研究。

- 虽然海岸带管理工作中的战略环评的价值已经得到公认，但许多国家缺乏规划的机构和工具，进一步的工作是如何整合这些进程和避免重复。
- 在大多数情况下，当报告完成之后，战略环评就停滞了；但它应该包括长期的监测和评价，评价所需的指标和数据应是简单、易获取的，无须昂贵的专业技能或工具等。
- 许多战略环评将生活在受影响地区的居民排除在外；当地知识和当地居民能力建设是实现战略环评的重要组成部分。
- 战略环评需要考虑适当的公众参与途径，以满足环评中公众参与的需要。

总之，战略环评具有很多的用途，可以满足包括 CZM 在内的各种情况下的应用。为了获得成功，并确保实施，必须考虑各项关键性因素，其中包括机构的支持；有效建议的成本；监测体系；改良系统以及有效的公众参与途径。

参考文献

[1] Abul-Azm, A., Abdel-Gelil, I. and Trumbic, I. (2003) 'Integrated coastal zone management in Egypt: The Fuka-Matrouch project', Journal of Coastal Conservation, vol 9, pp5-12.

[2] Audouin, M., Govender, K. and Ramasar, V. (2003) Guidelines for Strategic Environmental Assessment, Secretariat for Eastern African Coastal Area Management (SEACAM), Maputo, Mozambique.

[3] Chua, T. (1993) 'Essential elements of integrated coastal zone management', Ocean and Coastal Management, vol 21, pp81-108.

[4] Cicin-Sain, B. and Knecht, R. (1998) Integrated Coastal and Ocean Management: Concepts and Practices, Island Press, Washington, DC.

[5] Collins, N. and Wilkie, A. (2005) 'SEA in the Atlantic Canadian coastal zone', paper presented at the IAIA SEA Conference, Prague.

[6] Dalal-Clayton, B. and Sadler, B. (2005) Strategic Environmental Assessment: A Sourcebook and Reference Guide to International Experience, Earthscan, London.

[7] DEAT (Department of Environmental Affairs and Tourism) (2000) Guideline Document: Strategic Environmental Assessment in South Africa, DEAT, Pretoria.

[8] Gerges, M. (2002) 'Integrated coastal zone management: Environmental vision or national necessity?', in Al-Sarawi M. and Al-Obaid E. (eds) The International Conference on Coastal Management and Development, Kuwait.

[9] Govender, K. (2005) 'The integration of strategic environmental assessment with integrated development planning: A case study of the uMhlathuze Municipality', unpublished master's dissertation, University of KwaZulu-Natal, South Africa.

[10] Govender, K., Heather-Clark, S., Nkomo, B. and Ndema, F. (2005) 'Strategic environmental assessment: The key to incorporating the ethos of sustainable development into port planning, operations and management', International Navigation Association-On Course PIANC magazine, vol 21, pp35-43.

[11] Haag, F. (2002) 'A remote sensing based approach to environmental security studies in the coastal zone: A study from Eastern Pondoland, South Africa', unpublished document.

[12] Hildebrand, L. (2002) Integrated Coastal Management: Lessons Learned and Challenges Ahead, discussion document for Managing Shared Water/Coastal Zone International Conference, Hamilton Ontario, Canada.

[13] ICZM Basics (2003) 'Integrated coastal management functions', www.icm.noaa.gov/story/icm_funct.html, accessed 5 March 2003.

[14] Kay, R. and Alder, J. (1999) Coastal Planning and Management, E. & F. N. Spon, London Kjörven, O. and Lindhjem, H. (2002) Strategic Environmental Assessment in World Bank Operations, Environment Strategy Paper No 4, World Bank, Washington, DC.

[15] Lili, T., Xu, H., Jing, W. and Jun, Z. (2005) 'Strategic environmental assessment of port plan in China', paper presented at the IAIA SEA Conference, Prague.

[16] Norse, E. (1993) Global Marine Biological Diversity, Island Press, Washington, DC.

[17] Post, J. and Lundin, G. (eds) (1996) Guidelines for Integrated Coastal Zone Management, Environmentally Sustainable Development Series and Monograph Series No 9, World Bank, Washington, DC.

[18] Reports of the Conference Working Groups (2001) Toward the 2002 World Summit on Sustainable Development, Working Group 5: Integrated Coastal and Ocean Management, Global Conference on Oceans and Coast, 3-7 December 2001, UNESCO, Paris.

[19] Rutten, C., Binh, D. and Hens, L. (2005) 'Land cover changes in SEA of port development in the Vung Tau area (South Vietnam)', paper presented at the IAIA SEA Conference, Prague.

[20] Sadler, B. (1996) Environmental Assessment in a Changing World: Evaluating Practice to Improve Performance, International Study of the Effectiveness of Environmental Assessment, final report, IAIA and Canadian Environmental Assessment Agency, Ottawa.

[21] Szuster, B. (2005) 'Strategic environmental assessment and coastal shrimp farming in Thailand', paper presented at the IAIA SEA Conference, Prague.

[22] Szuster, B. and Flaherty, M. (2002) 'Cumulative environmental effects of low salinity shrimp farming in Thailand', Impact Assessment and Project Appraisal, vol 20, pp1-12.

[23] Thérivel, R. and Partidário, M. (1996) The Practice of Strategic Environmental Assessment, Earthscan, London.

[24] UN (United Nations) (1992) 'Agenda 21 Report', www.un.org/sustdev/agenda21chapter40.htm, accessed 7 March 2003.

[25] UNEP (United Nations Environment Programme) (1995) Guidelines for Integrated Management of Coastal and Marine Areas with Special Reference to the Mediterranean Basin, Regional Seas Reports and Studies No 161, UNEP, Split, Croatia.

第三篇
战略环境评价与其他手段之间的联系

第十四章　对战略环境评价与其他手段之间联系的主题概述

托马斯·B.菲舍尔
（Thomas B.Fischer）

引言

本章概述了 SEA 与其他手段之间的联系，详细的介绍将放在后面几章。后面几章集中于与 SEA 有关的政策、规划和计划等手段，这些手段可用以阐明特定的问题，或者有可能补充或支持这个过程。这里讨论的手段旨在提出 PPP 过程中没有充分阐述的问题，包括环境规划和管理、景观规划、生物多样性保护和可持续利用以及扶贫战略。空间规划作为一种机制也被涉及，借助这种机制，与很多相关问题的空间要素有关的信息被纳入到 SEA 体系中，以确保实现观点上的总体均衡。

有关环境规划与管理和景观规划的后续章节是从发达国家的立场入手，而有关生物多样性保护和可持续利用以及扶贫战略的章节则选取了发展中国家的视角。空间规划的章节是基于发达国家和发展中国家两种视角。主要区别在于，在发达国家的背景下应用时，SEA 一般是在健全完善的规划体系里运行，需要仔细调整以适应目前的结构。另一方面，当应用于结构性不太强的规划系统时（这是发展中国家经常出现的情况），SEA 实际提供了全局性的决策和规划框架。两种类型的共同点是，SEA 促使更好地考虑未被充分表达或被忽视的环境问题。

14.1　手段展望

14.1.1　环境规划和管理工具

在第十五章里，Sheate 主要关注 SEA 与不同的环境规划和管理手段，特别是环境管理体系（EMS）之间的可能联系。为了尽可能建立 EMS 和 SEA 之间的潜在联系，首先讨论了什么使 SEA 产生作用，同时注意到评价任何决策支持手段的效力都是很困难的，因为通常不可能确定在没有手段的情况下将发生什么。此外，Sheate 指出，如果现有的决策支持手段很管用，那么 SEA 与这些手段的结合就变得至关重要，将增加 SEA 产生深远影响的可能性。目前，Sheate 强调新的手段和工具是没有必要的，过去十几年已经引进的手段和工具仅仅是重复引进而已。

Sheate 还指出，那些参与有关环境规划与管理手段的布拉格研讨会的与会者认为对工具的关注显得有些目光短浅。更重要的是，他认为更多的关注应该放在体制能力和 SEA 应用所依托的文化背景上。对于有效整合 SEA 和 EMS 手段以及影响决策过程的能力而言，这是至关重要的。对现有的决策过程考虑不足，将意味着环境规划和管理手段将不能有效地运用。至于整合程度，Sheate 认为，从环境规划角度来看，比起全面整合，联合使用不同的工具将更为重要，因为这里面包含了各种要素之间的权衡。尤其是对未得到充分体现的环境要素而言，这可能成为问题。

通过各类案例研究，作者指出，将环境规划与管理手段和 SEA 相结合的重要益处在于透明度和责任制的提升。这个已经在俄国核潜艇退役的战略管理规划中有所体现。更重要的是，SEA 推动了环境规划管理领域里更具基础导向性的思考。

总的来说，虽然手段之间的联用很有必要，但事实上可能还存在问题，特别是因为不同的手段可能在不同的时间和地理尺度上起作用。此外，SEA 通常是一种法定要求，而其他手段则经常是在自愿基础上应用的。因此没有明确的激励措施来促使行动者关联这两者。已经将 EMS 与 SEA 相互关联并已彰显其优势的国家是瑞典，两者均在市政层面上得以应用。与约定俗成的 EMS 规范建立关联，意味着对 SEA 的抵制将减少。然而，可以确定的是，由于 EMS 经验并非源于战略水平的决策，因此 SEA 引领人们进入了一个全新的视角。

Sheate 指出，跨学科研究是必要的，这显示出关联的好处，但是这样做资金上也许很难保证，因为传统上仍是关注单一学科。此外，跨学科思维的缺失也妨碍了更好地理解可持续发展理念如何成为环境规划管理手段的主要目的。有鉴于此，跨部门运作和克服经济评估与环境评价之间彼此的反感情绪是很重要的。

14.1.2 景观规划和 SEA

在第十六章里，Hanusch 和 Fischer 回顾了 4 个国家的景观规划手段：德国（景观规划）、加拿大（景观管理模型，LMM）、爱尔兰（景观遗产评价，LHA）和瑞典（生态景观规划，ELP）。只有德国的景观规划是基于法律要求并且是广泛应用的，其他的手段目前只是偶尔运用。

作者以对术语“景观”和“景观规划”演变的综述开头。这一点很重要，因为特定的用词既可能吸引也可能妨碍人们对某种手段的兴趣。德国景观规划全面审查的实施提升了景观和一系列其他环境要素的状况。Hanusch 和 Fischer 指出，如果翻译成“环境和景观规划与管理”，则这一手段可能会引起国际上更多的关注。在说英语的国家里，“景观”这一术语一般被理解为可视化整体；在德国，它一般被视为天然地包括生物物理环境。

联邦自然保护法于 1976 年引入了德国景观规划系统。从那以后，针对所有主要级别的 PPP 都制定了景观规划，作为环境报告的综合陈述，建立了总的环境目标。此外，他们确定了开发和优化生物物理环境的措施，对于寻求缓解和补偿措施特别有用。用于景观规划的方法和技术，例如叠加制图，同样可以随时应用于 SEA。

在加拿大，LMM 应用于在土地利用和管理目标之间有潜在争端的区域。这其中包括人口增长、经济和农业发展、保护举措和流域管理等领域。LMMs 是定量管理手段，旨在检验一个区域的生态和社会经济要素会如何改变，考虑不同的政策和管理决策。它们被渲染为对评价参与性规划过程中的备选方案特别有用。有鉴于此，它们对 SEA 作出了卓越贡献。

在爱尔兰，LHA 运用了基于压力—状态—响应框架并涵盖清单、分析与交流功能的地理信息系统（GIS）方法。LHA 的最终目的是为了实现更好的景观管理，同样为爱尔兰的基础景观描述作出了贡献。对于 SEA 来说，LHA 的主要贡献是提供了基线数据和监测。

瑞典的 ELPs 也是为实现与德国景观规划同样的目的。在这一背景下，瑞典农业科学大学最近已经对开放式绿地城区做出了特性描述，这种特性描述已经成为图绘和评价与景观价值紧密相连的健康要素现状的基础。

总体来说，可以总结到，这 4 个国家的景观规划手段可以有效地支持 SEA 的应用，特别是以下几方面：

- 景观和环境基础数据的产生和评估。
- 景观格局、环境目标和总体目标的产生。
- 对与预期土地利用相关的冲突与影响的识别。
- 景观与环境保护和管理手段的确立。

14.1.3　生物多样性的保护、可持续利用和管理

在第十七章，Treweek 等讨论了 SEA 作为一种手段应用于生物多样性保护和可持续利用时所发挥的作用，它是国际影响评价协会生物多样性与影响评价能力建设项目（CBBIA）的核心要点。SEA 可被视为支持利益相关者参与生物多样性相关事务的重要机制。例如：政府、商业合作伙伴和一般公众之间的协商。

联合国的千年发展目标（MDGs，www.un.org./millenniumgoals）提出了发展的关键点，即在发展中国家使生物多样性保护和生态系统的服务功能相互兼容。MDGs 与环境可持续发展尤其相关。有鉴于此，SEA 被视为内化与生物多样性退化和损失有关的成本以及将生物多样性当作主要规划问题而予以纳入的潜在手段。拟定的经济发展政策、规划和计划常常导致做出有害于生物多样性的决定，而生态系统服务功能的缺失很少得到应有的关注。虽然生态系统服务功能的货币化是困难的，但重要的是生态系统服务功能对支持人类生存所发挥的作用应该得到更好的认识。

由于生物多样性持续的退化和损失，对累积效应的正视越来越重要，并由此对战略手段提出了要求。Treweek 等强调，最终生物多样性保护和可持续利用的失败将导致贫穷的延续。有鉴于此，清楚地阐明生物多样性保护的风险和机会是很重要的。越来越大的经济压力（例如，原材料的开采）引出更为重要的问题，即 SEA 是否可以解决冲突以及成为一种平衡手段，凸显出权衡手段的意义和必要性。

尤其具有挑战意味的是那些没有受到管制且不需要获得同意的开发活动。在这一背景下提到了农业：它有着广泛并且日益明显的影响，并且涉及农业尺度上基本不受管制的土地利用变化模式。SEA 在适当的尺度上为农业政策和生物多样性提供了一种考虑内在联系的可能。

基于不同发展中国家的经验，作者强调了 SEA 应用效果的交流和合作的重要性。有鉴于此，他们指出在改善合作管理时 SEA 特别有用。

14.1.4 特别强调扶贫战略和 SEA 的国际发展战略

在第十八章，Risse、Levine 和 Sahou 讨论了发展战略和 SEA 的关系，反对不同的国际宣言和协定，支持 SEA 的应用。《巴黎有效援助宣言》承诺给予援助，并承诺其伙伴国家“将制定和应用战略环境评价通用方法”。作为响应，经济合作与发展组织（OECD）发展援助委员会（DAC）在 DAC 环境合作网络的资助下建立了 SEA 任务团队。作为对这项工作的补充，联合国开发计划署（UNDP）还致力于在支持国际发展和消灭贫穷的战略背景下从事 SEA。

作者确认《扶贫战略文件（PRSP）》提供了以实现社会公平为目标的有效管理框架。到目前为止，SEA 在宏观发展政策手段方面未得到充分实施，但是，越来越多的努力正投入到能力建设中来，以支持将 SEA 与 PRSP 的开发和应用过程相互整合。发展中国家强调了 MDGs 对于 SEA 有效应用的重要性。实际上，只有很少的扶贫战略与基于环境可持续发展的 MDGs 保持一致，因此 SEA 可以帮助改善目前的状况。

基于对 4 个非洲国家将 SEA 应用于 PRSP 的情况所做的分析，Ghanime 等人明确了提高 SEA 地位的方式。他们指出，对于预算与人力要素以及信息库和数据系统的建立而言，予以适当的资源化是很重要的。只要有适当的组织管理并配备合适的人才，SEA 工作组会具有很高价值。与 SEA 文献的广泛经验不谋而合，作者指出，为了使 SEA 生效，SEA 应该应用在规划的开始阶段。有鉴于此，SEA 应该支持问题陈述过程，并应当在提出任何实质性行动建议之前实施 SEA。目前，人们普遍担心 SEA 被狭隘地理解为一种仅用来评估建议的影响的手段。因此，Ghanime 等人认为 SEA 应该基于更广泛的溯源性方法来定义相关 PPP 的环境内涵。

最后，作者指出 SEA 仍常常被理解为专注于文件的操作流程，因而更进一步需要做的是使 SEA 作为系统性和参与性过程而发挥实际效果。有鉴于此，他们指出这一手段只有在充分制度化后才会起作用。这就意味着需要实现有效的参与；促使不同利益相关者之间展开真实的对话；并且为了实施完整的需求评估，要保证经济和财政分析成为规划的一部分。

14.1.5 空间规划和 SEA

在第十九章里，Nelson 探讨了 SEA 和空间规划这两者之间的联系。他解释说，虽然空间规划可以通过不同的方法来理解和阐释，但它还是围绕着两个概念模型而在全世界各地蓬勃发展起来：一方面被社会主义理论驱动，另一方面由自由的市场经济引导。前者更理论化，并以严密的方式运作，而后者更灵活些。正因为如此，他们代表了连续体的终结，但没有一个是最佳模型。

作者表述了空间规划和 SEA 之间可能的联系，主要的关注点是 SEA 基本概念的演变、空间规划体系和方法、应用于空间规划的不同类 SEA，以及布拉格研讨会上关于这个主题的九大案例实证研究。更重要的是，他遵循了空间规划 SEA 的两种原则性方法，即基于环境影响评价（EIA）的方法和基于规划的方法。前者对数据有更严格的要求，而且更科学；后者则是偏重于定性地解释问题和选择方案。基于 EIA 的体系在如下地区得到应用：美国、荷兰、意大利、南非、德国、巴尔干半岛和前苏联。“基于规划”的方法在如下地区得到应用：加拿大、新西兰、英国和北欧。

空间规划 SEA 的九大案例研究主要从以下几个方面来阐述：空间规划状况、SEA 的法律地位、宗旨以及提出的关键问题。案例包括来自亚速尔群岛（葡萄牙）、Mura 河（克罗地亚）、圣保罗（巴西）、荷兰围海造田计划（荷兰）、Ekurhuleni 市（南非）和 Valjevo 市（塞尔维亚）的经验和对中国与英国的更全面审查，以及跨国（德国、波兰和捷克共和国）发展经验。一个重要结论是在空间规划中没有所谓简单易行的“万能型”SEA 方法，任何 SEA 都要去适应具体系统。

什么使空间规划区别于 SEA？Nelson 指出后者为解决空间规划的两个主要缺陷提供了可能的框架，这两个主要缺陷为“缺少透明度”和“缺乏对行动的替代性选择方案的任何真正探索”。尽管有关 SEA 是否应当演变为旨在检验规划概念的大体上无组织化创新过程或者应当更具程式化而与具体目标和结果相互绑定的争论仍然基本上没有结论，但是在“指标的制定和为监控SEA和相关规划的成果而建立更优框架是否是重要研究领域”这一问题上似乎已经达成广泛的一致意见。而且，尽管对 SEA 应该在何种程度上考虑社会与经济因素还没有定论，最近几年人们越来越认识到，需要将空间规划的 SEA 同其他形式的可持续发展评价联系起来。最后，公众参与成为令 SEA 纳入到空间规划中的关键因素。

在布拉格会议上对一个问题达成了更广泛的共识，即对于空间规划来说，“什么构成了成功的 SEA”。有鉴于此，重要因素包括早期应用和从一开始相关方就在 SEA 的范围、内容和结果等问题上达成一致意见。此外，SEA 应该挑战和测试有关空间概念和选择方案的假设。对于空间规划和 SEA 来说，应该同时做公众咨询，并且要保证有足够的时间。最后，应该鼓励决策者参与到 SEA 中来，并且他们应该表述自己在做决策时是如何考虑的。

14.2　结论

在接下来的几章里，探讨了 SEA 和其他手段与工具之间的一些潜在联系。这些联系提出了一个共同的核心问题，即不同的手段如何支持 SEA 的有效应用，并从相反的方向来论证。

尽管这些手段的性质完全不同，但对于它们来说，SEA 倾向于实现类似目的。首先也是最重要的是，提升在决策中未被充分表达的要素的作用，形成一种推动性手段，强化对环境因素的考虑。本着实证研究的精神，在更全面地参阅文献的基础上，为了使手段与 SEA 有效关联，需要将文化背景和体制能力都纳入到考虑范围内。只有这样才能使决策过程受到有效影响。

显然，SEA 与现有手段的联合是非常有益的。SEA 实际上在完善透明度和可靠性方面扮演了重要角色。此外，它可能完善基础导向性思维。在全区域环境管理体系存在的情况下这是很容易实现的，如景观规划。各位作者都指出，目前不需要任何新手段，而“发明”新的决策支持与评价工具这样的实践活动实际上只是新瓶装旧酒，只是给实践者带来了没必要的困惑而已。有鉴于此，Sheate 指出，“如果它看起来、听起来、感觉起来都像一头大象，那它八成就是一头大象了”。

尤其在发展中国家，MDGs 在识别总体目标和提供重要且有价值的框架时扮演了重要角色。有鉴于此，SEA 被证明是管理和最终提高生物多样性以及制定扶贫战略的最佳手段。此外还强调了利用 SEA 来加强交流与合作的可能性。有鉴于此，不同学科的学者坐到一起，不同利益相关者之间的对话也得到了加强。然而，为了有效地工作，需要合理规划会议和研讨会，并且聘请合适的人员。

至少在理论上说，空间规划是有可能取代 SEA 的，因为其目的在于对各类规划要素形成一种平衡的观点。然而实际上这方面是有问题的，尤其是当决策过程中存在一些良莠不齐的因素，且在决策透明度上也表现出一些潜在问题时。因此，目前在通过鼓励交流和基于实证的思维来实现空间规划上更加平衡的方法这一过程中，SEA 起到了重要作用。

第十五章　战略环境评价和环境规划与管理工具

威廉·R·西特
（William R.Sheate）

引言

本章借鉴了国际影响评价协会（IAIA）2005 年于布拉格召开的战略环境评价（SEA）和环境规划与管理工具研讨会上的讨论和相关文件，同时也反映了人们想了解这些工具之间的联系与重叠情况的广泛发展趋势。这次研讨会的论文和讨论为更进一步的研究提供了跳板，借鉴了数量虽然有限但仍在不断增长中的文献，这些文献论述了如何将 SEA（及其衍生工具）和战略环境规划与管理工具联系在一起。

本章的目的是要强调最大化利用现有工具和方法的重要性，并提出一个有助于促成今后更好的联合行动的议程。另外一个目的是为看似不变的“开发”新工具（或者，更苛刻一点说，就是不断努力去重新命名或改造旧有工具）的愿望提供一个反论据。虽是个人之见，但出现在评价和管理领域的过多名词与缩写词，给众多从业者、学者和学生造成一种挫败感。这些新名词的出现都要归因于应用环境评价或管理工具的衍生系列时将其重命名为一个多少有些不同的闪亮的新工具。既然它看起来、听起来或感觉起来像一头大象，那它很可能就是一头大象。既然如此，为什么不将其称为大象呢？

因此本章的基本前提在于，还有相当大的余地来对现有的环境评价和管理工具进行更好地利用、改造和联合，还应当寻求这些工具可能的最佳利用模式，而不是总认为需要全新的工具来应对新背景和新问题。可能需要一些新工具，但这种需求是在现有工具已充分发挥其潜能的前提下才出现的。

布拉格研讨会提出了四个关键问题，构成了本章的重点：

（1）在工具之间建立联系有什么好处？

（2）我们需要新工具还是应使现有工具联合发挥更好的作用？

（3）在决策过程中 SEA 和其他工具是如何配合使用的？

（4）如果工具联合使用更具有优势，那么在实践工作中怎样实现这种联合？

因此，本章大致围绕这些问题来安排段落结构，其中最后一个问题为有关如何使整个领域向前发展的建议提供了一个出发点。

在布拉格研讨会上提交了四份文件，涵盖了一系列不同的主题，其中包括瑞典地方当局的 SEA/环境管理体系（EMS）/系统流分析（Emilsson 和 Tyskeng，2005）、尼加拉瓜的战略环境分析（SEAN）（Castillo 等，2005）、俄罗斯核潜艇退役过程中实施的 SEA 和战略总体规划（SMP）（Blank 和 Smith，2005）以及巴西借助地理信息系统（GIS）来对可持续性参考基线方法加以利用（Oliveira 等，2005）等案例。虽然各不相同，但它们都强调了有关如何联用工具的探讨中出现的主要问题，尤其是：

- 工具的性质。
- 决策和体制背景的性质。
- 工具所用的数据的性质。
- 公众接触工具的程度。
- 决策过程的透明度。

以下讨论的重点集中于 SEA 和 EMS，尽管出现的许多问题与其他工具也同样有关，如生命周期分析（LCA）、物质流分析（SFA）或成本效益分析（CBA）。它还借鉴了作者以前在格拉斯哥（1999）、海牙、荷兰（2002）和马拉喀什（2003）通过 IAIA 召集的类似研讨会上提交的论文——如由 Ridgway（1999）、Sheate（2002）和 Vanclay（2004）发表的论文。这些研讨会起到了给这一领域带来新经验而搭建平台的作用。

15.1 背景——怎么实现有效的战略环境评价

在考虑联合利用 SEA 和其他环境评价与管理工具的潜在好处之前，简短思考一下工具的有效性问题颇为重要。如果联合利用工具是为了带来好处，那么在某种程度上还需要使一个或多个联系得更紧密的工具更为有效。评价工具的有效性是非常困难的，因为不太可能存在对照组来比较工具的运用情况，不可能判断在缺失该工具的情况下将会发生什么。因此，即使不是根本不可能，将使用工具所产生的收效从其他许多影响决策的诸多变量的效用中分离出来也是很困难的。类似 SEA 这样的工具将只是一个发挥一定程度影响的因素。

然而，在推动 SEA 与环境的整合或评价这一过程的有效性方面已有了诸多尝试（Sadler 和 Verheem，1996；Fergusson 等，2001；Sheate 等，2001，2003；IAIA，2002；Fischer，2005；Fischer，Gazzola，2006；Emmelin，2006；Retief，2007）。国际影响评价协会（IAIA）已公布了 SEA 执行基准（IAIA，2002），其目的在于：提供有关如何建立有效的全新 SEA 过程和评价现有 SEA 流程效率的一般战略性指导。

这些标准包括对 SEA 实现综合性、以可持续发展为主导、重点突出、责任性、参与性和重复性等目标的要求。这意味着，如果这些要素落实到位，将推进有效的 SEA 进程。Fischer（2005）将 SEA 有效性更简洁地定义为：SEA 影响决策制定过程和参与者意志的能力。

因此，对有效性更普遍意义上的理解为：工具欲实现其有效性，必须能够至少满足自身目标。以 SEA 为例，这方面要求将是确保环境要素向决策过程提供信息，在有关规划或计划是否会被采纳或被批准等决策上对其施加影响，确保环境因素纳入到决策之中。这种影响在整个规划过程的不同阶段可能会出现：最早可能在影响方案选择的阶段出现，之后的阶段会为缓解与监控措施提供信息。可以说在最初阶段，SEA 在影响考虑中的规划、计划或战略的整体方向及目标上最具有效性。Noble（2000，2002）指出，对替代方案真正的战略考虑要求对实现诸如替代性运输模式等目标组的备选方案进行评价。这与对道路规划环境影响评价（EIA）中可能出现的备选地点或路线等替代方案的考虑形成鲜明对照，这种情况下道路方案的选择已经确定下来。在欧盟国家，SEA 指令要求对合理的替代方案予以评估，并在确保替代方案得到合理考虑方面树立一个重要的标杆。

SEA 本身当然可以以许多不同的形式出现，尤其是作为涉及社会、经济与环境参数的更广泛可持续发展评价的一部分（Dalal-Clayton 和 Sadler，2005；Gibson 等，2005）。Verheem 和 Tonk（2000）认识到目前已出现了在开放性、范围、强度和持续性等方面各有不同的几种战略环境评价（SEA）方法。他们认为，这种差异源自于其具体应用背景，尽管针对性设计有助于提高有效性，但完全多样化的方法会造成混乱并妨碍 SEA 的实施。Kørnøv 和 Thissen（2000）认识到 SEA 具有双重性，认为 SEA 既具有倡导作用，因为其首要目的是提升环境状况，同时它还具有整合作用，使得环境、社会和经济因素能以更客观的方式组合。

SEA 应该获取不同环境方面的详细信息，将其整合成决策者易理解的形式（Sheate 等，2003）。SEA 如何有效地做到这一点取决于多项因素，例如政策环境（如决策者的多寡）（Kørnøv 和 Thissen，2000），或是 SEA 的性质。SEA 的主要好处之一是它可以提供一个框架，使更多的公众和利益相关者参与。战略环评的各个阶段提供了极好的具有包容性的参与机会，以便更好地做出选择（例如在划定范围阶段）和对备选方案进行评价。

因此，为了使 SEA 发挥作用以及影响决策，需要具备多种条件。由于很明显决策背景决定了 SEA 运作状况的好坏，决策背景是否可以被其他工具影响——例如，如果地方当局有一个由环境管理体系建立的强有力的环境政策框架，这是否会影响 SEA 的实施方式？联合使用 SEA 和其他工具是否会使其更有效？这种联合方式是否也同时给这些工具带来了益处呢？

15.2 联合使用工具的好处

出发点是必然的问题：“联合使用工具的好处是什么？”以及“SEA 和其他工具如生命周期分析（LCA）、SFA 和环境管理体系（EMS）之间的联系不是很紧密”等。尽管最近几年随着理论上的进展，这些工具之间的联系已有所改善（Baumann 和 Cowell，1999；van der Vorst 等，1999；Emilsson 等，2004；Vanclay，2004；Cherp 等，2006）。EMS 经常与项目和站点级的决策联系在一起，因此在战略水平上应用 EMS 的经验是有限的。尽管瑞典是一个在市政层次上具有丰富 EMS 经验的国家（Burstrom，1999；Cherp 等，2006），但并不总是一定要以战略性方式应用 SEA（Emilsson 等，2004）。将 SEA（或 SEA 形式）整合到规划进程中的经验目前是普遍存在的（例如，继 2004 年开始实施第 2001/42/EC 号 SEA 指令后，欧盟的情况就是如此），但显然背景很重要。例如，以 SEAN 表示的简化型 SEA（荷兰提出的用于海外发展援助的 SEA 形式）可以比 SEA 更好地与欠完善的规划进程进行关联，而对于 SEA 而言，更为结构化的规划进程最具优势（Castillo 等，2005）。

SEA 必须灵活，使其能够适应特定环境（Nitz 和 Brown，2001；Nilsson 和 Dalkmann，2001；Partidario，2000；Therivel 和 Minas，2002），与环境影响评价（EIA）相比，SEA 也许更标准化。在研讨会上讨论的核潜艇退役案例（Blank 和 Smith，2005）中，技术价值不一定是推动 SEA 与 SMP 整合的决定因素，其透明度和责任机制反而可能更重要。无论是正式过程还是自愿性、非正式或临时性方式，这方面的 SEA 应用经验也并不少见，在欧盟委员会实施的一些 SEA 与战略决策研究的案例中也得到了认同（Sheate 等，2001，2003）。英国是第一个由政府部门来推动 SEA 正式应用的国家，例如 SEA 应用于国防部（MoD）战略防御审查的案例。在这个案例中，SEA 更多的是涉及事后评价，但它为 SEA 更广泛的发展以及可持续发展原则在整个国防部的应用打下了基础，其中包括对新员工的培训。

基准加上对环境承载力阈值或限制的清晰了解，就可以提供一种鼓励参与的手段，假如有合适的可视化工具——如地理信息系统（GIS）——来建立一个明确的基准，将使人们更加可以从战略意义上进行思考（Oliveira 等，2005）。一般性基准只能走到目前这一步了；对每种具体的 SEA 情形而言，急需具体的和与背景相关的基准。在布拉格会议上讨论的巴西案例研究（Oliveira 等，2005）中，基准作为一个"工具"就其自身而言是有价值的，可视为 SEA 的先导，并成为一种使公众积极考虑与垃圾填埋场选址有关的可选方案的途径。因此基准研究可以向完善的 SEA 提供一个有用的焦点和先例，作为使社区了解他们生活环境的价值与质量以及提升透明度和后续参与性的途径。在联合使用工具的背景下，基础数据提供了重要的方法，通过监测、跟踪评价以及对环境绩效的持续改进，SEA 能够与环境管理体系（EMS）相互关联。因此这种关联的明显好处体现在监控计划和出于 SEA 与 EMS 目的的数据收集工作的效率和效果上。

15.3 新工具或综合应用现有的工具

我们是需要新的工具还是将现有的工具更好地结合起来使用？在布拉格会议上有关是否需要新工具的讨论是没有意义的。事实上，得到广泛支持的结论之一是（Emilsson 和 Tyskeng，2005），也许我们过多地关注方法本身，而不是使机构能力和方法得以应用的文化背景。与此相关的是，此次研讨会上，一个清晰的理念是，SEA 必须灵活，对背景要求的响应要灵敏，且只有在具备了能推动产生高收益性结果的机构能力时，SEA 才会与其他工具和（或）决策（规划）程序结合起来使用。这将推动形成一种机制，使同一机构下不同部门之间不仅相互沟通，更一同积极参与共同的事业。

在此次研讨会上与会者形成了一个广泛的认识，即挫折感通常来源于"新"工具的创造，而新工具往往是现有工具在主题上加以变化而形成的。此外还得承认工具的联用与整合之间是有重要区别的。此次研讨会鼓励联合使用工具，而非一定要整合工具，因为综合性工具可能太刻板，太过形式化。整合本身无论怎么说都不是万能的，因为它很可能对不同的人来说有着不同的意义，同时也不能固定不变地给环境带来最大利益（Scrase 和 Sheate，2002）。

15.4 工具与决策

SEA 如何与其他工具配合起来使用以适用于决策过程？研讨会上确定了支持上述讨论的大部分文献的主要趋势，包括：

- 战略环境评价（SEA）在增加透明度和创立问责制过程中所起的重要作用。
- 背景的重要性，以及必须确保 SEA 整合到现有规划进程中，否则的话，需要建立适当的规划进程。

- 战略环境评价（SEA）充分利用现有规划进程所具有的重要性，例如，如果存在一种现行战略性环境管理体系（EMS）背景，那么 SEA 则可以与之结合。以上的推论必然是，如果不具备这一条件的话，就很难实现这一点。
- SEA 可能需要通过立法来加强，以确保通过使之成为一项要求来推进 SEA。
- 机构能力的缺失被证明尤其限制了从业者、决策者以及利益相关者将 SEA 与其他工具或规划与管理进程相结合这方面能力的发挥。机构能力建设在向公众提供自下而上地参与决策过程的机会方面是至关重要的（Oliveira 等，2005）。
- SEA 鼓励更全面地考虑基准，例如，针对每项 SEA 确立阈值和具体背景下的数据的必要性，而地理信息系统（GIS）在战略政策和决策中的作用越来越被人们所认识（CEP，2007）。

尺度给背景提供了另一个维度（Joao，2002），因为，如果不同的工具在不同地域或时间尺度上应用，联合使用也将变得困难，即使不是完全不可能的话。例如，SEA 和 EMS 的不同地域尺度意味着牵涉不同的细节度和不同类型的数据，这给 SEA、LCA 或 EMS 带来了需要进一步克服的困难。在时间尺度上，SEA 和环境管理体系（EMS）是接续的，其中环境管理体系（EMS）还为 SEA 提供了一种监测机制，为应用 SEA 的规划或计划的后续审查和更新提供了基础。

15.5 在实践中联合使用工具

如果工具联合起来使用更具优势，那么在实践中需要怎么做才能推动这一进程呢？于是问题就来了，当根本上需要使 SEA 对背景做出快速响应时，我们应该如何通过利用规则与框架来最大限度地使 SEA 及其与其他工具之间的链接更标准化。大原则是正确的，但没有硬性框架。改变 SEA 以适应现有进程是可以满足要求的，或者可以使 SEA 去适应进程。例如在英国，近海石油、天然气和风能的开发许可都受制于 SEA，而其本身就有助于形成一个以前一直缺失的规划过程（Sheate 等，2004）。

从布拉格研讨会及之前的国际影响评价协会（IAIA）研讨会上参与者的经验来看，SEA 需要整合到一个在体制上具有强化作用的过程中，以确保参与其中的行动者能够完全把它拿到台面上来。如果对于参与者来说没有实际机制或激励措施来促使他们联合使用工具，那么将 SEA 与其他工具，如环境管理体系（EMS）联合使用将变得更加困难。例如，地方当局即使拥有全市范围的环境管理体系，这一体系也很有可能由负责土地利用规划战略环境评价的不同人员来接手。即使在信息共享与流动以及更广泛的环境效益方面具有好处，这一进程也不太可能在缺乏机构能力和沟通渠道来推动它的情况下发生。

15.5.1 研究

为推动工具之间联用的趋势进一步发展，需要将针对性研究的重点放在组织和机构能力建设上，以联合使用工具，而不仅仅是关注工具本身（Emilsson 和 Tyskeng，2005）。换言之，过去对 SEA 方法论要素以及对创造新工具的重视可能需要再往前走一步，以更为贴近性地审视 SEA 与其他工具的联合使用所采取的方式，比如说谁在使用它，通过何种方式使用以及需要具备何种能力才能使用它们。从业人员、决策者和利益相关者的能力建设是至关重要的，因为这些在 SEA 领域具备熟练技能的人在环境管理体系（EMS）和生命周期分析（LCA）领域却几乎没有经验，反之亦然。多学科和跨学科团队的建设是必不可少的。包括国际影响评价协会（IAIA）在内的许多现有机构，根据其性质，常常趋向于强化学科（或至少是专家）边界，即使这其中涉及多方利益。个人也经常与同一类型的舒适友好的联络网保持联系，而不是打破樊篱去建立新的网际关系，以及在更广的人群中建立更多的联络网和分享不同经验。

也许最大的挑战在于，学术界对享有盛誉的和国际认可的期刊（这些期刊拥有大量的读者而具有较高的影响因子）所发表的成果已有了先入为主的观念；这种先入为主从根本上讲偏向于历史悠久的单个学科，而不关注致力于将研究与实践相结合的跨学科研究。只有从根本上承认存在滥用作为个人学术表现指标的影响因子（Amin 和 Mabe，2000）这一现象，并且改变研究基金的分配方式，才能促使研究人员跨越学术边界，通过其他一些期刊的出版物来进行更多的跨学科研究与交流。

15.5.2 立法

如果能将普遍要求内化于法律中，那么立法可有助于推动工具之间的联合使用。因此，举例来说，欧盟水框架指令（WFD）2000/60/EC 为广大公众就根据 WFD（第 13 条）制定的流域管理计划（RBMPs）进行磋商提出了要求。这些计划本身都是刚刚出台的，同时也普遍针对大多数欧盟成员国，且不存在现行规划进程来传达这一要求。因此，需要一个新的规划进程。RBMPs 有可能推动形成第 2001/42/EC 号 SEA 指令的基准，因此 SEA 很可能成为一项要求。此时 SEA 过程可以推动形成规划和协商进程（Sheate 和 Bennett，2007；Carter 和 Howe，2005）。

无论是 EIA 还是 SEA 指令，都针对通用或联合程序做出了规定，例如污染综合预防和控制（IPPC），虽然这还不是一项成员国广泛运用的规定（而丹麦是一个已运用该规定的国家）（Sheate 等，2005）。但是这项规定使得工具之间的联系更为明确，并可以当作确保在实践中形成此类链接的杠杆。当然，实际上在欧盟成员国内部，土地利用和空间规划过程往往完全与污染监管和审批过程相互分离，因此这些工具之间的潜在联系并没有得到增强，因为在不同体制下执行相关规定要牵涉不同的国家法规、不同的机构和不同的人。

当 SEA 由法律强制执行时，SEA 和环境管理体系（EMS）之间的链接对两者都是没有帮助的（例如欧盟发布的 SEA 指令），而 EMS 是一个自愿性手段，尽管在欧盟范围内是以生态管理和审核制度（EMAS）的形式由欧共体理事会规章 1836/93[修订和更新为（EC）第 1221/2009 号法规]对其予以支持，而在其他地方则是以 ISO 140001 标准的形式加以支持。但是，有关是否应用环境管理体系（EMS）的决定则是自愿性的，而不像 SEA 那样，使得规划或计划要不就都符合 SEA 指令标准，要不就都不符合（尽管存在模棱两可的法律解释）。在这种情况下，将需要提供其他理由来解释，为什么工具之间应该有联系与合作，而法律却没有提出要求。

15.5.3 沟通和参与

可能需要建立新的流程和沟通渠道以推动工具之间进行链接。如果没有积极的鼓励机制，链接将是不可能实现的。有时，建立合作机制或开展研究活动以使不同利益相关者协作对于真正实现这一链接是必需的。我们可能会越来越发现需要使用相互协作的工具和技术来使不同的进程联系在一起。尤其是在战略层面，沟通过程有可能成为比技术方法更切合实际和有效的方法（Sheate 等，2003；Vicente，Partidario，2006）。使用情景分析法或预见性研究来链接工具（Audsley，2006；van Latesteijen 和 Scoonenboom，1996；DTI，2002；CEC，2006；Keough 和 Blahna，2006；Sheate 等，2008），可能提供的仅仅是这样一种机制，来探寻不同的工具如何应对不同的未来状况。情景分析还通过讲故事的形式——即“如果……？”的情况——提供了一个有用的沟通媒介，围绕着这种形式，讨论和知识传播才得以展开（Sheate，Partidário，2010）。考虑到 SEA 替代方案的重要性（Noble，2000），围绕替代方案的讨论可以为公众和其他利益相关者的参与提供一个合适的讨论平台。重要的是——为联合使用工具着想——这种创造性领域可以扩展到其他工具，如环境管理体系：

- 在做出决定并选定方案后会发生什么？
- 在不同压力或监管制度下企业应该如何应对？

或者 LCA 可以用来通告针对每个方案可做出的各种选择的有关理解和评价，或通告有关环境管理体系的情况。这种情况下好处在于，当现行体制和文化背景不支持时，该方案提供了一个“会场”，使得各类工具和行动者可以本着共同目的来相互影响，而不是（人为地）尝试在工具本身的各要素之间加以联系。建立一个共同的空间可以更容易和更有效为工具之间的对话创造机会，而不是试图改变体制或文化背景（这一挑战已经大到不能称其为挑战了）。反过来，这可能有助于构建体制能力，以认可和挖掘工具的联合使用所具有的价值以及知识的共享与交流。

公众和利益相关者的参与可能是另一种通行模式，借此可以更好地发掘各工具之间的联系，在土地利用和空间规划领域尤其如此，公众参与已成为一种规范化程式。因此虽然政府当局（例如地方当局）的第二天性可能是使公众参与制定空间规划和 SEA，但同样的机构实施 EMS 或 LCA 可能就是另一回事了。如果公众参与机制被当作工具联动研究的基础，例如通过跨学科方法来使利益相关方积极参与有关 SEA、EMS 和 LCA 之间关系的研究（Wiek 和 Binder，2005；Scholtz 等，2005，2006），那么这有可能推动更好地了解工具之间的联系可能出现在哪一环节以及以何种方式在进行。

15.5.4 可持续性

探索加强关联性的另一个重要途径可能取决于作为个体或组织机构（Faber 等，2005；Jan Kiewert 和 Vos，2007）的大众对可持续发展和可持续性以及评价方法（Pope，2006）的理解，同时还要取决于对此的不同阐述方式。传统的权衡环境、经济和社会因素的方法，最终都是不约而同地设定这三个因素中的一个或多个来制约其他因素，因此随之就有了不同程度的权衡利弊的过程（Gibson，2006；Sheate，2003）。这样似乎会产生反效果，不但对推动在可持续性问题上达成共识没有帮助（Vanclay，2004），而且也不利于环境与社会影响评价（SIA）工具、三重底线思维模式和经济成本效益分析及评价工具之间的专业知识共享或联合。甚至可能使影响评价专家与经济评估专家彼此间产生非常大的持续性抵触。

将可持续性予以概念化的另一方法(例如由 Gibson 等人在 2005 年和由 Gibson 在 2006 年建议采取的模式）从跨经济、社会和环境边界的基准或目标的角度着手研究可持续性，可能会带给我们些许希望。但是，这样可能会对传统的三重底线思维构成挑战，因此需要提供一个切合点，使 EIA、SEA 及 SIA 专家与 EMS 及企业社会责任（CSR）专家就组织和能力问题达成共识，而不是让他们只专注于自己的工具。其他的技术，如生态系统服务，提供了多种方式来考虑和评估土地利用与空间规划背景下的可持续性。生态系统服务（包括供应、调控、文化和支持性服务）作为一种评价技术，深受那些懂得这些服务重要性的经济学家的喜爱。然而，这些服务可能更倾向于创造增加双赢的机会，而不是鼓励权衡利弊的传统模式，而且可能尤其适用于空间规划背景。这些研究可持续性的方法大大促进了各相关学科间的协作，通过学科内和学科间专家对跨工具边界的知识与经验的交流，真正提高了参与学科间研究的能力。这肯定有利于推动 EIA、SIA、SEA、EMS、CSR、LCA、CBA、健康影响评价（HIA）、三重底线和规划等领域各专家之间的合作，以及推动更为通用的语言和普遍认知的发展。

15.6 结论

要使 SEA 有效，就必须将其整合到现有规划方案或决策程序中，或者调整其他的决策程序。但是这样的话，如果对有待整合的工具如 SEA 和 EMS，没有现成的规划方案或决策程序来予以指导，我们在创建工具之间联系的过程中就要面临诸多挑战。随着 SEA 应用范围的快速拓展，机会来了，同时尤其将 SEA 与 EMS 相互关联以推动跟踪评价就更是迫在眉睫。但是如果体制和文化承载力不到位，这种关联就不会成功。这指出了体制强化手段的必要性，应该减少对实际工具的关注，更多偏向于确定体制和文化先决条件，寻求建立以效益为基础的关联工具。这本身就很困难，因为这意味着违背组织的现实情况和现有的组织结构与例行程序。现行机制如情景分析、前瞻性研究、公众参与或有关可持续性的辩论等不一而足，都能通过提供共同的切合点来形成关联。但是要成功实现关联，这一过程就必须能够带来好处，而要使关联得到积极响应，还必须确保这一过程是双向的，而不是单方面的。

因此，我们首先要做的，就是要提供更多的案例研究范例，来证明跨一系列工具的关联能带来明显收益。实际上，在（公立和私营）组织内部需要有个别有远见的支持者来推动形成这一关联，而且能够极富想象力地创造机会来使工具之间的关联得以实现。基于布拉格研讨会以及之前的 IAIA 研讨会和相关文献，我们可以清楚地知道，这种关联不会自发地形成，因为相互独立的每一种工具所具有的独特演化史制造了太多的体制和程序上的阻碍因素。但这并不意味着试图超越已得到明确认可的理论协同机制来产生实际收效的举措没有任何意义。

注释

① SEAN 是一种起到实践工具和指导原则作用的方法，旨在系统分析人类发展的环境潜力和受到的局限。分析本身包括设定优先级和做出战略选择，主要靠社会和经济发展标准来引导。欲了解 SEAN 的更充分解释，请登录 www.seanplatform.org。

② 有关前瞻性研究，参考欧洲委员会和英国政府网站：http：//ec.europa.eu/research/foresight/11/home_en.html and www.foresight.gov.uk。

参考文献

[1] Amin, M. and Mabe, M. (2000) 'Impact factors: Use and abuse', Perspectives in Publishing, no 1, Elsevier Science, www.elsevier.com/framework_editors/pdfs/Perspectives1.pdf, accessed 29 March 2007.

[2] Audsley, E., Pearn, K. R., Simota, C., Cojacaru, G., Kousidou, E., Rounsevell, M. D. A., Trinka, M. and Alexandrov, V. (2006) 'What can scenario modeling tell us about future European scale land use, and what not?', Environmental Science and Policy, vol 9, pp148-162.

[3] Baumann, H. and Cowell, S. J. (1999) 'An evaluative framework for environmental management approaches', Greener Management International, vol 26, pp109-122.

[4] Blank, L. and Smith, E. (2005) 'The challenge of nuclear decommissioning: The role of SEA in the planning process', paper presented to the IAIA SEA Conference, Prague.

[5] Burström, F. (1999) 'Material accounting and environmental management in municipalities', Journal of Environmental Assessment Policy and Management, vol 1, no 3, pp297-327.

[6] Carter, J. and Howe, J. (2005) 'The Water Framework Directive and the Strategic Environmental Assessment Directive: Exploring the linkages', Environmental Impact Assessment Review, vol 26, no 3, pp287-300.

[7] Castillo, P., van der Zee Arias, A. and Klein, M. (2005) 'Incorporating strategic environmental analysis (SEDAN) in local development planning and enhancing decentralized environmental management: Current effort in Nicaragua', paper presented to the IAIA SEA Conference, Prague.

[8] CEC (Commission of the European Communities) (2006) 'Using foresight to improve the science-policy relationship', report for CEC by Rand Europe/NL, March 2006, http://ec.europa.eu/research/foresight/pdf/21967.pdf, accessed 29 March 2007.

[9] CEP (Collingwood Environmental Planning) (2007) 'Thames Gateway ecosystem services assessment using green grids and decision support tools for sustainability (THESAURUS): Literature review, for DEFRA Natural Environment Programme (NEP) Phase II Project NR0109: Case study to develop tools and methodologies to deliver an ecosystem-based approach', CEP with GeoData Institute, www.cep.co.uk/thesaurus.htm, accessed 12 August 2010.

[10] Cherp, A., Emilsson, S. and Hjelm, O. (2006) 'Strategic environmental assessment and management in local authorities in Sweden', in Emmelin, L. (ed) Effective Environmental Assessment Tools: Critical Reflection on Concepts and Practice, Blekinge Institute of Technology, Sweden, Research Report No 2006:3.

[11] Dalal-Clayton, B. and Sadler, B. (2005) Strategic Environmental Assessment: A Sourcebook and Reference Guide to International Experience, Earthscan, London.

[12] DTI (Department of Trade and Industry) (2002) Foresight Futures 2020: Revised scenarios and guidance, DTI, London.

[13] Emmelin, L. (ed) (2006) Effective Environmental Assessment Tools: Critical Reflection on Concepts and Practice, Blekinge Institute of Technology, Sweden, Research Report No 2006:3.

[14] Emilsson, S. and Tyskeng, S. (2005) 'Potential benefits of combining different environmental management tools', paper presented to the IAIA SEA Conference, Prague.

[15] Emilsson, S., Tyskeng, S. and Carlsson, A. (2004) 'Potential benefits of combining environmental management tools in a local authority context', Journal of Environmental Assessment Policy and Management, vol 6, no 6, pp131-151.

[16] Faber, N., Jorna, R. and van Engelen, J. (2005) 'The sustainability of "sustainability"-a study into the conceptual foundations of the notion of "sustainability"', Journal of Environmental Assessment Policy and Management, vol 7, no 1, pp1-33.

[17] Fergusson, M., Coffey, C., Wilkinson, D., Baldock, D., Farmer, A., Kramer, R. A. and Mazurek, A. G. (2001) 'The effectiveness of EU council integration strategies and options for carrying forward the "Cardiff Process"', IEEP/Ecologic, March 2001.

[18] Fischer, T. B. (2005) 'Having an impact? Context elements for effective SEA application in transport policy, plan and programme making', Journal of Environmental Assessment Policy and Management, vol 7, no 3, pp407-432.

[19] Fischer, T. B. and Gazzola, P. (2006) 'SEA effectiveness criteria-equally valid in all countries? The case of Italy', Environmental Impact Assessment Review, vol 26, pp396-409.

[20] Gibson, R. B. (2006) 'Beyond the pillars: Sustainability assessment as a framework for effective integration of social, economic and ecological consideration in significant decision-making', Journal of Environmental Assessment Policy and Management, vol 8, no 3, pp259-280.

[21] Gibson, R. B., Hassan, S., Holtz, S., Tansey, J. and Whitelaw, G. (2005) Sustainability Assessment: Criteria, Processes and Applications, Earthscan, London.

[22] IAIA (International Association for Impact Assessment) (2002) Strategic Environmental Assessment Performance Criteria, Special Publication Series No 1, IAIA, Fargo, ND.

[23] Jan Kiewert, D. and Vos, J. (2007) 'Organisational sustainability: A case for formulating a tailor-made definition', Journal of Environmental 2Assessment Policy and Management, vol 9, no 1, pp1-20.

[24] João, E. (2002) 'How scale affects environmental impact assessment', Environmental Impact Assessment Review, vol 22, no 4, pp289-310.

[25] Keough, H. L. and Blahna, D. J. (2006) 'Achieving integrative, collaborative ecosystem management', Conservation Biology, vol 20, no 5, pp1373-1382.

[26] Kørnøv, L. and Thissen, W. A. H. (2000) 'Rationality in decision and policy-making: implications for strategic environmental assessment', Impact Assessment and Project Appraisal, vol 18, no 3, pp91-200.

[27] MEA (Millenium Ecosystem Assessment) (2005) 'Guide to the Millennium Assessment Reports', www.maweb.org/en/index.aspx, accessed 29 March 2007.

[28] Nilsson, M. and Dalkman, H. (2001) 'Decision making and strategic environmental assessment', Journal of Environmental Assessment Policy and Management, vol 3, no 3, pp305-327.

[29] Nitz, T. and Brown, A. L. (2001) 'SEA must learn how policy making works', Journal of Environmental Assessment Policy and Management, vol 3, no 3, pp329-342.

[30] Noble, B. (2000) 'Strategic environmental assessment: What is it and what makes it strategic?', Journal of Environmental Assessment Policy and Management, vol 2, no 2, pp203-224.

[31] Noble, B. (2002) 'The Canadian experience with SEA and sustainability', Environmental Impact Assessment Review, vol 22, pp3-16.

[32] Oliveira, I. S. D., de Souza, M. and Montano, M. (2005) 'Contributions of baseline sustainable zoning for SEA', paper presented to the IAIA SEA Conference, Prague.

[33] Partidário, M. R. (2000) 'Elements of an SEA framework: Improving the added-value of SEA', Environmental Impact Assessment Review, vol 20, pp647-663.

[34] Pope, J. (2006) 'What's so special about sustainability assessment?', Guest editorial, Journal of Environmental Assessment Policy and Management, vol 8, no 3, ppv-x.

[35] Retief, F. (2007) 'A performance evaluation of strategic environmental assessment (SEA) processes within the South African context', Environmental Impact Assessment Review, vol 27, pp84-100.

[36] Ridgway, B. (1999) 'The project cycle and the role of EIA and EMS', Journal of Environmental Assessment Policy and Management, vol 1, no 4, pp393-405.

[37] Sadler, B. and Verheem, R. (1996) Strategic Environmental Assessment: Status, Challenges and Future Directions, Ministry of Housing, Spatial Planning and the Environment, The Hague.

[38] Scholtz, R. W., Lang, D., Wiek, A., Walter, A. and Stauffacher, M. (2005) 'Transdisciplinary case studies as a means of sustainability learning: Historical framework and theory', in Wiek, A., Walter, A., Lang, D. and Scholtz, R. W. (eds) Proceedings from Transdisciplinary Case Study Research for Sustainable Development.

[39] Scholtz, R. W., Lang, D., Wiek, A., Walter, A. and Stauffacher, M. (2006) 'Transdisciplinary case studies as a means of sustainability learning: Historical framework and theory', International Journal of Sustainability in Higher Education, vol 7, no 3, pp226-251.

[40] Scrase, J. I. and Sheate, W. R. (2002) 'Integration and integrated approaches to assessment: What do they mean for the environment?', Journal of Environmental Policy and Planning, vol 4, no 4, pp275-294.

[41] Sheate, W. R. (2002) 'Conference report: Workshop on Linking Environmental Assessment and Management Tools', Journal of Environmental Assessment Policy and Management, vol 4, no 4, pp465-474.

[42] Sheate, W. R. (2003) 'Changing conceptions and potential for conflict in environmental assessment: Environmental integration and sustainable development', Environmental Policy and Law, vol 33, no 5, pp219-230.

[43] Sheate, W. R., Byron, H. and Smith, S. (2004) 'Implementing the SEA Directive: sectoral challenges and opportunities for the UK and EU', European Environment, vol 14, pp73-93.

[44] Sheate, W. R., Byron, H., Dagg, S. and Cooper, L. M. (2005) 'The relationship between the EIA and SEA Directives', final report to the European Commission, Contract NoENV.G.4./ETU/2004/0020r, Imperial College London Consultants, London, http://ec.europa.eu/environment/eia/pdf/final_report_0508.pdf, accessed 12 August 2010.

[45] Sheate, W. and Bennett, S. (2007) 'The Water Framework Directive, assessment, participation and protected areas: What are the relationships?', ERTDI Report 67, Synthesis Report to the Environmental Protection Agency, Republic of Ireland, www.epa.ie/downloads/pubs/research/water/name,23575,en.html.

[46] Sheate, W. R. and Partidário, M. R. (2010) 'Strategic approaches and assessment techniques-potential for knowledge brokerage towards sustainability', Environmental Impact Assessment Review, vol 30, pp278-288.

[47] Sheate, W. R., Dagg, S., Richardson, J., Aschemann, R., Palerm, J. and Steen, U. (2001) SEA and Integration of the Environment into Strategic Decision-Making (three volumes), Final Report to the European Commission, DG XI, Contract No B4-3040/99/136634/MAR/B4, http://ec.europa.eu/environment/eia/ sea-support.htm, accessed 12 August 2010.

[48] Sheate, W. R., Dagg, S., Richardson, J., Aschemann, R., Palerm, J. and Steen, U. (2003) 'Integrating the environment into strategic decision-making: Conceptualizing policy SEA', European Environment, vol 13, no 1, pp1-18.

[49] Sheate, W. R., Partidário, M. R., Byron, H., Bina, O. and Dagg, S. (2008) 'Sustainability assessment of future scenarios: Methodology and application to mountain areas of Europe', Environmental Management, vol 41, no 2, pp282-299.

[50] Thérivel, R. and Minas, P. (2002) 'Ensuring effective sustainability appraisal', Impact Assessment and Project Appraisal, vol 20, no 2, pp81-91.

[51] Vanclay, F. (2004) 'The triple bottom line and impact assessment: How do TBL, EIA, SIA, SEA and EMS relate to each other?', Journal of Environmental Assessment Policy and Management, vol 6, no 3, pp265-288.

[52] van der Vorst, R., Grafé-Buckens, A. and Sheate, W. R. (1999) 'A systemic framework for environmental decision-making', Journal of Environmental Assessment Policy and Management, vol 1, no 1, pp1-26.

[53] Verheem, R. A. A. and Tonk, J. A. M. N. (2000) 'Strategic environmental assessment: One concept, multiple forms', Impact Assessment and Project Appraisal, vol 18, no 3, pp177-182.

[54] Vicente, G. and Partidário, M. R. (2006) 'SEA-enhancing communication for better environmental decisions', Environmental Impact Assessment Review, vol 26, pp696-706.

[55] van Latesteijen, H. and Scoonenboom, J. (eds) (1996). Policy Scenarios for Sustainable Development: Environmental Policy in an International Context 3, Arnold, London.

[56] Westhoek, H. J., van den Berg, M. and Bakkes, J. A. (2006) 'Scenario development to explore the future of Europe's rural areas', Agriculture, Ecosystems and Environment, vol 114, pp7-20.

[57] Wiek, A. and Binder, C. (2005) 'Solution spaces for decision-making: A sustainability assessment tool for city-regions', Environmental Impact Assessment Review, vol 25, no 6, pp589-608.

第十六章　战略环境评价与景观规划

玛丽·汉努什　托马斯·B.菲舍尔
（Marie Hanusch　Thomas B.Fischer）

引言

大多数战略环境评价（SEA）系统都有一个共同点，即：寻求有效的方式来支持战略环境评价的应用。在这种背景之下，整合现有的环境规划和管理手段显得尤为重要。目前有一系列措施为战略环境评价提供了有效支持。这些措施包括，荷兰的环境影响评价（EIA）、英国的可持续发展评价以及瑞典的环境管理体系（EMS）。此外，其他国家也有一些景观规划手段（Herberg，2000）。

这些手段通常以基准为导向，旨在概述、评估和评价现有和预期景观状况以及特定规划领域内的生物物理环境状况。也通常能确认与未来可能的土地利用相关的预期冲突和影响。因此景观规划有助于完善战略环境评价的数据库。缺乏数据是各国在应用战略环境评价的过程中遇到的最大问题之一。例如，João（2004）总结到，缺乏准确有效的数据是战略环境评价的主要瓶颈和障碍。Sheate 等人（2004）强调，“数据”是将来所有的战略环境评价实践过程中所面临的最关键问题。

本章介绍并回顾了德国、加拿大、爱尔兰和瑞典这四个国家的景观规划手段。在这方面，主要的焦点是景观规划与 SEA 可能存在的联系。特别强调的是在德国的实践，目前已成为世界各地唯一的正规化和最为全面的景观规划体系。两个主要问题是本章的核心：

（1）SEA 与景观规划手段的主要联系是什么？

（2）现有的景观规划手段可以对 SEA 产生哪些有益的作用？

随后的内容中，主要介绍了景观和景观规划等术语的演变，确立了景观规划和 SEA 之间潜在的联系。接着探讨了德国、加拿大、瑞士的景观规划手段及对 SEA 的贡献。文中主要强调的是目标、实质性重点、方法和过程。

16.1　背景：景观规划及其与 SEA 的潜在关系

全世界有很多景观规划手段，有着不同的侧重点和内容，反映了不同国家、不同历史、不同政治和文化背景下对景观与景观规划的不同理解。在这样的背景下，Antrop（2006）认为：随着景观发生变化，其意义、重要性和管理也随之发生变化。

追溯到大约公元 830 年，历史上形成了最早成文的参考术语，即古德国高地术语

“lantscalf”（Tress B. 和 Tress G.，2001）。从那以后，不同的区域、农村、风景、自然、环境、行政组织、社会结构、物理形态、生态系统、文化单元和政治制度的不同使得“景观”这一术语不断地发生变化。在学术文献中，围绕着历史、生态、跨学科和可持续性方法，“景观”一词在不同的学科中以不同的方式得到解释（Forman 和 Gordon，1986；Haase，1991；Naveh，1995；Hard，2001；Nohl，2001；Tress 等，2001；von Haaren，2004；Marsh，2005；Musacchio 等，2005；Jensen，2006；Antrop，2006）。

根据欧洲理事会第 2001/42/EC 号指令（SEA 指令）和联合国欧洲经济委员会（UNECE）SEA 议定书，“景观”是联合构成“环境”的一系列因素之一。其他因素包括人类健康、生物多样性、动物、植物、土壤、水、空气和文化遗产。

虽然 SEA 不同的环境因子的差别有助于使其应用更为便捷，但是仅仅盯着孤立的因子往往容易忽略它们之间许多方面的相互作用和联系。例如，生物多样性也与大多数其他环境因素重叠，这其中包括植物和动物、土壤、水、气候和景观。在欧洲联盟（欧盟）成员国范围内，根据 SEA 指令，考虑所有环境因素之间的相互作用目前已成为一项法律规定。

在考虑 SEA 范畴内的景观影响时对于哪些方面必须加以评价目前还没有定论，在这一问题上也才刚刚出现一些学术争论（Jessel，2006）。但也达成了一些共识，即：（1）视觉景观是可以被人们感知的。（2）景观特征将是 SEA 需要考虑的重要方面。在 2005 年于布拉格召开的国际影响评价协会（IAIA） SEA 大会景观规划会议上，欧洲景观协定被视为在 SEA 背景下理解“景观”的可操作性方法。

景观是人们可以感知的一个区域，它是人类活动和自然交互影响的结果。（欧洲委员会，2000 年，第 1 条）

Tress 等人（2006）在景观研究和景观规划方面的工作中也遵循了欧洲景观协定的定义。一方面，这个定义是广泛的，足以反映景观的不同含义。另一方面，它狭隘到足以考虑到共同认识的形成。SEA 背景下重要的是，景观是指空间上具体的指定区域。景观属性的概念是“自然和人为因素相互作用的产物”。它反映了一种观念，即景观随着时间而演变，是自然和人为作用的结果。这也反映了这样一种思想，即：景观是自然和文化因素的整体，必须综合考虑，而不能孤立看待（欧洲委员会，2000b）。

在景观规划范畴内，“景观”通常具有广泛的意义——类似于“自然”或“环境”。虽然景观规划在不同的国家有不同的根源和意义，近年来共同推动其发展的力量是 20 世纪 60 年代和 70 年代的环境危机。因此景观规划被植入了环保主义和环保运动的理念。“环境”被纳入了这项运动，意味着景观源于自然万物（Marsh，2005）。因此，在所有的景观规划手段中，通常都有“景观”、“自然”和“环境”的因果关系的内容。以美国和加拿大为例，景观规划涵盖了土地利用和规划所涉及的宏观环境，包括景观要素、过程和系统（Marsh，2005）。在德国，联邦自然保护法（2004 年颁布，2010 年 3 月最后修订）规定景观规划的主题是自然保护和管理。

大多数体系中景观规划手段的总体任务是评定和评价特定规划区域的景观状态，通常包括自然和环境要素。

此外，景观规划通常涉及建立补偿机制、确定政策、规划和计划的影响。在欧洲，奥地利、法国、德国、爱尔兰、意大利、卢森堡、荷兰、西班牙、瑞典和瑞士等国都在应用各种景观规划手段。在这些国家中，手段的设计是不同的，例如涉及不同的目标、法律状况和适用范围（Herberg，2000）。景观规划手段同样也在加拿大、美国（Marsh，2005）和俄罗斯（Meißner 和 Köppel，2003）得到应用。迄今为止，仅仅在德国有正式的景观规划手段，涵盖了超过 30 年实践跟踪记录的所有主要尺度。

16.2 景观规划手段和 SEA 之间的联系

这一节在参考四个国家情况的基础上，对 SEA 和景观规划手段之间潜在的联系进行了讨论。讨论重点放在了德国，这是全球范围内通过全区域方式正式要求在所有主要层次的公共规划中实施景观规划和计划的唯一国家。此外，对加拿大、爱尔兰和瑞典的景观规划手段进行了讨论。

16.2.1 德国的景观规划

德国的景观规划历史可以追溯到 20 世纪初，30 多年前的 1976 年《联邦自然保护法》出台了对编制景观规划和计划的正式要求。该法的 2004 年修订案声明：“环境评价应当考虑景观规划的内容” [2004 年联邦自然保护法，第 14 条（2）]。景观规划和计划是环境报告的一种形式，后者旨在为环境可持续性土地利用模式前瞻性地设定目标。

这其中包括以下信息：

- 自然与景观的现有状况和预期状况。
- 自然保护和景观管理的目标和原则。
- 基于总体目标和原则，对包括任何可能的冲突在内的自然和景观现有状况和预期状况予以评估和评价。
- 旨在避免、减少或消除自然和景观受到的不利影响，以及保护、管理和开发自然与景观的某些部分或组分的预期措施，其中包括《欧洲生态网络 Natura 2000》（联邦环境部，2002）。

随后描述了德国景观规划和计划的目标、内容和方法，反映出 SEA 指令的要求。

16.2.1.1 目标

景观规划/计划和 SEA 充当了环境保护的推动手段。前者侧重于关注自然、生物多样性和景观。根据理事会第 2001/42/EC 号指令，SEA 关注从生物多样性到景观甚至物质/文化资产等与人类健康有关的所有环境因素。尽管 SEA 指令呼吁推动可持续发展，德国的景观规划条款要求“持续供应人类所使用的天然资源” [2004 年联邦自然保护法，第 1 条（2）]。此外，通过景观规划，“对不可再生的自然资源必须以可持续的方式加以利用”[2004 年联邦自然保护法，第 2 条（1）]。

SEA 和景观规划都旨在综合考虑环境、自然、生物多样性和景观决策与规划。在这一背景下，SEA 着眼于结合环境因素来制定和采纳某些规划和计划，而景观规划和计划则为其他规划和行政管理程序规定了自然保护和景观管理的原则与目标。此外，景观规划应该履行具体的实施任务，如制定措施以保护、管理和开发自然与景观（Bruns，2003）。表 16.1 比较了德国 SEA 和景观规划的各自目标。

16.2.1.2 内容

在不同决策水平上制定的景观规划和计划应该能够应对不同的问题。为了更好地了解不同景观规划和计划的潜在贡献，表 16.2 将根据 SEA 指令（附录一）编制的环境报告的内容与以下内容做了比较：（1）一份有助于编制区域规划的区域景观框架规划；（2）一份有助于编制地方土地利用规划的地方景观规划。

表 16.1 德国 SEA 和景观规划目标之间的比较

主题	SEA 的目标（根据欧洲理事会第 2001/42/EC 号 SEA 指令）	德国景观规划目标（根据 2004 年联邦自然保护法）
环境保护与可持续发展	提供较高水平的环境保护，促进了可持续发展（第 1 条）	为自然和景观持续有效地运作做出了规定[第 1、第 2 和第 13（1）款]
与其他规划手段的整合	促进了环境因素纳入某些规划和计划（第 1 条）	为将自然和景观要素纳入决策——特别是空间规划而做出规定[第 13（1）及 14（2）款]
目标的制定与具体实施		理论和实践任务，例如自然和景观的定义与目标，以及制定旨在保护、管理和开发自然与景观的要求和措施[第 14（1）款]

表 16.2 战略环境评价与景观规划内容的比较

SEA 的内容（按照环境报告附录一、欧盟 SEA 指令的要求）	景观框架规划（LFP）（有助于实施区域规划）和地方景观规划（LP）（有助于实施地方土地利用规划）的内容	LFP/LP 和 SEA 叠加*
（1）对规划与计划的内容和主要目标以及与其他相关规划或计划之间关系的概述	区域/地方环境规划目标概要（例如规划中明确规定的某些土地利用首选区域）。没有概述该规划的其他目标	2
（2）在不实施规划或计划的情况下环境及其可能的演化进程现状的相关要素	关于在不实施规划或计划的情况下自然与景观现状及其演化进程预后的基准资料	1
（3）可能受到重大影响的区域的环境特征	对可能遭受重大影响的区域环境敏感度评价	1
（4）任何与规划和计划有关的现有环境问题，特别是所有区域的重要环境特性问题。例如依照指令 79/409/EEC 和 92/43/EEC 规定的区域	分析与区域或地方规划有关的现有环境问题，包括那些与依照指令 79/409/EEC 和 92/43/EEC 规定的区域有关的问题	1
（5）建立在国际、联盟或会员国级别上的环境保护目标，其与规划和计划及其编制过程中纳入上述目标和环境因素的方式有关	自然保护和景观管理的目标和指导原则，包括指定区域的空间设计（例如保护、开发和重建区）	1
（6）可能对环境有显著影响的因子，包括生物多样性、人口、人类健康、动物、植物、土壤、水、空气、气候因素、物质资产、包括建筑和考古遗产在内的文化遗产、景观及上述因素的相互关系	对区域发展规划规定的预期发展模式显著影响的评价，涉及土壤、水、空气、气候、动植物、自然背景、文化资产以及它们之间的交互关系	1
（7）旨在防止、减少和尽可能充分抵消规划或计划的实施对环境造成的重大不利影响的措施	自然和景观补偿的概念，包括保护、管理和发展措施	2
（8）对选择替代方案的原因的概述和对如何着手评价的描述，包括规定信息汇编过程中遇到的任何困难（如技术缺陷或知识缺乏）	场所替代方案的制定和比较，包括对选定场所替代方案的支持和反对	2
（9）对根据第十款制定的监控措施的描述	对提供有关自然和景观开发信息的 LFP/LP 的定期修订	2
（10）对根据上述标题所提供的信息的非技术性总结	有关主要问题和解决方案的文件，但没有非技术性总结	3

*1—要求基本相同；2—要求有些不同；3—要求不同。

如表 16.2 所示，关于 SEA 环境报告和区域或地方景观规划的内容有很多重叠的地方。特别是有关（Scholles 和 von Haaren，2005）：

➢ 环境基线数据的收集。
➢ 环境目标的概述。
➢ 对土地利用规划可能造成的环境影响的评价。

现有的景观规划和计划可以在很大程度上有助于 SEA 的实施，有可能简化 SEA。然而目前景观规划或计划并不涵盖 SEA 所需要考虑的所有环境因素，包括人口、人类健康、物质资产等，尽管并没有说明为什么未来并不包括这些因素。

景观规划还有助于缓解措施的制定。在这一背景下，重要的是景观规划和计划通常会确认旨在减轻或补偿空间规划中拟定行动对自然和景观产生的重大负面影响的措施。景观规划和计划提供合适的基准数据，从而实现对空间替代方案的对比。景观规划常常对描述潜在冲突的地图做出规定（方法见下一节），以便针对场所替代方案做出更明智的决策。最后，随着景观规划和计划的定期修订提供了有关自然、生物多样性和景观的信息，景观规划可以有助于描述各项监控措施（Hanusch 等，2005）。这一点尤其重要，因为“必要时可以利用现有的监控手段”[欧共体 SEA 指令，第 10 条（2）]。然而，为推动形成最佳的 SEA 监控手段，未来不得不纳入其他要素，例如物质和文化资产与健康。

16.2.1.3 方法

目前使用的所有景观规划方法对于 SEA 也是有用的（Fischer，2007）。这其中尤其包括基准数据的收集、目标识别和潜在冲突的评价。景观规划制定程序的第一步是收集和记录现状基准信息，如生物多样性、自然和环境。基准信息是由环保部门、自然保护组织和个人等提供的。额外的数据是通过特殊的勘查手段收集的。数据以文本和地图格式提供，并得到广泛使用（图 16.1）。

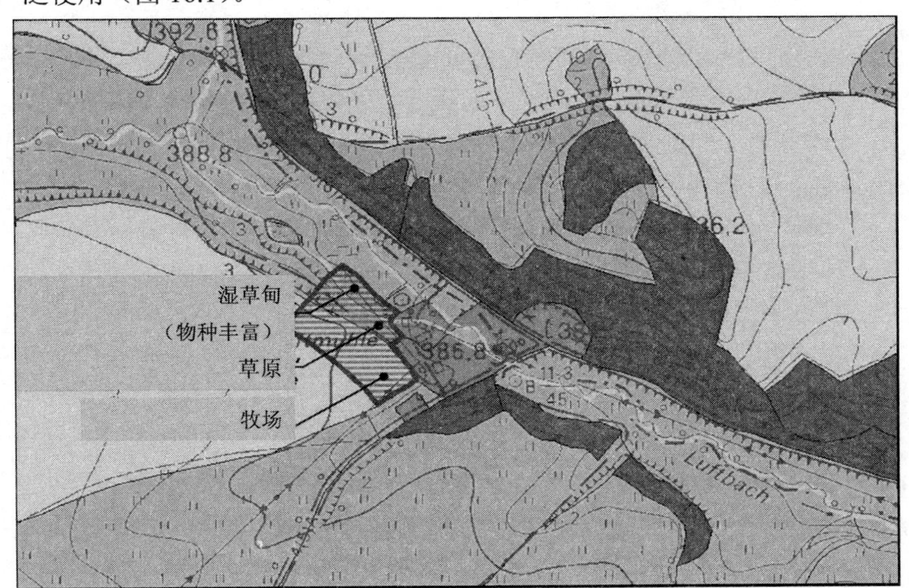

来源：Sächsisches Staatsministerium für Umwelt und Landwirtschaft，2004。

图 16.1 显示环境基线数据的《德国罗腾堡 Hanichen 地方景观规划》，如规划定居点扩建中的生境类型

景观规划和计划提供了一个预定义的数据评价标准，如多样性程度、珍稀物种的存在或土地利用规划所产生的负面影响的程度。通过将结果与其他规划过程中产生的信息相比较，确定了与土地利用需求相冲突的区域。为了解决冲突，制定了地点选择方案，如涉及居住地开发的方案。此外还经常阐述技术选择方案，并建议该如何以及何时采取行动。

继评价之后，自然保护和景观管理的目标和指导原则也得到了制定（见图 16.2）。为了减缓冲突，需要建立补偿机制和自然与景观保护、管理和开发措施。图 16.1 和图 16.2 说明了《德国罗腾堡 Hanichen 地方景观规划》的环境基线数据和环境目标。作为 SEA 和土地利用的试点研究，这个景观规划对 SEA 是非常有益的（Reinke，2005）。

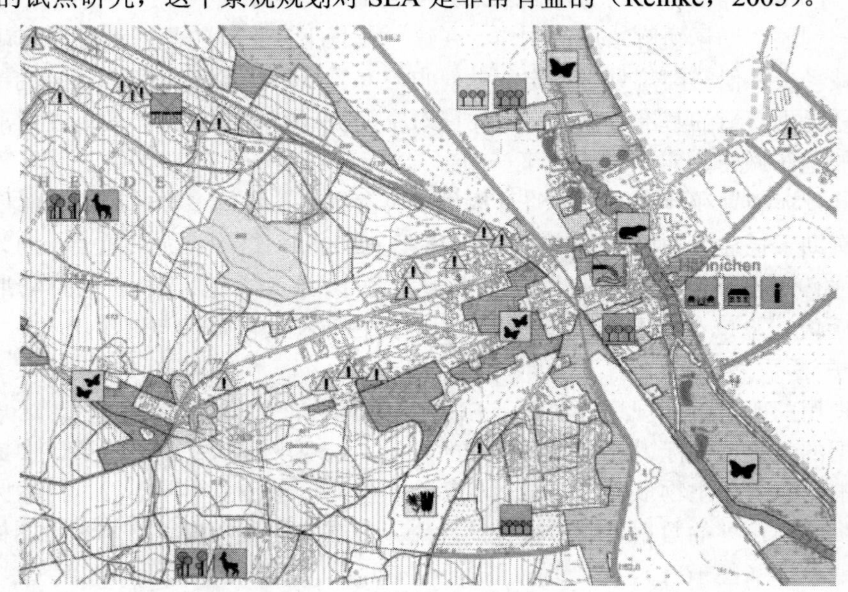

符号说明

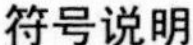重要栖息地的保护

水

恢复河道

河岸林带的种植

废水零排放

森林

将针叶林改成混交林

重新造林

狍种群数量的下降

开阔地

物种丰富的草地的保护与维护

草场的粗放式经营

草地果园的兴建与粗放式经营

定居点

草地果园的保护与维护

修建滨河步道

开垦褐土田地

恢复风格化建筑结构

定居点边缘的绿化

旅游基础设施

兴建其他通道

安装信息标牌

其他措施

兴建与维护物种丰富的农田

控制/净化褐土田地

来源：Sächsisches Staatsministerium für Umwelt und Landwirtschaft，2004。

图 16.2 展示环境目标的德国罗腾堡 Hanichen 景观规划

16.2.1.4　程序

除了实质性的重叠和互惠互利方法的应用，景观规划和计划与 SEA 之间有许多程序上的联系。在这一背景下，重要的是在决策制定程序的每一个层次上，以相同的尺度并以全区域方式，由相同的机构在制定空间规划和计划的同时制定景观规划和计划（参见图 16.3）。

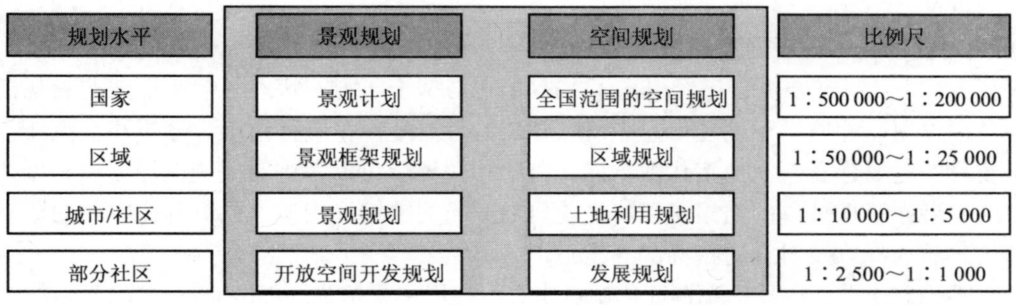

在 SEA 指令颁布之前部分由现有环境影响评价要求所覆盖。

来源：由联邦环境部修编，1998。

图 16.3　德国景观规划和空间规划体系

但是，行政区域界线并不总是相同的，几个景观框架规划可能与同一个区域规划有关。这就是为什么始终要保证规划程序时间上的同步（Schmidt，2004）。目前，公众参与只是间接地出现于土地/空间利用规划决策过程中。此外，替代方案通常只通过土地适宜度制图而间接得到考虑。最后，目前也只通过景观规划数据更新而间接地进行监督（Fischer，2005；Jessel 等，2003；Siemoneit 和 Fischer，2001）。然而，无论公众参与还是监督都可以很容易地与景观规划相协调。在这一背景下，类似基于网络的交互式景观规划这样的新技术特别有用（von Haaren 和 Warren-Kretzschmar，2006）。

16.2.2　其他国家的景观规划手段

本节回顾了加拿大、爱尔兰和瑞典这三个国家的景观规划手段。虽然所有这些手段都有可能极大地促进 SEA 的发展，但是目前还没有任何一种手段是正式要求，也没有以类似于德国景观规划和计划那样的全区域方式得到应用。

16.2.2.1　加拿大：综合景观管理（ILM）

在加拿大，ILM 的模型已被用于可能有相互冲突的土地利用和管理目标的地区。这其中尤其涉及以人口增长、经济或农业发展、保护措施和流域管理为特征的地区（加拿大政府，2005a）。ILM 包括有一系列定量化、预测性工具，旨在研究一个地区的生态和社会经济特征如何因不同的政策和管理决策而发生改变。到目前为止，取决于各自的目标，现有的 ILM 应用尺度有着很大的差异性。ILM 模型越来越多地应用于可持续性运输规划和城市发展规划，并在相对较小的程度上应用于城市和区域尺度的累积影响评价。

ILM 模型的一个基本原则是要在制定和评估旨在整合社会经济目标和环境保护政策的战略的过程中使公众和利益团体参与进来。自问世以来，ILM 综合性方法一直都考虑到在参与性规划进程中对替代方案的完善评价，以及对最具可持续性替代方案的识别。因此

ILM 模型被视为支持 SEA 的最佳工具，旨在确认多个土地利用模式之间复杂的相互作用和累积效应。此外，模型规定了决策早期阶段的机会，探讨如何减轻对环境、社会、经济带来的负面影响（加拿大政府，2005b）。在这一背景下，政策研究计划（2005）提出，需要借助国家战略来将 ILM 模型体系的应用范围扩大到更大的尺度上，使之能够评价跨部门活动的意义。

16.2.2.2 爱尔兰：景观遗产评价（LHA）

在爱尔兰，遗产委员会已经提出了 LHA。它与基于压力—状态—响应框架的景观指标配合发挥作用，并应用于地理信息系统（GISs）。LHA 旨在履行清单、分析和交流任务。其主要目的是要建立一个数字化数据库，借此相关评价可以考虑对关键区域予以识别，并对应用于潜在管理体制的结果予以可视化。LHA 的关键挑战应该说是对有待收集的适当数据和信息的选择以及对合适指标的导出。

该手段首次基于郡县景观特征化试点研究而应用于爱尔兰西部的 Clare 郡（环境资源管理和 ERA-Maptec 有限公司，2000）。与此同时，地方政府和环境部门公布了《景观与景观评价准则协商草案（2000）》。试点研究还旨在探讨构建爱尔兰整体景观基本特征的可行性。

试点研究强调国家景观特征化系统有其潜在的益处，可以作为 PPP、SEA 和 EIA 的参照点，还可用于监控乡村地区的变化（Julie Martin 联营公司，2006）。基于试点研究结果，遗产委员会（2002）发表了一份《关于爱尔兰景观和国家遗产的政策文件》。本文强调，景观的决策只能基于一个广泛和及时更新的数据库，鼓励完善景观信息并获取这样的信息。LHA 是对这项旨在推动建立一个健全数据库和适当评价基准的建议的反应。Clare 郡的经验表明，LHA 的进一步发展指日可待。预计 LHA 可能对 SEA 予以支持，特别是在基准数据和监控方面。在这一背景下，为了系统化监控，也许需要设计出基于地理信息系统的指标集。

16.2.2.3 瑞典：生态景观规划和其他方法

瑞典应用了一系列不同的景观规划手段，最近还开发了一种方法来专门解决健康问题。这些方法包括生态景观规划，旨在实现类似德国景观规划和计划的目的。然而，瑞典的法律并不对生态景观规划做出要求，因此较少制定这方面的规划。

在瑞典农业科学大学景观规划系，研究组已经确定了对人类优选权和福祉有着重要意义的开放式绿色城区的八大特征。这些特征是“宁静”、“宽敞”、“野生”、“繁茂”、“喜庆”、“共有”、“乐园”和“文化”（Grahn 和 Stigsdotter，2003；Grahn 等，2005）。这八大特点研究最初是在环境感知和环境心理学领域开展的。该框架已经出于不同目的和在不同尺度上在欧洲 Interreg 项目级景观规划范畴内的规划项目中得到实施，以作为 Oresund Sound 地区健康与发展规划的资源。借助这八大特点，可以对景观价值和健康要素的现状予以图示和评价。这尤其引导出旨在促进创新和发展并针对减缓和补偿措施的建议。到目前为止，该方法被视为适于在物理规划、景观和空间规划以及 SEA 中纳入健康因素（Skärbäck，2005）。

16.3 不同景观规划手段对 SEA 可能产生的作用

对大量时间和资源的需求可说是 SEA 有效应用上的局限性（Thérivel，2004）。在这一背景下，景观规划手段可以成为 SEA 的综合信息来源，并有助于节省时间和资源，减少制定 SEA 所需付出的努力。景观规划手段最大的潜力在于收集和评估环境基准数据，以及设立环境目标。此外，在景观规划中使用的方法也可用于 SEA。基于提交到布拉格会议上的景观规划案例研究所提供的信息，表 16.3 总结了四个国家的景观规划对 SEA 选定要素的主要作用。

表 16.3　现行景观规划手段对 SEA 选定要素的作用

SEA 要素	以下国家在景观规划方面所作的贡献①			
	德国②	加拿大	爱尔兰	瑞典③
环境基线信息	A	B	B	A
影响评价	A	A	A	A
替代方案评价	B	A	B	B
补偿措施	A	B	C	B
公众参与	B	A	B	B
监督	B	C	B	C

注：① A—重大贡献；B—稍有贡献或有间接贡献；C—贡献较小。
② 德国：以全区域方式在所有主要规划水平上制定的正式手段。
③ 瑞典：2005 年国际影响评价协会布拉格会议上提出的瑞典方法的重点完全放在景观规划的健康方面。

表 16.3 显示，本章介绍的景观规划手段可以在不同程度上促进 SEA 要素的形成。这表明，每种手段都有不同的长处和短处。德国景观规划在提供基准数据方面有特别的优势，有助于克服 SEA 范围内的数据局限性。它也可以为影响评价和补偿措施的制定作出重大贡献。对于替代方案的评价、公众参与和监督也有间接的辅助作用。

加拿大的 ILM 手段在替代方案的评价和对相关影响与公众参与的识别方面尤其具有优势。然而，目前其只适用于特殊情况，因此目前只有有限的益处。但它具有很大潜力，可以发展成为一个更有益处且得到广泛应用的决策支持工具。

除了对基线数据和支持影响分析做出规定，爱尔兰的 LHA 手段在监督和公众参与方面独具优势。然而，据报道，如果收集和处理相关数据的挑战被解决，LHA 将只能在未来有效运作，这首先需要进行实质性投资。况且，对手段的政治支持需要得到加强，以推动其进步并拓展应用范围。

最后，瑞典的生态景观规划也有可能为 SEA 作出重大贡献。其限制性因素是目前对景观规划的非常狭隘的理解。目前，特别强调的只有健康要素。

16.4　结论

本章阐述和回顾了 SEA 与四个国家景观规划手段之间现有的和潜在的联系。这四个国家分别是：德国、加拿大、爱尔兰和瑞典。重点集中在德国，自 1970 年代以来，该国的景观规划已依照法律要求以全区域方式在所有主要规划层次上得到实施。本章表明，SEA 和景观规划存在着实质性潜在联系，上述例子显示景观规划手段对 SEA 有显著的益处。因此，SEA 对时间和资源的要求可能大幅度减少。

所有景观规划手段的主要优点是能够对 SEA 所需的综合性环境基线数据做出规定。此外，所有的手段可以有助于全面实施影响分析和评价。景观规划也有助于替代方案的评价、补偿措施的鉴定以及公众参与和监控（见表 16.3）。

本章介绍的四个景观规划手段面临两大主要挑战：

（1）对环境影响的考虑通常比 SEA 所要求的更为有限。

（2）与基础规划和计划制定过程的整合问题并不总是得到彻底解决。

但是，第一个挑战是不难克服的，它只是要求涉及要素的延伸。关于第二个挑战，如上所述，有很多积极的实例显示与决策过程的平稳整合是可能的。

欧盟 SEA 指令明确要求在影响评价中应用现有的基准数据资源和适当的方法。这也是所有景观规划手段的核心任务之一。在那些以非正规方式施行景观规划手段的国家，SEA 有助于这些手段的更广泛应用和进一步发展。

谨慎地说，应该补充一点，即景观规划受制于与 SEA 所共同面临的限制和挑战。这其中尤其包括政治意愿的缺乏、有限的财力和个人能力，以及技术和后勤方面的限制。然而，德国在正式做出规定的全区域景观规划与计划方面的积极经验显示，这一手段是大有益处的。

为了迎接挑战以及加强 SEA 与景观规划之间的利害关系，现总结出以下措施是未来研究和行动的关键要务：

➢ 通过以下途径来传递不同景观规划方法的知识：
  - 使人们周知有关景观规划有助于实施 SEA 的良好实践案例研究。
  - 专家交流（制度化或具体案例）。
  - 编制景观规划的指导性文件（英文版）。

➢ 扩大景观规划的范围，以加强对 SEA 的支持。

➢ 促进战略行动、景观规划和 SEA 之间更好地整合与协调。

➢ 以试点项目的方式检验 SEA 范畴内景观规划内容与方法的实际应用。

➢ 提高对景观规划优势的认识，以克服政治意愿的缺失和推动形成正规化景观规划方法。

致谢

感谢 Stefan Lutkes（联邦环境部，德国）、Maren Regener（莱布尼茨生态与区域发展研究所，德国）、Markus Reinke（Weihenstephan 应用科学大学，德国）、Erik Skarback（景观规划部，瑞典农业科学大学，Alnarp，瑞典）、Ebbe Adolffson（环境保护署，瑞典）、Linda d'Auria（都柏林大学，爱尔兰）和 Ruth Waldick（生境处，国家野生生物研究中心，加拿大）在 2005 年国际影响评价协会布拉格会议上的投稿。

参考文献

[1] Antrop, M. (2006) 'Sustainable landscapes: Contradiction, fiction or utopia?', Landscape and Urban Planning, vol 75, pp187-197.

[2] Bruns, D. (2003) 'Was kann Landschaftsplanung leisten?', Naturschutz und Landschaftsplanung, vol 4, pp114-118.

[3] Council of Europe (2000a) European Landscape Convention, European Treaty Series No 176, Florence, 20 October 2000, http://conventions.coe.int/treaty/en/Treaties/Html/176.htm.

[4] Council of Europe (2000b) Explanatory Report on the European Landscape Convention, Florence, 20 October 2000, http://conventions.coe.int/treaty/en/Reports/Html/176.htm.

[5] Department of the Environment and Local Government (2000) Landscape and Landscape Assessment: Consultation Draft of Guidelines for Planning Authorities, Dublin, Ireland.

[6] Environmental Resources Management and ERA-Maptec Ltd. (2000) Pilot Study on Landscape Characterization in County Clare, Report to the Heritage Council, Kilkenny.

[7] Federal Ministry for Environment (1998) Landscape Planning-Contents and Procedures, Bonn.

[8] Federal Ministry for Environment (2002) Landscape Planning for Sustainable Municipal Development, Bonn.

[9] Fischer, T. B. (2005) 'SEA in Germany', in Jones, C., Baker, M., Carter, J., Jay, S., Short, M. and Wood, C. (eds) Strategic Environmental Assessment and Land Use Planning: An International Evaluation, Earthscan, London, pp79-96.

[10] Fischer, T. B. (2007) Theory and Practice of Strategic Environmental Assessment, Earthscan, London.

[11] Forman, R. T. T. and Gordon, M. (1986) Landscape Ecology, Wiley, New York.

[12] Government of Canada (2005a) 'Integrated landscape management models for sustainable development policy making', briefing note, January 2005, Policy Research Initiative, http://policyresearch.gc.ca/doclib/SD_BN_IntLandscape_E.pdf.

[13] Government of Canada (2005b) 'Towards a national capacity for integrated landscape management modelling', briefing note, May 2005, Policy Research Initiative, http://policyresearch.gc.ca/doclib/ILMM2_Briefing_Note_E.pdf.

[14] Grahn, P. and Stigsdotter, U. (2003) 'Landscape planning and stress', Urban Forestry & Urban Greening, vol 2, pp1-18.

[15] Grahn, P., Stigsdotter, U. and Berggren-Bärring, A.-M. (2005) 'A planning tool for designing sustainable and healthy cities: The importance of experienced characteristics in urban green open spaces for people's health and well-being', conference proceedings of Quality and Significance of Green Urban Areas, 14-15 April 2005, Van Hall Larenstein University of Professional Education, Netherlands.

[16] Haase, G. (1991) 'Theoretisch-methodologische Schlußfolgerungen zur Landschaftsforschung', Nova acta Leopoldina, vol 64, no 276, pp173-186.

[17] Hanusch, M., Köppel, J. and Weiland, U. (2005) 'Monitoring-Verpflichtungen aus EURichtlinien und ihre Umsetzbarkeit durch die Landschaftsplanung', UVP-report, vol 3-4, pp159-165.

[18] Hard, G. (2001) 'Der Begriff Landschaft: Mythos, Geschichte, Bedeutung', in Konold, W., Böcker, R. and Hampicke, U. (eds) Handbuch Naturschutz und Landschaftspflege, Landsberg, Loseblattsammlung, Teil.

[19] Herberg, A. (2000) 'Umwelt und Landschaftsplanung in den Ländern der EU und der Schweiz', Arbeitsmaterialien zur Landschaftsplanung, Issue 15 (CD-Rom), Technical University of Berlin.

[20] Heritage Council (2002) Policy Paper on Ireland's Landscapes and the National Heritage, Heritage Council, Kilkenny.

[21] Jensen, L.-H. (2006) 'Changing conceptualization of landscape in English landscape assessment methods', in Tress, B., Tress, G., Fry, G. and Opdam, P. (eds) From Landscape Research to Landscape Planning: Aspects of Integration, Education and Application, Springer, Dordrechtpp161-171.

[22] Jessel, B. (2006) 'Elements, characteristics and character: Information functions of landscapes in terms of indicators', Ecological Indicators, vol 6, pp153-167.

[23] Jessel, B., Müller-Pfannenstil, K. and Rößling, H. (2003) 'Die künftige Stellung der Landschaftsplanung zur Strategischen Umweltprüfung (SUP)', Naturschutz und Landschaftsplanung, vol 11, pp332-338.

[24] João, E. (2004) 'SEA outlook: Future challenges and possibilities', in Schmidt, M., João, E. and Albrecht, E. (eds) Implementing Strategic Environmental Assessment, Springer, Berlin, pp691-700.

[25] Julie Martin Associates (2006) Landscape Character Assessment in Ireland: Baseline Audit and Evaluation, final report to the Heritage Council, March 2006.

[26] Marsh, W. M. (2005) Landscape Planning: Environmental Applications, Wiley, New York.

[27] Meißner, C. and Köppel, J. (2003) 'Umwelt- und Naturschutz in Russland-Recht und Umsetzung im Transformationsprozess', Natur und Landschaft, vol 78, no 11, pp468-475.

[28] Musacchio, M., Ozdenerol, E., Bryant, M. and Evans, T. (2005) 'Changing landscapes, changing disciplines: Seeking to understand interdisciplinary in landscape ecological research', Landscape and Urban Planning, vol 73, pp326-338.

[29] Naveh, Z. (1995) 'Interactions of landscapes and culture', Landscape and Urban Planning, vol 32, pp43-54.

[30] Nohl, W. (2001) 'Sustainable landscape use and aesthetic perception: Preliminary reflections on future landscape aesthetics', Landscape and Urban Planning, vol 54, pp223-237.

[31] Policy Research Initiative (2005) 'Integrated landscape management modelling', workshop report, Ottawa.

[32] Reinke, M. (2005) 'Pilotvorhaben für eine Strategische Umweltprüfung zur Flächennutzungsplanung, 2 Zwischenbericht', IOER, Stuttgart.

[33] Sächsisches Staatsministerium für Umwelt und Landwirtschaft (2004) 'Landschaftsplan Rothenburg/O.L.-Hähnichen', Dresden.

[34] Schmidt, C. (2004) Die Strategische Umweltprüfung in der Regionalplanung, Forschungsprojekt im Auftrag des Bundesministeriums für Bildung und Forschung, Erfurt.

[35] Scholles, F. and von Haaren, C. (2005) 'Co-ordination of SEA and landscape planning', in Schmidt, M., João, E. and Albrecht, E. (eds) Implementing Strategic Environmental Assessment, Springer, Berlin, pp557-570.

[36] Sheate, W. R., Byron, H. J. and Smith, S. P. (2004) 'Implementing the SEA Directive: Sectoral challenges and opportunities for the UK and EU', European Environment, vol 14, pp73-93.

[37] Siemoneit, D. and Fischer, T. B. (2001) 'Die Strategische Umweltprüfung-das Beispiel des Regionalplans Lausitz-Spreewald in Brandenburg', UVP-report, vol 5, pp253-258.

[38] Skärbäck, E. (2005) 'Mental health consideration in planning', paper presented at the IAIA SEA Conference, Prague.

[39] Thérivel, R. (2004) Strategic Environmental Assessment in Action, Earthscan, London.

[40] Thérivel, R. and Partidário, M. R. (1996) The Practice of Strategic Environmental Assessment, Earthscan, London.

[41] Thérivel, R. and Wood, G. (2004) 'Tools for SEA', in Schmidt, M., João, E. and Albrecht, E. (eds) Implementing Strategic Environmental Assessment, Springer, Berlin, pp349-363.

[42] Tress, B. and Tress, G. (2001) 'Theorie und System der Landschaft', Naturschutz und Landschaftsplanung, vol 33, pp52-58.

[43] Tress, B., Tress, G., Décamps, H. and d'Hauteserre, A.-M. (2001) 'Bridging human and natural sciences in landscape research', Landscape and Urban Planning, vol 57, pp137-141.

[44] Tress, B., Tress, G., Fry, G. and Opdam, P. (2006) From Landscape Research to Landscape Planning: Aspects of Integration, Education and Application, Springer, Dordrecht.

[45] von Haaren, C. (2004) Landschaftsplanung, UTB, Stuttgart.

[46] von Haaren, C. and Warren-Kretzschmar, B. (2006) 'The interactive landscape plan: Use and benefits of new technologies in landscape planning, including initial results of the interactive Landscape plan Koenigslutter am Elm, Germany', Landscape Research, vol 31, no 1, pp83-105.

第十七章　战略环境评价在发展中国家生物多样性保护与可持续利用中的应用[①]

乔·特里维克　苏西·布朗利　海伦·拜伦　西娅·乔丹　卡蒂亚·加西亚　胡安·卡洛斯　加西亚·德·布里加德　塔利塔·霍尔姆　戴维·勒·麦特　维诺德·马瑟　苏珊娜·穆罕默德　伊丽莎白·奥利维尔　阿莎·拉吉旺什　詹·彼得·谢默　马丁·斯雷特·卡维·扎西迪
（Jo Treweek(ed)　Susie Brownlie　Helen Byron　Thea Jordan　Katia Garcia　Juan Carlos Garcia de Brigard Tarita Holm　David le Maitre　Vinod Mathur　Susana Muhamad　Elsabeth Olivier　Asha Rajvanshi　Jan Peter Schemmel　Martin Slater Kaveh Zahedi）

引言

本章探究了战略环境评价在生物多样性保护与可持续利用中的应用，利用国际经验概括了需要处理的一些问题，这些问题能够使战略环境评价在生物多样性保护与可持续利用中的应用更加有效。

首先，生物多样性是一个跨部门议题，在战略评价和决策制定中总能涉及此类议题，因为生物多样性是维持生态系统服务供应的基础。本章利用实际案例，一开始就表明 SEA 是否能成功提升作为决策制定和规划基础目标的生物多样性，以及是否能够为生物多样性保护提供更好的结果。然后本章回顾了对有效的 SEA 在生物多样性方面的一些要求，介绍了来自南非的一些实例，其中提出了系统的生物多样性保护规划并已经被用于支持战略规划方法。本章继而考虑了在此过程中不同利益相关者所起到的作用，并介绍了印度的利益相关者为确保对当地社区的生物多样性需求予以认识和规定而做出的有效参与决定的一些实例。最后，SEA 被认为是使政府和企业合作伙伴参与进来的工具。

17.1　背景：为什么在战略环境评价中要考虑生物多样性

生态系统直接为人类提供了多种谋生手段和重要的商品与服务。同时，生态系统也遭到了人类活动的破坏，并且这种破坏正以一种前所未有的速度进展。千年生态系统评价（MEA，2003）报告《生态系统和人类福祉：评价框架》中指出，在过去 50 年，经济发展所导致的生态系统衰退比以往任何时期都更加迅速和广泛。在评价调查结果中，60%的生态系统服务（例如湿地的污染控制、珊瑚礁的鱼类产量、森林的 CO_2 吸收率）被认为是不可持续利用的。在发展规划中，这种退化的成本和后果一般不计算在内，因为大多数的服务（例如，清洁的水、可收获的农作物、燃材的供应）被认为是公共商品。没有与其相关的市场价值这一事实意味着它们通常被低估或根本没有被估价。

生态系统承受着来自各种各样来源所累积的压力，并且这些压力都在普遍增加，导致森林破碎化、地表水和地下水供应的不断污染以及不同层次的生物多样性普遍丧失。人类活动是全球生物多样性的主要威胁，所有的有效证据都显示，随着全球人口的不断增长，人类活动对生态系统的影响将不断增加。在战略层面，通过应用生态系统方法原理来考虑影响那些支持人类福祉的生态系统服务的一系列活动，以及考虑维持旨在提供这些服务的生态系统的完整性和恢复力所需的措施，才能对生物多样性所受到的累积影响有个最好的预期。

MEA 报告还强调，如果要实现千年发展目标（MDGs），国际社会需要将环境保护当作首要任务。尽管生物多样性很少受到直接关注，但对大多数千年发展目标的实现是至关重要的。因为：

- 只有千年发展目标 7（环境可持续性）明确针对环境，但实现其他每一个千年发展目标都需要有健全完善的生态系统。
- 没能可持续地保护和利用生物多样性会使贫困长期存在。
- 生物多样性支撑了贫困人口直接依赖的生态系统服务功能。
- 以生物多样性和生态系统为基础的“环保收入”，是农村贫困家庭收入的主要组成部分。

总之，生物多样性的逐步降低将直接影响人类福祉、生计，甚至是传统的经济活动（Maitre，2005；Zahedi，2005）。

如果要维持作为生态系统服务必要基础的生物多样性，则人类活动的完善规划和管理是至关重要的。然而，生物多样性的好处往往没有被发展规划认识到，相关生态系统服务的替代成本也是如此（Treweek 等，2005a）。例如，如果所有的环境成本和效益被考虑在内，原始的红树林生态系统比清理出来用作他途的区域有着更为重要的经济价值，然而，红树林继续以前所未有的速度减少，因为原始资源不如以可收获产品来衡量的（不考虑环境损害成本）传统经济更有利可图。泰国的一项研究（MEA，2005）估计，原始红树林提供的服务价值大约是每公顷 4 000 美元，是转变为虾业养殖所产生的价值的两倍（见图 17.1）。

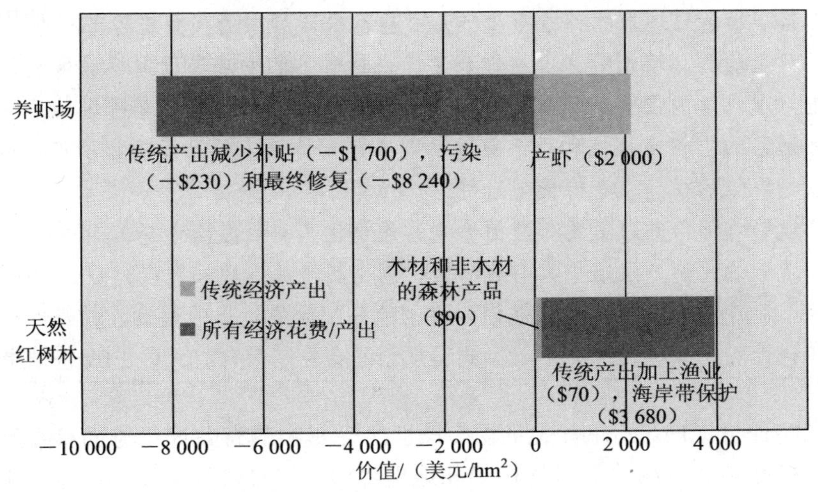

来源：MEA，2005；Sathirathai 和 Barbier，2001。

图 17.1 泰国南部红树林转化成本

尽管生物多样性资源和服务在帮助加强保护方面价值非凡，各级政府仍依靠其他资源产生对内投资，例如，廉价可用的土地和基础设施。如何对生物多样性的对内投资机会予以挖掘和推广的问题需要得到解决。要做到这一点，只有在整个规划和决策制定过程中突出生物多样性，使以生物多样性为基础的替代方案得以制定。仅仅为即将损失的生物多样性附加经济价值并不一定会产生更好的结果。

如果决策制定过程不考虑服务本身的价值，那么拟定发展规划的经济评价也可能导致对真正的影响做出极为偏颇的评价。这一问题已得到重视，但最终社会和决策者将不得不面对这一事实，即各类服务，特别是文化服务的价值，不能用货币去衡量，但对于文化群体的福祉而言是至关重要的。这类问题也许不得不通过多项基准或处理这些棘手问题的其他方法来纳入决策制定过程。此外，人们对物种层面的生物多样性在维持生态系统服务方面所起的作用及其与人类福祉的关联性知之甚少。这些差距正得到弥补，需要找到适当途径来迅速将新研究发现纳入像 SEA 这样的规划和决策制定过程中。

17.2 战略环境评价是保护和持续利用生物多样性的工具

环境影响评价（EIA）和战略环境评价（SEA）作为识别、避免、减少和缓解对生物多样性的不利影响的重要工具，在联合国生物多样性公约以及其他与生物多样性有关的公约中都得到认可（CBD，1998，2000，2002，2003，2006；CMS，2002；Pritchard，2005；拉姆萨尔湿地公约，2002；拉姆萨尔大会秘书处，2004）。

专栏 17.1 项目级别环境评价的一些限制

- ❖ 项目层次的环境影响评价不能充分解决累积影响和景观尺度的影响：这些影响常常被忽视，因为每项开发提议都被孤立地看待。SEA 有助于在资源可持续性框架下解决这些影响问题。
- ❖ 项目层次的环境影响评价很少涉及或往往采取静态的视角来看待生态过程的影响。
- ❖ 项目层次的环境影响评价在涉及更广泛背景下的发展局面时比较薄弱，趋向于更注重“现场”的影响，除非涉及水资源、空气质量和景观美学等领域。它很少涉及毗邻地区的生物多样性和生态系统功能方面具体地点的开发项目所产生的影响。SEA 以更广阔的视角来看待景观过程。
- ❖ 环境影响评价方法更关心当前影响的最小化（一旦做出选择），而不具有前瞻性。
- ❖ 环境影响评价方法很少具有战略性，因为其只关注单一发展建议。SEA 能在景观尺度上制定健全的土地利用规划，将土地分配给最适当的用途，并避开确保实现生物多样性可持续性的优先区域。此类规划不会在零敲碎打式的 EIA 基础上制定。

环境影响评价（EIA）在有关生物多样性所受影响的有效评价方面存在局限性。通常由于项目环境影响评价相关的时间构架和地理界限，很难进行生物多样性研究，这些研究旨在“捕获”或解释那些推动变化响应或识别一系列作用于生物多样性资源的累积威胁和压力的生态系统过程和相互作用。

生物多样性面临的很多威胁都与发展和活动相关。这些发展和活动是不规范和不需要逐一批准的。类似例子是农业土地利用，这是世界范围内对生物多样性的主要影响因素之一（Donald，2004）。

SEA 通过提供机会以确保生物多样性保护和持续利用成为战略决策过程的基础目标，而不仅仅是一个需要加以考虑的专门话题，而被视为克服项目层次环境影响评价诸多限制的一种方法。它通过提供机遇来开展以下活动以实现这一目标：

- 在全球、国家、省级（县、州）或地方层次上将生物多样性目标纳入到土地利用、城市或部门政策、规划和计划中。
- 确认与生态系统服务持续供应相协调的有益于生物多样性的替代方案。
- 确认和管理那些如果孤立评价则显得微不足道的累积胁迫。
- 规划有效的缓解战略，以确保生物多样性和生态系统服务的持续性。
- 安排监测方案，以提供必要的生物多样性信息。
- 加强生物多样性合作关系和信息沟通。
- 创造机会使生物多样性专家参与规划和决策制定。
- 给需要和利用生物多样性来影响战略决策的人们创造机会，这可能影响他们的生物多样性资源和使用权。
- 将生物多样性与一系列影响环境资源处理方式的活动进行整合，包括从中央政府逐级往下的农业、农林业和矿产业。

放弃单一的孤立评价而转向更具战略性的评价，应该能促进以生物多样性为基础的生态规划原则的纳入，目的是减少作为人类发展特征的持续性景观破碎度（Pautasso，2007）。传统的规划观点需要改进，以纳入旨在使我们残存的自然生态系统的联通性和功能整体性最大化的原则，并确保继续为我们的社会提供需求以维持人类福祉。同样需要有战略方法来传达有关由较长运转周期所产生的生物多样性诸多益处以及旨在确保土地、管理资源和社区支持的需求等信息。

在发展规划的早期阶段就需要考虑生物多样性的风险和机遇，这种需求已经得到完善记录，而不管提倡者是政府还是企业（Selvam Panneer，2005；Mandelik 等，2005；IEEM，2006）。Mathur 和 Rajvanshi（2005）提到了在印度中心地区针对拟议灌溉工程实施的环境影响评价所具有的局限性，知识的缺乏和不适当的利益相关者咨询导致不可能有效解决生物多样性问题，最终发现一种更具战略性的方法是必要和有用的（见专栏 17.2）。SEA 是使生物多样性风险和机遇得以更早被考虑到的一种方式，只要它是结合规划制定而并非回顾性地应用，例如只有在已经制定有关备选方案的重要决策后，生物多样性的局限性与机会才会被考虑和纳入。如果 SEA 综合地介入规划过程，基于生物多样性的替代方案就能够得以制定，这有可能节省成本，并在更长一段时期内产生更持续的成果。理想情况下，SEA 应该综合贯穿于政策、规划和计划的发展过程，尽可能早地开始纳入替代方案的制定程序，在评价的实施过程和后续评价工作中继续发挥重要的作用，例如，决定采取必要的减缓行动。

实际上，SEA 提供了机会来全面地规划基于生态单元（例如，流域或集水区）的实际性、可行性和长期性生物多样性解决方案。它也能够提前确认那些应该得到发展或保护的区域，确保任何系统性生物多样性规划结果（例如《国家生物多样性战略行动计划》）都能够在制定新战略建议书期间得到整合。

专栏 17.2　印度中部地区灌溉工程的战略环境评价

印度马哈拉施特拉邦 Human 河灌溉工程早在 20 世纪 80 年代初就经过讨论，在 1994 年发布环境影响评价通告后批准实施场地初步清理工作，但是保护组织和其他利益相关者质疑工程的生态可行性，环境影响评价报告没有考虑到与所提议位置非常靠近的一个老虎保护区。开发审批最终被搁置，理由是生物多样性保护影响（尤其是有可能对老虎的栖息地和迁移廊道造成影响）在环境影响评价报告中没有得到充分解决。

印度野生动物研究所的一个研究小组继而实施了马哈拉施特拉邦灌溉收益管理规划的“生物多样性驱动下的”SEA，以关注生物多样性问题和促进决策制定。战略环评：

- ❖ 有利于克服将决策制定限制在项目层次上的不一致性和不确定性。
- ❖ 在关注生物多样性从而促进决策制定的过程中发挥了非常重要的作用。
- ❖ 在促使利益相关者参与的过程中发挥了重要作用。
- ❖ 有效地将生物多样性纳入发展规划进程，并作为决策制定工具而取得了卓有成效的成绩。

来源：Mathur 和 Rajvanshi，2005。

SEA 所面临的与生物多样性有关的挑战是，要超越法定保护的限制，在为不同发展部门在未保护地区实施经济发展规划时突出强调生物多样性。甚至在全球热点地区，如南非好望角植物区，受保护的区域网络是不足以保存生物多样性和支持过程的代表性样本的（Cowling 等，2003；Pressey 等，2003；Retief 等，2007）。CBD 强调，将生物多样性纳入到发展部门和保护区以外开展的活动中是至关重要的（IAIA，2004，2005；O'Riordan 和 Stoll-Kleemann，2002）。

虽然 SEA 对于减少损失和减轻损害而言是非常重要的，但同样重要的是利用 SEA 来创造一种氛围，促使生物多样性成为 PPP 不可或缺的基本组分，或自身成为战略，以确保持续提供生态系统服务的要求得到满足（Gelderblom 等，2002）。换句话说，SEA 应该作为积极的工具来识别基于生物多样性的发展目标。这样的积极性（动机）经常直接来自于利益相关者，因为许多 SEA 法规都包括明确的要求和利益相关者正式的（经常被记录的）参与，给需要和利用生物多样性来影响规划决策的人们提供机会，确保他们对生物多样性的需求和渴望得到认可并被纳入考虑范畴（Treweek 等，2005a）。这能够使 SEA 作为有效的工具来提升利益相关者对生物多样性问题大体上的认识。

SEA 应该具有推动作用，首要任务是提升对环境概况的认识，并应具有整合性作用，使重点放在结合环境、社会和经济因素上，以有助于在规划过程中始终贯彻可持续发展原则。

另一方面，SEA 可以看作是对规划制定期间进行交涉的额外障碍。生物多样性也许是次要的，而且可能迫切需要在表面层次上实施快速评价，这在现实中意味着生物多样性问题经过了仔细研究。

17.3　战略环境评价是使生物多样性和优先发展目标保持一致的工具

尽管存在着实施 SEA 的法定必要条件（现在大概有 35 个国家已做出规定），越来越多的国家对 SEA 的需求正在增长。例如，在亚洲，目前已经完成的战略层次评价所针对的项目包括尼泊尔森林规划（Khadka 等，1996）和尼泊尔水电项目（Ahmed，2006；Uprety，2005）、巴基斯坦水利开发和排水系统基础设施、斯里兰卡的生态旅游（Ahmed，2006）、印度的保护区（Rajvanshi，2005）以及越南的环境发展规划（Schemmel，2005，见专栏 17.3）。SEA 也是使生物多样性目标与可持续发展战略保持一致的有效工具，例如毛里求斯的具体项目（见专栏 17.4）。

专栏 17.3　为越南 Tam Dao 国家公园活动规划所实施的战略环评

SEA 的目的是为纳入傣族地区的战略环境发展规划（SEDP）草案提供指导，其方式是使这样的活动能够在越南 Tam Dao 国家公园及其缓冲区得以实施以：（1）实现傣族地区的发展目标，（2）维持生物多样性价值的可持续性。

SEA 成功地得到规划局有关在战略环境发展规划中综合考虑环境因素并相应修订规划这一承诺。它还确保利益相关者在有关协作管理资源的必要性和将社区层次资源利用规划当作规划基础而加以利用等方面达成协议。

来源：Schemmel，2005。

专栏 17.4　SEA 作为一种工具来使小岛型发展中国家的可持续发展战略与生物多样性政策和目标保持一致

《21 世纪议程》、《约翰内斯堡执行计划（JPOI）》以及《毛里求斯小岛型发展中国家可持续发展行动计划的深入实施战略》呼吁各国制订国家可持续发展战略（NSDSs）。战略开发不是简单的一次性活动，而是一个循环的过程，范围从国家远景展望到制定、落实，再到监测和评价，需要广泛的利益相关者参与其中。NSDSs 整合和联系可持续发展的三大支柱（经济、社会和环境），为发展目标提供明确的、可衡量的和有益的引导，以支撑小岛型发展中国家的生活方式。

大部分小岛型发展中国家严重依赖生物多样性和自然资源来支撑半自给的生活方式，也在快速地扩张生态旅游。生态系统结构和功能的维护及其提供的供给、调节和文化服务对可持续发展而言是至关重要的。SEA 能够为战略发展提供有效的框架和途径，能够使利益相关者讨论优先发展顺序，认可与生物多样性相协调的发展规划。

帕劳的一个权威生物学家指出，自然生态系统具有恢复力，遭到损害后能够恢复或适应，只要损害没有超出生态系统的忍耐能力范围。如果发展过程没有恰当地考虑到环境问题，那么自然系统具有被严重损毁的可能性。关于岛屿生态系统的忍耐程度我们几乎一无所知，也可能当我们已经走得太远，以至于有所察觉时为时已晚。在大陆上，有时候可以通过从另一个区域转移或借用资源来避免犯错误。但是，在小型岛屿上，错误会导致更严重的后果。通常我们只有一次机会来选择做正确的事情。

来源：Holm 和 Ucherbelau。

SEA 是使生物多样性和优先发展目标保持一致的有效工具，其有效性在很大程度上取决于是否有既可靠又最新的可用信息，这些信息与生物多样性及其价值和用途有关。SEA

既需要生物多样性信息，也需要提供机会以收集新的信息。对不同方法的需求依赖于国家收集和组织生物多样性信息的有效能力。

相对而言，世界上很少有国家受益于严格、系统的生物多样性空间规划（Knight 等，2006），即使确有其事（例如在荷兰和德国），产生的结果也并不总能有效地传达给决策制定者。即使在一个国家有大量的可用信息，也很难确定 SEA 中应该涵盖多少信息，以及应该怎么做来填补信息鸿沟。我们因此需要考虑在信息丰富或信息缺乏的情况下实施 SEA 是否需要采用不同的方法。

有关南非决策制定者对生物多样性概念理解到何种程度的评审是通过 2006 年国际影响评价协会（IAIA）"生物多样性与影响评价能力建设（CBBIA）"项目（www.iaia.org，南部非洲现状评价）完成的。南非在生物多样性空间规划方面投入了许多努力，主要集中于确定应该优先保护的土地。尽管有可以利用的关于国家生物多样性状况的可靠信息，评审仍显示规划者和决策制定者都普遍对生物多样性的重要性缺乏理解，忽略了与影响评价专业人员进行有效沟通。这也极大地增强了对生物多样性保护系统规划输出的需求，这项规划需要以明确和直接的方式呈现给规划者和决策制定者（Brownlie 等，2005）。

系统的保护规划输出因此应该打包以适应其应用。这可能包括确定不同类型的活动敏感度的相对水平，以此开展适当的土地利用区划。也可能会实施发展区划，以确保重要生态系统服务或生物多样性价值得以维持（见专栏 17.5）。考虑到对生物多样性迅速变化的威胁，适应性和反应系统也是必要的。规划者需要在生物多样性状况或地位变得更为至关重要时能够迅速察觉。在一个没有系统规划的国家，参与途径对于理解当地对生物多样性的依赖和确保在规划过程中认识到这些问题而言是至关重要的。在这一点上，SEA 是非常有用的工具。

专栏 17.5 SEA 有助于识别和评价快速扩张的南非城市中开放空间提供的生态系统服务

城市是国家发展的重要场所，随着城市化进程的加快，对城市以可持续和高效的方式运转的要求逐步增强。城市规划管理是必要的，以求平衡资源的利用和提高生活质量。

但是在许多情况下，环境服务供不应求，结果导致:

- ❖ 更频繁的洪水灾害、道路、住房和雨水排疏基础设施的损坏、空气污染和反对新工业开发区的社团层出不穷。
- ❖ 河口沉降和鱼产量的减少。
- ❖ 随着健康、食品生产和旅游等方面的花费逐渐上涨，河流和海水的水质变差。
- ❖ 通常依赖环境服务来维持生计的穷人可利用的资源越来越少。

如果人类社会和自然系统不协调，经济和环境的冲突将非常普遍，由此产生的损失成本要由一些人或社区来承受。

当南非 uMhlathuze 市政府承诺将城市开放空间系统延伸到新的和扩展中的城市地区时，它不仅仅要确定开放空间的"足迹"，还试图更进一步趋向于承认开放空间的状况具有自然、社会和经济资产的重要价值。为了确认、评价和保护这些资产，针对 uMhlathuze 城区环境提供的服务实施了前瞻性战略评价。研究也确认了应该被保护的区域边界、这些区域之间的生态联系以及生态系统服务提供的价值。研究也确认了需要予以实施的规划和管理控制措施，以保护城市内部的开放空间。据估计，uMhlathuze 市提供的环境服务或资产大约价值 2.4 亿美元。

来源：Jordan 等，2005。

令生物多样性信息在 SEA 中的应用变得有意义的关键特征在于，它应该是客观的和结果驱动的、涉及重要性阈值、对土地利用区划而言颇有益处、为涉及生态系统服务的进一步调查提供明确的启动机制、涉及利益相关者认同的实施战略，以及使利益相关者参与进来。

当信息不足或匮乏时，SEA 也能够有助于产生生物多样性信息。EIA 作为印度 Human 河灌溉项目（见专栏 17.2）规划工具而没有实效的原因之一就在于缺乏关于生物多样性分布与行为的知识和理解。尤其是很少了解该地区老虎种群的活动模式。基于生态系统边界而对更大地理区域实施的战略环境评价能够产生必需的信息，其内容涉及关键性栖息地要求，以及使开发活动与该地区老虎保护之间相互协调的保护区规划设计（Mathur 和 Rajvanshi，2005）。如果 SEA 以前已被用来规划战略层次上的灌溉项目，则项目设计和评价已得到推动实施。同样的情况适用于在早期阶段将生物多样性规划原则整合到地方政府发展规划过程中，以确保对持续性生物多样性和生态系统服务的要求得以明确（Gelderblom 等，2002）。

17.4 SEA 是使利益相关者参与生物多样性与发展战略规划的一种手段

许多现有的 SEA 法律包括对利益相关者积极参与的要求，SEA 是一种促使利益相关者参与评价和规划的有效方法，不仅允许他们表达和记录关心的问题，也使得生物多样性的利用和价值得以明确（见专栏 17.6）。

专栏 17.6 印度生态开发项目的战略环境评价

印度生态开发项目的战略环境评价是一种关于生物多样性益处和生物多样性资源使用权的新思维模式催化剂，可以使保护区得到更好的管理。居住在保护区周围的土著社区承受着来自燃料、饲料、木材和非木材森林产品的生产、过度放牧和耕地与公共道路的侵占等方面的巨大压力。这些被认为是所有保护区所共同面对的最严重威胁。SEA 的核心目标是通过社区参与，以及捐助者、执行机构、保护区当局和各利益相关者的合作与支持，来加强生物多样性保护。

SEA 起到了“传声筒”的作用，以防止或减轻重大的潜在影响，尽可能促进和继续改善整个项目的实施，为完善的保护区管理方案提供指导，并制定有效战略来使预期的保护与社区利益最大化。

当地社区的参与是关键因素，尤其是在 SEA 的设计和规划过程中，生态系统服务功能的价值通过当地人的参与而得到明确，替代方案也被制定出来，以确保其持续性。

重要经验教训是，在规划的最早阶段将 SEA 当作诊断工具来实施，可以改善生物多样性的前景。所提供的建议基于对社区如何认同福利这一问题上的明确理解以及在重要生态开发活动上社区的“所有权”。

来源：Rajvanshi，2005。

政府和企业的合作是发展的核心。对于部门开发活动而言，需要在更具战略性的级别上进行风险评价的标准作业（例如，在规划的早期阶段管理并降低生物多样性风险），这一点已得到越来越多的认同。SEA 能帮助企业和政府由限制损失转变为战略性风险规避，积极管理和提高生物多样性。

对于公司和伙伴国政府而言，SEA 的优势包括在为发展设置条件和在交易与协定问题上达成一致意见的能力（例如，保护区边界的重新谈判、种植新的森林以补偿森林面积的损失，或划定新的保护区以弥补现有对保护区的干扰）。有关应用 SEA 的目的所在已经在一些石油和天然气部门进行了探讨，并日益受到那些希望对石油勘探或生产做出让步的政府的追捧。

全球能源需求的日益增长造成对包括石油和天然气储备在内的非再生资源的压力越来越大。在包括高生物多样性重要区域在内的环境敏感区域进行石油勘探和生产的现象越来越普遍。这就产生了对生物多样性风险评价和管理的有效技术的需求。对于石油和天然气部门而言，SEA 为大多数公司已经实施的勘探和生产项目提供了一个潜在工具，以补充环境影响评价和环境风险的操作程序。它能够帮助规划活动在更早期阶段，例如在决定是否获取或运作国家内部的让步措施时避免生物多样性的损失（见专栏 17.7）。SEA 还有助于通过尽早明确交易和协定以及要求（提供一个精简的作用）来确认机会，以有利于与敏感设计操作相关的生物多样性。这促使将重点集中于巩固措施，而非消防和损失限制。

由“生物多样性拥护者”支持的企业政策和标准可以通过战略规划来协助采取巩固措施（见专栏 17.8）。有很多很好的例子表明企业的一些工具（壳牌公司的生物多样性标准和生物多样性底图）可以支持战略方针（Muhamad，2005）。通常的障碍是缺乏一种稳健的监管框架来使有效的 SEA 在其中得以发展。公司政策和标准的要求比政府规定的环境评价标准的要求高是很正常的。

专栏 17.7　利用 SEA 在巴西帮助企业和政府建立伙伴关系：确认生物多样性敏感度

石油和天然气公司在新的地方开展规划活动时，需要掌握环境敏感性信息，使它们能够实施有效的管理制度，并确保他们的行动是经过适当规划和管理的。

同时，政府需要确信他们的能源储备发展规划与重要的生物多样性价值和生态系统服务功能的维护均不发生矛盾。不能认为重要的生物多样性能够很迅速地从地图上或现有的数据库中或保护区内部得到识别。

获取有关生物多样性的可靠信息对于那些得益于战略层面上正式的共享评价进程的企业和政府来说是一个既充满挑战又相当重要的任务。SEA 帮助企业选择那些具有可接受的生物多样性风险的勘探区，并选择适当的技术来应对不同类型的风险。它可以帮助各国政府通过规避敏感地区来确保维持生物多样性资源的完整性。

来源：Garcia，2005。

专栏 17.8 壳牌公司的 SEA 利益观

SEA 被认为是有益的，因为：

- ❖ 发展条件已预先设定。在交易和协定问题上已达成一致意见。
- ❖ 地区规划框架为生物多样性战略的实施提供了更好的前景，企业能够在更广泛的框架下发挥其作用。
- ❖ 在开发项目实施前在政策层次上确定该做什么和不该做什么。
- ❖ 战略性和可持续性社会投入可以用来支撑生态系统服务的持续供应。
- ❖ EIA 可以更高效。
- ❖ 累积影响被考虑在内。

来源：Muhamad，2005。

17.5 结论

如果生物多样性作为关键性生态系统服务的基础需要得到维持，那么战略规划就是必不可少的。即使针对生物多样性的系统性空间规划已经得到实施，其结果并不总是被承认或纳入到规划过程中：生物多样性面临的重大挑战仍然是个问题，足以令决策制定者信服其价值和重要性。SEA 是将生物多样性空间规划成果纳入发展规划的潜在手段。虽然在出于该目的来正式制定 SEA 这一做法所具有的优点这一问题上没有达成多少共识，但人们普遍同意的是，SEA 类型的机制是必不可少的，目的在于确保生物多样性和生态系统服务在规划和决策过程中受到相应的重视。根据《生物多样性公约（2006）》发行的最新导则强化了这一点，并在 SEA 的各种可能方法上提供了全面指导，可以采纳这些方法来促使对生物多样性和生态系统服务更加予以重视。这强调了有必要确认关键趋势和已经对生物多样性产生影响的压力，并应注重推动与政策或规划有关的变革的主要驱动力，目的在于阐明推动趋势发展的因素，以及减少对生物多样性及其提供的生态系统服务的压力。

注释

① IAIA 生物多样性与影响评价能力建设（CBBIA）项目。

参考文献

[1] Ahmed, K. (2006) Good Practices in Strategic Environmental Assessment: A Review of a Sample of World Bank Activities 1993-2002, Environmental Department, World Bank, Washington, DC.

[2] Brooks, T. and Kennedy, E. (2004) 'The Red List Index as a basis for measuring rate of species loss', Nature, vol 431, p1046.

[3] Brownlie, S., de Villiers, C., Driver, A., Job, N., von Hase, A. and Maze, K. (2005) 'Systematic conservation planning in the cape floristic region and succulent karoo, South Africa: Enabling sound spatial planning and improved environmental assessment', Journal of Environmental Assessment and Planning, vol 7, no 2, p201.

[4] Byron, H. and Treweek, J. (eds) (2005a) 'Special issue on biodiversity and impact assessment', Impact Assessment and Project Appraisal, vol 23, no 1.

[5] Byron, H. and Treweek, J. (eds) (2005b) 'Special issue on strategic environmental assessment and biodiversity', Journal of Environmental Assessment Planning and Management, vol 7, no 2.

[6] CBD (Convention on Biological Diversity) (1998) 'Decision IV/10 Measures for implementing the Convention on Biological Diversity: C. Impact assessment and minimizing adverse effects: Consideration of measures for the implementation of Article 14', www.biodiv.org/decisions/default.aspx?dec=IV/10.

[7] CBD (2000) 'Decision V/18 Impact assessment, liability and redress: I. Impact Assessment', www.biodiv.org/decisions/default.aspx?dec=V/18.

[8] CBD (2002) 'Decision VI/7 Further development of guidelines for incorporating biodiversity-related issues into environmental-impact-assessment legislation or processes and in strategic impact assessment', www.biodiv.org/decisions/default.asp?lg=0&dec=VI/7.

[9] CBD (2003) 'Proposals for further development and refinement of the guidelines for incorporating biodiversity-related issues into environmental impact assessment legislation or procedures and in strategic impact assessment: Report on ongoing work', www.biodiv.org/doc/meetings/sbstta/sbstta-09/information/sbstta-09-inf-18-en.pdf.

[10] CBD (2006) 'COP decision VIII/28 (adopted March 2006) Impact assessment: Voluntary guidelines on biodiversity-inclusive impact assessment', www.biodiv.org/decisions/default.aspx?m=COP-08&id=11042&lg=0.

[11] Chapin, F. S., Zaveleta, E. S., Eviners, V. T., Naylor, R. L., Vitousek, P. M., Reynolds, H. L., Hooper, D. U., Lavorel, S., Sala, O. E., Hobbie, S. E., Mack, M. C. and Diaz, S. (2000) 'Consequences of changing biodiversity', Nature, vol 405, pp234-242.

[12] CMS (2002) 'Resolution 7.2 Impact Assessment and Migratory Species', www.wcmc.org.uk/cms/COP/cop7/proceedings/pdf/en/part_I/Res_Rec/RES_7_02_Impact_Assessment.pdf.

[13] Constanza, R., d'Arge, R., de Groot, R., Farber, S., Grasso, M., Hannon, B., Limburg, K., Naeem, S., O'Neill, R. V., Paruelo, J., Raskin, R. G., Sutton, P. and van den Belt, M. (1997) 'The value of the world's ecosystem services and natural capital', Nature, vol 387, pp253-260.

[14] Cowling, R. M., Pressey, R. L., Rouget, M. and Lombard, A. T. (2003) 'A conservation plan for a global biodiversity hotspot-the Cape Floristic Region, South Africa', Biological Conservation, vol 112, pp191-216.

[15] Daily, G. C. (ed) (1997). Nature's Services: Societal Dependence on Natural Ecosystems, Island Press, Washington, DC.

[16] Donald, P. F. (2004) 'Biodiversity impacts of some agricultural commodity production systems', Conservation Biology, vol 18, pp17-38.

[17] Garcia, K. C. (2005) 'Inclusion of environmental risk assessment within strategic environmental assessment (SEA) as a way to ensure the biodiversity conservation in Brazilian oil and gas exploration and production (E&P) offshore areas', paper presented at the IAIA SEA Conference, Prágue.

[18] Gelderblom, C. M., Krüger, D., Cedras, L., Sandwith, T. and Audouin, M. (2002) 'Incorporating conservation priorities into planning guidelines for the Western Cape', in Pierce, S. M., Cowling, R. M., Sandwith, T. and MacKinnon, K. (eds) Mainstreaming Biodiversity in Development: Case Studies from South Africa, Environment Department, World Bank, Washington, DC, pp117-127.

[19] Hooper, D. U., Chapin, F. S., Ewel, J. J., Hector, A., Inchausti, P., Lavorel, S., Lawton, J. H., Lodge, D. M., Loreau, M., Naeem, S., Schmid, B., Setälä, H., Symstad, A. J., Vandermeer, J. and Wardle, D. A. (2005) 'Effects of biodiversity on ecosystem functioning: A consensus of current knowledge', Ecological Monographs, vol 75, pp3-35.

[20] IAIA (2004) Best Practice Principles for Biodiversity and Impact Assessment, IAIA, Fargo, ND.

[21] IAIA (2005) Strategic Environmental Assessment and Biodiversity Guidance, draft report, IAIA, Fargo, ND.

[22] IEEM (Institute of Ecology and Environmental Management) (2006) Guidelines for Ecological Impact Assessment in the United Kingdom, IEEM, UK, www.ieem.net/ecia.

[23] Jordan, T., Diederichs, N., Mander, M., Markewicz, T. and O'Connor, T. (2005) 'Integrating biodiversity in strategic environmental assessment and spatial planning: A case study of the Umlathuze Municipality, Richards Bay, South Africa', paper presented at the IAIA SEA Conference, Prague.

[24] Khadka, R., McEachern, J., Rautianen, O. and Shrestha, U. S. (1996) 'SEA of the Bara Forest Management Plan, Nepal', in Thérivel, R. and Partidário, M. R. (eds) The Practice of Strategic Environmental Assessment, Earthscan, London.

[25] Knight, A. T., Driver, A., Cowling, R. M., Maze, K., Desmet, P. G., Lombard, A. T., Rouget, M., Botha, M. A., Boshoff, A. F., Castley, J. G., Goodman, P. S., Mackinnon, K., Pierce, S. M., Sims-Castley, R., Stewart, W. I. and von Hase, A. (2006) 'Designingsystematic conservation assessments that promote effective implementation: Best practice from South Africa', Conservation Biology, vol 20, pp739-750.

[26] Kremen, C. (2005) 'Managing ecosystem services: what do we need to know about their ecology?', Ecology Letters, vol 8, pp468-479.

[27] Le Maitre, D. (2005) 'Biodiversity and the Millennium Development Goals', paper presented at the IAIA SEA Conference, Prague.

[28] Mandelik, Y., Dayan, T. and Feitelson, E. (2005) 'Planning for biodiversity: The role of ecological impact assessment', Conservation Biology, vol 19, no 4, pp1254-1261.

[29] Mathur, V. B. and Rajvanshi, A. (2005) 'Integrating biodiversity considerations in SEA of an irrigation project in Central India', paper presented at the IAIA SEA Conference, Prague.

[30] MEA (Millennium Ecosystem Assessment) (2003) Ecosystems and Human Well-Being: A Framework for Assessment, Island Press, Washington, DC.

[31] MEA (2005) Synthesis Report, Island Press, Washington, DC.

[32] Muhamad, S. (2005) 'SEA and implementation of the Shell Biodiversity Strategy: Opportunities and challenges', paper presented at the IAIA SEA Conference, Prague.

[33] Olivier, E. (2005) 'Possible methods of entrenching biodiversity principles into all aspects of the Erkuhuleni Integrated Development Plan', paper presented at the IAIA SEA Conference, Prague.

[34] O'Riordan, T., Stoll-Kleemann, S. (eds) (2002) Biodiversity, Sustainability and Human Communities: Protecting Beyond the Protected, Cambridge University Press, Cambridge.

[35] Pautasso, M. (2007) 'Scale dependence of the correlation between human population presence and vertebrate and plant species richness', Ecology Letters, vol 10, pp16-24.

[36] Pressey, R. L., Cowling, R. M. and Rouget, M. (2003) 'Formulating conservation targets for biodiversity pattern and process in the Cape Floristic Region, South Africa', Biological Conservation, vol 112, pp99-127.

[37] Pritchard, D. (2005) 'International biodiversity-related treaties and impact assessment-how can they help each other?', Impact Assessment and Project Appraisal, vol 23, no 1, pp7-17.

[38] Rajvanshi, A. (2005) 'Strengthening biodiversity conservation through community oriented development projects: Environmental review of the India Eco-Development Project', Journal of Environmental Assessment Policy and Management, vol 7, no 2, pp299-325.

[39] Ramsar Convention on Wetlands (2002) 'Resolution VIII.9 Guidelines for incorporating biodiversity-related issues into environmental impact assessment legislation and/or processes and in strategic environmental assessment adopted by the Convention on Biological Diversity (CBD), and their relevance to the Ramsar Convention', www.ramsar.org.

[40] Ramsar Convention Secretariat (2004) Ramsar Handbooks for the Wise Use of Wetlands, Volume 11 Impact Assessment, 2nd Edition, Ramsar Convention Secretariat, Gland, Switzerland.

[41] Retief, F., Jones, C. and Jay, S. (2007) 'The status and extent of strategic environmental assessment (SEA) practice in South Africa 1996-2003', South African Geographical Journal, vol 89, no 1, pp44-54.

[42] Sathirathai, S. and Barbier, E. B. (2001) 'Valuing mangrove conservation in Southern Thailand, contemporary economic policy', Western Economic Association International, vol 19, no 2, pp109-122.

[43] Schemmel, J. P. (2005) 'SEA of the Tam Dao National Park Buffer Zone in Dai Tu District, Vietnam', paper presented at the IAIA SEA Conference, Prague.

[44] Selvam Panneer, L. (2005) 'SEA in basin planning in India', paper presented at the IAIA SEA Conference, Prague.

[45] Treweek, J. (1999) Ecological Impact Assessment, Blackwell Science, Oxford.

[46] Treweek, J., Byron, H. and Le Maitre, D. (2005a) 'SEA practice and biodiversity', position paper for the IAIA SEA Conference, Prague.

[47] Treweek, J., Thérivel, R., Thompson, S. and Slater, M. (2005b) 'Principles for the use of strategic environmental assessment as a tool for promoting the conservation and sustainable use of biodiversity', Journal of Environmental Assessment Policy and Management, vol 7, no 2, pp173-199.

[48] Turner, R. K., Paavola, J., Cooper, P., Farber, S., Jessamy, V. and Georgiou, S. (2003) 'Valuing nature: Lessons learned and future research directions', Ecological Economics, vol 46, pp493-510.

[49] UNEP (United Nations Environment Programme) (2005) 'Multilateral environmental agreements and pro-poor markets for ecosystem services', discussion paper, High-Level Brainstorming Workshop (10-12 October 2005), London, organized by UNEP, Division of Environmental Conventions in conjunction with the London School of Economics, www.unep.org/dec/support/mdg_meeting_lon.htm.

[50] Uprety, B. K. (2005) 'Biodiversity considerations in strategic environmental assessment: A case study of the Nepal Water Plan', Journal of Environmental Planning and Management, vol 7, no 2, p247.

[51] WRI (World Resources Institute) (2005) The Wealth of the Poor: Managing Ecosystems to Fight Poverty, WRI, Washington, DC.

[52] Zahedi, K. (2005) 'SEA practice and biodiversity', paper presented at the IAIA SEA Conference, Prague.

第十八章　利用战略环境评价来强化扶贫战略

琳达·甘尼美；娜塔丽·瑞斯；塔玛拉·莱文；吉恩·雅各布·萨胡
（Linda Ghanimé，Nathalie Risse，Tamara Levine　Jean-Jacob Sahou）

引言

持续地利用自然资源，认识和维持生态系统的服务功能和自然资产是促进经济增长和社会发展的中心环节。许多高收入国家已经严重依赖自然资源以换取经济增长，例如，加拿大依靠木材和粮食，澳大利亚和新西兰依靠农业用地、工业产品和牲畜。此外，一些资源丰富的发展中国家，特别是博茨瓦纳、印尼和马来西亚等国已经将自然财富转变为持续快速的经济增长。其他的发展中国家，例如不丹和肯尼亚共和国则依靠他们的自然景观和野生物种的多样性来发展具有重要意义的生态观光产业。然而，拥有丰富环境资源基础的发展中国家，其经济增长速度落后于其他国家。可以说，导致这种结果的原因是低估了经济和人类发展的自然资本价值，以及在利用和管理这些资源时，出现的环境资源管理不当以及根深蒂固的不平等权利关系等现象。

简而言之，选择的发展模式经常达不到可持续利用的目的。相关的环境破坏已经对健康和生活产生了强烈影响，阻碍了全球实现千年发展目标，即于 2000 年由 191 个联合国成员国一致认可的千年宣言的最终框架，这对于填补人类健康、发展的不平衡性以及环境可持续性等方面的空白起到了一定的引领作用。《扶贫战略文件（PRSPs）》被视为一种手段，旨在帮助国家验证现有的和规划好的国家宏观经济计划和政策，并且还可以确定未来的长期发展计划，加强扶贫措施和实现千年发展目标。原则上，PRSPs 为各个国家提供机会来制定具体目标，使全球框架和当地具体行动相互协调，使国家发展议程更具一致性、平衡性和持续性，以迎接千年发展目标的挑战。里约宣言之后启动的国家可持续发展战略（NSSDs）和 21 世纪议程背后抱有同样的希望，但是 PRSP（改变国家发展计划的一个重要途径）过程为财政援助带来了更好的前景。

第一代 PRSP 已经在很大程度上勉强将环境——发展关联性与环境可持续性目标相互整合（Bojö 和 Reddy，2003）。然而，近来多次提到的《扶贫战略文件》为向着国家自主推动的人类发展过程迈进展现了更好的前景，使这一过程能够适度考虑到社会平等、健康以及环境可持续性。PRSP 过程中战略环境评价的应用是一种机遇，使得人们可以跳出对特定发展形式的负面生态影响的分析范畴，而向着事前溯源性分析的方向发展，以实现完善发展规划的直接目的。溯源性战略环境评价方法的目的是在选择和制定政策、规划和计划时，通过高效地利用自然资源和借助环境友好型创新来把握人类发展的机会。为了实现社会利益和使利益相关者更广泛地参与政策制定过程，战略环境评价是一种可取的方法。

这一章分析了在将战略环境评价应用于 PRSP 的过程中可供借鉴的经验。在描述了分析背景后，本章列举了贝宁、卢旺达和坦桑尼亚的战略环境评价方法和经验，突出强调了主要结论，并且从改进建议中获得了经验。

18.1 PRSP：改变国家发展计划的一个重要途径

1999 年，世界银行和国际货币基金组织将《扶贫战略文件》当作低收入国家减轻债务和获得这两个组织的优惠性财政援助的前提条件而正式提出。《扶贫战略文件》每三年更新一次，这一手段推动了国际上对国家扶贫规划的关注，并成为向发展中国家的社会发展提供持续性和协调性援助的驱动力。其宗旨在于成为一种参与性过程来系统阐述与千年发展目标相关联的有关扶贫国家自主战略。到 2006 年底，已有 64 个国家参与到 PRSP 编制过程中（世界银行，2006）。

许多国家已在质疑《扶贫战略文件》的国家自主权，以及这些手段能在多大程度上促进由国家推动的切合实际情况的人类发展进程。例如，世界银行业务评估部建议世界银行降低或取消对适合国家具体情况的《扶贫战略文件》提出的统一要求，并推动制定更切合实际的战略文件（世界银行，2004）。该部还特别提到国家自主权的缺失，声称世界银行执委会对 PRSP 的审查对于一个国家的持续规划过程而言显得有些冗余，在大多数利益相关者看来，这一过程具有削减自主权的扭曲效果。

然而随着时间的流逝，由银行和捐助者推动的扶贫战略文件似乎成功转变为在设定战略优先级和推动相关进程方面的国家主导地位。在多数情况下，这肇始于根据国家程序确立的 PRSP，例如越南的《扶贫和经济发展战略（CPRGS）》、莫桑比克的《赤贫缓解行动计划（PARPA）》和坦桑尼亚的国家经济发展与扶贫战略（NSGRP）。此外，在多数情况下，基于千年发展目标的国家发展战略框架取代了扶贫战略文件，并拓宽了国家发展战略的社会和环境基础。此类保护性战略包括一系列协调机制和旨在拓展视野的参与性过程，以及长期发展目标，以检视重复性学习系统的进展和效果。

18.2 千年发展目标为环境与发展的相互关联提供了一个有利的框架

有关环境可持续性的千年发展目标 7 中的第 9 个目标倡导环境因素与发展过程相结合，强调将可持续发展这一主题融入到国家政策和计划中，并且要逆转环境资源的损失这一颓势。

联合国开发计划署（UNDP，2006）评估了 150 个国家的千年发展目标的经验（主要是大量检查这些国家的千年发展目标报告），注意到这些国家在实现千年发展目标 7 的进程中面临着挑战。原因来源于多种因素，例如缺乏政治意识、环境资源的压力、自然灾害、管理和政策计划中的不足、社会动荡以及缺乏财政资源。联合国发展计划署的分析结论与 PRSP 的早期评价报告相一致，得出的结论是，尽管一些国家取得了成功，并将临时性报告完善成为完整版，但总体上环境因素与 PRSP 的融合度仍然很低（Bojö 和 Reddy，2003；Bojö 等，2004）。

评估与审查已经表明大多数扶贫战略文件对环境的可持续性缺乏足够的考虑。在环境可持续性的千年发展目标 7 与 PRSP 的一致性研究中，Bojö 和 Reddy（2003b）指出，在 28 份扶贫战略文件中只有 12 份表现出了与千年发展目标 7 的一致性，并且主要关注的是水和卫生设施。他们总结到，主要的努力方向应该放在提高对环境可持续性的关注上，并且还应致力于使扶贫战略文件与千年发展目标 7 相一致。

由贫困－环境伙伴关系项目资助的进一步研究审视了以下四个国家将环境因素融入 PRSP 中的情况：加纳、洪都拉斯、越南和乌干达（Waldman，2005）。研究指出，已将环境因素融入扶贫战略文件的国家强调的是技术方法，而环境管理中的政策手段已经被忽略了。这些方法通常满足的是环境可持续性的基本标准，对贫困的减缓、谋生手段的发展和根深蒂固的权力失衡问题的解决均没有帮助，在长期来看，这将不可避免地加重贫困与环境退化。

将环境可持续发展整合到扶贫战略文件中的努力看起来卓有成效。然而，它们的规模与深度和为在环境可持续发展方面取得显著进步以及满足 2015 年千年发展目标而需达到的水平并不相符。

18.3　发展合作背景下的战略环境评价

发展合作背景下的战略环境评价的作用已经得到了《巴黎有效援助宣言》的认可，并在 2005 年被采纳实施，援助者和国家发展伙伴共同承诺：开发并应用针对部门和国家层面上的战略环境评价通用方法（OECD，2005）。为了响应这一承诺，经济合作与发展组织（OECD）发展援助委员会（DAC）为战略环境评价设立了一个任务组，由英国国际发展部和联合国发展计划署共同指导，由 OECD DAC 的环境与发展合作网资助。

任务组编制了一份指导书——《应用战略环境评价：发展合作的良好规范指导》（以下称为 OECD DAC 指导书）。这一指导书提供了一个普遍公认和共享的模型，使 SEA 以适当的和满足既定目标的方式应用到与捐助机构及其伙伴相关的不同领域。这一指导书将战略环境评价定义为：旨在将环境因素融入到政策、规划和计划中并评价其与经济和社会因素之间关联性的分析性与参与性方法（OECD，2006）。在这里，战略环境评价并不被描述为主要用于预测政策、规划和计划对环境的影响的单一性、固定性和说明性方法，而是作为一种应用具有如下特征的一系列工具的总括性方法：

- 基于原理。
- 持续性、反复性和适应性。
- 在整个决策过程中都得到应用。
- 致力于加强机构建设和管理。
- 适应具体情况。

关于战略环境评价的经济合作与发展组织发展援助委员会指导确定了三大类政策、规划和计划过程应用的 12 个切入点：

- 由发展中国家引导的战略规划过程：

包括国家的综合战略、计划和规划；国家政策改革和预算的支持计划；行业政策、规划和计划；基础设施投资规划和计划；国家性和准国家性空间发展计划以及跨国规划和计划。

➢ 发展机构自己的进程：

包括捐赠国援助战略和计划；合作伙伴与其他机构达成的共识；捐赠者支持的公共与私人基础设施与计划。

➢ 其他的相关环境：

包含独立的评估委员会和主要的私营部门领导的工程与计划。为了突出对战略环境评价的应用以及测试指导的效力，任务组机构成员实施了创新项目，在其组织范围内将战略环境评价规范制度化。例如，联合国发展计划署已经制定了战略环境评价执行计划，这一计划明确了一系列干预手段，以将 SEA 在机构内的应用系统化。这一规划还涉及干预措施，以求对制定和执行包括扶贫战略文件在内的基于千年发展目标的国家发展战略的各个国家予以支持。迄今为止，尽管联合国发展计划署已经成功协助许多国家应用了战略环境评价，但大多数情况下，这些都是临时性质的。以下章节概述了一些这样的经验。

18.4 利用战略环境评价将环境因素融入到 PRSP 中：精选案例①

为了将环境因素和相关的社会因素融入到宏观发展框架中并实现长期的持续发展，需要进行额外的工作。在编制和执行 PRSP 的过程中重新应用战略环境评价是通向环境可持续发展的一条有意义的途径。战略环境评价系统地检查了相关的环境问题，并监控和评估了执行过程和取得的成就。有助于充分深入思考 PRSP 的战略环境评价可以为完善部门和准国家性战略、规划和计划打下坚实的基础。

迄今为止，战略环境评价完全应用于类似扶贫战略文件这样的宏观发展政策手段的过程已经受到了限制。然而，捐赠者正借助越来越多的经验并付出更多的努力来构建能力以将战略环境评价融入 PRSP 的制定和执行过程中。例如像贝宁、加纳、卢旺达和坦桑尼亚这些国家已经针对各自的 PRSP 执行了战略环境评价，并且他们的经验分析提供了对这个领域实践操作的经验教训和领悟。

18.4.1 战略环境评价背景与方法

18.4.1.1 贝宁 2007—2009 年 PRSP 的战略环境评价

来源：République du Bénin（2006a，b）；LIFAD 和 ABPEE（2006）；UNDP（2006c）。

贝宁推出第一个 PRSP 的时期是 2003—2005 年。它包括截止到 2015 年的定量化经济和社会目标，例如，国内生产总值的增加、每个公民真实收入的增加、城乡差距的减小以及出生率的提高。

2005 年，国家顾问在贝宁环境局、德国技术合作组织（GTZ）以及联合国发展计划署联合组建的支持委员会的指导下，对这一 PRSP 执行了事后战略环境评价。战略环境评价的目标是：整合有关贝宁环境状况的现有信息；分析第一份 PRSP 考虑与贫困有关的环境因素的方式；确定第一份 PRSP 对先前环境目标的相关影响，目的是为 2007—2009 年的第二份 PRSP 制定更好的战略环境评价。

战略环境评价主要以描述性方式涉及扶贫和环境管理的重要问题。它总结到，旨在实现扶贫目标的环境战略所依据的基础还没有被很好地定义，并且对效力、影响、目的和要达到千年发展目标的行为也没有进行很好的阐述。它还表明在大多数机构规划和接受审查的执行过程中，没有充分考虑到综合环境因素；某些机构也很少考虑扶贫战略；此外还缺少功能框架来推动环境因素与不同部门的整合。

基于从第一份 PRSP 战略环境评价中学习到的经验以及从其他非洲国家那里学到的经验，第二份 PRSP[名为 Strategie de Croissance et de Reduction de la Pauvrete（SCRP）]旨在阐述与千年发展目标相协调的持续性经济增长与扶贫政策。一个明确的目标是通过更好地整合环境因素以及改善环境和贫困之间的关系，来确保 PRSP 的可行性。

SCRP 是由国家经济发展与扶贫委员会常设秘书处制定的。九个主题组负责制定不同的政策，这些政策形成了战略的基础（例如，社会部门和基础设施；优良管理、责任分摊和能力建设；私营部门和企业）。其中一个被称为环境和生活质量的小组负责规范环境要素，其范围涵盖其他部门政策的可能影响和外在性，并且确认对这些外在性的响应，以及单独的环境建议。两者对环境整合战略和环境可持续发展进程均至关重要。

主题组制定的政策在 SCRP 的第一稿中得到了巩固。2006 年 11 月举行的讨论会的目的是：

（1）分析不同小组制定的政策之间的一致性和连贯性。

（2）分析这些政策对国家优先需求做出响应的程度。

（3）基于战略环境评价来提出方案。

各类参与者，例如环境保护机构和国家扶贫委员会已经参加到环境整合过程中以坚决与贫困作斗争。媒体（主要是新闻代表）也致力于确保当地选出的代表与他们的选举团之间保持沟通。部门代表会议、公共行政部门以及贝宁的公民社会被组织起来对 SCRP 的初稿做出讨论，并且被鼓励考虑当地的计划政策。此外还组织对当地选举人的培训，以使他们了解 SCRP 绿色行动及其收益。绿色行动的经济和财政开支已得到了评估。

18.4.1.2 加纳 2003—2005 年 PRSP 的战略环境评价

来源：Dalal-Clayton 和 Sadler（2005）；经济合作与发展组织（2006）；国际影响评价协会（2005）；联合国发展计划署（2006b）；国家发展计划委员会（NDPC）和环境保护署（2004 a，b）加纳国家发展计划委员会（2006）；加纳共和国（2005）。

加纳是第一个利用战略环境评价来作为一种评论和提炼 PRSP 的手段的国家。2002 年 2 月，加纳政府出版了加纳扶贫战略的第一稿，旨在作为全面政策框架来为其他所有政府政策定调和确定重点。经过审核以后，初稿于 2003—2005 年被再次修改和发行。

2003—2005 年，加纳扶贫战略环境评价被提出，主要是为了应对初稿中如下的不足之处：（1）环境被当作一个部门要素或附加因素而不是作为一个跨部门要素，因此旨在引导增长和扶贫的政策和计划中的环境影响没有被充分涉及；（2）主要能源（土地、森林和水）的可持续发展潜力需要进一步分析以推动落后地区经济的发展。协作框架涉及各部、机关单位、区议会、公民团体以及非政府组织。荷兰政府给予财政上的支持。

战略环境评价被应用于加纳扶贫战略的整体和局部，涵盖国家、区域和地区水平。该方法包括为审核具有以下职能的加纳扶贫战略的部门尺度而确立评估框架：

- 评价环境因素在何种程度上已经被融入到对政策的分析与讨论中。
- 检视单项政策所呈现出的环境机遇与风险。
- 明确和加强有利于贫困人口和环境的优先政策行为。
- 加强在国际、国家、地区和地方水平上对政策空间尺度的理解。

- 分析政策在减缓执行难度、时间尺度、支出以及给贫困和环境带来的好处等方面的效力。

此外还包括：

- 实施区域性中期发展计划的可持续发展评价（战略环境评价）。
- 制定方法来评价政策、规划和计划（例如矩阵和清单）。
- 创造个人产品，例如，手册、培训指南、指导方针和报告。
- 清晰地阐述规划概念和框架以支持政策、规划和计划的制定、执行和监督。
- 通过课程培训、研讨会和会议来开展能力建设。
- 为加强制度建设和支持良好管理而提出建议。

不同的工具（矩阵、可持续性检验、基准审核和地理信息系统）得到应用，同时还有大量利益相关者加入到战略环境评价过程中。参与批准这一过程的有 27 个部和政府机关、110 个区议会中的 108 个、议会代表、公民社团、非政府组织、加纳银行和商业协会。在为期 9 个月的工作中，共有 600 多人参与工作。

18.4.1.3 卢旺达的经济发展和扶贫战略的战略环境评价

来源：联合国发展计划署（2005，2006b）；世界银行（2006b）；卢旺达发展伙伴（2006）；Evans 等人（2006）；Opio-Odongo（2006）。

卢旺达于 2002 年首次制定 PRSP。接下来的版本（卢旺达扶贫战略，2002—2005）强调的是对于和解、区域合作以及良好管理的需求，但是不能将环境视为一个跨部门问题。这一过程的最终独立评价强调，环境因素没有系统地融入到国家政策的各个领域，并且缺乏对环境、土地利用政策和扶贫之间关系的分析。

认识到这些不足，卢旺达政府认为，对贫困与环境关系问题的关心应该更好地融入到修订版的 PRSP，即经济发展与扶贫战略（EDPRS）中。这一战略代表了视为可操作工具的综合发展议程，并且得到了详细的部门战略计划的支持。

为了将环境因素融入到经济发展与扶贫战略中，国家环境部部长批准成立了国家任务组。通过《贫困与环境计划（PEI）》和《分散式环境管理项目》[②]的支持，国家任务组应用了基于战略环境评价基本原则的战略，以推动将环境因素融入到经济发展与扶贫战略中（这一战略尤其面向联合国发展计划署，2006b）：

- 利益相关者可以利用充分汇集信息和知识的材料来进行游说和宣传，以确保有效地将环境要素嵌入到经济发展与扶贫战略中。
- 影响指标开发和调查手段，以确保在经济发展与扶贫战略的监测和评估框架中充分纳入贫困与环境关系指标。
- 支持针对环境重要性的目标分析并增加对环境与自然资源的投资。
- 让利益相关者能够获得旨在改善环境的知识和方法，目的是使这些利益相关者能够在部门和区域水平上推动和影响实际行动。
- 确保环境利益相关者在国家协调机构的各个委员会中都有代表，包括经济发展与扶贫战略起草委员会。
- 确保行政区一级利益相关者的理念与国家的环境整合战略相互调和。
- 借鉴非洲地区的环境整合经验。

在这个战略框架中，国家任务组开展了战略环境评价在地区水平上应用的培训班。培训的主要成果包括：（1）向地区规划者和环境官员提供一些与地方发展计划相关的战略环境评价方法；（2）在经济发展与扶贫战略中，为了促进自然资源和环境问题与 EDPRS 的整合，国家任务组应该利用学到的知识来提出具体的建议；（3）关注能力的发展，在贫困与环境关系计划的第二阶段，为使战略环境评价有可能按比例增加而提出战略。

此外，与《2020 年远景战略》（政府的长期性国家转型战略）相一致，推动战略环境评价是为了加强卢旺达的制度建设，以促使在制定或修订国家、部门和地区发展战略和规划时考虑到环境问题。

为支持将战略环境评价应用于卢旺达而确定了各类要素，即：（1）环境议程的政策透明性（认识到了环境退化的程度和范围，以及到目前为止对环境资源缺乏足够的管理）。（2）在旨在推动可持续发展以及将计划和预算相结合的政策、法律和制度框架方面取得了进展。（3）借助推动持续发展过程的强大的地方分权政策，对促进民主化管理做出了承诺。（4）通过应用全部门方法以及主题群，而使综合性政策制定有了一个有意义的开端。（5）做出实施发展计划环境评价的明确承诺。

18.4.1.4 坦桑尼亚经济发展与扶贫国家战略的战略环境评价

来源：经济合作与发展组织（2006）；国际影响评价协会（2005）；坦桑尼亚联合共和国副总统办公室（2004）；联合国发展计划署（2006b）；Ceche（2006）；Lyatuu（2006）。

坦桑尼亚制定第一份 PRSP（2000—2003）的目的是为了响应《国家扶贫战略》和《高负债贫困国倡议》。为了实现扶贫目标，这份 PRSP 确定了六个优先发展领域：初等教育、乡村道路、水和卫生设施、司法体系、健康和农业。2003 年 10 月，政府启动了对 PRSP 的年度评审，其目标是：（a）更新 PRSP，使其更加全面和有利于穷人；（b）确认差距和需要加以完善的领域；（c）增强意识和战略文件国家所有权。在评审过程中组织的讨论会强调了不同需求，包括将优先性跨部门问题如管理和艾滋病与环境等问题纳入考虑范畴，并特别针对环境、管理和农业而修订 PRSP 指标与目标。

这一评审过程引出第二代 PRSP——即 2005—2010 年发展与扶贫国家战略（NSGRP）。新的战略重点从优先部门转向集群发展，并且采用了一种成果性方法，即依靠所有部门的贡献来产生具体成果。主要是：增长和降低收入性贫困；改善生活质量和社会福利；良好管理和责任与义务。为了确保对执行情况的合理监督，指导的作用被加以强调，并采用了综合性方法以纳入关键的战略环境评价要素（例如，旨在将环境因素纳入部门政策和国家预算的系统性与综合性评价）。

在发展与扶贫国家战略框架下，战略环境评价也被应用于《第二次扶贫支持信贷计划（PRSC）》，这一计划由世界银行启动，用来支持有资格获得国际发展贷款的国家，以支持扶贫所必需的政策和体制形式。战略环境评价的目标是通过发展与扶贫国家战略的支持来评价政策、规划和计划的环境与社会经济影响，并提出与缓解措施、监督和能力建设相关的适当措施。由坦桑尼亚政府发起并得到世界银行支持的《国家经济发展与扶贫战略（NSGRP）》关注的是农作物委员会的改革、制定旨在执行土地法和乡村土地法的战略计划、出台旨在支持行政区道路维护与翻新的道路法，以及新的商业许可证体系。同时也考虑到环境管理与评价能力，并正视目标、使用的方法、阻碍因素、取得的成果以及存在的挑战。

18.4.2 关键结论

贝宁、加纳、卢旺达和坦桑尼亚的经验分析阐述了战略环境评价应用于 PRSP 所产生的关键结论：

- 对于将环境和可持续性因素纳入像 PRSP 这样的宏观发展框架而言很有益处。
- 为制定下一代国家发展规划提供指导与建议。
- 帮助构造和定义环境内容。
- 增加资源流动的机会。
- 开放的政治空间，使得政策和战略可以通过“绿色环保的”PRSP 给出的项目建议而得到检验。
- 提高对宏观政策和计划中环境问题的意识。
- 帮助构建环境承载力，增加成员（例如，规划与环境机构）之间的合作与协作性。
- 为定义部门和地区水平上的规划和计划提供背景。
- 有助于平衡与自然资源和经济条件相关的争相吸引关注的问题。
- 提出类似“有效的环境行动需要什么”这样的问题（例如需要什么数据、来自部门和地区领导人的支持，诸如此类）。
- 为了达到千年发展目标，帮助定义优先级和设置目标。
- 支持对千年发展目标进展报告的完善。

规划过程中不但纳入了环境因素，还包括良好管理、意识的提高、多重部门计划和报告制度。这些经验也证实了在制定宏观战略如 PRSP 时战略环境评价的附加价值，并强调了在帮助各个国家达到千年发展目标，尤其是有关环境可持续性的千年发展目标 7 方面，战略环境评价所作的贡献。

在贝宁，通过对第一次 PRSP 的事后评价，使得对第二次 PRSP 的环境需求有了一个更好的确认。在第二次 PRSP 中，战略环境评价在发展过程的整个阶段以跨部门方式得到了应用，这样有助于构建和定义 PRSP 的环境内涵。它为资源在环境中的流动增加了机会，并开放政策空间以通过“绿色环保的”PRSP 的项目建议来检验政策和战略。同时，战略环境评价也增加了对环境问题的思考，促进了团队的合作（例如，主管环境的政府部门和扶贫国家委员会）。

在加纳，发展与扶贫计划的战略环境评价推动制定了旨在预防或减缓经济发展措施的未来影响的环境政策、法律和规章。通过强调冲突性目标，而为凝练部门政策提供了背景，更着眼于所需的适当政策措施。例如，研究表明，根除疟疾的健康政策与通过建立小型堤坝来鼓励灌溉的粮农部政策有潜在的冲突（国家发展委员会与环境保护署，2004）。战略环境评价也提供了清晰的研究结论和建议来协助 2006—2009 年后续发展与扶贫战略计划的更新工作，使其纳入更多的环境焦点问题与政策。这些研究结果与建议包括关键性环境问题（土壤侵蚀、生物多样性的减少、森林覆盖率等），以及旨在为与千年发展目标相关的 2006—2009 年国家发展与扶贫战略计划中的环境问题确立基准的数据源。

加纳扶贫战略的战略环境评价的成功之处在于提高了对环境问题的意识和对政策与规划的考虑：它把环境因素纳入（国家、部门和地区水平的）发展政策议程中，并促使政策和方针的受益者去理解特定的政策、规划和计划对环境、经济发展与扶贫产生的更广泛影响（国家发展计划委员会和环境保护署，2004b）。此外，战略环境评价改善了国家发展计划委员会（NDPC）和环境机构如环境保护署（EPA）之间的关系。通过战略环境评价而得到调整的监督机制巩固了各个部长和区议会以及制定GPRS的中央核心组织之间的关系。最终，战略环境评价确认了对自然资源和环境关注的缺失，成为弱化宏观经济发展的主要因素，并使得为确认将环境因素融入到其他政策、规划和计划中去的机会而制定计划与预算的官员态度发生了变化。土地与森林部在受到战略环境评价的干预和天然森林资源减少的压力以后，在交易藤条和竹子的市场中采取了创新性计划。

在卢旺达，战略环境评价研讨会提出了重要问题，涉及有效的环境因素整合所需的数据、来自于部门和地区领导以及决策者的必要支持、培训与后续活动的时间框架以及在扩大规模之前对培训者的培训者的需求等问题。

最终，在坦桑尼亚，一个综合的方法被用来将环境因素融入到发展与扶贫国家战略中，根据确立的基准，针对环境设置了具体的定量目标和对象，推动产生了良好规划，并确立了为提交成果和监督具体期限内的进展而需承担的责任。

坦桑尼亚发展与扶贫国家战略设置的目标包括：

- 增加农村人口使用清洁、安全水源的比例，从2003年的53%增加到2010年的65%，在30分钟内完成取水活动。
- 增加城市人口使用清洁、安全水源的比例，从2003年的73%上升到2010年的90%。
- 在各个城区增加与完善的排污设施接触的机会，从2003年的17%上升到2010年的30%。
- 到2010年，所有的学校拥有充足的卫生设施。
- 减少与水有关的环境污染水平，使其从2003年的20%降低到2010年的10%。

对坦桑尼亚千年发展目标进程所做的最新审查（联合国发展计划署，2010）表明，尽管在使用清洁水方面取得了许多进步，但是许多目标还需要进一步的关注。

综合的环境方法也允许开发一系列贫困与环境指标以作为国家贫困监测系统的一部分，这个系统将被用于制定千年发展目标报告（经济合作与发展组织，2006）。

18.4.3 主要挑战

作为一个仍在不断发展的新兴实践活动，将战略环境评价应用于PRSP仍面临着许多挑战，包括政策、组织、机构以及方法性问题。为了提高实践性，战略环境评价的下述组成部分需要得到加强：

（1）具备合适的资源处理手段（包括财政手段），以确保战略环境评价的可执行性：例如，由于缺乏政策支持、资金和人力资源潜力，在贝宁将战略环境评价应用于SCRP时很难取得进展。程序的突出问题包括缺少时间（因为实施程序的时间表太紧迫）、区分优先次序的能力不足以及没能充分考虑到性别因素（与对环境的考虑有着紧密联系）。此外，由于SCRP的成本计算没有预测到应对环境危机所需的资源，因此在国家层面上，战略环境评价的结果被弱化了。

（2）强化信息与数据系统：在加纳，经验显示战略环境评价的数据和信息水平是比较低的，例如，关于加纳扶贫战略的某些要素的信息是比较匮乏的（学校、诊所的位置、自然资源的分布等），并且很少有部门拥有数字地图，或者是用计算机生成地图的能力。

存在的问题还有在国家层面上对易获取形式的数据的校对和储存（联合国发展委员会和环境保护署，2004）。

（3）充分地设计和筹备研讨会，并且选择合适的人员参与：在卢旺达，缺少来自地方政府部门的职员，这是在精心制定经济发展与扶贫战略（EDPRS）期间组织的战略环境评价培训班所关心的问题。因此，培训班上的地方规划者怀疑他们在将培训班上获得的技能应用于日常工作时，能指望从地方政府代表那里获得什么样的支持。此外，尽管培训班受到研讨会参与者的欢迎，但一些人对法语和卢旺达语并不精通。这也使愉快教学难以获得成功（联合国发展计划署，2006b）。

（4）提高作为规划与决策过程的战略环境评价的利用价值：在卢旺达最大的挑战是将战略环境评价视为狭隘的环境评价工具，而不是一个综合的方法（在经济合作与发展组织中定义战略环境评价的作用来指导战略环境评价的模型）。这也导致捐献者和政府机构之间在关于战略环境评价过程能够为将环境因素纳入 PRSP 过程提供什么帮助这一问题上产生争议。

（5）构建战略环境评价能力并在准国家政府层面上使国家环境整合经验分散：在坦桑尼亚，经济增长和扶贫国家战略的环境评价显示，许多政策、规划和计划能够潜在地改善环境可持续性，但是，执行、加强和监测环境的能力却是有限的。这也是一个主要的障碍。利用战略环境评价的有限经验也限制了恰当的法规和指导方针的发展。人们没有充分把握战略环境评价及其为利益相关者提供的帮助。到现在才有许多人开始去了解环境影响评价的应用。此外，坦桑尼亚的经验突出了将国家层面的成功复制到地区和乡村层面规划中和与国家规划的多边承诺建立关联等方面的困难（Ceche，2006）。

18.5 展望未来

将战略环境评价应用到扶贫战略文件中的经验证明，战略环境评价的每一次应用都是其自身独特的案例，没有哪个方法是绝对正确且必须被采纳的，执行战略环境评价所带来的益处与挑战是多样化的。基于我们对实践的分析，可以吸取诸多经验教训以提高作为环境整合方法的战略环境评价的有效性。以下列出的是对改进 PRSP 的建议：

（1）确定关键切入点，认识并有效地抓住时机：在合适的时间将战略环境评价引入类似 PRSP 的宏观发展规划过程中，并找到正确的切入点，这样可以显著增加地方活动者的参与意愿。例如，在贝宁的经验中，在 PRSP 过程的开始阶段执行战略环境评价、阐述战略环境评价与 PRSP 的相关性以及以跨部门方式将环境因素融入到其他部门中去等做法均产生了较好的环境结果。

（2）问题陈述：确认问题以克服发展中的不同意识形态和相互冲突的资料与政治利益，可促进利益相关者的参与。对“生活”、“健康”和“脆弱度”等问题——贫困与环境的关联框架——的定义已经帮助克服了对战略环境评价的传统恐惧心理，战略环境评价作为一个专注于环境的过程，没能解决参与者所关心的问题。

（3）停止孤立的环境评价报告编制工作，避免将战略环境评价仅仅视为一份文件，而是当作一个融入到覆盖面更广的国家发展战略计划过程中的过程。

（4）使实践制度化：战略环境评价不是你所做的和完成的工作，它是制度化概念。

政府是主要的参与者并且有他们自己的策略——战略环境评价应该与上述内容以及与国家的环境和建设能力相适应。在贝宁，环境公务已经被纳入到战略环境评价的过程中了，并且正为实施阶段接受培训。同时，对四个国家的分析表明，编制关于环境整合的指导方针对于支持将环境因素融入到 PRSP 中的过程颇为有益。

（5）对于地方所有权、冲突的解决和战略环境评价过程中的创新而言，所有利益相关者的高效参与都是必要的，战略环境评价试图去平衡信息的获取和问题、责任、政府的合法性以及民间社会组织参与 SEA 过程等因素之间的公平性。在加纳，国家、部门和地区水平的受益者融入到加纳扶贫战略影响评价计划中是至关重要的，不仅提高了对环境问题、机遇和挑战的意识而且确保了他们的所有权。在贝宁，使部门代表参与绿色行动过程以及帮助当局实施战略环境评价试点工程对于更好地利用战略环境评价过程也是非常有利的。

（6）可靠的证据对于说服决策者相信战略环境评价的利益和附加价值而言是至关重要的。因此，对决策者有重要意义的（特别是经济信息）分析工作的质量和贫困与环境之间关系的适当表述将会影响战略环境评价结果的价值与适用性。然而，战略环境评价不仅是基于遥感技术信息，同时也要整合对地方情况的了解与研究。

（7）开展对话：利益相关者之间的一致性、合作性和沟通性对于确保战略环境评价的良好结果而言是至关重要的。例如在贝宁，所有热心于环境的捐赠人组成一个小组每月碰面一次。支持对 SCRP（UNDP 和 GTZ）实施战略环境评价的合作者已经在组内开发并广泛分享了大量信息。这有助于围绕环境支出与环境评估等一些关键概念来构建一个普遍远景，同时也提高了捐献者团体成员对政策和战略中主流环境问题重要性的意识。这必将有利于将资源分配给为项目和计划实施的战略环境评价程序。

（8）确保对经济和财政的分析成为战略环境评价过程的一部分：为了评估的需要，战略环境评价整合经济与财政分析是很有必要的。战略环境评价将确认经济成本和对将得到财政机构考虑的建议书的建议。发展中国家需要去评价政策措施的成本与收益并且估算作为 PRSP 一部分的拟定干预措施的成本。

（9）创新的方法：PRSP 的战略环境评价的一个趋势是关注技术方法和排除环境政策方面的问题。战略环境评价必须努力超越涉及环境和发展之间关联的传统讨论以评价复杂关系和引导公民的革新与创造性，为各方寻求最佳解决方案。

（10）战略环境评价的综合运用：为使战略环境评价取得成功，对于决策者而言，如何综合运用战略环境评价是至关重要的。例如在加纳，战略环境评价的成功是与一个事实相联系的，即战略环境评价包括执行与总结（面向决策者）、一份过程报告、内容报告、国家和地区水平的战略环境评价手册、报告记录以及 CD 光盘。为了具有典型代表性，对战略环境评价在建设能力方面也有要求。在贝宁，战略环境评价手册被用于协助决策的制定过程。最后，在卢旺达，战略环境评价的一些应用原则包括简单化与实用性，还包括关注那些能使参与者认可战略环境评价提升至核心日程所表现出的相关性与优点的关键要素。

（11）程序的趋同：评价扶贫战略结果的主要工具是贫困与社会影响评价（PSIA）。尽管 PSIA 考虑到了某些长期分布式环境影响，环境与贫困之间的关系也没有得到明确阐述。这暗示了一种需求，即力求整合所有的最佳实践，以推动实现支持人类发展的共同目标。

18.6 结论

191 个联合国成员国认可并签署了千年发展目标以应对贫困和促进人类发展，它强调了将环境可持续性充分纳入到国家发展战略中的必要性。在这一章中已经证实战略环境评价体现了这样做的重要意义。完整的环境整合方法为以下职能构建了一个框架：规划下一个国家发展计划；协助构建和定义环境内容；精炼部门和地区水平的规划和计划；为实现千年发展目标，凝练出优先发展方向并设置目标以推动完善对千年发展目标实施进程的报告。战略环境评价同样也有助于：增加资源调用的机会；通过“绿色环保”的 PRSP 提供的项目建议，开放政策空间以验证政策和战略；提高对宏观政策和计划中环境问题的意识；构建环境整合能力并增强小组之间的合作与交流；平衡自然资源与经济发展之间的矛盾；提出有关高效整合环境要素所必需的要件等问题。

需要做出额外的努力来：适当地为程序提供资源，包括财政手段在内，以确保战略环境评价建议的执行；为执行战略环境评价而进一步强化数据与信息系统；适当规划和筹备战略环境评价研讨会，并选择合适的人员参与；将战略环境评价当作规划和决策过程来加强其应用；加强战略环境评价能力建设，将准国家政府水平上的国家环境整合经验予以分散。

专栏 18.1　从将战略环境评价应用于扶贫战略文件这一过程中学习到的经验

- 确定主要的切入点，认识并且高效地利用相关方参与战略环境评价的强烈意愿的机会。
- 以一种建设性方式阐明问题，以推动参与，并克服对作为狭隘的环境导向性过程的战略环境评价的传统恐惧感。
- 终止孤立的环境评价起草程序，避免将战略环境评价当作一份孤立的文件，而是将其作为一个过程融入到宏观的国家发展战略计划过程中。
- 使战略环境评价实践制度化。
- 鼓励广泛、高效的参与，目的是为了对当地的物主所有权、冲突的解决办法和战略环境评价创新方法提供帮助。
- 通过确保分析工作的质量以及以一种对决策者有意义的语言来适当表述贫困与环境的关联性来提高战略环境评价的质量。
- 展开对话，以针对主要的环境要素构建共同的平台，使捐助组成员就战略和政策中的优先考虑事项达成一致意见，并为战略环境评价过程中计划的执行合理分配资源。
- 确保经济和财政分析成为战略环境评价过程的一部分。
- 通过关注技术和政策方面的要素，以及通过分析复杂关系和寻求引导公民创造性的最佳方案来关注方法的创新。
- 为使利益相关者与决策者之间进行成功的接洽而整合战略环境评价。
- 在将环境要素融入到战略环境评价的过程中，加强战略环境评价和社会影响评价之间的合作，并且确保两者的合作产生最佳效果，以实现支持人类发展的共同目标。

随着研究对象的增加，所学习到的经验也在增加。相应地，从战略环境评价的应用到像扶贫战略文件这样的国家发展战略在未来需要一个全面的评估框架，以实现进一步的系统化。进一步的经验和有关将战略环境评价大范围地应用于宏观发展水平所产生的额外价值与收益的文件应该引导人们去认识到，作为通过纳入环境要素而为人类发展铺平道路的手段，战略环境评价所具有的价值，从而有利于全球知识的积累并有助于国家转变他们自己的发展体系。

致谢

这一工作得益于与一些参与者的交流和讨论，他们将战略环境评价应用到扶贫战略、PRSP 以及国家发展战略中。感谢 Gertrude Lyatuu（联合国发展计划署，坦桑尼亚）、Joseph-Opio-Odongo（联合国发展计划署，东非、南非和内罗毕区域服务中心）、Jean-Paul Penrose（顾问）的大力支持。我们同时也感谢 2005 年关于战略环境评价和扶贫战略的布拉格会议上战略环境评价工作组全体成员，他们是 Evans Darko-Mensah（顾问，加纳环境保护署）、John Horberry（顾问）、Ineke Steinhauer（荷兰环境影响评价委员会）和 Laura Tlaiye（世界银行，环境部），同时也感谢大会的所有参与者。

注释

① 这一章是基于对 2005 年布拉格国际环境影响评价协会战略环境评价会议之后由 Ghanime 起草的“扶贫战略中的战略环境评价”会议议程文件的总结。

② 项目得到瑞典国际发展合作机构（SIDA）和联合国发展计划署的资助。

参考文献

[1] Bojö, J. and Reddy, R. C. (2003a) Status and Evolution of Environmental Priorities in the Poverty Reduction Strategies: An Assessment of Fifty Poverty Reduction Strategy Papers, Environmental Economic Series, paper no 93, World Bank Environment Department, Washington, DC.

[2] Bojö, J. and Reddy, R. C. (2003b) Poverty Reduction Strategies and the Millenium Development Goal on Environmental Sustainability: Opportunities for Alignment, Environmental Economic Series, paper no 92, World Bank Environment Department, Washington, DC.

[3] Bojö, J., Green, K., Kishore, S., Pilapitiya, S. and Reddy, R. C. (2004) Environment in Poverty Reduction Strategies and Poverty Reduction Support Credits, paper no 102, World Bank Environment Department, Washington, DC, www.basel.int/industry/wkshop-071206/3.%20Additional%20materials/ Bojo%20paper %20on%20env%20in%20PRSPs.pdf.

[4] Ceche, B. (2006) ‘Summary of the presentation entitled: “Ecosystem services in National Development and Poverty Reduction Strategies: The Tanzanian Experience” ’, Biodiversity in European Development Cooperation Conference, Paris, 19-21 September 2006.

[5] Dalal-Clayton, B. and Sadler, B. (2005) Strategic Environmental Assessment: A Sourcebook and Reference Guide to International Experience, Earthscan, London.

[6] EPA Ghana (Environmental Protection Agency) (2006) 'Hands-on strategic environmental assessment training workshop for district planners in Rwanda', report, EPA Ghana, Accra.

[7] Evans, A., Piron, L. H., Curran, Z. and Driscoll, R. (2006) Independent Evaluation of Rwanda's Poverty Reduction Strategy 2002-2005 (PRSP1), Overseas Development Institute and Institute of Development Studies, UK.

[8] Ghanimé, L. (2005) 'International experience and perspectives in SEA: Global Conference on strategic environmental assessment', Summary of the session B1: Strategic Environmental Assessment in Poverty Reduction Strategies, Prague.

[9] IAIA (International Association for Impact Assessment) (2005) 'International Experience and Perspectives in SEA: Conference on Strategic Environmental Assessment', final programme, Prague, 26-30 September 2005.

[10] LIFAD and ABPEE (2006) Etude initiale des impacts environnementaux du premier DSRP dans le cadre d'une évaluation environnementale stratégique (EES) au Bénin, supported by UNDP, the Bénin Ministry of the Environment, Habitat and Urban Planning and the Federal Ministry for Economic Cooperation and Development.

[11] Lyatuu, G. (2006) personal communication, UNDP, Tanzania.

[12] NDPC and EPA (National Development Planning Commission and Environmental Protection Agency Ghana) (2004a) 'Draft report of the SEA of the GPRS', NDPC and EPA, Accra, Ghana.

[13] NDPC and EPA (2004b) 'Report of the SEA of the GPRS', executive summary, NDPC and EPA, Accra, Ghana.

[14] OECD (Organisation for Economic Co-operation and Development) (2005) 'Paris Declaration on aid effectiveness: Ownership, harmonization, alignment, results and mutual accountability', high-level forum, Paris, 18 February-2 March 2005, www.oecd.org/document/18/0,2340,en_2649_3236398_35401554_1_1_1_1,00.html.

[15] OECD (2006) DAC Guidelines and Reference Series: Applying Strategic Environmental Assessment: Good Practice Guidance for Development Co-operation, OECD, Paris.

[16] Opio-Odongo, J. (2006) personal communication, UNDP, Regional Service Centre for Eastern and Southern Africa.

[17] PEP (Poverty-Environment Partnership) (2005) Sustaining the Environment to Fight Poverty and Achieve the MDGs: The Economic Case and Priorities for Action, UNDP, New York.

[18] Republic of Ghana (2005) 'Growth and Poverty Reduction Strategy (GPRS II) (2006-2009)', National Development Planning Commission, Ghana.

[19] République du Bénin (2006a) 'Termes de références: Elaboration de la Deuxième Génération du Document de Stratégie de Réduction de la Pauvreté(DSRPII) du Bénin', Ministère du Développement de l'Economie et des Finances, Commission Nationale pour le Développement et la Lutte contre la Pauvretéet Secrétariat Permanent, Bénin.

[20] République du Bénin (2006b) 'Atelier sur l'intégration de l'environnement dans le DSRPII', Ministère de l'Environnement et de Protection de la Nature et Agence Béninoise pour l'Environnement, Bénin.

[21] Rwanda Development Partners (2006) 'Economic Development and Poverty Reduction Strategy', Development Partners Coordination Group, Rwanda, www.devpartners.gov.rw.

[22] UNDP (United Nations Development Programme) (2005) 'Mainstreaming environment into poverty reduction strategies: Lessons for Rwanda', MINITERE/UNDP/UNEP workshop, Kivu Sun, Rwanda, 15-17 February 2005.

[23] UNDP (2006a) Making Progress on Environmental Sustainability: Lessons and Recommendations from a Review of Over 150 MDG Country Experiences, UNDP, New York.

[24] UNDP (2006b) 'Capacity development in SEA application in Rwanda: Lessons learnt and implications for economic development and poverty reduction strategy (EDRS) process', internal report, UNDP, New York.

[25] UNDP (2006c) 'Standard progress report', UNDP, Bénin.

[26] UNDP (2010) 'MDG report midway evaluation 2000-2008', www.tz.undp.org/mdgs_progress.html.

[27] United Republic of Tanzania Vice-President's Office (2004) 'Guide and action plan to mainstreaming environment into the poverty reduction strategy review', draft report, Tanzania.

[28] Waldman, L. (2005) Environment, Politics, and Poverty: Lessons from a Review of PRSP Stakeholder Perspectives, Institute of Development Studies, Brighton, www.ids.ac.uk/ids/KNOTS/PDFs/Synthesis_Review_%20EN.pdf.

[29] World Bank (2004) The Poverty Reduction Strategy Initiative: An Independent Evaluation of the World Bank's Support Through 2003, World Bank, Operations Evaluation Department, Washington, DC, www.worldbank.org/ieg/prsp.

[30] World Bank (2006a) 'Completed PRS documents', World Bank, Washington, DC, http://web.worldbank.org/WBSITE/EXTERNAL/TOPICS/EXTPOVERTY/EXTPRS/0,menuPK:384207~pagePK:149018~piPK:149093~theSitePK:384201,00.html.

[31] World Bank (2006b) 'Country Brief', World Bank, Washington, DC, http://web.worldbank.org/WBSITE/EXTERNAL/COUNTRIES/AFRICAEXT/RWANDAEXTN/0,menuPK:368714~pagePK:141132~piPK:141107~theSitePK:368651,00.html.

[32] World Bank and IMF (International Monetary Fund) (2005) Synthesis 2005 Review of the PRS Approach: Balancing Accountabilities and Scaling Up Results, World Bank and IMF, Washington, DC.

第十九章　战略环境评价和空间规划

彼得·纳尔逊
（Peter Nelson）

引言

空间规划也称作土地利用规划，与战略环境评价过程有许多共同之处，是战略环境评价在过去 20 年来广泛应用的领域之一。本章在参考国际文献、作者切身经历、布拉格国际影响评价协会（IAIA）论文以及后续讨论的基础上，对这个领域的现状作了概述，同时阐述了空间/土地利用规划与战略环境评价相结合所带来的“增值”和好处。本章初稿是由布拉格会议联席主席 Ingrid Belcakova 博士起草。她在空间规划战略环境评价的历史分析和文献综述方面的贡献得到了高度评价。

本章主要分成三部分。第一部分，概述空间规划的本质和特征；第二部分，阐述战略环境评价与空间/土地利用规划之间的关系；第三部分是对最佳规范和经验的讨论。本章的研究是基于在布拉格会议上参会人员提出和讨论的案例而进行的。

19.1　空间规划的本质

空间规划和战略环境评价都有不同的定义和模型。表面上看，空间规划的含义很容易理解，但是实际上全世界范围内却存在不同的形式和含义。在欧洲，给出了多种定义：

- 区域/空间规划对社会的经济、社会、文化和生态政策给出了地理学表达。同时，它是一门学科，一项管理技术，一项从整体战略出发旨在平衡区域发展和协调区域空间的跨学科综合性政策措施（欧洲理事会，1983）。
- 空间规划指的是公共部门广泛采用的旨在改变未来各种活动在空间上分布的方法。它力求在空间上更合理地组织各种活动以及它们之间的关系，并平衡发展与环境保护需求之间的关系（欧洲委员会，1997）。

尽管最新的定义把环境保护列为主要目标，但是并非所有的空间规划系统都是如此。许多部门规划案例（例如，水利基础设施建设和能源输送）并没有把保护环境当作要务。

空间和土地利用规划围绕着两种概念模型在全世界不同地区逐渐得到发展：一种是由社会主义理论所驱动，这种模式下的重大决策由国家提出；另一种专注于自由市场经济，在这种背景下开发者具有更大的灵活性来决定规划的内容（Nelson，2005）。这两种极端特例都代表了连续变化范围的两端，任何一种都不是优选模式。国际经验证明两者都会对社会、环境和当地经济产生严重不利影响。有两个案例证明了这个结论。前苏联的规划师们改变阿姆河和锡尔河的流向来灌溉棉花，做此决策的直接后果就是导致哈萨克斯坦和乌兹别克斯坦之间的咸海枯竭（Glantz，1999）。在自由市场经济体制下，美国中西部地区的农业过度集约化与经济衰退和持续干旱，共同导致了美国 20 世纪 30 年代的沙尘暴（Cunfer，2005）。从长江三峡大坝未预见到的影响到目前规划显露出过去决策失误的迹象，再到拆除西北太平洋沿岸地区河流上的大坝来拯救大马哈鱼的行动，还可以找到很多过去的决策错误案例。

在类似前苏联这样的中央集权经济体制下，倾向于借助严格的“科学”依据来评价环境问题，即基于生态评估的国家环境审查（SER）。在自由市场经济体制下，社会和地方经济因素在评估中被赋予了更多权重，其重点逐渐偏向于“可持续性”评估。图 19.1 和图 19.2 阐明了不同背景下进行的空间规划，其环境评价的方式也不同。其目的并不是说一定要有对错之分，而是要强调战略环境评价的过程设计应该考虑制定战略环境评价和空间规划的背景。

当设计空间规划的战略环境评价时应考虑到以下关键因素：

- 应用的尺度（国际性、国家性、区域性或地方性）；
- 规划被采纳所依托的政治经济和制度背景；
- 规划有望发挥效用的时间尺度；
- 战略环境评价的法律地位（强制或自愿）；
- 公众参与度。

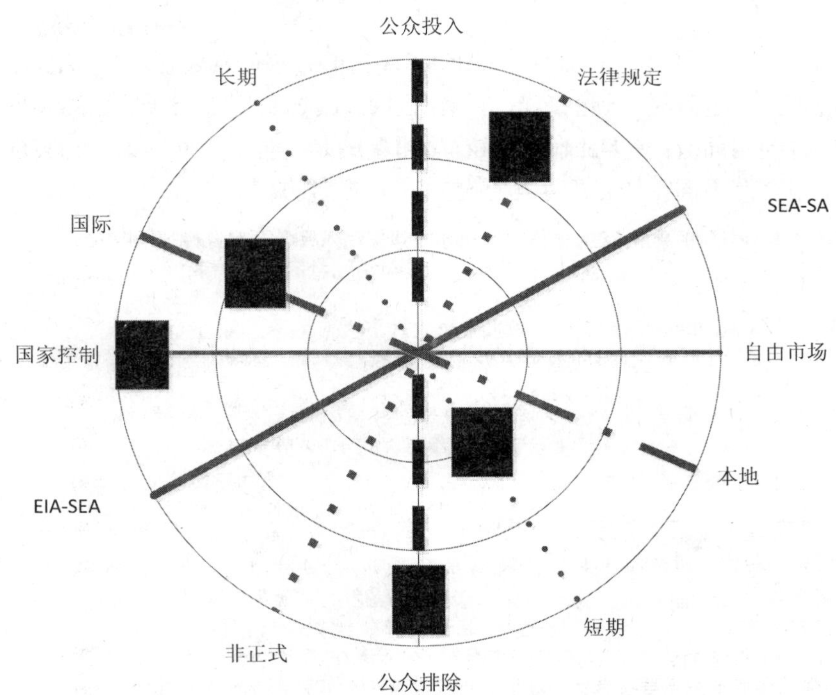

来源：Nelson，2005。

图 19.1　国家发展规划——社会主义经济

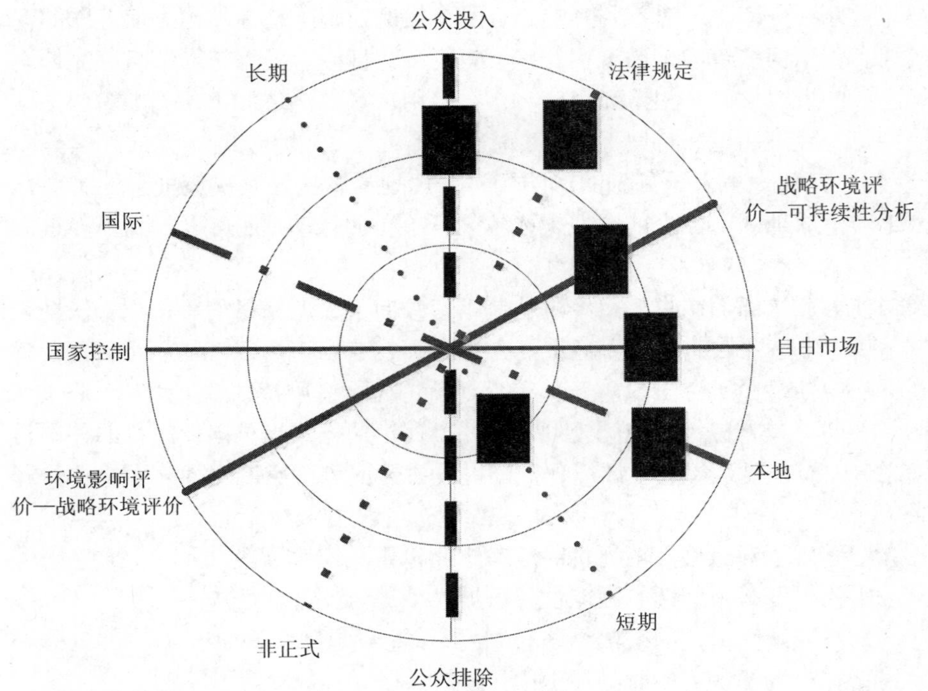

来源：Nelson，2005。

图 19.2 行政区发展规划——自由市场经济

空间规划通常是分级的，可适用于全国、区域和地方等任意级别。当出现规划叠加时，通常由高级规划来制定下级规划的政策背景。图 19.3 阐述了制定空间规划的典型流程和引入战略环境评价的相同流程（Nelson，2005）。重要的是，对于不同国家，空间规划的正式定义与实际应用会有不同，毕竟现实与愿望总是有距离的。

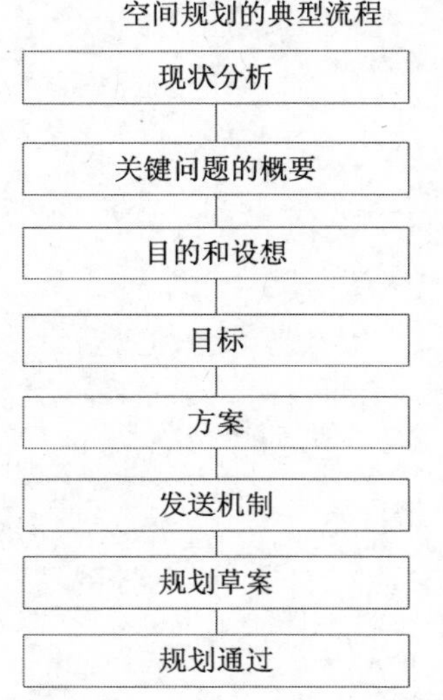

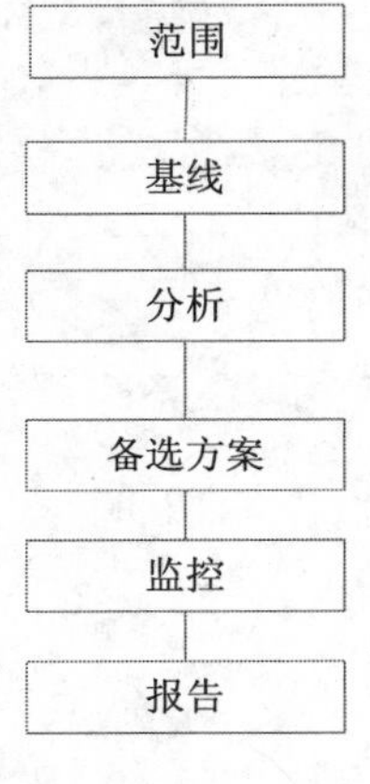

来源：Nelson，2005。

图 19.3 空间规划与战略环境评价过程的比较

19.2 空间规划与战略环境评价的关系

大多数关于战略环境评价作用的讨论都会突出它在更高级别决策制定中的应用。在这方面，空间规划是最适合战略环境评价应用的背景之一，因为它每一次操作都一成不变地合并了政策构想、规划和设计。从20世纪中期开始，空间规划已经在全球大部分地区得到实施，正如Wood指出（1992），空间/土地利用规划是所有类型战略环境评价最便于应用的主题范围之一。但是，正是由于空间规划存在不同的模式和应用方式，因此对战略环境评价在空间规划中的作用有着不同看法。这个事实在布拉格研讨会讨论的简报和观点上已清楚地反映出来。

专栏 19.1 葡萄牙亚速尔群岛自治区的战略环境评价

空间规划现状：尽管在自治区内，包括亚速尔群岛，当地政府被授予部分权力，但葡萄牙所有的规划都还要接受中央政府批准。1999 年和 2003 年被引入的规划法规强调了公众参与，而这在 1990 年代中期之前几乎无人问津。

战略环境评价的法律地位：作为欧盟的成员之一，葡萄牙和亚速尔有义务执行战略环境评价指令（2001/42/EC）。当 2004/2005 年葡萄牙还在为此进行法律规划时，实施战略环境评价的详细导则就已经出台了（空间规划的战略环境评价——葡萄牙应用方法导则，2003）。战略环境评价转化为葡萄牙法律则是在 2007 年实现的。

阐述：亚速尔群岛的海岸线处在巨大的开发压力之下。标准的环境影响评价程序和当地规划没能控制住不合理开发。海岸带管理规划（CZMPs）被引入，并被认为是连接国家、区域和地方规划尺度的一个重要的空间规划手段，但是它的目的倾向于环境保护。海岸带管理规划对更低级别的规划具有约束力，但是多数情况下，并不存在这类（更低级别的）市政府规划，或者即使有，也都忽视了对环境问题的关注。

战略环境评价已在 2002 年制定的 San Miguel 海岸带管理规划中试用过，并且获得了环境部长的认可。研究小组通过审查得出结论，海岸带管理规划在以下几个方面满足了战略环境评价指令的要求：

- ❖ 分析备选的开发方案。
- ❖ 编制环境报告和非技术性摘要。
- ❖ 在规划过程的不同阶段推动公众参与。
- ❖ 为开展当前评估和事后评估建立明确的规程。

在这些方面，San Miguel 海岸带管理规划遥遥领先于那些没有建立监管体系的本土和亚速尔群岛其他海岸带管理规划。

关键问题：

- ❖ 在写这本书的时候，葡萄牙还没有把战略环境评价转化为国家法律。
- ❖ 缺乏实施方法以及公众意识淡薄阻碍了将 SEA 方法引入亚速尔群岛规划体系。
- ❖ 战略环境评价会增加空间规划的复杂度，但是它也有助于确保制定更多的持续性战略规划。

来源：Calado 等，2005。

专栏 19.2 跨国批准的指标集：区域规划的战略环境评价的核心模块

（1）空间规划现状：捷克共和国、德国和波兰实行不同的规划制度，这三个相邻的国家正合作构建一套跨国联合指标集。

（2）战略环境评价的法律地位：所有这三个国家的战略环境评价法规都遵循战略环境评价指令框架。

（3）阐述：本文概述了由欧盟 Interreg Ⅲa 计划联合资助的区域规划级别的战略环境评价试点项目。试点的目的在于开发一套框架和规程来引入跨德国、波兰和捷克的通用环境指标集。

总共选择了 34 个指标并提交给区域规划当局，提供的关键信息涉及环境底线、开发项目临界环境阈值、旨在制定政策的环境目标和在无须深入开展数据收集工作的情况下对单个项目实施环境影响评价的能力。

此项研究的一个挑战是确定未来开发方案的范围，以便确定指标的选择。本研究的一个主要部分采用了已建立健全的用于德国景观规划、空间潜力分析、环境影响评价和生态风险评估的方法和技术。

指标范围囊括了土地、地下水、水体、空气和气候、景观和娱乐、植物区系、动物区系和生物多样性、人类健康、文化和其他重要资源。

在联系个体开发的潜在风险基础上对绘图数据进行了分析，并采用空间区划来展示与敏感环境没有任何潜在冲突的区域、有中度冲突的区域和将引发严重冲突的区域，最终形成一幅开发潜力图。

（4）关键问题：

❖ 这个战略指标集的优势在于可移植到其他区域，以及它可以为空间规划进行初步筛选并提供一个战略方向；
❖ 指标集潜在的劣势在于对数据规格的高标准要求和收集处理指标所需的时间；
❖ 指标的选择依赖于专家咨询和范围界定会议，指标范围可扩展，潜在冲突的分级也需要修改。

来源：Helbron 等，2005。

专栏 19.3 空间规划的战略环境评价的环境脆弱度分析

（1）空间规划现状：克罗地亚共和国的 1997 年土地规划国家战略和 1999 年土地规划项目建立了低层次的规划框架。这个案例分析是基于克罗地亚 Mura 河区域的大学研究项目。

（2）战略环境评价法律现状：2005 年战略环境评价还没有被克罗地亚正式采用，但是它通过执行规章制度，已经把国家法律协调工作落实到位。

（3）阐述：在克罗地亚，规划仍然主要关注开发项目的地理选址而很少关注空间、社会和经济目标的协调。这里没有统一的制度和指标体系来检查和控制空间开发。

项目旨在展示运用地理信息系统进行空间规划和评估的备选方法。它依据不同级别的环境脆弱度背景，为克罗地亚 Mura 地区的开发研究制定了五个不同的方案，涉及了 23 项开发活动，其中包括旅游业和垃圾处理。GIS 模型产生了一系列精密的脆弱度地图，图上显示了不同类型开发方式的风险级别，分数在 0～5（0 代表最低影响，5 代表最高影响）。该信息库建立于 2001—2004 年，使用了 ArcView、IDRISI 和 ProVal 等软件。

在以自然保护、环境保护、自然资源的开发、旅游和娱乐以及区域特性为基础的领域，五个组的学生各自展示了他们自己对开发制定的远景规划。每一组都针对23种不同活动可能产生的环境影响而编制了图集，并根据他们自己的主观立场对不同区域的脆弱度进行了评价。

（4）关键问题：

- ❖ 大部分规划仍然主要关注开发的选址而不考虑空间、社会和经济目标之间的协调。
- ❖ 利用基于GIS的交互式战略环境评价来提供一个框架，以鼓励利益相关者参与规划。
- ❖ 公众参与空间规划的次数在增加，但是主要集中于对最终规划的签署上，而在规划的制定方面公众几乎没有参与的机会。

来源：Miocic-Stosic 和 Butula，2005。

专栏 19.4　巴西圣保罗市城区规划的战略环境分析

（1）空间规划现状：2002年圣保罗市战略性总体规划。

（2）战略环境评价的法律现状：原理得到应用，但没有正式的战略环境评价。

（3）阐述：报告阐述了针对世界上最大的卫星城之一来提升战略总体规划可持续性所采取的方法的研究。现有法规为决策制定过程和战略环境评价与环境影响评价结果的落实提供了适当框架，但是主要问题在于，要保证责任部门能够切实地将战略评价与规划或政策制定过程一起实施，而不是待关键决策被采纳后，才把它当作缓解手段来加以利用。

（4）关键问题：

- ❖ 现有的环境影响评价法规只涉及开发项目而不涉及城市在能源、运输、供水等方面的广泛战略选择。
- ❖ 环境影响评价仅仅被用来保证缓解措施。
- ❖ 公众参与次数已经在持续增加。

（5）建议：战略环境评价应该：

- ❖ 不与导致过度官僚主义的许可与认证体系有正式关联。
- ❖ 包含一份各方公认的可持续性指标清单。
- ❖ 引入指数来控制每年的扩张率、农村土地的转换、自然植被损失最小化措施、城镇密度和可用资源。
- ❖ 包含正式的指标来测量与监测空气污染。
- ❖ 与规划成果同步运用。
- ❖ 由一个和规划制定者共事的独立顾问团来制定。
- ❖ 在选择和评价备选方案时涉及广泛的公众参与。
- ❖ 发布单独的、公正公开的报告。
- ❖ 应包含在“2001年城市法规”有效性审查和其他规划法规中以传达可持续性目标。
- ❖ 增加对社会团体代表的授权。

来源：Maglio 等，2005。

专栏 19.5 整合战略评价和空间规划：荷兰围海造田的经验

（1）空间规划的现状：荷兰依照空间规划法（1965）建立了一套等级分明的空间规划结构。

（2）战略环境评价的法律现状：2005 年，战略环境评价指令正处于向荷兰法律转化的过程中，以适应规划和计划的综合战略评价，不过这些从 1987 年起在现有的环境影响评价法律法规下已经落实到位。所以这项指令与荷兰法律之间的协调工作很快就完成了。

（3）阐述：本文提供了有关荷兰实施的空间规划战略评价程序、成本和现实问题等信息。更高级别的规划阐明了战略方向，但是当地的土地利用规划仅仅是对建筑和土地利用建议书具有法律约束力的文件。之前荷兰规划的一个特征是着重强调达成一致意见（如围海造田行动）。但是社会的变化性需要一个更为正式的规划体系，它要足够稳定可靠，能经受法律挑战和各级政府之间以及当局与公众之间的争论。七个不同级别的空间规划（区域、行业及次区域结构规划）构成了本次分析的基础。

在空间规划框架中，一些豁免程序允许市政当局推动或批准可能与国家或地方政策不一致的单个项目。豁免权的使用是有争议的。

（4）关键问题和建议：

- ❖ 战略环境评价趋向于陷入地方规划项目的过多相关细节。它们应该利用简明情况说明书，在明确的框架下基于评价标准集来关注战略层面的决策。
- ❖ 评估者应避免运用个人判断和偏见，并应依赖于对依据现有政策和环境可持续性公认目标的空间规划的评价。
- ❖ 即使没有正式的法律要求，实施战略环境评价通常也是有益处的，因为这对规划程序有帮助，避免日后可能出现对程序的质疑并节约了资金。
- ❖ 战略环境评价应该服从规划制定者的引导，而不应试图取代规划的角色。这样可以对规划制定和规划验证提供有效的辅助作用。
- ❖ 在任何空间规划或战略环境评价实施前都需要确定战略环境评价的作用。
- ❖ 明确战略环境评价究竟涉及哪些主旨，在空间规划过程后期还剩下哪些问题没有落实。
- ❖ 确认在战略环境评价之后应实施哪些缓解措施和进一步的设计与开发。
- ❖ 将战略环境评价的研究发现和成果引入到政治进程中。
- ❖ 寻求法律的协调（尤其适用于荷兰，但在其他大部分国家也很重要）。
- ❖ 不要仅仅记录和报告战略环境评价的研究发现，还要关注利益相关者和公众的观点。

来源：Nuesink，2005。

专栏 19.6　南非空间开发框架的战略环境评价：Ekurhuleni 市的经验

（1）空间规划现状：与市政综合发展规划和空间开发框架相关联的环境管理框架。

（2）战略环境评价的法律现状：根据南非市政体系法（2000），正式要求实施战略环境评价。

（3）阐述：用 Ekurhuleni 市政当局的研究案例详细讲解了南非地级市的空间规划体系和相关的战略环境评价过程。

Ekurhuleni 市环境和旅游部于2002年建立。这个机构在2004年完成了一份环境现状报告，同时还有一项综合的战略环境评价（在 Ekurhuleni 市尚属首次），针对本市的北部服务配送区（950km^2，包括约翰内斯堡国际机场——非洲最繁忙的机场）提出了一个环境管理框架。这项工作是和 Gauteng 省级部门合作实施的。

战略环境评价使用到了 GIS 的分层环境信息库。通过运用政策分析和利益相关者的讨论来研究环境信息数据库，确定了环境限制区和环境控制区。其成果是一系列可以用来指导环境条件适宜地区的开发以及避开受限制区域的战略环境管理规划（SEMP）。

（4）关键问题：早期的空间开发框架是基于从不同渠道搜集的相互脱节且不完整的环境信息。数据的准确性没有经过核实，而且大部分信息与缺少细节的大比例尺地图有关联。

战略环境管理规划现在被用来对空间开发框架中的开发指导方针进行再评价。它应该能确保空间开发框架的未来版本以健全的环境信息为基础，而不是把战略环境评价当作回顾性分析工具。

制定战略环境评价在某种程度上是为了增加所有利益相关者的环境知识并加深理解。尽管作为市级和省级合作项目来实施，所取得的经验显示了级别迥异的能力水平和相互冲突的法令。这形成一种局面，即最终的开发目标不能确立，需要一个谈判的过程来解决这个问题。

来源：Olivier，2005。

专栏 19.7　环境影响评价/战略环境评价在土地利用规划中的应用：塞尔维亚的经验

（1）空间规划现状：塞尔维亚的 Valjevo 市存在一整套复杂的相互重叠的空间和行业规划。

（2）战略环境评价的法律现状：新的环境影响评价和战略环境评价法律在2004年颁布，遵循了欧盟指令97/11/EC和2001/42/EC，以解决前两个阶段环境影响评价的弊病，同时为加入欧盟奠定基础。

（3）阐述：对先前评估体系缺陷的学术性回顾和对在新法规下实施改进的展望。

（4）关键问题：在空间规划法律（1995）下，之前的环境影响评价过程分两步实施，包括初步环境影响评价（作为空间规划过程的一部分）和涉及个体工程和详细规划的具体环境影响评价。实践中，环境要素与战略规划的整合一贯被当做附属部分，它关注的是确定经济优先性后对环境补救措施的需求。

在实施环境影响评价时最重要的问题是各级政府和当局对规划法规的看法不一致、组织间合作存在明显缺陷、不合格的环境影响报告以及缺少公众参与。在塞尔维亚，一个特殊的不确定性领域是如何采用筛选过程来确定哪些规划和计划属于战略环境评价。这突出了责任单位之间协调的缺失、对分级规划决策的基本误解和误用，以及因几项规划覆盖同一区域的不同部分而导致重复评价的风险。

最根本的总结就是需要对空间规划战略环境评价的作用予以更清楚的了解，确保环境影响评价程序与空间规划的结构和层次协调一致。

来源：Stojanovic，2005。

19.2.1 战略环境评价概念、体系和空间/土地利用规划方法的发展

根据1969年美国国家《环境政策法》(NEPA)，环境评价第一次作为强制性要求被引入美国公共决策制定过程。该法没有区分战略环境评价和环境影响评价程序，但是要求对有关新条例、规划、计划或项目的任何重大公共决策实施环境评价（Jones等，2005）。在1978年环境质量委员会（CEQ）条例中，在联系空间/土地利用规划研究领域的基础上更加准确地解释了“重大公共决策”。

专栏19.8 中国的战略环境评价和土地利用规划

（1）空间规划现状：在中国，土地利用规划是按“总体规划”、“专项规划”、“详细规划”来分类实施的。规划有五个层次，即国家级、省级、市级、城镇和乡村。

（2）战略环境评价法律现状：根据中华人民共和国环境影响评价法（2002年颁布，自2003年9月1日起生效），规划环境影响评价被要求用于实施土地利用总体规划。技术指南的发布有助于市级和省级政府制定规划环境影响评价。

（3）阐述：讨论了规划环境影响评价在中国各级别政策、规划和计划中的应用。

（4）关键问题：规划环境影响评价的优势在于环境问题在规划过程中被提前关注。另外，有关规划的战略决策有助于引导和塑造个体工程的性质（而不是简单地提供一个框架来顺应批准后的工程）。其他的好处包括对累积和协同效应的评估、促进公众参与（至少理论上），以及加强规划制定机构对环境问题的理解。

劣势主要源于规划环境影响评价依然是一个新的过程：

- ❖ 实践中很难使土地利用规划过程和旨在使规划环境影响评价/战略环境评价成果融入决策中的程序在时间上保持一致。
- ❖ 对于应该考虑哪些环境因素、会产生什么样的潜在影响以及如何在规划层面上预测和评价这些影响等问题上缺乏知识和经验。
- ❖ 公众参与机制没有很好地建立起来，公众对决策制定过程的参与有限，政府机构间的沟通仅维持在最低限度上且没有效果。
- ❖ 备选方案很少被提出和得到考虑。实际上，规划环境影响评价经常在土地利用规划草案提出后才开始实施，而且不管多努力地工作，都很难影响到决策制定的结果。
- ❖ 由于时间和财政状况的限制，基线信息总是不能得到利用。

改进的空间：即使存在以上提到的诸多限制，战略环境评价的实施在中国还是被认为极其重要。具体的改进建议包括：

- ❖ 组织培训项目来培养决策制定者和规划环境影响评价管理者，并使之相互熟悉；
- ❖ 在规划级别上展开旨在制定适当评价方法的案例研究，包括清单、模型、情景分析、GIS技术等；
- ❖ 增加公众参与，加强相关政府机构之间的水平和垂直交流；
- ❖ 对比国际经验，评估中国战略环境评价的方法和措施。

来源：Tang等，2005。

专栏 19.9 空间规划的备选方案：英国经验

（1）空间规划现状：英国采用了覆盖到区域和市政级别的新空间规划法律（城镇规划和补偿法，2004）。

（2）战略环境评价的法律现状：根据欧盟指令，战略环境评价是正式要求。英国还引入了规划和计划的持续性评估的法律要求，这两个过程是联合进行的。

（3）阐述：为了阐释旨在确认和评估地方当局空间规划备选方案而采用的不同方法，实施了三个案例研究。第一个案例考虑了针对 30 000～80 000 座新建住宅的不同等级住宅开发规划的建议；第二个案例涉及促进健康环境和健康生活方式的政策“选择”；第三个案例对当地运输规划政策进行了考核。

（4）关键问题：

❖ 大多数的英国规划专家正致力于根据 SEA 指令来制定真正的评估方案。

❖ 很多当地规划主要关注的是房屋供应与需求的问题，而不是从空间角度体现的替代方案选择。

❖ 促进健康环境的政策始终如一地列出一系列相互支撑的“选项”，因此并不是真正的选择。

❖ 在运输案例研究中发现，道路交通的增长水平（大部分是由于私家车的使用）不具有可持续性——但是，提交的解决方案并没有解决这个战略问题。

（5）总结：上述案例提出了对采用“合理”备选方案予以进一步引导的必要性，强调应该更加关注环境政策与规划可能出现的结果，而不是将重点放在供需问题上。

来源：Venn，2005。

在执行 NEPA 的过程中，美国提出了一种名为“计划性 EIA”和空间规划 EIA 的战略尺度环境评价方法（别的国家通常将这些模型称为“区域性”、“累积性”或“一般性”EIS）。在之后的 10 年间，包括加拿大（1973）、澳大利亚（1974）、联邦德国（1975）和法国（1976）在内的一些国家也沿循了美国的方法。但是，这些程序没有一个采用现在看来已经系统化的 SEA 程序（Belčáaková 和 Finka，2000）。

20 世纪 90 年代，当第五次环境行动计划被通过，并且详细制定了正式 SEA 框架的不同草案版本后，与空间/土地利用规划相关的战略环境评价程序的应用在欧盟得到了长足发展。这一时期，不同国家的 EIA/SEA 应用方法存在着本质的不同，反映出如下特征（Lee 和 Walsh，1992；Sadler 和 Verheem，1996；Thérivel 和 Partidário，1996；Elling，2000；Kleinschmidt 和 Wagner，1998；Platzer，2000；ICON，2001；Sadler，1996，2001b）：

➢ SEA 程序的法律框架；

➢ SEA 在物理规划和空间规划等单个领域的应用程度；

➢ SEA 的记录方式；

➢ EIS 必需的信息类型；

➢ 对公众参与的正式要求和意见征集程序；

➢ 为将政策、规划和计划的环境评价结果纳入到决策制定和审批流程中而需采取的措施。

在欧盟范围内，主要基于EIA的正规SEA程序最终是依据有关特定规划与计划的《环境影响评价指令》2001/42/EC（《战略环境评价指令》）引入的（Lee and Hughes，1995）。试图加入欧盟的国家同样需要开展与区域发展规划相关的SEA试验项目，以从结构基金中获取资金（例如，波兰、匈牙利、捷克共和国、斯洛伐克、爱沙尼亚、拉脱维亚和立陶宛）。

20世纪80年代，世界上其他国家针对空间/土地利用规划环境评价采用了自定的正式要求。20世纪80年代后半段，环境评价经历了从应用向规划领域大规模扩展的时期。在加利福尼亚、澳大利亚西部、新西兰、加拿大、南非、荷兰、意大利、德国、芬兰和英国，空间/土地利用规划系统均有其唯一的有关行政执法、决策制定等级和SEA覆盖范围的正式要求（Verheem，1992；Fischer，2007）。

“欧洲指令”没有明确使用“SEA”一词。它要求在大范围的空间/土地利用规划中实施环境评价（EA）来建立一个未来项目开发框架。这些规划是在每个成员国运作的更详细的规划制度下制定的。SEA指令强调了考虑其他相关规划的必要性，确认了叠加的概念，建立了程序步骤，例如范围划定、对备选方案的考虑、协商和公众参与、环境报告的起草、对决策制定过程中评价结论的参考、监督、跟踪调查等，并要求实施监控和考虑累积、协同与次级影响（Jones等，2005）。

19.2.2 空间规划战略环境评价的类型

为使EA应用于政策、规划和计划而对新工具提出的需求催生出两个原则性方法，即在文献中提到的“基于EIA”和“基于规划”的方法。基于EIA的方法将科学评估技术与能够输入GIS或其他模型的数据与基线信息相结合来模拟规划环境。基于规划的方法同样也需要调查论证，但是更多地依赖于对反映空间/土地利用规划前瞻性和不确定性问题和选项的定性阐述（Lee和Walsh，1992；Thérivel和Partidário，1996；欧盟执委会环境处，1998；Partidário和Clark，2000；Partidário，2004）。

基于EIA的模型在美国、荷兰、意大利、南非、德国、巴尔干半岛国家和前苏联国家得到广泛应用，但是加拿大、新西兰、英国和斯堪的纳维亚半岛国家倾向于运用战略方法（Verheem，1992）。除了在方法学上存在差异外，在术语学上也存在差异。例如，很多措辞都被用来阐述空间/土地利用规划的环境评价，包括“区域EIA”“战略环境评价分析”“发展规划的环境评价”“区域规划的可持续性评估”“战略EIA”“规划性环境评价”（Partidário，2004）。

韩国、挪威以及新独立国家（NIS）试图采用空间/土地利用规划SEA的正式要求，因此引进了其他形式的战略评价。后面这一组（包括俄罗斯、白俄罗斯、乌克兰、哈萨克斯坦、土库曼斯坦、亚美尼亚、格鲁吉亚、摩尔多瓦、阿塞拜疆、吉尔吉斯斯坦、塔吉克斯坦和乌兹别克斯坦在内的NIS国家）采用基于SER系统的SEA类型框架。这些国家中，只有乌克兰显示出了与国际认可标准的高度兼容性（Cherp，2001；Klees等，2002；Fischer，2007）。在NIS国家的案例中，SEA程序建立背后的驱动力主要是国际捐赠者、世界银行和国际范围内开展的新计划，例如索菲亚倡议（Dusik和Sadler，2004）。

Dalal-Clayton 和 Sadler（2005）指出：欧洲 SEA 指令可能是最知名的 SEA 框架法律，连同 UNECE《埃斯波公约》的 2003 年 SEA 议定书，不仅能够影响欧盟国家，还能成为一个国际化“参照点”（Sadlar，2001a）。但是，这些作者同时对它的实用性和价值——尤其对于很多发展中国家而言——表示疑问。尽管就 SEA 框架的推广和采用而言，欧洲实践操作的影响力很强，但是全球范围内空间规划模型存在广泛差异的迹象表明，试图在所有情况下采用标准解决方案是很危险的。

19.3 SEA 和空间规划的经验：布拉格案例研究的证据

布拉格 SEA 会议上呈交的论文提供了当前 SEA 和空间规划方面国际经验的典型实例，说明了在未来几年需要处理的相关问题。需要注意的是参与者的背景以及他们自身关于 SEA 和空间规划具体实践的知识和经验有很大差异，这一点非常重要。以下概要正是针对这一背景和限定条件做出的。概要是从专栏 19.1～19.9 中提到的论文中撷取的。

作者按要求要围绕着共同的主题来组织他们的论文以做出对比，并要展开一场基于以下关键问题的讨论：

- 空间规划与 SEA 的区别是什么？
- 从事空间规划的战略环境评价需要哪些特殊技能？
- 战略环境评价发展方向应该是一个为了检验规划概念而进行的松散的创造性过程，还是一个更加程序化并且绑定到具体目标和成果上的过程？
- 公众有效参与空间规划战略环境评价与公众介入规划制定程序截然不同，那么前者是由什么构成的？
- 空间规划的战略环境评价中应采用什么类型的目标和指标？
- 特定国家的经验能否为更广泛的应用提供行为榜样？
- 一项成功的空间规划战略环境评价的必要组成部分是什么？
- 相对于它起到的整合更多社会和经济目标的作用，战略环境评价应该在多大程度上关注规划和计划的环境要素？
- 怎样衡量空间规划战略环境评价的标准和绩效？

19.3.1 空间规划和 SEA 系统的属性

在本项分析的开端要重点强调的是案例中涉及的很多国家的政治、法律和社会经济状况已发生急剧变化。每个国家的战略评价形式（无论是以 EIA 还是 SEA 为标准）已不得不去适应国家和地方形势。布拉格研讨会证实了一个重要的明确结论——不存在“万全之策”，规划、SEA 和可持续发展的原则要相互吻合来满足国家、区域和地方的需要。

尽管案例中涉及的九个国家都具备自由市场经济模式或正逐步采纳自由市场经济模式，但是其中三个国家仍然表现出一些集中控制经济模式的要素。这三个国家包括中国、塞尔维亚和前南斯拉夫社会主义共和国中的克罗地亚。在中国的案例中，近期（2003）采用的规划和 SEA 框架在很大程度上以国际和欧洲经验为模板，但是如 Tang 等（2005）指出，国家级和区域（省）级规划很大程度上是一个官僚过程，在 SEA 应用上缺乏真正普遍的社会公众参与。

克罗地亚是一个十分民主的、市场经济快速发展的国家，但是有些领域的发展仍然由政府控制。根据 Miocic-Stosic 和 Butula（2005）的观点，这限制了公众参与的范围。涉及塞尔维亚的 EIA/SEA 体系，Stojanovic（2005）得出了相同的结论，指出政府的高度控制将继续在基础设施开发中存在。

在空间规划的 SEA 新方法的引进上，行政和法律限制并不仅限于政府强力控制规划决策的国家。在欧盟范围内，荷兰（Nuesink，2005）和葡萄牙（Calado 等，2005）经历了将欧洲 SEA 指令转化为国家法律的艰难过程。在荷兰，由于按照指令的要求引入了更一般形式的评价程序，使得专家们认为现有规划与计划的评价程序受到损害。这两个成员国（以及其他成员国）还面临着国家政府提出的承担更少而非更多环境条例义务的要求。

其他国家的案例研究揭示了需要执行战略评价的政治、社会和经济背景的不同特点。Maglio 等（2005）强调巴西的圣保罗作为世界上最大的都市之一，其区域规划、SEA 和可持续性评估需要改革。圣保罗不加限制的发展规模和贫富差距呈现出一个巨大的难题。在南非（也是正在经历快速转轨的国家），Olivier（2005）指出实际困难在于结合不同立法程序下的不同类型环境评价，以及确保高级别与低级别机构之间的有效合作。Helbron 等人（2005）探讨了德国、波兰和捷克之间的跨国界 SEA 指标应用。尽管本文只暗示了一些复杂性，但还是很容易理解在不同的国家司法管辖区内将通用 SEA 框架应用于规划和计划时遇到困难的原因。

由此可以得出结论：在试图判断过程的相关性和有效性之前，对任何 SEA 和空间规划体系所依托的国家背景有一个清楚的了解是必不可少的。

19.3.2 空间规划与 SEA 的区别是什么

空间规划早在 SEA 之前就已被大多数国家纳入法律，并且一直包含某种形式的 EA。20 世纪 60 年代以来，一些民主国家的空间规划还包括对公众参与的要求。但是，即使在拥有 EA 和公众参与传统的国家，“有能力的”或者“有进取心的”政府兼任规划或计划的制定者和采纳规划项目的决策者这一趋势往往招致批评，认为其缺乏透明度，且对替代性行动方案缺乏真正的探究。

SEA 为处理这些焦点问题提供了一个框架。Nuesink（2005）明确提出，如果在规划进程的最初阶段开展 SEA，就能够在政治观点牢固确立之前检验替代性解决方案，并且更能激发公开讨论。开展 SEA 还可以用来“校验”规划，并且至少从理论上确保环境缓解措施得到确认，更重要的是确保其得到实施。

关于由谁开展空间规划 SEA 的讨论一直在持续。如果是规划支持者来开展，那么其优点就在于能够确保在规划起草阶段就识别并可能解决任何出现的问题，但是，这同样也增加了风险，使 SEA 有可能变成一个单纯的形式以及“没有实效的空架子”。规划支持者可能会更加禁不住要对麻烦问题采取轻描淡写或忽视的态度。另一种选择是，SEA 可以由独立实体（咨询公司、大学或者别的部门的员工）来实施。这个方法的好处是可以确保 SEA 制定过程的独立性（如果 SEA 的经费是由积极推进这一进程的政府支付的话，就不一定能保证它的独立性了），但是，也会导致最终结果被顾客否认——或不被其放在心上并加以利用。其他解决方案试图通过创建由规划拥护者和咨询公司组成的合作团队来将上述两种方法结合，或任命独立的评审者来对不同时期的工作发表评论。

在收集基线信息、制定方案、通过公开协商来予以检验和提交最终规划或报告方面，空间规划和 SEA 的技术和流程是基本相似的。然而，上述两个过程的最大区别在于 SEA 有责任识别潜在的重大不利环境（在一些体制下则是社会和经济）影响，将性质和范围量化，将可能的结果分级，探索避免、减少和在必要时缓解任何有害影响的余地。对规划做出任何决定前在独立报告中发布的针对公开协商的信息是强有力的辅助工具。

19.3.3 实施空间规划的战略环境评价需要哪些特定技能

SEA 从业者拥有广泛的专业技能，包括地理学、生物学、地球科学、工程学、景观管理和设计、GIS、政治学、经济学、人类社会学和规划学。很多从业者不止拥有一项资格。一些人可能选择专攻个别任务（例如，污染指标和监测体系开发或者 GIS 数据库的应用）。但是，案例研究和讨论都证实，为了在空间规划中实施战略环境评价，核心团队和团队领导应该完全以应用特定战略环境评价的空间规划过程为基础，而且应该完全清楚制定有关规划内容的决策的政治、社会和经济背景。现实中规划和计划的一些发展目标和区域环境目标之间总是会存在紧张关系。战略环境评价小组必须有能力对可能的环境影响进行完全、客观的评估，并能针对如何解决这些问题阐述不同的社会观点。这要求有极高的报告写作技巧和能同时做出定性和定量响应的能力。

19.3.4 战略环境评价应该是一个旨在检验规划概念的大体上松散的创造性过程，还是应该是一个更加流程化并且绑定到具体目标和成果的过程

针对空间规划战略环境评价所要求的灵活性和正式性程度这一问题，与会者的观点分歧非常大。这涉及了环境影响评价支持者和基于规划的战略环境评价支持者之间争论的核心。根据其本质特征，空间规划倾向于被法律和程序严格控制。考虑到最终规划拥有控制开发和限制个体随意处理土地的自由的权利，这一点非常重要。

规划的管制性特征鼓励一些战略环境评价实践者依据旨在指导不同类型土地利用规划实施的约束性技术规范和指南，主张空间规划战略环境评价的各阶段都应明确定义。其他人则主张需要更加灵活的措施，并认为战略环境评价的优势之一是具备预见潜在阻碍因素并提出新的解决办法的能力。如果强加上一个僵化结构来指导如何实施战略环境评价，将失去从新的角度审视问题的自由。

尽管争议还未解决，但仍然达成了广泛共识：开发指标和建立更好的框架来监测战略环境评价和相关规划成果是一个重要研究领域。Maglio 等人（2005）和 Helbron 等人（2005）的研究强化了这种观点。

19.3.5 公众有效参与空间规划战略环境评价与公众介入规划制定程序截然不同，那么前者是由什么构成的

这个话题的讨论仅限于布拉格会议，但是可以从中汲取有关这一问题的大量实践经验，与 Venn（2005）关于合理替代方案的案例研究成果形成对照。

当提交范围划定研究的成果或战略环境评价报告草案时，让利益相关者和公众代表区分战略环境评价的作用和空间规划的内容是很困难的。很多人对规划草案里的问题和选项都有固定的观点，他们只想关注一些基本焦点问题（例如反对作为废物处理方式之一的焚

烧或者在环境敏感地点新建住宅)。这种反应是可以理解的，并提供了有关公众意见效力的有益反馈，但是让利益相关者放弃他们的个人利益和偏见，去加入有关替代方案优缺点的讨论却更加困难得多。

诸多规划体系面临的另一个严酷现实是，(由他们的决策制定者所指导的) 规划者经常对特定问题的解决办法有先入为主的看法（例如，应该规划兴建的房屋数量或者可接受的废物处理方法和处置点)。在这样的氛围下，一部分规划者会有意无意地引导公众讨论得出相同的结论。这经常导致"优选方案"被置于两个并不真正被视为合理替代方案的极端"选项"之间。就像 Venn（2005）指出的那样，通常也会出现这种情况，即市政规划的政策声明中提出的很多"替代方案"既互相支持又包含了内部冲突的目标。面对着一长串复杂的政策选项，很多人没能看出参与这样的战略环境评价审查有什么意义就不足为奇了。为使备选行动方案之间的比较值得去做，至关重要的是提供真正的选择，并且要使规划过程中的公众辩论开始得足够早，从而影响规划结果。

19.3.6 在空间规划战略环境评价中应该采用什么类型的目标和指标

这个问题引发了有趣的方法论问题，并直指问题的核心，即空间规划战略环境评价指的是什么，还有就是空间规划制定过程和这些规划的战略环境评价实施过程之间有什么区别。

三个案例研究提供了关于这个问题的有价值的背景信息。Olivier（2005）讨论了被视为适于南非 Ekurhuleni 市北部区域环境管理框架（EMF）的目标和指标范围。环境管理框架本身是一个空间规划形式，它间接地关联到空间开发框架（SDF）和综合发展规划（IDP）的制定。环境管理框架的焦点是敏感环境区域的保护和使用的指标，包括红皮书物种的存在和分布、水质、岩土工程的局限性、农用地和噪声级别。这一战略环境评价过程和 Helbron 等人（2005）讨论的德国萨克森州跨国战略环境评价指标开发类似，都基于 GIS 中的大尺度物理参数。

Maglio 等人（2005）研究了圣保罗城市区域，他们不仅专注于物理参数（如空气质量和水质)，还重视包括城市增长率（农用地转化为建设开发用地)、住宅密度、交通和交通工具增长量以及土地价值变化等指标在内的社会和经济因素。他们的工作强调空间规划战略环境评价的作用应基于可持续发展目标以及物理参数。

跨国 SEA（包含德国、波兰和捷克共和国）设定了 34 个主要由物理因素决定的指标，尽管针对土地消费、土地利用变化也提出了相应措施，也有针对可视化影响的主观价值。Helbron 等（2005）所从事的针对指标的这些工作被形容为 SEA 的核心模块，并被公认为建立完整的 SEA 体系的第一步。

正如此书中其他地方提到的那样，有些人认为 SEA 一词等同于景观框架规划的制定（例如德国)。其他人则认为 GIS 或类似数据库中产生的目标、标准和指标构成了环境基线的一部分，并为分析竞争性和替代性开发建议创建了框架，但却不是完全意义上的 SEA。要完成一项战略环境评价，必须要使用战略环境评价方法来对空间规划中的替代开发形式和优先方案进行检验，并在空间规划被采用前发布战略环境评价报告结果以供公众讨论。

抛开这个宽泛的问题，注意到对空间规划战略环境评价所要包含的指标类型的侧重点不同是件很有意思的事。有些国家所采用的 SEA 程序主要模仿已存在的 EIA 框架，这些国家倾向于将大部分重点放在规划或者项目的物理环境影响上。采用规划导向型 SEA 体系的国家更有可能涉及持续性评估的要素（例如英国）（Curran 等，1998）。在后面的案例中，有必要将更广泛的社会和经济指标当作 SEA 的一部分。

19.3.7　成功的空间规划战略环境评价必须由哪些部分组成

在布拉格会议上，就成功的空间规划战略环境评价应由什么组成这一问题形成了一致看法：

- 在规划过程中，战略环境评价应尽早开展。
- 在战略环境评价的范围、内容和成果方面，有关各方应该从一开始就达成一致。
- 规划应引导空间概念和替代方案的形成，而战略环境评价应挑战和检验那些假设，并进一步提出必要的建议。
- 有关空间规划和 SEA 内容的公开协商应同时启动，以避免浪费时间和精力。
- 应留出足够的时间来使利益相关者和公众进行真正的协商，并赶在 SEA 和空间规划完成之前将协商结果反馈给它们。
- 决策制定者应参与战略环境评价。
- 应该要求决策制定者说明他们在讨论最终采用空间规划方案时如何考虑 SEA。

19.3.8　战略环境评价应该在多大程度上关注规划和计划的环境要素，在多大程度上发挥整合更多社会与经济目标的作用

如上所述，这个问题的答案明显因国家和环境的不同而不同。不过，有意思的是工业化国家和发展中国家的反应不同。在工业化国家，SEA 关注的焦点是保护半自然状态的植被和与之相关的生态系统。而在发展中国家，“环境”（尽管已经枯竭）对于大多数人而言是他们生存的基础，决定了他们的健康与幸福；而且在这种情况下，社会和经济问题与环境问题是不能分开的。近几年，越来越认识到有必要将空间规划战略环境评价与可持续性评估的其他形式结合起来，尤其涉及对气候变化的应对措施。

19.3.9　怎样衡量空间规划战略环境评价的标准和绩效

几乎没有国家针对空间规划的战略环境评价成果设立标准或要求。在英国，空间规划和与之相伴的战略环境评价均受政府规划检查机构监督员的公开检查。空间规划和战略环境评价要依照九个标准来进行可靠性检验，若发现不符合其中任何一项标准，该规划可能被彻底否决或者被要求修改。黑山共和国是另一个为战略环境评价的执行设立强制性标准的国家。其他国家，尤其是荷兰和加拿大，均有正式的审查程序。

在任何空间规划的战略环境评价标准审查中，都存在两个不可回避的基础性问题。第一个问题与国家法规的一致性有关。检验特定成果（例如终期报告，同时包含非技术性总结和实施监督的提议）是否已形成是一项相对简单的操作。但是，第二个问题更加复杂——战略环境评价是否已经成功识别规划建议书可能造成的严重影响的范围，在决定采用规划之前，是否提出了可行的备选解决方案并进行了客观公正的讨论？

19.4 结论

对战略环境评价与空间规划的回顾主要基于国际影响评价协会在布拉格召开的战略环境评价会议，它揭示了不同国家在采取一系列措施的情况下仍然面临的若干问题。这其中包括：理论与实际之间的固有差距、鲜有法规能跟得上时代、对政策有重大影响的频繁变化的政治影响与经济波动以及不断增加的环境压力。尽管这些局限性基于布拉格会议提供的证据和自此之后的讨论，很多从业者还是坚信战略环境评价正在使规划制定过程更为客观和透明。为了对潜在解决方案予以更广泛的了解，对不同国家案例研究的总结仍至关重要。

参考文献

[1] Belčáková, I. and Finka, M. (2000) 'Strategic environmental assessment of land use/spatial plans in EU and SR', in Gal, P. and Belčáková, I. (eds) Current Legislation and Standards of Spatial Planning in Social Transformation and European Integration, FA STU, Bratislava.

[2] Calado, H., Cadete, J. and Porteiro, J. (2005) 'SEA in the Autonomous Region of the Azores, Portugal', paper presented at the IAIA SEA Conference, Prague.

[3] Cherp, A. (2001) 'SEA in Newly Independent States', in Dusik, J. (ed) Proceedings of International Workshop on Public Participation and Health Aspects in Strategic Environmental Assessment, Regional Environmental Centre for Central and Eastern Europe, Szentendre.

[4] Commission of the European Communities DGXI (1998) 'Case studies on SEA', Brussels Council of Europe (1983) 'Recommendation (84)2: European Regional Spatial Planning Charter', 6th Session of the European Ministers responsible for regional/spatial planning (CEMAT), Torremolinos, Spain.

[5] Cunfer, G. (2005) On the Great Plains: Agriculture and Environment, A&M University Press, Texas.

[6] Curran, J. M., Wood, C. M. and Hilton, M. (1998) 'Environmental appraisal of UK Development Plans: Current practice and future directions', Environmental and Planning B: Planning and Design, vol 25, pp411-433.

[7] Dalal-Clayton, B. and Sadler, B. (2005) Strategic Environmental Assessment: A Sourcebook and Reference Guide to International Experience, Earthscan, London.

[8] Dusik, J. and Sadler, B. (2004) 'Reforming strategic environmental assessment systems: Lessons from Central and Eastern Europe', Impact Assessment and Project Appraisal, vol 22, pp89-97.

[9] Elling, B. (2000) 'Integration of strategic environmental assessment into regional spatial planning', Project Appraisal, vol 18, pp233-243.

[10] European Commission (1997) 'Compendium of European planning systems', Regional Development Studies Report 28, Office for Official Publications of the European Communities, Luxembourg.

[11] Fischer, T. B. (2007) Theory and Practice of Strategic Environmental Assessment, Earthscan, London.

[12] Glantz, M. H. (ed) (1999) Creeping Environmental Problems and Sustainable Development in the Aral Sea Basin, Cambridge University Press, Cambridge.

[13] Helbron, H., Schmidt, M. and Storch, H. (2005) 'Transnationally approved indicator set: The core module in SEA for regional planning', paper presented at the IAIA SEA Conference, Prague.

[14] ICON (IC Consultants Ltd.) (2001) SEA and Integration of the Environment into Strategic Decision-Making, European Commission, Brussels.

[15] Jones, C., Baker, M., Carter, J., Jay, S., Short, M. and Wood, C. (eds) (2005) Strategic Environmental Assessment and Land Use Planning, Earthscan, London.

[16] Klees, R., Capcelea, A. and Barannik, A. (2002) Environmental Impact Assessment (EIA) Systems in Europe and Central Asia Countries, World Bank, Washington, DCKleinschmidt, V. and Wagner, D. (eds) (1998) Strategic Environmental Assessment in Europe, Kluwe Academic Publisher, Germany.

[17] Lee, N. and Hughes, J. (1995) 'Strategic environmental assessment, legislation and procedures in the community', final report to European Commission, EIA Centre, University of Manchester.

[18] Lee, N. and Walsh, F. (1992) 'Strategic environmental assessment: An overview', Project Appraisal, vol 7, pp126-136.

[19] Maglio, I. C., Philippi, A. and Malheiros, T. F. (2005) 'Strategic environmental analyses in the urban planning of Sao Paulo municipality, Brazil', paper presented at the IAIA SEA Conference, Prague.

[20] Miocic-Stosic, V. and Butula, S. (2005) 'Environmental vulnerability analysis as a tool for SEA of spatial plans', paper presented at the IAIA SEA Conference, Prague.

[21] Nelson, P. J. (2005) 'The application of SEA/SA to spatial planning at regional and local level in England and Wales', 4th Plannet Seminar on SEA of Urbanism Plans and Programs, http://plannet.difu.de/2005/proceedings/2005_plannet-proceedings.pdf.

[22] Nuesink, J. (2005) 'Integrating strategic assessment and spatial planning: Experiences from the "Dutch Polder"', paper presented at the IAIA SEA conference, Prague.

[23] Olivier, E. (2005) 'SEA in South African spatial development frameworks: The Ekurhuleni experience', paper presented at the IAIA SEA conference, Prague.

[24] Papoulias, F. and Nelson, P. (1996) 'Cost-effectiveness of European EIA directive', paper presented at the 16th Meeting of the International Association for Impact Assessent, 17-23 June, Estoril.

[25] Partidário, M. R. (2004) 'The contribution of strategic impact assessment to planning evaluation', in Miller, D. and Patassini, D. (eds) Accounting for Non-Market Values in Planning Evaluation, Ashgate, Aldershot.

[26] Partidário, M. R. and Clark, R. (eds) (2000) Perspectives on Strategic Environmental Assessment, Lewis, Boca Raton, FL.

[27] Platzer, U. (2000) 'Strategic environmental assessment', report of the workshop in Semering, Austria, October 1998.

[28] Sadler, B. (1996) Environmental Assessment in a Changing World: Evaluating Practice to Improve Performance, final report, International Study of the Effectiveness of Environmental Assessment, Canadian Environmental Assessment Agency, Ottawa.

[29] Sadler, B. (2001a) 'Strategic environmental assessment: An aide memoire to drafting a SEA Protocol to the Espoo Convention', in Dusik, J. (ed) Proceedings of International Workshop on Public Participation and Health Aspects in Strategic Environmental Assessment, Regional Environmental Centre for Central and Eastern Europe, Szentendre.

[30] Sadler, B. (2001b) 'A framework approach to strategic environmental assessment: Aims, principles and elements of good practice', in Dusik, J. (ed) Proceedings of International Workshop on Public Participation and Health Aspects in Strategic Environmental Assessment, Regional Environmental Centre for Central and Eastern Europe, Szentendre.

[31] Sadler, B. and Verheem, R. (1996) Strategic Environmental Assesment: Status, Challenges and Future Directions, Ministry of Housing, Spatial Planning and the Environment, The Hague.

[32] Stojanovic, B. (2005) 'Application of EIA/SEA system in land use planning: Experience from Serbia', paper presented at the IAIA SEA Conference, Prague.

[33] Tang, T., Zhu, T. and Xu, H. (2005) 'SEA and land use planning in China', paper presented at the IAIA SEA Conference, Prague.

[34] Thérivel, R. (2004) Strategic Environmental Assessment in Action, Earthscan, London.

[35] Thérivel, R. and Partidário, M. R. (eds) (1996) The Practice of Strategic Environmental Assessment, Earthscan, London.

[36] Thérivel, R., Wilson, E., Thompson, S., Heany, D. and Pritchard, D. (1992) Strategic Enviornmental Assessment, Earthscan, London.

[37] Venn, O. (2005) 'Dealing with alternatives in spatial planning: Experiences from the United Kingdom', paper presented at the IAIA SEA Conference, Prague.

[38] Verheem, R. (1992) 'Environmental assessment at strategic levels in the Netherlands', Project Appraisal, vol 7, pp150-156.

[39] Wood, C. M. (2002) Environmental Impact Assessment: A Comparative Review, 2nd edition, Prentice Hall, Harlow.

[40] Wood, C. M. and Djeddour, M. (1989) 'The environmental assessment of policies, plans and programmes', vol 1, Interim Report to the European Commission on Environmental Assessment of Policies, Plans and Programmes and Preparation of a Vade Mecum, EIA Centre, University of Manchester.

[41] Wood, C. M. and Djeddour, M. (1992) 'Strategic environmental assessment: EA of policies, plans and programmes', Impact Assessment Bulletin, vol 10, pp3-22.

第四篇

战略环境评价领域的跨部门问题

第二十章　战略环境评价中的环境指标开发与应用

艾莉森·唐纳力　塔格·奥玛奥尼
（Alison Donnelly　Tadhg O'Mahony）

引言

指标用来表征发生的变化，例如石蕊试纸在酸性条件下会变成红色。如果我们想知道风是否在吹，我们可以看看植物是否在摇动，这对于察知风的迹象来说是一个很恰当的指标。但这一指标能告诉我们什么则取决于我们是谁以及我们想知道些什么。有风可能意味着这是个航海的好日子或是天气即将发生变化。但是，这一现象永远不会告诉我们风为什么在吹，或什么样的复杂环境变化引起了这一现象。所以指标可以告诉我们条件在发生变化，但要想知道为什么发生变化以及我们应该做些什么则取决于我们自己。

通过证实的确正在发生变化，指标可以在情况一切顺利时显示进展程度，而当情况变糟时，则可以提出预警（UNDP）。对指标的持续监测也会促进有效评估。指标应用方面的根本问题在于如何更具针对性地掌握关键变化。认真考虑要用到什么类型的指标是十分重要的。如果分析了不恰当的要素或是分析方式不恰当，则分析结果可能会产生误导并且影响后续决策的质量。指标的筛选是个反复的过程，建立在专家评判、利益相关者和终端客户之间协商的基础上。筛选指标需要分几个阶段来进行，包括发表独创的意见、评价每项意见、（依据标准来）缩小选择范围，最后制定一个指标监测计划。这就说明指标是十分重要的因素，但是获取、记录以及提交数据也同样重要。

由于环境指标具有多功能特性，环境指标的制定与筛选已成为一个相对复杂的过程（Kurtz 等，2001）。这些环境指标可以反映各种环境问题、跟踪或是预测变化，识别压力源或应激系统以及为管理和政策决策提供信息。因此，应当让尽可能多的利益相关者将时间和精力投入到环境指标的筛选过程中来，以确保战略环境评价（SEA）过程得以有效实施。

有关 SEA 中环境指标的成功应用这方面的刊印资料依然很少，这些资料在一定程度上反映出在确定合适指标这一过程中所面临的挑战，以及迄今为止在长期性完善化 SEA 监测计划方面的缺失。因此，有关环境指标的大部分工作还停留在理论阶段。然而，我们的目的是为了说明：（1）环境指标在确保有效实施 SEA 的过程中所起到的重要作用；（2）精心筛选的指标将如何有助于充分利用现有资源、集中监测系统和因此减少与 SEA 实施阶段相关的成本；（3）制定与规划或计划具体相关的环境指标所需的一套方法。

20.1 背景

简而言之，SEA 确保了在规划制定过程中和在规划与计划被采纳之前就可以确认并分析规划和计划的环境后果。SEA 的实施应该与计划的制订同步，这样可以向规划过程通报有关拟议规划可能的替代方案等信息，同时提高对规划的正面和负面环境影响的认识，并且通过纳入可衡量的目标和指标来促进对规划实施情况的监督（DOEHLG，2004）。

在经由互联网和各种期刊做了大量文献检索工作后，可以明显地看出，与应用于 SEA 的环境指标相关的已公开信息几近于无。因此，为了保证在检索过程中没有忽略掉重要的文献，当时决定要联系各地的 SEA 专家，因为他们拥有切合本地实际情况但不一定达到国际水准的指导知识。在涉及的国家和地区——非洲、亚洲、澳大利亚、加拿大、欧盟（EU）、拉丁美洲、新独立国家（NISs）、新西兰、美国和英国，只有英国能够提供 SEA 中环境指标应用方面的官方指导，以及提供有关每个环境受体的实例。

英国环境厅提供了良好规范原则，其中包括：

- 从利益相关者角度来整合环境目标。
- 使用有限的目标和指标来确保监测具有可管理性和战略性。
- 尽早与利益相关者在目标和指标的制定上达成一致意见。
- 目标应该反映结果而非手段。
- 激发创造性战略思维。
- 指标必须是简单的、可衡量的，并能够识别不可预见的影响。
- 整体目标应该与阶段目标相联系并且可以被量化。

此外，英国副首相办公室（ODPM，2005）提供了一张完整清单，其中包括一系列潜在社会、环境与经济目标和指标，均可应用于区域空间战略的可持续性评估以及有益于 SEA 的区域开发文件。

20.2 环境指标在 SEA 过程中的作用

人们越来越认识到需要建立适当的环境指标，使决策者在制定政策、规划、计划和项目的过程中做出有关环境保护方面的明智判断（Cloquell-Ballester 等，2006）。按照 Bockstaller 和 Girardin（2003）的观点，为了使某个环境指标有效，应该对它进行科学设计，使其能够提供相关信息，并对最终用户有益。目前 SEA 中的环境指标是主要手段，通过这些环境指标阐述了计划和规划对环境的影响。因此，它们对于一个成功、全面和严谨的 SEA 过程来说至关重要。环境指标用来描述和监控基准数据，并与其他目标和指标一起被用来对未来环境影响进行预测（图 20.1）（Thérivel，2004）。不应该孤立地制定环境指标，而应该与整体目标和阶段目标密切联系起来。为了展现 SEA 目标的成果，环境指标需要有一个基线（活动开始之前的情况）和一个目标（活动结束时的预期情况）。SEA 的目标是位于等级结构顶端的总体原则（Thérivel，2004），该结构涵盖从综述（如“改善空气质量”）到更详细的目标（如在规定日期之前，交通方式由公路转为铁路的上下班乘客百分比）等一系列内容（图 20.2）（Donnelly 等，2006a）。欧盟成员国的 SEA 实施导则经常为 SEA 过程的目标制定提供建议，然而，这些目标需要经过精心设计以符合当地状况。SEA 目标可以借鉴现有法规，如污染标准或保护目标。此外，应该制定相应的指标以适应具体的规划或计划。然而，经常出现这样的情况，即普通的指标可以广泛适用于一系列类似部门。

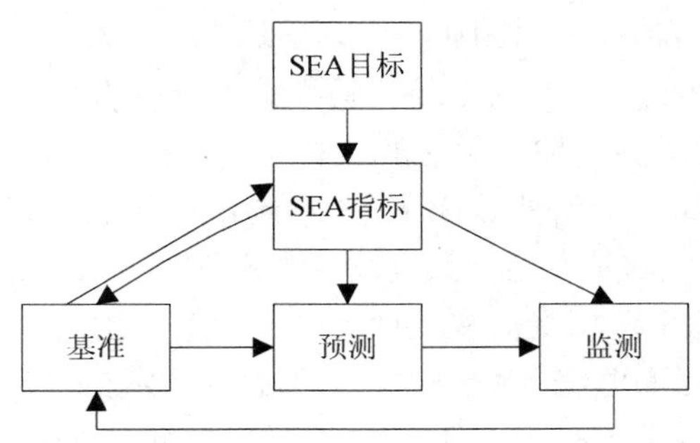

来源：Thérivel，2004。

图 20.1　指标与 SEA 其他要素的关系

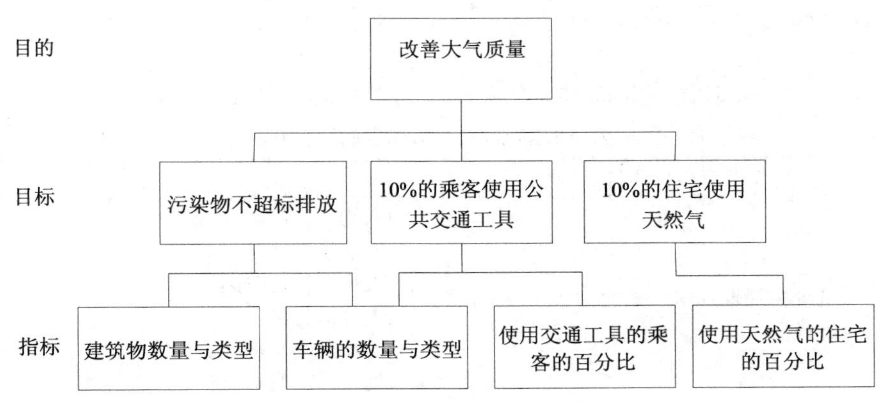

来源：Donnelly 等，2006a。

图 20.2　SEA 中目的、目标和指标的等级结构

20.2.1　SEA 目的、目标和指标的制定——协同方法

整体目的、阶段性目标和指标被广泛用于 SEA 过程中，以确定拟议计划对环境产生的影响。在一次 SEA 指标研讨会上，Donnelly 等人（2006a）认为，如果对环境指标制定方式给予足够重视，它们会成为一种实现此目的的有用工具。在研讨会期间，对爱尔兰指标集的评估揭示出这些指标仅限于在 SEA 领域应用，而不能在国家计划或更高级别（例如欧洲）的计划中使用。而这些指标最初是为 SEA 之外的其他领域设计的，所以爱尔兰指标集并没有涵盖 SEA 指令中的全部要求。

在对 SEA 指令中十二类环境受体[生物多样性、人口、人类健康、动物、植物、土壤、水、空气、气候因子、物质资产、文化遗产（包括建筑遗产和考古遗产）以及景观]中的四类（生物多样性、水、空气和气候因子）予以检视后，为每类受体确定总体目的、阶段目

标以及指标所遇到的挑战就变得显而易见了。与生物多样性有关的主要困难是缺乏可用数据，特别是在规划这一较低层次上的数据。水这类受体的情况正好与此相反，与欧盟水框架指令（WFD）相关的所有规划层次上存在着大量的水资源数据。然而，数据是否适用于SEA报告这一问题又显现出来。至于空气和气候因子，直接衡量这些因素所占的组分被视为对SEA只有有限利用价值，其原因在于剥离出这些因素对具体规划的作用还存在困难，虽然代理数据被认为是更值得研究、更加精确和更加可靠的数据。

研讨会上讨论的总体目的、阶段目标和指标可分为两大类：与一般拟议计划相关的和与详细计划相关的。表20.1中列举了SEA中可能用到的有关气候因子的潜在环境总体目的、阶段目标和指标，这些都是专为国家废物管理规划、区域发展规划和局域规划制定的。对于在研讨会上讨论的四个环境受体和三种尺度的规划，相同的SEA目的由于具有固有的全局性和广泛性，因此可以用于多数层次上的规划（Donnelly等，2006a）。但是，有人认为SEA中的目标和指标最好分为总体目标/指标和具体目标/指标两个部分。总体目标和指标可以应用到一系列规划中，而具体且更有针对性的目标和指标对于描述、监测具体规划的环境影响以及协助对其做出预测来说是必需的。图20.3和图20.4阐述了一个问题导向式的方法，此方法旨在协助指导SEA从业人员选择具体于规划的总体目的、阶段目标以及指标（Donnelly等，2006b）。

表20.1　国家废物管理规划、区域发展规划和局域规划中有关气候因子的拟定SEA总体目的、目标和指标

总体目的	总体目标	总体指标
减少温室气体（GHG）排放量	满足废物处理部门设定的 CO_2 和 CH_4 排放量区域目标	人均产出废物（kg）； 人均填埋废物吨数； 人均焚烧废物吨数； 人均消化处理废物吨数； 人均回收废物吨数； 每年运送每吨废物的里程； 废物转化为能源的量
	满足农业部门设定的 CO_2、CH_4 和 N_2O 排放量国家目标	每种类型和每公顷牲畜的数量； 每公顷土地施用化肥（人工氮）的吨数； 施用化肥（人工氮）的土地面积百分比
	满足林业部门设定的 CO_2 排放量国家目标	林业用地面积增加的百分比； 植被的年龄和类型； 指定物种的百分比（例如，阔叶树与针叶树在数量上的对比）
	满足交通部门设定的 CO_2 排放量国家目标	按车辆款式统计行驶的里程
	满足住房部门设定的 CO_2 排放量国家目标	新住房的数目； 现有住房的数目； 新住房的平均能源定额； 现有住房的平均能源定额
	改用低碳燃料	人均碳排放量
	到2010年5%的能源来自生物燃料，到2020年则为10%	2010年、2015年与2020年种植转基因作物的土地面积； 化石燃料替代能源的供应百分比

总体目的	具体目标	具体指标
减少温室气体（GHG）排放量	将2010年商业泥炭开采量限制在1990年的水平，到2020年则为1990年水平的50%	2010年、2015年和2020年商业泥炭开采的吨数
	到2015年所有新住宅的10%是由木质材料建造，到2020年为30%	到2015年和2020年用来建造房屋所使用的不同材料的百分比
	到20*XX*年能源供应的*X*%来自可再生能源，到20*YY*年为*Y*%	到20*XX*年和20*YY*年向每户供应的能源中可再生能源的百分比
	没有安装空调设备	每年安装空调的住宅数目
	没有出售空调设备	某地区年均出售*X*容量空调的数目
减少气候变化的影响	总体目标	总体指标
	必要时提供洪水管理计划	与洪水有关的保险理赔
	具体目标	具体指标
	建议在规划条款中强化景观美化因素	绿化面积增加的百分比
	维护灌木树篱	灌木树篱的长度和类型

来源：Donnelly 等，2006b。

为了确保成功推进 SEA 过程，作者总结出以下几条原则：（1）仔细选取的目的、目标和指标对于确定不同层次规划的环境影响而言是有用的工具；（2）如果正确制定目的、目标和指标，那么应该有助于最大限度地利用现有资源，集中监测系统，从而减少相关成本；（3）在某些情况下，代理数据比直接测量的数据更易获得且更加适用；（4）由于环境因子之间潜在的相互影响，不应孤立看待特定环境受体的目的、目标和指标。

20.2.2　SEA 目的、目标和指标的制定——方法框架

图 20.3 展示了为具体规划制定总体目的、阶段目标和指标的简单合理的方法（Donnelly 等，2006b）。此方法是专为那些在 SEA 领域经验有限但从事监测计划制定工作的从业者设计的。以下介绍它如何运作。

为了测试这个框架，专门制定了一个假想的区域计划来预测一个地区卫星城数目的增长、临时住房数目的增长以及运输基础设施的改善。空气、生物多样性、水和气候因子被选作为测试对象（Donnelly 等，2006），尽管这个框架可以应用于 SEA 指令中列出的所有环境受体。在确定拟议计划将会对上述环境受体产生影响后，针对每个环境受体都列举出重大正面与负面影响实例（图 20.3 中提出的问题也适用于图 20.4 中的空气质量）。重大正面影响：鼓励使用公共交通工具来替代私家车，这将降低空气中直径在 10 微米以下的颗粒物（PM_{10}）浓度，如一氧化碳（CO）和氮氧化物（NO_x）；鼓励用天然气取代煤和石油作为主要能源，可能会减少二氧化硫（SO_2）以及可吸入颗粒物（PM_{10}）的排放量。重大负面影响：主要与该地区人口增长有关，这将导致车流量增长和建筑施工规模扩大。这些行为预计将导致施工期间可吸入颗粒物（PM_{10}）浓度增加，更大车流量产生的 CO、CO_2 和氮氧化物排放量也会增加。SEA 总体目标致力于改善拟定计划中所涉及区域的空气质量（图 20.4）。

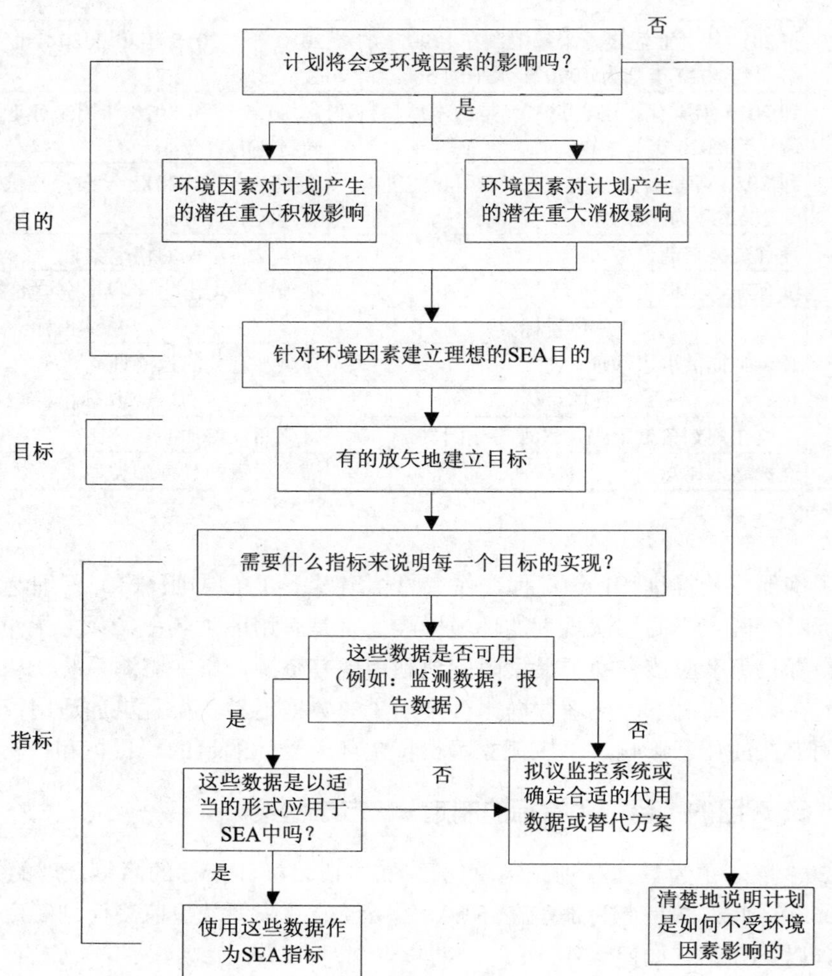

来源：Donnelly 等，2006b。

图 20.3 旨在建立应用于 SEA 的目的、目标及指标的决策支持框架

为了满足 SEA 总体目标的要求，为环境受体拟定了一整套阶段目标（图 20.3 和图 20.4），这些目标基于旨在确定拟议规划对特定受体的（正面和负面）影响的参数。鉴于此，针对空气的阶段目标和欧盟空气质量指令规定特定污染物[包括二氧化硫（SO_2）、可吸入颗粒物（PM_{10}）、一氧化碳（CO）和氮氧化物（NO_x）（图 20.4）]不能超出排放限值。此外，阈值应该按比例分配给使用公共交通工具的乘客和使用天然气的住户（图 20.4）。人们认为这些目标足以囊括为假想规划制定的 SEA 空气质量总体目的。

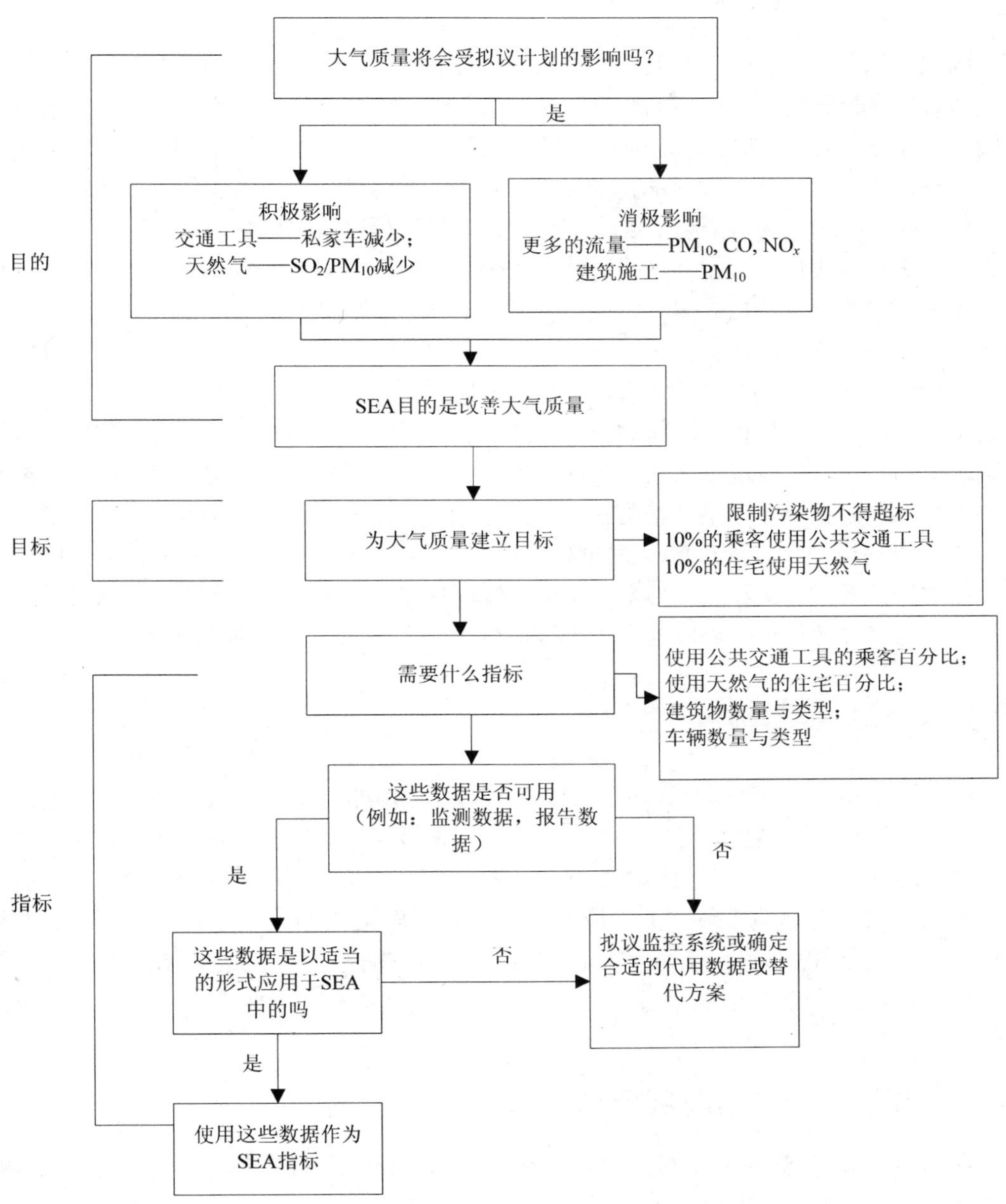

来源：Donnelly 等，2006b。

图 20.4 旨在设定 SEA 中有关空气质量的目的、目标和指标的决策支持框架

第二步是建立与所选目标相关的指标以及识别数据集以支持指标。首先，空气质量指标包括：（1）监测 PM_{10}、CO、NO_x 和 SO_2 的浓度；（2）乘客的出行方式；（3）住户使用的主要能源（图 20.4）。至于空气污染物的监测，目前没有现成数据，因此有必要考虑建立监测系统或是使用与预测模型耦合的代理数据。建立监测系统成本昂贵并且需要高水平的技术专业人才。此外，这些空气污染物的浓度并不是规划所独有的，因此这些数据被认为不符合 SEA 的目的。如果这些数据是由地方当局或其他类似机构收集的，也属于这种情况。

因此，就空气质量来说，有必要寻找替代方案来引导空气污染物浓度的测量。例如使用代理数据来估算规划所产生的空气污染物的浓度。还可以运用交通运输模型来估算不同运输模式下车辆的行驶里程及其排放状况，以对产生的污染物负荷做出与规划相关的估算。此外，施工阶段的持续时间以及建筑物的数目和类型可以用来估算施工产生的 PM_{10} 浓度。因此，比起空气污染物浓度，车辆的数目和类型以及建筑物的数目和类型被认为是更合适、更准确的指标。而且这些数据更易获得，成本也更低。有人认为，使用不同运输模式的乘客比例以及使用天然气作为主要能源的住宅比例是更为直截了当的数据，并且可以从地方当局获得。

这个框架应能够协助 SEA 从业者专注于相关的和重大的（正面和负面）环境问题。反过来，这将确保只收集合适的数据，并且通过尽早识别出不相关和不合适的数据来使监测系统得到优化，从而避免在这些数据的收集和分析上浪费更多精力。仅仅因为这类数据具有可用性和易获取性还不是使用它们的充分原因。应仔细审查这些数据，以确定它们在 SEA 过程中的适用性。当没有合适的数据时，有必要在开发先进且昂贵的监测系统之前发掘代理数据、替代方案和模型技术，来尽可能填补这一空缺。这种方法无论从时间还是专业技术方面来说都将最大限度地利用资源，减少 SEA 实施阶段的相关成本。

20.3 选取环境指标

Donnelly 等人（2006a）评估了一些在爱尔兰使用的指标集，这些指标旨在确定运输业对环境的影响、气候变化对环境的影响以及用来报告环境状况的重要环境指标。作者认为，尽管这些文件提供了有关环境指标的宝贵资源，但是它们没有覆盖 SEA 指令所要求的所有部门或所有环境受体，主要是因为基准不符合 SEA 目的。因此，把现有数据经过简单处理就用于 SEA，可能不总是可行和直接有效的解决之道。这表明需要建立针对 SEA 具体过程的环境指标。这应该通过一套相关的文档化基准来形成，以确保指标符合预期目的。

20.3.1 选取 SEA 环境指标所需依据的标准

表 20.2 列出了 SEA 环境指标的选取标准（Donnelly 等，2007）。依照这些标准对指标实施连续评估，将是未来指标选取过程质量保证的重要依据。以下是对基准列表的简要说明，以帮助识别可以确保 SEA 严谨性与健全性的环境指标。这也将使人们了解切合 SEA 目的的相关监测计划进展到何种程度。

（1）政策相关性原则。

这一基准确保了指标与不同层次规划[例如 WFD、生物多样性公约（CBD）、生物多样性行动计划（BAPs）]中已制定的重要环境政策目标/标准/承诺保持一致。选取的指标应该能够为决策的制定提供依据，以利于开展行动，并在适当情况下为政策调整提供机会。

表 20.2　SEA 指标筛选基准清单

基准	简要说明
政策相关性	与已经存在的重要法规相一致
覆盖一系列环境受体	收集的数据应该提供超出实测范围的信息
相关计划	可察觉与计划具体相关的环境影响
呈现特定趋势	指标应该根据变化做出响应、可度量、能够定期更新，以及展示向目标推进的程度
易于理解	能够为做出政策决策的高层以及公众传递信息
理论基础健全的技术与科学术语	数据应该依托健全的收集方法、明确定义、易于重现并且成本效益好
优先考虑关键问题以及提出预警	识别最有损害风险的地区。在最糟情况发生之前提供潜在问题预警
适用性	计划不同阶段的重点可能改变
确认冲突	具有明确的规划目标以找出替代方案

（2）覆盖一系列环境受体。

指标应该广泛适用于不同的应激源和状况。可能的话，指标应该反映更广泛的系统，例如，排水沟中无脊椎物种存在与否就表征了水质和系统的生物多样性状况。因此，针对具体问题来收集数据，则收集到的信息的重要性超出了实测本身所具有的实际意义，而产生窥一斑而知全豹的效果。

（3）与考虑的计划相关。

指标应该与制定的计划相关并且能够反映计划的具体变化。例如，如果不可能将计划对这些指标所起的作用分离开来看的话，那么将"空气中的温室气体浓度"或"某段路面的车辆数量"当作发展计划的环境指标是毫无意义的。

（4）呈现特定趋势。

这一标准确保能在足够的时间内收集到指标所需的数据，以探查和分析重要趋势。指标应该根据变化做出响应，并具有可衡量性。此外，指标应该具有定期更新的能力（理想情况下应成为现有监测网络的一部分），还应该能说明为实现目标所取得的进展。指标还应呈现适当的地理与时间尺度上的变化趋势，这一趋势与查明/分析到的环境目标相一致。指标还应在明确和可接受的数据收集时间与空间限度内具有可复制性。

（5）易于使决策者和公众理解。

指标应该具有为制定决策的高层人士和公众传递信息的能力。例如，水质指标也许包括几种化学参数和生物参数，但是对于决策者或是公众来说，重要的是水质是否适合饮用或洗浴，或者是否可以维持鱼类种群的生存。人们没有必要知道指标背后的技术细节，仅仅了解水质的好坏以及随着时间的推移，水质是趋于改善还是趋于恶化就可以了。指标应该是简单、明确和完全非技术性的，并且使用简短具体的说明就可以让人们理解。指标还应该得到有效的展示和说明。

（6）理论基础健全的技术与科学术语。

支持指标的数据应该得到健全的收集方法、数据管理系统和质量保证程序的适度支持，以确保该指标得以准确表达。数据应该是被明确定义、可验证、科学上可接受和易于复制的。科学有效性确保数据能够与参考条件或其他地点进行比较。除了具有科学有效性之外，指标的应用应该切合实际（成本效益高而技术上又不复杂）。需要考虑的实际问题包括监测成本、经验丰富且可资利用的专业人员、技术的实际应用以及现有监测系统的环境影响。

（7）优先考虑关键问题以及提出预警。

指标在优先考虑哪种环境信息对决策制定过程最有益这方面是最有用的工具。跟踪一系列相关环境指标集的过程应该重点突出具有最高损害风险的区域，从而识别出需要采取更多管理或是干预手段的首要环境问题。例如，区域林业计划也许会对土壤（由于在种植和砍伐过程中使用重型机械）和地表水（由于地下水位下降和在执行特定操作时地表径流中有过多的悬浮固体）产生重大不利影响。但可能对人类健康或是气候没有严重负面影响。因此，与其他环境受体相比，应该投入更多资源来选取和监测针对土壤和水的环境影响的指标。此外，指标能够对环境条件变化等潜在问题提出预警，例如，由于开发力度加大导致水质下降，就说明需要建立更先进的污水处理系统。提供早期预警机制是为了在无法弥补的损失出现之前为实施适当的补救行动留出时间。

（8）适用性。

应该检查最初选取的指标以确保指标衡量了想要衡量的或是实现了想要实现的。在一个计划的不同阶段，同一指标也许极其重要，也许变得多余，以空气质量为例，可吸入颗粒物（PM_{10}）也许是道路规划项目施工阶段中衡量环境影响的重要指标，但是一旦这个阶段结束，交通流量也许就成为空气污染的最重要推动因素。需要更新指标清单来反映这一显示出过程重复性特征的变化。

（9）确认规划目标和 SEA 目标之间的分歧。

在发展和环境保护之间不可避免地存在一些分歧，除非所涉及的计划是针对环境保护，例如生物多样性行动计划（BAP）。SEA 过程中的环境指标应该在早期阶段就能够确认分歧，使得在最糟情况发生之前达成妥协。例如，如果在一个拟议交通计划中，铺设一条新道路会对该区域的环境保护产生不利影响，则可以制定一个指标来选取某一块不会对指定区域产生严重影响的地方铺设道路。然而，如果计划超出这一阈值，就不得不考虑其他路线了。在这种情况下，环境指标会提示相关人员必须修改规划目标以避免指定地点的重大损失，并寻找替代方案。

建立这些标准是为了确保环境指标能够满足 SEA 的要求。此外，通过使筛选标准规范化，指标的制定过程可以更为简化，成本会降低，重复性工作会降至最低限度，一致性也可以得到保证，从而增加 SEA 交叉比较的可能性（ITFM，1994）。

20.3.2 依照标准来评估指标

为了利用已有的标准来评估 SEA 指标，可以采用矩阵列表的形式。表 20.3 向我们展示了生物多样性、空气、水以及气候因子等潜在环境指标实例。表的纵项是环境指标，横项是标准。在单元格中记录了与每个指标和每项标准相关的信息。这就使 SEA 从业者可以一目了然地评估具体指标涉及哪些标准，从而能够很快确定存在的缺陷。如果某个指标不符合大部分标准，那么它就会被弃用，但是只有在经过一番慎重思考来明确当初为何选择这个指标后才可以做出这个决定。例如，一个指标也许仅仅满足“与计划有关”这一标准，根据指标（对 SEA）的重要性，这可能足以确保其继续被列入表中。这些实例强调了环境指标评估过程中规划的地方性知识的重要性。

为了减少矩阵所需的信息量，每项基准都被指定了一套缩写格式，而这些格式都必须在表格注释中得到明确定义。这些缩略语应该适用于具体计划或规划的每套 SEA 指标。矩阵应该尽量简洁并保证实用性。详细程度将取决于 SEA 类型。下面的清单列举了可能用到的缩略词，这些缩略词可以根据拟议计划或规划做出调整（表 20.3）。

（1）与政策相关：Y 为是；N 为不是。

（2）涉及环境受体：Y 为涉及；N 为不涉及。

（3）与计划相关：Y 为是；N 为不是。

（4）显示的趋势：S 为短期效应；L 为长期效应；C 为不间断；W 为每周；2W 为每两周；M 为每月；6M 为每六个月；A 为每年；2A 为每两年；3A、4A 等依此类推；L 为当地的；R 为区域的；N 为国家的；TA 为具有与之相关的目标；TN 为没有相关目标。

（5）是否易于理解：E 为易于理解；D 为易于展示。

（6）技术和科学术语有完好的理论基础：Y 为数据和基本方法有质量保证；N 为数据和基本方法没有质量保证；A 为付出合理成本即可获取数据；NA 为付出合理成本亦不能获取数据。

（7）优先考虑关键问题：Y 为是，可能提供早期预警；N 为否，不能提供早期预警。

（8）适用性：Y 为是；N 为不是。

（9）确认分歧：Y 为是；N 为不是。

表 20.3　以生物多样性、空气、水、气候因子为例的指标与标准矩阵

指标 \ 标准	与政策相关	涉及环境受体	与计划相关	显示出特定趋势	是否易于理解	术语有完好的理论基础	提出预警	适用性	识别潜在分歧
1 生物多样性 生境得到改善的场所数量	Y	Y	Y	L；R；N；TN；ST；LT	E；D	Y；A	Y	Y	Y
2 空气 超标排放的个案数量	Y	Y	Y	L；R；N；TN；ST；LT	E；D	Y；A	Y	Y	Y
3 水质 尽量不在河道下面建涵洞	Y	Y	Y	L；LT；TN	E；D	Y；A	Y	Y	Y
4 气候因子 与洪灾有关的保险理赔	N	N	Y	L；TN；ST；LT	E；D	Y；A	N	Y	N

这里展示的一套标准基于广泛应用于国内外其他地区的标准，同时适应 SEA 的需要和要求。正如预料中的那样，出于 SEA 的目的，不可能使用一套已经存在的标准来选取环境指标，这是由于那些指标不是专门为 SEA 制定的。使用矩阵形式，根据标准来评估指标，确保指标清单考虑到了所有标准。

20.4 环境指标的局限性

虽然环境指标广泛应用于不同的环境背景，但是它们不应该被视为 SEA 中衡量环境影响的唯一方法。环境指标是非常有用的工具，但也存在不确定性与误译。表 20.4 列出了 SEA 背景下环境指标的优缺点实例。环境指标并没有解释为什么会发生变化，但却提供了变化发生的证据。环境指标应被视为工具包的一部分，旨在说明拟定规划和计划的环境影响。应当对环境指标的识别、筛选和解释给予足够重视和慎重考虑，以确保它们能实现既定目标，即它们有能力评价想要评价的内容。由于外来计划与无关因素的潜在影响，要找到适合具体计划的环境指标确实是个挑战。然而，已经有越来越多的导则和专门知识来帮助克服这些困难。对于选取的环境指标来说，并非总有支持性数据可资利用，而 SEA 从业人员时常报告有关数据鸿沟的情况。当数据无法获取或无法访问时，就可能对相关机构提出数据请求，要求其扩充监测计划以弥补这些鸿沟，这可能是一个解决之道。

表 20.4 SEA 环境指标的优点和缺点

优点	缺点
简明 专注于监测 减少成本 最大限度地利用资源 减轻工作量	难以筛选 可能没有适当的可用数据 可能受到外在因素的影响 需要持续更新

20.5 指标在爱尔兰 SEA 体系中的应用

2004 年 7 月第 2001/42/EC 号指令下达后，两到三年内爱尔兰就实施了大约 16 项 SEA。这些 SEA 不仅在很大程度上集中于土地利用规划，还包括水资源管理计划、废物管理计划、洪灾风险管理计划以及能源计划。为了评价 SEA 的质量和效果，有必要对环境报告进行审核，以确保其符合既定目标。SEA 质量评估是依据 2001/42/EC 号指令第 12 款做出的规定，要求欧盟成员国必须确保环境报告的质量足以满足指令的要求。然而，指令并没有在如何确保质量方面提供指导。

SEA 报告质量是极其重要的（João，2005）。到目前为止，已经提出若干质量审查清单（ODPM，2004；IAIA，2002；IEMA，2004；EPA，2001）。一般来说，这些质检清单是用来检验 SEA 指令中的要求是否得到满足，找出环境报告中存在的一切问题，以及表明 SEA 如何有效地使环境因素与计划的编制过程融为一体。根据 IAIA（2002）的要求，一项高质量的 SEA 被认为应具有综合性、可持续性、重点突出、责任明确、参与性强以及可重复等特点。

在波兰（Maćkowiak-Pandera 和 Jessel，2005）和捷克共和国（Václaviková 和 Jendrike，2005），环境报告质量有赖于专门实施 SEA 的专家毋庸置疑的技能和业绩记录。除此之外，Powell（2005）指出，专家的判断会被过高估计，而地方党派和利益相关者的价值却不容小觑。据以上观察，对实施 SEA 的团队组成结构开展分析，也许可以成为质量的良好指征。爱尔兰目前正在对环境指标在质量审查过程中的实用性进行评价。鉴于精心筛选的总体目的、阶段性目标和指标将有助于实施无偏见的 SEA 程序，指标分析可能会成为质量审查的有力工具。

从都柏林港区 SEA（Prendergast 和 Donnelly，2006）监测方案策划中得到的经验也许有益于参与实施类似活动的 SEA 从业人员和地方/区域机关人员。以下是在为都柏林港区 SEA 制定总体目的、阶段性目标以及指标的过程中吸取的重要经验教训：

（1）港区总体规划 SEA 是根据指令条款在爱尔兰首次实施的 SEA，对于制定适当的目标而言，SEA 目标算是“初次尝试”。目标由 SEA 团队制定，其成员包括一名顾问和两名港区管理局内部成员。回过头来看，其中一些目标的措辞含糊不清。就港区总体规划 SEA 的情况而言，与水资源相关的一个目标中出现了措辞不当的情况，最初的文字是“确保有充足的优质水源供应”。然而，当为该地区供水的责任落在都柏林市议会身上时，这就超出了港区总体规划的职权范围。当局有责任提供一个水资源供给网络，尤其是在其管辖范围内。其后目标经修改，添加了“网络”这一术语，变为“在港区提供一个高效的水资源供给网络”。对目标叙述方式的简单修改使其更加观点集中、立场鲜明。

（2）制定监测计划需要一个涉及多学科的团队，特别是需要规划师和环境科学家献计献策。该项计划中的一些环境影响可能超出了许多规划师专业知识范畴，在实施过程中要意识到这一点，并吸收相关学科专业知识。如果没有掌握这门专业知识，就可能制定出不恰当的 SEA 目的、目标和指标，也许会使监测成本增加，并且导致 SEA 具有片面性。团队拥有相关学科专业知识就能够制定出重点更突出的监测规划方案。

（3）SEA 的当前问题在于是否应该运用 SEA 过程来监测某项规划或计划的其他影响，例如社会经济影响，而不仅仅是环境方面的影响。此外，规划机构面前还需要执行住房与零售战略。团队总结到，SEA 不应该与其他任何形式的评价相结合；这可能导致人们对规划到底有什么样的环境影响这一问题困惑不已。

20.6　结论

总之，选取成功的环境指标对于确保实施健全完善的 SEA 项目至关重要。如果环境指标不准确，则可能会产生误导性信息，从而导致做出漏洞百出的决策。合理地评估环境指标的作用也是十分重要的。指标应该专注于关键变化并指出变化正在进行当中。然而，要由最终用户来准确说明为什么发生变化。

参与 SEA 环境指标最初制定过程的利益相关者越多越好，以确保该过程考虑到尽可能多的要素和观点。反过来，专家和最终用户达成共识将确保指标有效。世界上所有的实例和标准都不能取代当地对与规划相关的环境问题的了解。

最后，在 SEA 和计划发展的最初阶段，值得花费时间和资源建立卓有成效的环境指标体系。这将有利于最大限度地利用资源，减少重复劳动和成本，并制定出一项成功的监测计划。

参考文献

[1] Bockstaller, C. and Girardin, P. (2003) 'How to validate environmental indicators', Agricultural Systems, vol 76, pp639-653.

[2] Cloquell-Ballester, V-A., Monterde-Diaz, R. and Santamarina-Siurana, M-C. (2006) 'Indicators validation for the improvement of environmental and social impact quantitative assessment', Environmental Impact Assessment Review, vol 26, pp79-105.

[3] DOEHLG (Department of Environment Heritage and Local Government) (2004) 'Implementation of SEA Directive (2001/42/EC): Assessment of the effects of certain plans and programmes on the environment', guidelines for regional authorities and planning authorities, DOEHLG, Dublin.

[4] Donnelly, A., Jennings, E., Finnan, J., Mooney, P., Lynn, D., Jones, M., O'Mahony, T., Thérivel, R. and Byrne, G. (2006a) 'Workshop approach to developing objectives, targets and indicators for use in strategic environmental assessment (SEA)', Journal of Environmental Assessment Policy and Management, vol 8, pp135-156.

[5] Donnelly, A., Jones, M., O'Mahony, T. and Byrne, G. (2006b) 'Decision support framework for establishing objectives, targets and indicators for use in SEA', Impact Assessment and Project Appraisal, vol 24, pp151-157.

[6] Donnelly, A., Jones, M., O'Mahony, T. and Byrne, G. (2007) 'Selecting environmental indicators for use in strategic environmental assessment (SEA)', Environmental Impact Assessment Review, vol 27, pp161-175.

[7] EPA (Environmental Protection Agency) (2001) Development of Strategic Environmental Assessment (SEA) methodologies for plans and programmes in Ireland, EPA, Wexford, ERTDI Programme.

[8] IAIA (International Association for Impact Assessment) (2002) 'Strategic environmental assessment performance criteria', Special Publications Series, No 1, IAIA, Fargo, ND.

[9] IEMA (Institute of Environmental Management and Assessment) (2004) IEMA Strategic Environmental Assessment (SEA) Environmental Report (ER) Review Criteria, IEMA, Lincoln.

[10] ITFM (Intergovernmental Task Force on Monitoring) (1994) 'Water-quality monitoring in the United States', ITFM, http://acwi.gov/overview.html.

[11] João, E. (2005) 'SEA outlook: Future challenges and possibilities', in Schmidt, M., João, E. and Abbrecht, E. (eds) Implementing Strategic Environmental Assessment, Springer-Verlag, Berlin.

[12] Kurtz, J., Jackson, L. and Fisher, W. (2001) 'Strategies for evaluating indicators based on guidelines from the Environmental Protection Agency's Office of Research and Development', Ecological Indicators, vol 1, pp49-60.

[13] Maćkowiak-Pandera, J. and Jessel, B. (2005) 'Development of SEA in Poland', in Schmidt, M., João, E. and Abbrecht, E. (eds) Implementing Strategic Environmental Assessment, Springer-Verlag, Berlin.

[14] ODPM (Office of the Deputy Prime Minister) (2004) A Draft Practical Guide to the Strategic Environmental Assessment Directive, ODPM, London.

[15] ODPM (2005) Sustainability Appraisal of Regional Spatial Strategies and Local Development Documents, Guidance for Regional Planning Bodies and Local Development Authorities, ODPM, London.

[16] Powell, N. (2005) 'SEA in Canada', in Schmidt, M., João, E. and Abbrecht, E. (eds) Implementing Strategic Environmental Assessment, Springer-Verlag, Berlin.

[17] Prendergast, T. and Donnelly, A. (2006) 'Reconciling planning with environmental issues in the SEA process-Dublin Docklands: A case study', Pleanáil (Journal of the Irish Planning Institute), vol 17, pp101-118.

[18] Thérivel, R. (2004) Strategic Environmental Assessment in Action, Earthscan, London.

[19] UNDP (United Nations Development Programme) (undated) 'Signposts of development', www.undp.org/eo/documents/methodology/rbm/Indicators-Paperl.doc.

[20] Václavíková, L. and Jendrike, H. (2005) 'National strategy for the implementation of SEA in the Czech Republic', in Schmidt, M., João, E. and Abbrecht, E. (eds) Implementing Strategic Environmental Assessment, Springer-Verlag, Berlin.

第二十一章　对公众参与战略环境评价所面临挑战的深入思考

博爱灵
（Bo Elling）

引言

有关公众参与环境评价（EA）的讨论经常关注公众参与时机、方式以及对参与者的界定。近年来，讨论的重点一般集中在公众参与的效率和整体成果上。本章重点讨论为什么公众参与对战略环境评价（SEA）至关重要。在SEA研究与发展中，公众参与面临着许多挑战，对此必须找出与现有处理方法相比更恰当的方法。该论点是基于作者多年来开展的SEA课题以及相关个案的理论研究。它还融入了2005年国际影响评价协会（IAIA）布拉格SEA大会期间有关公众参与议题的专门会议上的发言和讨论。本章的目的不在于提供关于如何在SEA中开展公众参与的详细建议，而在于对SEA过程中公众参与所面临的各类挑战以及SEA执行过程中所必须考虑的主要事项予以思考。这些事项共同拥有核心要素，尽管实际上它们应用于不同的个案。

21.1　背景

如果要提高公众参与性，需要注意三大基本要素：

- 首先是全球范围内针对SEA的法律条款得到越来越多的应用。
- 其次是SEA的总体战略特性和抽象特征。
- 最后是当公众的广泛参与成为现实时，就会出现最终决定权和责任等问题。

21.1.1　SEA法律要求的意义

未来几年，SEA实际操作将会从逐个案例基础上进行的具体分析发展成为根据一定规则和原则来更加系统化运用的过程。近年来，SEA的实施次数迅速上升。这是法律要求的结果，例如在欧盟（EU）成员国，SEA对于某些计划和规划而言是强制性的，而在另一些国家和案例中，SEA对政策而言同样具有强制性（Sadler，2005；Dalal-Clayton和Sadler，2005）。毫无疑问，这将推动标准化评价方法的发展，并将提高SEA应用程序的有效性和效率。上述倾向也许在很多方面会不利于公众参与。然而，这种情况也将有利于相关人员，特别是政府官员和决策者，使公众参与过程效果更好，并引领他们进入这样一个阶段，即对整个过程出谋划策的参与者主要来自于普通大众，而不仅仅是在计划或规划中拥有经济或政治利益的相关者。形成这种局面的原因与 SEA 的战略特征和抽象特性紧密相关，稍后我们将回过头来探讨这个问题。

2001/42/EC 号指令对开展 SEA 监测做出了法律规定（第 10 条）。监测的理论基础必须与 SEA 的战略特征相关，这令其完全不同于项目环境影响评价（EIA）。如果政策、规划和计划（PPPs）没有发挥预期作用，在无需复杂技术和经济干预的情况下可以对其做出改变或修订。但是没有人可以在几天之内搬移一个机场或者一条高速公路，因为这一影响与最初评价或预测的情况不同。为未来发展制定框架的战略决策可以在一夜之间被修订和改变，因此战略决策对环境是有重大实际或现实意义的。这样一来，监测可以在规划和计划的持续编制过程中起到最重要的作用。这就产生了几个问题，即：公众参与在监测过程中能够或是应该扮演什么样的角色？为什么公众参与对 SEA 过程有重大影响？如何策划公众参与？在应对公众参与监测过程这件事情上，上述这些新问题必须得到解决。具体来说，如下所述，可以证明监测过程中的公众参与是该领域的重要革新，而且会使公众参与焕然一新。

21.1.2　SEA 的战略特性与抽象性质

SEA 的战略特性加强了公众参与的作用，也使得其实施方式有别于 EIA 中的公众参与显得更为必要。战略规划首要关注的是未来发展的价值标准和优先考虑事项。价值标准和优先考虑事项是任何规划或计划的重要基础，而不仅仅反映在行动的技术或经济策划上。这些价值标准和优先考虑事项不能仅仅由规划师或决策者提出，还必须在与普通公众协商的过程中总结出来，而且要反映出存在于公民和不同利益群体中间的价值标准和优先考虑事项。至少当计划和规划方案编制过程是民主决策过程的一部分或者由民主选举机构实施的时候（在处理 SEA 相关事宜时通常就是这种局面），情况就是如此。

这些特点使公众参与不但颇为可取，而且相当必要，然而，这些特点也解释了为什么推动公众参与会如此困难。由于涉及规划框架，并要处理抽象性和一般性事务，这些特征使得公众参与更为复杂，使其仅限于落后于计划或规划编制进程的目标和价值。在这一决策层次上，如果有更多的具体行动出现问题，激发以及鼓励公众投入到战略评估中就会变得更加困难。加州案例研究清楚地表明，公众参与方面所面临的困难在于把握和持续进行抽象性和长期性计划过程（Schaffer 和 Ortolano，2005）。因此，在实施 SEA 的过程中，鼓励公众参与以及在一定程度上使进程符合民主标准和期望是一项重大挑战（Croal，2005）。

21.1.3　最终决策权与责任

最终决策的所有权和责任问题已经成为在处理公众参与 SEA 这一问题时所面临的一项重大挑战。如果强化公众参与，并将其范围扩大到战略主题以及基本或本质特性问题的讨论上来，那么谁拥有最后决策权以及最后谁将为最终决策负责这样的问题就会出现。在代议制民主制度中，决策者必须以政策基准为基础来使他们的选择合法化。他们肯定不能只简简单单地一说“这些都是公众参与和贡献的结果”，就让决策合法化了。

在这种情况下，参与能力和机会对于所有公民都应是相同的，并且充分体现出代议制政治制度本身的民主。但目前实际情况并不是这样的。此外，至于这种情况是否可取还是一个悬而未决的问题。公众参与对于代议制民主而言应该是一个补充（而不是竞争）的过程，帮助这一制度做出更好的决策以及帮助公民与民主决策协调一致，而不是根据狭隘的自我利益做出反应（例如，“不在我家后院（NIMBY）——利己主义”综合征）。

如果上述论点成立，这就意味着需要在 SEA 实施方式上做出重大改变以保证公众参与将会发挥核心作用。在这个时候，不应该对公众参与是否应成为 SEA 的一部分来进行讨论。并且，毫无疑问的是公众参与必须出现在整个 SEA 过程中尽可能早的阶段以及所有其他相关阶段。关于公众参与的讨论，在更大的程度上说，应与 SEA 实际策划相联系，其内容包括：这个过程如何为公众参与提供空间、需要什么样的参与方式，以及产生什么样的结果等。

21.2 更全面的分析与审查

对以上要点的全面分析，以及公众参与 SEA 所面临的挑战，表明它们实质上是紧密相连的。没有理由使人们不去相信，SEA 按照超国家或国际标准而广泛应用于某些计划和规划编制过程，将使在特定情况下实施 SEA 更有效率，并能提高最终决策的有效性。自 20 世纪 70 年代初，跨越整个 20 世纪 80 年代和 90 年代，直到今天，亦即 EIA 应用于项目的这段发展历程中，这类努力的成效随处可见（Sadler，1996）。SEA 应用过程本身就是这一趋势的一部分（Sadler 和 Verheem，1996；Thérivel 和 Partidário，1996），人们意识到 SEA 可以为提升 EIA 的有效性提供一个框架，甚至使 EIA 的应用在很多时候变得多余（Lee 和 Walsh，1992）。考虑到标准方法和程序的制定以及对效率的诉求必然与管理机构为控制过程及其结果所做的尝试相关联，人们普遍流露出对这类发展势头将危及公众参与 EIA 这一问题的担忧（Elling，2008）。这包括尝试控制对实质性问题的识别、控制公众参与这一类的主题讨论、平衡评价过程中的各类效应，以及将过程限定在手段性效率问题上。

另一方面，SEA 的应用将支持对公众参与的需求这一提法乍看之下似乎相互矛盾。但它应该被视为复杂情况的明证，因为不能指望发展过程采取一边倒或有偏见的立场。这也是为什么这里所提供的分析着眼于对反映其战略特性和抽象特征的 SEA 更广泛的利用。这一特点对贯穿于 SEA 过程所有阶段的高水平公众参与提出了要求，然而，战略建议书中经常出现的抽象和高度概括的内容往往难以吸引和鼓励公民参与到 SEA 中并出谋划策。显然，这是一个不容忽视的挑战；同样明显的是没有任何单独的行动可以解决这一问题。需要采取一系列不同的行动和步骤。

需要考虑到的问题包括：

- 是否应该将评价整合到计划或规划制定过程中？
- 信息技术和互联网设施在何时何地便于使用？
- SEA 过程能否面向某些目的、宗旨或目标？
- 应当运用哪类理性标准或使哪类理性标准成为 SEA 良好规范的基准？如何才能使理性标准得到运用？
- 应该强制公众参与监测吗？
- 谁拥有最终决策权以及对最终决策负责？

21.2.1　SEA 的整合

即使不考虑上述公众参与所面临的严重阻碍，人们仍普遍认为 SEA 整合方法（将 SEA 纳入到 PPP 过程而不是应用于最终建议书）是使评价能够影响最终决策的最有效方式（Eggenberger 和 Partidário，2000）。此外，普遍认为评价过程用到的知识越多，就越会产生优秀的规划决策（Kørnøv 和 Thissen）。

马上就会有人发问：对谁有效？在哪些目标或利益上有效？出于什么目的而需要哪种类型的知识？所谓规划是否就是运用尽可能多的知识，还是说应引导其在不同利益相关方之间开展对话、讨论与协商？

此外，很少有人重视这样的担忧，即综合方法可能在 SEA 的另外两个主要目的上起到反效果：（1）提高决策制定过程的透明度；（2）创造公众参与机会。将 SEA 纳入到 PPP 过程意味着，就其他目的和利益而言，环境优先事项和各类影响之间的平衡变得不那么明显，此外还意味着公民和其他领域的评论家更难参与评价。举例来说，公众参与时机、参与讨论哪类主题、议题或优先事项等一系列问题都可能会变得更加复杂。

有关综合性方法的讨论无论如何都要解决这些问题。而且它应该解决以下问题：在计划和评估过程中如何记录公众的建议并提供给决策者？公民提出的建议如何为其他公民所用并给其带来好处——直接可加以利用还是在过程的稍后阶段可加以利用？这些问题增加了实质规划过程的复杂性并使公民的参与变得更加困难。

这个问题的正确答案可能是不将 SEA 纳入到计划或规划方案编制过程中。但是，综合方法所面临的这些困难和阻碍因素不应该被忽视。如果公众参与在 SEA 中发挥重要作用，那么这些困难和阻碍因素应该通过适当的措施和努力得到明确处理。

21.2.2　信息技术及网络

数字技术已被证明是强大的创造性沟通工具。它们在规划与评价过程阶段可以促进和加强信息交流、传播和更新。对于公民和普通民众来说，这使信息的访问和建议与意见的提出更加容易。数字技术可以在 SEA 过程的各个阶段推动主管当局和广大公众相互沟通。由 Gonzales 等人实施的一项研究（2005）证明了上述情况的可能性，并且说明了如何将信息技术（IT）用于知识处理和监测。

虽然 IT 技术在许多方面有助于 SEA 过程，但它也可能改变过程的方向和对过程的控制以取悦于外界评论家。如果这种情况更广泛地出现，那将会发生什么，将会如何改变规划和 SEA 的进程？例如，这将会使 SEA 过程更加审慎并且加强对话交流吗？然而，在新的机遇下使用信息技术也许会导致公民之间产生数字鸿沟，因为不是所有的人都有机会接触信息技术和网络。因此，这种忧虑应归到有关如何利用数字设备的讨论中去。

21.2.3　SEA 的定位

使 SEA 更加高效以及将公众参与纳入到这些过程中去的紧迫感与这样一种论点不谋而合，即公众参与在确保公共机构履行其任务方面是必不可少的（Fischer，2000）。这一论述的理由是：现实是复杂多样的，没有各地方利益的代表，规划机构不会有效运作。然而，这种观点只代表公共规划和计划的编制手段。有些人担心这种方法会使 SEA 成为一种抽象层面形式上的检验，而不是实现环境保护与环境改善等目标的方法。从更广阔的角度看，正是 SEA 的战略特征使公众参与变得更为可取和必要，在规划目标与其潜在价值方面提供了决定性和建设性意见。

这就涉及有这类动机的公民和具有能获得整体观点和解决抽象问题等技能的公民之间存在的分歧，最终导致公众参与方面的实际操作更加形式化（例如，就某些事项举行正式听证会）。但是它也可能被视为可以通过不同的方法来应对这些挑战的明证。此外，来自于具体案例、试运行以及研究项目的经验表明，这些挑战作为战略规划的一部分出现在 SEA 的所有层次及阶段，而不只出现在有公众参与的特定阶段（Croal，2005）。

另一个使战略规划和计划复杂化的问题是如何考虑具有反作用意义的不同因素。一种响应是将过程定位于事先定义的特定目标。就 SEA 而言，通常建议这一过程应由可持续性标准引导（Sadler，1996；Partidário 和 Clark，1999；Hilding-Rydevik 和 Theodórsdóttir，2004）。使 SEA 面向已定义的可持续性标准，或者平衡环境与社会经济效应目标，有助于应对 SEA 的抽象特性和普遍特征。

如果 SEA 过程是针对特定目标设计的，那么它可以创造机会，使公众尽早参与确认针对当前建议书设定的目标和确定评估范围。这将使这一过程向旨在平衡各类影响的具体标准公开，也向权衡利弊的建议书递交给决策者这一过程公开。但首先也是最重要的一点就是，评价不得不依赖于不同利益范围的专家和官员。因此依据可持续性标准来指导 SEA，可以使公众尽早参与 SEA 过程，但它也可能导致环境和经济价值或利益关系之间形成更加平衡的局面并设定更多的优先性问题。这种尝试可能会危及或限制公众参与。

另一种方法旨在使评价对与不同政策、规划或计划编制方案相关的所有可能的环境效应和利益予以了解，然后令政客与决策者稍后自行设定优先级（Elling，2008）。这同样使公众尽早参与成为可能，也使通过公众参与来把理性原则的各个要素引入到评价过程中成为可能。这些要素包括道德和美学理性，而不仅仅是与具体目标制定效率相关的认知工具理性（下面将详细阐释这些要素）。

21.2.4 理性的概念

如上所述，SEA 的两个定位涉及两类完全不同的理性概念。SEA 针对具体目标的定位（以可持续性为例）涉及认知工具的理性，在这里被称为工具理性。这种情况下保持理性或理性地行动，将意味着采取一种尽最大可能满足明确目的或目标的方式来行动。这是行动的意图。理性的标准（确确实实地）就是效率。

如果 SEA 定位于理解所有可能产生的环境影响，那么它不仅涉及认知工具的理性（认知性地理解影响），也包括道德和美学的理性。对影响的理解并不只包括认知能力，但可能取决于好与坏的评判标准。这是理性的道德一面。如果操作规范与此相关，那么对应行动就会很合理。在这个意义上，理性标准显然不同于效率。

此外，这一理解可能取决于“美是什么”这一概念。在这个意义上说，这是理性的美学表现力的一面。这种情况下，理性标准在于判断该行动的意义是否正如所规定或表达的那样——也称为真实性。

因此，简言之，在 SEA 所有三个定位上，理性与合理采取行动的标准是有效、正确和真实；作为一个整体，而不仅仅是某一个方面。就理性而言，我们迫切需要理解有关什么是好、什么是坏或什么是美、什么是丑的现代社会规范并不仅仅根源于传统、习惯和文化（正如近代社会的情况）但和日常生活中普通百姓与不同群体之间的相互理解密切相关（Elling，2008）。什么是道德和什么是美取决于基层民众的看法和感受。它不能通过某些技术或经济标准来预定义，但必定取决于涉及的具体背景、具体时间和具体人。

21.2.5　道义论或目的论观点

如上所述，SEA 可以定位于先前定义的具体目标或所有可能的效应。在这一背景下，要注意到 SEA 是与具体规划或计划相关的，从这个意义上讲可以被称为初始行动，它可以触发行动以评价其潜在环境影响。同样，初始行动可能以目标或相互理解为定位。所以，目前存在两种行动，即初始行动和 SEA 行动，两者都可以以特定目标或相互理解为定位。

冲突的风险是存在的。如果我们希望运用评价过程中所有三种类型的理性，那么它们必须是以相互理解为定位的。以理解为定位的 SEA 可以与一个面向具体目标的规划过程相结合。但是这一过程中不可能不存在矛盾。另一方面，我们不能总是期望初始行动是以理解为定位。

开发商、相关部门以及公众或公民这三大主要参与方使这种情况进一步复杂化，因为无法预先假定各方在这两项行动的定位上有相同的观点。他们对其中的利害关系有不同的观点，尤其是当涉及规范性表述的时候，对此，当它们是以预先确定的目的/目标为定位，我们姑且称之为目的论；而当它们以理解为定位时，我们称之为道义论。

评价是对不同选择方案及其具有的环境意义进行反思。但正如 Elling 详细指出的那样（2008），应当期待开发商和行政管理机构有目的地或以目标为导向地反思，同样可以预计公民的反思是以达成理解为定位。因此，这种反思过程也许从一开始就注定了。并不只是因为存在的问题可能妨碍达成共识，还因为问题本身实际上使各方在对话过程中甚至都没有这种反思的机会。对这个问题可能需要基于各参与方的出发点来进行阐述。

21.2.6　三大参与方和他们的具体出发点

开发商从既定目标入手来帮助实现其有关手段与目的之间关系的最初建议书。开发商所采取的主张还涉及执行其建议书所产生的后果，这些主张具有技术性特点，涉及建议书中的经济效益、道德价值和利益，例如对环境的益处。他们还运用目的论观点来执行这一建议书。

行政部门必须调查建议书可能造成的环境后果，而实施调查要依据开发商为达到目的而采取的手段。在这一背景下，要注意到指令 2001/42/EC（如同指令 85/337/EC 和指令 97/11/EC）在任何阶段都没有提及与环境影响评价有关的建议书宗旨。因此，行政管理部门将主张采取“损害尽可能小，而收益尽可能高”的模式，将环境价值奉为达到目的的必要手段。这类主张也具有目的论性质。

相反，公民作为一个团体将不考虑手段—目的关系方面的提议，但会质疑目的和实现目的的手段，包括潜在后果。对公民而言，受到影响的环境价值是以目的而非手段为特征。他们的论证将向提升环境价值这个方向发展，并对任何旨在削弱环境价值的主张都持批评性态度。这一主张旨在寻求不受建议书背后开发商私利约束的任何环境改善措施。因此，公民发表的观点都有着支持开发商环境价值提议的意味，反之则否。这意味着，他们的主张具有道义论性质。

为了尽早达成共识，必须讨论是道义论还是目的论占首要地位。如果首要考虑目的论，这个过程将简化为手段性思维，因此事实上这使开发商或管理部门可以自由选择根据手段与目的之间的既定关系来控制过程的内容与宗旨。相反，如果首要考虑道义论，将使我们摆脱这种手段与目的之间的关系，使沟通理性的多样性得以释放。

道义论占首要地位并不等同于阻止开发商和行政管理部门发表目的论观点。但它确实意味着他们不能先验性地为讨论设置限定条件或先决条件。否决开发商或行政管理部门的主张也非良策，因为这些论点在被提出后才能得到回应。

此外，如果在这个阶段没有阐明目的论观点，随后的决策过程中可以展开目的论观点并使其具有决定性。例如可以断言，虽然评价表明若干环境要素都是有益的，然而鉴于实际目标，应该在一定程度上将其搁置一旁。道义论占首要地位仅仅是指并非从一开始就受控制的工具理性。当然，仅仅阐述道义论的可取性是不足以说明这一点的，但必须在现实世界中通过各种手段来推进这一观点。Elling 概述了这些手段（2008），同时他还列举出环境要点的道义论优化与目的论优化所各自产生的完全不同的结果。

21.2.7 理性或后理性

具有反思性质的 SEA 旨在以一种制定或寻求目标的形式来优化环境焦点问题，这意味着不仅要陈述目标是什么，还要论及如何在当前形势下满足这一目标。在这种方式下，评价旨在结合拟议行动来最大程度地“释放理性”，以使环境优化包括认知工具的事实、规范性价值和利益、美学和视觉条件，以及自我表达因素。我们无需对这一论点继续讨论下去，因为它已充分阐述了尤其与理性问题有关的涉及 SEA 中公众参与的三个核心问题。

公众参与使道德和美学要素被纳入到评价中。这使得有理由将 SEA 过程定位于理解而非预先定义的目的或目标，例如针对可持续性的某些标准。公众参与涉及理性的全部三大要素，它对于 SEA 至关重要，没有公众参与，SEA 过程就失去了它的意义。

有关 SEA 理性或后理性方法的讨论常常偏离正轨（Bina 等，2005；Fischer，2003）。后理性这一术语容易令人困惑而导致误解。当然，SEA 必须立足于理性——否则还能以什么为基础？无论在具体实例中还是具体问题上，传统都没有用武之地，以后也不会专门针对评价形成这样的传统。权力是不可接受的，因为 SEA 必须以拟定行动的科学知识、非专业知识和相关影响评价为基础。

相反，有关理性的讨论应该集中在应采用哪类理性概念这一问题上（Elling，2008）。工具理性纯粹是过程的效率问题或是过程对最终决策所产生影响的效率问题。理性的一个更为广泛的概念包括道德和美学理性，并将概念的所有三大要素（认知工具、道德和美学）结合在一起。公众在各个层次上参与确认具体 PPP 过程的目标和参与环境评价，将防止开发商操纵或控制过程以及避免狭隘的工具主义抬头。

21.2.8 最终决策权和责任

最终决策的所有权这一关键问题与政治责任有关。如果公众参与评价相关影响会导致对决策制定所负有的政治责任被淡化，那么公众参与本身就失去了它应有的意义。公众参与应该将决策者之外的人所具有的最广泛知识和理性纳入到决策过程中来，从而对决策者为其决策所宣称的合法性予以反驳。这些条件意味着政治决策者是被知识说服的。

这一问题和理性问题一道表明，好的决策不只是取决于决策可视之为根基的知识量，还取决于哪一类信息可用以及从何处或何人那里获得这些信息等关键要点。

开放性不仅仅是令不同群体和利益相关者参与评价，更是让他们向其他利益相关者和对评价感兴趣的人发表自己的观点，贡献自己的知识，并最终向决策者呈交所有材料。如果要维持这种开放性，以及公众、公民和个别利益相关者的参与机会，就需要仔细斟酌针对 SEA 过程的特定程序要求。就综合性方法而言，这意味着确保 SEA 过程定位于理解所有可能产生的影响，确保将评价结果毫无遗漏地提交给对讨论中的建议书拥有决策权的最终决策者，以及确保后者对他们做出的选择承担全责。这将包括放任平衡效应和自我服务式解决方案。

这种方法将有助于对环境问题予以道义论式优化。这意味着评价充分利用了对话形式的公众参与优势，并将包括认知、道德和美学三要素在内的理性概念投入实用；还意味着对最终决策所持有的政治所有权和责任可以得到明确无误的确认和贯彻执行。

21.2.9　公众对监督的参与

欧盟 SEA 指令要求在一项计划或规划实施后针对产生的环境影响执行强制性监督。就本章内容而言，宜于探讨公众参与是否应该应用于此类监督。如果相关当局独自进行监督，令人担心的是监督范围与对象将会偏向于对他们的最终决定有利。这就限制了对实际效果进行监督这一整体理念，并且引出这样一个问题，即公众参与在监督过程中是否会产生限制性作用，乃至扩展到评价过程中所发现的问题。反过来，这引发了是否应该针对公众参与监督过程（例如，对由公众或公民个人提出的主题进行强制性监督）来制定强制性条款这一问题。另一方面，公众更多地以非正式方式参与监督，可以促使公众在 SEA 过程的其他阶段更积极地参与相关活动。

最后，对公众参与监督这一问题应与最终决策权问题结合起来看待。监督首先可以被看作是跟进措施，旨在确认已采取的行动会有什么样的实质影响，以及如何将这些影响与其他活动和其他行动所产生的影响建立起联系。但它还应被视为对 SEA 过程的质量控制，旨在向决策者提供信息。在这里无需更彻底地研究这个问题就可以说，它强调了界定最终决策权是至关重要的。目前在 SEA 研究中这个问题一直没有得到妥善解决。

21.3　结论

本章初衷在于指出 SEA 发展过程中公众参与所面临的挑战，概述应对这些挑战之道，并分析其利弊。本章并不想说明应如何在各种情况下实践公众参与。普遍经验和相关分析清楚地表明，公众参与形式及其开展方式总是取决于具体背景。有些方法是普遍适用的，另一些则只适用于特定情况。

以上这些表明，如果认真对待公众参与，并力求以有益于环境的方式来影响最终决策，公众参与将改变规划过程以及规划人员在这一过程中所起到的作用。规划过程将从专家裁定的形式转变为所有参与方之间对话的方式。理想情况下，SEA 将与这个过程相结合，并使在过程每一阶段向所有参与方做出报告和提供信息这方面的需求得以加强。这一过程中

IT 和互联网将成为不可缺少的工具，但也可能对有参与意向的公众设置障碍。这个问题必须得到妥善解决。

如果规划过程和环境评价要开展对话，则不仅要涉及所有相关方，还将影响到 SEA 过程的定位及其所依据的理性概念。评价过程必须侧重于理解，并强调与各种替代方案有关的所有可能的影响和利益。它不应该平衡效果和创造“最佳解决方案”。公众参与的目的不在于达成共识和权衡利弊，而是要确保人们了解各类方案的影响，并能够对此发表意见和公开提出自己的主张，按照轻重缓急将各个问题分门别类地逐一列出。最终决策必须考虑这些意见和优先事项，使其在政治上合法化。

无论评价的有效性被视为与执行过程有关，还是被视为能在何种程度上对最终 PPP 产生影响，过程中的理性和有效与否都无关。所谓理性是要将认知、道德和美学这三要素当作一个整体来考虑，并意识到离开了公众参与和公民个人的贡献，这一切均无从谈起。

规划师的作用并不仅仅是首先制定一个最佳解决方案并提交给公众，表面上征求意见，实质上却采取无视的态度，然后按部就班地将最终结论提交给决策者。与此相反，他们的作用是推动和引导公众开展对话，并成为普通民众的“对话伙伴”。规划师的专业知识并不是用来驳回公众普遍持有的观点，而是使这些观点取得合法地位并在评价过程中起到实质性作用。

这样一来，公众参与就不仅仅关乎到建立民主决策机制了——它还关乎对理性概念的支持，如此则理性概念不仅实际上涵盖技术和环境方面的数据与知识，还涉及在推进环境问题优化的过程中纳入进来的道德和美学要素以及各类替代方案所具有的价值。

致谢

笔者要感谢出席国际影响评价协会布拉格战略环评大会并参与讨论的所有与会者，尤其要感谢那些在大会期间召开的“公众参与”这一专题会议上做出精彩报告的与会者。同时还要感谢本书编者，特别是 Ralf Aschemann 和 Barry Sadler，感谢他们所做的审校工作。

参考文献

[1] Bina, O., Wallington, T. and Thissen, W. (2005) ‘SEA Theory and Research: An Analysis of the Discourse’, Chapter 28 in this volume.

[2] Croal, P. (2005) ‘Calabash Program: Increasing capacity of civil society in the SACD region to participate in environmental decision-making’, project summary of conclusion of two-year contract period, Southern African Institute for Environmental Assessment, Windhoek, Namibia.

[3] Dalal-Clayton, B. and Sadler, B. (2005) Strategic Environmental Assessment: A Sourcebook and Reference Guide to International Experience, Earthscan, London.

[4] Eggenberger, M. and Partidário, M. R. (2000) ‘Development of a framework to assist the integration of environmental, social and economic issues in spatial planning’, Impact Assessment and Project Appraisal, vol 18, no 3, pp201-207.

[5] Elling, B. (2008) Rationality and the Environment, Earthscan, London.

[6] Fischer, F. (2000) Citizens, Experts, and the Environment: The Politics of Local Knowledge, Duke University Press, Durham, NC.

[7] Fischer, T. B. (2003) 'Strategic environmental assessment in post-modern times', EIA Review, vol 23, no 2, pp155-170.

[8] Gonzales, A., Gilmer, A., Foley, R., Sweeney, J. and Fry, J. (2005) 'New technologies promoting public involvement: An interactive tool to assist SEA', paper presented at the IAIA SEA Conference, Prague.

[9] Hilding-Rydevik, T. and Theodórsdóttir, Á. H. (eds) (2004) Planning for Sustainable Development: The Practice and Potential of Environmental Assessment, Nordregio, Stockholm.

[10] Kørnøv, L. and Thissen, W. (2000) 'Rationality in decision and policy-making: Implications for strategic environmental assessment', Impact Assessment and Project Appraisal, vol 18, no 3, pp191-200.

[11] Lee, N. and Walsh, F. (1992) 'Strategic environmental assessment: An overview', Project Appraisal, vol 7, no 3, pp126-136.

[12] Partidário, M. R. and Clark, R. (1999) Perspectives on Strategic Environmental Assessment, Lewis Publishers, Boca Raton, FL.

[13] Sadler, B. (1996) Environmental Assessment in a Changing World: Evaluating Practice to Improve Performance, International Study of the Effectiveness of Environmental Assessment, final report, Canadian Environmental Assessment Agency, Canada.

[14] Sadler, B. (ed) (2005) Strategic Environmental Assessment at the Policy Level, Czech Ministry of the Environment for UNECE, Prague.

[15] Sadler, B. and Verheem, R. (1996) Strategic Environmental Assessment: Status, Challenges and Future Directions, Ministry of Housing, Spatial Planning and the Environment, The Hague.

[16] Schaffer, H. and Ortolano, L. (2005) 'Do impact assessments have impact? Influence of SEA on consultation in California land-use plans', paper presented at the IAIA SEA Conference, Prague.

[17] Thérivel, R. and Partidário, M. R. (eds) (1996) The Practice of Strategic Environmental Assessment, Earthscan, London.

第二十二章　应对战略环境评价中的健康影响

阿兰·邦德　本·卡维　马科·马图西　苏发西·南塔沃拉卡恩
（Alan Bond　Ben Cave　Marco Martuzzi　Suphakij Nuntavorakarn）

引言

本章将讨论涉及战略环境评价（SEA）中健康影响的可选方案。本章为决策制定中对健康的考虑设定了背景，从确认公共政策对健康和福利的总体意义开始，而不仅仅以提高健康水平为目的；本章解释了对考虑决策中的健康问题的驱动因素，包括政策和规章影响；此外还检视了在制定战略水平上独立的健康影响评价（HIA）和把健康问题纳入到全方位SEA过程中这两种选择之间的矛盾。

这一章是针对在战略决策中缺少实践经验这一背景而写的，虽然这其中仍然包含了不断增长的经验。也可以这样说，在不同的国家甚至不同地区，文化和管理背景差异也很大。同样，还没有尝试过指定任何特殊方法来解决 SEA 中的健康问题；人们认识到，不同的解决方法适用于不同的背景。根据所描述的背景概述了许多关键问题，2005 年布拉格国际影响评价协会（IAIA）SEA 会议正是基于这些关键问题展开讨论的。利用在布拉格会议上所展示的论文和论文作者收集到的另外一些证据，人们对这些问题进行了分析。在此基础上，我们从发展实践中得到了重要的经验教训并指出今后努力的方向，尤其是与能力建设有关的领域。

22.1　背景

1974 年，加拿大《Lalonde 报告》强调了公共政策对健康可能产生的潜在影响（Ritsatakis，2004）。1986 年，世界卫生组织（WHO）在第一次国际健康促进会议上通过的渥太华宪章中指出："健康促进超出了健康护理的范畴。它将'健康'列入所有部门和级别的决策者议程上。"（WHO，1986）因此，健全的公共政策已经成为健康发展的一个主要目标，同时也是一些国家（例如荷兰、加拿大、泰国）HIA 发展的一种驱动力（Banken，2003；den Broeder 等，2003；Phoolcharoen 等，2003）。

可以确定某些驱动力是朝着实现这一目标的方向发展。WHO 在推动健康问题纳入战略层次思维方面有很大的影响力并且跨部门行动是全部战略的一部分（Ritsatakis，2004）。在伦敦举行的第三届欧洲环境与健康会议（1999 年 6 月 16 日至 18 日）由来自 54 个国家的超过 70 位卫生、环境和运输部长参加。这次会议商定的一个行动是"邀请国家引进和

（或）实施对拟议政策、规划和计划以及总原则的环境与健康影响战略评价”（WTO，1999）。

在欧洲法律背景下，Hart（2004）认为欧洲人权公约对公共机关规定了义务来防止公民生命权遭到侵犯，这意味着所有法院都可能认为当前一些形式的评价早就出现过。凡是侵权行为与健康相关，法院就有充分的理由认为 HIA 的一些形式早就已经开展过。

欧盟 2001 年通过了 SEA 指令并于 2004 年 7 月 21 日正式生效，目前在 27 个国家具有约束力。这需要对“人类健康与环境受到的显著影响”予以特殊关注（欧洲议会和欧盟理事会，2001）。另外，联合国欧洲经济委员会（UNECE）用 2010 年 7 月 11 日起开始生效的 SEA 协议（UNECE，2003）对《埃斯波公约》（UNECE，1991）进行了补充。该协议兑现了在第三次欧洲环境与健康会议上所做出的政治承诺，而且自始至终都应用了“环境和健康”的主题。这表明过程的不同时期都应该咨询健康机构（Dora，2004），因此该协议比 SEA 指令更有效力。2004 年 7 月 15 日，欧洲健康和消费者保护委员会委员 David Byrne 为了帮助塑造未来的欧盟健康战略，发起了一项对欧盟健康政策反思的运动，他用一篇论文强调将健康置于欧盟政策制定程序核心位置的重要性（Byrne，2004）。

因此，在战略层面处理健康问题有明确的动力，有时候这种动力由现有的实践来驱动，而有时候这种动力则驾驭实践。例如，在以下司法管辖地区 HIA 是在政策层面上实施的：加拿大的魁北克；此外还通过分管贸易政策的加拿大健康署实施（Banken，2004）；荷兰（Roscam Abbing，2004）和威尔士（Breeze 和 Kemm，2000）。

所以，虽然我们能够找到一些国家采取措施的证据，但显然其他部门在战略层次上对健康的考虑还远远不够。在解决健康问题的方法上也有很大的不同。例如，在澳大利亚，HIA 是 EIA 或 SEA 过程的一个组成部分（Wright，2004），而在德国的一些联邦州，HIA 是战略层面的一个独立过程（Fehr 等，2004）。HIA 的规定也不同：在魁北克，HIA 是基于法律要求进行的；而在英国，则主要是在工程层面作为一项自发的程序展开的（Kemm，2004），即便一些地方机构已开始将其要求当作开发活动管控政策的一部分而加以规范化。

健康通常被定义为“一种健全的生理、心理和社会福利状况，而不仅仅指没有疾病和体质虚弱现象”（WHO，1946）。在这样的背景下，持续性和健康是密切相关的，公共政策促进了长期的持续性，同时也促进了健康。

在健康部门和其他部门之间显然需要维系一种强有力的关系，这其中包括空间和土地利用规划部门、教育部门、就业机构、社会事务机构、司法部门、农业部门等。然而，有证据证明健康部门与其他部门之间仍然存在脱节（例如，与健康和规划相关的主题）（Fitzpatrick，1978）。这也表明健康的跨部门应用还没有取得成功。

Banken 考虑了 HIA 的制度化，并建议可以设定一个“在非健康机构决策制定过程中执行 HIA 的政策窗口”（Banken，2001）。许多国家刚刚开始制度化 SEA，很显然当前解决 SEA 中的健康问题会有压力。这是不是为一体化提供了一个机会？

此类发展面临很多威胁，包括健康机构没能参与到战略环境评价中。在英格兰和威尔士，国家健康服务部（NHS）拒绝了被列为审查和评论 SEA 应用情况的法定咨询者的机会。若要按这种方式列入清单，还需涉及大量资源的分配，而且人们担心健康部门可能没有能力来支持全面的健康评价。应该指出，由联合国欧洲经济委员会（UNECE）SEA 协议所提出并已被认可的责任未来很可能会要求国家健康服务部成为法定的咨询方。同时，Bond（2004）指出，对环境背景的甄别会免除对 EIA 的需求，而如果纳入了健康因素，即便可能会有重大的健康后果产生，也预先排除了对 EIA 的考虑。

一个关键的威胁是 SEA 中的健康问题不会得到妥善解决，就像当前 EIA 中的情况一样（Arquiaga 等，1994；BMA，1998）。Vanclay（2004）认为 WHO 所宣扬的“健康的社会定义”会使 HIA 与社会影响评价（SIA）之间没有区别。当前所关注的是，现有的证据表明，人们认为社会问题在 EIA 中的地位还不重要（Glasson 和 Heaney，1993；Chadwick，2002）。然而，健康是由自然和社会两方面因素决定的，这也说明在评价过程中，对环境问题、社会问题和健康问题都应给予适当的考虑。加强 HIA 证据基础的一个关键是审查活动所依据的良好规范标准（Mindell 等，2004a）；类似的 SEA 标准已经出台（Bonde 和 Cherp，2000）。但这些标准已完善到考虑了健康问题吗？这意味着有待制定质量标准，以涵盖证据质量、方法、参与度、透明性和公平性。

除了健康和可持续发展之间的密切联系，健康公共政策的主要目标与可持续发展的主要目标也可相提并论。事实上，里约环境与发展宣言的第一条就声明：人是可持续发展的核心，在人类与自然和谐的条件下，人是可以过上健康和富有成效的生活的（UNCED，1992）。

在这一背景下，可以引申出一些关键性问题，这为以下的分析和审查提供了基础：

- 有多大可能加强 SEA 中健康要素的跨部门应用？
- 整合 HIA 和 SEA 的时机和方法是什么？
- 如何改善健康专家在 SEA 制定过程中的参与状况？
- 在对 SEA 中的健康因素予以考虑的案例中，有没有能够切实得到实际利益的个案？
- HIA 和 SEA 的整合是否合理？

22.2 分析和审查

与将 HIA 和 SEA 当作两个独立的工具并试着整合它们相反，战略层次 HIA 的经验和包含健康问题的 SEA 的经验应该被共享、严格地检验并被用于加深理解。

22.2.1 如何使加强 SEA 中健康因素的跨部门应用成为可能

虽然普遍认为健康专家们需要了解以及参与 SEA 过程，但这必须置于加强对环境决策中健康问题的整体考虑的背景下。将健康问题融入到交通规划（Tiwari，2003；Davis，2005；Coyle 等，2009）、土地利用规划（Jackson，2003；France，2004；Cave 等，2005；Kidd，2007；Burns 和 Bond，2008）和 SEA（Kørnøv，2009）中的需求不断增加，学术研究也正开始对此进行报道。同样明显的是，在这些领域内，一般来说，与健康专家的接洽或者不会受到检验（Davis，2005）或者不会被实践（France，2004；Fischer 等，2010）。

荷兰的经验表明对健康因素的跨部门考虑是可能的，虽然所用的模型只是荷兰卫生部和荷兰公共卫生学院在政策水平上联合应用的 HIA 所使用的模型（Put 等，2000）。这一方法的缺点是卫生部仍然要负责评价非健康部门的政策的健康影响。有趣的是，研究表明，所有被调查部门的政策都有影响一个或多个健康决定因素的可能（Put 等，2000）。

22.2.2　整合 HIA 和 SEA 的时机和方法是什么

Nuntavorakarn 等人（2005）将泰国 SEA 运用的不同方法分成了四类：SEA-EIA 学派、SEA 区域基础、SEA 政策方案和 SEA 发展方向。同时，他们将在战略层面考虑健康因素的不同方法也分为四类：EIA 方法、生态系统方法、健全的公共政策方法和健康差异法。通过这些不同方法来解决健康问题的可行性请参考表 22.1。

很明显，SEA 的性质和收集 HIA 证据基础的方法都会对环境问题与 SEA 的整合的可行性产生影响。此外，研究显示，只要 HIA 是在战略层面上实施的（而不是整合进 SEA），决策者们都会将其结论和推广视为一种威胁而进行处理（Bekker 等，2005）。目前还不清楚 HIA/SEA 的整合过程是否也有同样的问题。

表 22.1　涉及不同 SEA 方法中健康问题的可能性的概念图

	EIA 方法	生态系统方法	健全的公共政策方法	健康差异法
SEA-EIA 学派	兼容并直接涉及健康问题	仅在科学上以及定量化的经济与社会数据方面兼容	不兼容，不能解决健康问题	不兼容，不能解决健康问题
SEA 区域基础	如果这种方法局限在环境的一个小范围内，可能会兼容	可兼容	需要与其他 SEA 方法结合起来才能解决健康问题	需要与其他 SEA 方法结合起来才能解决健康问题
SEA 政策方案	不兼容，健康问题的解决超出了 EIA 方法的范畴	可兼容	兼容并可直接解决健康问题	兼容并可直接解决健康问题
SEA 发展方向	不兼容，健康问题的解决超出了 EIA 方法的范畴	可兼容	可兼容但取决于涉及的利益相关者的能力	可兼容但取决于涉及的利益相关者的能力

来源：Nuntavorakarn 等，2005。

22.2.3　怎样使健康专家们对 SEA 的参与得到改善

有很多 HIA 在战略层次应用的证据，如斯洛文尼亚加入欧盟后在农业和食品上的政策（Lock 等，2004）、加拿大的政策（Benken，2004）、威尔士和伦敦各自施行的政策/战略（Breeze 和 Kemm，2000；Mindell 等，2004b）。这一证据主要涉及健康因素的纳入机制，而不仅仅是健康专家的参与。我们也可以看出，在欧洲范围以及更广范围内的 SEA 指令和协议中，正有更深入考虑 SEA 中健康问题的越来越强烈的政治意愿（Dora，2004），尽管在基辅 SEA 议定书有关与健康机构协商的要求之外（UNECE，2003），这些在本质上不会推动参与方法的发展或为其提供建议。

然而，研究表明健康专家们需要更好地参与到部门决策制定中，特别是土地利用规划（Cave 和 Molyneux，2004；Cave 等，2005）。这些研究表明适当参与决策会面临许多障碍，其中重要的一项是缺乏对其他部门工作的全面了解（例如，土地利用规划者对健康系统和健康问题的了解就很少，而健康专家们对规划系统或系统对健康的影响也缺少了解）。从这些研究和其他一些研究中得出一个重要结论（Griffiths，2004），即在健康部门和其他部门都要建立相互理解的能力。有了较好的理解基础，参与 SEA 过程会取得更大的进步。

22.2.4 在对 SEA 中的健康问题予以考虑的案例中，有没有能够切实得到实际利益的个案

一个至关重要的问题是由于影响评价的关系，很难确定实际收益。许多文献着眼于影响评价的有效性，并得出结论，即许多研究只重视程序上的守法性，而不是以结果来衡量的实际收益（Bond 等，2005），一个很重要的问题是，在战略层面很难说明是什么产生了收益。例如，如果政府在能源政策上的健康评价由于大气污染的加重而产生健康影响，进而使政策发生改变，那么之后就可能很难去证明是否由于这一政策而使得更多的疾病消失，因为其他因素也会产生相同的结果，如运输政策。因此，很难在学术论文中找到因 SEA 考虑到健康因素而带来实际收益的研究，这种情况也并不出乎意料。

与之相比，确定实际收益潜力的 SEA 实例或战略水平上的 HIA 实例是很多的（Lock 等，2003）。SEA 主要强调的是被认为可以影响现有决策的有效评价，而不是任何健康成果（Fischer 等，2010），因此我们所做的努力不是为了确认健康成果或验证 SEA 所做的任何预测。很明显，在这一项目上需要做更多的研究以证明 SEA 中确定的健康问题产生了实际收益。

22.2.5 HIA 和 SEA 的整合是否合理

Birley（2003）提出了健康、社会和环境影响评价的一体化，但这是在战略水平上的正确解决方法吗？为了合理地将健康因素融入 SEA，有必要利用现有的成功案例，从中可能会找到问题的答案。特别提出了以下问题：

- 是否存在对 SEA 中或公共政策的战略层次上的健康问题进行考虑的个案研究证据？
- 是否存在对公共政策的战略层次上施行的 HIA 进行个案研究的证据？
- 怎样才能将合适的健康专业技能纳入到 SEA 过程之中？
- 当前的发展势头是不是意味着政策窗口对一体化进程是开放的？
- 可用于一体化的模型是什么？

假设一体化是合理的（至少在某些案例中），一个更深入的问题是，是否存在将健康因素整合进 SEA 的能力，如果不存在，怎样才能最好地培养这种能力。这一讨论可以借鉴能力建设的案例（Griffiths，2004）。至于 EIA，现有的争论在于 SEA 是否应该被更好地整合到决策中而不仅仅是提供信息（Dalkmann 等，2004）。这一争论也需要考虑 HIA 究竟应该是一种决策支持工具，还是一种决策制定工具，以及 SEA 是否可能实现健康目标。

22.3 结论

很明显，所有的决策都具有影响人类健康和福祉的可能性，而且对战略层次上所具有的意义的考虑会带来长期的巨大收益，同时会达成一个共识，即健康应该与 SEA 一体化。

基于布拉格学术研讨会上的讨论和学术文献提供的后续证据，表 22.2 总结了战略健康评价的实际执行状况。这表明，需要对健康和福祉与 SEA 的整合进行考虑，这种考虑能够使一些需要得到国家政府解决的更重要问题得以明确。特别是如果修建健康设施的主要目的是健康保护的话，那么是时候重新考虑一下现有机构及其职权了。健康行业需要通过

正当的组织来参与 SEA，这些组织将有助于推动健康状况的改善。不过要提醒一点，虽然确实存在良好规范实例，藉此健康、SEA 和土地利用规划领域的专家之间的接触也收获颇丰，但健康部门或其他有健康专家参与的部门的频繁重组却威胁到了已建立的关系。

- 短期内，需要在 SEA 实施指南中加强对健康的考虑。一些国家已经取得了一定进展（Williams and Fisher，2007），WHO 也已经公布了指导意见来帮助政府了解他们需要做些什么来加强对 SEA 中健康问题的考虑（Nowacki 等，2010）。
- 中期内，需要继续积累并传授个案研究和能力建设经验。这需要建立在研究者已经开始收集的证据基础上（Kørnøv，2009；Fischer 等，2010；Nowacki 等，2010）。
- 中期到长期内，利益相关者需要普遍增进对健康和可持续发展的其他方面之间重要联系的理解，这可以说是一项重要要求。一个特殊的挑战是建立证据基础来证明对 SEA 中健康问题的考虑使健康成果得到了实际改善。

表 22.2 战略健康评价的实施状况

主要趋势和问题	HIA 自 20 世纪 70 年代起就由对健全公共政策的需求所驱动，当时是被视为类似性而非综合性要求，在战略层次上处理健康问题的势头已然形成。 虽然在战略层次上对健康问题的重视还不是一种普遍现象，但一些国家已经出现了在战略层次上对健康问题予以考虑的实践迹象。 迄今为止的经验表明，HIA 可能作为法定要求而得以实施或建立在自愿基础上；也有可能作为 EIA/SEA 的一部分或者一种独立的评价程序来开展。不存在什么通用的模型。 可持续性和健康是密不可分的，所以健康部门和其他部门之间需要维系一种紧密联系
SEA 的关键要素或面临的挑战	无论是作为自身重要性得到认可的自主性评价过程，还是以快速制度化进程为表现形式的与 SEA 的整合过程，HIA 的制度化都面临着机遇。 健康部门往往不能参与到 SEA 中，即便参与，对健康的范围也经常没有足够的重视，以至于参与过程主要致力于改善健康设施，而不是帮助规划可持续发展/社区。 主要是因为与健康专家的接触有限，SEA 中的健康问题才没有得到充分解决。这种问题不只出现在健康和福利等方面，文化遗产影响方面也存在同样的问题
关键研究发现和教训	在将健康因素纳入 SEA 的必要性方面已达成了共识。有必要在以下几个方面实施能力建设： ❖ 社区——可以让成员更好地参与到与土地利用问题、行业问题、环境问题和健康问题有关的 SEA 相关事务中； ❖ 用于考虑 SEA 中健康和福祉等问题的方法或知识； ❖ 开展健康保护并推动健康领域发展的国家机构； ❖ 所有考虑健康问题的部门，包括大学在内

参考文献

[1] Arquiaga, M. C., Canter, L. W. and Nelson, D. I. (1994) ‘Integration of health impact considerations in environmental impact studies’, Impact Assessment, vol 12, no 2, pp175-197.

[2] Banken, R. (2001) ‘Strategies for institutionalising HIA, ECHP Health Impact Assessment Discussion Papers, Number 1’, www.nice.org.uk/media/hiadocs/19_echp_strategies_for_institutinalising_hia.pdf, accessed 27 July 2010.

[3] Banken, R. (2003) 'Health impact assessment: How to start the process and make it last', Bulletin of the World Health Organization, vol 81, no 6, p389.

[4] Banken, R. (2004) 'HIA of policy in Canada', in Kemm, J., Parry, J. and Palmer, S. (eds) in Health Impact Assessment, Oxford University Press, Oxford, pp165-175.

[5] Bekker, M. P. M., Putters, K. and van der Grinten, T. E. D. (2005) 'Evaluating the impact of HIA on urban reconstruction decision-making: Who manages whose risks?', Environmental Impact Assessment Review, vol 25, no 7-8, pp758-771.

[6] Birley, M. H. (2003) 'Health impact assessment, integration and critical appraisal', Impact Assessment and Project Appraisal, vol 21, no 4, pp313-321.

[7] BMA (British Medical Association) (1998) Health and Environmental Impact Assessment: An Integrated Approach, Earthscan, London.

[8] Bond, A. (2004) 'Lessons from EIA', in Kemm, J., Parry, J. and Palmer, S. (eds) Health Impact Assessment, Oxford University Press, Oxford, pp131-142.

[9] Bond, A., Cashmore, M., Cobb, D., Lovell, A. and Taylor, L. (2005) Evaluation in Impact Assessment Areas Other than HIA, National Institute for Health and Clinical Excellence, London.

[10] Bonde, J. and Cherp, A. (2000) 'Quality review package for strategic environmental assessments of land-use plans', Impact Assessment and Project Appraisal, vol 18, no 2, pp99-110.

[11] Breeze, C. and Kemm, J. (2000) The Health Potential of the Objective 1 Programme for West Wales and the Valleys: A Preliminary Health Impact Assessment, Health Promotion Division, National Assembly for Wales, Cardiff.

[12] Burns, J. and Bond, A. (2008) 'The consideration of health in land use planning: barriers and opportunities', Environmental Impact Assessment Review, vol 28, no 2-3, pp184-197.

[13] Byrne, D. (2004) 'Enabling good health for all: A reflection process for a new EU health strategy', http://ec.europa.eu/health/archive/ph_overview/documents/pub_good_health_en.pdf, accessed 27 July 2010.

[14] Cave, B. and Molyneux, P. (2004) Healthy Sustainable Communities: A Spatial Planning Checklist, Milton Keynes and South Midlands Health and Social Care Group, Milton Keynes.

[15] Cave, B., Bond, A., Molyneux, P. and Walls, V. (2005) Reuniting Health and Planning: A Training Needs Analysis, East of England Public Health Group, Cambridge.

[16] Chadwick, A. (2002) 'Socio-economic impacts: Are they still the poor relations in UK environmental statements?', Journal of Environmental Planning and Management, vol 45, no 1, pp3-24.

[17] Coyle, E., Huws, D., Monaghan, S., Roddy, G., Seery, B., Staats, P., Thunhurst, C., Walker, P. and Fleming, P. (2009) 'Transport and health-a five-country perspective', Public Health, vol 123, no 1, ppe21-e23.

[18] Dalkmann, H., Herrera, R. J. and Bongardt, D. (2004) 'Analytical strategic environment assessment (ANSEA): Developing a new approach to SEA', Environmental Impact Assessment Review, vol 24, no 4, pp385-402.

[19] Davis, A. (2005) 'Transport and health: What is the connection? An exploration of concepts of health held by highways committee chairs in England', Transport Policy, vol 12, pp324-333.

[20] den Broeder, L., Penris, M. and Put, G. V. (2003) 'Soft data, hard effects: Strategies for effective policy on health impact assessment-an example from the Netherlands', Bulletin of the World Health Organization, vol 81, no 6, pp404-407.

[21] Dora, C. (2004) 'HIA in SEA and its application to policy in Europe', in Kemm, J., Parry, J. and Palmer, S. (eds) Health Impact Assessment, Oxford University Press, Oxford, pp403-410.

[22] European Parliament and the Council of the EU (2001) 'Directive 2001/42/EC of the European Parliament and of the Council of 27 June 2001 on the assessment of the effects of certain plans and programmes on the environment', Official Journal of the European Communities, L197, pp30-37.

[23] Fehr, R., Mekel, O. and Welteke, R. (2004) 'HIA: The German perspective', in Kemm, J., Parry, J. and Palmer, S. (eds) Health Impact Assessment, Oxford University Press, Oxford, pp253-264.

[24] Fischer, T. B., Martuzzi, M. and Nowacki, J. (2010) 'The consideration of health in strategic environmental assessment (SEA)', Environmental Impact Assessment Review, vol 30, no 3, pp200-210.

[25] Fitzpatrick, M. (1978) Environmental Health Planning, Ballinger, Cambridge.

[26] France, C. (2004) 'Health contribution to local government planning', Environmental Impact Assessment Review, vol 24, no 2, pp189-198.

[27] Glasson, J. and Heaney, D. (1993) 'Socio-economic impacts: The poor relations in British environmental impact statements', Journal of Environmental Planning and Management, vol 36, no 3, pp335-343.

[28] Griffiths, R. (2004) 'Health impact assessment in the West Midlands: A managerial view', Environmental Impact Assessment Review, vol 24, no 2, pp135-138.

[29] Hart, D. (2004) 'Health impact assessment: Where does the law come in?', Environmental Impact Assessment Review, vol 24, no 2, pp161-168.

[30] Jackson, R. J. (2003) 'The impact of the built environment on health: An emerging field', American Journal of Public Health, vol 93, no 9, pp1382-1384.

[31] Kemm, J. (2004) 'What is health impact assessment and what can it learn from EIA?', Environmental Impact Assessment Review, vol 24, no 2, pp131-134.

[32] Kidd, S. (2007) 'Towards a framework of integration in spatial planning: An exploration from a health perspective', Planning Theory & Practice, vol 8, no 2, pp161-181.

[33] Kørnøv, L. (2009) 'Strategic Environmental Assessment as catalyst of healthier spatial planning: The Danish guidance and practice', Environmental Impact Assessment Review, vol 29, no 1, pp60-65.

[34] Lock, K., Gabrijelcic-Blenkus, M., Martuzzi, M., Otorepec, P., Kuhar, A., Robertson, A., Wallace, P., Dora, C. and Zakotnic, J. M. (2003) 'Health impact assessment of agriculture and food policies: Lessons learnt from the Republic of Slovenia', Bulletin of the World Health Organization, vol 81, no 6, pp391-398.

[35] Lock, K., Gabrijelcic-Blenkus, M., Martuzzi, M., Otorepec, P., Kuhar, A., Robertson, A., Wallace, P., Dora, C. and Zakotnic, J. M. (2004) 'Conducting an HIA of the effect of accession to the European Union on national agriculture and food policy in Slovenia', Environmental Impact Assessment Review, vol 24, no 2, pp177-188.

[36] Mindell, J., Boaz, A., Joffe, M., Curtis, S. and Birley, M. H. (2004a) 'Enhancing the evidence base for health impact assessment', Journal of Epidemiology and Community Health, vol 58, pp546-551.

[37] Mindell, J., Sheridan, L., Joffe, M., Samson-Barry, H. and Atkinson, S. (2004b) 'Health impact assessment as an agency of policy change: improving the health impacts of themayor of London's draft transport strategy', Journal of Epidemiology and Community Health, vol 58, pp169-174.

[38] Nowacki, J., Martuzzi, M. and Fischer, T. B. (2010) 'Health and strategic environmental assessment WHO consultation meeting, Rome, Italy, 8–9 June 2009: Background information and report', www.euro.who.int/__data/assets/pdf_file/0006/112749/E93878.pdf, accessed 30 July 2010.

[39] Nuntavorakarn, S., Sabrum, N. and Sukkumnoed, D. (2005) 'Addressing health in SEA for healthy public policy: A contribution from SEA development in Thailand', paper presented at the IAIA SEA Conference, Prague.

[40] Phoolcharoen, W., Sukkumnoed, D. and Kessomboon, P. (2003) 'Development of health impact assessment in Thailand: Recent experiences and challenges', Bulletin of the World Health Organization, vol 81, no 6, pp465-467.

[41] Put, G. V., den Broeder, L. and Abbing, E. R. (2000) 'Health impact assessment and intersectoral policy at a national level in the Netherlands', International Workshop on Public Participation and Health Aspects in Strategic Environmental Assessment, Regional Environmental Centre for Central and Eastern Europe, Szentendre, Hungary.

[42] Ritsatakis, A. (2004) 'HIA at the international policy-making level', in Kemm, J., Parry, J. and Palmer, S. (eds) Health Impact Assessment, Oxford University Press, Oxford, pp153-164.

[43] Roscam Abbing, E. W. (2004) 'HIA and national policy in the Netherlands', in Kemm, J., Parry, J. and Palmer, S. (eds) Health Impact Assessment, Oxford University Press, Oxford, pp177-189.

[44] Tiwari, G. (2003) 'Transport and land-use policies in Delhi', Bulletin of the World Health Organization, vol 81, no 6, pp444-450.

[45] UNCED (United Nations Conference on Environment and Development) (1992) Earth Summit '92, Regency Press, London.

[46] UNECE (United Nations Economic Commission for Europe) (1991) Convention on Environmental Impact Assessment in a Transboundary Context, UNECE, Geneva.

[47] UNECE (2003) Protocol on Strategic Environmental Assessment to the Convention on Environmental Impact Assessment in a Transboundary Context, UNECE, Geneva.

[48] Vanclay, F. (2004) 'The triple bottom line and impact assessment: How do TBL, EIA, SIA, SEA and EMS relate to each other?', Journal of Environmental Assessment Policy and Management, vol 6, no 3, pp265-288.

[49] WHO (World Health Organization) (1946) Constitution, WHO, Geneva.

[50] WHO (1986) 'Ottawa Charter for Health Promotion: First International Conference on Health Promotion Ottawa, 21 November 1986-WHO/HPR/HEP/95.1', www.who.int/hpr/NPH/docs/ottawa_charter_hp.pdf, accessed 14 October 2004.

[51] WHO (1999) 'Declaration: Third Ministerial Conference on Environment and Health, London, 16-18 June 1999', WHO Regional Office for Europe, www.euro. who.int/__data/assets/pdf_file/0007/88585/E69046.pdf, accessed 27 July 2010.

[52] Williams, C. and Fisher, P. (2007) Draft Guidance on Health in Strategic Environmental Assessment, Department of Health, London.

[53] Wright, J. S. F. (2004) 'HIA in Australia', in Kemm, J., Parry, J. and Palmer, S. (eds) Health Impact Assessment, Oxford University Press, Oxford, pp223-233.

第二十三章　管理累积影响：使之成为现实

詹尼弗·迪克森　里基·特里维尔
（Jennifer Dixon　Riki Thérivel）

引言

累积影响评价（CIA）与 SEA 就如同一枚硬币的两面一样：CIA 侧重于资源而不是规划。因此它与 SEA 相互形成有效对照和校核。这样它就有助于确保多项活动（包括正在考虑的计划，其中每一个行动都有可能仅仅对一种资源产生有限影响）不会累积性地产生明显的重大影响。

虽然对累积影响的分析是诸多 SEA 法规（例如，欧洲 SEA 指令、SEA 协议、加拿大 SEA 内阁指令）的一个组成部分，但是看起来目前 CIA 的实施顶多也就是零零星星地敷衍了事。CIA 的技术手段还不成熟。一些机构目前仍在努力达到 SEA 的基本要求，并且在某些情况下，CIA 被认为是已颇为复杂和昂贵的评价程序的一个奢侈的附加程序。然而，除非我们能尽快处理一些重要的累积影响，例如气候变化、生物多样性损失、鱼类资源急剧减少和水资源供不应求等问题，我们恐怕不会给后代留下多少财富了。

早期CIA的经验显示最困难的阶段是在最后：管理累积影响（Thérivel 和 Ross，2006）。在必要的时候，避免、减少以及抵消产生的累积影响，通常会涉及不同职权范围、不同利益群体和不同空间辖区的多个行动者。如果 CIA 的影响管理阶段进展不顺利，那么先前各阶段的努力也将会变得徒劳。

这一章的重点是管理累积影响。从某种程度上说，这可以通过技术手段来完成，但是一般会涉及行为的变化。因此本章的重点是影响行为的机制。本章首先对 CIA 过程以及在这一过程中起到的影响管理的作用进行简要说明。接着阐述哪些影响管理工具在实践中可行，哪些不可行，以及这些有效工具的共同特点是什么。接着讨论了有效利用这些工具所需的制度背景和因素。本章重点尤其放在管理和能力建设上，这也是旨在使我们改善累积影响管理的关键领域。本章还对从业者在政策制定过程中的关键点如何作为提出了建议，并且概述了可以开展的能力建设行动的范例。

23.1　CIA 和累积影响管理

CIA 重点在于环境受体。它会考虑给定环境受体所受到的所有影响，包括需实施 CIA 的那些规划和项目所产生的影响。累积影响的实例包括栖息地破碎化、生物多样性减少、水资源短缺、气候变化和城市化。累积影响有时候会由个别项目或方案引起。Creasey 和 Ross（2005）引述了由一些矿山和项目引起的累积影响的例子。然而，大多数累积影响是由很多因素引起的，包括人类对居住和旅行地点的选择、政府政策（如能源和运输方面）、国际经济协议、价格和补贴结构以及类似的选择和活动。

CIA 的主要步骤：

- 确定受影响的因子（范围划定）。
- 确定过去、现在以及未来人类活动已经或即将对这些因子产生什么样的影响，并且确定是什么导致了这些人类活动（背景）。
- 预测接受评价的项目/规划和其他人类活动对环境受体的联合影响，并确定影响的程度。
- 为管理累积影响提出建议。

CIA 最后的检验是它能否有助于保护和改善环境受体的质量。从某种程度上来说，这将通过改变需实施 CIA 的规划来实现，但是多数情况下，将通过人类行为的改变、政策的变化和使这一规划得以实施的政治背景而实现。

但是一系列的因素使得实现这些变化变得困难。首先，许多累积问题是由许多小的影响而非少数几个大的影响所引起。很多已经积累了很多年甚至几个世纪，我们不得不处理从我们祖父辈那里遗留下来的一些问题，例如持续性工业污染物、一些高等物种的灭绝（海雀、信鸽）以及林地转变成农用地。当然，我们也加剧了类似的影响，从而对我们的子孙后代产生影响。通常情况下，累积问题只能用累积手段来解决，即需要多个利益相关者的合作。然而，行动者几乎可以说是脱口而出地宣称他们只是在最低限度上加剧了问题的恶化（尤其是当这些问题是历史性问题时），因此也应该只在最低限度上为解决这些问题出力。许多用于管理累积影响的措施都不在规划制定机构的职权范围内，同样这些累积影响也通常会被视为其他人职权范围内的事。

Thérivel 和 Ross（2006）确定了支撑累积影响有效管理的一系列因素。这些因素包括针对累积影响管理的严格法律要求、见识广博且积极主动的决策者、对跨机构工作的支持、规划制定者权利范围之内的管理措施的制定以及为所有参与者提供担保的发展模式的一致性方法。另外，并非自我拆台的实用性措施（在鼓励适得其反的行为方面）、在人们做出决定后不会制约人们行为的积极主动的处理方法，以及与旨在确保相关措施如期实施的管理有关的后续研究也同样重要。其中的一些因素在下文进行了探讨。

23.2 累积影响的有效管理

管理累积影响的措施不一定会作为一项规范的 CIA 的结果而产生，人们出于不同的原因而采用这些方法，特别是在处理那些毫无根据的累积问题时。有效的方法包括：

（1）通过收费的方法来解决不断严重的交通拥堵问题，比如在伦敦：对进入伦敦市中心的所有车辆都要收取 5 英镑（现在是 8 英镑）拥堵费的规定发布后，市中心的交通流量减少了 18%，而交通拥挤的状况降低了 30%。虽然由于道路网的改变全面降低了道路的性能，以至于交通堵塞又回到了收取拥堵费之前的状态，但是交通流量的低水平状态仍保持了五年。伦敦交通部门估计，如果没有这项收费政策，伦敦市中心交通拥堵的情况会比原来要严重 30%（House of Commons Transport Committee，2009）。

（2）维也纳的停车限制措施：限定在路上停车最多不能超过 1.5 小时或者 2 小时，收取停车费的措施 1993 年首先在一个试验区实行。到 1995 年，汽车交通流量已经降低了 10%（在高峰时段降低了 15%），并且停车位的使用也已经降低了 1/3。虽然民众一开始反对这项措施，但是很快就被广泛接受，在后来的调查中有 89%的人持积极态度。市政府后来就在城市的全部区域实施停车限制措施（EAUE，2001）。

（3）珀斯应付交通量增长的"个性化市场营销"：联系了 8 000 个家庭并对他们的旅行提出了建议。由于改换使用公共交通工具和自行车，结果汽车的使用量降低了 14%（Government of Western Australia，2005）。

（4）用来帮助减少加拿大居民用水量的用水计量措施：哪里装配了水量表，哪里的用水量就会急剧下降，不超过 60%的居民还在继续支付与用水量无关的固定费用（Infrastructure Canada，2005）。类似地，20 世纪 80 年代英国强制性用水计量表明在有计量器的家庭，本地用水量平均下降了 11%（BBC，2006）。当前在英国的其他地方也正在实行强制性用水计量，目标是减少人们的用水量。

（5）用来帮助减少用水量的教育：丹麦的一项调查显示，消费者教育在用水方式的改变上所起到的作用占到 60%，而水费标价则起到了 40%的作用（Policy Research Initiative，2005）。

（6）规定猎杀濒危物种为非法性行为的法规：2005 年的一项研究（Taylor 等，2005）表明，一个物种被《美国濒危物种法（1973）》列为受威胁物种或濒危物种的时间越长，就越有可能在数量上有增长的趋势。

（7）加强红鸢筑巢点的安全性以阻止对红鸢的掠夺、与农民协商怎样管理他们的土地，以及重新引进红鸢等措施都使得英国红鸢的数量得以恢复。

相反，无效的方法包括：

（1）有关加拿大网捕丧失的规定：加拿大渔业法规定，项目参与者必须说明他们将会怎样实现鱼类栖息地的零丧失，且如果有任何栖息地丧失，他们必须双倍赔偿。然而，在实践中，对栖息地的实际选择范围通常会更大，而补偿领域会比开始商定的更小（Quigly 和 Harper，2004）。

（2）在新西兰的奥克兰，注重效果的城市规划方法范畴内一种放任主义城市设计方法使得人们广泛呼吁采取更严格的控制措施，并促成技术咨询小组的创立，这个小组为了改善城市格局而提议修订资源管理法（新西兰政府，2009）。

（3）大萧条前的节能汽车：在英国经济大萧条之前，旨在使这些汽车更节能的交通工具技术进步却被更大的汽车需求量（Defra，2004）和更大型汽车（在伦敦每 7 部新买的车辆中就有一部是大型汽车）的发展趋势所抵消。

（4）英国家庭能源效率的提高被国内更高的温度、更高水平的集中供热和对房屋更大面积区域的加热以及更多的能源使用设备所抵消。家庭数量的增加（例如，由于离婚，更多的人会单独生活）使得国内总的能源需求在 1970—2008 年增长了 25%（DECC，2010）。

这些例子表达了这样一个共同的主题，即哪些累积影响管理措施是有效的，哪些是无效的。首先，惩罚会起到作用。经济上的惩罚，比如拥堵费和用水计量，让人们更能懂得资源的珍贵，使人们通过保护资源而得到实实在在的好处（低费用）。法律上的惩罚，例如规定狩猎非法，同样也会起作用。

其次，因为惩罚往往是不受欢迎的，所以它们通常仅仅是最终的解决方法。譬如，英国强制性用水计量是为了应对2004年到2006年的干旱以及之后对水资源安全的迫切关注才被要求施行的，但是在没有干旱发生的地方就没有施行这一措施。这不是管理累积影响的明智方法。但是，在没有外界命令的情况下，通常还是要做出困难的决定，而仅仅那些能力非凡的人才会愿意这样做。例如，伦敦的拥堵费政策是由于当时伦敦的市长——Ken Livingstone个人的干预才实施的。另一方面，政府部门可能希望在能够产生积极结果的试点研究的基础上做出这样的决定。有些措施需要一定的时间来接受。增加选择性以及降低费用往往是受欢迎的，但是这样的措施往往有悖于可持续发展原则。

针对性的教育会起作用。个性化市场以及一对一讨论提供了特别符合人们需要的信息，所以这些信息更有可能改变人们的行为。人们在关键的决策制定时期可能最容易接受教育措施。比如说，如果父母在孩子上学之前就已经得到有关孩子去学校可以选择的公共交通、步行和自行车等出行方式的信息，那就明显要比孩子上学期间才得到这些信息更能改变他们的行为，因为在后一种情况下父母和孩子已经适应了固定交通模式（Levett-Therivel，2005）。

技术修复不起作用。虽然它们很容易被接受并且在短期内就有效益，但是从长期来说，人们更趋向于改变他们的行为方式来利用新技术的长处：他们购买更多的设备，让他们的房子保持更暖（或更冷）以及驾驶更大的交通工具。他们习惯居住在堤坝的后面，且随着时间的推移，在漫滩上的建设会更加集中。所以，如果罚款、法律、有能力的人和教育起到作用的话，那需要什么类型的政策背景来支撑它们以及怎样才能通过能力建设来支撑它们呢？

23.3 管理：旨在管理累积影响的框架

概括地讲，有两种环境机制可与不同的发展管理方法相互配合。一种更具有规范性并且包括发展控制系统，这一系统详细列出了活动可能发生的地点、内容以及发生的方式。这一机制可被视为基于一致性（Laurian等，2010）。第二种机制更加开放且规范性不强，设定了一项基于绩效的着重于效果管理的框架，而不是规定相关活动，在这个框架中，发展是可以实现的。

经济管理的基础管理方法在确定如何较好地识别和解决累积影响方面有重要的作用。例如，一种处理自然灾害的依赖于教育的开放性方法作为向公众说明在滩区定居的危险的主要方法，在发生洪水时对居民来说可能会产生一些复杂的结果和沉痛的教训（May等，1996）。相较之下，一种更具规范性的方法可以在一开始就阻止居民在河漫滩上定居，但是它可能会降低河漫滩发展方案方面的灵活性，这种方法也不太可能引导更多明智的居民考虑他们未来要选择定居的地点。

为了满足对灵活性和确定性的要求，大多数管理系统都利用一种组合的政策工具。一些是具有规范性的（规定了可以在特殊地点开展的活动的类型和范围）；其他的则是非强制性的或自愿性的（比如开发商、土地使用者行动标准的采用和教育的推广）。一些奖励（比如制定奖励措施来影响工程设计，从而产生社会收益）和惩罚（如对违反条例的惩罚）

措施也都是现成的。无论这种组合是什么，管理的本质和形式对形成累积影响的管理方式都是有影响的。在接下来的章节，我们确定并讨论了与管理有关的几个问题，这些问题与参与到 CIA 行动中的人员密切相关。

23.3.1 理解管理理念

管理权对于累积影响的管理是非常重要的。了解管理权有助于从业人员更有效地管理累积影响。管理权的一个简单定义就是它是包括管理、政策制定和决策制定的综合过程（van Bueren 和 ten Heuvelhof，2005）。它结合了政府和社会团体之间在不同尺度上（从区域到国际）的许多互动措施。

许多累积性环境问题的复杂性意味着许多政府和利益相关者通常需要参与到它们的解决方案中。而这在环境管理责任由许多具有不同议程和支持者的若干机构分担并且经常跨越地方、区域、国家甚至国际边界这样的背景下显得尤为重要。在面对制度上的复杂性，处理如交通拥挤、气候变化和城市可持续发展等问题时，会很容易出现应接不暇的局面。

管理权往往有一种固有的“混乱特性”（Lane 和 McDonald，2005）。政府、企业和社会团体之间的各种联盟和伙伴关系能够在不同的尺度上塑造以及重塑特殊问题。管理的复杂度增加了，被设计用来解决环境问题和发展影响的计划和政策手段的多样性也随之增加了。法规将会正式要求采取一些这样的手段。其他一些非法定举措也将会为应对特殊需要而被提出。这样的例子包括区域增长管理或住房部等管理部门的战略，或者用于构建结构规划的综合性集水区管理规划的制定。而其他的则可能由非政府组织来制定（如当地居民），作为一种管理其控制下的资源和影响政府机构法定规划的方式。各级政府和不同机构提出的规划手段的多样化正产生复杂的环境机制，使得参与者有时候发现很难运用这种方法。然而，也存在一些参与者可以采用的旨在应对累积影响管理的有用步骤，其中包括准确地理解规划系统。

23.3.2 了解相关规划并影响政策制定过程

首先，理解环境监管机制及其累积影响处理能力的一个重要手段是熟悉它的规划系统和政策。对此我们提出了很多建议。最典型的是，一个法定计划将指导发展并有望在政策和实践两个层次上用来处理累积影响，尤其是当这个计划是基于适宜性模型并有指定的规划成果的时候（Beattie，2010；Laurian 等，2010）。此外，在一个或者几个机构内可能会有其他法定的或非法定的相关计划，这些计划会在累积影响方面施加影响。对计划进行审查也将会确定那些参与累积影响管理的政府机构的职权范围和关注点。

其次，重要的是确定哪些计划具有法定权重或者尤其具有相关性而值得进一步详细审查。当计划之间有冲突的时候，这个问题尤其重要。与非法定计划相较，法定计划在法定程序上通常会占据上风（Beattie，2010）。明确这些冲突将有助于参与者将他们的注意力集中到他们在改变政策和实践操作上可以取得最好结果的领域。相关资料如设计指南和实践标准，可能也会影响决策并用来确定发展条件。

再次，各个层次的规划在机构内部和跨机构的密切合作程度可以表明这些机构采取的协调方法能否处理累积的环境问题。这里的关键点是确定关键性人物，这些人可能在管理问题的解决方法方面扮演重要角色，他们的支持对于确定何时何处以及以何种方式才能最好地介入到处理过程而言至关重要。

最后，虽然很容易陷入到细节当中，但在头脑中对累积影响有更宽泛的想象以及在早期阶段抓住机会来影响政策制定是很重要的。这种情况可能很少出现，但是它们在影响一个机构在其职权范围内决定处理具体问题的方式上是相当重要的。选择不参与战略水平的决策制定，可能会使得以后消除累积影响更加困难，尤其是在没有合适的政策的时候。

23.3.3 政策和实际执行之间的差距

政策及其执行之间的差距就在于累积影响管理难度增加的阶段。环境结果通常不符合机构设置的要求（Lane 和 McDonald，2005）。但这一认识至少促成一些行动得以开展。这里我们找出了一些导致政策及其执行之间差距的因素，并指出该如何应对这些因素。

政策制定和政策执行之间的时间滞后通常能延续几年甚至几十年。此外，制定一些计划需要很长时间，而当开始实行这些计划时却已经过时了。通常情况下，那些参与政策管理的人并未参与政策制定，而是产生了这样一种情况：计划的管理者可能没有真正的所有权或者没有真正深入了解计划的预期结果（Beattie，2010）。鉴于对公民参与提出了更高要求，具备协商程序的国家目前的当务之急是以执行情况和成果为代价，把重点放在政策制定上（Ericksen 等，2004）。

对形成新规划手段的要求和法规的频繁修订会使得这种情况更加复杂。这意味着，这些机构是着重于制定新一轮规划而不是推动、执行和监测近期制定的政策。法规的修订过于频繁或者使用了不合理的方法，也会使原来制定好的计划被打乱，尤其是牵涉到不止一个法规或机构时。可能要到完成第二代或第三代计划的时候，机构内部和跨机构制定的政策和行动决议才会在时间和空间上均保持一致。

执行的质量将依赖于相关部门提供的充足基金，不仅仅是执行质量，监测质量也是一样。此外，围绕着机构内部和跨机构制定的计划和政策所展现的组织文化与实践将很有影响力。管理团队的水平将有助于政策有效地实施。员工的技术和经验、辅导毕业生的承诺、员工周转的速度以及工作量的大小都将会影响政策的执行（Beattie，2010；Dixon，2005）。

这些问题几乎超出了从业人员的解决能力。尽管如此，小的增量变化是有效的。当寻找解决方法的时候，确定关键人物来建议怎样最好地进行是非常重要的。对执行过程中的问题予以强调和公开能引起政治水平上的变化。例如，强调基金不足的问题可能会使计划评价监测资金增加。推动实施资源充足政策也能够协助支持跨组织关联，这种关联对管理累积影响非常重要。许多问题必须通过组织内部的各种能力建设措施来进行系统性处理。

接下来的例子恰当地说明了在环境问题的识别、调查和响应之间的时间滞后所带来的困难。同时也突出了决策制定和政策执行之间的滞后以及需要较强的能力来支持执行成果。在新西兰 North Shore 市，一个特殊流域内的城市化趋势以及河口沉积物中锌和铜的含量都不断增加，尽管已设计出长期规划系统来减少土地利用变化带来的不利环境影响。土地利用规划的发布日期明确地揭示出科学家们对河口沉积处城市化后果的不断增强的意识、用研究成果来证实他们的观点所用的时间以及制定相关政策来解决问题的时间之间的滞后。响应政策用了 20 年时间才充分发掘出城市化及其环境影响之间的关系。由于这一时间上的延误，虽然为了形成新的发展势头而已经推出了更有力的措施，但是持续性退化还将持续许多年（Dixon 和 van Roon，2005；van Roon，2010）。

解决类似这样的问题，从参与者的角度上讲需要：更多的学科技术；与新知识更加匹配的规划系统；机构内部以及跨机构的政策与计划之间更强有力的结合（总体上规划数量可能更少）以及长期监测。同样需要与其他部门之间的联合，如交通部和建设部，在这些部门，建筑材料和基础设施的变化对于防止污染物进入环境受体而言至关重要。

23.3.4 累积影响管理能力建设

我们在支持政策的执行和推动变革方面要做的事情很多。然而，改变利益相关者的行为和规划手段可能“像开着超级油轮到处跑”一样（Dixon，2005）。这一部分简要列举了能够加强累积影响管理能力建设的一些例子，其范围涵盖从提供培训到实现组织变革所需采取的措施。

旨在协助执行政策的能力建设和参与执行政策的相关方的欣然承诺对于降低累积影响而言至关重要。在加强从业人员的技术和鼓励利益相关者在他们每天的实践中采取更多可持续性行为方面，教育也是很重要的。能力建设可以用来填补“不足”，例如从业者的现有技术基础，或者用来“授权”个人以某种方式行事。但是更广阔的体制背景对决定新方法如何才能被方便地采用（Brown，2004）以及促进更彻底的转变（Heslop，2010）而言是很重要的。因此越来越多的注意力都集中在组织机构管理变化进程的方式上（Feeney等，2005；Hselop 和 Dixon，2008）。

一种能力建设的经典方法是确认 SEA 指令等新近提出的要求所产生的从业人员专业技术上的差距，之后使之具备能够有效起作用所需的技能和知识。事实上，对专业团体如规划和设计机构的成员在定期开展持续性专业发展规划方面提出要求是很正常的。然而，这些措施通常与提高独立学科的实用性有关，而与解决从业人员如何跨学科合作的问题无关。

累积影响的本质要求从业人员不单要在多学科团队中工作，而且要掌握跨学科的方法来解决看起来很棘手的问题。但是要得到有效的跨学科成果会遇到一定的障碍（Dixon 和 Sharp，2006）。这与一些问题有关，例如从业者与其他学科人员合作的能力、经验和意愿，组织机构是否通过提供充足的时间和资源来促进跨学科合作，以及从业人员接受的高等教育是否使他们受到其他学科观点的影响（Heslop 等，2010）。

从业人员至少有以下两种途径可以选择：第一，他们可以找出培训方法来帮助从业人员从大量学科中学到促进建设性地解决问题的新合作方式。第二，可以鼓励组织机构为员工提供更多的支持来以合作性方式解决问题，冲破通常存在于内部结构中的障碍（Heslop，2006）。

也可以向决策者提供培训，尤其是当选的政界人物，他们制定的决策可能会对累积影响的管理产生重大影响。例如，在新西兰，一项培训方案已经获得了当选议员的普遍认同，而且该方案可能是当地政府迄今为止同类方案中最为先进的。《制定良好决策计划》是培训与认证的一揽子方案（Leggett，2006），这一方案是为政府议员和其他能够决定资源许可（如规划许可）正式通报申请结果的人制定的。这些申请是根据 1991 年的《资源管理法》（RMA）提出的，这是新西兰最主要的环境法规。自 2004 年开始，截至目前已有至少 1 200 人收到了认证书（Ministry for Environment，2010）。认证被认为是通过 2005 年 RMA 修正案而获得法律认可的一种手段。

这项计划要比仅向新当选议员简明阐述其责任的典型一揽子培训方案更有效，因为它要正式检验和评价参与者。作为对成功完成为期两天的研讨会和任务的回报，在研讨会前后，参会者会收到一个有效期三年的证书（选举周期方面的术语）。已有一些证据表明，听证会实施过程已经有了很大的改善。然而，评价审议工作的质量是否得到改善却更难确定了（Leggett，2006）。进程的内容已经经历了重大改进，而现在更加紧密地将焦点集中于质询、监测和衡量证据等领域。

对普通利益相关者的持续性教育对实现行为改变而言可能是最重要的，而这种改变正是解决大多数累积问题所需要的。中央和地方政府用一系列措施在不同程度上进行干涉，这些措施旨在鼓励社区采取更多的可持续行动。然而，在多方利益相关者团体中组织更加集中的学习可能会特别有效。这种方法基于这样一种原则，即参与者需要用技术和观念上的认知来解决问题（World Bank，2005；van Roon 等，2006）。

举例来说，新西兰一项为期六年的研究项目促使利益相关者熟悉相关方法，以鼓励从传统的土地开发实践向更加持续性、低影响度的城市设计和发展实践转变。它汇集了议会、开发商、社区团体和研究人员，使他们在不同空间尺度上的新建地开发项目与废弃地改建项目中进行合作（Eason 等，2009）。需要一个强大的驱动力来利用城市设计和发展的整合方法加强环境建设的可持续性，以及改善环境受体的质量（van Roon，2005）。

研究人员采取了一种协同学习的方法（Trotman，2009）并与利益相关者合作来探讨一些话题，比如，怎样让家用储水箱像暴雨处理设备那样作为家庭用水的其他来源来工作，该小组会考察一下储水箱的性能，例如，提出一系列关于储水箱用处的假设和看法。一个关键性的挑战是确保不同学科的观点都能得到重视并相互协同以共同进展（van Roon 等，2006）。这个团体确保来自于不同背景并在跨学科工作中有一定专业能力的人将会被请来在某一环节参与到进程中。

最终，为了确保实现根本性改变，可能有必要进行重要的管理改革，但是这是一项艰巨的任务，政府不能轻易就进行这种改革，也不能太频繁。最后的例子说明了为实现重要组织性转变以实施更具可持续性的实践活动而需采取的措施。在澳大利亚开展的一项重要研究调查了新南威尔士州 166 位委员会委员和 150 位政府工作人员和利益相关者，揭示了是什么原因使得当地政府增强了综合性水资源管理的能力以及提高执行绩效的重要因素是什么（Brown，2004）。这项研究确定了组织性发展的五个关键阶段：项目、外部人士、增长、内部人士和综合，其中涵盖可以被划分为低等、可变或高绩效的议会。每一个阶段都由许多与一系列问题相关的因素为表征，这些问题包括，员工的知识和技能、经费水平、推动变革的关键拥护者的参与、政策的一致性、研究与环境机构之间外部关系的性质、社区关系的效能、委员会内部之间的关系和对创新的承诺。

这项研究总结出对鼓励发展变化至关重要的能力建设的三个方面：

- 条例改革，促进了组织之间和组织内部的相互作用，规范并监测了组织能力，推动了政治组织和社区的支持。
- 组织性的加强，包括内部一致性政策、有效的资源、积极的利益关系网络、机构内外良好的工作关系以及对社区参与的评价。
- 人力资源的发展，鼓励了在政策的推动和协商过程中对具体知识和技术的获取、关系的构建和变革管理（Brown，2004）。

23.3.5　做出困难的决定

良好的民主管理、良好的政策执行以及良好的教育只能进展到这种地步。在某些情况下，管理累积影响需要对人们的行为进行约束，这些约束只有通过强硬的条例和罚款才能实现，比如对用水计量的要求、阻止车辆进入特定区域、随着用量增加而上涨的能源和用水价格等。虽然这些措施最终都会被广泛接受（就像维也纳的停车限制政策），但在短期内，它们可能会遭到反对。

增加人们在学校、汽车、手机供应商、医院等方面的选择在短期内是非常受欢迎的，但是这很容易产生不可持续性行为（比如去学校越来越长的路程以及不断加剧的学校质量差距，能够反映人们购买能力的越来越大、污染越来越重的汽车）。对选择的约束感好像是降低了人们的生活质量，即使学校、医院和汽车的基本标准仍得到了提高。

相对来说，很难适时采取措施来约束人们的行为，较短的选举周期鼓励了想参选（连选）的政界人物制定短期决策，比如："民主党关注的是燃料……美国 54%的受访者表示他们相信民主党能够解决天然气价格问题，然而 23%的人却支持共和党"（Murray，2006）。在没有国家法律的情况下，那些试图强制实行单方面措施来减少累积影响的地方政府或者地区机构可以被控告为越权以及滥用自己的政策。例如英国一个地区的 SEA 提到："因为法律问题（在制定那些其他法律而非规划法涉及的要求时，地区机构可被认为是越权的）、经济问题（当开发商发现在某个地区开展建设项目的利润很少，他就会减少这个地区房屋建筑的数量）以及社会问题（房屋建成数量较少，可能会导致更少的经济适用房建设量）而提出超越国家建设标准的要求是不现实的（Levett-Therivel 和 EDAW，2005）。"

公共咨询不断增长这一趋势可能会导致决策制定乏力，招致公众的冷嘲热讽并促生出小规模、渐进式和平民化的决策，这些决策可能没有达到处理累积影响所需要的变革规模。邻避（NIMBY，即对本地发展持反对态度）态度会阻碍有助于消除累积影响的发展势头，比如风力涡轮机或者自行车行车道。许多规划决策可能会陷入法律困境。

有时候，只有强硬派人士制定的强硬政策才能在处理累积影响时表现得非常强势。然而，如果当选的政界人士制订了不受欢迎的决策，那么他们就很有可能失去工作。实现行为改变可能意味着某个政府部门放弃了一些投资或者将它的一些职权转让给了另一个部门。支持那些决策的管理系统[如新的管理方式的使用期、用来支持持续性活动的收入担保（如用来支持更好的公共汽车服务的拥堵基金）、"年轻领袖"方案、地区公投]可能不会直接促成这些决策的产生，但是它们能够有助于建立起决策框架。

23.4　结论

这一章阐述了 CIA 的过程和影响管理的作用，确定了一些在实践中起作用的工具，并列举了没有起作用的工具的例子。相对于 CIA 中的其他步骤（范围划定、背景设置和影响预测），最后的步骤即累积影响管理不是一个技术问题，而是一个体制和行为问题。它需要一个良好的管理系统、良好的计划和政策，以及最为重要的——良好的教育。

本章还明确了了解计划的必要性、了解其他能够得到充分利用的计划的必要性，以及确认关键性人员及其在战略层面上参与的必要性。本章重点强调政策制定和政策执行之间的差距，明确了频繁削弱累积影响管理的典型问题，并建议确认关键人员。强大的组织间联系可以提供帮助。本章还提供了从信息到政策转化等一系列能力建设实例。这些例子包括从业人员和政界人士的能力建设知识和技术、掌握的新合作方式以及用来实现重要组织性变革的措施。有时候需要制定一些不受欢迎的决策，但是这也要求加强组织和专业能力，并强化各类支持者的强烈支持和坚定承诺。

管理累积影响的必要性是一项多体制、多层面、多学科以及跨学科的工作。对它们的认识和相关决议往往植根于管理层次和不同空间层次上良莠不齐的各类组织的规划手段。因此，累积影响管理任务是艰巨的。这也解释了为什么我们的进展一直有限。为了在克服这些困难方面有一定进展，CIA 团体的注意力需要更加有意识地集中于管理和能力建设问题上。

参考文献

[1] BBC (British Broadcasting Corporation) (2006) 'Homes forced to get water meters', 1 March, http://news.bbc.co.uk/1/hi/england/4759960.stm.

[2] Beattie, L. (2010) 'Changing urban governance in the Auckland region: Prospects for land use planning', paper presented to the Conference of the Association of European Schools of Planning, Helsinki, Finland, 7-10 July.

[3] Brown, R. (2004) 'Local institutional development and organisational change for advancing sustainable urban water futures', paper presented at the International Water Sensitive Urban Design Conference, Adelaide, 21-25 November.

[4] Creasey, R. and Ross, W. (2005) 'The Cheviot Mining Project: Cumulative effects assessment lessons for professional practice', in Hanna, K. (ed) Environmental Impact Assessment: Practice and Participation, Oxford University Press, Oxford.

[5] DECC (Department of Energy and Climate Change) (2010) Energy Consumption in the United Kingdom, www.decc.gov.uk/en/content/cms/statistics/publications/ ecuk/ecuk.aspx.

[6] Defra (Department for Environment, Food and Rural Affairs) (2004) Indicators of Sustainable Development, London, www.sustainable-development.gov.uk/sustainable/quality04/maind/04d15.htm.

[7] Dixon, J. (2005) 'Enacting and reacting: Local government frameworks for economic development', in Rowe, J. (ed) Economic Development in New Zealand, Ashgate, Aldershot, pp69-86.

[8] Dixon, J. and Sharp, E. (2006) 'Collaborative research in sustainable water management: Issues of interdisciplinarity', paper presented at the World Conference on Accelerating Excellence in the Built Environment, Birmingham, 2-4 October.

[9] Dixon, J. and van Roon, M. (2005) 'Coming on heavy: The need for strategic management of cumulative environmental effects', paper presented at the IAIA SEA Conference, Prague.

[10] Eason, C., Dixon, J. and van Roon, M. (2009) 'A transdisciplinary research approach providing a platform for improved urban design, quality of life and biodiverse urban ecosystems', in McDonnell, M., Breuste, J. and Hahs, A. K. (eds) The Ecology of Cities and Towns: A Comparative Approach, Cambridge University Press, Cambridge, pp470-483.

[11] EAUE (European Academy of the Urban Environment) (2001) 'Vienna: The new concept for transport and city planning', extract from the database 'SURBAN: Good practice in urban development', www.eaue.de/winuwd/89.htm.

[12] Ericksen, N. J., Berke, P. R., Crawford, J. L. and Dixon, J. E. (2004) Plan-making for Sustainability: The New Zealand Experience, Ashgate, Aldershot.

[13] Feeney, C., Heslop, V. and Lynsar, P. (2005) 'LIUDD change management: Easing the transition to sustainability', internal report prepared with and for the University of Auckland.

[14] Government of Western Australia (2005) Household-Individualised Marketing, Department for Planning and Infrastructure, Perth.

[15] Heslop, V. (2006) 'Towards a better understanding of the institutional development and change required to improve the uptake of low impact urban design and development', paper published in Proceedings of 7th Urban Drainage Modelling and 4th Water Sensitive Urban Design Conference, Melbourne, 2-6 April.

[16] Heslop, V. (2010) Sustaining Capacity: Building Institutional Capacity for Sustainable Development, unpublished doctoral thesis, University of Auckland, New Zealand.

[17] Heslop, V. and Dixon, J. (2008) 'Challenging the norm: The capacity of local government to implement "low impact" design practices', paper presented at the 11th International Conference on Urban Drainage, Edinburgh, Scotland, 1-5 September.

[18] Heslop, V., Dixon, J. and Trotman, R. (2010) 'Valuing learning networks in enhancing sustainable practice', paper presented to the 30th Annual Meeting of the International Association for Impact Assessment, Geneva, 6-11 April.

[19] House of Commons Transport Committee (2009) 'Taxes and charges on road users', Sixth Report of Session 2008-09, www.publications.parliament.uk/pa/cm200809/cmselect/cmtran/103/103.pdf.

[20] Infrastructure Canada (2005) The Importance of Water Metering and Its Uses in Canada, www.infc.gc.ca/altformats/pdf/rn-nr-2005-06-eng.pdf.

[21] Lane, M. B. and McDonald, G. (2005) 'Community-based environmental planning: Operational dilemmas, planning principles and possible remedies', Journal of Environmental Planning and Management, vol 48, no 5, pp709-731.

[22] Laurian, L., Crawford, J., Day, M., Kouwenhoven, P., Mason, G., Ericksen, N. and Beattie, L. (2010) 'Evaluating the outcomes of plans: Theory, practice, and methodology', Environment and Planning B: Planning and Design, vol 37, no 4, pp740-757.

[23] Leggett, M. (2006) 'Training the decision makers: The Making Good Decisions Programme', paper presented at the Second Joint Congress of the New Zealand Planning Institute and the Planning Institute of Australia, Gold Coast, Queensland, 2-5 April.

[24] Levett-Therivel (2005) 'Decisions, decisions: Lifestyles, behaviour and energy demand', report for the Department of Trade and Industry, London.

[25] Levett-Therivel and EDAW (2005) 'Sustainability appraisal (integrating strategic environmental assessment) of the Yorkshire and Humber draft RSS', report for the Yorkshire and Humber Assembly, Wakefield.

[26] May, P., Burby, R. J., Ericksen, N. J., Handmer, J., Dixon, J. E., Michaels, S. and Smith, D. I. (1996) Environmental Management and Governance: Intergovernmental Approaches to Hazards and Sustainability, Routledge, London.

[27] Ministry for the Environment (2010) Making Good Decisions: A Training, Assessment and Certification Programme for RMA Decision-makers, www.mfe.govt.nz/rma/practitioners/good-decisions/index.html# certificate.

[28] Murray, S. (2006) 'Democrats to focus on fuel', Washington Post, 20 May, www.washingtonpost.com/wp-dyn/content/article/2006/05/19/AR2006051901626.html.

[29] New Zealand Government (2009) 'Progress of Phase Two of the resource management reforms', Cabinet Minute CAB Min (09) 34/6A, www.mfe.govt.nz/cabinet-papers/cab-min-09-34-6a.html.

[30] Policy Research Initiative (2005) Market-based Instruments for Water Demand Management 1: The Use of Pricing and Taxes, sustainable development briefing note, Ottawa.

[31] Quigley, J. and Harper, D. (2004) 'Compliance with Fisheries Act Section 35(2) Authorisations: A field audit of habitat compensation projects in Canada', paper presented at the IAIA Annual Meeting, Vancouver, www.iaia.org/Non_Members/Conference/IAIA04/Publications/04%20abstracts%20volume%205-70.pdf.

[32] Taylor, M. F. J., Suckling, K. F. and Rachlinski, J. J. (2005) 'The effectiveness of the Endangered Species Act: A quantitative analysis', BioScience, vol 55, no 4, April,pp360-367.

[33] Thérivel, R. and Ross, W. (2006) 'Cumulative effects assessment: Does scale matter?', Environmental Impact Assessment Review, vol 27, no 5, pp365-385.

[34] Trotman, R. (2009) 'Valuing learning networks: A review of the Low Impact Urban Design and Development National Task Force', a report for The University of Auckland as part of the Low Impact Urban Design and Development research programme.

[35] van Bueren, E. and ten Heuvelhof, E. (2005) 'Improving governance arrangements in support of sustainable cities', Environment and Planning B: Planning and Design, vol 32, pp47-66.

[36] van Roon, M. R. (2005) 'Emerging approaches to urban ecosystem management: The potential of low impact urban design and development principles', Journal of Environmental Assessment, Policy and Management, vol 7, no 1, pp1-24.

[37] van Roon, M. (2010) Low Impact Urban Design and Development: Ecological Efficacy as a Basis for Strategic Planning and its Implementation, unpublished doctoral thesis, The University of Auckland, New Zealand.

[38] van Roon, M., Greenaway, A., Dixon, J. and Eason, C. (2006) 'New Zealand low impact urban design and development programme: Scope, founding principles and collaborative learning', paper published in proceedings of 7th Urban Drainage Modelling and 4th Water Sensitive Urban Design Conference, Melbourne, 2-6 April.

[39] World Bank (2005) Integrating Environmental Considerations in Policy Formulation: Lessons from Policy-Based SEA Experience, Report no 32783, World Bank, Washington, DC.

第二十四章　战略环境评价中的跨边界问题

尼克·邦瓦赞
（Nick Bonvoisin）

引言

本章对战略环境评价中的跨边界问题做了讨论，借鉴了国际影响评价协会（IAIA）2005年9月在布拉格举办的战略环境评价会议上的发言和讨论。因此，本文引用的案例早于那次会议。更多近期的案例已经在论文中有所介绍，例如Brecht于2007年发表的论文。

讨论集中于两种截然不同的情况，这两种情况都可以被称为“跨边界战略环境评价”：

（1）由某个国家（发起国）提出，但可能会在另一国家（受影响国）领土范围内产生重大环境影响的国家规划（采取的规划包括计划、政策和法规）的战略环境评价。

（2）跨越了不止一个国家的跨边界规划的战略环境评价。

这两种情况已经援引不同的方法来进行战略环境评价，尽管这些方法有很多共同点并遇到相似的问题。

本章分成以下几个部分：

- 旨在考虑战略环境评价中跨边界问题和专注于两类国际法律文书[联合国欧洲经济委员会（UNECE）战略环境评价议定书和欧盟（EU）战略环境评价指令]的框架背景审查。
- 对上文所提到的两种情况下的案例进行的分析性审查，突出了常见问题和所遇到的困难。
- 对如何处理战略环境评价中的跨边界问题献计献策的一项结论。

24.1　背景

联合国欧洲经济委员会战略环境评价议定书（UNECE，2003）和欧盟战略环境评价指令（2001/42/EC）（见专栏24.1和专栏24.2）中已提出了旨在考虑战略环境评价中跨边界问题的法律框架。这两大法律文书要求，如果任意一方（发起国和受影响国）考虑到规划或计划的实施可能会产生重大的跨边界环境影响，那么就要进行跨边界协商。其他双边或多边协议中也会找到类似的或措辞不那么强烈的规定，例如：

- 第12款第1段关于喀尔巴阡山保护和可持续发展的基辅框架公约（2003）。
- 决议案7.2第2段关于迁徙性野生动物物种保护的波恩公约（1979）。

专栏 24.1　对战略环境评价议定书中跨边界协商的规定

第十款——跨边界协商

（1）若发起方认为一项规划或计划的实施可能产生包括健康影响在内的重大跨边界环境影响，或可能明显受到影响的发起方会有这样的要求，则发起方应在采纳一项规划或计划之前尽可能早地通知受影响的一方。

（2）这一通知尤其应包含：

① 规划或计划草案和环境报告，包括可能的包括健康影响在内的跨边界环境影响方面的信息。

② 关于决策过程的信息，包括一项传达评论的合理时间安排的指示。

（3）在通知所规定的时间内，受影响的一方应向发起方表明：在采纳规划或计划之前他们是否希望参与协商，同时如果受影响一方有这样的表示，那么相关方应参与到协商中去，协商内容应涉及实施一项规划或计划所可能产生的包括健康影响在内的跨边界环境影响，以及旨在预防、减轻或缓解负面影响的措施。

（4）此类协商进行的时候，相关方应达成详细的协议，以确保受影响国的相关公众和第九款第一段中提到的机构在合理的时间范围内得到通知，并给予其对规划或计划草案和环境报告提出观点的机会。

注：在该协议的序言、第 2.3 款和第 2.4 款（“定义”）、第 11 款（“决议”）、附件Ⅲ、Ⅳ（条目 10）和Ⅴ中有关于跨边界协商的进一步规定。

来源：联合国欧洲经济委员会，2003。

专栏 24.2　战略环境评价指令中的跨边界协商规定

第七款

（1）若成员国认为，与其领土范围有关的制定中的规划或计划的实施可能对其他成员国的环境产生重大影响，或一个可能受到重大影响的成员国提出这样的要求，则正在其领土范围内制定规划或计划的成员国应在采用或提交立法程序之前，向其他成员国提供规划或计划草案和相关环境报告的复印件。

（2）若成员国收到了上面第 1 段提到的计划草案或方案的复印件和一份环境报告，应向其他成员国表明他是否希望在规划或计划或者他提交的立法程序被采纳之前参与协商。如果该成员国有此愿望，那么涉及的成员国应参与到协商中去，协商内容应涉及实施一项规划或计划所可能产生的跨边界环境影响，以及旨在减轻或缓解负面影响的措施。

这样的协商进行时，相关成员国应达成明确的协议，以确保第 6（3）款提到的可能受到影响的成员国相关机构和第 6（4）款提到的相关公众能在合理的时间范围内得到通知并给予发表意见的机会。

（3）在本条规定中提到要求成员国参与协商，在协商开始时，他们应就协商持续时间的合理范围达成一致意见。

注：在指令的序言、第 2（b）款、第 8 款、第 9（1）款和附件Ⅱ（条目 2）中有关于跨边界协商的进一步规定。

来源：欧盟，2001。

在协议和指令中，跨边界协商大体按照如下步骤进行。在采纳一项拟定计划（或方案）或向立法程序提交一项拟定计划之前，发起国应通知潜在的受影响国。类似地，如果一国考虑到它可能会受到另一国一项提议的重要影响，那么它可以要求得到通知。这一通知须包括如下几条：

- 计划草案。
- 环境报告，包括计划中可能的跨边界环境影响信息。
- 关于决策流程的信息，内容包括传达评论的合理时间安排。

受影响国应表明，在通知明确指定的时间内它是否希望被通知到。如果是这样，那么两国应相互协商，其内容应涉及实施一项规划或计划所可能产生的跨边界环境影响，以及旨在预防、减轻或缓解负面影响的措施。这两国还需就所关心的内容达成详细协议，以确保受影响国的相关机构和公众在合理的时间范围内得到通知，并给予其对计划草案和环境报告提出观点的机会。

这一程序类似于跨边界背景下针对环境影响评价（EIA）而定义的程序，这在关于环境影响评价（85/337/EC）的欧盟指令和联合国欧洲经济委员会跨边界背景下的 EIA 公约（《埃斯波公约》）中有所规定（联合国欧洲经济委员会，1991）。

这一流程尤其适合于应对在本章引言部分提到的第一种情况，即跨边界影响的国家级计划。然而，与跨边界环境影响评价一样，它也可能用于第二种情况下（跨越多国的跨边界计划）的相互协商。

除了跨边界战略环境评价的法律依据之外，还有相关的战略环境评价指导和流程。例如，世界银行贷款也受到一项环境评价政策的影响，政策规定“环境评价要考虑到……跨边界和全球环境因素”（世界银行，1999）。然而，世界银行的更多详细的环境评价原始资料只对跨边界问题起到暂时的参考作用。这一政策还规定“当项目可能有局部或区域性影响的时候，将需要进行局部或区域性环境评价”。然而，并没有表明这样的区域性环境评价覆盖了一个跨越多国的“区域”或涉及跨边界问题（世界银行，1996）。

24.2　分析和回顾

目前在战略环境评价领域只有有限的经验，尤其是与国外利益相关者就本国计划的跨边界影响进行协商方面的经验。在跨边界实施规划方面的经验稍微多一些，并且有一些用于政府间合作的制度化框架形式。这一章节着眼于跨边界战略环境评价实例和遇到的困难，以及战略环境评价流程及其提出的解决方案，在下文的注释框中提供了详细解释。

24.2.1　有关国内规划的跨边界协商

在欧盟内部，就国内规划或计划而与邻近的欧盟成员国进行协商变得越来越普遍，这其中包括土地利用和空间规划。这里有一些早期案例：

- 在知会捷克共和国（捷克共和国，2005）和波兰（专栏 24.3）的情况下，德国进行了空间规划的战略环境评价。
- 在知会德国的情况下，波兰进行了空间规划的战略环境评价（专栏 24.3）。

- ➢ 欧盟（跨境协作政策——INTERREG III A）联合出资的战略环境评价研究项目面向的是随着德国萨克森州、波兰和捷克共和国跨边界评价和实践观念的发展而出现的区域性规划（莱布尼茨生态和区域发展研究所，2006）。
- ➢ 在知会了其他几个欧盟成员国后（专栏24.4），英国实施了近海能源（石油、天然气和风能）认证的战略环境评价。

专栏 24.3　德国和波兰之间的跨边界协商

- ❖ 德国勃兰登堡207个自治区中的59个于2005年5~6月准备了一份调查问卷——其中的26个自治区已经有战略环境评价的经验（不考虑是已经完成还是正在进行中）。
- ❖ 这份问卷揭示出跨边界协商领域的经验极少，只有两个答复者提到跨边界协商，但没有一人是来自边境城市或针对已经完成的战略环境评价。两个相关自治市（米尔伯格/易北河和里茨—诺伊恩多夫）报道了跨边界协商中“好的”经验。德国和波兰边境的自治市在跨边界协商方面经验的缺乏受到了人们的质疑。
- ❖ 2005年8~9月在波兰鲁布斯卡83个自治市中的13个完成了这一问卷调查——这13个市已经完成了战略环境评价。
- ❖ 波兰2005年7月修改法律使其囊括了战略环境评价中的跨边界协商。
- ❖ 6个自治市报道了跨边界协商，并根据他们的经验将评价结果分为：很好（1个自治市）、好（3个）、差（1个）、很差（1个）。遇到的困难包括语言问题和体制安排。
- ❖ 这一问卷还在决策质量、成本、公众参与、权威机构咨询（总体上而非确切的跨边界战略环境评价）方面提供了令人感兴趣的信息。

来源：Albrecht，2005。

专栏 24.4　英国近海能源（石油、天然气和风能）认证的战略环境评价

贸易与工业部（DTI）承担了一系列近海能源认证的战略环境评价（www.offshore-sea.org.uk）。针对某些战略环境评价，它依照东北大西洋海洋环境保护公约（1992），经由东北大西洋海洋环境保护公约委员会（www.ospar.org）通知了北海所有周边国家，并提供了协商文件的复印件。DTI 声明：他们将会考虑到在有关认证范围的决策中收到的所有反馈信息（尽管作者所审查的文件中并没有透露诸如此类的跨边界协商）。

关于来自石油和天然气开发的跨边界影响，文件中明确声明：“随着跨边界影响的可能性增加，潜在的重要环境影响的来源成了水下噪声、海上排放（‘生产污水’和钻井排放）、大气排放和意外事故（石油泄漏）。所有这些因素或许都能在邻近国家领土上，尤其是在国际边界附近区域开展的活动中被探查到。在邻近国家领土上，环境影响的规模和后果将与英国领海的环境影响状况相当。没有任何经确认的跨边界影响是因在邻国产生的环境后果相当大程度上归因于拟议认证活动。”

来源：贸易与工业部（DTI），2001，2002。

专栏 24.5 提供了一个北美的例子，在这个例子中美国起初没有通知加拿大，尽管这可能已经改变了后续法律案件的结果。

专栏 24.5　美国和加拿大边境的跨边界流域管理

（1）背景

- ❖ 对加拿大曼尼托巴省哈得孙湾有潜在重大跨边界环境影响的美国北达科他州密苏里河流域的两个河流改道工程：用于满足家庭和灌溉用水需求的加里森河改道工程；用于防洪的魔鬼湖改道工程。
- ❖ 未进行环境影响评价或战略环境评价而直接批准的项目。
- ❖ 废止边界水域条约（1909）（www.ijc.org/rel/agree/water.html）或其国际联合委员会（www.ijc.org）。
- ❖ 2002 年 10 月，曼尼托巴省向美国华盛顿特区地区法院提交了一项法律质疑以反对加里森河改道，这一行为促使美国内务部针对这个工程做出环境影响声明（EIS）。2005 年 2 月 3 日的法院命令提出将这一项目发回美国资源再利用局重审，以完成附加的环境分析。2006 年 3 月，美国资源再利用局发出意向通知，以准备制定一份基于国家环境政策法的环境影响声明。
- ❖ 计划或项目决策之前的众多政策决定妨碍了有效的双边合作，否认了联合影响缓解行动的机会和环境影响发生的几率。
- ❖ 这些决策对这两项工程来说很关键，但目前还不是典型的战略环境评价项目。

（2）如何改进这一过程

- ❖ 通过以下措施，确保相关国家得到公正对待：①如果签署了跨边界双边协定，就一定要兑现；②确保边境两边的国家有对等的知情权：促进联合研究和监测以确保信息的可比较性、充分性和对于解决问题的有效性。
- ❖ 对透明性政策决策的需求：
    - ● 制定更加透明的计划和规划决策。
    - ● 如果决策的政治化是不可避免的，那么做出最大的努力来确保这些决策的透明度并对决策后果予以早期检查。
    - ● 国家必须建立联合通信和信息共享协议以及永久性双边机制以实现协议目标。
    - ● 信息登记如果够全面，可以发挥重要作用并包含关键信息（甚至是机密信息）。
    - ● 确保边境两边的国家有对等的知情权，并确保数据能够尽早可用。
- ❖ 需要确保正当程序
    - ● 以国家的意愿去配合或尊重相关的双边协议和国内规定。
    - ● 有一个共同的目标以避免官司——确保过程是合作的和信息化的。
    - ● 积极鼓励非政府组织（NGO）间加强联系，这样一来信息交流和协调性参与才可以得到保证。
    - ● 采取环保和管理的共同标准——共同的定义。
    - ● 确保旨在预防跨边界影响的双边协议为另一个国家公民个人提出的政策或计划决策所面临的挑战提供以科学为基础的正规机制。
    - ● 政府应当支持非政府环保组织，从而消除来自他们自身沟通能力的瓶颈。

来源：Phare，2005。

专栏 24.6 尼罗河流域跨边界环境分析（TEA）

跨边界环境分析是作为尼罗河流域举措的一部分进行的，这一举措作为十个临海国家合作努力的方向而于 1999 年 2 月正式发起。这一举措（www.nilebasin.org）有一个“共同的观点……即通过对尼罗河公共资源的合理利用及其产生的收益去实现可持续性经济发展”。跨边界环境分析的目的在于辨别将要解决的跨边界环境问题的优先级，并定义了环保行动议程的要素。

跨边界环境分析报告描述了关键环境问题和威胁（土地退化、湿地与湖泊退化、生物多样性的丧失、水质退化和自然灾害以及难民）。这些威胁的根源可在普遍贫穷、不适当的宏观政策与行业政策、不适当的监管体制、制度约束、适当土地利用总体规划的缺失、意识和信息的局限性、人口增长、气候脆弱性和城市化进程中寻得踪影。

作为对这一分析的回应，已经制定的环保行动议程要素被分成六个部分：政治上的承诺、外延活动、预防措施、治理措施、资源管理项目和环境变化监控。所有这些要素都在实施当中。与世界银行的战略环境评价系统性学习计划尤其相关的，是起草一份该流域内三个国家电力机构的部门与战略环境评价……旨在观察需要做出快速决策的几个关键计划决策的长期效果。

来源：Mercier，2003；尼罗河流域行动等，2001。

24.2.2 跨边界规划的协商

承担和规划的战略环境评价案例和多边计划流程的早期例子包括：

- 尼罗河流域的跨边界环境分析（专栏 24.6），它是一个态势评估而不是影响评估。
- 用于湄公河流域跨边界评价和管理的湄公河委员会协议（专栏 24.7）。
- 用于欧盟环欧运输网的战略环境评价运输手册（专栏 24.8）——应推进整个运输网络的战略环境评价和帮助阻止“意大利腊肠切片”（将大型计划切分成更容易获得批准的小块，但这样一来就阻碍了对供选方案和累积效应的适当考虑）式的实践操作。
- 美国国际发展机构的东部与南部非洲战略：环境威胁与机会评估，特别关注生物多样性和热带森林（Moore 和 Knausenberger，2000）。
- 东非共同体范围内共享生态系统环境评价（环境影响评价和战略环境评价）的区域指导方针（非洲技术研究中心，2002）。
- 在佛兰德斯（比利时）和荷兰之间的 Scheldt 河口的洪水管理（专栏 24.9）。
- 北美三个国家（加拿大、墨西哥、美国）的环境合作委员会（专栏 24.10）。

专栏 24.7　湄公河流域跨边界环境评价

湄公河委员会（MRC，见 www.mrcmekong.org）是依据泰国、老挝人民民主共和国、柬埔寨和越南缔结的湄公河流域可持续发展合作协议而成立的。其职权范围包括优化湄公河委员会成员国的互惠互利并减少自然事件与人为活动的有害影响。2002 年，湄公河委员会建议成员国就环境影响评价和战略环境评价的跨边界程序举行正式讨论。他们认为这样的一个程序将会成为向促进跨湄公河流域航海技术可持续性发展这一目标“迈出的一大步”（MRC，2004）。

在湄公河流域下游采用跨边界环境评价协议遇到了阻力和压力，主要原因如下：

- 跨边界影响识别的结论可能会导致索赔要求。
- 对主权的侵犯和开发国家资源的权力。
- 围绕发展愿望和可持续性等议题的国内政治。
- 用于执法和环保的薄弱的国家制度结构。
- 只具备有限的国家能力去实施环境影响评价。
- 只具备有限的知识和对河流系统及影响的理解。

来自参观学习的一些关键经验教训：

- 制定双边协定的时候，实践经验在进行跨边界环境影响评价方面是至关重要的。
- 法律和制度结构上的差异需要广泛的区域框架和详细的双边协定。
- 每一个国家充分了解各方的跨边界环境影响评价流程是至关重要的。
- 必须建立、广泛传播和执行清晰的沟通方策。

需要良好规范以：

- 确保在影响评估中有同样的标准。
- 使研究和影响评估的结果可信。
- 促进决策透明化。
- 加强国家之间的理解和信任。

湄公河委员会（MRC）正尝试在所有成员国制定标准水平的良好规范：

- 环境影响评价、战略环境评价和国家环境分析（例如，跨边界背景下环境评价的良好规范指导）。
- 流域及其动态的科学研究（例如通过核心方案）。
- 每个成员国的数据收集和解译方法。

结束语：

- 湄公河委员会很想学习他人在跨边界环境影响评价流程发展和实施上的经验——需要克服紧张情绪。
- 同样要认识到由战略环境评价和国家环境分析方法提供的机会——这些工具在湄公河委员会成员国有巨大潜力，但是对它的开发利用能力或理解力却很欠缺。
- 因此良好规范的共享和发展对湄公河流域未来的环境管理是很关键的。

来源：Horberry，2004。

专栏 24.8 处理运输战略环境评价中的跨边界问题——环欧运输网络

欧洲委员会的达成环境评价共识（BEACON）项目已制定了一份战略环境评价运输手册和配套情况说明，由此得出以下结论。

在处理政治家、公众、规划者、环境学家和其他团体专家之间的跨边界问题时，需要建立一套用于合作的制度基础。伴随着由参与国实行跨边界可持续管理这一观点，一种普遍的感知和对目标、问题以及政策的理解将是战略环境评价流程中跨边界合作的理想结果。

一个重要因素是描述跨边界问题处理的流程和在国际水平上确立一个整体方法。投资是为了实现什么？受影响国都能得到相同的结果吗？直接的和间接的影响又是什么？跨边界问题上这一合作的结果将可能成为一套指标、目标及措施，使一个受影响国取得环境、经济和社会水平上期望的发展和投资产出。另一个重要结果是强调在规划流程的愿景和目标上达成共识。

应该成立一个联合工作小组，并且如果必要的话还需要成立流程子课题的附属小组。这个工作小组应该包括来自各个国家、地区和（或）地方政府的代表。这个小组同样应该由所需要的不同专家组成，并且应该促进彼此对能够实现的不同发展战略的目的、目标和影响的理解。这一工作小组的关键目的是促进经验和专业知识的交流。

达成共识的步骤和冲突性管理对跨边界问题的成功处理是最重要的。冲突的发生可能有很多原因，包括：组织地位和影响的不同；不相容的目标与方法；行为方式上的差异；信息上的差异；沟通方式上的曲解和不平等的权力或职权。

正如与战略环境评价和基础设施规划有关的各方面，最终的结论是，对跨边界目标、影响和不同方案的效果需要在规划过程的较早阶段进行讨论和处理。只有当这一点实现时，对拟议投资方案所制定的愿景和目标的公平讨论才会成为现实。

至关重要的是确保受影响国的公众参与到对拟议战略与投资所基于的长期及短期愿景的制定和讨论中去。做好安排以确保信息的交流，使决策者充分认识到边界另一方的公众所表达的观点。

有关拟议活动的适当可用信息、其在环境、社会和经济水平上的可能效果以及用于减少负面效应的拟定措施对于公众有效参与跨边界战略环境评价流程而言是一个关键问题。应做具体安排以确保公众了解有关规划性开发战略的整体效果、相关投资和在环境、经济与社会层面上影响的相关信息。一个又好又快地将文档翻译成相关语言的方法将大大方便受影响国的权威人士和公众有效参与战略环境评价。另一方面，拙劣的翻译可能会妨碍这一过程。

技术问题

- **方案/备选方案的结合**：跨边界计划必须在空间和时间上相互结合，形成一个合理的网络，轨迹也需要相互链接，并只有在此之后才能完全有效。
- **指标集的合并与加权**：在跨边界方法中，不同的文化彼此间相互交锋。在正式开始前，定义一个共同的评价框架是有效的。如果这不可能实现，则可以利用工具来使用不同的权重去确定结果的稳定性（灵敏度分析）。这可能会节约本应用于使讨论取得真正结果之前进行调解的时间。

- ❖ **共同的目标函数和暴露阈值**：以环境目标为起点，目标函数定义了环境影响和最终指标之间的关系。暴露阈值反映的是国家法规，但是可能取决于世界卫生组织（WHO）或欧洲的限值。如果在人口或文化遗产方面给予特殊保护，那么调解可能是必需的。
- ❖ **跨边界数据的合并与处理**：两方或多方利益相关者可能会对跨边界规划或计划仅实施一次评价以省钱，但是他们都应当提供适当格式的国家数据。
- ❖ **国家仿真模型的耦合**：跨边界基础设施简化了跨边界运输中的问题，重申了超国家网络中的需求。如果涉及更多的连接点和模式，那么国家模型应被耦合。
- ❖ 同样地，各项指标和目标函数的尺度总体上可能提上跨边界项目的议程。例如，应针对不同的生态系统来定义相对生物多样性。

来源：欧洲委员会，能源和运输总理事会，2005a，b。

专栏 24.9　Scheldt 河河口 2010 年发展规划的战略环境评价——佛兰德斯（比利时）和荷兰

战略环境评价反映了一项初步研究的“长期构想”，它由佛兰德斯和荷兰政府于 2001 年签署。

问题的定义和议题包括：

- ❖ 无障碍港口（特别是安特卫普）。
- ❖ 具有国际意义的生物群落的减少（荷兰与佛兰德斯问题）。
- ❖ 洪水安全（主要是佛兰德斯问题）。

跨边界战略环境评价的法律背景包括《埃斯波公约》及其战略环境评价议定书、《Scheldt 河条约》（2003）和一份在荷兰与佛兰德斯（比利时）之间达成的旨在支持执行《埃斯波公约》的双边协议草案。关键问题是：

需要建立一个双方国家都能接受的程序。

- ❖ 在立法中存在的分歧：
  - 在联合程序中谁是主管部门？
  - 对环境报告的相同指导。
  - 立法时机之间的差异。
- ❖ 在战略环境评价过程开始时（启动通知）和在环境报告审查过程中的公众参与机会。

来源：de Groote，2005。

专栏 24.10　北美环境合作委员会和有关跨边界环境影响评价的北美协议草案

北美环境合作协定（NAAEC）是由加拿大、墨西哥和美国政府签订的北美自由贸易协定（NAFTA）（1993）的一个附件。北美环境合作协定（NAAEC）“促进了三个国家之间在环境保育、保护和改善方面加强合作”。

第十条：理事会的职能（第7段）规定：

认识到许多跨边界环境问题的重大双边性质，理事会（由这三个国家的环境部长组成）应着眼于各方之间就依照本条规定的三年义务所达成的协议，考虑和提出关于以下几方面的建议：

（1）评价那些取决于政府主管机关决策并可能引起重大负面跨边界影响的拟议项目的环境影响，包括由其他缔约方及其人员提供的全面评估意见；

（2）通知、提供的相关信息和与这些项目有关的缔约方之间的磋商；

（3）这些项目的潜在负面影响的缓解。

“拟议的跨边界（环境影响评价）协议的目标将为决策者提供有关拟定项目跨边界环境后果的及时信息，以确保有关这类项目的决策会把这些后果列入考虑范围，并为可能受影响的人群和政府参与到该项目的决策过程提供一个机制。”

1997年，委员会考虑了一个跨边界（环境影响评价）协议专家小组的建议。委员会最终决定，双方在1998年4月15日前达成一份具有法律约束力的协议。这个专家组随后制定了一份协议草案，但是在适用范围的问题上，这一草案的协商陷入僵局。

2006年4月，在根据《埃斯波公约》召开的会议上，加拿大代表团提供了1997年协议草案的背景资料。加拿大、美国和墨西哥再次要求在跨边界环境影响问题上达成三方协议，这一次并没有以北美环境合作协定和北美自由贸易协定为依据，而是在三方国家领导人于2005年签署的安全和繁荣伙伴关系基础上进一步做出承诺。截止到2007年，这一目标是达成地方协议。然而，实际上没有达成任何协议。

来源：环境合作委员会，1997；联合国欧洲经济委员会，2006。

24.2.3　跨边界战略环境评价的困境

考虑到跨边界环境影响评价程序的相似之处，类似的问题可能需要在跨边界环境影响评价中进行处理（Bonvoisin 和 Horberry，2005）：

- 对联系点的识别——针对不同类型的计划、不同的部门和各级政府，应联系何人。遇到权力分散的政府，这会变得更加复杂。
- 缺乏响应——如果受影响的国家不对通知做出响应，那就不清楚这是否意味着它不希望被通知到。随之而来的问题是是否继续发送信息。
- 语言——文件的翻译和会议期间的口译。有多少文件需要进行翻译，翻译成什么语言，由谁（计划的支持者、中央政府、受影响的国家等）翻译，谁来付款？
- 受影响国的公众获取文件——谨防过度依赖互联网和排斥弱势群体。
- 参与那些只在发起国举行的公开听证会——旅费、边境限制、对翻译的需求等。

- 公众的参与意愿，认识到一项计划在另一个国家可能不会吸引太多公众的兴趣，因为它可能显得不太具体并且可能太遥远。
- 公平——不管发起国和受影响国的公众是否追求平等的参与机会。如果是这样，那这又如何实现呢。
- 通知的时机——何时通知？最近在编制环境报告的过程中可能发现跨边界影响，但是如果发现得早一些，那么非正式通知也应该在划定的范围内启动得早一些，这样做可能减少到达决策阶段之前的延迟。
- 计划实施上的延迟——由于通知上的延迟，必须等待来自潜在受影响国的响应、文件的翻译、额外的咨询和公众参与等，跨边界协商过程可能大大延长规划制定过程。
- 需要在跨边界计划的体制框架内确定战略环境评价的切入点。
- 国家环境评价系统和公众参与的兼容性等，包括不同阶段所需的时间和公众的参与范围。不相容性可能产生包括延迟在内的实际困难以及公平问题。
- 受影响国家的费用支付，包括政府的公开听证会和文件审查的成本。

上述案例也说明了以下问题：

- 没能实施跨边界协商。
- 在计划提出之前可能已经做出了许多政策决策，从而限制了对替代方案的考虑（虽然这并不是跨边界战略环境评价中唯一的问题，但它是战略环境评价计划和方案中普遍存在的问题）。
- 在不适当的跨境机构中工作的问题。
- 在国家法规中对环境报告内容的不同要求。
- 不同的国家方法体系和可用信息。
- 边境两边机构之间的不对等权力关系。
- 需要在跨边界计划主管部门的身份上达成协议。

24.3　结论

跨边界通知和协商完全可以逐项实施。然而，随着跨边界背景下（例如，基于《埃斯波公约》）环境影响评价的实施，已经发现这个过程可以通过达成为跨边界协商提供框架的双边或多边协议来加速或简化。具体参数包括：联系点、一个联合机构、语言翻译、成本分配、确定影响程度的标准、公众参与的安排和争端解决程序。当得到适度修订从而涵盖规划或计划时，根据《埃斯波公约》框架或针对跨边界环境影响评价而建立的双边或多边协议可能为跨边界战略环境评价协议提供一个模式。

考虑到国家法律和机构安排的巨大差异，区域或次区域协议可以为跨边界战略环境评价提供一个广泛的框架，但需要双边（和更多的地方性多边）协议来提供详细信息。这些协议必须得到遵守。通过试点项目而获取跨边界战略环境评价方面的经验会促进协议的制定。试点项目能够帮助克服暂时的困难，包括在上一节所确定的实际问题，以及克服跨边界战略环境评价实施时的紧张情绪。良好规范的制定和共享将有助于树立对其他国家战略环境评价过程的理解，以及更广泛的理解和信任。良好规范的共享也可能有助于形成共同的评价标准。战略环境评价运输手册（专栏 24.8）为进行跨边界计划的战略环境评价提供了许多切实可行的建议。

双边协议的应用可以通过联合机构（常设机构或为战略环境评价特设的机构）而得到促进。常设机构有一定的好处，例如他们的成员能够对彼此的法律、流程、方法和关心的问题有更好的理解，尽管特设机构的职权和成员资格可能会更好地反映出个别案件的具体需要。无论采取什么方法，都需要建立、广泛传播和持续利用清晰的沟通渠道。

联合机构的关键作用应当是促进政治家、公众、规划者、环保人士和代表地方与国家各级层面的其他专家组之间进行对话、达成共识并对计划（包括他们的远见、目标、宗旨和问题）形成共同的理解。因此尽可能早地开始协商是非常重要的；如果不这样做，将很难在计划上达成共识或实现他们的理想、目标和宗旨。

计划的政策制定通常是公众评论和反对意见的主题。使相关政策倾向于战略环境评价可能是不适宜的，但是有可能达成一个共同的跨边界远景或涉及不同利益相关者的一个计划目标。一个共同的远景有助于避免冲突。

常设机构能推动正在进行的对话和旨在促进作为合作性与信息化决策依据的跨边界战略环境评价的跨边界研究，从而减小冲突的可能性。跨边界研究和监测能提升边境双方用于评价和决策的类似信息的有效性。联合机构（不管是常设还是特设）同样可以促进与该计划实施相关的可持续管理。

公众和非政府组织可能在发现问题和提出解决方案上起到重要作用。因而国家之间相互沟通意见的有效手段是必不可少的，提升透明度和促进公众参与方面的道德规范也同样必要。跨边界非政府组织之间的联系在促进公众参与战略环境评价方面也很重要。双边协议也可能会推动公众对决策提出挑战。

表 24.1 总结了布拉格会议上确定的跨边界战略环境评价问题。

表 24.1 战略环境评价中跨边界问题概述

主要趋势和问题	（1）在布拉格会议上，战略环境评价的缺失被认为是一个问题。 （2）可能的解决方案取决于国家之间适当政治层面上的明确协议。 （3）有效的应用还需要有区域水平上建立健全的合作机制。 （4）识别和解决关键问题时公众的参与是至关重要的——同时也是向决策层提出问题的驱动力。 （5）项目层次的跨边界环境问题通常是源于上一级政策决策
主要观点	跨边界背景下可能影响战略环境评价效用或影响的关键问题包括： （1）决策和沟通责任所在的政府层面的明确协议。 （2）承认现有的国际协议。 （3）公开承认政府层面的利益冲突。 （4）避免那些限制了未来跨边界项目的“隐性”决策。 （5）联合数据收集。 （6）使非政府组织访问评价数据
关键教训	（1）实现政策层面的跨边界战略环境评价是一个巨大的挑战；但是也有很难通过跨边界环境影响评价来补救的重大下层影响。 （2）主要障碍似乎是在政治层面——不愿参与制定跨边界协议，以及协调中央与地方政府层面的责任时遇到的困难
未来发展方向	优先权依赖于制定有效的协议（双边或多边）以确保能将战略环境评价与上层政策决策联系起来考虑

注释

① 本文所表达的观点、解释和结论仅是作者本人意见，并不一定代表联合国（UN）、联合国欧洲经济委员会（UNECE）或其成员国的意见。

参考文献

[1] African Centre for Technology Studies (2002) 'The plan of action for the development of guidelines for regional environmental impact assessment of shared ecosystems of East Africa: Project summary', http://pdf.usaid.gov/pdf_docs/PDACF675.pdf, accessed July 2010.

[2] Albrecht, E. (2005) 'SEA in binding land-use plan procedures with special focus on transboundary consultation', paper for the IAIA SEA Conference, Prague.

[3] Bonvoisin, N. and Horberry, J. (2005a) 'Transboundary SEA: Position paper', paper presented at the IAIA SEA Conference, Prague.

[4] Bonvoisin, N. and Horberry, J. (2005b) 'Transboundary SEA: Session report', paper presented at the IAIA SEA Conference, Prague.

[5] Brecht, E. (2007) 'Transboundary consultations in strategic environmental assessment', in Impact Assessment and Project Appraisal, Special issue on environmental assessment and transboundary impact assessment, edited by Wiek Schrage and Nick Bonvoisin, vol 26, no 4, pp289-298.

[6] Commission for Environmental Cooperation (1997) 'Expert group recommendations on a North American agreement on transboundary environmental impact assessment', www.cec.org/Page.asp?PageID=122&ContentID=1906&SiteNodeID=366, accessed July 2010.

[7] Czech Republic (2005) 'Submission by the Ministry of Environment to Espoo Convention information exchange', 27 April, www.unece.org/env/eia/documents/database/Czech_Republic_info_EIA-SEA_27April2005_en.pdf, accessed July 2010.

[8] de Groote, M. (2005) 'SEA for the Scheldt Estuary Development Plan 2010: Flanders and the Netherlands work together on a large-scale water project of international importance', presentation to eighth meeting of the Working Group on EIA under the Espoo Convention, www.unece.org/env/eia/documents/ WG08_april2005/transboundary_project_workshop/Schedlt%20Estaury%20-%20technical.pdf, accessed July 2010.

[9] DTI (Department of Trade and Industry) (2001) 'Strategic environmental assessment of the mature areas of the offshore North Sea-SEA 2', consultation document, www.offshore-sea.org.uk/consultations/SEA_2/SEA2_Assessment_Document.pdf, accessed June 2006.

[10] DTI (2002) 'Strategic environmental assessment of parts of the central and southern North Sea-SEA 3', consultation document, August, www.offshore-sea.org.uk/consultations/SEA_3/SEA3_Assessment_Document_Rev1_W.pdf, accessed June 2006.

[11] EPA (Environmental Protection Agency) (2006) 'Northwest Area Water Supply Project, North Dakota', in Federal Register Environmental Documents, 6 March, www.epa.gov/fedrgstr/EPA-IMPACT/2006/March/Day-06/i3102.htm, accessed June 2006.

[12] EU (European Union) (1985) 'Council Directive of 27 June 1985 on the assessment of the effects of certain public and private projects on the environment (85/337/EEC), amended by Council Directive 97/11/EC of 3 March 1997', http://eur-lex.europa.eu/LexUriServ/site/en/consleg/1985/L/01985L0337-19970403-en.pdf, accessed June 2006.

[13] EU (2001) 'Directive 2001/42/EC of the European Parliament and the Council on the assessment of the effects of certain plans and programmes on the environment', http://eur-lexeuropa.eu/LexUriServ/LexUriServ.do?uri=CELEX:32001L0042:EN:NOT, accessed July 2010.

[14] European Commission, Directorate-General for Energy and Transport (2005a) The SEA Manual: A Sourcebook on Strategic Environmental Assessment of Transport Infrastructure Plans and Programmes, http://ec.europa.eu/environment/eia/sea-studiesand-reports/beacon_manuel_en.pdf, accessed July 2010.

[15] European Commission, Directorate-General for Energy and Transport (2005b) 'The SEA Manual-factsheets', http://ec.europa.eu/environment/eia/sea-studies-and-reports/beacon_manuel_factsheet_en.pdf, accessed July 2010.

[16] Horberry, J. (2004) 'EIA capacity building in a transboundary setting', presentation to the third Meeting of the Parties to the Espoo Convention, www.unece.org/env/eia/documents/cavtat/John%20Horberry.pdf, accessed July 2010.

[17] Leibniz Institute of Ecological and Regional Development (2006) 'Project 165: Strategic environmental assessment for regional planning-development of a transnational assessment and practice concept for Saxony, Poland and Czech Republic', www.tu-dresden.de/ioer/internet_typo3/index.php?id=683&L=1, accessed July 2010.

[18] Mercier, J.-R. (2003) 'Strategic environmental assessment (SEA): Recent progress at the World Bank', http://info.worldbank.org/etools/docs/library/86287/Reading%201.4%20%282%29.doc, accessed June 2006.

[19] Moore, D. and Knausenberger, W. (2000) 'USAID/REDSO/ESA Strategy: Environmental threats and opportunities assessment, with special focus on biological diversity and tropical forestry', for USAID, Regional Economic Development Support Office (REDSO), Eastern and Southern Africa (ESA), http://pdf.dec.org/pdf_docs/Pdabs862.pdf, accessed June 2006.

[20] MRC (Mekong River Commission) (2004) The People's Highway: Past, Present and Future Transport on the Mekong River System, Mekong Development Series No 3, www.mrcmekong.org/download/free_download/Mekong_Development_No3.pdf, accessed June 2006.

[21] Nile Basin Initiative, Global Environment Facility, United Nations Development Programme and World Bank (2001) Nile River Basin: Transboundary Environmental Analysis, May.

[22] Phare, M.-A. (2005) 'SEA as a transboundary watershed management tool', paper presented at the IAIA SEA Conference, Prague.

[23] UNECE (United Nations Economic Commission for Europe) (1991) Convention on Environmental Impact Assessment in a Transboundary Context, Espoo, Finland, 25 February.

[24] UNECE (2003) Protocol on Strategic Environmental Assessment, Kiev, 21 May.

[25] UNECE (2006) Report of the Ninth Meeting, Working Group on EIA, Meeting of the Parties to the Espoo Convention, document symbol ECE/MP.EIA/WG.1/2006/2.

[26] World Bank (1991) Environmental Assessment Sourcebook, http://web.worldbank.org/WBSITE/EXTERNAL/TOPICS/ENVIRONMENT/EXTENVASS/0,contentMDK:20282864~pagePK:148956~piPK:216618~theSitePK:407988,00.html, accessed June 2006.

[27] World Bank (1996) 'Regional environmental assessment', in Environmental Assessment Sourcebook, Update No 15, http://siteresources.worldbank.org/INTSAFEPOL/1142947-1116495579739/20507383/Update15RegionalEnvironmentalAssessmentJune1996.pdf, accessed June 2006.

[28] World Bank (1999) Environmental Assessment, Operational Policy 4.01, http://wbln0018.worldbank.org/Institutional/Manuals/OpManual.nsf/023c7107f95b76b88525705c002281b1/9367a2a9d9daeed38525672c007d0972?OpenDocument, accessed June 2006.

第二十五章　层级规划：搭建战略环境评价与环境影响评价之间的桥梁

加斯·阿尔斯　保罗·汤姆林森　汉克·伍格
（Jos Arts　Paul Tomlinson　Henk Voogd）

引言

叠加法可以被视为战略环境评价（SEA）发展的主要驱动力之一（Thérivel 等，1992；UNECE，1992；Wood 和 Djeddour，1992；Thérivel 和 Partidário，1996；Sadler 和 Verheem，1996；Partidário，1999；Fischer，2002a；Wood，2003）。很多对环境质量有影响的决策是在比项目水平更高的决策水平上制定的。正如 Partidário（1999）所指出的："实施战略环境评价的原因是多种多样的，但起初是与环境影响评价（即 EIA）项目的时间选择有关，也就是说它进入决策流程的阶段太靠后，以至于不能以一种令人满意的方式成为最终决策。"叠加意味着，通过制定一系列不同规划水平的环境评价并把它们联系起来，就可能防止权利的丧失，具体问题也可以得到推迟解决，评价范围也能更好地划定。叠加化方法减少了环境影响评价只充当"及时快照"这一角色的问题。因此，欧洲战略环境评价指令（2001/42/EC）明确假定战略环境评价和环境影响评价在不同计划水平上的叠加与战略环境评价和环境影响评价指令有着直接联系。

虽然在学术文献中叠加对于战略环境评价和环境影响评价是一个重要概念，但是很难以一种批判性的方式进行讨论（Tomlinson 和 Fry，2002）。叠加概念可能提供了一种用于解决规划和决策复杂度的方法，这正是环境评价所必需的。然而，其隐含的一个线性规划过程的假设在实践中并不符合规划和决策的动态本质。在规划实践中，项目决策和环境影响评价常常先于旨在提供项目决策框架的战略规划和战略环境评价来进行。很显然，需要规划层次之间以及战略环境评价与环境影响评价之间的良好协调来实现可持续性发展，以及有效的和有用的决策。问题是：战略环境评价和环境影响评价之间联系上的缺失是如何产生的？叠加的实际和潜在作用又是什么？

25.1　叠加的概念

战略环境评价发展的一个主要动力，是对项目水平的环境影响评价在规划与决策的复杂性和动态性实践方面具有本质上的局限性这一点上的认识。在整个规划过程中始终要做出对环境产生影响的关键决定，以至于规划和项目的制定背景经常随着各方参与到进程中来而保持高度动态性（在环境、社会、政策、法规和科学知识等方面的变化）。此外，多个项目和某一地区发生的事件可能具有协同性相互作用，并且可能造成累积影响、间接作用和大尺度效应。最后，对环境影响评价的一个普遍批评是在环境研究已经进行之前就做出了有关项目范围的关键性决定。为了实现可持续发展目标，需要具备的视角要比项目环境影响评价通常能提供的视角还广泛。

战略环境评价的两个主要观点都与叠加概念有关：第一，战略环境评价作为项目环境影响评价在战略水平应用的一个扩展；第二，战略环境评价作为制定政策的手段和循序渐进地展开可持续发展理念的具体实践过程（Annandale 等，2001）。除此之外，文献和法律（欧盟战略环境评价指令）对有关战略环境评价的各个战略决策层次加以区分，每一个决策层都是单独开展的规划过程的结果（Lee 和 Wood，1978；Wood 和 Djeddour，1992；Sadler 和 Verheem，1996；Thérivel，1998；Partidário，1999；EC，1999；Nooteboom，2000；Annandale 等，2001；Partidário 和 Fischer，2004；Dalal-Clayton 和 Sadler，2005）：

- **政策**：即所追寻的总体进程和方向，其起到的作用是推动和指导具体行动和持续性决策。
- **规划**（细分为空间规划的战略环境评价和部门规划的战略环境评价）：目的明确的前瞻性战略，涵盖相互协调的优先事项、可选方案和实施措施。
- **计划**：特定部门或区域内拟议承诺、活动和实施手段（一组项目）的日程表。

除了政策、规划和计划（PPPs），可以在项目层次上对第四个规划层加以区分，包括一项活动的规划和实施（例如，基础设施工程的新建、改建和运营），这些都要实施环境影响评价（见图 25.1）。

叠加存在着各种定义。欧洲委员会（EC，1999）把这一概念定义为对连续制定出并相互影响的不同层次规划（政策、规划和计划）的区分。美国环境质量委员会将叠加描述为在更广泛的环境影响声明（例如国家计划或政策声明）中对一般问题的涵盖，随后发布更简短的声明或环境分析（例如区域或流域范围的计划陈述或最终的具体地点声明），其中纳入作为参考的一般性讨论，并将重点放在随后制定的声明的具体问题上（Tomlinson 和 Fry，2002）。Tomlinson 和 Fry（2002）将叠加视为确保在决策过程中适度涉及具体行动的环境内涵并努力为决策者提供有力信息的过程。在这里，我们将叠加定义为："在环境评价支持下信息和问题从一个规划层次到另一个规划层次谨慎的、有组织的转移。"

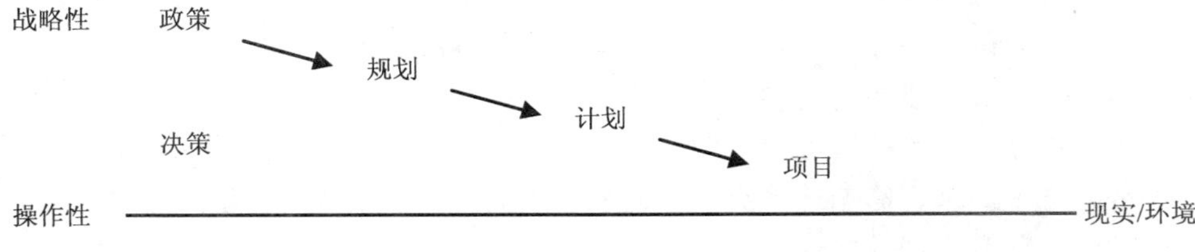

来源：Wood，2003。

图 25.1　通常在战略环境评价文献中描述的叠加概念

叠加涉及在不同规划层次连续制定并相互影响的环境评价。不同规划层次之间的关系可能是多样的。因此，不同类型的叠加可以依赖于所选择的不同维度（规划、行政、地域、部门；见图 25.2）来进行区分。

层级之间的垂直叠加：

➢ 规划层次（如前面提到的狭义观念）：PPPs 和项目（例如，国家运输和交通规划、国家基础设施与运输计划、国家公路开发项目）。

➢ 行政、政府层次：超国家、国家、省、市（例如，国家空间规划报告、省空间规划、城市土地利用规划）。

➢ 地方层次：全球、洲际、国家、区域、地方（例如，国家废弃物管理计划、区域废弃物管理计划、地方废弃物管理计划）。

在同一（行政）层次上的水平叠加：

➢ 跨部门叠加（例如，住房、交通、水资源管理、废弃物管理、空间规划等）。

➢ 在同一行政级别不同政府部门之间的部门计划叠加（例如，政策计划的协调和邻近市镇的环境评价）。

对角叠加，即垂直叠加和水平叠加的结合，例如，影响了当地交通规划的国家空间政策。

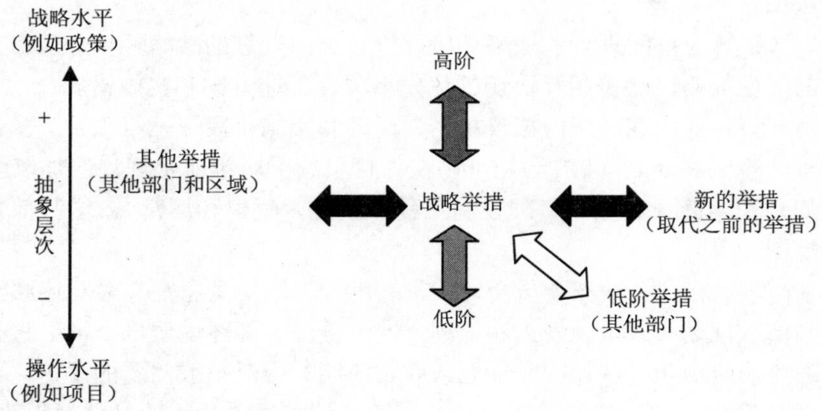

来源：Partidário 和 Arts，2005。

图 25.2　战略举措的多方向属性

时间维度对叠加是必不可少的，换句话说任何级别的环境评价都应该与前期评价相协调。在文献中一般假设叠加用于减少环境影响评价的各种限制，包括：

➢ 防止丧失对重要环境问题的评价权。

➢ 受到重点关注的环境评价，例如涉及范围（问题、时间、地理区域）、受评价的替代方案类型、影响评价类型、抽象层次的分析（粗放式方法、专家意见与先进的定量化和详细的方法等）。

➢ 通过实施更高层次的环境评价来提高低层次（战略）环境评价的效率，例如，通过表明需要（或不需要）进一步讨论的主要问题来为后续环境评价提供指导。

➢ 通过环境评价的叠加来更好地提升决策和规划过程的持续性。

➢ 完善那些已制定和执行的计划和项目。

25.2　与规划执行过程中的叠加相关的问题

大部分战略环境评价文献着重于各种形式的战略环境评价层级和定义。然而，极少有文献批判性地讨论叠加的概念。乍一看，叠加的概念似乎很合理，但是战略环境评价叠加概念背后的很多隐性和相当不成熟的假设是，规划被看作是一个线性的过程。如同环境影响评价的合理规划背景，战略环境评价和叠加的概念似乎也植根于这种方法，这一方法假设了等级结构机制和明确的手段—目的关系。其基本思想是，首先战略环境评价是针对一项规划或计划而进行的，随后是为实施战略规划或计划的政策而提出的项目环境影响评价。这一规划或计划以及战略环境评价为项目和环境影响评价设置了框架（见图 25.1）。

如在规划文献中广泛讨论的那样，现实世界的规划并不符合安排得井井有条的程序结构和其他合理性假设（De Roo，2000，2003；Linden 和 Voogd，2004）。最近环境影响评价和战略环境评价文献中对诸如实践中战略环境评价和叠加等概念的复杂度的关注与日俱增（Noble，2000；Nooteboom，2000；Thissen，2000；Tomlinson 和 Fry，2002；Bina，2003；Partidário 和 Arts，2005；Fischer，2005）。

在规划实践中叠加概念的问题包括：

- 实际应用中 PPP 在概念上的不同。
- PPP 与项目在实际中的排序会有所不同。
- 环境评价信息的有限期限。
- 战略环境评价和环境影响评价是在不同的规划领域开展的。
- 政府规划机构的有限影响力。
- 战略环境评价和环境影响评价保持一致。

25.2.1　实际应用中 PPP 在概念上的不同

“政策”、“规划”、“计划”和“项目”等术语在不同的国家有十分不同的含义，这依赖于不同的政治和体制背景（Dalal-Clayton 和 Sadler，2005）。此外，政策、规划和计划的层叠有制度上的差异。很多规划系统并不总是有一个拥有三种战略环境评价类型的完整叠加体系，即使有，也很少以系统化的方式得到应用。例如，计划层次可能在某部门的规划系统中缺失，如工业区规划。同样也能找到混合形式的战略举措，例如包括操作性道路开发项目在内的运输规划（Fischer，2005）。此外，受制于战略环境评价的战略举措（要素）可能得到批准，但是从未完全在实践中得到实施和（或）导致具体的项目受制于环境影响评价。

战略性举措（不管是政策、规划还是计划）将产生多重效应，这可能需要某种形式的后续评价，但并不仅仅像传统叠加概念所显示的那样有“下行”趋势（见图 25.1）。图 25.2 指出一种战略举措可能有垂直叠加关系、水平叠加关系和对角叠加关系。现实中，战略性举措可能潜在地引发所有这些方向的反应，即“飞溅效应”，因此为了变得有效，它对于在不同规划层次上建立明确的叠加关系是有用的（Partidário 和 Arts，2005）。

25.2.2 PPP 与项目在实践中的排序会有所不同

在实践中，项目通常先于规划和计划而被提出，或导致后者的产生。例如，在荷兰基础设施规划中，已经开发了很多这样的战略性项目——其中有从阿姆斯特丹到比利时的高速铁路，还有从鹿特丹港到德国的 Betuwe 铁路货运线路（Niekerk 和 Voogd，1999）。同样，国家一级的计划并不一定先于省政府一级的计划被制定出来，区域计划也并不总是先于地方项目被提出。在规划中规定的政策由项目实施之前，战略规划可以由新计划替代。个别项目的累积影响（和在随附的环境影响评价中提出的问题）可能会促成新战略规划的制定和实施那些涉及累积性、协同性、间接性和（或）大规模影响的战略环境评价。

因此不像沿着整齐的规划层次序列“滴落”的雨一样的影响信息，各项目产生的信息可能在战略层面“蒸发”和“凝结”，阐明了更全面的（战略）影响评价的需要（见专栏 25.1）。举例来说，由废弃物管理设施的开发产生的累积影响（受限于操作层面的环境影响评价）可能在国家层次上废弃物管理政策计划的战略环境评价中得到解决（Arts，1998；图 25.3）。关于这一点，与之相关的不仅是事前影响评价（例如战略环境评价和环境影响评价），还有事后的监督和评价。此外，此类环境影响评价和战略环境评价的后续评价可能明确了对新计划或项目以及后续战略环境评价和环境影响评价的需求。叠加不是下山的单向行驶，而是双向行驶，即自上而下和自下而上。

项目可以很好地与计划相关联，尤其是当相关机构从计划到项目一路责任到底，例如废弃物管理、水务管理或国家道路基础设施规划（Alton 和 Underwood，2005；Marshall 和 Arts，2005）。然而，实际上战略环境评价和环境影响评价之间的关联是很弱的。跨不同主管部门的垂直和水平叠加在不同的主管部门和司法管辖区之间是很难操作的（James 和 Tomlinson，2005）。

专栏 25.1 一个类比：像云一样的战略规划

提到战略规划时你可以想象云的景象（Arts，1998；图 25.3）。像云一样，战略规划往往有一种虚空无形的质量。不过，它们是真实的，因为它们可以影响社会现实和生物地球物理现实。战略规划就像云彩那样将它们的影子投射到现实中。类似地，项目可以被看作是实际上改变现实的云的产物——降水、雨滴。雨水滴下来，就是它们所造成的具体影响。你“感觉”不到云，但是你会被从云层掉落的雨滴打湿。此外，战略规划像云一样穿过它们所俯瞰的物理环境。新的云将形成，旧的云将随着时间蒸发——从而失去了与所处环境的相关性。同样地，“项目雨滴”不会循环到“战略规划云”中去，而是向下实施。然而，当许多这样的水滴（操作性决策和空间性决策）落下，湿度（它们的共同影响）达到一定的高度以至于能够凝结，并需要有一个新的规划时，就可能形成新的“战略规划云”。

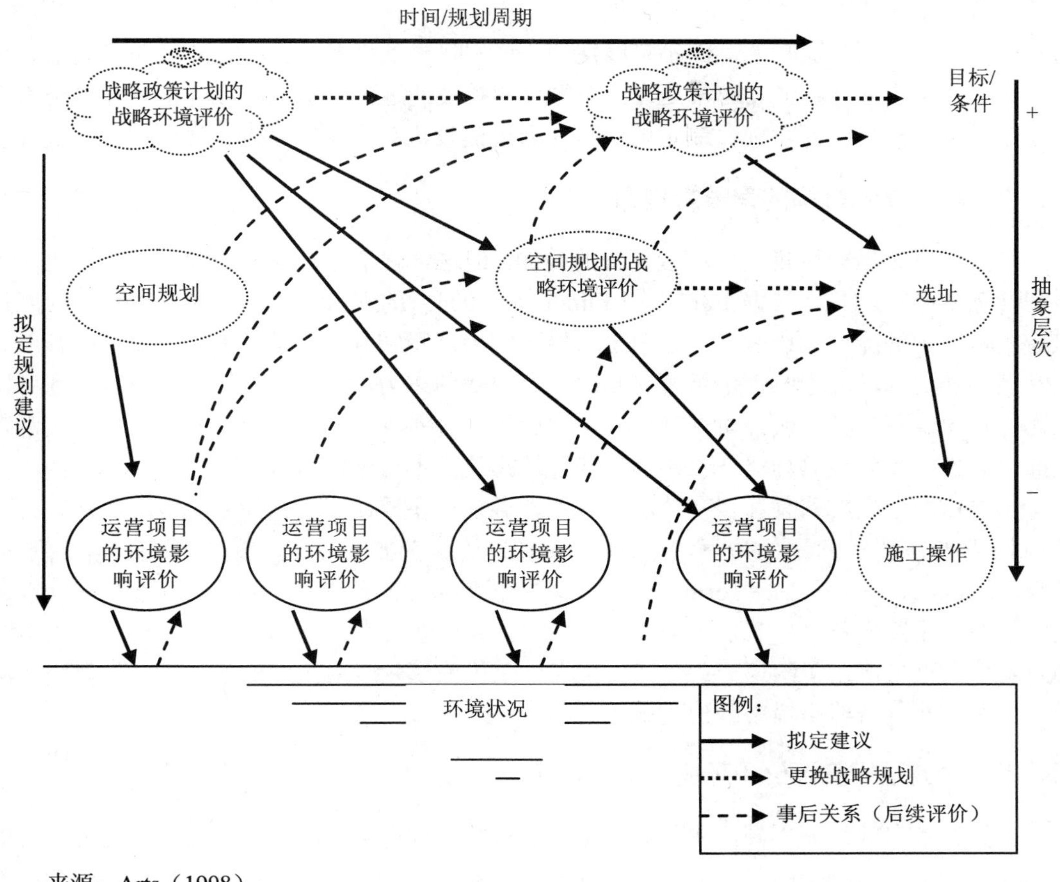

来源：Arts（1998）。

图 25.3　“向下滴落和向上蒸发”：可以在规划实践中发现不同的规划水平、决策和环境评价之间的各类关系

25.2.3　环境评价信息的有限期限

战略环境评价文献通常假设信息可以不断地从一个评价层次串联到另一个评价层次，尽管环境评价信息有一个“有限的保存期限”（Tomlinson 和 Fry，2002；Nooteboom，2000）。对于一些节奏紧凑的主题，评价可能在几年内就过时了，而在慢慢发展中的地区，一些评价的有效期可能是五年或更多。所以每一项后续评价在实施之前必须首先检验早期评价的有效性。这种有效性检查，不仅包括研究区的物理和生物变化，还包括立法，以及最重要的，即不断变化的社会价值观。如果不同的价值观以往即已就位，那么今天的这些问题还会存在吗？一个关键的困难是计划、项目和影响之间的时间滞后。以前的评价被证明极不擅长确定这一时间线，以至于后续评价无视环境变化的预测。

25.2.4　不同的规划领域

应当认识到战略环境评价和环境影响评价是在较为不同的规划领域进行的（Kørnøv 和 Thissen，2000；Deelstra 等，2003；Partidário 和 Arts，2005）。政策性战略环境评价是在政治背景下制定的，这一背景下谈论的通常是规范、主观的观点而不是单纯的客观事实。这一政策过程是较为流动的，而不是线性的，通常包含了许多反馈链，并可能受制于突然的变化。政策、规划和计划通常是在一个循环和反复的过程中形成。环境影响评价是为重视定量数据和分析的开发项目制定的，旨在通过建设规划与缓解措施来对建议进行优化。

25.2.5 政府规划机构的有限影响力

正式的规划框架可能允许环境评价的叠加，但这可能不足以确保环境责任与其他当事人和计划层叠。此外，根据 Bache 和 Flinders（2004）的观点，叠加受到的另一个约束是政府机构有限的能力和影响力，这似乎可以归因为从管辖到管理的转变。例如，在荷兰，战略规划和协同环境影响评价主要对政府具有自我约束力，并且同操作层面的环境许可证相比，它通常不对私人或公司具有直接法律后果。这种情况限制了通过叠加来防止权利丧失的可能性，因为战略环境评价中提议的环境措施是不可强制执行的。

不同政府级别的责任和任务分配同样影响叠加。在辅助性原则的基础上，通常认为决策当局应处在解决问题的最适当层次。遗憾的是，正如欧盟的讨论中明确指出的那样（Toulemonde，1996；MacCormick，1997），辅助性原则不是一个明确的标准。辅助性原则对于叠加是否有意义？我们认为可能有意义，叠加涉及后续规划层次上对规划和决策的影响。体制框架决定了约束力的范围，强制性手段或仅仅“更柔和的”手段（如说服和沟通）可用于执行战略举措中列出的政策。

25.2.6 使战略环境评价和环境影响评价保持一致

由于其各自的性质不同，在各规划层次进行的评价也是不同的，从以下几点可以看出（见 Sadler and Verheem，1996；EC，1999；Jansson，2000；Fischer，2002b）：

（1）**信息类型**：在政策层次有更多的定性信息可资利用，而在计划层次则有更具体的定量信息。

（2）**使用的方法和技术类型**：在战略层次，通常基于判断的“一刀切”式的定性方法趋向于占主导地位，而在方案和项目层次，定量方法趋向于占主导地位。例如，在运输规划部门，应用范围主要覆盖情景模型、联合仿真分析、政策层面的研讨会、地理信息系统（GISs）叠加制图、计划水平的影响矩阵、清单、多准则分析或计划一级的成本效益分析。其他各方的参与方法也可能得到应用（使用互联网、头脑风暴会议、设计研讨会、正式协商、审查等)。公众咨询的方法也随着主导政策、规划和计划层次的利益团体的不同而不同，而一般市民往往只有在他们的利益受到项目的直接影响时才表现出兴趣。

（3）**有关战略举措的决策制定过程中涉及的问题类型**：“是否”、“为什么”和“是什么”的问题可能与政策更相关。“是什么”和“何处”的问题是对规划而言的，而“何时”和“如何”的问题是对计划而言的。然而，对此每个人都应该牢记，战略规划的战略环境评价中可能会考虑到类似“如何”这样的问题，而项目环境影响评价（尽管限制在小范围内）可能会涉及类似“何处”这样的问题（Nooteboom，2000）。

（4）尤其因为最终项目是在战略环境评价的参考水平上详细定义的，战略层次的战略环境评价中的风险和不确定性就不可避免地要大于项目层次环境影响评价中的风险和不确定性（Tomlinson 和 Fry，2002）。此外，环境背景评定不可避免地与项目层次环境影响评价有不同的细节层次（见前文）。例如，当选址问题还没有得到解决时，受保护物种受到的影响是不可能得到评价的。相反地，考虑到合适的栖息地的出现，以风险为基础的方法是唯一可行的方法。因此，重要的是战略环境评价要侧重于那些使评价看上去很强势的要素，并且提供一种解决这种问题的机制。

为了实现有效的叠加，当进行后续环境评价时上述差异必须被考虑到。人们期望在战略环境评价层次能得出与环境影响评价层次大致相同的答案（Tomlinson 和 Fry，2002）。至少，这些答案应在方向上保持一致。如果战略环境评价提出特定战略只是为了使环境影响评价发现项目产生了不可接受的环境影响，那么战略环境评价/环境影响评价系统将会招致相当多的批评。环境影响评价应该不断地完善，而不是与战略环境评价相互混淆。然而，能确保将重点放在面向战略环境评价的以目标为导向的方法上，以使模糊目标设定在必须得到评价的重大环境影响方面吗？此外，预测方法上的不同也意味着评价结果往往不是从一个评价水平调整到另一个评价水平。不可接受的是使战略环境评价错过那些可能会威胁到项目可行性的关键影响，特别是当该项目对规划战略的推出而言至关重要。

25.3 处理实践过程中的叠加

针对政策、规划和计划而制定的战略环境评价最终应强化贯穿于规划和决策流程的环境评价的作用。然而，在不同规划层次上各种评价之间的联系是相当复杂的，并且很少在实践中得到解决。如前所述，不仅能够发现规划、行政或区域层面之间的垂直叠加，还能发现跨部门或同一层级的不同机构之间的水平叠加以及这些叠加的组合（对角叠加）。此外，这之间的关系不仅是向下的或侧向的，还可以是向上的（例如，一个影响其他项目/环境影响评价或战略举措/战略环境评价的项目/环境影响评价。在实践中，这样的例子常常是无力的、隐晦的、临时的或缺失的）。

25.3.1 决策海洋中的环境评价孤岛

图 25.4 描述的是在决策的惊涛骇浪中存在的环境评价孤岛。实施战略环境评价和环境影响评价不能确保各规划层次将会相互连接。此外，许多活动和决定都是在没有正式环境评价的情况下做出的，并且是在“水线下”。

通过叠加来衔接决策对于实现如下这些战略环境评价目标而言是至关重要的：强化环境评价；预防对替代方案和争议问题终止讨论；应对累积性的大规模影响；促进利益相关者参与；在规划和决策中纳入可持续性因素（Sadler 和 Verheem，1996；EC，1999；Tomlinson 和 Fry，2002）。

虽然叠加往往被视为一个非常理论性的概念而罕见于复杂的实际规划操作中，但是我们认为它可以是一个指导原则。没有叠加，战略环境评价的有效性就局限于对拟议 PPP 的质量检查。叠加可能提供了一个有用的方法来处理贯穿整个规划过程的不确定性，并有助于保障可持续发展。换句话说，叠加可能桥接了环境评价孤岛（图 25.4）。

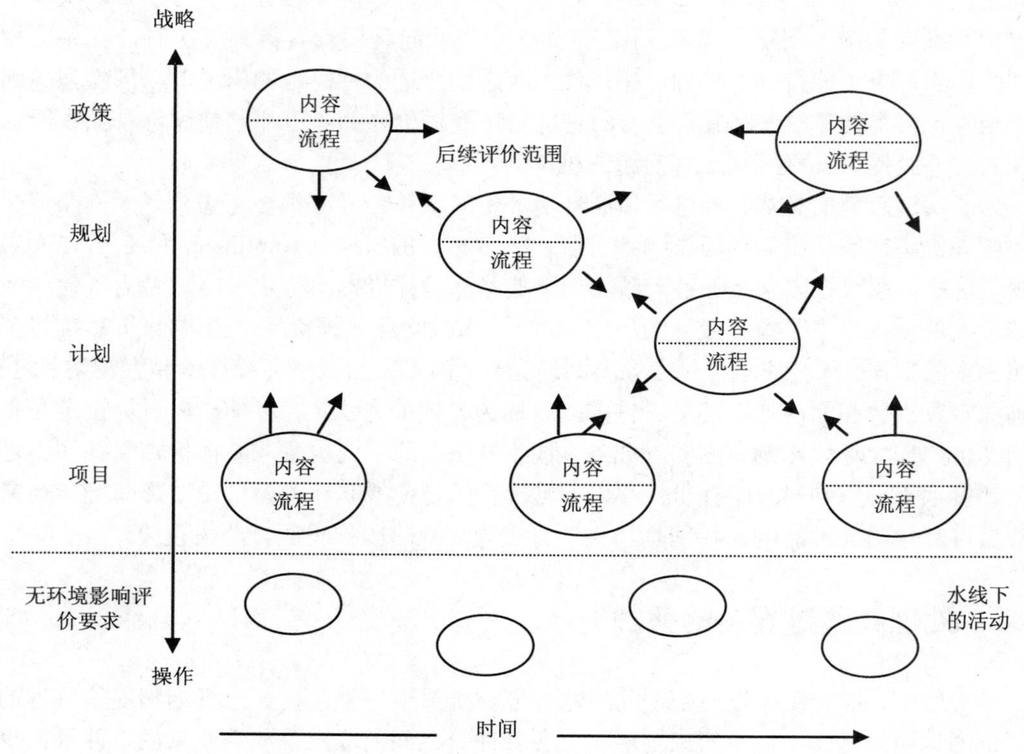

图 25.4 桥接决策海洋中各环境评价孤岛的叠加操作

为了维护结构化、系统化方法的完整性，以及为了实现贯穿整个规划实施过程的足够的灵活性，需要留意的是决策和评价的内容和过程。战略环境评价中的不确定性是固有的，我们需要认识到它，尽管不是必须在这一阶段得到解决。叠加可以通过确定现在需要知道什么和稍后可以/应该处理什么来协助处理结构化方式中的不确定性。Holling 的适应性环境管理原则与此有关；如果没有贯穿规划过程的某种适应性管理形式，那么政策/规划实施的失败可想而知（Holling，1978；Noble，2000；Morrison-Saunders 和 Arts，2004）。因此，为了在后续环境评价中搭建桥梁，叠加需要采用由以下要点组成的双向方法：

- 先前战略举措和环境评价（战略环境评价或环境影响评价）的后续操作。先前的举措应为后续计划/项目设置日程表，而后续计划应传递"接力棒"。
- 后续计划/项目的范围划定应考虑到由先前战略举措/项目和环境评价带来的问题。

利用这种方法，环境评价（内容）的范围集中于适当层次的规划和决策（没有太多的信息和细节层次等，没有忽视关键问题）。问题推迟到规划进程的下一步是可以接受的，前提是做出的决定仍然强力和有效，并且这些问题在后续计划和之后的环境评价中能切实得到解决。当以内容为导向的环境影响评价方法不可能实现，过程要素则通过在对规划本身所固有的不确定性和风险加以管理时采取灵活手段从而构建于后续评价——即采取对冲手段和规避手段这两种相辅相成的方式（Morrison-Saunders 和 Arts，2004）。

25.3.2 后续评价和叠加

战略环境评价的后续评价在将问题于各个规划层次的战略环境评价之间以及战略环境评价和环境影响评价各层级之间予以适度转移的过程中起着重要作用（本书第三十一章有所讨论，另见 Partidário 和 Arts，2005；Partidário 和 Fischer，2004；Arts，1998）。关系到战略环境评价相关后续评价的体制框架和法规在芬兰、荷兰、加拿大、南非、中国香港和欧盟均可寻觅到踪影（Partidário 和 Fischer，2004）。欧盟战略环境评价指令（2001/42/EC）通过第 3（2）款的规定明确假设了不同规划层次的战略环境评价和环境影响评价的叠加。这一指令的第 10 条要求成员国"监测规划和计划实施中的重要环境影响"。

战略环境评价的后续评价可以被看作是叠加范围内的一个潜在辅助性手段，其中包括允许提议者通过检测、评价和管理来检查和设置战略环境评价后续步骤的初始参数。此外，在特定的时间点，它可用于与各利益相关者就这些进程或结果进行沟通。这种后续评价的准备工作应尽早开始（最好在决策阶段之前），以规定后续计划的内容范围与需求的筛选程序。通过这种方法，战略环境评价的后续计划可以与决策和公众评议阶段的政策、规划和计划的批准相衔接。考虑到用于衔接战略环境评价和环境影响评价的后续评价的作用，需要涉及的相关要点包括（Marshall 和 Arts，2005）：

- 明确的政策、规划和计划目标的转移（保持层级之间方向上的连续性）。
- 知识转移（例如，影响信息）。
- 责任转移（政府组织内部或各方之间）。
- 风险管理（后续评价作为风险管理工具）。
- 已商定的协议的转移（例如，设计原则、项目选择、关键问题等）。

更具体地讲，可能需要后续评价的问题包括：

- 环境与可持续发展目标。
- 有关制定备选方案的决定。
- 不确定性与知识鸿沟（关于影响和措施）。
- 实施过程终致失败的风险。
- （地区、社会和政治上的）灵敏度或公众关注。

为确保与后续决策和环境评价仔细叠加，作为战略环境评价后续评价一部分的监测和（或）评价活动应在战略举措得到批准后开始，并且应覆盖战略举措就绪的整个时期。然而，随着后续环境影响评价的实施，战略环境评价的后续评价开始变得冗余。

为了实现一项用于衔接战略环境评价和环境影响评价的流程管理功能，必须追踪提供了有关战略环境评价制定与绩效的反馈的环境指标（监测、评估），还必须追踪战略环境评价后的决策、管理和使得问题转移到下一个活动层级（前馈式）的沟通行动。管理响应可以与以下各要素相关联：

- 关于修改和修订战略举措本身的决定。
- 战略举措中规定的行动。
- 为这些举措设置正式框架的决定和行动。
- 其他的所有决定和行动（见图 25.4 中"水线下"的部分），可能会利用规划机构所使用的环境管理系统（Cherp 等，2007；Marshall 和 Arts，2005）。

为了做到这一点，战略环境评价后续工作必须起到一个管理过程、一个方法或规定了必要行动过程的程序的作用。特别是它应包括一份表明战略举措将要或应当得到实施的方式的路线图。还有，为了实现适应性管理反应中的积极性和灵活性，剩余风险和各利益相关者的利益需要被确定。这一流程图应有助于使人们了解后续阶段的责任应在哪里。除非已经存在共识或合作，否则杠杆作用或用于约束其他相关方的能力的缺失会限制叠加的效果，例如，“不在我家后院”（利己主义）这样的态度和附属问题。公众的压力可能有助于确保问题适当转移到下一个层次。评价行业圈还可以提供不同规划层次之间的连续性（政策、规划和计划以及项目）。总体而言，责任的授权而非弃权必须成为叠加的口号——不能“推诿”。

公众参与的问题对于叠加是很重要的，尤其是为了实施战略举措而需其他方的合作时（以及为实施战略环境评价后续工作时）。在战略环境评价和环境影响评价各层级之间需要保持透明度和流程控制。对战略环境评价（和后续环境影响评价）的信心应足以加强责任机构的透明度和问责制，同时明确地向第三方传达有关战略环境评价流程对后续规划和环境评价所起的作用和贡献等信息。通过转移公众的关注点或与环境评价活动相关的问题，并捕捉和传递利益相关者所提出的与后续层级活动有更大相关性的想法，也可起到协助沟通程序的作用。

最后，战略环境评价流程的组成部分（特别是战略环境评价报告）必须清晰地向各方阐明应用了什么和（通过后续机制）向下一规划层转移了什么。与此相关的是，一项战略环境评价后续计划应能提供旨在及时引导这些问题对号入座（图 25.4 中的“环境评价孤岛”）的图。这使得在后续层次中能涉及相关问题的早期预警。

25.3.3 范围划定与叠加

在后续层次中，划定计划/项目和环境评价的范围对于确定相关问题、替代方案、效果、细节层次、方法是至关重要的。在实践中，叠加可能被视为贯穿整个规划和决策过程的“持续性范围界定的艺术”。首先，这种范围划定需要考虑移交的问题。先前的战略举措和战略环境评价后续计划的结果导致了这个结局。

理论上，战略环境评价和后续环境影响评价应彼此保持一致和相互巩固，前者提供了为后者划定范围的框架以及一个更加突出和有效的环境影响评价前景。因此，可以更好地限定后续环境影响评价的范围，战略环境评价可以因此缩短项目交付的时间尺度。此外，如果先前的战略环境评价或战略环境评价后续评价的结果表明几乎没有环境影响，那么就有可能移除或集中项目评价的负担，例如，等级审批或环境影响评价阈值/类别的变化。

当将政策、规划和计划的战略环境评价与项目环境影响评价叠加时，需要认识到规划层次、各部门以及计划/项目和环境评价运作的平台（政治、财政和技术背景）之间的差异。并不是每一个问题都可以或应该在战略环境评价中解决。如前所述，问题推迟到下一个阶段是可接受的，只要决策保持有效并且问题能在后面的环境评价中得到解决。如 Nooteboom（2000）所指出的那样，战略层可以完善和缩小后面层级（影响和考虑到的备选方案）的环境评价的范围。

叠加使得更容易确认下一层应予考虑的问题，而下一层可以将重点放在真正需要借助决策来应对的影响。根据 Nooteboom（2000）的观点，有三个机制与此相关：

（1）使战略举措受制于战略环境评价的“漏斗效应”反过来影响了在下一层被考虑到的备选方案的范围（例如，通过排除某些替代方案）。

（2）战略环境评价可以被用于建立环境规划框架，根据这一框架可以识别、监测和评价下一层决策的影响（与战略环境评价的后续评价衔接）。

（3）战略环境评价提供了有用的信息和经验，使得下一层环境评价“拔得头筹”。

当叠加做得比较完善，且战略环境评价和环境影响评价结合成一个评价过程时，表25.1中确认的益处就显而易见了。

表 25.1　战略环境评价和环境影响评价影响范围的划定

问题	潜在的好处
聚焦在重大影响上	（1）一些项目并不要求实施（“水线下的”）环境影响评价，但是会有累积效应，因此也应在环境影响评价中予以适当的考虑。 （2）环境影响评价并不善于应对大尺度（国家的或全球的）影响，因此这些影响可能在战略环境评价中得到评价
一些影响仅能在后面的阶段得到解决	一些影响直到做出决定时才能得到评价，但是尽早对其予以识别仍然是很重要的，因为它有助于使人们知悉环境影响评价的范围
有些影响属于其他部门或战略环境评价的范畴	法规可能要求某些影响在后面的流程中或由其他组织来解决
有些影响不显著或过于局部化	阈值可能暗示后期评价可以忽略这些影响，但是考虑到累积影响的潜在可能性，并且如果存在疑问，那就进行评价
一些影响只能在更高的决策层得到缓解	不但有可能应对重大影响，还有可能减轻、避免许多小规模的或间接的影响

来源：Tomlinson 和 Fry，2002。

然而，在划定下一层次环境评价范围的过程中，一些重要因素（来自前面的讨论）包括：时间滞后的问题，使战略环境评价和环境影响评价信息保持一致，拟议举措与前期政策、规划和计划（能力、辅助性、体制框架）之间的正式关系，以及利益相关者的参与。当问题变得更加具体且后果能直接感受到的时候，战略环境评价过程中支持既定战略的利益相关者的地位是否能切实转化为在这些层次上的支持，还有待观察（Tomlinson 和 Fry，2002）。

先前环境评价的后续评价与下一项评价的范围划定有密切联系。“意大利国旗”的图片也许能说明这一点。在审慎的战略环境评价后续程序中，对下一阶段不需要关注的“绿色”问题（例如只在前面的战略层具有相关性的问题）和在后续程序中需要关注的“红色”问题（例如已知的不确定性和风险）应加以区分。下一层的范围划定尤其需要关注那些处在“空白”区域（例如，事先未知的新发展领域）的问题。在此，问题和规划或项目目标的详细定义是至关重要的（Arts 和 van Lamoen，2005）。

联合项目和活动的累积影响值得特别关注。前期层级分析中的战略环境评价应涉及多个项目和活动的累积（和协同）影响。应寻求适当的替代方案来减少不利影响。当后续规划和决策批准了各类项目和活动，直至超出限度时，潜在问题就可能出现了。即使令这一局面出现的最后一个项目对累积总量的贡献很小（即压断骆驼脊梁的最后一根稻草），该项目也不能被承认。如 Nooteboom（2000）所述，该项目就变成了规则的“受害者”。在这种情况下，修订原来的战略性政策、规划和计划可能极具诱惑力，当（外部）压力很大时尤其如此。

25.4 结论

叠加可起到以下作用（Marshall 和 Arts，2005）：

（1）可以使支持者有限兑现规划承诺，确保关键数据和（战略环境评价的）研究结论的质量，并有助于做出管理决策，这些对后续环境评价层均具有公认价值。

（2）可以视为缓解管理措施的预警手段，力求在实际环境影响发生之前预防负面影响和确保积极行动。

（3）可作为在后续环境影响评价活动中的质量保证、控制和管理的工具，以确保与早期战略环境评价流程的连续性，对后续规划层环境评价的范围划定加以考虑并保障战略环境评价和环境影响评价之间的一致性。

（4）它可以提高贯穿规划和决策流程的环境评价的效率。叠加可以提供机会来在后续规划阶段引入“等级”审批（减少项目评价的压力）和重点更明确的环境评价。也有可能强化体制和加强组织间合作。

（5）它允许实践者根据不断演变的政策、规划和计划以及最终的项目形成过程或其他活动的发展过程所展现出的复杂性来保留一份路线图，以跟踪环境和可持续发展目标的实施情况。

有效的叠加手段通过利用后续评价和作为前馈与反馈的“桥头堡”的范围划定等流程管理，而在不同的规划层和环境评价“孤岛”间搭建桥梁。叠加面临的主要潜在约束是：规划实践中政策、规划和计划与项目的复杂排序；时间延迟或环境评价信息有限的生命周期；承担和运作战略环境评价和环境影响评价的规划区域的差异；政府机关有限的影响力（由于能力和附属问题）；确保战略环境评价和环境影响评价彼此一致。

叠加的有利条件是：

（1）在政策、规划和计划与项目之间存在强大的功能联系。

（2）等级结构化组织形式的正式规划系统的可用性，包括针对政策、规划和计划（制度化）的叠加而提出的具有法律约束力的要求。然而，这不会是一个充分条件。

（3）文化因素也是相关的——有效的叠加依赖于协调不同层次的环境评价并吸取上一层次经验教训的可能性和意愿。

（4）如果政策、规划和计划与项目规划和决策掌握在一个机构手中，叠加的桥梁可能更容易搭建。跨越行政边界的叠加将更加难以实现。

当局必须积极地处理叠加问题。危险的是，我们把自己埋在主题队伍不断壮大的评价任务中，而忘记了该进程的目的是为了沟通和向决策者提供信息。除非决策者对环境评价流程亲历亲为，否则他们可能会对决策制定的灵活性的缺失做出负面反应，并且质疑这一流程的成本效益。在这种情况下，重要的是与那些不得不处理规划所产生的问题的相关人员进行接触，并且向其他部门/层级移交环境责任和行动。否则，叠加将无法有效运作。在一个运作良好的叠加体系中，推迟讨论问题是可以接受的，只要决策依然是强有力的——并且问题能在其他地方切实地得到解决。

为了将问题分配到不同层次，针对问题、利益和利益相关者来制图是至关重要的。由于并不是所有的政策、规划和计划都会促成环境评价项目，而是也有可能推动实施其他正式或非正式的具有环境意义的非环境评价类活动，因此这一类制图尤其重要。因此，在叠加中需要考虑的不仅是法律体系以及正式和非正式要求，还有制定政策、规划和计划（PPP）的文化背景、经济和政治体制以及沟通与互动的方式。这就涉及习惯于和你想要施加影响的那些人说同样的语言。

总而言之，可以说叠加有三个主要特点：

（1）叠加在实践中难觅踪影，往往在某些规划层次上缺失。规划层之间的关系并不仅仅是向下，而是更加复杂。

（2）叠加作为环境评价实践操作的指导原则是很有用的。可以说环境评价的系统化叠加是可持续发展决策的一个先决条件。针对大尺度、累积性环境问题，需要具备从最高战略高度到具体操作层次的决策和评价的结构化与系统化方法。叠加提供了一种手段，将规划目标明确地转移到了其他政策、规划和计划中或项目层次的规划中。

（3）叠加可以看作是对（战略）环境评价质量的检验。适当的叠加可以防止问题讨论的终止，可以支持适当规划水平上的问题评价（防止临时性的和形式上的评价），并且有助于推动形成对环境响应更为积极的规划与适应性管理。最后，叠加要求（同时还有可能加强）利益相关者的参与，并使环境评价与战略决策的透明度均得到了提升。

注释

① 谨此纪念于 2007 年 3 月 8 日去世的 Henk Voogd，一位伟大的学术界人士。Henk 是荷兰格罗宁根大学城市地理和规划专业领域的教授。他对环境与基础设施规划评价方法和基本原理的形成和发展做出了卓越贡献。

参考文献

[1] Alton, C. C. and Underwood, P. B. (2005) 'Successful tiering of policy-level SEA to project-level environmental impact assessments: Building a strong foundation for tiering decisions', paper presented at the IAIA SEA Conference, Prague.

[2] Annandale, D., Bailey, J., Ouano, E., Evans, W. and King, P. (2001) 'The potential role of strategic environmental assessment in the activities of multi-lateral development banks', Environmental Impact Assessment Review, vol 21, pp407-429.

[3] Arts, J. (1998) EIA Follow-Up: On the Role of Ex Post Evaluation in Environmental Impact Assessment, Geo Press, Groningen.

[4] Arts, J. and van Lamoen, F. (2005) 'Before EIA: Defining the scope of infrastructure in the Netherlands', Journal of Environmental Assessment and Project Management, vol 7, no 1, pp51-80.

[5] Bache, I. and Flinders, M. (eds) (2004) Multi-level Governance, Oxford University Press, Oxford.

[6] Bina, O. (2003) 'Re-conceptualising strategic environmental assessment: Theoretical overview and case study from Chile', PhD thesis, geography department, University of Cambridge.

[7] Cherp, A., Partidário, M. R. and Arts, J. (2007) 'From formulation to implementation: Strengthening SEA through follow-up', Chapter 32 in this volume.

[8] Deelstra, Y., Nooteboom, S. G., Kohlmann, H. R., van den Berg, J. and Innanen, S. (2003) 'Using knowledge for decision-making purposes in the context of large projects in the Netherlands', Environmental Impact Assessment Review, vol 23, no 5, pp517-541.

[9] EC (European Commission) (1999) Manual on Strategic Environmental Assessment of Transport Infrastructure Plans, drafted by DHV Environment and Infrastructure, DG VII Transport Brussels.

[10] EU (European Union) (2001) Directive 2001/42/EC of the European parliament and of the Council, of 27 June 2001 on the assessment of the effects of certain plans and programmes on the environment, vol L197, pp30-37.

[11] Dalal-Clayton, B. and Sadler, B. (2005) Strategic Environmental Assessment: A Sourcebook and Reference Guide to International Experience, Earthscan, London.

[12] De Roo, G. (2000) 'Environmental conflicts in compact cities: Complexity, decision making, and policy approaches', Environment and Planning B: Planning and Design, vol 27, pp151-162.

[13] De Roo, G. (2003) Dutch Environmental Planning: Too Good to be True, Ashgate, Aldershot.

[14] Fischer, T. B. (2002a) Strategic Environmental Assessment in Transport and Land Use Planning, Earthscan, London.

[15] Fischer, T. B. (2002b) 'Towards a more systematic approach to policy, plan and programme assessment: Some evidence from Europe', in Marsden, S. and Dovers, S. (eds) SEA in Australasia, Federation Press, Sydney.

[16] Fischer, T. B. (2005) 'Rationality and SEA, effective tiering: Useful concept or useless chimera?', paper presented at the IAIA SEA Conference, Prague.

[17] Holling, C. (ed) (1978) Adaptive Environmental Impact Assessment and Management, John Wiley, Chichester.

[18] James, E. and Tomlinson, P. (2005) 'SEA of multiple plans: Can it work?' paper presented at the IAIA SEA Conference, Prague.

[19] Jansson, A. H. H. (2000) 'Strategic environmental assessment for transport in four Nordic countries', in Bjarnadottir, H. (ed) Environmental Assessment in the Nordic Countries, Nordregio, Stockholm, pp39-46.

[20] Kørnøv, L. and Thissen, W. A. H. (2000) 'Rationality in decision and policy-making: Implications for strategic environmental assessment', Impact Assessment and Project Appraisal, vol 18, no 3, pp191-200.

[21] Lee, N. and Wood, C. M. (1978) 'EIA: A European perspective', Built Environment, vol 4, pp101-110.

[22] Linden, G. and Voogd, H. (eds) (2004) Environmental and Infrastructure Planning, Geo Press, Groningen.

[23] MacCormick, N. (1997) 'Democracy, subsidiarity and citizenship in the European Commonwealth', Law and Philosophy, vol 16, pp331-356.

[24] Marshall, R. and Arts, J. (2005) 'Is there life after SEA? Linking SEA to EIA', paper presented at the IAIA SEA Conference, Prague.

[25] Morrison-Saunders, A. and Arts, J. (eds) (2004) Assessing Impact, Handbook of EIA and SEA Follow-up, Earthscan, London.

[26] Niekerk, F. and Voogd, H. (1999) 'Impact assessments for infrastructure planning: Some Dutch dilemmas', Environmental Impact Assessment Review, vol 19, no 1, pp21-36.

[27] Noble, B. F. (2000) 'Strategic environmental assessment: What is it? And what makes it strategic?', Journal of Environmental Assessment and Project Management, vol 2, no 2, pp203-224.

[28] Nooteboom, S. (2000) 'Tiered decision-making-environmental assessments of strategic decisions and project decisisons: Interactions and benefits', Impact Assessment and Project Appraisal, vol 18, no 2, pp151-160.

[29] Partidário, M. R. (1999) 'Strategic environmental assessment: Principles and potential', in Petts, J. (ed) Handbook on Environmental Impact Assessment, vol 1, Blackwell Science, Oxford, pp60-73.

[30] Partidário, M. R. and Arts, J. (2005) 'Exploring the concept of strategic environmental assessment follow-up', Impact Assessment and Project Appraisal, vol 23, no 3, pp246-257.

[31] Partidário, M. R. and Fischer, T. B. (2004) 'Follow-up in current SEA understanding', in Morrison-Saunders, A. and Arts, J. (eds) Assessing Impact: Handbook of EIA and SEA Follow-up, Earthscan, London, pp224-247.

[32] Sadler, B. and Verheem, R. (1996) Strategic Environmental Assessment: Status, Challenges and Future Directions, Ministry of Housing, Spatial Planning and the Environment, The Hague.

[33] Thérivel, R. (1998) 'Strategic environmental assessment in the transport sector', in Banister, D. (ed) Transport Policy and the Environment, E. and F. N. Spon, London, pp50-71.

[34] Thérivel, R. and Partidário, M. R. (eds) (1996) Practice of Strategic Environmental Assessment, Earthscan, London.

[35] Thérivel, R., Wilson, E., Thompson, S., Heartly, D. and Pritchard, D. (1992) Strategic Environmental Assessment, Earthscan, London.

[36] Thissen, W. (2000) 'Strategic environmental assessment at a crossroads', Impact Assessment and Project Appraisal, vol 18, pp174-176.

[37] Tomlinson, P. and Fry, C. (2002) 'Improving EIA effectiveness through SEA', paper presented at the 22nd Annual Meeting of the IAIA, The Hague, 15-21 June.

[38] Toulemonde, J. (1996) 'Can we evaluate subsidiarity? Elements of answers from the European practice', International Review of Administrative Sciences, vol 62, pp49-62.

[39] UNECE (United Nations Economic Commission for Europe) (1992) Application of Environmental Impact Assessment Principles to Policies, Plans and Programmes, UNECE, Geneva, Environmental Series no 5.

[40] Wood, C. (2003) Environmental Impact Assessment-A Comparative Overview, Prentice Hall, Pearson Education, Harlow.

[41] Wood, C. and Djeddour, M. (1992) 'Strategic environmental assessment: EA of policies, plans and programmes', Impact Assessment Bulletin, vol 10, no 1, pp3-21.

第五篇
战略环境评价过程发展与能力建设

第二十六章　战略环境评价过程发展与能力建设

玛丽亚·R·巴尔蒂达里奥
（Maria R.Partidário）

引言

当20世纪80年代末到90年代初那段时间第一次召开关于战略环境评价（SEA）相关性和需求的讨论会时，世界范围内战略环境评价的应用规模和速度早已远远超出预期。据目前对国际应用领域的观察，多用途和多形态评价工具已初具雏形。有人认为战略环境评价多样性会给其高效、务实的应用带来相当大的混乱和麻烦。而其他人则把多样性看作是一种机会，使得战略环评适用于不同国家和机构的决策和规划。

虽然已经有了不少经验，但 SEA 仍远未发展成熟。一旦获得经过合理论证且与其形成发展所依托的不同背景密切相关的充分论据，并就不同方法优缺点展开必要讨论来对其加以支持后，最终将形成一种高效手段。为实现这一目的，旨在加强实践的程序开发和旨在积累专业技能的能力建设均是必需的。许多作者已在反驳“万灵丹”式的SEA，而在什么是可接受的SEA形式这一问题上仍有很多分歧，涉及SEA的原理、范围、程序制定、与决策过程的关系、时机、工具、体制框架和诸多其他要素。

第五篇涉及许多不同的主题，但有着共同的目标，即通过程序制定和能力建设来完善SEA。其中包括战略环境评价的理论和研究（第二十七章）、专业和体制能力建设（第二十八章）、体制挑战（第二十九章）、导则（第三十章）、SEA 跟踪评价（第三十一章）和基于知识的完善信息体系（第三十二章）。以上各章均代表了不同角度，并涵盖有助于从概念和经验上巩固SEA的各要素。

本章对已在不同峰会和专业会议上讨论过的上述领域和要素以及相关问题做了专题综述。这一综述取材于本书各章节以及国际影响评价协会（IAIA）布拉格会议上做出的关于完善SEA标准和能力建设的深入讨论。本专题综述突出了SEA能力建设和程序开发方面的关键信息，并制定了行动纲领以供IAIA和其他专业机构遵守以完善上述领域相关研究工作，从而结束本次会议。

26.1　关键主题

本节的讨论集中于（在布拉格会议上提出的）四个主要问题：

（1）每个主题的主要趋势是什么？

（2）在推进已讨论的要素和领域时取得了哪些进展？

（3）还需要做些什么？未来行动的首要任务是什么？

（4）IAIA 如何促成这一议程的执行？

在接下来的段落中，将突出从每个主题中得出来的两个最强有力的观点和主要结论。第二十七章至第三十二章将阐述这一议程中的关键问题。

在第二十七章，Bina、Wallington 和 Thissen 思考了 SEA 理论和引起激烈辩论的 SEA 科学基础问题。这两个最强有力的观点围绕着以下两点展开：（1）战略性运用手段的必要性；（2）对 SEA 核心事务的讨论和说明。换句话说，SEA 是否应该融入政策、规划或计划中以完善其自身，还是说 SEA 旨在完善那些决定发展背景的体系和组织？

作者建议对 SEA 根本目的和其传递机制进行区分，并区分制度化 SEA 系统和单项应用（程序和工具）。他们得出的结论是，战略环境评价的研究需要把重点放在三个核心问题上：SEA 的实质目的、达到这一目的需采取的策略，以及 SEA 的具体实施机制（程序、技术和工具）。

研究需求和优先事项包括：

- 力求更清晰地阐明上述核心问题。
- 促进各学科之间的跨学科理论交流，使相互受益。这些学科涉及通信、协作性与合理性规划、战略形成理论、政策分析和认知与体制变革理论。
- 探究 SEA 是否应该适应现有的决策过程或试图改变它。
- 鼓励 SEA 从业者融入到 SEA 所处的更广泛背景中。

在第二十八章，Partidário 和 Wilson 提到了 SEA 专业人员和体制能力建设，人们广泛认为这两方面对程序制定至关重要，尤其有助于对决策产生积极影响。这一主题下形成的两个最强有力观点确认：（1）SEA 能力尚未到位，并且还远没有达到理想水平；（2）能力建设的原则和形式必须适应每个国家的实际需要。

在能力建设中需考虑的关键问题包括：哪些层次需要开展能力建设，以及这些层次与国家行动、组织行动和个别行动之间的关系；有必要确认 SEA 背景（政策与规划惯例、机构设置、政治制度的开放性以及合作性与建设性关系），同时考虑到无形因素（例如信任、权力关系、分享的意愿）和有形因素（例如资源的可获取性、内在知识）。这些因素与本书第五篇讨论的其他主题密切相关。

意识到目前有关专业与体制能力建设的经验相对多样化，Partidário 和 Wilson 指出，这项活动应涉及国家 SEA 体系、背景和制度框架并阐述为使能力在得到改善的同时又切合实际而需采取的形式（方法和行动方案）。其他重要结论指出，对 SEA 宗旨予以更好的理解和阐释至关重要，使得 SEA 更具战略性，确保其以决策为核心、以结果为导向，而非以过程为导向，加强了决策过程中 SEA 的战略作用和影响（适应它并可能改变它）。

在第二十九章，Schijf 回顾了旨在完善操作规范的 SEA 导则的目的、作用和多样性。两个最有力的观点是：（1）最佳的实践原则并不总是好的实践原则；（2）使用 SEA 导则可以促进 SEA 发展方向的转变。Schijf 提出了充分理由证明完善化的导则可以推动形成更好的、更灵活的和目的性强的规范。

在得出大多数 SEA 导则以互联网为基础这一结论后，Schijf 认为技术进步促使由各种各样实例支持并定期得到更新的分层化 SEA 导则更具灵活性和适应性。本章进一步罗列了大量补充性的关键经验教训以促进 SEA 导则的完善并进一步充实其内容。

在第三十章，Kørnøv 和 Dalkmann 对 SEA 的组织结构和体制框架进行了回顾。两个强有力的观点是：（1）需要考虑参与者集群模型；（2）政治文化在影响决策方面的作用和效果以及对相关参与组织的意义。他们确认了 SEA 组织结构中的四个关键角色，即政治家、公众管理员、普通大众和研究人员/顾问，并为每个组织阐明了良好规范绩效标准。

在他们看来，实施 SEA 所必需的知识和工具大体上已付诸实践，但组织要素，如非价值无涉的、理性的和线性的决策过程、建立健全的程序和机制以及不同的体制和政治文化先决条件等仍然薄弱或缺失。这就要求对关键挑战予以更充分的认识，例如处理好正式与非正式组织结构、加强交流、了解现有的权力集群，并认识到利益相关者有其不同的理性观点（规范、价值观念、态度），并且要有具体的参与形式和时机。

在第三十一章，Cherp、Partidário 和 Arts 阐述了 SEA 的跟踪评价并讨论了 SEA 的意义、重要性、潜力和实施这一阶段评价程序所带来的益处。两个最强力观点是：（1）战略环评的跟踪评价要比环境影响评价的跟踪评价复杂得多，且采取多种形式；（2）SEA 的实施应该贯穿于战略行动计划的整个生命周期。

SEA 跟踪评价的主要挑战包括："组织锚定效应"或"体制所有权"概念（谁应该承担 SEA 跟踪评价）及其与其他环境政策工具和手段（如政府当局实施的环境管理战略）之间的相互关系。作者认为 SEA 不仅应该影响战略文件的正式内容，还应影响其实际应用情况，后者可能受规划阶段不确定性、不可预见的情况或明显偏离原定计划等诸多因素的影响。SEA 可以通过以下一系列手段来发挥这一作用：监督、评价、管理和交流——这里统称为"SEA 跟踪评价"。SEA 跟踪评价概念化的最新进展表明，它应该遵循几条"轨迹"来实施监督和评价，且不仅要涉及战略举措的影响，还要涉及其执行、目标的实现、基础假设的变化以及相关活动。

在第三十二章，van Gent 概述了当前 SEA 的知识中心及其对整体能力建设和程序制定所具有的潜在重要性。两个最有力的观点是：（1）对于能够访问这些资源的人来说有太多可用的 SEA 信息，但是对于那些不能够访问这些资源的人来说，可用的 SEA 信息又太少；（2）应该有一个以上的 SEA 知识中心。

van Gent 指出的关键挑战是指，由人际关系和书面材料支撑的数字化信息和网络信息的持续发展（很可能在未来有所增长）。在这方面大学可以发挥重要作用，特别是在发展中国家，但在研究和实践方面，还需寻求更好的方法与机会来相互学习。作者设想了一个知识交换体系，它牢固立足于国家节点并与局域网和更广泛的网络相连接。

26.2 有关能力建设和程序制定的核心信息

26.2.1 主题要点

各个主题相互之间都表现出一定程度的一致性，对此可以做出结论来强调有关 SEA 程序制定和能力建设等综合性主题的核心信息。这可以用三大标题来概括：改进 SEA 标准、开展面向可持续发展的决策制定能力建设以及认可针对 SEA 存在理由的多样性阐述。下文对这些要素做了简要讨论。

26.2.2 改进 SEA 标准

SEA 是具体情况具体分析。这是所有主题均传达出来的强有力信息。以下是改进 SEA 标准所遵循的方式方法：

- 编制简单的补充性实践导则。
- 开设资格鉴定课程（包括教育及专业培训）。
- 开展实证研究和理论研究。
- 形成法律和监管能力，特别是在发展中国家。
- 实行跟踪评价制度，确保在经验性实例基础上积累知识。

显然，SEA 针对具体情况这一属性可能与通用标准概念相互冲突。因此，选择一个特定背景以作为制定标准规范和 SEA 目标的依据是不适宜的。按照 Schijf 在第二十九章中的主张，导则本身很难强加标准规范，并且必须根据 SEA 的具体背景来编制。只有针对具体情况的标准才可能得到考虑。

国家需要在有关 SEA 规范和绩效评估的强制性标准执行之前就良好规范达成一致意见。布拉格会议上，SEA 静态标准概念这一问题被拒绝讨论。大体上说，有关 SEA 良好规范的议程将取决于背景。这是在改进 SEA 标准过程中所遵守的底线。

具体来说，背景将决定：

- SEA 宗旨（例如，与其他可用的政策评价工具或规划标准相关）。
- 国家体制的性质和特征（依赖于体制框架的构建、参与者集群和环境问题上的权力分享）。
- 参与这一过程的部门及其参与方式（依赖于现有的环境整合水平，以及在环境机构所发挥的作用方面各个部门的战略环评自主权）。
- 制定 SEA 适当方法的专业人员（例如拥有政策科学、土地利用规划、工程和技术等方面专业技能的专业人员，他们使用不同的方法和工具）。

26.2.3 开展面向可持续发展的决策制定能力建设

本书的诸多作者和各个组织均指出：创造条件来实施更有效的 SEA，对于能力建设而言至关重要。Partidário 和 Wilson（第二十八章）引入 SEA 能力建设，作为实现以下目标的手段：改善旨在为 SEA 提供实施环境的管理结构和体制框架；强化实施 SEA 的组织；编制导则；以及为执行 SEA 的个体提供培训。

SEA 本身是一种手段，不是目的。当考虑改进 SEA 时，注意力必须放在环境问题和可持续发展与决策上，而不是 SEA 本身。问题是：SEA 是否可以像其他可持续发展因素一样全面考虑环境问题？SEA 是否有助于实现可持续发展进程和目标？SEA 能否为战略决策制定过程提供帮助和有用信息（Kørnøv 和 Dalkmann 在第三十章中提及）？SEA 能否核查政策、规划和计划（PPPs）或有助于改进确立 SEA 背景的系统和组织（Bina，Wellington 和 Thissen 在第二十七章中提及）？

SEA 能力建设应该遵循关键原则，但是无论在什么情况下都应该针对 SEA 的需求。这将涉及制定技术内容，以及建立适当的机构和组织框架，并有助于更好地利用通讯设施和技术（例如，van Gent 在第三十二章中介绍的基于网络的培训、学习和知识中心）。是否有足够的战略环评能力这样的问题应该由谁需要能力和需要什么样的能力这一问题来做以补充。提高能力来有效实施SEA，这包括进一步整合国家环境评价制度与决策系统，以及保持可持续性的关联性和方向。

26.2.4 对SEA是什么和它应该做什么这一问题的多样化解释

前面已经提到并广泛讨论过了，SEA具有多用途和针对具体情况等特点，并且SEA的存在形式具有高度多样性。许多人认为，对理解SEA的主要动因而言，这种情况既混乱又无效。然而，尽管目前的形势看来是混乱的，但是却被视为一种逐渐改善的标志（Hilding-Rydevik，2005）。这种似是而非的论点意味着我们有着更为长远的打算，正在尝试不同形式的SEA并寻求改进，而不是具体化为一种不能被完全接受的单一形式SEA。

SEA有着尚未完全开发的巨大潜力，并与战略构成、组织框架和可持续发展方法等各方面因素相关联（专栏26.1）。在充分认识到SEA的全部潜力之前，以及在其实际应用状况仍远远落后于其实际能力时，将SEA具体化将是严重无效行为。

专栏26.1 SEA能力建设

上文提到的有关多样化目的和形式的明显混乱形势也可以这样解读：

Capacity-building to focus on

How to

Achieve improvement in

Organizational frameworks for

Sustainable development

即：致力于改善可持续发展组织框架的能力建设，"CHAOS"即为"混乱"，因此亦可视为一种鞭策：SEA使决策过程更为优化，使决策者做出更深思熟虑的决定。

来源：由Tadhg O'Mahony设计。

26.3 IAIA对议程的贡献

布拉格会议上的辩论有助于使我们洞悉IAIA和其他类似组织在确定SEA程序制定和能力建设议程方面可能起到的作用。相关因素包括：

（1）**推动实证研究和理论研究**：IAIA可以通过推进专题性、以研讨会为导向的会议和类似布拉格大会那样关于SEA的概念性"头脑风暴"会议来起到辅助作用。在专业手册等旨在分享概念与经验的出版物中捕捉到这些信息亦很重要，这类手册应被视为SEA思想的倍增器。

（2）**接触其他非影响评价专业领域**：国际影响评价协会一直都是在内部交流。虽然这对于形成和巩固思想很重要，但它不会引领我们在SEA思想的创新和传播道路上走得太远。国际影响评价协会应与代表SEA应用领域的其他专业组织，以及其他致力于巩固SEA知识基础的学科建立强力有效的联系。这需要超越自身界限，力求影响其他相关专业的实践。与其他专业团体，尤其是那些 SEA 用户发展和建立关系并合办活动是很重要的。

（3）**推动对 SEA 的阐释**：IAIA 在协助阐释 SEA 在影响评价手段布局中所发挥的作用方面应扮演重要角色。不仅仅是 SEA 的形式在增加。这些年来，各式各样的影响评价工具正以相当快的速度衍生出来，且均被国际影响评价协会所承认。也许这需要借助一些分析、讨论和综合性方法来阐明各类影响评价工具在目的和结果上的差异，而最重要的是，要把重点放在区分 EIA 与 SEA 的差异上。关键点（在布拉格会议上得到普遍认同）在于，SEA 不应该用来在环境影响评价运转不畅的时候取代其位置。然而，通常很难在 EIA 和 SEA 之间划清界限。

重要的是要确定各个手段的完整性，并要搞清楚如果这些手段得到充分利用的话，会起到什么样的关键作用，以及会对不断增长的影响评价专业知识与规范产生或可能产生什么作用。这意味着通过推动关于 EIA 理论、质量和潜力的讨论来完善 EIA 以阐明 SEA，且有助于解释 EIA 为何不能实现其原本意图和发掘出全部潜力。这将使 EIA 和 SEA 的区分工作得到简化，并有充分理由来将 SEA 推到前台，以研究实际的战略观念和尺度，而不是简单地去弥补环境影响评价（EIA）的不足。

26.4 结论

关于 SEA 仍需要深入研究。需要更多的实证研究和理论研究来更好地理解有关 SEA 的重要性、有效性和高效率等问题。关键底线是，SEA 与具体背景相关。这一点已多次在 SEA 文献中提起，并在本书第二十七～三十二章中得以明确体现。这意味着，对 SEA 是什么和它应该做什么的问题，必须根据不同背景下的一系列经验来理解，这反映了背景和实践的多样性。

SEA 是可持续性工具。可持续发展是最终目的，SEA 就是实现这一目的的手段。虽然 SEA 的重点应继续放在战略发展方面的环境问题上，但需要通过结合了可持续性的物理、生态、社会、文化、体制和经济等方面要素的综合性方法来实施 SEA。要阐述 SEA 的宗旨就需要打破 SEA 的樊篱来采取行动。这就要在 SEA 发展过程中纳入非影响评价相关学科，例如规划与政策制定、决策理论和制度学习以及管理和参与途径。这些都与 SEA 密切相关，但每一项都与完善的基础知识相关联。

改善 SEA 明显也意味着要改善环境影响评价（EIA）。这两种工具之间有太多的重叠，这将破坏 SEA 和 EIA 的完整性和有效性。大部分 SEA 规范可以由完善的环境影响评价来取代，使 SEA 的职能定位于处理战略决策，而这些战略决策在环境基础理论方面又存在疑问，因此需要实实在在地展开调查。总之，我们要避免用 SEA 来取代无效的 EIA 这种趋势。

致谢

本章基于本手册第五篇和 IAIA 会议上有关 SEA 的讨论（布拉格会议，2005）。

第二十七章　战略环境评价理论与研究：对早期论述的分析①

奥莉维亚·比娜　塔巴莎·沃林顿　威尔·西森
（Olivia Bina　Tabatha Wallington　Wil Thissen）

引言

自战略环境评价（SEA）问世以来，学者和战略环评从业者便对技术发展给予了极大热情，以推动其在以战略行动计划为特征的高层决策背景下得到实施。因此，记录案例分析的实际经验、编制“最佳规范”导则，以及比较各个国家的 SEA 实施准则便成为大众关注的焦点。对比之下，尽管有过不止一次的呼吁，但 SEA 的概念演变却乏人问津（Cashmore，2004；Cashmore 等，2004）。尽管 SEA 借鉴了项目环境影响评价（EIA）的经验教训，但它仍面临更高决策层上的一系列根本性挑战。从运输规划到能源政策等各方面发展带来的不确定性和价值冲突表明，传统上赖以“解决”环境问题的知识和技术已经不再胜任各项任务（Wallington，2003）。这些挑战表明，SEA 必须打破“影响评价思维定势”（Bina，2003），这反过来说明需要把注意力重新集中在 SEA 理论发展上。

本章的主要目的是：首先，概述 SEA 理论发展现状及趋势相关讨论的最显著特征。其次，提出三大主题作为概念框架来组织 SEA 文献中讨论到的不同理论问题，在这些文献的支撑下，SEA 实践的理论基础更为牢固。2005 年布拉格 SEA 大会期间召开的 SEA 理论与研究专题讨论会②上发表的论文集使这三大主题（即 SEA 的宗旨、为实现这一宗旨而采取的战略，以及 SEA 的实施机制）得到进一步发展。布拉格研讨会提供了非常宝贵的机会来使 SEA 领域的学者讨论这些问题③，尤其是当文献在这类问题的讨论上明显出现两极分化的观点。最后，强调在 SEA 理论基础及其对进一步研究的意义上仍存在分歧。

27.1　现状与趋势

自从 Wood 和 Djeddour（1992）④第一次明确使用“SEA”这一术语后，这种评价形式便被视为一种在政策、规划和计划层面上引入和维护环境成果的结构性手段（Sadler 和 Verheem，1996；Thérivel 和 Partidário，1996）。首先，SEA 被视为一种工具，当分析时机限制了项目环评主动处理环境问题的能力时，就可以将其用来处理项目环评的某些可察觉缺陷。其次，有人认为对政策、规划和计划的环境后果予以关注就能使 SEA 更有效地推进有关“可持续发展”的国际环境政策议程（Sadler 和 Verheem，1996；Partidário，1999）。

一种主张认为EIA理论体系与原则的解释可以有效追溯到SEA背景下(Clark，2000)，另一种主张认为可以在更高决策层上应用EIA的工具与技术(Thérivel和Partidário，1996)，基于这两种主张，实施SEA被认为至关重要。正如Wood和Djeddour所言（1992），“利用在基本性质上与项目SEA基本类似的某种SEA形式，无论哪个国家引进SEA，都不存在基本方法体系上的问题”。由于专家学者都在自己的著述中滔滔不绝地卖力阐述SEA的目的、作用、收效和实际成果，因此迄今为止的大部分SEA文献都明显弥漫着一种推销式腔调（Fischer，1999；Partidário和Clark，2000；Jones等，2005）。

很多国家以及欧盟和联合国欧洲经济委员会实际上已经完成了SEA的制度化进程（UNECE，2003）。尽管有如此令人叹为观止的主观能动性，然而近期同样针对战略规划的新评价方法和程序（包括但不仅限于持续性评估、持续性影响评价、综合性评价和区域影响评价）的迅速扩展仍然在SEA的特殊地位问题上引起了从业人员、政策制定者和专家学者的困惑。与此同时，专家学者和从业人员已多次提请改变战略环评的操作规范，包括：有必要更全面地分析和整合政策程序（Caratti等，2004)、更多和更严格的正式要求、更具沟通性的方法和更好的工具与技术。此外，尽管SEA的正式制度化进程涉及针对（公共）决策制定过程提出具体建议，仍有越来越多的人呼吁考虑“更广泛背景”，尤其是体制惯性和价值，以及组织和参与方的“环境问题处理能力”(Bina，2003)。

由于各怀各的期望，因此在SEA的未来发展方向上一直没有普遍达成明确共识。这种概念上的混乱对SEA的未来是一个非常现实的威胁，除非相关学术团体和执业者有能力提出充分明确的理由来支持其存在。我们深信，要对此提出充分明确的理由，就需要重新审视SEA的相关理论[⑤]来突出强调开发新技术的重要性。有关决策制定(Lindblom，1971；Weiss，1982；Faludi，1987；Rapoport，1989；March和Olsen，1989)、规划（Lawrence，2000)、政策分析（Torgerson，1986；Thissen，1997；Majone，1989)、社会化与组织化学习（Argyris，1992；Owen和Lambert，1995）以及民主与管理（Grove-White，1999；van Eeten，2001）等理论均体现在近期环境评价（EA）领域的著述中，可以说是这方面可喜的发展势头。本文旨在探讨和阐明SEA理论的某些发展方向（以及随之出现的争议）并构建一个框架来引导今后在这一重要的调查与实践领域的讨论与研究。

27.2 致力于构建概念框架来对理论与方法的争议做出分析

专家们关于SEA理论和方法的争议大概归类为（紧密联系的）三个问题：(1）SEA的实质目的；(2）为实现这一目的所采取的策略；(3）SEA的具体实施机制（流程、技术和工具)。这三个问题可被视为SEA概念框架的关键要素[⑥]。

第一个要素是指SEA的实质性目的[⑦]，即SEA的最终结果和目的，亦即其存在的理由。关于SEA实质性目的的讨论主要集中于其首要任务到底是保护和改善自然环境，还是站在传统观点上，实现社会和经济价值。起初，SEA被视为旨在应对规划和政策决策的环境后果（EC，2001；Sheate等，2001；Thérivel等，1992)，这个观点随后被解释为环境可持续性概念，亦即SEA“可以并应当推动环境可持续发展政策与规划的制定”(Dalal-Clayton和Sadler，2005)。然而，注意力逐渐转移到对可持续性概念更宽泛的理解上，其中涉及在各式各样的世界观所催生出的各类价值观（至少包括社会、经济和环境价值）之间加以平衡。因此，自 1990 年代中期起，随着 SEA 的支持者为其对一系列（潜在冲突性）价值观所起到的作用进行辩护，SEA 被赋予的这一关系到社会决策过程最终意义的宗旨就变得越来越多样化（Brown 和 Thérivel，2000；Dalal-Clayton 和 Sadler，2005；Eggenberger 和 Partidário，2000；Fischer，2003；Noble 和 Storey，2001）。

概念框架的第二个要素是指为实现 SEA 最终目的所采取的策略[⑧]。这些策略与 SEA 的调查对象密切相关[⑨]，所谓对象，我们指的是 SEA 行为所关注的以及 SEA 意欲直接和间接影响到的实体（事务或过程）。例如，在风险评价中是将（不良）事件视为主要调查对象，传统上 SEA 则是将政策、规划和计划（PPPs）视作其对象。这种观点和 SEA 的早期定义相一致（Sadler 和 Verheem，1996；Thérivel 等，1992）。对这些定义的解释通常是这样的，即"战略性"[⑩]环境评价这一术语表明 SEA 试图影响那些构成更高层次决策的"战略"[⑪]，与之相比，EIA 的关注对象是具体场所的开发项目建议书。SEA 活动的首要预期目标是通过向决策制定者通报有关特定 PPPs 的潜在环境影响等情况来对具体决策过程的结果施加影响。

然而，为了施加这种影响，人们意识到光是提供信息是不够的，而 SEA 专业人员或许还需要重视"传统"SEA 所植根的背景。在这里我们将"直接背景"和"大背景"加以区分（图 27.1）。意识到有必要更好地理解"政策制定程序如何运作"以使 SEA 与现有政策程序相适应和相协调，最初将注意力放在了直接背景上：即 SEA 试图影响的计划和决策过程（图 27.1 正中间的一系列正方形）（Nitz 和 Brown，2000）。这使得评价程序更有效，能够影响政策、规划或计划形成过程的整个时间框架内的决策（CSIR，2003；Devon 郡议会，2004；Dalal-Clayton 和 Sadler，2005）。

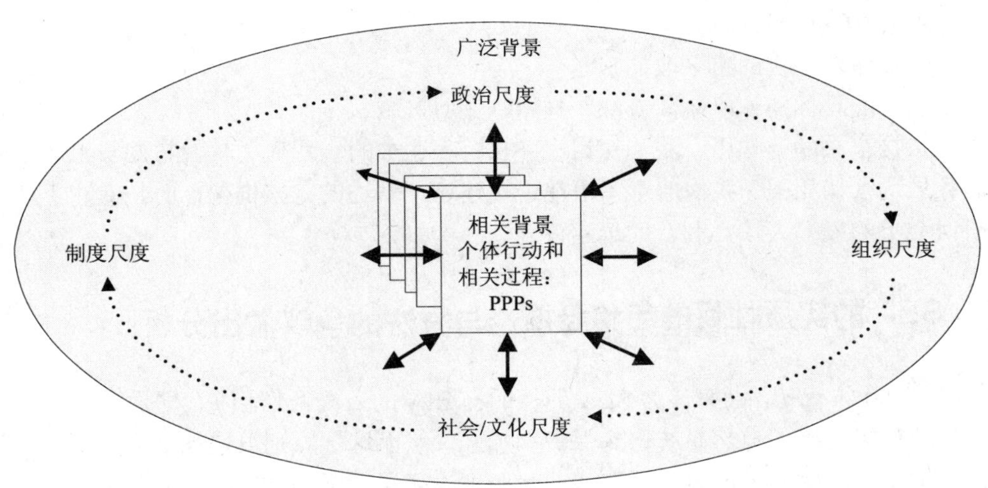

来源：Bina，2003。

图 27.1　与 SEA 理论相关的直接背景和大背景

此外，学者们越来越强调 SEA 实践者有必要专注于 SEA 所处的大背景（Audoin 和 Lochner，2000；Bina，2003；Hilding-Rydevik 和 Bjarnadóttir，2005）。学者们并没有假设 SEA（及其试图影响的决策制定过程）在真空中运作，而是意识到这些过程植根于政策（立法、管理）和社会（政治、文化）背景。同样，SEA 实践者需要了解这些关联性维度，同理他们需要关注直接背景，即更有效地影响决策和改变决策者的思维习惯，打破条条框框。图 27.1 描绘了这一大背景，这包括决策过程的组织和体制定位（组织和体制维度），其自身处于特定的社会背景下，并受到更广泛的社会、文化和政治价值观（政治和社会/文化维度）的影响。

在图 27.1 中我们用黑箭头标出了相互依赖的直接背景和大背景。一方面，大背景借助很多方式，尤其是通过影响决策议程和决策结果的执行来影响决策过程（因此也影响到 SEA）。另一方面，SEA 的引入又能影响决策过程及其直接背景和大背景的要素。通过长期在单一 PPP 层次上重复应用，SEA 可以引导社会学习，并改变特定组织的主流价值观，反过来会促使更多的环境可持续性政策和规划被制定和采纳（Bina，2003）。

这一影响范围强调 SEA 有可能在短期内影响到与具体 PPP 相关的决策制定过程，并在长期内改变制度、组织和社会环境，作为实现 SEA 实质性目的的手段。从这一角度看，SEA 在着眼于具体 PPP 过程的同时，旨在影响直接背景和大背景下参与者和机构的主导习惯、信仰和价值观，以使他们对（环境）可持续性更具责任感。在早期用语中，这些背景因素被视为 SEA 的额外调查对象。

概念框架的第三个要素涉及 SEA 的具体实施机制[12]。SEA 如何才能实现上述目的？与规划和政策分析（见 Thérivel 和 Partidário，2000）趋势相一致的是，越来越多的支持者主张将更为多样化的方法和技术应用于 SEA 实践中（例如使公众参与更多地通过协商途径来实现，以及召开方案研讨会来协助策划替代方案），以补充 SEA“工具箱”中更具传统意义的定量技术（Owens 等，2004）。

上述 SEA 概念框架旨在明确：

- SEA 的实质性目的；
- 为实现这些目的所采取的战略；
- 选择的具体操作机制（方法、技术、工具）。

在本章接下来的篇幅中，我们探讨了 SEA 著述中的一系列文献，它们与上述三个概念发展领域均密切相关。我们的意图不在于概述这一著述的完整框架，而是专注于涉及布拉格研讨会上的投稿人核心利益的选定议题。

27.3 SEA 的实质性目的与价值观

20 世纪 90 年代初，大家认为 SEA 的目的与 EIA 的目的密切相关，即通过适当考虑建议书的环境后果来确保自然系统得到保护和加强。然而这一原则很快被更为多样化（且经常混淆）的一整套优先考虑事项所取代。一些评论家继续强调 SEA 的环境焦点问题，警告称纳入有关 SEA 议程的社会和经济议题可能会淡化 SEA 在维护环境可持续性和吸引人们对自然系统极限的注意等方面所起到的作用（Sadler，1999；Audoin 和 Lochner，2000；以及其他南非学者和实践者）。其他人则热情洋溢地采纳可持续性议程来做出一系列阐述，尤为引人注目的是世界银行提倡的环境和社会可持续发展模式（Mercier 和 Kulsum，2005；世界银行，2005）。

越来越多的人认为 SEA 应该致力于实现可持续发展，尽管还没有人明确阐述过这对于生物物理环境原先所受到的关注意味着什么（见 EC，2001；Lee 和 Walsh，1992；Partidário，

1999；Sadler 和 Verheem，1996；Thérivel 等，1992）。而对于可持续性这一概念，一些人倾向于把它限定为环境方面的可持续性，其他人则认为它应该包含经济和社会要素。这些关于 SEA 实质性目的的辩论反过来引发了关于 SEA 理论定位的新辩论，对比其传统环境焦点问题和技术统治论定位，这反映出其越来越复杂的权限的必要政治维度——这就要求在环境、经济和社会焦点问题之间做出困难的权衡与抉择（尤其是当无法设置可持续性的“客观性”指标时）。

与此同时，为评价战略举措而提出并采纳的诸多替代性程序和方法（如可持续性评估和可持续性影响评价）均支持可持续性的更广义概念，显示出人们广泛倾向于采用可持续性概念作为这种干涉的最终目的（Dalal-Clayton 和 Sadler，2005）。这一发展趋势引发了一系列关于 SEA 与其他方法之间差异的问题（尤其是当支持 SEA 和推广其他方法的均是同一批人时），以及关于作为 SEA 核心价值的环境焦点问题相关性等问题。

对于可持续性概念的转变，有人支持，有人反对。一方面，可持续性责任有望具有政治优势，并且能够扩大 EA 的影响范围。SEA 涉及的这些问题的战略性常常需要一个跨学科的分析框架，这将导致出现一批拥护者来支持可持续性概念的转变。另一方面，拒绝承认“环境”和“生态理性制度化”（Bartlett，1997）是 SEA 的核心价值就等同于完全背离了 SEA 最初存在的理由，并且有削弱作为政治关注点的自然环境未来前景的危险（Wood，2003）。英国皇家环境污染委员会（RCEP）在英国可持续性评估问题上也表示出了类似的担忧，指出：“它会在事实上使它本应加以支持并视为主导性财政与经济评价对照物的社会与环境评估被边缘化。”此外，RCEP 还建议政府需要“强化环境因素”（RCEP，2002；Jackson 和 Illsley，2005）。如果没有改善环境和提高人们生活质量这一目的，SEA 可以应用于任何能够想象到的目标。重要的是，积极接受它的环境目的有助于将 SEA 与范围易于相互重叠的其他所有战略评价形式区别开来，并赋予 SEA 在现代管理中的明确目的和作用：环境可持续性（Sadler，1999）。

人们在研讨会上的发言、讨论和投稿都是基于对环境可持续性的支持和将可持续发展广义理解为 SEA 的实质性目的。但是，针对采纳广义可持续性目的这一做法已屡次提出强烈反对和警告，用 Tony Jackson 的话来说，就是“沿着可持续性的迷雾之河顺流而下”。大部分与会人员最后都得出结论，认为令 SEA 着眼于环境比“着眼于一个泛泛的可持续性范围”更具“战略”意义。此次讨论会的结论是，“我们应该维护环境因素在 SEA 中的核心地位”。因此，参与者中占主导地位的意见是，SEA 的最终目的应该是促进环境可持续性，维护环境作为首要价值观的地位。

27.4 SEA 战略及其调查对象

应根据对 SEA 研究对象和运行环境所做出的不同假设，来对实现 SEA 实质性目的的战略加以归类。目前主要存在以下两种观点：

（1）**传统的“程序性”战略**：SEA 活动势必会对某项具体政策或决策程序（例如针对某项行动的决策或建议）的结果造成直接影响，而这一结果在得到贯彻之后，又会反过来影响到整个世界的（物理）状态。总体上说这是 EA 的传统关注点，并与“理性的”程序性方法有着最为显著的关联。假定政策与体制背景已确定，SEA 边界条件亦即确定。

（2）**革新性战略**：短期内 SEA 旨在通过将环境因素引入到经济和其他价值观占主导地位的决策领域来改变决策制定方法，而非适应既定背景[13]。SEA 活动同样致力于使直接背景和大背景下参与者与机构的价值观、世界观、行为和实践活动发生中长期变化，例如，通过在政治层面提升环境意识来促进组织性学习等。这一“间接性”背景变化将会影响政策议程的制定、政策进程的成果和成果的贯彻，并最终影响整个世界的状况。革新性战略通常被称为“学习”战略，因为它旨在永久性改变价值观、世界观和行为规范，这与直接决策背景下通常发生的情况截然相反，后面这种背景下各方会达成临时性妥协，并且参与者的看法或价值观没有任何改变，但这并不意味着个体决策情形下就不会出现学习过程。

27.4.1 程序性战略与革新性战略之争

前者主要基于规划和决策制定过程的“理性”模型，它试图影响具体 PPP 建议书的形成过程。它假定 SEA 引入的环境信息将被赋予应有的权重，以及传统上引导规划和政策制定程序的经济与社会价值。这一程序性战略隐性假定事件是以线性（确定性）方式推进的：提供更好的“目标”信息将自动产生完善化决策，从而最终形成更好的环境可持续性政策、规划或计划建议书（Bailey，1997；Caratti 等，2004）。这一假设在 EIA 模型中仍占主导地位（Nitz 和 Brown，2000），在 SEA 中亦如此（Kørnøv 和 Thissen，2000）。这是一个在经验主义理论基础方面经得住挑战的假设，EA 规范很少遵从这一理想化理性模型，这一结论实际上得到了政策分析中所有实证研究的支持（Kørnøv 和 Thissen，2000）。按照 Leknes（2005）的主张，在遵循前一种战略时，负责实施 SEA 的相关人员应当对实际上为公共决策制定程序提供理论基础的基本原理的多样性有一个更好的认识。因此，在回应决策制定背景已给定这一假设时，Leknes（2005）指出：“了解公共决策制定过程的原则类型和特点非常重要，因为这为 SEA 提供了临界边界。”

革新性战略基于这样一种理念：从长远来看，SEA 应该致力于改变政策和规划过程（Wallington，2003）以及发展方面的思维定式，而不是一味地去适应当前的处事方式（Caldwell，1989；Taylor，1984；Culhane 等，1987；Weston，2000；Nilsson 和 Dalkmann，2001；Lawrence，2000；Caratti 等，2004）。推荐这一方法也是因为意识到追求 SEA 实质性目标所具有的长远意义，同时也是在回应针对不加鉴别地适应当前主流政策程序这一现象所发出的警告。Boggs 是这样解释的：“国会制定了国家环境政策法（NEPA）来帮助改变根深蒂固的价值观和世界观。但自相矛盾的是，这些根深蒂固的观点和看法往往决定了 NEPA 如何实施。”（Boggs，1993）

大量观点也都支持更为积极和间接的 SEA 革新形式（d'Ieteren 和 Godart，2005；Cashmore 和 Nieslony，2005；Jackson 和 Illsley，2005；Hilding-Rydevik 和 Bjarnadóttir，2005）。例如，Bina（2003）提出通过提高“环境问题处理能力”（政治意愿与旨在推动环境保护和可持续性的手段相结合）来重塑 SEA 对可持续发展的贡献。

另外一个论点涉及“叠加”这一概念存在的问题（Bailey 和 Dixon，1999），以及这些问题对政策、规划和计划（PPPs）这一 SEA 传统实施对象的意义。叠加原则基于这样一种假设，即存在一种由决策层次构成的等级嵌套结构，实施高层次评价则削弱了实施低层次评价的必要性。然而，这些假设可能会受到挑战。的确，我们有理由质疑政策、规划和计划的存在是否有实质性意义（见 Markus，2005）。发达国家和发展中国家的实际经验表明政策不到位，因此也就不存在明确的叠加，如此一来项目经常在政策真空中实施，而 PPPs 也在缺乏必要的“战略思考和规划能力”的情况下形成（Bina，2003）。

而 Cherp（2005）则支持这一论点：“SEA 所涉及的政策、规划和计划（PPPs）很少有‘战略性’……因为它们并不引导未来的活动：它们反映过去的思考和行为模式。它们不一定涉及任何新的重大活动……它们不一定会对任何活动都产生影响。因此，应用于 PPPs 的 SEA 可能比项目层次的 EA 更缺乏（而非更具备）‘战略性’。”

因此，SEA 战略可能需要弥补计划中存在的缺陷，这样 SEA 就能够解决更多的问题，如通过促进部门间交流来产生连贯性的流域规划，或确定长期数据收集战略以用于土地利用规划，或帮助成立新的委员会和其他正式机构来改善环境管理。这些活动将强化薄弱的规划环节，并能对规划者和政策制定者的思想和行为方式产生长久影响。

但是也有更为谨慎的观点。Nilsson（2005）的研究强调 SEA 专业技能在政策选择和学习过程中起到的作用极为有限，而这些作用很大程度上取决于决策制定的体制规则。他认为 SEA 改变这些规则的能力同样有限。Leknes（2005）的研究发现挪威财政部完全依靠自己的分析，他认为大部分参与者都对 SEA 在有关发展（可持续发展或其他）的讨论中起到的作用不感兴趣。

Nooteboom（2005）也指出，决策者形成了自己的观点，并在正式的决策过程之外获得经验：“事实上，重要决策者的思路都来自于非正式网络。他们利用 30 年时间逐渐积累起来的环境知识。因为这些网络是非正式的，所以它们不会轻易被视为具有影响力，但它们确实具有影响力。网络必须是非正式的，否则他们将被政治劫持。”

因此，环境信息对规划和决策的影响往往“完全依赖于”更为广泛的网络系统。着眼于网络中的意见形成过程比努力影响正式过程可能更有效，并使 SEA 在直接背景和大背景中发挥作用。未来的 SEA 战略需要更清晰地阐明问题和应对大背景下关键要素的缺陷。是否能从这些战略的长期运用中吸取经验教训？这些都是目前仍需探究的问题。

我们注意到这次讨论以及布拉格研讨会上的一些陈述（Williams，2005；McPhail，2005）都指向对 SEA 革新性战略的解释，直接着眼于大背景以改善环境管理。这可以与之前阐述的 SEA 革新性战略联系在一起，从某种意义上说，SEA 可以借鉴（或纳入到）当前创新性实践，譬如环境审核、关注可持续性技术发展的后向评估活动或气候变化（van de Kerkhof 等，2002，2005），以及能源过渡管理（Rotmans 等，2001），它们都与正式的 PPPs 决策过程没有直接关系。

然而，对于决策者来说，通过扩大 SEA 应用范围来区别 SEA 和其他以可持续性为导向的举措是相当困难的。因此，与其直接将目标锁定在扩大应用范围上，还不如正式将 SEA 制度化，为 PPPs 的制定和评估起到积极作用，并依照惯例将规章和法律程序紧密联系起来。SEA 之所以能够改善大背景要素是因为它被反复、系统地应用。革新性战略能有助于确保这种长期作用。一种可能性是超越具体规划及实施过程的期限来建立机制和程序以强化环境管理（包括开发机构的环境问题处理能力），以此将每项单独评价的范围最大化。通过系统地开展方法应用（如非正式的讨论会、方案研讨会、环境状况报告以及类似的方法）来促进对政策、规划和计划及其环境可持续性成果的反思。SEA 战略将有助于提高整个部门或整个社会层面的环境意识。上面提到的创新性实践目前困乏无力（尤其，但绝不仅仅在发展中国家），SEA 革新性战略可以被视为引入方法的手段。

27.4.2 程序性战略与革新性战略的综合

布拉格研讨会参与者强调，目前没有一种单一的“最佳”战略来实现 SEA 的最终目的，我们要根据机构（如法律、管理、行政）、政治以及其他背景状况来做出选择。例如，Tuija Hilding-Rydevik（2005）强调，在北欧国家已经建立了完善的可持续性目标体系，因此有关 SEA 附加价值的讨论针对其更为传统的作用，即提供“良好环境信息”。而在欧洲其他地区情况就不一样了，这些地区可持续性目标仍停留在政策文件或法律的介绍性章节，几乎没有迹象表明这一目标会对 PPPs 的策划和实施产生什么影响。

与会者普遍认同，为改变直接背景（规划和决策流程）的关键特征以实现 SEA 目的而付出努力是至关重要的。也有一部分人认同 SEA 具有改善大背景及 PPPs 头等要务的“潜力”。最后，与会者普遍认为当局有责任在 SEA 专业人士的指导下引进 SEA，并应制定可行性方案，根据不同国家、地区和机构的具体特性和需要来制定相关的 SEA 战略。只有这样才能提出战略来对现有政策制定规范和那些更有利于环境可持续性决策的规范之间差距的具体属性做出响应，同时对大背景下的具体弱点做出响应。

基于上述论述，我们明白 SEA 的“对象”会随着不同的环境要素而发生改变。背景将决定 PPPs 的属性和特征，而它们相互之间有很大差异。此外，考虑到决策过程的不同基本原理，实施者（包括 SEA 专家）要理解狭义和广义上的规划与决策制定程序。然而，SEA 是应该适应现有决策过程及其大背景（可能限制其效力和影响力的现有体制、价值观和世界观），还是应该尝试着通过长期战略（如强化核心组织的环境能力）去改变它们？这个问题也许很难得到一个圆满的解答。更确切地说，这两种战略相辅相成，并且应该相互结合来实现 SEA 的最终目的，我们将从 SEA 机制方面做进一步探讨。

27.5 SEA 的运行机制

前面已经探讨了 SEA 的目的、对象以及战略，现在我们来了解一下 SEA 的机制。这一机制能够通过选择不同的战略而使 SEA 真正“升值”，并使 SEA 的最终目的更贴近实际。本小节我们将了解 SEA 参与者能够或者应该采用什么技术、方法和程序，来使战略得以生效并最终有助于实现 SEA 的最终目的。

27.5.1 实质性分析

布拉格研讨会上提出了很多传统主题，如需要综合功能更强的模型、需要找到更好的方法来应对不确定性因素，以及在定性和定量方法与工具之间保持适当平衡等，但会议探讨的核心问题则是另外两个问题：扩大 SEA 涵盖的范围，将环境影响以外的相关问题也划入 SEA 的范围之内；扩大分析范围，使其针对问题定义和替代方案的设计。

首先，如果 SEA 想要改善战略发展举措的环境要素，就要求 SEA 从业者了解那些透露出相关行业性、行政性、经济性和社会性论述的价值观和方法论假设，以便于将环境要素与现行的思维和规划过程很好地联系（结合）起来。因此，无论是环境方面还是其他领域的可持续发展目标都是相当重要的，研讨会参与人员认为 SEA 从业者对这些额外要素应给予应有的关注并将其列入分析范围。其次，注意力集中到了加大对问题定义和备选方案策划的分析。中心任务是问题的定义（Thérivel 和 Brown，1999； Bailey 和 Renton，1997）和备选方案的提出。

27.5.2 沟通和学习机制

SEA 团体正不断参与探讨有关沟通与学习方法的本质和重要性，将其视为一种推进 SEA 的手段。在 SEA 背景下，各参与者相互沟通交流不但能促进学习，同时还能够激发出对问题和解决方案的重新认识，这一点尤为重要。正如 Cashmore 和 Nieslony（2005）指出，EIA 的经验教训表明如果 SEA 能够激发辩论并集思广益的话，它便有可能促进学习和机制改革。最新的世界银行导则（2005）也将学习置于政策性 SEA 的核心位置，João（2005）强调了沟通对于实现普遍了解的重要性："SEA 是让人们协作以共同受益，为了实现这一目的，沟通至关重要，任何阻碍沟通的绊脚石都会阻碍 SEA 的发展进程。"

可以通过各种方式来明确表达对沟通的重视，突出不同参与者之间互动的重要性。Vicente 和 Partidário（2005）强调 SEA 专家与决策者要相互学习："环境评价者的首要任务是影响决策者对环境问题的看法……对 SEA 而言，沟通起到了重要作用，因为正是通过有关不同问题的解释和价值判断的对话，才使之具有了普遍意义，战略决策程序也得到了调整，从而能够制定出更好的环境决策。"

Kørnøv 和 Nielsen（2005）在 Argyris 和 Schön（1978）的研究成果基础上提出一种组织性学习观点，以区分单循环学习和双循环学习。在单循环学习中，试验者或组织坚持自己的基本原则、惯例、目标或偏好（也称作"框架"）；在双循环学习中，个体、团队或组织首先对指导自己行为的价值观、设想和战略提出质疑，最后形成所谓的"框架反思"（Schön 和 Rein，1994）。而论述性、沟通性或讨论性政策或战略制定方法对促进双循环学习和框架反思至关重要（Schön 和 Rein，1994；Fisher 和 Forester，1993；Hoppe，1998）。

但是目前在沟通方式上仍存在很多尚未解决的问题。布拉格研讨会上，Jiliberto Rodiguez 指出，"对合作的不信任或恐惧心理阻碍人们学习"。其他人强调了信任的重要性，认为信任是公开讨论的前提条件，并指出在战略行为起主导作用的条件下讨论方法所具有的局限性（van der Riet，2003；de Bruijn 和 ten Heuvelhof，2002）。

27.5.3 理性方法与沟通方法的集成

众多文献强调了分析性信息导向机制与沟通机制进行创造性整合的重要性，但是关于实现这一目标的最佳途径是什么，却没有形成一致观点。其中一种观点由 Fischer（2005）提出，它基于"叠加"这一逻辑理念，认为"沟通战略更适用于政策层面，而基于 EIA 的方法（如系统化技术性方法）则适用于 SEA 的计划和规划层面。"其他观点则将 SEA 看作是实现环境公正的媒介或是一种手段，旨在"保存环境评价理性决策属性的有用要素，同时又发掘技术潜力来推动有关环境政策的论证性民主决策"（Jackson 和 Illsley，2005）。

总体来说，尽管与会者观点不尽相同，但他们都认为如何结合信息导向机制与沟通导向机制要视具体情况而定。这一结论正好强化了 Owens 等人（2004）得出的结论："技术性与协商性过程不需要相互排斥，但评价的实施背景应该是方法或组合型方法选取上的决定因素"。在思考了政策分析领域形成的一系列方法和类型后，Mayer 等人得出了类似的结论。除了技术型、研究型以及论证型活动，他们还确认了针对（某一参与者的）战略建议、调解和民主化进程的活动。而这些不同活动就相当于不同的分析形式，与不同的价值观紧密相连。他们最终得出结论：“政策分析实际上由这些活动和模式的创造性结合所构成”（Mayer 等，2004）。

27.6 结论

本章我们强调了 SEA 技术的进一步发展有待通过重新审视其概念的发展来推进。布拉格研讨会阐明了 SEA 的实质性目的与作用，明确了很多理论设想以及 SEA 运行机制和方法。本章重点放在 SEA 理论和研究，试图阐明某些问题，并列出清晰的框架来指导理论发展，为这一重要的调查与实践领域打好坚实的理论基础。

我们认为，一个探讨 SEA 概念基础的好方法要能够区分以下三点：（1）SEA 的实质性目的和价值；（2）用来实现实质性目的的战略；（3）SEA 的具体运行机制。

关于 SEA 实质性目的，辩论主要在那些支持环境可持续性和支持广义可持续性（三重底线）的两派之间展开，有关 SEA 的存在理由这一问题仍未得到解决。但是，在布拉格研讨会上，意见明显倾向于继续关注环境可持续性。

实现 SEA 目的的战略方法目前主要有两种：第一种称作“程序性”战略，它主要继承传统的 EIA 方法来评价单一政策、规划和计划；另一种是“革新性”战略，它主要着眼于改变环境特性（包括决策环境、组织环境、制度环境以及更广阔的社会背景）。程序性方法接受已给定的政策和规划；而革新性方法的目的则在于通过促进长期学习和改变社会体制下形成的价值观，从而直接或间接地影响决策的制定。

大家普遍认为战略和操作方法的选择要视具体情况而定，此外，大家也一致认同在战略和操作水平上将系统化方法与批判性方法相结合很重要。然而，在这一过程中 SEA 团体几乎没有提供任何指导或援助。

SEA 理论专家发现他们面临许多挑战。仍需对各种方法和技术的实际运行状况和效果继续展开研究。很明显，案例比较对阐明不同背景下的差异有很大价值。从理论视角所做的回顾性审查（如利用现有的案例研究）可能有助于做出明确的假设，并将相关信息传递给当前的 SEA 决策程序。相反，理论知识的丰富将为新方法和新技术提供坚实的基础，而这些新方法和新技术则会在随后的实践中得到检验。研究方法上的挑战仍有待讨论：定性分析够充分吗？深入开展的案例研究怎样才能阐明更广泛的理论思维？

本章也同样强调了长期研究的重要性，这对 SEA 将研究重点放在 SEA 的单一应用案例上这一做法提出了挑战。例如，Nilsson（2005）声称 EA 与学习之间的直接因果关系很难通过短期的经验性研究建立起来：“虽然政策学习作为一种理论概念充满吸引力，但它作为一种分析概念则存在很多问题。我的研究证明，你很难凭经验做出区分，你必须要花费至少 10 年的时间来做实证工作。”

研究阐明了很多问题，同时 SEA 学者和专家又提出很多问题，然而由于 SEA 团体内部未达成一致意见，很多关键性问题目前仍未解决，比如 SEA 实质性目的的选择、SEA 范围的界定等。

本章作者和许多与会者以及其他学者（Sadler，1999）都坚信，将环境可持续性[14]当作 SEA 的实质性目的，对于在规划和政策制定这个大舞台为 SEA 开创一片天地而言至为关键。我们将与众多 SEA 学者们一起为 SEA 推荐一个战略，它不仅不会将其范围局限在单个 PPPs 的评价，反而还会通过对决策过程的质疑来促进长期改变，从而实现环境可持续目标。

总之，目前越来越多的 SEA 学者和从业者在探讨 SEA 强大的概念基础，并相互交流经验教训。EIA 革命性的成功很大程度上归因于其改善“生活环境质量”的目的（Caldwell，1989）和其作为民主化进程驱动力以及行政管理机构“智囊”的角色（Torgerson，1997）。国际影响评价协会（IAIA）的职业抱负中提到了这些目标，其中，EA 被阐释为“使健全的科学和全面的公众参与为公平发展和可持续发展提供了坚实基础”的过程，旨在“提高所有人的生活质量”（www.iaia.org）。

当前的任务是吸取这些经验教训，将这些抱负上升到决策层面，并创造性地将它们运用于超越国界而存在的 SEA 组织和制度，它将日益影响环境管理以及环境可持续性的未来。

表 27.1　SEA 理论与研究：总结性陈述

主要趋势和问题	在布拉格研讨会以及文献中，作者注意到了手段与目的之间的混淆。仅举最易混淆的术语：目的、目标、作用、功能、战略、背景、对象、工具、过程等，这些基础术语如果使用不当，将会对读者产生误导。 作者指出 SEA 的基本目的有别于它的执行机制（如提供环境信息）。 他们得出结论，有关 SEA 理论与研究的讨论可以通过以下三大主题来进行： （1）SEA 的实质性目的，这关系到社会决策过程的最终含义。 （2）为实现 SEA 目的所采取的战略。 （3）SEA 的具体运行机制（程序、技术、方法）。 **实质性目的：** 关于 SEA 的目的，有两个因素会引起争论： （1）确保环境要素在 SEA 中的核心地位。 （2）重视更广泛的可持续性需求（社会经济和环境）。 研讨会上的讨论致力于支持环境可持续性和将可持续发展普遍理解为 SEA 的本质性目标。然而，针对采纳广义可持续性目的，也不断提出了严重警告。 **战略：** 为实现 SEA 实质性目的所采取的战略可以根据 SEA 对象和运行环境的不同而分为两类： （1）传统的“程序性”战略。 （2）革新性战略。 在实际应用中，作者认为这两大类别之间的界限趋于模糊，具体该如何选择要取决于具体的应用背景。背景正逐渐成为 SEA 论述的核心。 **机制：** 哪些技术、方法和程序能够或者应该得到 SEA 从业者的利用，从而将最优战略付诸实践，并最终实现 SEA 目的？举出了两大类别： （1）实质性分析。 （2）交流与学习机制
主要观点	学者们对 SEA 抱以太多的期望，以至于目前对 SEA 的未来发展方向没有一个明确而统一的观点。这种概念上的混淆是对 SEA 未来发展的真正威胁。本章作者认为在这种情况下需要重新关注 SEA 的理论，来补充促进技术进一步发展的重点理论。 有关这一领域专业技能的研讨会和后续分析揭示出，已有越来越多的理论应用于 SEA，而这也改变了 20 世纪 90 年代理论严重滞后于实践的趋势。 大多数学者都从现有理论中汲取经验，而不认为有必要形成新理论。最近召开的环境评价研讨会就显示出战略环境评价的良好发展势头，其间决策制定（Lindblom，1971；Weiss，1982；March 和 Olsen，1989）、规划（Lawrence，2000）、政策分析（Torgerson，1986；Thissen，1997；Majone，1989）、社会性与组织性学习（Argyris，1992）和民主与管理（Grove-White，1999）等理论大放异彩

主要经验教训	学者们对 SEA 原理和方法进行的探讨主要集中在以下三个（紧密结合的）问题上： （1）SEA 的实质性目的，这关系到社会决策过程的最终意义。 （2）实现 SEA 目的的战略。 （3）运行 SEA 的具体机制（程序、技术、方法）。 这三个问题被视为 SEA 概念框架的重要组成部分。这些问题还可以帮助那些为相关部门或国家 SEA 体系开发负责的从业者以更为自发的方式构建此类体系。 具体到在实际中应用 SEA，学者越来越强调 SEA 从业者要关注 SEA 的运作所依托的更广泛背景。学者并没有假定 SEA（及其致力于施加影响的决策制定过程）在一个真空环境中运作，而是认识到这些过程嵌套在政策（法律、规章）与社会（政治、文化）背景中。同样地，SEA 从业者需要了解这些背景要素，基于同样的原因，他们需要关注直接背景：更有效地对决策施加影响，并改变决策者的思维习惯与思维模式
未来发展方向	需要优先发展/加强的 SEA 理论研究： ❖ 需要在三个核心问题上提出更清晰的学术假设，作为 SEA 发展的概念框架：目的、战略（和目标）以及机制； ❖ 需要开展更多跨学科和交叉学科的理论研究（直接或间接地与 SEA 有关的研究，如沟通性、合作性和理性规划、战略形成理论、政策分析、理论学习与体制革新等）来应对上述的概念框架三要素； ❖ 类似"SEA 应该适应现有的决策过程还是应该尝试着去改变它"这样的问题应该通过概念和实践分析来加以解决； ❖ 需要有更多的经验研究来支持现有的理论发展。研究方法上的挑战仍有待讨论。定性分析够充分吗？深入开展的案例研究怎样才能阐明更广泛的理论思维？长期研究的重要性也被加以强调，这挑战了目前对有关 SEA 单一应用案例研究的重视。 SEA 面临的挑战（例如，立法、实践、关联性、跨部门问题、标准的完善和能力建设）： ❖ 澄清 SEA 的目的仍然是个挑战，这对于 SEA 系统制度化以及 SEA 过程与工具的设计和应用所需的技术和能力建设至关重要。提高专业化水平是十分必要的； ❖ 有必要在如何使战略和操作方法的选择适应具体情况/背景的需求这方面提供指导； ❖ 比较案例分析可以成为有价值的经验主义手段，有助于阐释 SEA 最新理论进展所揭示出的背景差异； ❖ 有必要了解讨论到的各类方法和技术的实际执行情况和效果。从各个理论视角做出的实际状况回顾性审查（借助现有案例研究）有助于使揭示 SEA 执行现状的假设更为明朗； ❖ 相反，理论的丰富可以使在实践中得到检验的创新性方法和技术（组合）的基础得到巩固

致谢

由衷感谢 SEA 理论与研究研讨会与会者的发言和讨论，本章正是得益于他们睿智思辨的发言。与会者提出的一些重要问题没有在本章中提及，对此我们深表歉意但希望能做出进一步讨论。我们还要感谢 Maria R. Partidário 对本章初稿所提的意见和建议。

注释

① 本章参考的是2005年或之前出版的文献。本章的独特价值在于提供了大量的批评性讨论、重要意见与结论，这些观点和结论很多都来源于2005年9月IAIA在布拉格举行的“SEA国际经验与发展前景”研讨会。正如我们在别处强调的那样，“布拉格研讨会的独特价值在于它为双向学习提供了一个平台”（Wallington等，2007），是对指导SEA理论与实践的规范与假设的批判性反思。

② 参考书目中正式引用了本章正文提到的SEA理论与研究研讨会上提交的论文。布拉格研讨会共接收了14篇文章，有至少50位参与者为本次研讨会投稿。一些会议论文稍加修改便作为杂志特刊发表（见Thissen等，2007）。

③ 研讨会上凡是有助于澄清问题的讨论（以及在这些问题上达成共识的程度）都会被直接提及。考虑到对文献中SEA概念发展的有限关注，这些讨论对SEA理论与研究的技术含量有着重要贡献。凡是本章引用的研讨会讨论意见，其引用格式都是只提及投稿人的名字（未注明日期）。文中直接引用与会者语句，以便将它们与所参考的期刊文献区别开来。

④ “战略环境评价”这一术语很可能在20世纪90年代初期才出现，而一些作者坚信SEA在20世纪60年代末就已经在美国和其他地区产生，并在1980年代迅速发展起来（Dalal-Clayton和Sadler，2005）。

⑤ 我们遵循Bartlett和Kurian（1999）的基本原理，认为SEA理论研究必须从SEA现有的模型假设和有关SEA存在理由的规范化要求着手。

⑥ 这里所提到的概念性框架已经得到进一步开发，修改后的版本已经发表（2007）。

⑦ “真实存在性”最贴切的定义是“真实而非显然”；主要表达“存在性”的含义。“目的”的定义是“需要达到的目标”。因此目的意指已明确达成且不可更改的决定。与之相关的是“目标”，强调的是一项行动的预期效果，有别于行动或手段本身，也有别于以下提到的“战略”。本章所给出的所有定义均摘自在线韦氏辞典（www.m-w.com）。

⑧ 这里我们使用“战略”而非“目的”，是为了将它与SEA可持续发展目的区分开来。我们认为这些战略是实现SEA目的的手段而非结果。

⑨ 在这里我们使用术语“调查”，因为我们将SEA视为调查过程（一项系统调查），其目的是评价既定战略这一传统调查“对象”的环境后果。评价包含了对这些环境影响的“重要性、尺度或价值”的确定。

⑩ 对“战略性”的定义是“无论是在战略计划的开始阶段、运行阶段还是结束阶段都是必不可少的”。

⑪ 对战略的定义是“一种谨慎的规划或方法；是为实现某种目的而制定的”。

⑫ 对机制的定义是“为达成某个结果而制定的方法或技术”。

⑬ 我们可能会想起Caldwell的评论，“环境影响评价在广义上指的是认知上的改变，包括如何命题、如何评价未来的社会环境、如何制定与环境有关的经济和环境政策等”（Caldwell，1989）。

⑭ 作者对“环境可持续性”这一术语的理解遵循了Lynton K. Caldwell，一名NEPA首席规划师的观点。正如Bartlett和Gladden（1995）所指出，Caldwell的工作代表了对将人与环境的关系确定为公共政策重心的首次呼吁。社会环境与生物物理（自然）环境之间的相互依赖性成了日后有关可持续性探讨的主题。对人乃至大自然一部分这一概念的理解所具有的政治意义一直是Caldwell工作的主题，而术语“环境”则是看待现实性的一体化概念。“关系”这一概念远非将“环境”视为“事物的实质”，而是在这一概念上含糊其词，因此应被理解为生态、政治、物理、美学和道德要素之间相互关系的固有组分（Caldwell，1989）。

参考文献

[1] Argyris, C. (1992) On Organisational Learning, Blackwell, Cambridge, MA.

[2] Argyris, C. and Schön, D. (1978) Organizational Learning: A Theory of Action Perspective, Addision-Wesley Reading, MA.

[3] Audouin, M. and Lochner, P. (2000) SEA in South Africa: Guideline Document, report prepared for the Department of Environmental Affairs and Tourism (DEAT), Pretoria.

[4] Bailey, J. (1997) 'Environmental impact assessment and management: An underexplored relationship', Environmental Management, vol 21, no 3, pp317-327.

[5] Bailey, J. and Dixon, J. (1999) 'Policy environmental assessment', in Petts, J. (ed) Handbook of Environmental Impact Assessment, Blackwell Science, Oxford, pp251-272.

[6] Bailey, J. and Renton, S. (1997) 'Redesigning EIA to fit the future: SEA and the policy process', Impact Assessment, vol 15, pp319-334.

[7] Bartlett, R. V. (1997) 'The rationality and logic of NEPA revisited', in Clark, R. and Canter, L. (eds) Environmental Policy and NEPA: Past, Present and Future, St Lucie Press, Boca Raton, FL.

[8] Bartlett, R. V. and Gladden, J.N. (1995) 'Lynton K. Caldwell and environmental policy: What have we learnt?' in Caldwell, L.K., Bartlett, R.V. and Gladden, J.N. (eds) The Environment as a Focus for Public Policy, Texas A & M University Press, College station.

[9] Bartlett, R. V. and Kurian, P. A. (1999) 'The theory of environmental impact assessment: Implicit models of policy making', Policy and Politics, vol 27, no 4, pp415-433.

[10] Bina, O. (2003) Re-conceptualising Strategic Environmental Assessment: Theoretical overview and case study from Chile, unpublished PhD thesis, geography department, University of Cambridge.

[11] Boggs, J. P. (1993) 'Procedural vs substantive in NEPA law: Cutting the Gordian knot', The Environmental Professional, vol 15, pp25-34.

[12] Brown, A. L. (2000) 'SEA experience in development assistance using the environmental overview', in Partidário, M. R. and Clark, R. (eds) Perspectives on Strategic Environmental Assessment, Lewis Publishers, London, pp131-139.

[13] Brown, A. and Thérivel, R. (2000) 'Principles to guide the development of strategic environmental assessment methodology', Impact Assessment and Project Appraisal, vol 18, pp183-189.

[14] Caldwell, L. K. (1989) 'Understanding impact analysis: Technical process, administrative reform, policy principle', in Bartlett, R. V. (ed) Policy Through Impact Assessment: Institutionalized Analysis as a Policy Strategy, Greenwood Press, New York, Westport, Connecticut and London, pp7-16.

[15] Caratti, P., Dalkmann, H. and Jiliberto, R. (eds) (2004) Analytical Strategic Environmental Assessment: Towards Better Decision-Making, Edward Elgar Publishing Ltd, Cheltenham.

[16] Cashmore, M. (2004) 'The role of science in EIA: Process and procedure versus purpose in the development of theory', Environmental Impact Assessment Review, vol 24, no 4, pp403-426.

[17] Cashmore, M. and Nieslony, C. (2005) 'The contribution of environmental assessment to sustainable development: Towards a richer conceptual understanding', paper presented at the IAIA SEA Conference, Prague.

[18] Cashmore, M., Gwilliam, R., Morgan, R., Cobb, D. and Bond, A. (2004) 'The interminable issue of effectiveness: Substantive purposes, outcomes and research challenges in the advancement of EIA theory', Impact Assessment and Project Appraisal, vol 22, no 4, pp295-310.

[19] Cherp, A. (2005) 'From three Ps to five Ps: SEA and strategy formation schools', paper presented at the IAIA SEA Conference, Prague.

[20] Clark, R. (2000) 'Making EIA count in decision-making', in Partidário, M. R. and Clark, R. (eds) Perspectives on Strategic Environmental Assessment, Lewis Publishers, London, pp15-28.

[21] CSIR (Council for Scientific and Industrial Research) (2003) Strategic Environmental Assessment: Port of Cape Town Sustainability Framework, report no ENV-S-C2003-074, prepared by S. Heather-Clark and M. Audoin for the National Port Authority Cape Town, Stellenbosch, South Africa.

[22] Culhane, P. J., Friesema, H. P. and Beecher, J. A. (1987) Forecasts and Environmental Decisionmaking: The Content and Predictive Accuracy of Environmental Impact Statements, Westview Press, Boulder, CO.

[23] Dalal-Clayton, B. and Sadler, B. (2005) Strategic Environmental Assessment: A Sourcebook and Reference Guide to International Experience, Earthscan, London.

[24] de Bruijn, H. and ten Heuvelhof, E. (2002) 'Policy analysis and decision making in a network: How to improve the quality of analysis and the impact on decision making', Impact Assessment and Project Appraisal, vol 20, no 4, pp232-242.

[25] Devon County Council (2004) Strategic Environmental Assessment for the Devon Local Transport Plan 2006-2011: Scoping Report, Devon County Council, Environment Directorate, Exeter.

[26] d'Ieteren, E. and Godart, M. (2005) 'Contextual issues in ensuring an added value of strategic environmental assessment to tourism planning: The case of the Walloon Region', paper presented at the IAIA SEA Conference, Prague.

[27] EC (European Commission) (2001) Directive 2001/42/EC of the European Parliament and of the Council on the Assessment of the Effects of Certain Plans and Programmes on the Environment, Luxembourg, 27 June 2001, http://europa.eu.int/comm/environment/eia/sea-support.htm.

[28] Eggenberger, M. and Partidário, M. R. (2000) 'Development of a framework to assist the integration of environmental, social and economic issues in spatial planning', Impact Assessment and Project Appraisal, vol 18, pp201-207.

[29] Faludi, A. (1987) A Decision-Centred View of Environmental Planning, Pergamon Press, Oxford.

[30] Fischer, T. B. (1999) 'Benefits arising from SEA application', Environmental Impact Assessment Review, vol 19, pp143-173.

[31] Fischer, T. B. (2003) 'Strategic environmental assessment in post-modern times', Environmental Impact Assessment Review, vol 23, pp155-170.

[32] Fischer, T. B. (2005) 'Effective tiering: Useful concept or useless chimera?', paper presented at the IAIA SEA Conference, Prague.

[33] Fisher, F. and Forester, J. (eds) (1993) The Argumentative Turn in Policy Analysis and Planning, Duke University Press, Durham, NC.

[34] Grove-White, R. (1999) 'Environment, risk and democracy', in Jacobs, M. (ed) Greening the Millenium, Blackwell, Oxford, pp44-83.

[35] Harashina, S. (2005) 'A communication theory of strategic environmental assessment', paper presented at the IAIA SEA Conference, Prague.

[36] Hilding-Rydevik, T. and Bjarnadóttir, H. (2005) 'Understanding the SEA implementation context and the implications for the aim of SEA and the direction of SEA research', paper presented at the IAIA SEA Conference, Prague.

[37] Hoppe, R. (1998) 'Policy analysis, science and politics: From speaking truth to power to making sense together', Science and Public Policy, vol 23, no 3, pp201-210.

[38] Jackson, T. and Illsley, B. (2005) 'An examination of the theoretical rational for using strategic environmental assessment of public sector policies, plans and programmes to deliver environmental justice, drawing on the example of Scotland', paper presented at the IAIA SEA Conference, Prague.

[39] João, E. (2005) 'SEA as a platform for dialogue and a springboard for innovation?', paper presented at the IAIA SEA Conference, Prague.

[40] Jones, C., Baker, M., Carter, J., Jay, S., Short, M. and Wood, C. (eds) (2005) Strategic Environmental Assessment and Land Use Planning, Earthscan, London.

[41] Kørnøv, L. and Nielsen, E. (2005) 'Institutional change: A premise for impact assessment integration', paper presented at the IAIA SEA Conference, Prague.

[42] Kørnøv, L. and Thissen, W. (2000) 'Rationality in decision and policy-making: Implications for strategic environmental assessment', Impact Assessment and Project Appraisal, vol 18, pp191-200.

[43] Lawrence, D. P. (2000) 'Planning theories and environmental impact assessment', Environmental Impact Assessment Review, vol 20, pp607-625.

[44] Lee, N. and Walsh, F. (1992) 'Strategic environmental assessment: An overview', Project Appraisal, vol 7, pp126-136.

[45] Leknes, E. (2005) 'SEA and types of decision-making processes: A decision-taker's perspective', paper presented at the IAIA SEA Conference, Prague.

[46] Lindblom, C. E. (1971) 'Defining the policy problem', in Castles, F. G., Murray, D. and Potter, D. C. (eds) Decisions, Organizations and Society, Penguin Books in association with The Open University Press, Harmondsworth.

[47] Majone, G. (1989) Evidence, Argument and Persuasion in the Policy Process, University Press, New Haven.

[48] March, J. G. and Olsen, J. P. (1989) Rediscovering Institutions: The Organizational Basis of Politics, The Free Press, New York.

[49] Markus, E. (2005) 'SEA and alternatives', paper presented at the IAIA SEA Conference, Prague.

[50] Mayer, I. S., Els van Daalen, C. and Bots, P. W. G. (2004) 'Perspectives on policy analyses: A framework for understanding and design', International Journal of Technology, Policy and Management, vol 4, pp169-191.

[51] McPhail, I. (2005) 'Strategic environmental auditing', paper presented at the IAIA SEA Conference, Prague.

[52] Mercier, J.-R. and Kulsum, A. (2005) 'World Bank', in Jones, C., Baker, M., Carter, J., Jay, S., Short, M. and Wood, C. (eds) Strategic Environmental Assessment and Land Use Planning, Earthscan, London, pp261-274.

[53] Nilsson, M. (2005) 'The role of assessments and institutions for policy learning: A study on Swedish climate and nuclear policy formation', paper presented at the IAIA SEA Conference, Prague.

[54] Nilsson, M. and Dalkmann, H. (2001) 'Decision making and strategic environmental assessment', Journal of Environmental Assessment Policy and Management, vol 3, pp305-327.

[55] Nitz, T. and Brown, A. L. (2000) 'SEA must learn how policy-making works', paper presented at the IAIA annual meeting, Hong Kong, 19-23 June.

[56] Noble, B. F. and Storey, K. (2001) 'Towards a structured approach to strategic environmental assessment', Journal of Environmental Assessment Policy & Management, vol 3, pp483-508.

[57] Nooteboom, S. (2005) 'Impact assessment procedures as incentive for social learning: Signs of a new Dutch polder model', paper presented at the IAIA SEA Conference, Prague.

[58] NRC (National Research Council) (1996) Understanding Risk, National Academy Press, Washington, DC.

[59] Owen, J. and Lambert, F. (1995) 'Roles for evaluation in learning organizations', Evaluation, vol 1, pp259-273.

[60] Owens, S., Rayner, T. and Bina, O. (2004) 'New agendas for appraisal: Reflections on theory, practice and research', Environment and Planning A, vol 36, pp1943-1959.

[61] Partidário, M. R. (1999) 'Strategic environmental assessment: Principles and potential', in Petts, J. (ed) Handbook of Environmental Impact Assessment, vol 1, Blackwell, Oxford.

[62] Partidário, M. R. and Clark, R. (eds) (2000) Perspectives on Strategic Environmental Assessment, Lewis Publishers, London.

[63] Rapoport, A. (1989) Decision Theory and Decision Behaviour: Normative and Descriptive Approaches, Kluwer Academic Publications, Dordrecht.

[64] RCEP (Royal Commission on Environmental Pollution) (1998) Twenty-First Report. Setting Environmental Standards, Cm 4053, The Stationery Office, London.

[65] Rotmans, J., Kemp, R. and van Asselt, M. (2001) 'More evolution than revolution: Transition management in public policy', Foresight, vol 3, pp1-17.

[66] Sadler, B. (1999) 'A framework for environmental sustainability assessment and assurance', in Petts, J. (ed) Handbook of Environmental Impact Assessment, vol 1, Blackwell, Oxford, pp12-32.

[67] Sadler, B. and Verheem, R. (1996) Strategic Environmental Assessment: Status, Challenges and Future Directions, Ministry of Housing, Spatial Planning and the Environment, The Hague.

[68] Schön, D. A. and Rein, M. (1994) Frame Reflection: Toward the Resolution of Intractable Policy Controversies, Basic Books, New York.

[69] Sheate, W., Dagg, S., Richardson, J., Aschermann, R., Palerm, J. and Steen, U. (2001) 'SEA and integration of the environment into strategic decision-making', vol 1, report to the European Commission, http://europa.eu.int/comm/environment/eia/seasupport.htm.

[70] Taylor, S. (1984) Making Bureaucracies Think: The Environmental Impact Statement Strategy of Administrative Reform, Stanford University Press, Stanford.

[71] Thérivel, R. and Brown, A. L. (1999) 'Methods of strategic environmental assessment', in Petts, J. (ed) Handbook of Environmental Impact Assessment, vol 1, Blackwell, Oxford, pp441-464.

[72] Thérivel, R. and Partidário, M. R. (eds) (1996) The Practice of Strategic Environmental Assessment, Earthscan, London.

[73] Thérivel, R. and Partidário, M. R. (2000) 'The future of SEA', in Partidário, M. R. and Clark, R. (eds) Perspectives on Strategic Environmental Assessment, Lewis Publishers, London, pp271-280.

[74] Thérivel, R., Wilson, E., Thompson, S., Heany, D. and Pritchard, D. (1992) Strategic Environmental Assessment, Earthscan, London.

[75] Thissen, W. (1997) 'From SEA to integrated assessment: A policy analysis perspective', Environmental Assessment, vol 5, no 3, pp24-25.

[76] Thissen, W., Bina, O. and Wallington, T. (eds) (2007) Special issue on Strategic Environmental Assessment Theory, Environmental Impact Assessment Review, vol 27, no 7.

[77] Torgerson, D. (1986) 'Between knowledge and politics: The three faces of policy analysis', Policy Sciences, vol 19, pp3-59.

[78] Torgerson, D. (1997) 'Green political thought and the nature of politics', paper presented at the Environmental Justice Conference, University of Melbourne, Australia, 1-3 October.

[79] UNECE (United Nations Economic Commission for Europe) (2003) Protocol on Strategic Environmental Assessment to the Convention on the Environmental Impact Assessment in a Transboundary Context, UNECE, Kiev, www.unece.org/env/eia/sea/_protocol.htm.

[80] van de Kerkhof, M. and Wieczorek, A. (2005) 'Learning and stakeholder participation in transition processes towards sustainability: Methodological considerations', Technological Forecasting and Social Change, vol 72, pp733-747.

[81] van de Kerkhof, M., Hisschemöller, M. and Spanjersberg, M. (2002) 'Shaping diversity in participatory foresight studies: Experiences with interactive backcasting in astakeholder dialogue on long term climate policy in the Netherlands', Greener Management International, vol 37, pp85-99.

[82] van der Knaap, A. (1995) 'Policy evaluation and learning', Evaluation, vol 1, pp189-216.

[83] van der Riet, O. (2003) Policy Analysis in Multi-Actor Setting: Navigating between Negotiated Nonsense and Superfluous Knowledge, Eburon, Delft.

[84] van Eeten, M. J. G. (2001) 'The challenge ahead for deliberative democracy: In reply to Weale', Science and Public Policy, vol 28, pp423-426.

[85] Vicente, G. and Partidário, M. R. (2005) 'Role of SEA in fostering better decisionmaking', paper presented at the IAIA SEA Conference, Prague.

[86] Wallington, T. (2002) Civic Environmental Pragmatism: A Dialogical Framework for Strategic Environmental Assessment, PhD thesis, Institute for Sustainability and Technology Policy, Murdoch University, Perth.

[87] Wallington, T., Bina, O. and Thissen, W. (2007) 'Theorising strategic environment assessment: Fresh perspectives and future challenges', Environmental Impact Assessment Review, vol 27, no 7, pp569-584.

[88] Weaver, P., Jansen, L., van Grootveld, G., van Spiegel, E. and Vergragt, P. (2000) Sustainable Technology Development, Greenleaf Publishing, Sheffield.

[89] Weiss, C. (1982) 'Policy research in the context of diffuse decision-making', Policy Studies Review Annual, vol 6, pp19-36.

[90] Weston, J. (2000) 'EIA, decision-making theory and screening and scoping in UK practice', Journal of Environmental Planning and Management, vol 43, pp185-203.

[91] Williams, J. M. (2005) 'Strategic environmental assessment: Looking at the bigger picture', paper presented at the IAIA SEA Conference, Prague.

[92] Wood, C. (2003) 'Rose-Hulman Award acceptance speech', annual meeting of the IAIA, Marrakech, Morocco, 14-20 June.

[93] Wood, C. and Djeddour, M. (1992) 'Strategic environmental assessment: EA of policies, plans and programmes', Impact Assessment Bulletin, vol 10, pp3-22.

[94] World Bank (2005) Integrating Environmental Considerations in Policy Formulation-Lessons from Policy-Based SEA Experience, Environment Department, World Bank, Washington, DC.

第二十八章　战略环境评价的专业与体制能力建设

玛丽亚·R·巴尔蒂达里奥　李·威尔逊
（Maria R.Partidário　Lee Wilson）

引言

能力建设的概念是建立在民主、参与、技能的发展和不断提高、共享学习过程和平等地获得机会的原则之上。关于可持续发展进程的辩论和之后的1992年联合国环境与发展大会（UNCED）把能力建设放在国际发展援助最优先的位置上，作为实现所有地区有效和健全的发展条件。目前，人们还认识到这是一项关于确保技术能力和决策能力的活动，这些能力将推动制定更好的决策，以及确保环境和社会问题成为经济发展不可或缺的组成部分。

能力建设意味着为高效能和高效率绩效以及改进能力创造条件。在战略环境评价（SEA）方面，能力建设是指：（1）针对SEA来改善管理结构和体制框架；（2）强化那些实施SEA的组织；（3）形成指导文件并对执行SEA的个人进行培训。SEA能力建设的具体目标是提高和改进其过程和方法，它将涉及广泛、长期的关注和思考，以使专业人士、决策者和公众对战略决策的结果和可持续性有所了解。

对SEA能力建设的具体需求依赖于国家特定的文化和决策背景，但总的趋势是需求呈现出前所未有的增长，而对此的响应却既不协调又远远不能满足这一需求。虽然培训可以带来好处，但更迫切的需要是开发协调一致的体制框架和基本管理方法，以支持和促进主要组织和个人、问责制度程序和健全的SEA系统之间的互动和对话。而健全的SEA系统则要适应国家的具体情况和需要。

这一章阐述了当前针对SEA专业和体制能力建设所做的工作，并认为这些工作应该影响作为最终目的的决策。基于2005年IAIA在布拉格会议上的讨论、经验和成功案例，我们在总结出提高影响管理和专业绩效两方面决策的能力的原则和方式后结束了会议。本章还进一步为当前面向SEA能力建设的国际项目、国家项目和专业指导文件提供不完善的意见。

28.1　背景：SEA能力建设的最新进展

SEA是一个战略性、全面性和综合性的评价方法，与其他工具相关联的SEA发挥着独特的作用，这些工具有：项目环境影响评价（EIA）、累积影响评价（CIA）、政策分析或规划。尽管与其他影响评价工具拥有共同的根源，SEA 遵循综合性、整体性和系统性的原则和方法，并在推动规划和政策决策中具有重要作用。SEA 属于战略性和综合性的思维型工具，它的目的是协助规划和政策制定战略将重点放在主要的环境和可持续发展问题以及适当的战略方案上，包括实施此类方案的机会和风险。SEA 在相当复杂的分析框架下，采用了多维度和多方利益相关者的方法，但根据其评价对象而在适当的尺度上行事（Partidário，2007a）。战略思维与整合成为 SEA 的精髓，可以支持新的发展模式，而这些发展模式的目的在于可持续发展。

布拉格会议上的许多案例展示了 SEA 能力建设和提高这种能力的形式（方法、措施）等方面的经验，而无论其局限于何种具体背景（Ferdowsi 等，2005；Fleming 和 Campbell，2005；Ghanimé，2005；O'Mahoney 等，2005；Susani，2005）。在这些经验中，有些更着重于环境问题，而另一些则把焦点从环境转移到可持续发展上，这一转移是 SEA 能力建设的结果。SEA 所涉及的政策和规划文化，以及工具的范围和类型（例如，环境影响评价、政策、计划、审计）都将影响这一过程的应用方式和为提高 SEA 专业和体制能力所做出的努力。

总的来说，这些案例显示了领导机构普遍缺乏 SEA 知识和经验，以及主管当局意识不足。在这种情况下，很难去判断 SEA 的有效性，同时也需要增加 SEA 相关知识并使决策者了解 SEA。

Ghanimé（2005）引用最近的全球评价表明，环境可持续性方面取得的进展是极其不足的。缺乏进展的原因部分归结于机构能力的低效和不当，这些能力包括加强环境立法和监测环境指标。挖掘能力以便有效地解决全球滞后的环境可持续性问题，这涉及了进一步纳入国家机构和决策系统的环境评价。对于 Ghanimé（2005）来说，SEA 为发展能力以做出复杂的发展选择提供了潜力，这些选择与制定政策、规划和计划（PPPs）和主要公共投资相关。SEA 的能力发展是一个持续转变的过程，这一转变需要资源、学习的意愿和对现有能力的利用。

机构支持的一个例子是《发展合作中 SEA 的最佳实践指导》，这些发展合作涉及经合组织和发展援助委员会（DAC）等机构（见表 28.2）。对 SEA 进程中能力开发的支持包括将扶贫战略与环境资产与限制联系在一起，以及评估在贫困—环境循环过程中运用 SEA 的需求与机会。

Ferdowsi 等人（2005）回顾了在伊朗启动的 SEA 能力建设方案模型，在这个过程中来自非政府组织（NGOs）等不同部门的国家级专业人士组成的“核心集团”被召集在一起。来自 SEA 领域的国际专家为核心集团提供了技术和概念援助。国家团队负责评估 SEA 需求、制订国家 SEA 模式和开展技术指导，以确保在伊朗 SEA 能有效地应用到 PPPs 中去。项目成果旨在促进和推动正在进行的关于可持续发展战略的政府活动。

因为每年预计可完成大约 100 到 200 次 SEA，所以 Susani（2005）将英格兰和威尔士环境局在 SEA 过程特定阶段所起到的咨询作用确定为一种指导、监督和影响 SEA 进程的机遇。Susani 还提到环境机构有提供相关环境数据的责任，以及作为一个有效咨询者而为促进和最大限度地发挥其作用而推行的多项措施。这些措施包括以下内容：

- 确定 SEA 的一系列目标，作为环境机构咨询响应的一部分和该机构主要驱动力的反映。

- 内部基准数据包的编译有益于 SEA 的准备工作，它以电子方式向计划/方案的制定者分发。
- 一份专门的 SEA 内部指导文件和咨询过程，旨在确保反应是一致和有效的，并代表环境部门的关注点。
- 编制“注意事项”指南以作为计划制定者的备忘录。

同样，在爱尔兰，当环境保护署在审查或承担 SEA 项目时，必须向主管当局咨询。O’Mahoney 等人（2005）提到了这一作用和针对计划/方案的决策者与 SEA 从业者编制的指导。他们指出，大气和水体监测方案为当前环境状态提供了背景信息，并且这些方案协助确定了环境问题，与此同时，地理信息系统（GIS）已成为对辖区内活动进行审查和确定主要问题的首选工具。

Fleming 和 Campbell（2005）重点强调了 SEA 文化遗产的重要性，并指出许多 SEA 指令、公约和国家政策均包含了 SEA 文化遗产、生物物理和社会等方面问题。在许多国家，文化遗产构成了实际或潜在的社会资产，因此它在战略发展中是一个关键因素。忽略它会危害政策、计划和战略的可持续性，因此就需要付出特别的努力来确保文化遗产完全涵盖在 SEA 范围内，且相关机构也参与这一过程。为达到这一目的，专业和体制能力建设的需求是巨大的，特别是在许多国家相关机构被排斥在国家决策之外这种情况下。

就 EIA 而言，面前已开发了许多方法和工具来提高文化遗产的覆盖范围。就 SEA 而言，则需要进一步发展，例如，在战略层面上，整个文化景观可能受到影响。类似地，生物物理和社会影响，比如居住方式的改变，通过改变一个地区的基本特性，能够影响文化遗产的使用和物理状态。进一步说，一些政策（比如促进旅游业发展的决定）可能会造成遗产的社会经济价值的改变。因此，新的模式、数据库、培训战略和能力建设办法是必需的。

28.2 专业培训

专业培训是 SEA 能力建设中的主要组成成分。每年有许多的 SEA 专业培训活动在世界不同地区举行。其中更多的是由供应驱动的而不是由需求驱动的。即使在主要的能力建设计划中，培训活动不仅是首先要制定的，而且通常是唯一要制定的。到目前为止，关于变化的反馈很少，这些变化导致管理结构的改变，比如以实现可持续发展为目的的体制改革或决策改革。

28.2.1 专业领域发展和体制改革

表 28.1 和表 28.2 为主要能力建设方案提供了说明，目前为止这些方案已经得到执行并且提供了对更完善方法（包括传统培训、在职培训和体制改革）的看法。例如，在东欧，由区域环境中心（REC）、联合国开发计划署（UNDP）、联合国环境规划署（UNEP）和多个金融机构领导的行动方案，开辟出一种更加协调一致的 SEA 能力建设途径。世界银行以发展内部 SEA 能力为目的的系统化学习计划方面的经验，对于世界重要组织来说是一个杰出范例。

表 28.1 针对专业领域发展和体制改革的项目

项目	日期	提供机构	接收结构	背景
越南水电项目的SEA能力建设	2005	亚洲开发银行（ADB）	越南机构	亚行技术援助——机构能力——需求评价、在职培训、职员能力建设后续活动、SEA人力部门开发
受冲突影响的区域	2005	世界银行		文件涉及如何在受冲突影响的区域进行 SEA 能力建设
战略环境评价信息服务		可持续发展中心		为英国的 SEA 最新信息提供网关
SEA 网络网站		联合国开发计划署（UNDP）	对非洲、阿拉伯国家、亚洲和太平洋地区、欧洲和独联体国家的支持	SEA 网络与指导以及 SEA 与国家可持续发展战略
东欧、高加索和中亚国家的 SEA 能力建设		联合国欧洲经济委员会（UNECE）	东欧、高加索和中亚（EECCA）国家	遵守《埃斯波 EIA 公约》及其 SEA 议定书的活动
ENEA 能力建设工作组	2004	欧盟委员会D3组和区域环境中心	欧洲联盟（欧盟）成员国和条约国	为将环境因素融入结构基金和共同基金支持下的计划和项目而改进能力建设
系统化学习计划		世界银行	世界银行工作人员和国家	加强世界银行的 SEA 能力建设

来源：亚洲开发银行，2005；世界银行，2005；欧盟委员会；www.sea-info.net；www.seataskteam.net。

28.2.2 专业发展指导

对在职能力建设来说，专业发展指导是一个重要因素。第三十章对专业发展指导的基本原理进行了详细阐述，但是表 28.1 针对最近的一些支持专业发展和体制改革的活动做出了说明。目前，SEA 指导手册不仅归属于表 28.2 里列举的那些多边和双边组织的学术领域，同时还属于若干正在编制全国性、区域性和部门性指导手册的国家的学术范畴。

表 28.2 SEA 能力建设的专业指导

已发行的指导手册	日期	提供机构	接收机构	背景
SEA 指导手册		英国环境机构	英国机构	欧盟秘书长和理事会指令第 2001/42/EC 号具体指导意见（土地利用和空间规划与交通规划、气候变化、生物多样性）
SEA 开放式教育资源	2001	联合国大学（UNU）		启动与牛津布鲁克斯大学、SEA 维基合办的远程教育课程

已发行的指导手册	日期	提供机构	接收机构	背景
SEA远程学习课程	2002	世界银行/国际影响评价协会/国家环保总局	中国政府相关工作人员	中国SEA培训请求
EIA培训资源手册	2002	联合国环境规划署	发展中国家和正过渡到市场经济的国家	能力建设和环境
关于执行第2001/42/EC号指令的指南	2003	欧洲委员会环境总理事	欧洲联盟（欧盟）成员国和条约国	关于特定规划和环境计划影响评价的欧洲第2001/42号指令
土地利用规划的战略影响评价指导	2003	DGOTDU—葡萄牙	葡萄牙土地利用规划	
加拿大国际开发署（CIDA）SEA手册	2004	加拿大国际开发署（CIDA）	加拿大国际开发署在发展中国家的业务	通过SEA进程对加拿大国际开发署员工进行指导
EIA和SEA手册	2004	联合国环境规划署	发展中国家和正过渡到市场经济的国家	联合国环境规划署经济与贸易科的EIA和SEA项目
海岸侵蚀	2004	环境总理事		欧盟海岸管理政策和SEA
培训手册：黎巴嫩SEA规划和计划	2004	联合国开发计划署	黎巴嫩土地利用规划	联合国开发计划署能源与环境项目、欧盟委员会、定名为SEA的第三世界国家计划方案和黎巴嫩土地利用规划
SEA运输手册	2005	欧盟能源和运输总局	欧盟成员国和全球	欧盟运输政策和SEA
香港SEA手册（互动版）	2005	香港环境保护部	香港	
针对凝聚政策（2007—2013）的SEA	2006	欧盟	欧盟成员国	欧盟区域发展政策和SEA
SEA工具箱	2006	苏格兰行政院	苏格兰机构	第2001/42/EC号指令
支持应用SEA议定书的资源手册	2006	联合国欧洲经济委员会/区域环境中心		联合国欧洲经济委员会跨界影响公约——SEA协议
面向发展合作的SEA最佳实践指导	2006	经合组织发展援助委员会的环境工作组		针对发展援助的SEA
以战略为基础的SEA方法指导	2007	APA—葡萄牙环境局	所有空间规划和行业组织	辅助执行依据2001/42号欧洲指令的国家法规
综合评价—将可持续发展融入政策制定—指导手册	2009	联合国环境规划署	市场经济国家、发展中国家和正在向市场经济转变的国家	综合评价

来源：加拿大国际开发署，2004；DGOTDU，2003；欧盟委员会，2003，2004，2005；欧盟，2006；香港环境保护部，2005；经济合作与发展组织；Partidario，2007b；苏格兰行政院，2006；英国环境局；联合国开发计划署，2005；联合国欧洲经济委员会，2006；联合国环境规划署，2002，2004；联合国大学。

28.3 SEA 能力建设的驱动力

Partidário（2004）确定了三个重点以改善当前问题和强化 SEA 的战略特性：

（1）改善 SEA 和决策之间的关系：这个问题要求向决策制定者提供及时的、简洁的、相关的和突出重点的信息。这是将重点从提供厚厚一摞影响报告这一传统上转变过来，这些报告往往过于复杂，并且在决策过程中提交得太迟。为了说明这个问题，关键是要了解决策过程是如何运作的，以及确定何时需要什么信息。

（2）改善 SEA 中的沟通技能和机制：这个问题排除了许多妨碍有效沟通的障碍，比如不同的行业、学科或领域之间的多样性，不明确的术语和人为的障碍。整个网络的参与者之间的沟通被看作是 SEA 有效性的基本条件（见第二十七和二十九章）。至少部分解决方案的目的是创立一套简单、统一和常识性的 SEA 语言（Partidário，2007a；Vicente 和 Partidário，2006）。

（3）使 SEA 具有吸引力并增加双赢的机会：这是一个市场问题，需要记录和传播成功的案例，而这些案例能展示真正的收益或者通过适度的努力来降低成本。

发展是关于现实、期望、优先次序和选择的。这些共同构成了 SEA 运作的背景和决策的主要动力。因此 SEA 能力的提升内在地与决策框架的改善相关联，这些框架包括政策计划、政治参与、领导力（动机、优先次序、管理）和体制结构。

政策是发展的导师。在战略方针上，政策即为一系列机制运作条件，政策设计成为了敏感要素，而政策的缺失使得中长期发展失去了方向（Partidário，2004）。政治参与和义务提供了主要的行动能力，领导力则提供了方向，以保障动力、长远前景、连贯通透的优先发展事项和管理规则。Vicente、Partidário（2006） 和 Genter（2004）认为 SEA 应该是“相互合作”和“避免内部与区域冲突”。因此，以决策背景为特点的体制结构和工程项目对 SEA 的成功实施而言是至关重要的。

基于 George（2001）提出的对完善性决策框架和能力建设组分的要求，专栏 28.1 提出了为 SEA 塑造能力的过程中必要的驱动力。按照 Partidário（2004）的介绍，这些驱动力包括政策驱动力、体制驱动力、技术驱动力以及财政和人力驱动力。这些驱动力与 SEA 中的关键问题密切相关，且已被许多作者多次提及（Partidário，1996；Sadler 和 Verheem，1996）。这些关键问题必须被采纳并作为 SEA 能力建设办法的一部分落实到位。

28.4 完善 SEA 的能力建设

布拉格会议上的讨论确定了一些趋势和问题，它们帮助人们理解了 SEA 能力建设具有重要性的原因（表 28.3）。对增加 SEA 知识、跨 PPP 制定过程以及在环境与行业机关和公共决策制定者之间分享这些知识和经验的需求，都在优先考虑之列。此外还强调了一些过程问题，包括需要应用 SEA 和作为拥有几个共同要素的协调与同步行动的规划过程，比如不同利益相关者的接触和两个过程中对选择方案的考虑。

专栏 28.1 SEA 能力建设中的关键驱动力

政策驱动力：

❖ 针对可持续性、环境与发展的政策框架。

❖ 政策互动、优先问题以及旨在拟定关键政策的政策工具。

❖ 正式和非正式的、重点突出的、开放的和有效的并以政治接触和跨部门合作为标志的决策制定结构。

❖ 在掌控公众参与、对话、优先权配置、价值管理和意见统合等过程中发挥领导作用以利于制定决策。

体制驱动力：

❖ 体制框架、关系、互动和机制。

❖ 在决策质量控制中至关重要的责任与义务。

❖ 权力关系——分享与强化权力。

技术驱动力：

❖ 文化思想。

❖ 代表性工具（规划、评估和决策）。

❖ 需求评估。

❖ 指导。

❖ 沟通能力。

❖ 参与手段、对话。

❖ 意见统合与传统知识——至关重要的经验法则和完善的常识。

资金和人力驱动力：

❖ 有否资金来源。

❖ 成本效益分析。

❖ 专业技能与人力资源能力。

来源：Partidário，2004。

当前趋势显示欧洲环境状况报告书、国家和区域背景以及 GIS 都是 SEA 的重要工具。然而，这些都需要专为 SEA 来制定，而资源分配则需要在各国（均有跨界问题）之间予以协调，以履行联合国欧洲经济委员会的 SEA 议定书。

规划和环境机关以及决策者在上述问题上面临众多挑战，特别需要起草和修改环境报告并开发资源工具，以及确保对 SEA 质量和成功案例持续进行审查，以吸取经验教训。改善 SEA 的过程中所面临的其他主要挑战包括：在规划和环境机关内部及各部门之间建立 SEA 联合工作组、基于网络对有关 SEA 的经验和指导、研究、专业培训和本科教育予以大众化传播。今后的挑战是需要将 SEA 的重点放在决策层次的战略问题上，要依据 EIA 来处理与项目有关的详细层次上的影响问题。

基于这些问题和挑战，在布拉格研讨会上，参与者提出了提升 SEA 能力建设的十项原则（专栏 28.2）和一些改善措施（专栏 28.3），以影响决策过程和决策制定者。

专栏 28.2 旨在影响决策过程和决策制定者的 SEA 能力提升十项原则

（1）前瞻性领导。
（2）体制系统—对过程和实施的监督。
（3）评价和监测的透明度。
（4）以结果为导向。
（5）跟踪式进程：监测、评价、管理和沟通。
（6）为决策者提供早期和连续不断的信息。
（7）简单而明确的环境报告和对决策者提出的建议。
（8）建立信任关系。
（9）将 SEA 当作一个（与决策者和关键性利益相关者）对话交流的平台来推广。
（10）对政治经济多变性的认可。

专栏 28.3 旨在影响决策的 SEA 能力提升的专业与体制形式

❖ 知识共享。
❖ 召集决策者并鼓励他们从第一天开始就参与 SEA 进程。
❖ 所有参与的利益相关者的敏感性。
❖ 调解过程。
❖ 对规划人和决策者进行关于 SEA 的培训，并使培训与规划制定过程相关联。
❖ 了解政策系统。
❖ 根据各级决策来考虑面向公众/决策者的各级信息。
❖ 认识到遵循 SEA 的计划/规划的附加价值。
❖ 影响决策过程的能力/机会。
❖ 更加系统地影响人事和组织系统。
❖ 在整个规划过程中通过提交 SEA 环境报告来影响决策过程的可能性。
❖ 考虑到政策背景，需要将 SEA 完全融入到决策系统/过程中。

表 28.3 SEA 能力建设：总结报告

主要趋势和问题	首先是对基础作用和能力建设重要性的认识，特别是要确保对决策起到有效的影响。由国际发展活动所推动的对能力建设进行研究的例子越来越多，尽管公共机构也展示了以增加能力为目的的内部工作。 在国家、组织和个人层面上正在进行专业和体制能力建设，对国家 SEA 体系、SEA 背景和内部体制框架做出了展望。 相关的主要问题： ❖ 需要进行能力建设的层面，以及它们（与国家、组织和个人）的相关性。 ❖ SEA 背景（政策和规划实践、体制建设、政治体制的开放性、组织和个人）。 ❖ 无形因素（例如，信任、权力关系、分享的意愿）。 ❖ 有形因素（例如，资源的可用性、固有知识）

<table>
<tr><td>主要观点</td><td>当前状况显示 SEA 能力建设尚未到位，并且发展得远不够完美。然而，同样要承认很难去判断 SEA 的有效性。
目前的经验重点在于构建 SEA 能力和阐明为提高这一能力所应采取的形式（方法、措施），而无论具体背景如何。
一些实例将重点放在了环境问题上，而其他的则从环境问题转移到 SEA 的可持续性上，亦即能力建设的最终努力结果。
政策和规划文化以及与 SEA 相关的工具范围和类型（EIA、政策、计划、审计）将影响 SEA 的应用方式和为提高专业和体制能力而必须做的工作。目前缺乏 SEA 领域的知识和经验。主要机构能力不足，当局也缺乏意识。为更好地实践 SEA，有必要进行学习。对决策者进行教育是很必要的</td></tr>
<tr><td>重要教训</td><td>重要教训源于引发讨论的两个关键问题：即旨在影响决策的 SEA 能力改进的原则和形式。
作为改善 SEA 能力以影响决策的原则：
❖ 较强的领导能力。
❖ 建立信任关系。
❖ （内部和外部）体制监督。
❖ 知识共享。
❖ SEA 作为一个学习过程和一个交流对话的平台。
❖ 透明度和责任制。
❖ 以结果为导向。
❖ 为决策者提供早期和连续的信息。
❖ 对大众来说简单明了。
❖ 对政治经济多变性的认可。
❖ SEA 过程的连续性和对规划变更的适应性。
作为改进形式：
❖ 召集决策者并鼓励他们从第一天开始便参与 SEA 进程。
❖ 设立体制系统以对过程和（内部和外部）执行程序进行监督。
❖ 意识。
❖ 调解过程。
❖ 对规划人和决策者进行关于 SEA 的培训，并将培训与规划制定过程相关联。
❖ 了解政策系统。
❖ 促进专业人士和机构的知识共享。
❖ 考虑“叠加”——针对公众/决策者的信息层面或决策层面。
❖ 认识到遵循 SEA 的计划/规划的附加价值。
❖ 通过规划过程来影响决策过程的能力/机会。
❖ 对提升后的透明度和责任制的跟踪式（评价和监督）。
❖ 更加系统地影响人力和组织系统。
❖ 考虑到政策背景，需要将 SEA 完全融入决策系统/过程</td></tr>
<tr><td>未来发展方向</td><td>❖ 趋向于更好地理解和阐明 SEA 的目的，剖析概念，使其更具战略性，并保证它注重决策和以结果为导向，而不是面向过程。
❖ 阐明 SEA 对决策的附加价值，并保障未来提升这种价值的能力。
❖ 通过共享知识来引领能力建设，例如网站的作用和固有的链接。对决策制定者实施教育。
❖ 提升 SEA 战略作用以影响决策</td></tr>
</table>

28.5 结论

基于布拉格会议上的讨论，SEA 能力建设与改善可持续发展结构框架的需求有关（见第二十九章）。同样认识到的是 SEA 能力尚未到位，并且发展得远不够完美。能力建设的原则和形式需要适应每个国家的需要和实际情况，不应由在特定政治和体制框架下制定的标准方法来推动，而是由经济或商业因素推动。

总之，SEA 能力建设应该成就更为深思熟虑的决策过程和更加了解情况的决策者。它将从系统性工作中受益，以具体确定如下内容：妨碍 SEA 以最优方式完成的条件、将从 SEA 能力中获益的行动类型、完成此类行动的经验、SEA 能力建设最佳规范的概述。系统分析将会拿出一个 SEA 能力建设的行动方案，由那些需要、监督或实施 SEA 的人去执行。

参考文献

[1] ADB (Asian Development Bank) (2005) 'Technical assistance Socialist Republic of Vietnam: Capacity building in the strategic environmental assessment of the hydropower project', ADB, Manila, www.adb.org/Documents/TARs/VIE/39536-VIE-TAR.pdf, accessed March 2007.

[2] CIDA (Canadian International Development Agency) (2004) Strategic Environmental Assessment of Policy, Plan, and Program Proposals: CIDA Handbook, CIDA, Ottawa, www.acdi-cida.gc.ca/INET/IMAGES.NSF/vLUImages/Environmental%20assessment/$file/SEA-Handbook.pdf, accessed March 2007.

[3] DGOTDU (Direcção-Geral do Ordenamento do Território e Desenvolvimento Urbano) (2003) 'Guidance for strategic impact assessment in land-use planning', DGOTDU, Lisbon.

[4] EC (European Commission) (undated) 'ENEA Capacity-Building Working Group', http://ec.europa.eu/environment/integration/pdf/capacity_building.pdf, accessed March 2007.

[5] EC (2003) 'Implementation of Directive 2001/42/EC on the assessment of the effects of certain plans and programmes on the environment', EC Directorate General Environment, Brussels, http://ec.europa.eu/environment/eia/sea-support.htm, accessed September 2010.

[6] EC (2004) 'Development of a guidance document on strategic environmental assessment (SEA) and coastal erosion, EC Directorate General Environment, Brussels, http://ec.europa.eu/environment/iczm/pdf/coastal_erosion_fin_rep.pdf, accessed March 2007.

[7] EC (2005) The SEA Manual: A Sourcebook on Strategic Environmental Assessment of Transport Infrastructure Plans and Programmes, EC Directorate General for Energy and Transport and Building Environmental Assessment and Consensus (BEACON), http://ec.europa.eu/ten/transport/studies/doc/beacon/beacon_manuel_en.pdf, accessed March 2007.

[8] Environment Agency (undated) 'Environment Agency', www.environment-agency.gov.uk, accessed March 2007.

[9] EU (European Union) (2006) Handbook on SEA for Cohesion Policy 2007-2013, GRDP, Interreg IIIC, EU, http://ec.europa.eu/regional_policy/sources/docoffic/working/sf2000_en.htm, accessed September 2010.

[10] Ferdowsi, S., Hakimian, A. H., Monavari, S. M., Partidário, M. R. and Rad, H. F. (2005) 'Sustainable development and strategic environmental assessment capacity building in Iran', paper presented at the IAIA SEA Conference, Prague.

[11] Fleming, A. and Campbell, I. (2005) 'Professional and institutional capacity for cultural heritage in SEA', paper presented at the IAIA SEA Conference, Prague.

[12] Genter, S. (2004) 'Evaluating the consideration of biodiversity in NRM policy through PEA', MPhil dissertation, Murdoch University, Perth.

[13] George, C. (2001) 'Sustainability appraisal for sustainable development: Integrating everything from jobs to climate change', Impact Assessment and Project Appraisal, vol 19, no 2, pp95-106.

[14] Ghanimé, L. (2005) 'Professional and institutional forms of improving SEA capacities on impact decision making', paper presented at the IAIA SEA Conference, Prague.

[15] Hong Kong Environmental Protection Department (2005) SEA Manual, www.epd.gov.hk/epd/SEA/eng/index.html accessed September 2010.

[16] OECD (Organisation for Economic Co-operation and Development) (undated) 'Environment and development', www.oecd.org/department/0,2688,en_2649_34421_1_1_1_1_1,00.html, accessed March 2007.

[17] O'Mahoney, T., Byrne, G. and Donnelly, A. (2005) 'The Environment Protection Agency's SEA experience in Ireland-the first twelve months', paper presented at the IAIA SEA Conference, Prague.

[18] Partidário, M. R. (1996) 'Strategic environmental assessment: Key issues emerging from recent practice', EIA Review, vol 16, pp31-55.

[19] Partidário, M. R. (2004) 'Capacity building and SEA', in Schmidt, M., João, E., Knopp, L. and Albrecht, E. (eds) Implementing Strategic Environmental Assessment, Springer Verlag, Berlin.

[20] Partidário, M. R. (2007a) 'Scales and associated data-what is enough for SEA needs?', EIA Review, vol 27, no 5, pp460-478.

[21] Partidário, M. R. (2007b) Strategic Environmental Assessment Good Practice Guidance: Methodological Guidance, Agência Portuguesa do Ambiente, Lisboa, www.iambiente.pt/divulgacao/publicacoes/outrossuportes/documents/SEA-guide.pdf, accessed November 2010.

[22] Sadler, B. and Verheem, R. (1996) Strategic Environmental Assessment: Status, Challenges and Future Directions, Ministry of Housing, Spatial Planning and the Environment, The Hague.

[23] Scottish Executive (2006) 'Strategic environmental assessment tool kit', www.scotland.gov.uk/Publications/2006/09/13104943/1, accessed September 2010.

[24] Susani, L. (2005) 'Building capacity for SEA consultation response', paper presented at the IAIA SEA Conference, Prague.

[25] UNDP (United Nations Development Programme) (2005) 'Training manual: Strategic environmental assessment of plans and programmes in Lebanon', www.undp.org/fssd/priorityareas/sea.html, accessed September, 2010.

[26] UNECE (United Nations Economic Commission for Europe) (2006), Convention on Environmental Impact Assessment (EIA) in a Transboundary Context-ResourceManual to Support Application of the Protocol on SEA, www.unece.org/env/eia/sea_manual/links.html, accessed March 2007.

[27] UNEP (United Nations Environment Programme) (2002) 'Section B: Capacity building', Environmental Impact Assessment Training Resource Manual, Environmental Impact Assessment Training Resource Manual, www.unep.ch/etu/publications/EIA_2ed/EIA_B_body.pdf, accessed March 2007.

[28] UNEP (2004) 'Environmental impact assessment and strategic environmental assessment: Towards an integrated approach', UNEP, Geneva, www.unep.ch/etu/publications/text_ONU_br.pdf, accessed March 2007.

[29] UNEP (2009) Integrated Assessment: Mainstreaming Sustainability into Policymaking: A Guidance Manual, UNEP, Geneva, www.unep.ch/etb/ publications/AI%20guidance%202009/UNEP%20IA%20final.pdf.

[30] UNU (United Nations University) (undated) 'Online learning', www.onlinelearning.unu.edu/sea/index.html, accessed March 2007.

[31] Vicente, G. and Partidário, M. R. (2006) 'SEA: Enhancing communication for better environmental decisions', EIA Review, vol 26, no 8, pp696-706.

[32] World Bank (undated) 'Strategic environmental assessment (SEA)', World Bank, Washington, DC, http://web.worldbank.org/WBSITE/EXTERNAL/TOPICS/ENVIRONMENT/0,contentMDK:20885949~menuPK:549265~pagePK:148956~piPK:216618~theSitePK:244381,00.html, accessed March 2007.

[33] World Bank (2005) 'Strategic environmental assessments: Capacity building in conflict affected countries', World Bank, Washington, DC, http://go.worldbank.org/BCVLZDDAG0, accessed March 2007.

第二十九章　编制战略环境评价导则

巴比·西弗
（Bobbi Schijf）

引言

战略环境评价在全球的发展势头不断上涨的同时，大量的指导文件也出现了。随着战略环境评价在国际、区域、国家或行政区层面上陆续被提出，关于如何从事战略环境评价的手册或实用性建议也随之出现。总体上，除了那些涉及战略环境评价过程的文件外，还有一系列涉及特定层次规划的战略环境评价指导，例如政策层面上的特定部门，如运输部门，或某个主题，如健康和气候变化等。

战略环境评价导则的编制耗费了大量劳动力，却基本上没有针对这类导则的系统性分析。本章在这方面开了一个先河。首先着眼于国际水准上可用的战略环境评价导则，并强调了一些重要区别。随后，本章讨论了战略环境评价导则编制上的一致性以及在何种程度上有可能会实现或确实有必要实现。最后，针对未来战略环境评价导则的编制总结了大量经验教训。

本章主要依赖于大量的实践经验和一些战略环境评价专家的意见，这些专家曾经参与起草和运用战略环境评价导则，也参加过国际影响评价协会在布拉格的研讨会。此外还借鉴了关于这个话题的有限文献。

29.1　对各类战略环境评价导则的概述

战略环境评价导则可以有不同表现形式。除了那些明确标示为战略环境评价导则、指导方针或手册的文件外，还有关于如何将战略环境评价融入各类有关战略环境评价的能力建设/培训资源、学术或专业刊物的说明书。在某些情况下，战略环境评价导则是嵌入在对法规或程序的解释中的。例如，欧洲委员会（EC）起草了关于战略环境评价指令执行的文件，以协助这些成员国解释该指令的要求，并转化为国家法规，同时它也为战略环境评价提供了一些切实可行的建议和参考。

如果从更广泛的角度阐释战略环境评价导则，那么哪一类导则会出现在全世界各地，又是什么在驱动着这些指导文件的编制工作呢？最常见的战略环境评价导则的特点是切合具体国情且通用，也就是说，它解释了战略环境评价的概念和具体的司法程序。这种导则通常由负责战略环境评价的政府机关委托编制，并且由国家相关要求或国际协议所驱动。欧洲战略环境评价指令（2001/42/EC）尤其成为新指导材料的重要推动力。所有的欧盟成员国都已经出台或修改了现有的战略评价进程，以满足大多数国家战略环境评价导则所遵循的法律和实践方面的指令要求。Thérivel 等（2004）回顾了他们撰写的关于如何编制战略环境评价导则的文章中五个国家的战略环境评价导则文件。他们查看了有关欧洲战略环境评价指令在英格兰、苏格兰、冰岛、葡萄牙和意大利 Lombardy 区实施的早期指导文件。其结论已被纳入到这份文件中了。

随着一般性战略环境评价导则材料数量的大幅度增加，专门性战略环境评价导则文件的数量也在增长。这是战略环境评价的多元化利用在各个部门、不同类型的计划和其他各个层次上的反映。国土规划和运输领域也在行业性战略环境评价指导材料，特别是欧盟成员国战略环境评价手册中有所体现。具体的专题性战略环境评价导则数量也呈上升趋势，因为人们越来越认识到战略环境评价是一个有用的工具，可以解决诸如生物多样性、健康和气候变化等战略决策中的问题。

除了上述国家权威部门外，国际合作与发展机构也是战略环境评价导则编制工作的主要贡献者。例如，世界银行就已经开发了一个网上战略环境评价工具包，其中涵盖了如何规划评价程序和有关具体部门良好规范的信息（World Bank，2007）。同样，作为补充《埃斯波公约》的联合国欧洲经济委员会（UNECE）战略环境评价议定书也和战略环境评价能力建设手册和一系列展示战略环境评价实例并链接其他资源的专门网页一同出现（联合国欧洲经济委员会，2007）。

参与支持战略环境评价能力的国家和国际非政府组织（NGO）也发布了导则。例如，国际自然保护联盟（IUCN）中美洲分部为中美洲环境与发展委员会编写了一份战略环境评价手册。这本手册指向中美洲地区七个国家的战略环境评价专业人士（UICN/ORMA，2007）。与此同时，英国皇家鸟类保护协会已与英国当局合作，编写了一份关于战略环境评价和生物多样性的实用导则（2004）。

现有的战略环境评价指导材料大多是由公众资助的，因此广泛出现于印刷品和互联网上。一项快速在线调查形成了许多指导性文件。专栏 29.1 包含一系列此类资源的指示性概述。这个列表并不详尽，仅有英文版文件并非其唯一原因。

对战略环境评价指导材料的简要回顾显示了在战略环境评价的概念和研究方法上的变化。这种变化意义深远，因为它抓住了在如何理解战略环境评价这一问题上的差异性，以及在现有规划实践和程序中战略环境评价解释上的不同之处。

导则中一个凸显多样性的地方是，能否把战略环境评价解释成更偏向技术性的工具，或者更强调战略环境评价的对话色彩。加纳的战略环境评价指导手册就是一个注重战略环境评价参与方的例子（美国环保局，2007）。它基于技术方法，依赖于有限的清单和矩阵。相反，该手册介绍了作为与一系列利益相关者进行多轮讨论的结果的战略评价。另一方面，阿布扎比战略环境评价手册更加集中于本应用于识别和减轻影响以及监测指标的技术方法（经济分析部，2010）。

战略环境评价导则的另一个关键区分特征是战略环境评价在多大程度上被设定为一个可持续发展框架。虽然大多数指导性文件涉及作为战略环境评价应实现目标的可持续发展，然而只有少数的可持续性问题被纳入到指令中。有些战略环境评价方法涉及面较窄，着重于生物物理环境受到的影响。处于中间水平的是那些明确提出将社会与经济因素纳入战略环境评价，但没有详细说明应如何去做的指导材料。大力强调可持续发展的导则似乎有两个发展趋势。要么是准备在已建立的可持续发展评价系统中进行规划，如英格兰和苏格兰，要么是与战略环境评价在合作发展方面的应用相关联。在对他们在后一个领域中的经验的回顾中，Dalal-Clayton 和 Sadler 解释到，综合评价更适于发展合作的背景，因为它更清楚地明确了扶贫和可持续发展所作出的贡献。

专栏 29.1 网上现有的战略环境评价指导材料实例

首要的战略环境评价导则：

❖ 战略环境评价执行基准：一份良好的战略环境评价过程的质量检查表，由国际影响评价协会颁发（IAIA，2002）。

与国际合作有关的战略环境评价导则：

❖ 用于支持执行战略环境评价议定书的资源手册：能力建设手册，包括有关如何实施战略环境评价的指导文件，其中包括有关如何使战略环境评价应用于不同的计划和方案编制进程的章节，以及战略环境影响评价工具和方法的概述（联合国欧洲经济委员会，2007）。

❖ 世界银行：开发了一个系统的学习方案，以支持战略环境评价方法在世界银行和客户业务中的应用，并阐明如何使战略环境评价与其他银行工具相关联。它一直在维护一个网站，其中包括涉及如何实施战略环境评价、其在具体部门的应用等信息，并链接了其他战略环境评价在线资源（世界银行，2007）。世界银行还编制了专门针对战略环境评价在政策中应用的战略环境评价导则（世界银行，2010）。战略环境评价在政策层面的应用需要在政治、体制和管理方面都特别注重基础的决策流程。本导则提供了有关如何分析这一背景和制定适当的战略环境评价方法的说明书。

❖ 加拿大国际开发署：制定的战略环境评价手册通过该机构的战略环境评价过程及其在政策、规划和计划建议方面的应用来指导员工。该手册包括对如何筛选战略环境评价、如何进行战略环境评价，以及如何编制战略环境评价报告的指导（加拿大国际开发署，2004）。

论题性的或具体部门的战略环境评价导则：

❖ 《战略环境评价与适应气候变化》，此刊物源于由经济合作发展组织所记录的有关战略环境评价实践的一系列导则（经济合作组织，2008）。

❖ 《生物多样性影响评价的自愿准则》，从背景文件到生物多样性公约（Slootweg 等，2006）。

❖ 《外贸相关政策的综合评价参考手册》，联合国环境规划署（2001）。

❖ 《战略环境评价手册：有关交通基础设施实施计划和方案的战略环境评价资料读物》，欧洲能源与运输委员会总理事（欧共体，2005）。

综合考虑内容和过程的具体战略指导的环境评价方法：

❖ 针对十步骤综合性可持续性分析的战略环境分析（SEAN）方法，该方法的开发得到了荷兰国际合作总理事的支持（SEAN 平台，2007）。

不同的战略环境评价导则的文件也呈现出不同的战略环境评价过程模型。即使在由欧盟成员国提出的战略环境评价导则中这一点也很明显，这些成员国在战略环境评价过程方面必须满足指令 2001/42/EC 中规定的一组相同的基本要求。例如，由 Thérivel 等人（2004）评审的英文导则涉及十个阶段，而葡萄牙的导则把这个过程组织成一个由四个主要规划阶段所构成的循环方法。

29.2　一个协调战略环境评价导则编制程序的案例

我们有很好的理由来编制具体于指定的规划系统、某一规划水平或一定形式的政策、规划或计划的导则。首先，通常会有在战略环境评价过程中必须遵守的法律和程序要求，它们将会随着行政管理部门的不同而不同。其次，导则必须与系统中与规划和评价有关的经验水平相一致。如果规划没有得到很好的制定，战略环境评价导则就不得不向规划过程本身指出明确的方向。另一方面，如果规划有很好的进展，融合了现有规划过程的战略环境评价应该提供更加重要的指导性文件。同样，如果在一个国家或地区存在有限的战略环境评价经验，按理应该更加注重战略环境评价基础，而拥有更多先进战略环境评价经验的专业人士则应该处理更为复杂的战略环境评价方法和技巧。一个给定规划制度的政治背景也可以限制战略环境评价的可能性。例如，针对作为规划工具的战略环境评价，有可能做出不适当的承诺，在政府规划方面的公众参与可能有问题，或可持续发展的概念可能不被广泛接受。通用的战略环境评价导则需要调和此类因素。

当然，有充分的理由来就战略环境评价制定具体部门的导则。可以说，这种导则可能是战略环境评价导则的补充形式。它针对战略环境评价的行业应用提供的细节层次是通用导则所不能提供的。它也方便了用户，使用户直接获得他们所参与的战略环境评价过程所需的信息和指导。

虽然有根据自己的背景和目标群体编制战略环境评价导则的逻辑，但导则的完善协调性也同样重要。一方面，如果战略环境评价巩固并推动形成了相同原则的战略环境评价良好规范，许多从业者的困惑就能避免了。另一方面，如果战略环境评价导则是建立在以往经验的基础上，那么导则的效率可能会更高，导则的编制也会更有效。尽管可能会有版权问题需要解决，新的导则当然也应该包括来自于现有导则的材料。这个论点对伴随着一系列相同战略环境评价要求而形成的战略环境评价程序的材料而言尤其正确，例如由欧盟战略环境评价指令所做出的规定要求所有会员国都有类似的战略环境评价应用范围、为参与机会做出的规定，以及对战略环境评价报告的内容提出的相同的最低要求。

如何更好地实现战略环境评价导则的协调性？经济合作与发展组织发展援助委员会（OECD DAC）SEA 工作组提供了一个很好的例子。这个工作组成立的宗旨是制定战略环境评价导则，以协调各工作组成员在他们遍及全球的发展合作倡议中宣传的方法。经过一个覆盖面很广的过程后，工作组形成了一份战略环境评价指导文件，这份文件提供了统一的战略环境评价概念解释，但也顾及对实践中可变性应用的需求。本导则以战略环境评价的原则、概念、产生的收益及内容为开端，然后确定了战略环境评价应用的 12 个关键切入点，并为每一个切入点提供了更详细的说明（经合组织发展援助委员会，2006）。

29.3 从战略环境评价导则的编制中总结的教训

在这种完善的协调精神的指引下，布拉格战略环境评价导则研讨会的参加者从他们编制这份导则的集体经验中总结出一系列教训。

29.3.1 导则的编制过程

本次会议的重点之一是，有效的战略环境评价导则始于一个为了编制本导则而设计的健全过程。Thérivel 等（2004）详细叙述了他们是如何把那些手册组合在一起的。总的来说，这个过程涉及编制指导意见草案，这项工作既可能由一个组织来完成（往往是在战略评价方面有某些利益或责任的政府机关），也可能由该组织委托的顾问来完成。当草案完成后，再对导则予以审查、修改并最终完成。审查过程的覆盖面可能相当广，包括与一系列利益相关者进行多轮磋商，甚至测试导则的应用程序。在某些情况下，整个过程是由拥有规划和（或）评价方面专业知识的督导委员会成员来监督。

研讨会参与者有了此类磋商过程的积极经验，使那些参与者获得了能力建设的额外收益。使导则的用户参与其中，还使得各方达成了更广泛的认同和对导则的支持。此外，对参与战略环境评价的各个政府部门而言，这一参与进程为他们提供了一个加强合作的机会（Thérivel 等，2004）。

一个良好的战略环境评价导则的编制过程应该包括以下内容：

- 首先，在任何拟定导则的性质和它的目标受众上达成广泛的共识。
- 成立一个工作小组，来监督编制过程和指导材料的质量。
- 利用工作组和（或）研讨会来与包括机关、顾问和公众在内的参与战略环境评价的各利益相关者协商。
- 在试点应用中检验指导草案。
- 争取使那些与国际战略环境评价学术圈有广泛联系，并能很好地把握这个领域最新发展趋势的专家参与。

29.3.2 没有一成不变的事，但通用原则还是适用的

布拉格会议讨论的主要结论是：战略环境评价导则应在具体背景下的详细指令和重要的战略环境评价基本原则之间达成平衡。对此，与会人员得出的结论是，为应予整合的特殊类型规划专门制定战略环境评价导则是有意义的。当然，这确实需要在设计战略环境评价指导书之前对本规划进行合理的分析（Fischer，2006）。本导则还应该清楚地写明其情况。据 Thérivel 等（2004）推断，拥有现成的战略环境评价类似经验的国家在编写实际指导书方面通常要比经验较少的国家更为得心应手一些。如果指定系统的规划过程还没有得到明确定义或理解，这一点就尤其正确。在这种情况下，难以确定战略环境评价应支持的决策窗口，以及战略环境评价进程应予以纳入的磋商要求。

因为战略环境评价的应用背景在随着时间变化，战略环境评价导则需要定期更新。它应该沿循给定系统内规划与战略环境评价经验的演变历程（见第二十八章）。然而，研讨会的与会者并没有就战略环境评价首次被引入时就应配套发布的导则达成一致意见。迎合

部门、规划水平或战略环境评价过程中角色的差异化导则可以提供一个很好的起点，因为这将有助于形成具体的战略环境评价，并向特定目标群体展示其价值。或者，也可以在更详细的导则出台之前发布通用导则，以求在扩大应用范围前首先推动形成有关战略环境评价的普遍观点。最后，有关各方达成了广泛共识，即在引入战略环境评价时应配备相应的导则，哪怕只是临时性导则也好。

专栏 29.2 突出关键性战略环境评价原则

英国已编制了一系列战略环境评价指导文件。这些文件尽管很详尽，但有时过于细碎。为了打击战略环境评价的“信息超载”现象，英格兰和威尔士环境局已经编制了一份导则来总结重要的战略环境评价原则，特别是由相关责任机构编制的地方发展文件。

《战略环境评价注意事项》是为方便性和易用性而设计的。在文件中，流程图说明了战略环境评价的关键阶段：筛选、基准、范围划定、评价与通报、咨询、决策与监督。针对每一个阶段，都有一个“应做”与“不应做”的注意事项列表，这反映了战略环境评价的原则。

例如，针对基准的制定，这份文件敦促计划制定者“一定要紧跟相关问题，而不要收集过多的细节”。针对范围划定，则“要考虑一系列选择方案；而不要在创造性上缩手缩脚”。对于评价与报告，“要确保评价是以证据为基础的；不要隐藏不确定性”。此外还提到了一些“应做与不应做”的全过程注意事项。

这份一页纸的文件被广泛分发，而且能通过电子形式获取。在信息的有效性和可获取性上收到了积极的回应。指导文件的简洁性、视觉清晰度和直观性也受到了高度重视。

来源：Lucia Susani 的《环境评价政策和管理流程》，英格兰和威尔士环境局。该导则可在 www.environment-agency.gov.uk 上查到。

优秀导则的关键在于详细的战略环境评价指令中的总体概念和原则没有丧失掉。布拉格研讨会与会者强烈感觉到，导则应该明确地宣传关于战略环境评价最佳实践的“思维方式”，即一种超越程序和技术层面的理解。应在导则中予以传达的主要信息是，战略环境评价是一个灵活的手段，这个手段应适应规划过程和其所应用的背景，同时这类战略环境评价也可以用于不同的目的，从而也就在规划过程的不同决策阶段出现不同的结果。导则还应该通过确认复杂的程序规定背后的基本原则和强调清晰明确、重点突出的报告要强于更加详细的报告这一点，来揭去战略环境评价的神秘面纱。从本质上讲，战略环境评价导则应致力于在实践中向不那么严格、响应更积极和目的导向性更强的战略环境评价方向转变。即使在先进的战略环境评价体系中，仍然需要强调这些首要原则（见专栏 29.2）。

29.3.3 在导则编制方面的其他诀窍

除了上文所述的内容外，布拉格战略研讨会上总结了一些在战略环境评价导则编制上普遍适用的诀窍（专栏 29.3）。以下各要点中很多都是常识，但列表还是能够起到有益的提醒作用。

专栏 29.3 从欧洲指令遵行导则的编制经验中习得的教训

对每一个国家来说，战略环境评价导则不得不处理非常类似的问题，这些问题包括：

- ❖ 如何使战略环境评价与现有的规划系统融合。
- ❖ 如何使战略环境评价用于管理和实践。
- ❖ 如何确保战略环境评价尽可能地有效。

在编制国家战略环境评价导则上也存在着内在矛盾，因为：

- ❖ 一份指导文件不可能满足所有使用者的要求。
- ❖ 一份指导文件不可能同时具备简约和详尽的特点。
- ❖ 一份指导文件不可能在所有格式下都发挥最佳效果。

来源：Riki Thérivel 提供，牛津布鲁克斯阿大学。

- ➢ 重要的是要考虑从导则的目标读者的角度来看战略环境评价，并且在导则编制过程中，作者不应试图将他们自己的观点强加到战略环境评价过程中来。
- ➢ 虽然导则应得到清楚明确的阐释，但也不应该过于规范，以避免扼杀创新。降低战略环境评价的门槛以便使从业者仅为满足需求而不是创造性地设计一个符合目的的战略环境评价进程是一个危险的信号。
- ➢ 将案例研究材料纳入到战略环境评价导则中已被证明是有用的。这样的例子使战略环境评价过程更切合实际，并可以阐释创新性做法。如果没有发布针对规划背景下案例的导则，其他地方也有可能找到有用的案例。
- ➢ 冗长且没有吸引力的指导材料不太可能被广泛使用，因此应考虑指导材料的适当提交方式。基于网络的导则带来很多好处，特别是因为它可以通过更加详细的方法学描述所支持的突出性关键信息来分层。基于网络的导则也可以将用户引导至网络上的其他资源，且很容易更新。然而，这种媒介并非适用于所有地区和其他方式，例如 CD-ROM，而只适合在互联网接入上有问题的情况下使用。
- ➢ 导则不应当在战略环境评价可以或应该实现什么目标这一问题上引导形成不切实际的期望。有很多实例证明优良的评价常常成为错误决策的源头。战略环境评价只是决定一项规划结果的众多因素之一（另一个显著因素是政治背景）。战略环境评价对决策过程有一定的影响，尤其是当战略环境评价与重要问题相吻合时，但是它对不可持续的计划和政策是不提供保证的。
- ➢ 同样，导则中一条涉及战略环境评价中信息详细度和复杂度的警告也是有充分根据的。一个有效的战略环境评价过程不需要详细的技术评价，信息的质量也不用依赖于复杂的应用方法。事实上，如果财政资源有限，即使是定量方法如地理信息系统（GIS）也可能遥不可及。导则中提到的方法和途径应是现实和适当的。
- ➢ 最后，导则应该更多地关注战略环境评价过程管理的专业需求。很明显仅有技术专长是不够的。复杂的评价尤其需要由多学科小组来完成。

在指导材料内容方面，我们认为所有的指导材料都应该：

- ➢ 确认具体的规划和战略环境评价过程与规划等级结构的哪一层次相符，尤其要明确重点考虑哪一个层面的影响。

- 涉及战略环境评价方法，但不一定详细描述这些方法。重要的是如何为具体的战略环境评价目标选择最佳的方法，此外还要突出战略环境评价实践过程中（专家）判断的重要性。导则也可以概述出于某种目的而应用某类方法所产生的普遍问题。
- 处理作为战略环境评价内在要素的不确定性，概述处理这些问题的方法和手段，同时强调这些方法和手段不一定仅限于技术解决方案。
- 发布战略环境评价报告，指出不同的战略环境评价结果有可能支持不同的规划和政策决策以及不同的目标群体。

29.3.4 开拓网络手段

在利用网络搜集信息方面，有许多优秀的战略环境评价导则实例。香港在线战略环境评价手册（见图 29.1）就是一个在战略环境评价导则上锐意创新的优秀实例（美国环保局，2005）。尽管是针对具体的司法管辖权限而编制，手册专门有一个章节介绍战略环境评价的全球趋势，以及与其他国家和地区指导材料之间的关联。在线手册是互动式分层化资源，对战略环境评价的基础做了简洁明了的解释，同时辅以一系列案例研究和其他可以单独下载的详细文件。

表 29.1 SEA 导则：总结性陈述

主要趋势和问题	现有的 SEA 导则涉及面很广，且内容仍在不断扩充，但人们对于 SEA 导则的范围和效用则很少有系统性分析。现有的 SEA 导则有着多种形式，其资料来源于国家政府机构和国际开发机构。大多数 SEA 导则都可以通过网络获取
主要观点	目前出现的各类 SEA 导则存在以下几方面差异： ❖ 主要差异在于如何将 SEA 概念化，即应将其视为技术工具还是对话手段。此外差异还在于应在多大程度上将 SEA 设计为可持续性工具。 ❖ 在 SEA 程序应如何按阶段划分并开展相关工作的问题上也存在明显分歧。划分标准通常与 SEA 应用于哪一类规划程序密切相关。 ❖ 大多数导则都是一般性导则，但也有与具体规划体系、规划层次或特定部门相关的导则
关键经验教训	要经过反复的磋商才能制定出行之有效的 SEA 导则，这需要在有关导则属性的问题上达成普遍一致意见，并在一开始就确定导则要面向哪些人。 同样重要的是，SEA 导则要与规划操作水平和实践经验相吻合。 着重于实践和开展案例研究有助于编制更好的导则。 本章列举了 SEA 导则编制过程中总结的一系列经验教训
未来方向	本章为更好地编制 SEA 导则提供了指导。以前在导则编制过程中所汲取的经验对于今后 SEA 导则的编制起到了借鉴作用。 由于 SEA 导则可以为 SEA 的具体实施定下基调，因此应力求使指导文件产生最佳实际效果，使实际操作更为灵活、响应迅速且目标明确。 最后，技术进步使得形式更为灵活、适应性更强的网络版 SEA 导则层出不穷，这些导则层次分明，有大量实例作支撑，并且能够定期更新

另外一个例子是关于英格兰和威尔士环境局所编制的《战略环境评价良好规范准则》的全面在线资源（美国环保局，2005）。虽然是为英国从业者所编制，但是它提供的是后期指导，将一系列部门性和主题式导则和案例置于更广泛的战略环境评价背景下，并与这

些文件直接相关。由于英国有一系列战略环境评价导则，因此这一点特别重要。

随着战略环境评价导则的陆续出台，概述性网址对于寻找具体战略环境问题方面建议的从业者而言越来越有用，同时也有助于编制战略环境评价导则草案。目前，有许多这样的网址，例如，英国战略环境评价和可持续评估的门户网站（www.sea-info.net），通过与用户非常友好的方式概述了英国和欧洲的导则。同样，荷兰环境评价委员会有一个在线数据库，这个数据库能搜索，也可获得在线指导和案例研究文件，其中包括西班牙语、葡萄牙语、法语和英语等各种版本（www.eia.nl）。

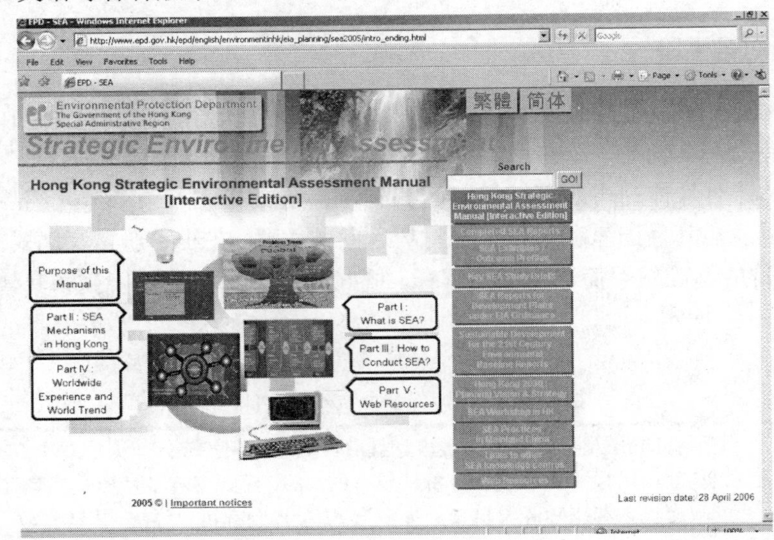

来源：EPD（2005）。

图 29.1 香港战略环境评价互动性手册

29.4 结论

战略环境评价导则能对战略环境评价的实施质量起决定性作用，它的编制值得战略环境评价学术圈的密切关注。重要的是指导文件要对战略环境评价良好规范做出各方广泛认可且与时俱进的理解。由于这种理解方式在不断演变，任何战略环境评价导则也应当日新月异。需要对战略环境评价指导材料的特性和相关性做出经常性评价来确保其一直与实践相关。需要经常更新指导材料以紧跟战略环境评价技术和方法的发展步伐。使用网络来宣传导则以推动文件、各要素和资源的定期更新，同时允许跨不同材料和网址的交叉参考，但这并不一定能满足所有需要。更深入地比较分析现有的各类战略环境评价指导材料可以揭示出它们在哪方面以及以何种方式可以相互补充。

行动的另外一个重点是分析战略环境评价导则的有效性。很少有关于战略环境评价指导性文件的系统性评价，毫无疑问的是，在关于什么有效和什么无效这一点上，仍要总结相当多的经验教训。这有助于根据针对战略环境评价本身的有效性研究做出论断。

最后，战略环境评价应该为如何将可持续发展的概念和目标与战略环境评价实践相结合指明方向。总之，所给予的指导应切合实际和涉及具体问题，例如权衡利弊和制定可持续发展的目标和指标。

参考文献

[1] This chapter is largely based on presentations and discussion on SEA guidance (stream E3) at the IAIA SEA Conference 'International experience and perspectives in SEA', held in Prague, 26-30 September 2005.

[2] CIDA (Canadian International Development Agency) (2004) Strategic Environmental Assessment of Policy, Plan, and Program Proposals: CIDA Handbook, CIDA, Ottawa, www.acdi-cida.gc.ca/acdi-cida/acdi-cida.nsf/eng/EMA-218131145-PHA, accessed September 2010.

[3] Countryside Council for Wales, English Nature, Environment Agency, Royal Society for the Protection of Birds (2004) Strategic Environmental Assessment and Biodiversity: Guidance for Practitioners, www.rspb.org.uk/Images/SEA_and_biodiversity_tcm9-133070.pdf, accessed September 2010.

[4] Dalal-Clayton, B. and Sadler, B. (2005) Strategic Environmental Assessment, A Sourcebook and Reference Guide to International Experience, Earthscan, London.

[5] EAD (Environment Agency of Abu Dhabi) (2010) Technical Guidance Document for Strategic Environmental Assessment, www.ead.ae/_data/global/tgds%20new/tgd_sea_final.pdf, accessed September 2010.

[6] EC (European Commission) (2003) Implementation of Directive 2001/42/EC on the Assessment of the Effects of Certain Plans and Programmes on the Environment, EC Directorate General Environment, http://ec.europa.eu/environment/eia/pdf/030923_sea_guidance.pdf, accessed September 2010.

[7] EC (2005) The SEA Manual: A Sourcebook on Strategic Environmental Assessment of Transport Infrastructure Plans and Programmes, European Commission Directorate General for Energy and Transport, http://ec.europa.eu/environment/eia/sea-support.htm, accessed April 2007.

[8] Environment Agency (2005) Good Practice Guideline for Strategic Environmental Assessment, Environment Agency, UK.

[9] EPA (Ghana Environmental Protection Agency) (2007) Strategic Environmental Assessment of the Ghana Poverty Reduction Strategy, EPA, Ghana.

[10] EPD (Environmental Protection Department) (2005) Hong Kong Strategic Environmental Assessment Manual, Environmental Protection Department, Government of Hong Kong, www.epd.gov.hk/epd/SEA/eng/sea_manual.html, accessed September 2010.

[11] Fischer, T. B. (2006) 'Strategic environmental assessment and transport planning: Towards a generic framework for evaluating practice and developing guidance', Impact Assessment and Project Appraisal, vol 24, no 3, pp183-197.

[12] IAIA (International Association for Impact Assessment) (2002) Strategic Environmental Assessment Performance Criteria, IAIA Special Publications series No 1, www.iaia.org/publicdocuments/special-publications/sp1.pdf, accessed September 2010.

[13] OECD (Organisation for Economic Co-operation and Development) (2008) Strategic Environmental Assessment and Adaptation to Climate Change, OECD DAC Network on Environment and Development Co-operation (ENVIRONET), www.oecd.org/dataoecd/0/43/42025733.pdf, accessed September 2010.

[14] OECD DAC (Organisation for Economic Co-operation and Development, Development Assistance Committee) (2006) Good Practice Guidance on Applying Strategic Environmental Assessment (SEA) in Development Co-operation, OECD DAC Task Team on Strategic Environmental Assessment, www.oecd.org/dataoecd/4/21/37353858.pdf, accessed April 2007.

[15] SEAN Platform (2007) 'SEAN Home Strategic Environmental Analysis', www.seanplatform.org, accessed April 2007.

[16] Slootweg, R., Kolhoff, A. and Verheem, R. (eds) (2006) Biodiversity in EIA and SEA. Background Document to CBD Decision VIII/28: Voluntary Guidelines on Biodiversity-Inclusive Impact Assessment, http://docs1.eia.nl/os/bibliotheek/biodiversityeiasea.pdf, accessed September 2010.

[17] Thérivel, R., Caratti, P., Partidário, M. R., Theorsdottir, A. H. and Tyldesly, D. (2004) 'Writing strategic environmental assessment guidance', Impact Assessment and Project Appraisal, vol 22, no 4, pp259-270.

[18] UICN/ORMA (Unión Mundial para la Naturaleza/Unidad de política y gestión ambiental) (2007) Lineamientos para la Aplicación de la Evaluación Ambiental Estratégica en Centroamérica, UICN, San José, Costa Rica.

[19] UNECE (United Nations Economic Commission for Europe) (2007) Draft Resource Manual to Support Application of the Protocol on SEA, www.unece.org/env/eia/sea_manual/welcome.html, accessed April 2007.

[20] UNEP (United Nations Environment Programme) (2001) Reference Manual for the Integrated Assessment of Trade-Related Policies, UNEP, Geneva.

[21] World Bank (2007) SEA Toolkit, http://go.worldbank.org/XIVZ1WF880, accessed April 2007.

[22] World Bank (2010) Policy SEA: Conceptual Model and Operational Guidance for Applying Strategic Environmental Assessment in Sector Reform, Report No 55328 The World Bank Sustainable Development Network Environment Department, http://go.worldbank.org/H711VPS9D0, accessed September 2010.

第三十章　战略环境评价与决策制定过程所面临的体制挑战：组织形式的演变

罗恩·科尔诺夫　霍尔格·多克曼
（Lone Kørnøv　Holger Dalkmann）

“世上没有任何绝对意义上的‘最佳组织形式’这样的概念。它总是相对的；一个组织，在某一背景下或依照某种标准来判断可能足够好，但依照另一种标准可能就很差。”（W. Ross Ashby，1968 年）

引言

在战略环境评价的制定和应用过程中，已经越来越明显的是，SEA 并不能定义成在社会真空环境下运作的技术手段。广泛认为持续的社会、政治和组织过程影响到战略环境评价的形式，并且决定了战略环境评价结果是否以及如何得到运用。随着 SEA 实践经验的持续增长，SEA 与政策、规划和计划的关系已成为相关议题的国际研讨会上的讨论要点。

SEA 可以被认为是在本已复杂的程序中的一个组成部分，以其松散的组织形式为特点，形成一种矛盾统一体。由此每一个人或每一群人都会有他们自己的目标和对环境问题的理解和解决办法。喜好会改变，而社会控制措施方面的尝试都是不可预测的。这并不是说我们应该对通过实施 SEA 来以系统方式积累环境知识失去信心。然而这个过程应该以一种认识到现有体制结构的方式得到应用，其中包括正式和非正式的决策过程、全民参与和组织安排。

2005 年在布拉格举办的题为“确定适当的组织形式”的研讨会就把上述几方面当作起点。在本章中，主要目标是从决策制定程序、行动者群体和实施过程的组织等方面来确定 SEA 的主要因素。这一评价将会利用文献审查和研讨会讨论来审视当前的形势。在这一形势下，新的 SEA 程序将会与具备现有常规程序和正式及非正式程序的旧式决策制定结构交锋。

30.1　背景

虽然经常提及，但 SEA 的战略特点仍需要被强调。作为一种灵活的手段，它必须适应决策过程，而拥有较早的认识和明确它与政策及计划过程的相互关系是十分重要的。在此基础上，才能确定实施 SEA 的不同组织模式。

计划和决策过程既不是理性的也不是线性的，既不是不受价值影响也不仅仅是技术性的。这就提出了关于 SEA 的发展和利用的中心问题。要记住有不同的类型和方法框架为

SEA 过程和结果的整合提供不同的机会。对政治决策过程和组织方面更细微和更无理性的理解怎么才能使我们更加接近 SEA 为进行决策而营造健全环境基础这一目标呢？为了能成功实施，哪些是关键因素呢？

以下讨论将会强调一些关于 SEA 组织方面的不利因素和机遇，对此必须要通过确定适当的组织形式来及早处理。

30.1.1 存在于正式和非正式组织结构中的 SEA

SEA 在下列情况下发生：

- 正式的组织结构（详细规则、责任和能力的区分）。
- 更具心理学特征的非正式结构（态度、标准、习俗等）。

正式的组织结构包括详细的规则、专业化和正式决策过程的等级结构，也就是说谁能参加或应该参加、什么时候参加和怎么参加？

非正式的组织结构可以通过惯例、规范和标准而在日常行为中加以规范化。这一非正式结构概括了我们对现实的认识或是像 BERGER 和 LUCKMANN 所称的"理所应当的世界"。非正式权力结构的一个例子就是在组织中健康与环境因素的分离。只要健康被认为是另一个部门的责任，那么 SEA 在这个方面的作用就是有限的。理解了结构对决策的影响，就能够补充我们对于权力仅仅是以行动者为导向这一概念的理解。

当非正式结构以惯例、虚构和规范的形式存在的时候，它并不是直接可见的。然而它对于如何作决策和做什么样的决策而言是非常重要也是非常有影响的。显而易见的是，当非正式结构中的规则牢固到足以造成路径依赖，那么要想改变的话就很难，而且代价也很大。只有通过质疑非正式结构才有机会挑战结构性权利。这就引出了一个问题，即 SEA 流程怎样处理好与正式和非正式结构以及决策制定流程之间的关系。

30.1.2 作为一种交流活动的 SEA

总的来说，专业化和责任与能力的分离是确保组织高效化的方式。然而分工太细的组织结构也存在一些潜在的弊端。人们关注的一个很重要的问题就是信息、参数选择和理解方面的共享都很有限。责任和专业分工会影响到不同的人所接收到的信息。这可能有利于子目标的分化，但风险在于其他组织化子目标可能被忽视。人们基于自身的组织和专业特征来选择、组织和理解信息。

要想鼓励感性认识、合理的参数选择和对复杂环境体系的理解，就需要把 SEA 看作是交流活动。评价复杂的环境问题通常需要在不同专业人员组织之间和组织的不同部分之间做出协调努力。同时也需要努力使组织外的利益相关者参与其中。他们在理性（包括不同的标准、价值观、专业态度等）上存在差异这一事实就对开展组织化的高质量对话提出了要求。做出努力的方式对于 SEA 的成功非常重要，体现出了相互理解的潜力。它引出了这样一个问题：怎样组织 SEA 的工作才能鼓励对话和专业技能的交流，并挑战不同的见解和参数选择。

30.1.3 被决策制定者和公众所利用的 SEA

SEA 的研究结果是用来通知决策制定者和公众的。决策制定的基础合理与否取决于细节水平和对决策制定者和公众而言合适的时机。公众尤其需要认识到，他们在 SEA 中的参与关系重大，并且政治家需要接受并理解信息，因为它关系到发展机会。因为专家主要实施环境评价，所以官员、决策制定者和公众之间在知识和理解水平上有很大的差异。重要的是官员和专家认识到 SEA 对社会民主化是必不可少的，而不仅仅是获得解决其自身问题的信息的工具。

当实施这一程序时，需要意识到决策制定中的认知限制，包括注意力的限制，以及记忆、理解和交流的限制，并且要意识到认知怎样影响决策制定。在组织 SEA 工作的过程中，如何在合适的时间和适当的细节层次上为决策制定者和广大公众提供知识来保证透明度和对结果的合理利用？

30.1.4 政治体系中的 SEA 功能

组织是具有不同利益并建立联盟以支持其目标的个人和群体之间的松散联合体。权力既是政治游戏中的一种资源，也是它的重要成果，这就是为什么政治进程一直在继续，永远不会结束。SEA 不可避免地成为持续不断的权力和利益交易游戏的一部分。从定义来看，它充满政治意味，因为它有助于对活动的选择、决定哪些需要注意、有助于替代方案的制定、选择应予考虑的因素和确定如何评价积极和消极影响。此外，SEA 也受到了组织在资源分配方式上的影响。

对政治权力的使用和影响可以联系直接和间接的权力来理解。直接权力与决策过程中的具体选择是联系在一起的，其中涉及在资源（金钱、地位或知识）利用上有利益冲突以保留或获取权力的两个行动小组（Dahl，1957）。当行动者妨碍案例被提上议事日程和提交决策过程审议时，就要间接行使权力（Bachrach 和 Baratz，1962，1963）。

这引起了其他问题。当组织 SEA 工作时，怎么才能应对政治系统中直接和间接的权力？在政治进程中公众参与可以或应该发挥什么样的作用？

如果 SEA 影响政策过程及其结果，我们必须考虑与决策过程有关的组织要素。在洞察决策本质的引导下，不同组织模式可予以确认，这将在下面的分析中加以探讨。

30.2 对行动者群体的审查

SEA 反映为总体理念，而不是程序性规定（Thérivel 和 Brown，1999）。因此，可以分辨许多国家的不同立法框架和在不同行业和不同空间层次上的应用（Dalal-Clayton 和 Sadler，2005；Schmidt 等，2005）。各类 SEA 的所有共同点是在不同行动者群体间互动的体制领域内对手段的运用。

对于一个有效和高效的 SEA，体制框架和利益相关者的权力应该考虑在内（Fischer，2003；Kørnøv 和 Thissen，2000）。对于 SEA 的成功实施，所涉及的不同行动者的组织及其对决策过程的影响力是至关重要的。显然，不同的利益相关者在文化价值观念和政治制度上有所差异，它们之间的相互作用体现了正式和非正式程序的作用和关系。

研究人员普遍把决策者的观点当作实施一个有效和高效 SEA 的重要问题（Sheate 等，2001；Caratti 等，2004）。在审查实际的 SEA 的过程中，有必要简化行动者集群。以下四个行动者集群可确定为关键实施人员：政治家、公众管理员、顾问和公众。企业经常被视为进一步的参与者，并且在企业决策中用到 SEA。然而，行业部门在组织的讨论和程序的制度化过程中只发挥次要作用，因此在下面的分析中没有提及他们，尽管他们在与企业相关的 SEA 中的影响应成为今后的研究课题。在某些情况下，媒体在战略环评过程中会发挥一定作用，例如，告知公众有关过程和问题，这些要素不在此加以分析。

下面的分析描述了以上确认的四个行动组在战略环评过程中的作用（从立法和决策角度）。它基于文献回顾，以及在布拉格 SEA 大会期间名为“确定适当的组织形式”的会议上的陈述。另外还提出了有关更有效率和效果的 SEA 在未来的作用的某些初步假说。

30.2.1 政治家

虽然本书的很多撰稿人强调政策层面 SEA 的重要性（Schmidt 等，2005；世界银行，2005），但只有少数几个国家，如加拿大、丹麦和新西兰，纳入了基于评价法规的政策（加拿大环境评价局，2004 年；环境与能源部，1995 年；世界银行，2005 年）。大多数国家立法指的是规划和计划以及欧洲理事会第 2001/42/EC 号指令。

在民主的政治制度中，政治人物规定了今后发展的总体目标。因此，他们在提供框架条件方面发挥了重要作用，并经常为公共管理机构确定任务，包括规范自己行为的义务。根据理事会第 2001/42/EC 号指令，在决策过程的最后阶段应考虑到环境报告的结果。现在已默认了两个过程的存在—正规 SEA 过程和非技术性政治进程，并在它们之间建立联系，van Dyck（2005）提出组织互动性政策规划。

在比较比利时和荷兰的政治制度和政治文化时，van Dyck（2005）确定了影响 SEA 过程的重大分歧。虽然在荷兰有互动性政策规划方法，他的结论是，在比利时这个总体上说更趋向于由选举驱动的国家，政策规划水平较差。他认为，规划系统（也就是 SEA 过程）应与政治要求保持一致，否则将得不到承认或导致错误的后果，这将反映在实施手段的形象上，并导致较差的公众接受度。

世界银行（2005 年）已确认 SEA 为一个不断发展的策略性工具，以通过更直接地涉及机制和管理要素来改善其对决策制定过程的影响。这将加强对环境问题的优先考虑，通过制定和实施程序来汇集不同的观点，确保社会责任，并提供一个使社会学习得以进行的机制。

为了建立一个高效而有效的 SEA 体系，需要讨论政治家们未来的角色及其在 SEA 中的参与。一些针对改进决策过程中 SEA 的初步论题包括以下内容：

- 政治家有参与 SEA 过程的民主权利，他们越早参与就越能确保政治自主权。
- 这就需要分析每个案例的政治形势，以调整 SEA 进程的组织形式来确保政治参与。
- 然而不能保证政治家都希望参与这一过程并利用结果。政治家有不同的角色和利益，因此他们参与 SEA 过程和利用结果的方式也是不同的。
- SEA 是一个长期的学习过程，会拓展对包括政治家在内的所有利益相关者的理解和认知。

30.2.2 公共管理者

随着政府的作用从提供服务和基础设施转向只设置框架，公共管理的目标也迅速改变。例如，许多环境影响评价（环评）是由顾问实施的，只有确定范围和审查工作由公共机构负责。对 SEA 来说，该机构决定这一进程是否应当实施，并确定了研究范围。虽然政府在这方面的一般决策规划和计划应服从于 SEA，但业务职责和任务是由公共管理者负责。

针对 SEA 的管理建立的系统，在国家和国家之间甚至城市与城市之间都是有差别的（例如，德国的联邦系统或法国的集中模式）。当新的法律要求强加到现有的公共机构上（如荷兰环境影响评价委员会），或者当国家或地方当局全面贯彻新的行政管理结构时（例如在大多数发展中国家或东欧国家），以及当国家和子区域能力建设行动计划得以在联合国欧洲经济委员会（UNECE）SEA 议定书框架下实施时，这一系统也会发生改变（Jurkeviciute 等，2005）。

SEA 的另一个组织特点是负责不同环境要素和明确定义的子目标的部门和集团的结构分支。由于环境概念很宽泛，SEA 要求具备来自若干学科和领域的知识与经验，因此跨部门和跨专业组织就至关重要了。一个奥地利的正面事例反映了战略环评过程公开化的价值。通过利益相关者适度的积极参与，负责实施的联邦环境局制定了一个循序渐进的过程来实施国家废物管理计划，该计划由一个合议小组管理，其成员为来自不同部门的官员、非政府组织（NGO）和科学界的成员（Mayer，2005）。

公共管理者对 SEA 纳入决策的过程有重大的影响。针对他们未来的角色，提出以下问题：

- SEA 呼吁纵向和横向的、跨专业、跨部门的沟通和组织。
- 行政当局应争取一个道德和健全的环评过程，满足自由获取信息、问责制和透明度原则，并使参与程度超出向公众宣传、咨询和调解的层次。

30.2.3 公众

与 SEA 有关的公众参与通常等同于公众参与的组织形式。相较于公众在未来发展中起到重要作用的自下而上的过程，如地方 21 世纪议程，SEA 采取了一种还没有完善的自上而下的公众参与办法。从理论上讲，应该从 SEA 和决策过程一开始就推动公众参与，但早期有影响的公众参与案例寥寥无几。虽然欧洲指令第六条要求参与（或“协商”），但它主要是在信息层面上，并在报告草案完稿后的评价过程的较晚阶段才出现。参与应当出现在更早的阶段和合作甚至调解等更高层次上（Arbter，2004）。

这里要考虑的一个中心问题是不同利益相关者群体代表的合法性。许多压力团体将自身定义为公共部门的代表，但往往缺乏直接的合法性，这反映在成员身份或签署名单上。一个旨在确认和包括不同的社会群体和利益的积极办法将引导一个更强有力的民主进程。

上述引用的奥地利案例是 SEA 中公众参与的正面例子。一方面，有这样的批评，即公众参与 SEA 过程是不可控的，或更高级别的决策制定对一般公众而言过于抽象（Heiland，2005）。另一方面，政府关注的是，当要求必须积极参与时，有太多的人会做出反应，例如通过因特网。经验表明，在大多数情况下，公众的贡献有一个可控范围，而不同社会群体利益相关者代表可作为额外手段或另一个机会（Arbter，2004）。

通过在决策过程早期邀请具有独立主见和立场以及跨部门资质的不同团体而发挥积极作用，“知识的世界”和“决策的世界”可以更好地关联在一起（Deelstra 等，2003）。在奥地利案例中，确认过程是积极和主动的。平衡配比的科学家、游说团体和从业人员参与到以合议为导向的进程，并通过不同的研讨会来为国家环境部起草未来的废物管理计划。欧洲委员会（EC，2005）具体建议：为切实地传达信息给目标团体，可以委托专门机构以促进文本草案的流通，并组织研讨会和口头沟通（例如：双边会议、圆桌会议和非正式讨论）。它还确认了一些良好规范实例，如米兰—博洛尼亚高速铁路与鹿特丹港的扩建。

实际上，公众在环评过程中的作用与政客和公共管理者相较是比较次要的。然而，公众参与往往被确认为SEA的主要支柱——基于改进后的合理性规划、增强型民主、更好的执行情况，以及在某些情况下相互冲突的决议（Elling，2003；Thérivel，2004；World Bank，2005）。因此，以下论题因确定了公众的未来作用而超前于时代：

- 需要推进具体情况下的公众参与，涉及的问题包括由谁来参与、在多大程度上参与，以及借助什么手段。
- 使用利益相关者方法时在筛选程序上要具备透明度。

30.2.4 顾问

环评过程中第四类关键角色是顾问——虽然在法律框架下他们既不是一个特定群体，也不是代表政府部门的承包商。然而，通过提供合同服务，私营部门在SEA中发挥着日益重要的作用。同时，公共部门的作用可能会减少。在聘请顾问并确定他们的参与程度时，公共部门可以至少遵循以下两个模式：

- 第一个模式要求顾问部分或完全实施SEA。在这种情况下，当内部资源或能力都不具备时，公共部门可以使用顾问来解决问题。通常情况下，公共机构将为顾问确定分析范围，以部分或完全编制环境报告。
- 第二个模式致力于使顾问参与支持评价过程本身。它基于这样一个假设，即公共权力机构在环境因果关系、当地情况和解决方案方面具有必要的知识和能力。

作者认为第一种模式下，当顾问主要提供环境报告而不是完整过程的一部分时，就可能出问题。该模式可能致使SEA与决策过程脱钩，例如，提交的报告不能被决策者理解，或产生两个相互独立的过程，使SEA有不能影响进行当中的决策过程的危险。此外，在这一模式下，顾问与公众参与过程相互独立运作，且只通过管理机构来间接应对公众的担忧。

经验表明，SEA取得成功的一个关键因素是包括顾问、决策者和广大公众在内的不同利益相关者的参与，使得该过程对于各方都有教育意义（Thérivel，2004；Sheate等，2001）。同样非常重要的是公共行政管理者自身增长有关SEA的知识和能力，并通过这种方式建立自己的机构能力和知识存储量。这个方法与第二个模式是一致的，借此使顾问参与到SEA过程中以帮助政府当局“感知、理解和践行”发生于客户环境中的过程事件，以改善这种由客户定义的情况（Schein，1969）。

这类过程咨询是一种建立学习舞台以便于分享知识和感知的方式（Schein，1987）。除了在战略环评过程中给予指导，顾问的作用还有确保跨学科的合作、谅解与评价。以下是针对SEA过程中顾问的新角色的建议：

- 当顾问是用来部分或完全实施SEA时，他们应与公共机构保持密切的合作关系，其中包括明确的职权范围。
- 参与SEA的顾问需要更多地发挥程序咨询者的作用，而不是提供最终解决方案和陈述报告的技术专家。这就要求程序咨询者确认并理解政治和规划背景文化。

30.3 结论：组织互动与沟通活动

本章强调了意识、对战略环评过程组织形式的理解和关键行动者之间权力关系结果的重要性。为使 SEA 对决策产生影响，至少需要解决四个重要的机制挑战：

➢ SEA 发生在正式和非正式结构组成的组织中。
➢ SEA 需要跨组织和专业部门来沟通。
➢ SEA 结果将由不同的行动者利用。
➢ SEA 在直接和间接权力得到行使的政治体系内运作。

表 30.1 确定适当的组织形式：汇总表

主要的趋势和问题	实践表明，总的来说 SEA 过程方面的必要知识总是有的，也或多或少地存在实施 SEA 的必备工具。然而，关于组织方面，实践表明 SEA 通常满足： ❖ 并非价值无涉的、理性的和线性的决策过程； ❖ 组织内已确立的惯例和机制； ❖ 不同体制的先决条件； ❖ 对组织过程而言并非已确立的解决方案； ❖ 不同的政策文化。 因此，对 SEA 来说有许多不同的挑战，例如： ❖ 处理正式和非正式的组织结构； ❖ 在组织之间和组织内部加强交流； ❖ 与有不同理性（规范、价值观念和态度）的利益相关者交涉； ❖ 时机（何时使哪些行动者参与评价过程）； ❖ 了解权力集团
主要的教训	主要经验教训和对有关组织结构的 SEA 开发具有的意义关系到四类行动者：政治家、公共行政管理人员、公众和研究/咨询人员。下面列举的是一些良好规范的行为准则。 政治： 政治家拥有民主权利来参与战略环境评价过程，而早期参与过程可以确保政治自主权。然而，不同的政治家有不同的角色和利益，因此会以不同的方式参与战略环境评价程序和使用结果。因此，有必要： ❖ 分析各类情况下的政治局势，量身打造最合适的战略环评过程的组织形式，以确保政治上的参与。 ❖ 将 SEA 视为一项长期学习过程，对所有利益相关者（包括政客）有着广泛的理解和认知。 公共行政管理： 公共行政管理在 SEA 过程的组织机构方面起着重要作用，同时定义了大多数情况下与规划过程的关系。因此，需要有： ❖ 纵向和横向以及跨专业和跨领域的组织。 ❖ 道德良好、健全的战略环境评价进程；满足免费获取信息、问责制和透明度原则。 公众： 公众参与通常是正式要求，而在很多时候，这被看作是一个最低限度的做法。因此，应该强调下列问题： ❖ 具体情况下的公众参与，涉及谁参与和借助哪些手段。 ❖ 筛选程序的透明度以及利益相关者方法。 研究与咨询： 科学评价以及顾问的投入往往侧重于结果而忽略了需要更多地关注评价过程和机构要素。因此，以下几点是必要的： ❖ 参与 SEA 的顾问应该更像是一个过程顾问而不是一个提供最终解决方案和报表的专家。 ❖ 政治和规划文化应该被过程顾问理解和认可

今后的方向	有关组织方面的未来研究和 SEA 发展的重点优先事项是： ❖ 进一步了解政治结构的需求，同时需要实施 SEA 和组织 SEA 过程。 ❖ 定义环境民主在 SEA 过程组织中的角色的需求。 ❖ 探讨独立机构的潜力和他们在 SEA 过程中的不同角色，例如，质量控制/审计、信息管理和过程管理。 ❖ 研究不同的组织设置和进程对 SEA 和决策制定的影响。 ❖ 有关如何组织和利用非正式进程的收益的研究和试验

SEA 被认为是一个长期的学习过程，它会拓展所有行动者的理解和看法。为了实现最佳整合，涉及跨专业、跨部门组织的纵向和横向办法都很重要。行动者具有的知识、规范和惯例是不同的，SEA 依赖于他们的互动和外部行动者/组织。由于不是所有的 SEA 行动者都有环境背景，因此强大的沟通过程是必要的。对不同生态灾难案例的分析表明，这其中大多数可以通过更好的沟通和信息政策而加以避免（Luhmann，2001；EEA，2001）。

为了解决这个问题，必须处理与子系统有关的问题，这可能被定义为社会群体（例如特定的网络）的分化；或至少提高不同的功能化子系统之间的联系（Luhmann，1986）。解读 Luhmann 的环境信息交流理论可知，在 SEA 过程中所涉及的利益相关者可定义为一个从政策和计划过程中分离出来的子系统。通过政策和计划过程，不同的子系统组成了专业的学科。在这一章中，我们鼓励 SEA 过程中"沟通领域"的组织形式，便于利益相关者通过过程顾问和专家团队工作来交换和拓展知识、选择和观念。

在每个案例中，必须做出有关沟通领域是否应该是一个新机制的决定，这样的决定须基于现有体制内行动者的作用和相互影响。举一个新机制的例子，McLauchlan 和 João（2005）确认了使一个独立机构进行沟通、协调、确保信息获取权、审查和提供指导的可能性。这样的决定必须基于实际的正式和非正式体制结构。

需要对在 SEA 过程中潜在的独立机构和不同的角色进行进一步的研究和讨论，例如质量控制和审计、信息管理和过程管理。研究工作的其他问题包括：不同组织系统的影响和 SEA 与决策制定方面的交流与互动过程，以及怎样组织和利用非正式交流过程的利益，例如不同专业和部门之间的交流研讨会。

参考文献

[1] Arbter, K. (2004) SUP-Strategische Umweltprüfung für die Planungspraxis von Morgen, Neuer Wissenschaftlicher Verlag, Graz.

[2] Bachrach, P. and Baratz, M. S. (1962) 'The two faces of power', American Political Science Review, vol 56, pp947-952.

[3] Bachrach, P. and Baratz, M. S. (1963) 'Decisions and non-decisions', American Political Science Review, vol 57, no 3, pp632-642.

[4] Berger, P. L. and Luckmann, T. (1972) Den Samfundsskabte Virkelighed, Lindhardt & Ringhof, Copenhagen.

[5] Bina, O. (2003) Re-conceptualising Strategic Environmental Assessment: Theoretical Review and Case Study from Chile, PhD thesis, geography department, University of Cambridge.

[6] Campell, J. L. (2004) Institutional Change and Globalization, Princeton University Press.

[7] Canadian Environmental Assessment Agency (2004) Sustainable Development Strategy 2004-2006, www.ceaa-acee.gc.ca/017/0004/001/SDS2004_e.pdf.

[8] Caratti, P., Dalkmann, H. and Jiliberto, R. (2004) Analysing Strategic Environmental Assessment, Edward Elgar Publishing Limited, Cheltenham.

[9] Cashmore, M. (2004) 'The role of science in environmental impact assessment: Process and procedures versus purpose in the development of theory', Environmental Impact Assessment Review, vol 24, pp403-426.

[10] Dahl, R. A. (1957) 'The concept of power', Behavioural Science, vol 2, pp201-215.

[11] Dalal-Clayton, B. and Sadler, B. (2005) Strategic Environmental Assessment: A Sourcebook and Reference Guide to International Experience, Earthscan, London.

[12] Dalkmann, H. (2005) 'Die integration der strategischen umweltprüfung in entscheidungsprozesse', UVP-report, vol 19, no 1, pp31-34.

[13] Dawes, R. W. (1988) Rational Choice in an Uncertain World, Brace College Publishers, Orlando.

[14] Deelstra, Y., Nooteboom, S. G., Kohlmann, H. R., Van den Berg, J. and Innanen, S. (2003) Using Knowledge for Decision-Making Purposes, DHV Management Consultants, Leusden.

[15] EC (European Commission) (2005) The SEA Manual: A Sourcebook on Strategic Environmental Assessment of Transport Infrastructure Plans and Programmes, EC Directorate General for Energy and Transport, Brussels.

[16] EEA (European Environmental Agency) (2001) Late Lessons from Early Warnings: The Precautionary Principle 1896-2000, EEA, Copenhagen.

[17] Elling, B. (2003) Modernitetens miljøpolitik (Modernity and Environmental Politics), Roskilde University Centre, Denmark.

[18] Fischer, T. (2003) 'Strategic environmental assessment in post-modern-times', Environmental Impact Assessment Review, vol 23, pp155-170.

[19] Heiland, S. (2005) 'What does participation mean?', in Schmidt, M., João, E. and Albrecht, E. (eds) Implementing Strategic Environmental Assessment, Springer Verlag, Berlin.

[20] João, E. (2005) 'Key principles of SEA', in Schmidt, M., João, E. and Albrecht, E. (eds) Implementing Strategic Environmental Assessment, Springer Verlag, Berlin.

[21] Jurkeviciute, A., Dusik, J. and Martonakova, H. (2005) 'Regional Overview', prepared for the Capacity Building Needs Assessment for the UNECE SEA Protocol, first outline of regional report, United Nations Development Programme and The Regional Environmental Centre for Central and Eastern Europe.

[22] Kørnøv, L. and Thissen, W. A. H. (2000) 'Rationality in decision and policy-making: Implications for strategic environmental assessment', Impact Assessment and Project Appraisal, vol 18, no 3, pp191-200.

[23] Lindblom, C. (1959) 'The science of muddling through', Public Administration Review, vol 19, pp79-88.

[24] Luhmann, H-J. (2001) Die Blindheit der Gesellschaft: Filter der Risikowahrnehmung, Gerling Akademie Verlag, Munich.

[25] Luhmann, N. (1986) ökologische Kommunikation: Kann die moderne Gesellschaft sich auf ökologische Gefährdungen einstellen?, Westdeutscher Verlag, Opladen.

[26] March, J. G. (1994) A Primer of Decision-Making, The Free Press, New York.

[27] March, J. G. and Olsen, J. P. (1976) Ambiguity and Choice in Organizations, Scandinavian University Press, Oslo.

[28] March, J. G. and Olsen, J. P. (1986) 'Garbage can models of decision making in organizations', in March, J. G. and Weissinger-Baylon, R. (eds) Ambiguity and Command: Organizational Perspectives on Military Decision Making, HarperCollins, Cambridge.

[29] March, J. G. and Olsen, J. P. (1989) Rediscovering Institutions: The Organizational Basis of Politics, The Free Press, New York.

[30] March, J. G. and Simon, H. (1993) Organizations, Blackwell Publishers, London.

[31] Mayer, S. (2005) 'Actors' teamwork developing a National Strategy for waste prevention and processing for Austria-a proactive step towards bridging the gap between experts work and political decision-making', paper presented at the IAIA SEA Conference, Prague.

[32] McLauchlan, A. and João, E. (2005) 'An independent body to oversee SEA: Bureaucratic burden or efficient accountable administration?', paper presented at the IAIA SEA Conference, Prague.

[33] Ministry of the Environment and Energy (1995) Strategic Environmental Assessment of Bills and other Governmental Proposals: Examples and Experience, The Ministry of the Environment and Energy, Copenhagen.

[34] Nilsson, M. and Dalkmann, H. (2001) 'Decision making and strategic environmental assessment', Journal of Environmental Assessment Policy & Management, vol 3, pp305-327.

[35] Renton, S. and Bailey, J. (2000) 'Policy development and the environment', Impact Assessment and Project Appraisal, vol 18, no 3, pp245-251.

[36] Schein, E. (1969) Process Consultation: Its Role in Organization Development, vol 1, Addison-Wesley, New York.

[37] Schein, E. (1987) Process Consultation: Lesson for Managers and Consultants, vol 2, Addison-Wesley, New York.

[38] Schmidt, M., João, E. and Albrecht, E. (2005) Implementing Strategic Environmental Assessment, Springer Verlag, Berlin.

[39] Sheate, W., Dagg, S., Richardson, J., Aschemann, R., Palerm, J. and Stehen, U. (2001) SEA and Integration of the Environment into Strategic Decision-Making, vol 1, European Commission.

[40] Simon, H. (1957) Models of Man, John Wiley and Sons, New York.

[41] Thérivel, R. (2004) Strategic Environmental Assessment in Action, Earthscan, London.

[42] Thérivel, R. and Brown, A. L. (1999) 'Methods of strategic environmental assessment', in Petts, J. (ed) Handbook of Environmental Impact Assessment, vol 1, Blackwell Science, Oxford, pp74-92.

[43] van Dyck, M. (2005) 'Political decision making and the influence of an SEA-process', paper presented to the IAIA SEA Conference, Prague.

[44] World Bank (2005) Integrating Environmental Considerations in Policy Formulation: Lessons from Policy-Based SEA Experience, Environment Department, Washington, DC.

第三十一章　从制定到实施：通过跟踪评价来加强战略环境评价

阿雷·切尔普　玛丽亚·R·巴尔蒂达里奥　加斯·阿尔斯
（Aleh Cherp　Maria R.Partidário　Jos Arts）

引言：实施 SEA 跟踪评价所依据的理论基础

本文所涉及的战略环境评价（SEA）跟踪评价的定义如下："针对战略举措的环境绩效管理与交流，对战略举措的执行和相关环境因素进行的监督与评估"。[①]

尽管 SEA 跟踪评价与环境影响评价（EIA）不尽相同，但两者都基于相似的原则和基本原理。这一原理源自于观察所得的经验：即影响评价预测本身具有不确定性，实施过程中会出现意想不到的情况，以及实际工作会偏离原计划。环境影响评价跟踪评价旨在减少这类不确定性，对这些状况做出解释并在项目实施过程中始终配合 EIA 所提出的建议来采取行动。

相似的因素决定了开展 SEA 跟踪评价的必要性，这些因素在战略层面更具有重要性和挑战性，其中包括：

- 研究某项战略举措所带来的环境影响方面的不确定性比研究单个项目所带来的环境影响方面的不确定性具有更重要的意义。
- 战略举措实施过程中很可能出现新情况，因为比起开发者对项目操作的控制力度而言，战略举措的提出者在该领域的控制力度要小得多。
- 比起那些通常情况下都会遵循原计划来进行的项目，战略举措在实施过程中更容易出现与最初设计的偏差。

最后一点尤其重要。实施 SEA 跟踪评价的理由与其做出的推动实现环境可持续性战略转变的承诺相关联。这意味着 SEA 应该不仅能够有助于形成战略举措，也要保证其实施具体化。同时，与项目一级的举措相比，战略举措的构想和实施之间的关联较弱。因此，SEA 跟踪评价应使 SEA 的重点从仅仅确保政策、规划和计划（PPPs）方面的"环保措辞"扩展到从环境上保障由 PPPs 发展而来的合理活动模式。

即使有如此令人信服的理由来开展 SEA 跟踪评价，至今关于这方面的讨论仍相当有限。尽管 SEA 领域的早期出版物已明确指出了开展 SEA 跟踪评价的必要性（Lee 和 Walsh，1992；Sadler 和 Verheem，1996；Thérivel 和 Partidário，1996），但迄今为止在该领域的研究论文依旧屈指可数[②]，其中较为突出的是 Partidário 和 Fischer（2004）以及 Partidário 和 Arts（2005）的文章。在实用指南中，SEA 跟踪评价也较少得到强调。法规和指南往往更侧重于监测而非评价、管理和沟通。

造成 SEA 跟踪评价相对来说被忽视的原因主要有两方面。首先，SEA 受影响评价（IA）思维所左右，一直以来是以“决策优于并指导行动”的观点为前提。这种观点在 IA 的座右铭中有明确体现：“思维第一，行动第二”。在具体运作中这意味着 IA 和 SEA 的重点在于通过形成针对未来行动的具有环境意义的决策来实现环境目标。

战略环境评价理念基于这样一种假设，即一旦制定了战略决策就要执行，直到该项决策被另一项战略决策所取代。战略环评过程通过影响战略决策也进而影响了一系列低层次的决策以及一些未关注细节的实施行动。因此，对 SEA 而言，“尽快”形成决策比在这之后检查决策（和环境）所面临的状况更为重要（Thérivel，2004）。

忽视 SEA 跟踪评价的第二个原因与其说与 SEA 有关，不如说与战略举措本身有关。这些举措的制定与实行之间的关系相当复杂（Partidário 和 Arts，2005）。许多战略性举措不会涉及太多的可实施性活动。更多情况下它们在清晰地阐述和传达承诺和原则而非具体行动。如果很少或根本没有实施性活动，以及如果在某项战略举措获得支持后为制定战略举措而创立的体制框架就不复存在，那么 SEA 跟踪评价就可能失去其“组织锚定”或“所有权”。即使不是这种情况，战略举措的制定和实施之间的联系也要比项目设计和实施之间的联系复杂得多。了解这些联系的实质是构想有效的 SEA 跟踪评价的必要步骤。

从概念上讲，战略举措的制定与实施之间的联系已得到了具体的理论、政策和组织研究的全面检验。两者之间的联系并非像正式和合理性规划理论阐述的那样是线性、简单和单向的（Mintzberg，1994）。尤其是有大量数据证明，即使在成功的战略构想中，实际实施情况也常与正式构想计划有很大不同。此外，在所谓的“紧急”战略中，行动并不遵循正式决定，而是用决定来阐明从行动中所获取的认知。（决策的）实施与制定同样重要（或者实施更重要些）。这一论断体现在关于可持续发展战略的持续不断的争论中，因为可持续发展战略常被阐述为紧急战略（学习过程、能力建设、讨论等）而非“计划”（OECD，2001）。

EA 已经部分反映出这些情况，事实是对于行动所造成的环境影响，很难有把握进行预测和管理。环境影响评价（EIA）跟踪评价承认管理的灵活性是个别项目的环境影响所需要的。自适应环境评价和管理（AEAM）旨在通过将重点放在创建交互式管理系统而非制定“环境健全决策”上来克服环境影响评价的主要弱点（Holling，1978）。

战略性思维也演变成为更容易接受的“紧急”战略概念（Cherp 等，2007）。如果在 IA 演变过程早期阶段的重点是获得关键的决定权，那么近来 SEA 思维则认识到，战略举措不是由单一的决策所塑造的，而是由一系列相关联的决策形成的（Deelstra 等，2003）。这就是为什么 SEA 导则要强调 SEA 与规划或政策制定过程的融合，而不是简单地对提出的决策做出单点式评价。然而，决策的制定并不随战略举措被采用而终止。事实上，在某些情况下，随着战略举措进入不断修订和调整的周期中，决策的制定会变得更加复杂，且更具有战略意义。与此同时，决策制定进程中也同样存在对战略举措的解释、应用和实施。为了支持可持续发展，原则上任何战略行动都需要将战略性思维纳入所有批准实施的活动中。

学者们越来越认识到，决策过程既非线性，也非阶段性演化式（Nooteboom 和 Teisman，2003），因此，在决策制定和实施过程中重温被采纳的决定都是必要的。这些理论，无论是否属于 SEA 领域，均主张工作重心应从战略制定过程转变为将相关环境因素纳入到战略实施阶段这一过程，换句话说就是 SEA 跟踪评价。随着这一思想的加强和传播，SEA 跟踪评价必然会成为战略环评中更为重要的因素。于是问题变成：SEA 跟踪评价该如何落实？

31.1　从 EIA 到 SEA 跟踪评价

新兴 SEA 跟踪评价的相关理论和实践主要是从项目环境影响评价的跟踪评价发展而来。SEA 跟踪评价是一个相对成熟的领域，至少两本专著中对此有论述（Arts，1998；Morrison-Saunders 和 Arts，2004a）。SEA 跟踪评价是关于影响评价和项目评价的特殊问题（2005 年 9 月）。EIA 跟踪评价的多数原则（如 Marshall 等人制定的一些原则，2005）都与环境影响评价的跟踪评价相关。还有一个普遍共识是，与 EIA 跟踪评价类似，SEA 跟踪评价应包括以下关键要素：监测、评价、管理和沟通（Morrison-Saunders 和 Arts，2004c）。

如前所述，并非所有这些要素都在法规和导则中受到同等强调。例如，“SEA”理事会第 2001/42/EC 号指令的要求包括：“监控计划和方案的实施所带来的重大环境影响，尤其是要确定在早期阶段未能预见的不利影响，并能采取适当的补救措施。（第 10 条）”。

该指令明确规定了监测，但只是间接提到评价（隐含在“对不可预见的不利影响的识别”中）和管理（隐含在“采取适当补救行动的能力”中），并且没有提到沟通。

并非所有 EIA 跟踪评价的方法都对 SEA 跟踪评价普遍适用或有效。我们会对上述 SEA 跟踪评价的四要素进行阐释，但首先我们要对 EIA 和 SEA 跟踪评价的差异提出两点一般性看法。

首先来看 EIA 跟踪评价的影响。SEA 的重点已经从战略举措的环境影响转移到目标、主旨、议程和实施措施的（可持续性）意义上来。这意味着，SEA 跟踪评价应针对所涉及的各方面要素，而不仅仅是对环境的影响。例如，由 Partidário 和 Arts（2005）提出的“多轨道方法”从最初关注影响扩展为检验基本假设的正确性、目标的实现、战略举措的绩效和与之相关的其他活动的一致性（如专栏 31.1 所述）。这体现了重点从阐明“预期怎样”转变为阐明“想要什么”，以及从影响到目标的转变，就像 Noble 和 Storey（2005）基于加拿大 EA 跟踪评价经验性实例所建议的那样。

EIA 和 SEA 跟踪评价的第二点区别在于二者所联系到的实施机制不同。EIA 跟踪评价和项目的实施往往由同一提议者（同样可负责项目建议书和环境影响评价）实行。如前所述，战略举措的制定和实施间的关系要复杂得多。实施活动类型取决于特定战略举措的性质。实施活动或许无法预想用以实现战略活动目标的具体行动。实施活动的参与者可能与战略举措的提出者不是同一人。

例如，一项计划可能规定了具体行动，并由提议者资助和控制。在这种情况下，计划的实施与项目的操作并没有显著不同。然而很多情况下，计划可能会策划一些依赖于其他参与者的行动。土地利用规划可能为发展设立条件，因此，起草这些计划的规划部门不会擅自对草案的实施采取任何积极的行动。同时，定期修改和更新这些计划，以及发放规划许可证等可被视为实施活动。政策只可能做定期评价和修正。

许多战略被采纳是因为他们制定了议程，做出了承诺，或提出了某些原则。它们是借助信息、沟通和学习等方式来实施，而不是通过任何具体的开发活动。有些政策在辞藻上做了更多的文章，而不重视行动引导性机制。通常（但不总是），举措（例如政策）越具有“战略性”，其实施就越少受到具体限定。因此，SEA 跟踪评价无论何时都有必要融入这些时而复杂、时而模糊、时而缺失的实施机制。

将重点扩展到影响之外，理清制定和实行这两者之间的复杂关系，是推进 SEA 跟踪评价四要素的核心所在。这些要素将在下一节中详细阐述。

专栏 31.1 SEA 跟踪评价中的多轨道方法

轨道 1：监测和评估环境状况、社会经济形势、体制结构等的实际变化，以探查和评价对战略举措有实际意义的因素。此类因素可能包括：

❖ 战略举措制定过程中具体方案的实施。

❖ 新出现的因素，它们会影响战略举措制定过程中做出的基本假设或基准分析、目标和备选方案的抉择以及措施的实施。

轨道 2：评估战略举措规定目标的实现程度（所谓的"目标实现度评估"）。

轨道 3：评估战略举措的实施情况，侧重于实施行动。

轨道 4：评估战略举措和 SEA 与随后的决策之间的一致性，此处的重点在于与决策的一致性，尤其是与等级规划系统有关的决策一致性。

轨道 5：监测及评估战略举措对环境和可持续性的实际影响，重点是了解战略举措与事实之间的因果关系。

来源：Partidário 和 Arts，2005。

31.2 SEA 跟踪评价的四要素

31.2.1 监测

国际影响评价协会（IAIA）所规定的 SEA 执行基准（IAIA，2002）阐述如下：良好的 SEA 应当提供有关"实施战略决策所产生的实际影响"的信息。同样，欧洲委员会"SEA"指令要求对效应实施监测（见上文）。而这些都面临实际挑战和概念上的挑战。从实践角度上说，战略举措的影响都难以追溯和归因。一方面，战略举措通过其对不同层次举措的影响而具有复杂或间接效应。Partidário 和 Arts（2005）将其称为"飞溅效应"。因此，通过复杂的因果关系链，影响可能会变得难以追查。此外，对那些未建立在叠加基础上的影响进行追踪几乎没有可行性，或在 SEA 跟踪评价的当前发展阶段并无必要（Gachechiladze，2010）。另一方面，具体战略计划带来的影响可能是未知的，因为通常许多其他因素也会导致环境条件发生变化。

从概念角度来看，SEA 侧重于影响这一传统由 IA 继承而来，对此已有 SEA 文献提出了质疑。有人认为 SEA 应该不仅仅只关注影响，还应关注目标的有效性、基本分析的合理性以及战略举措的其他各方面特性（Dalal-Clayton 和 Sadler，2005）。在 SEA 中获取的所有信息都具有与环境影响预测同样的不确定性与动态性，因此这些信息应该在 SEA 跟踪评价中与环境影响并重。

按照 Partidário 和 Arts（2005）所提出的多轨道模式，SEA 跟踪评价监测可大致分为如下三种类型：

（1）对实际环境、社会经济和体制变革的相关监测：

① 战略举措的制定和实施的范围更广（如，设想的情景、基本假设等）；

② 战略目标的推进情况（“目标的实现”）；

③ 战略举措的实际影响。

（2）对战略举措范围内的实施活动的监测。

（3）对与战略举措的实施相关的其他行动的监测。

第一类监测是一些国家性法规所要求的（例如，芬兰、荷兰和中国香港）。理事会第2001/42/EC号指令特别侧重于监测的第三子类提到的实际影响。在其他体系中，监测的重点放在了影响和与目标相关的指标上。例如，表31.1列举了为监测德国图林根州区域规划中运输基础设施环境要素而提出的参数。加拿大法规将（S）EA跟踪评价监测的重点放在如下几个方面：（1）环境影响预测的准确性；（2）缓解措施的有效性（Noble和Storey，2005）。在对SEA跟踪评价监测指标的选择上有很多指导性文献（Barth和Fuder，2002）。为了使监测具有相关性，这些指标应参照评估任务来选择，例如，按照如下介绍的“多轨道模式”来选择。

正如SEA跟踪评价的其他要素一样，分配监测责任可能具有挑战性。战略举措支持者可能没有能力或没有责任来承担监测任务，因此，这就有可能需要用现有的监测系统来进行环境持续变化监测（上述列表中的A类）。在诸如荷兰、德国和英国等国家中，负责SEA的部门也要负责监测任务；其他部门则有义务提供相关资料，现有的监测系统应该得以充分利用（Hanusch，2005；Arts，1998；Gachechiladze，2008）。

表31.1　针对德国图林根州区域规划中运输基础设施的环境要素而选定的监测参数

环境目标	监测参数
道路和铁路网应按以下方式发展：	
（1）减少交通噪声和污染物，包括CO_2	交通噪声和污染趋势
（2）保留大的未破碎化区域	区域破碎化趋势
（3）保持或恢复群落生境网络的持续性	在生态敏感地区或是高环境、技术风险地区的道
（4）在生态敏感地区降低交通密度	路长度
（5）保持抵御环境和技术风险的高稳定性	对生境破碎度敏感的物种的繁衍
（6）使包括座位份额在内的交通区面积增加幅度下降	交通区在区域中所占份额的增加

来源：Hanusch，2005。

第2001/42/EC号指令鼓励用现有的系统来进行SEA监测[第10（2）款]。然而，依赖于外部监测系统有可能使监测同SEA其他三要素的联系遇到困难。特别是其他两种类型的监测（后两种）通常需要由战略举措的支持者来进行。此外，在SEA跟踪评价的背景下需做出专门规定，旨在将由外部机构收集的数据移交给基于这些数据信息进行评价和行动的人员（Marshall和Arts，2005）。因此，SEA过程的一个重要作用就是创设这样的规定，在外部机构和战略举措的实施者之间建立起联系。

除了使用现有系统，还可以对监测的方式做出特别安排。例如，维也纳废物管理计划的战略环评成立了一个以废物管理部门、环保部门以及非政府组织等为代表的特别监测小组。该监测小组起草年度监测报告，然后提交到 SEA 团队和维也纳环保部门，这些团队和部门可以对计划方案做出必要的调整（Barth 和 Fuder，2002；见专栏 31.2）。因此，应该在确保机构所有权和 SEA 跟踪评价相关工作的大背景下考虑监测活动的责任。

专栏 31.2　在维也纳废物管理计划（WMP）SEA 年度监测报告中要解决的问题

- 在落实 2010 年废物管理计划方面是否有令人满意的进展？
- 当前的废物流是否与预测相一致？
- 哪些废止措施已经开始实施？其中哪种废止措施的效果已有体现？
- 废物流是否依然跟 2010 年的预测相符？
- 设定的计划设施排放标准在 2010 年是否仍然有效？
- 维也纳 WMP 中对于核准兴建设施的建设和运作相关规定（例如排放标准）是否已得到满足？
- WMP 获得通过以来，是否已取得了重大的技术突破，从而有必要调整计划？
- 自 WMP 通过以来，必要的框架条件是否已经发生了变化，从而有必要考虑新方案？
- 是否需要调整已经核准兴建的处理设施的容量？
- 预定数量和类型的建筑是否已实现集中供热？排放削减量是否达到了预期目标？

来源：改编自 Barth 和 Fuder，2002。

31.2.2 评估

在环评的跟踪评价背景下，简单地说，评价就是搞清楚监测数据的意义，特别是将这些数据与管理决策联系起来。但将评价和监测视为完全相异甚至相互排斥的活动则是无益的（Persson 和 Nilsson，2007），Persson 和 Nilsson 指出了两者之间的主要区别（2007）：（1）评价开展得较少，但在范围上更广泛、更深入；（2）评价包括价值判断等工作，而不仅仅是衡量；（3）评估可能会质疑旨在处理问题的基本干涉原理和策略，而不仅仅将具体操作视为重点。

在 EIA 跟踪评价的实施过程中，评价通常关注的是以下两套问题（Noble 和 Storey，2005）：

- 发展的实际影响是否与 EIA 预测的相一致？这些影响是否符合环境质量标准、功能性阈值、限制或其他参考值？
- 项目（特别是其环境缓解措施部分）的实施是否遵循原来的设计、EIA 建议及许可条件？

在不符合要求或有重大不良影响的情况下，EIA 跟踪评价可能会促使有关各方提出管理建议，例如，有关改变操作条件或实施额外缓解措施的建议。原则上，SEA 跟踪评价的要素具备与所开展的战略举措相同的行动触发功能。然而，SEA 跟踪评价的复杂性和战略性本质假定评价范围应跳出 SEA 预测的准确性和缓解措施的一致性这一范畴[例如，“多轨道模式”（专栏 31.1）]。这些轨道的相对重要性取决于讨论中的战略举措的性质。正如 Partidário 和 Arts 所言（2005），围绕公众极为关心的高度敏感问题，战略举措可能会采纳广泛的监督计划，但不会直接侧重于因果关系（轨道 1），同时会使用敏感性指标来告知公众有关事态发展情况，以及目标是否正在得以实现（轨道 1 和轨道 2），此外还致力于阐述相关战略及其后续决策是否卓有成效（轨道 3）。

一个主要关注其他规划层次决策的高度抽象的国家政策，可以利用以下方式来审查计划的实施情况：（1）目标实现度评价（轨道 2）；（2）绩效评价（轨道 3）；（3）后续决策一致性审查（轨道 4）；（4）直接以操作性项目形式开展，且涉及巨大环境风险的具体战略举措则可以对环境和可持续性受到的影响实施评价和监测（轨道 5）。

依照轨道 3 和轨道 4，有着显著的法律和规程内涵的战略举措（如土地利用规划、规章等）可能需要实施特殊评价。同时，最具战略意义的举措可能会在一定程度上参照所有的五个轨道评价模式。实际上，不同的轨道评价模式有可能重叠，例如维也纳废物管理计划（专栏 31.2）。除了评价中所用到的生物物理指标和标准，Persson 和 Nilsson（2007）建议使用政策评价中常用的制度标准，如“灵活性”“合法性”和“透明度”。

无论遵循哪种轨道模式，SEA 跟踪评价都要处理大量数据阵列（这些数据通常为不同目的而收集）、复杂问题、新现象和新出现的因素。与 EIA 跟踪评价相比，SEA 跟踪评价更可能会遇到意料之外的情况，而且需要满足战略而非增量响应的需求，例如重访战略举措的基本假设（Morrison-Saunders 和 Arts，2004a；Schòn，1983）。这在理事会第 2001/42/EC 号指令中部分得到了确认，该指令规定，监测目的应是确定不可预见的不利影响[③]。

例如，在托木斯克区域发展战略的综合评价中建议设立一种“战略雷达”机制。“雷达”将定期检验该战略所隐含的假设的有效性，特别是那些基于实际情况的假设。它还将检测和评价可能影响到战略实施的新因素。“战略雷达”数据将被输送到“战略对话平台”，即由战略利益相关者建立的论坛，他们会讨论新的发展趋势，并做出关于战略潜在变化的决定（Ecoline 和 REC，2006）。

因此，SEA 跟踪评价可能会像原来的 SEA 一样复杂。Persson 和 Nilsson（2006）将 SEA 跟踪评价称为“事后 SEA”，借此来强调与主流“事前 SEA”的同等重要性，强调它即使在缺少“事前 SEA”的情况下仍可以进行。

监测可能经常利用外部系统来实施数据收集工作，评价应直接与有问题的战略举措相关联，此类评价可能会在与战略举措自身相同的组织和程序框架下开展。例如，对政策的正式定期评价或对计划的审查与修正可能会为 SEA 跟踪评价提供便利的时间节点（规划过程中的“评估性时刻”，Arts，1998）。Persson 和 Nilsson（2006）在 Vedung（1997）的研究基础上概述了内部评价相对于外部评价而言所存在的优缺点（内部评价主要由战略举措的提议者实施）。鉴于 SEA 跟踪评价的潜在复杂性，有可能会成立“SEA 跟踪评价小组”，采取与编制 SEA 报告所采取的同样方式来编写评估报告。

31.2.3　管理

管理可能是 SEA 跟踪评价中最重要、最具挑战性但也是最少谈及的部分，它为持续不断地将可持续性发展思维纳入到正在开展的战略举措中提供了保障。管理部分应确保将 SEA 和 SEA 跟踪评价建议切实转化为旨在实施战略举措和保护环境的决策和行动。这里主要有两方面问题：（a）针对何种“决策和行动”？（b）如何影响这些决策和行动？第一个问题涉及上文已讨论过的复杂战略措施的实施。总体而言，行动和决策的形式与战略举措的实施相关（图 31.1）。

- 类型Ⅰ：有关修改和修订某项战略举措的决定。例如，对土地利用规划进行定期审查与更新。与此次修改背景关联紧密的是在第 1、2、3、4 轨道模式下进行的检测与评价工作（专栏 31.1）。
- 类型Ⅱ：由某项战略举措直接规定，并通常由提议者实施的行动。例如，某项运输计划可能针对公路建设提出规定。在此，对目标完成度（第 2 轨道模式）、绩效（第 3 轨道模式）和实际影响（第 5 轨道模式）的评价与之关联紧密。
- 类型Ⅲ：由其他参与者实施，但通过正式框架而受战略举措控制的决策与行动。例如，在某些特定区域，土地利用规划可能限制一些发展形式。对开发建议书后续决策的一致性检验与此关联紧密（第 4 轨道模式）。
- 类型Ⅳ：所有受战略举措影响的其他决定和行动。例如，一项国家能源政策可能会影响消费者和投资者的行为，但不是通过直接控制的方式。这样的影响作用主要通过价格信号、“软”激励措施以及其他基于信息的类似性间接机制来实现。

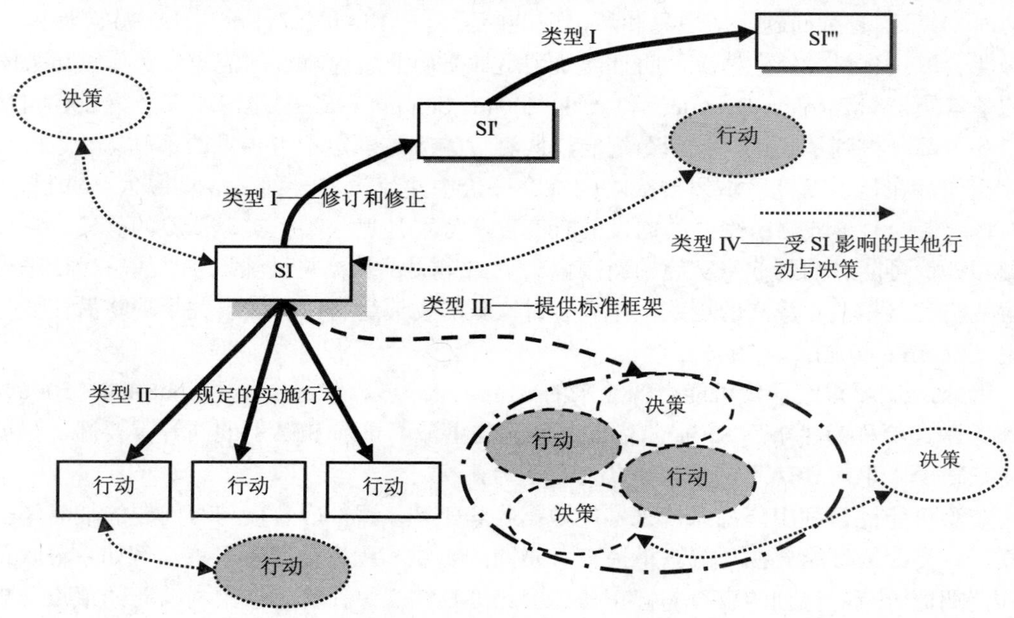

图 31.1 战略举措（SI）的“实施活动”类型

不同类型行动和决策的重要性取决于战略举措的性质。类型Ⅱ～Ⅲ的管理和控制响应可能对计划和方案类型的战略决策作用更大，类型Ⅳ的行动与决策可能与政策类型的战略决策关联更紧密，而类型Ⅰ的决策适用于所有处于修订期内的战略举措。需要说明的是，上述四种类型在一定程度上会有重叠。

在此，对第二个问题进行讨论：SEA 跟踪评价如何才能影响这些决策和行动？对于类型Ⅰ～Ⅲ的决策和行动，可能会有法律、行政或其他体制条件来支持这种影响。例如，SEA 跟踪评价可能会在类型Ⅰ的决策中起到相对直接的作用。某项战略举措的提出者将最有可能承担起修订和完善的责任。与 SEA 应用于规划过程的其他评价时刻的方式相同，原先的 SEA 结论和 SEA 跟踪评价结果（应做出理想的时间安排以对应修订周期）原则上可能会直接与重订决策相联系。

SEA 跟踪评价在类型Ⅱ和Ⅲ的行动中的作用可能与叠加概念有关（本书第二十五章；Lee 和 Wood，1987）。叠加的重点在于那些嵌套于战略举措之内或与之有等级结构性关联的决策。叠加机制指出 SEA 跟踪评价应通过将环境评价（SEAs 或 EIAs）与 SEA 原始（高层次）结论和建议相关联来使决策具体化。在大多数 SEA 文件及原理中，叠加的概念占有重要地位，然而，实际履行的实验性实例还很少。叠加概念在正式的分级组织规划体系中越来越普遍和有效，如运输或废物管理计划（Fischer，2002；Arts 等，2011）。

SEA 学术圈已经就一些事实达成一致意见，即许多与战略举措的实施相关的决策和行动都属于类型Ⅳ，它们与原举措之间缺乏先验的、正式的和易追溯的联系。前文已经用“飞溅效应”这一比喻很好地阐述了这一点（Partidário 和 Arts，2005）。“飞溅效应”的意思是战略举措可能在同等、较低或较高层次上，跨部门和跨行政辖区去影响决策和行动。问题是：如何才能通过 SEA 跟踪评价来追溯和塑造这些行动和决定？

影响类型Ⅳ行动和决策的问题与 SEA 跟踪评价的机构所有权联系紧密。类型Ⅳ决策背后的实施者很少是原 SEA“所有者”。因此，他们参与 SEA 跟踪评价需要通过具体的组织、沟通或其他手段来保证。在某些情况下，此类手段可能由环境管理体系（EMS）提供。而 EMS 是用于支持机构制定与实施环境政策的整个管理体系的一部分。原则上说，就像 EIA 跟踪评价常常与 EMS 或环境管理计划（Marshall 和 Arts，2005）相关联一样，SEA 跟踪评价可能以大致相同的方式与 EMS 相关联。如果项目 EIA 与公司开发商的 EMS 相关联，那么针对公共部门的战略举措而开展的 SEA 可能与政府当局的 EMS 相关联。

到目前为止，这种 SEA 跟踪评价方法似乎很少应用于公共部门，而仅处于讨论和测试阶段（瑞典 MiSt 研究计划框架）。尽管具有一定的潜力，该方法可能会面临严重阻碍。第一个阻碍因素涉及 EMS 在（地方）当局的作用。世界范围内的研究表明，当局最常利用 EMS 来处理自身事务（能源和纸张消费、废物的产生等），而不是处理 PPPs 事务（即实施战略环评）。瑞典（Naturvårdsverket，2004）、新西兰（Cockrean，2000）、日本（Srinivas 和 Yashiro，1999）和荷兰也得出了这样的结论。换言之，当局的 EMS 是非战略性的（Cherp，2004），不能保证目前建立的 EMS 体系能解决通常由 SEA 处理的战略性问题。第二个挑战是，在那些采纳原战略举措（和实施 SEA）的部门范围之外，需要有 SEA 跟踪评价范围内的适当管理响应。因此，即使提出了将 EMS 与 SEA 跟踪评价相关联的适当方法，这些方法也不太可能包括由主管部门以外的其他利益相关者所采用的第Ⅳ类决策和行动。但 EMS 对于有效的 SEA 跟踪评价而言仍然是很重要的，因为至少 EMS 确定了关键的第Ⅳ类决策，并通过有效手段使之具体化。

对 SEA 跟踪评价的管理部分总结如下：

- 管理的重点在于决策和行动，因为它们对于战略举措的实施（特别是实现既定的环境目标以及消除或减轻负面环境影响）最为重要；同时，SEA 跟踪评价应适度地影响决策和行动。这与 Morrison-Saunders 和 Arts（2004a）提出的 EIA 跟踪评价的关键原则类似。
- 在 SEA 和 SEA 跟踪评价过程中，应不断对这些决策和行动进行标识。“范畴界定”过程应包括针对战略举措开展地区实施的制度分析。

- 标识应说明如下内容：（1）具有相关性的行动和决策；（2）与战略举措实施之间的关系；（3）这些行动与决策所涉及的参与者和利益相关者；（4）使得这些行动和决策受 SEA 跟踪评价潜在影响的机制。
- 标识还应该包括那些未被正式提出但具有战略意义的决策和行动（例如，非正式决定、行动、行为方式）。

31.2.4 沟通

在项目层面，EIA 跟踪评价中的沟通要素旨在为那些受发展影响或对于发展有法定监督职责的群体提供有关实际影响和一致性的信息。针对 EIA 跟踪评价还可以进行更广泛的沟通，以确保 EIA 系统和功能的不断改进。Marshall 等人（2005）也强调将地方知识和学问当作在 EIA 跟踪评价过程中实施有效沟通所取得的成果来加以利用颇为重要。一般情况下，SEA 跟踪评价应实施类似的任务，尽管它的受众比之项目环评可能更为广泛和多样化。

正如上节所述，沟通，特别是 SEA 跟踪评价范畴内的学习，与 SEA 跟踪评价的管理部分密切相关。针对类型Ⅰ～Ⅲ行动的管理可能会由正式渠道中的信息流所支持，然而要影响类型Ⅳ的决策，则可能需要更广泛的、不那么传统的沟通宣传战略。这是因为相关决策和行动的实施者一开始并不参与战略举措或 SEA 的制定。为了使行动与 SEA 的建议保持一致，应使所有参与者都了解原初的 SEA 和 SEA 跟踪评价。

在 SEA 跟踪评价背景下，沟通应该是双向的。一个包含了所有利益相关者的开放式进程是十分重要的，因为战略计划的制定和实施常常不仅包括实施行动，还包括协商、学习和劝导过程（Woltjer，2004；Deelstra 等，2003）。对于某项战略举措的有效实施，重要的是阐明意图、价值、需求、愿望、知识以及参与者的观点。与利益相关者的沟通不应仅仅是向其提供信息，还应包括磋商，甚至是伙伴关系[类似于 Arnstein（1969）提及的“公民参与阶梯”]。对于 SEA 在评价者和决策者之间沟通方面的作用，可参阅 Vicente 和 Partidário（2006）的文章。

因此，沟通可被视为单独的元素，也可被看作是 SEA 跟踪评价中监测、评价和管理等手段的综合。沟通在学习过程、文化形成过程以及网络和机构中发挥着重要作用，而这些是社会变革的关键组成部分。此外，SEA 跟踪评价会为持续的交流与学习提供有效机制。因此，如果 SEA 旨在实现可持续发展的战略转变，那么沟通应该是 SEA 跟踪评价的核心要素。

31.3 结论与展望

对 SEA 跟踪评价重要性的看法取决于对 SEA 整体目的的认知。如果 SEA 的主要目的是影响 PPPs 的具体内容，那么 SEA 跟踪评价可能会相对不太重要。另一方面，如果 SEA 的目的是促使战略向可持续发展方向转变，则跟踪评价可被视为其核心要素之一，因为它是战略举措的具体实施，而不是对战略向可持续发展方向转变的阐述。

与 EIA 跟踪评价相比，SEA 跟踪评价范围更广泛，这是由战略举措实施上的复杂性造成的。SEA 跟踪评价的关键要素（监测、评价、管理等要素）以及它们之间的基本关系如图 31.2 所示。该图只是一个非常简单的表征，事实上不同的“要素、轨道模式、类型”之间常会有重叠。尽管具有复杂性，仍可以总结出有关 SEA 跟踪评价的一些实际要点：

- SEA 跟踪评价的实施应贯穿于战略举措的整个生命周期。
- SEA 跟踪评价方案应该在 SEA 过程中和战略举措启动前得到详尽阐述和支持。
- SEA 跟踪评价应包括监测、评价、管理和沟通等部分。
- SEA 跟踪评价应超越单纯对战略举措影响的监测和管理并且确保其与原计划一致。SEA 跟踪评价还应该包括对目标完成度的核实、对不可预见情况的识别以及对战略举措最初设想的定期查验等内容。
- SEA 跟踪评价应与战略举措（更广泛意义上）的实施相结合，使自身更适应实施程序的具体要求。
- 战略举措的环境影响监测、评价和管理可能开始于 SEA 实施过程中，甚至是在前期还未开展 SEA 时就已开始。

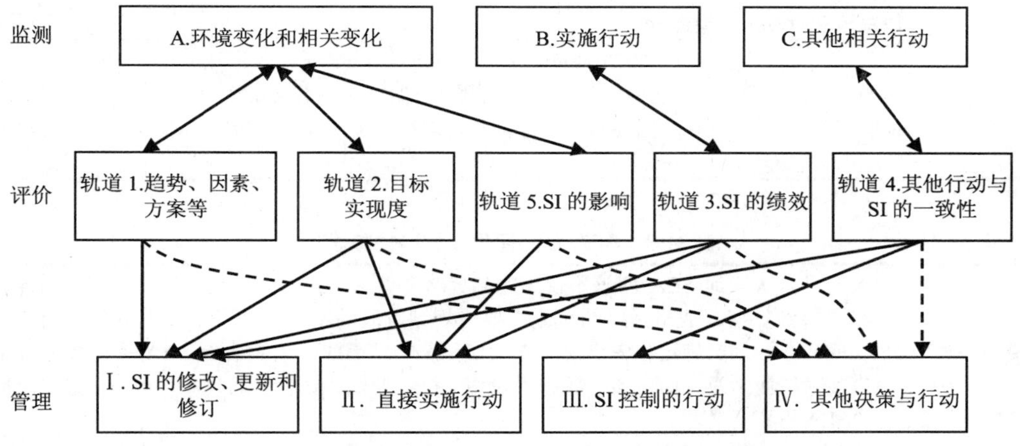

图 31.2 针对战略举措（SI）的 SEA 跟踪监测、评估及管理的关键要素

在最后一点中提到的“事后”SEA 可作为一个切入点，旨在奠定理论基础，并将 SEA 过程应用于未来可能对战略举措或与之相关的战略决策所做出的修正。根据经验，这种方法可能尤其适用于最新的 SEA 体系，依据这一体系，一些 SEA 试点项目可能需要在规划周期的中期就启动。

表 31.2 为与实施活动相关的 SEA 跟踪评价的策划提供了模板。为制定 SEA 跟踪评价方案，有必要首先记录预想中的战略举措实施活动，大致将它们划分为监测、评价、管理和沟通四部分。SEA 跟踪评价的开展应尽可能与这些实施活动保持一致，但也可能包含其他一些要素。应明确实施 SEA 跟踪评价的职责，因为在大多数情况下，战略举措的提出者在战略举措实施过程中发挥的作用有限（Marshall 和 Arts，2005）。最重要的是，应规划好 SEA 跟踪评价以应对原战略举措范围之外的大量参与者、行动和决策（表 31.3）。

表 31.2 规划实施战略举措（SI）的 SEA 跟踪评价

SEA 跟踪评价要素	战略举措的实施要素	SEA 跟踪评价的具体行动	职责	需要考虑的问题
监测	作为 SI 实施过程一部分的监测。其他相关的监测系统	系统化数据采集、处理、存储、公布	可能与现有的监测系统相关联	（1）环境和与环境相关的因素。（2）实施行动。（3）其他相关行动。对相关评价指标的选取
评估	例如，定期审查、评估、绩效评价、审计	定期进行的深入性（监测）数据分析。评估报告	内部或外部 SEA（跟踪评价）团队	搜索与基本假设相关的紧急性和战略性问题。多轨道方法
管理	SI（类型Ⅰ）的定期修正与更新。直接的实施行动（类型Ⅱ）。受控性决策和行动（类型Ⅲ）。其他决策和行动（类型Ⅳ）	例如，（正式的）叠加系统、环境管理体系、主要行动者的参与或与之进行的沟通	例如，SI 的提出者、有关组织、利益相关者	对无论是否得到过正式表述的相关行动和决策均需加以系统确认；管理响应/行动的贯彻
沟通	例如：协商、学习、说服工作	例如：通知、协商、讨论、调解和伙伴关系均应包括在监测、评价和管理活动中	SI 的提出者、有关组织、参与者	意向、利益、观念以及（本地）知识的相关性

表 31.3 SEA 跟踪评价：总结性陈述

主要趋势和问题	人们日益认识到 SEA 应该不仅影响到战略文件的正式内容，还应该促使文件精神在现实中得到贯彻。战略举措的实施主要受规划阶段的不确定性因素、不可预见的情况和（或）原计划实施过程中出现的重大偏差影响。因此，人们认为 SEA 不应随着战略举措被采纳而结束，而应该与各种手段相关联：监测、评价、管理和沟通——这些统称为“SEA 跟踪评价”
主要观点	目前，SEA 跟踪评价领域相对来说未得到充分发展。该领域的理论和实证研究很少。要求在某些司法管辖区内实施 SEA 跟踪评价的法规主要侧重于监测，并且对这一部分解释得非常狭隘。 同时，实践证明 SEA 跟踪评价是增进 SEA 在现实生活中影响的有效工具，而不是仅仅停留在书面形式上。 最新的 SEA 跟踪评价概念化研究进展指出：SEA 跟踪评价在监测与评价方面应沿循几个“轨道”，即不仅关注战略举措的影响，还应关注它们的绩效、目标实现进度、基本设想和相关行动的变化。对于管理部分，SEA 跟踪评价应明确应对多元化决策，这些决策涉及对当前战略举措进行修正，或对直接或间接受控或受影响的活动予以实施
关键经验教训	SEA 跟踪评价应该在战略举措的整个生命周期内开展。 SEA 跟踪评价方案应在 SEA 开展过程中和战略举措启动之前得到详述和支持。 SEA 跟踪评价应包括监测、评价、管理和沟通等部分。 SEA 跟踪评价应超越单纯实施监测和管理战略举措的影响这一范畴，并确保其符合原定计划。它还应核实目标和成果，确定不可预见的情况，并定期验证战略举措的最初设想。 SEA 跟踪评价应与战略举措（更广泛意义上）的实施相结合，着眼于实施细节。 构成 SEA 跟踪评价的具体活动在即使没有实施 SEA 的情况下也可能得以进行（这种情况下，阐述此类活动的适当术语应该是“事后”SEA）
未来方向	SEA 跟踪评价面对的主要挑战是“组织锚定”或“体制所有权”（即谁有权开展 SEA 跟踪评价），以及与其他环境政策工具和手段之间的交互作用，如公共机构的 EMS

尽管针对 SEA 跟踪评价，已出现了（尤其与监测和“类型 I”管理要素相关的）专门性法规和规范，但大多数论及的概念和模型还有待实证检验。对此应当系统地收集 SEA 跟踪评价方面的实证证据，同时汲取经验教训，并将其与最新的概念框架相关联。再进一步的工作是提炼和宣传 SEA 跟踪评价概念，特别是它们与有关叠加的相关 SEA 论述、“渐进性”公众参与、沟通战略和适应性管理之间的关系，以及与 EMS 等各类环境管理工具之间的整合。通过这种方式，SEA 跟踪评价有可能成为推动可持续发展战略变革的重要工具之一。

致谢

对于 Maia Gache Chiladze-Bozhesku 在 2010 年为本章内容更新所作的工作予以感谢。

注释

① 具体到这个定义，我们遵循了 Morrison-Saunders 和 Arts（2004b）开创的 EIA 跟踪评价定义体系：“为针对（已实施环境影响评价的）项目或规划的环境绩效实施管理和开展沟通工作，而对该项目或规划的影响实施的监督与评估。”

② 具体内容参考 Partidário 和 Fischer（2004）、Persson 和 Nilsson（2007）、Gachechiladze 等（2009）、Gachechiladze（2010）、Hanusch 和 Glasson（2008）的相关研究。

③ EC 导则对此的解释相当狭隘，即“不可预见的不利影响主要源于环境报告中预测性陈述（例如关于环境效应的预测强度）的不足，或由环境变化引起的未知影响，这些影响导致环境评价中的某些假设部分或完全失效”（EC，2003）。

参考文献

[1] Arnstein, S. (1969) ‘A ladder of citizen participation’, Journal of the American Institute of Planners, pp216-223.

[2] Arts, J. (1998) EIA Follow-up: On the role of Ex-post Evaluation in Environmental Impact Assessment, GeoPress, Groningen.

[3] Arts, J., Tomlinson, P. and Voogd, H. (2011) ‘Planning in tiers? Tiering as a way of linking SEA and EIA’, Chapter 26 in this volume.

[4] Barth, R. and Fuder, A. (2002) Implementing Article 10 of the SEA Directive 2001/42: Final Report, IMPEL Network, http://ec.europa.eu/environment/impel, accessed 12 June 2006.

[5] Cherp, A. (2004) The Promise of Strategic Environmental Management, Blekinge Tekniska Högskola, Karlskrona.

[6] Cherp, A., Watt, A. and Vinichenko, V. (2007) ‘SEA and strategy formation theories: From 3 Ps to 5 Ps’, Environmental Impact Assessment Review, vol 27, no 7, pp624-644.

[7] Cockrean, B. (2000) ‘Success and failures: National guidance on ISO 14001 for New Zealand local authorities’, in Hillary, R. (ed) ISO 14001: Case Studies and Practical Experiences, Greenleaf, Sheffield, pp39-50.

[8] Dalal-Clayton, B. and Sadler, B. (2005) Strategic Environmental Assessment: A Sourcebook and Reference Guide to International Experience, Earthscan, London.

[9] Deelstra, Y., Nooteboom, S. G., Kohlmann, H. R., Van den Berg, J. and Innanen, S. (2003) 'Using knowledge for decision-making purposes in the context of large projects in the Netherlands', Environmental Impact Assessment Review, vol 23, no 5, pp517-541.

[10] EC (European Commission) (2003) Implementation of Directive 2001/42 on the Assessment of the Effects of Certain Plans and Programmes on the Environment, http://ec.europa.eu/environment/eia/pdf/030923_sea_guidance.pdf, accessed November 2010.

[11] Ecoline and REC (2006) Russia: Integrated Assessment of the Tomsk Oblast Development Strategy, Ecoline, Moscow, www.unep.ch/etb/areas/pdf/Russia%20FINAL%20Report.pdf, accessed November 2010.

[12] Fischer, T. B. (2002) Strategic Environmental Assessment in Transport and Land Use Planning, Earthscan, London.

[13] Gachechiladze, M. (2008) 'Potential of SEA follow-up for institutional learning and collaboration: The case of the Merseyside Local Transport Plans, UK', paper presented at the EASY-ECO 2005-2007 Conference 'Governance by Evaluation', Vienna.

[14] Gachechiladze, M. (2010) 'Strategic environmental assessment follow-up: From promise to practice. Case studies from the UK and Canada', doctoral dissertation, Environmental Sciences and Policy, Central European University, Budapest.

[15] Gachechiladze, M., Noble, B. F. and Bitter, B. W. (2009) 'Following-up in strategic environmental assessment: A case study of 20-year forest management planning in Saskatchewan, Canada', Impact Assessment and Project Appraisal, vol 27, no 1, pp45-56.

[16] Hanusch, M. (2005) 'SEA Monitoring of spatial plans in Germany', paper presented at the IAIA SEA Conference, Prague.

[17] Hanusch, M. and Glasson, J. (2008) 'Much ado about SEA/SA monitoring: The performance of English regional spatial strategies, and some German comparisons', Environmental Impact Assessment Review, vol 28, pp601-617.

[18] Holling, C. S. (1978) Adaptive Environmental Assessment and Management, Wiley, New York.

[19] IAIA (International Association for Impact Assessment) (2002) Strategic Environmental Assessment Performance Criteria, Special Publications Series No1, IAIA, Fargo, ND.

[20] Lee, N. and Walsh, F. (1992) 'Strategic environment assessment: An overview', Project Appraisal, vol 7, pp126-136.

[21] Lee, N. and Wood, C. (1987) 'EIA: A European perspective', Built Environment, vol 4, pp101-110.

[22] Marshall, R. and Arts, J. (2005) 'Is there life after SEA? Linking SEA to EIA', paper presented at the IAIA SEA Conference, Prague.

[23] Marshall, R., Arts, J. and Morrison-Saunders, A. (2005) 'International principles for best practice EIA follow-up', Impact Assessment and Project Appraisal, vol 23, no 3, pp175-181.

[24] Mintzberg, H. (1994) The Rise and Fall of Strategic Planning, Free Press, New York Morrison-Saunders, A. and Arts, J. (eds) (2004a) Assessing Impact: Handbook of EIA and SEA Follow-up, Earthscan, London.

[25] Morrison-Saunders, A. and Arts, J. (2004b) 'Introduction to EIA follow-up', in Morrison-Saunders, A. and Arts, J. (eds) Assessing Impact: Handbook of EIA and SEA Follow-up, Earthscan, London, pp1-21.

[26] Morrison-Saunders, A. and Arts, J. (2004c) 'Exploring the dimensions of EIA follow-up', paper presented to the IAIA Annual Conference, Vancouver, Canada.

[27] Naturvårdsverket (2004) Environmental Management in Central Government Authorities: Sweden's Experience, Naturvårdsverket, Stockholm.

[28] Noble, B. and Storey, K. (2005) 'Towards increasing the utility of follow-up in Canadian EIA', EIA Review, vol 25, no 2, pp163-180.

[29] Nooteboom, S. and Teisman, G. (2003) 'Sustainable development: Impact assessment in the age of networking', Journal of Environmental Policy and Planning, vol 5, no 3, pp285-309.

[30] OECD (Organisation for Economic Co-operation and Development) (2001) Strategies for Sustainable Development: Practical Guidance for Development Co-operation, OECD, Paris.

[31] Partidário, M. R. and Arts, J. (2005) 'Exploring the concept of strategic environmental assessment follow-up', Impact Assessment and Project Appraisal, vol 23, no 3, pp246-257.

[32] Partidário, M. R. and Fischer, T. B. (2004) 'Follow-up in current SEA understanding', in Morrison-Saunders, A. and Arts, J. (eds) Assessing Impact: Handbook of EIA and SEA Follow-up, Earthscan, London, pp225-247.

[33] Persson, A. and Nilsson, M. (2006) 'Towards a framework for ex post SEA: Theoretical issues and lessons from policy evaluation', in Emmelin, L. (ed) Effective Environmental Assessment Tools: Critical Reflection on Concepts and Practice, Blekinge Institute of Technology Research Report 2006:03, Karlskrona, Sweden.

[34] Persson, A. and Nilsson, M. (2007) 'Towards a framework for SEA follow-up: Theoretical issues and lessons from policy evaluation', Journal of Environmental Assessment Policy and Management, vol 9, no 4, pp473-496.

[35] Sadler, B. and Verheem, R. (1996) Strategic Environmental Assessment: Status, Challenges and Future Directions, Ministry of Housing, Spatial Planning and the Environment, The Hague.

[36] Schön, D. (1983) The Reflective Practitioner: How Professionals Think in Action, Basic Books, New York.

[37] Srinivas, H. and Yashiro, M. (1999) Cities, Environmental Management Systems and ISO 14001: A View from Japan, International Symposium on Sustainable City Development, United Nations University, Seoul, South Korea.

[38] Thérivel, R. (2004) Strategic Environmental Assessment in Action, Earthscan, London.

[39] Thérivel, R. and Partidário, M. R. (eds) (1996) The Practice of Strategic Environmental Assessment, Earthscan, London.

[40] Vedung, E. (1997) Public Policy and Program Evaluation, Transaction Publishers, New Brunswick.

[41] Vicente, G. and Partidário, M. R. (2006) 'SEA: Enhancing communication for better environmental decisions', Environmental Impact Assessment Review, vol 26, no 8, pp696-706.

[42] Woltjer, J. (2004) 'Consensus planning in infrastructure and environmental development', in Linden, G. and Voogd, H. (eds) Environmental and Infrastructure Planning, GeoPress, Groningen, pp37-57.

第三十二章　战略环境评价专业知识及其在信息共享、培训和学习中的运用

皮特里·范·根特
（Petrie van Gent）

引言

近年来，战略环境评价（SEA）越来越多地得到运用，这不仅体现在数量上，更体现在应用模式上。为此，对国家和机构引进和完善 SEA 的发展历程有所了解显得十分重要。布拉格 SEA 会议对 SEA 信息的传播以及如何通过 SEA 知识中心来促进 SEA 信息传播进行了讨论。本章对 SEA 知识中心的现状进行了综述，阐述了其服务、使用者和利益等各方面要素。本章专题中将对选定的 SEA 知识中心所提供的可用信息与导则进行详细具体的介绍。

32.1　背景

目前，SEA 是环境影响评价方面的热门话题，这反映了关注点从环境影响评价（EIA）向政策、规划和计划（PPPs）的战略评价工具逐渐转变。在国家层面上，重点在于将 SEA 应用于国家、地区或部门规划。SEA 程序、应用和经验在不同国家和部门之间也各不相同。在经验方面的广泛差异往往反映了它们的地理分布。尽管有许多讨论都涉及“是什么构成了 SEA 良好规范”，以及“如何才能使 SEA 最有效地实施”等话题，但并不存在放之四海而皆准的 SEA 范本。

鉴于有这样的趋势，了解在 SEA 领域有什么最新进展是十分重要的。这类信息必须十分明确，并可以利用其他方面的经验。信息可以通过网络来传达，例如国际影响评价协会（IAIA）、IAIA 年会、个人会议（比如，在日常工作中的会议）、网站、出版物、SEA 培训和教育或 SEA 服务台。在这方面，SEA 知识中心能够发挥重要的协调作用。

正如 SEA 有着不同的形式和规模，SEA 知识中心的覆盖面也十分广泛。它们可以被定义为收集和传播 SEA 相关知识的中枢，囊括了本地化、组织化、国家化和区域化视角或更宽泛的观点。知识中心可能会以网站的形式存在，也可能是实体，或两者兼而有之。

它可由任何类型的组织[例如政府、学术或研究机构、非政府组织（NGO）等]操控。这些知识中心需要提供优质信息，提出公正无偏见的观点，以维护对于利益相关者而言至关重要的信誉。

32.2 主要问题

布拉格会议上的讨论集中在SEA知识中心和信息共享等问题上，包括SEA知识中心的重点所在、信息的获取及其价格、信息质量、对理论和实践知识的强调以及与可持续发展的关系。

专栏32.1 荷兰EIA运输中心（ETC）

ETC对荷兰运输、公共工程和水资源部的各部门进行研究和评价，并提出建议。它的目的是提高规划质量以及提高基础设施项目SEA/EIA程序的质量，这些程序由上述不同部门来开展。由荷兰环境评价委员会（NCEA）编制的环境影响报告书的质量有所提高，这显示出该部门对SEA和EIA报告的独立审查已取得相当大的改善。

ETC提供了如下服务：

- ❖ 内部质量审核和咨询，重点是与决策相关的基建项目EIA/SEA。
- ❖ 通过培训课程、EIA手册、网站和时事通讯的方式传递关于决策、环境问题和基础设施的知识。
- ❖ 将技术问题转变为基础设施规划程序与过程要素，反之亦然。
- ❖ 通过跨学科方法来整合各种技术和环境学科，从而为项目管理者和EIA/SEA研究团队创造附加价值。
- ❖ 成为决策者（政策要素）和基础设施（执行要素）支持者的调解人。

ETC信息是通过会议和文件的形式在国际间传播的（www.english.verkeerenwaterstaat.nl/english）。

来源：Roel Nijsten稿件摘要。

许多SEA知识中心只专注于自己的员工和客户的利益，而与这个网络之外其他人的信息共享程度则十分有限。例如专栏32.1和专栏32.2所示。这些实例阐述了荷兰EIA运输中心（ETC）的行动，该中心重点定位于决策制定者和支持者，另外还有基于EIA和SEA最佳实践的服务平台，它由瑞典国际开发合作署（SIDA）资助，用于对其在发展中国家的活动提供支持。

专栏32.2 瑞典国际开发合作署（SIDA）专家的环境评价建议

1998年以来，瑞典EIA中心一直保持着有效的专家建议功能（服务台），提供EIA和SEA信息以及应SIDA的要求提供支持。EIA中心设在瑞典农业科学大学，瑞典国际开发署是外交部下辖的政府机构。该服务台协助瑞典和大约50个国家的办事处职员应对环境焦点问题，尤其是EIA/SEA的管理与实施。

服务台提供以下服务：

- ❖ 针对在各类支持手段中融入环境要素而提出意见。
- ❖ 审查和评价与SIDA支持的项目和计划相关的EIA和SEA文件以及政策性文件。

- ❖ 对 EIA 和 SEA 职权范围的审查与建议。
- ❖ 对 SIDA 工作人员、合作伙伴和顾问开展 EIA/SEA 培训。
- ❖ 工具、导则和情况说明等材料的编制。
- ❖ 基准、审查以及最先进的研究。
- ❖ 在能力建设领域为 SIDA 合作伙伴国的区域与国家 EIA 中心提供支持。
- ❖ 协助筹备有关环境问题的讨论。

该服务平台旨在协助 SIDA 规划人员将可持续发展与环境要素的整合这一问题纳入到与合作者的对话中，从而应对项目和方案编制周期中存在的紧迫性环境挑战，并促进内部能力建设，提供指导材料。该平台希望与用户建立良好的工作关系，成为一名教练而不是审计员。他们通过讨论、书面意见、培训课程和网站来分享知识。在世界范围内，比如在中美洲和非洲东南部，瑞典在环境评价的国际合作中扮演着重要角色（http: //mkb.slu.se/helpdesk/index.asp）。

来源：Eva Stephansson 和 Lisa Ahrgren 的稿件摘要。

他们的活动反映了知识中心资助行动的现实情况，需要花费时间和财力来将可用且有用的材料提供给客户，这些材料总体而言要对 SEA 团体更为有用。在学术界更是如此，信息和知识的共享常常并不容易实现，因为这意味着要拥有权力，或者需要发表著作。

获取信息和知识是要付出代价的。维持计算机和网络服务器这样的技术设施运转需要充足的资金，这两者都是信息交换的必要条件。非洲发展中国家和西方国家之间的差距越来越小，但要在实力上旗鼓相当仍需要一些时间。例如非洲出现了诸如南部非洲影响评价协会（SAIEA）和东部非洲影响评价协会（EAAIA）（专栏 32.3）这样的研究中心。亚洲和拉丁美洲也有类似的发展。特别是对于发展中国家而言，对造访合作伙伴中心、出席 SEA 会议和学习第一手 SEA 实践经验予以资助是能力建设（见第二十八章）的重要组成部分。

专栏 32.3 东非影响评价协会（EAAIA）

EAAIA 成立于 2001 年，是对有关承诺施行 EIA 的政治声明的响应，该声明是在 1995 年于南非德班召开的环境大会非洲部长级会议上做出的。其目的是通过 EIA 政策与规范的交流、网络化以及强化手段来支持东非 EIA 能力建设。该协会的会员资格向研究人员、从业人员、决策者、相关组织和对东非环境评价感兴趣的人开放。

EAAIA 旨在：

- ❖ 提供平台来通过季度电子化时事通讯及 EIA 数据库而在区域和全球范围内开展环境 EIA 信息和思想沟通。
- ❖ 为个人提供提高 EIA 能力的机会。通过在其秘书处建立资源中心来促进个人 EIA 能力的提高。该中心支持成员参与区域、亚区域和国际 EIA 论坛和网络，实施有关专业人才培养（PD）的奖学金计划，此外还包括其他相关的 EIA 培训。各发展伙伴提供资金来支持这些专业培训。这其中包括美国国际开发署的环境能力建设项目（ENCAP）、瑞典国际开发署（SIDA）以及最近通过非洲环境评价伙伴关系（PEAA）资金框架机制提供的资助。
- ❖ 提供支持性服务和协调机制来与非洲环境评价能力开发与合作组织（CLEAA）和 IAIA 建立伙伴关系。2003—2009 年，EAAIA 推动了 CLEAA 秘书处的协调工作。

来源：Maureen Babu 的稿件摘要。

信息质量与信息源有很大关系，你如果了解 SEA 领域，就会知道信息背后的个人或机构是评价信息质量和效用的指标之一。著名机构的数据库能够提供好的数据，例如，英国可持续发展中心的 SEA-info.net，以及荷兰环境评价委员会（NCEA）网站上的 SEA/EIA 数据库，NCEA 主要侧重于 SEA 实践。

除了培训和教育 SEA 专业人才外，发展中国家和发达国家以高校为基地的中心对于理论知识水平的提高也十分重要，尽管时刻不能忘记将理论与实践相结合。许多中心成为信息交流和联络以及研究和领域发展的协调中心。曼彻斯特大学环境影响评价中心是一个很好的例子，它通过庞大的网络与以前的学生和专业人士保持接触。

除了要与 SEA 实践应用的发展趋势步调一致，SEA 组织还应该加强与其他部门专业人员的联系。例如，涉及治理、规划和水务管理领域的知识中心有大量关于工具、方法和流程的信息，这有助于形成明智的决策。在很多情况下，这些信息的价值在实践中已得到验证，并能补充或加强 SEA 从业人员的工作。

如果知识中心的职权范围已经涵盖 SEA 的相关行动和信息收集，那么它就更具可持续性。例如 NCEA 有责任对荷兰 EIA 和 SEA 报告进行复审，并根据与国际合作部长达成的协议，承担在发展中国家提供服务和开展行动等任务。NCEA 的实践工作和经验增强了其自身能力和效用，成为在其所服务的地理区域开展 SEA 工作所取得的辉煌战果。基于网络的知识平台是信息共享的重要手段（见专栏 32.4）。

32.3　近期行动方案

基于布拉格研讨会有关 SEA 知识中心实践与经验的会议精神，国家级信息可视为重中之重。理想情况下，每个国家的信息[网络信息和（或）物理信息]覆盖面应大致类似，其中应包括以下关键要素：法规、导则、手册和程序；清单或 SEA 报告副本；关键案例研究和经验教训以及培训材料和培训机构。最理想情况是，此类信息可在网上获得，以英语为语言媒介，并与其他类似网站链接。通过这种方式，可以建立区域性网络，并构成更广泛的信息交流网络基础。香港环境保护署依照布拉格 IAIA 大会精神更新了自己的网站，在这一方向上迈出了第一步（专栏 32.5）。

专栏 32.4　NCEA 知识平台

NCEA 是一个独立的专家机构，为 EIA 和 SEA 过程提供指导意见并对评价报告实施审查。自 1993 年以来，NCEA 一直在国际范围内提供关于环境和社会影响评价的咨询服务。此外，它还协助很多国家建立了有效的影响评价制度，作为促进可持续发展、良好管理和扶贫的手段。在执行这项法令过程中，NCEA 处理了荷兰的 2450 个 EIA 和 SEA 案例，发布了 260 多份国际咨询报告。

2002 年，在外交部的协助下，NCEA 开发了一个用以与他人分享实践经验的知识平台，首先用来支持国际同行。知识平台提供了：

- ❖ 一个关于 NCEA 行动和咨询报告的网站、四种语言的新闻和一个大型资源板块，其内容覆盖：

- 一个包括手册、SEA 方法、导则和案例研究的 EIA/SEA 数据库。
- 一个包括 NCEA 咨询报告和能力建设活动的项目数据库。
- 一个在一系列基准中有据可查的介绍各国 EIA/SEA 法规的国家概观数据库。
- 基于方法论和 NCEA 方法的案例研究、核心刊物和其他出版物。

❖ 一个服务台，旨在向环境企事业部门、环境评价机构和其他在发展中国家从事 SEA（和 EIA）实践工作的相关人员提供服务，其服务对象包括国际捐助者、非政府机构、开发银行和荷兰大使馆。

❖ 与国际合作相关的 EIA/SEA 主题培训、演讲和讲座（www.eia.nl）。

2009 年，荷兰住房、空间规划与环境部决定大幅度扩建荷兰知识平台，以惠及那些没有环境评价经验的荷兰同行。他们提供：

❖ 一个涵盖意向通知、NCEA 咨询报告、项目说明和法律知识的数据库网站。

❖ 定期发布的电子通信、讲义和情况说明。

❖ 参加公众参与活动和信息会议的 NCEA 工作人员。

❖ 通过一个专门的网站（www.eia.nl/netherlands/）来公布若干关键项目和文章，例如英文版 SEA 和结构设计规划信息。

专栏 32.5　香港双语 SEA 知识中心

继 2004 年香港 SEA 手册发布后，香港特别行政区（特区）政府下设的环境保护署建立了一个基于网络的 SEA 知识中心，以促进 SEA 经验和信息的共享。该中心由环境事务常务秘书、香港特区政府环境保护署署长、国家环保总局中国总干事（负责 EIA 相关事务）、香港环境顾问委员会主席共同启动（2005 年 12 月）。

该网站提供：

❖ 最新互动版香港 SEA 手册，其中包括 SEA 理论知识介绍，以及大陆和香港开展 SEA 的经验。

❖ SEA 相关事务信息，包括在中国大陆的发展情况。

❖ 香港已完成的 SEA 报告。

❖ 与其他相关国际 SEA 资源和网站之间的超链接。

该网页将进一步得到改进，以提供一个有用的网络和平台来进行信息交流与共享，以及增强国际间合作，推动 SEA 在中国、亚洲乃至世界范围内的应用。（www.epd.gov.hk/epd/sea）

来源：Elvis Au 的稿件摘要。

没有资金，面向外部用户的 SEA 数据库就很难得到开发或更新。例如，英国曼彻斯特大学环境影响评价中心就经历过这种困难，当时欧盟停止了对其数据库的资助。联合国大学（UNU）开发了一个数据库和 SEA 远程教育资源，它使用 WIKI 格式，基于“用户索取的同时也给予”这一原则，由用户（基本上是合作性大学）来保持更新。由于这是一个完全开放系统，因此很难保证质量。鉴于此，对信息编辑权限予以限制是有必要的（专栏 32.6）。正如牛津布鲁克斯大学和洛桑联邦高等工业大学的经验所示，学生对 SEA 数据库模块的开发具有不可估量的价值。

32.4　未来采取的步骤

在布拉格研讨会上，与会者一致认为，SEA 知识中心没有一个统一的类型。现有的中心服务于不同的目标群体，提供不同的服务，有些对所有人开放，其他的则具体到特定用户。另一个结论是，以国家或区域为重点的 SEA 中心可能最为抢手且用处最大。

专栏 32.6　SEA 数据库和远程学习

2003 年，联合国大学和牛津布鲁克斯大学开始致力于发掘基于现有课程的交互式远程和在线学习资源。牛津布鲁克斯大学开设了相关的新课程，作为联合国大学的全球虚拟大学项目的一部分。根据学习者和联合国大学合作伙伴的反馈，课程模块被重新设计并于 2006 年完成。在 2005 年召开的国际环境评价协会 SEA 大会上，以及在 2006 年联合国可持续发展委员会纽约学习中心均展出了该课程。目前有好几项硕士学位计划，包括由挪威 Agder 大学（http: //sea.unu.edu）运作的开发管理硕士学位在线课程，都在使用这一学习资源。提到任何网上资源，都不得不说，不断更新是必不可少的，包括修复或消除与其他网站和资源的断链问题。有人得出结论，认为最好的办法是建立一个 SEA wiki。用户群体有更新和添加新信息的责任；同时他们有权访问最全面的 SEA 信息资源（但用户群体目前仅限于有合作关系的大学，由他们应学生课业安排的要求来进行更新）。联合国大学将如下工作视为一种挑战：增强他们的主动性和 IAIA 主动性之间的协同效应，以及加强与世界银行和联合国环境规划署（环境署）之间的协同作用，以提供满足自身需求、个人学习或集体培训要求的材料（http: //sea.unu.edu/wiki）。

来源：Brendan Barrett 的稿件摘要。

表 32.1　SEA 知识及用途：总结性陈述

主要趋势和问题	**现状：** ❖ SEA 信息和经验正在迅速增加。 ❖ 数量：对有权访问各类资源的人能提供的东西很多（网站、会议、出版物），而对那些访问权受限的人，如来自发展中国家的用户，提供的东西则少得多。 ❖ 质量：能找到的不一定都是需要的；参照与筛选必不可少
主要观点	**SEA 知识中心：** ❖ SEA 知识应分散于不同的中心，针对不同的用户群体，而不应该只有一个中心。 ❖ 许多中心都只是专注于自己的组织和客户。 ❖ 这些中心应开发以及传播 SEA 信息。 ❖ 这些知识应该是理论与实践并重。 ❖ 应该对那些作出贡献的人予以奖励。 ❖ 可持续发展是一个问题
未来方向	**主要挑战：** ❖ 数字和网络信息是未来发展趋势；然而这同样需要得到人际交往和书面材料的支持。 ❖ 高校可以发挥重要作用，在发展中国家也是如此。 ❖ 应该寻找更好的机会来使研究和实践相互借鉴。 ❖ 开发知识交换体系，启动能连接到区域性网络或更广义网络且拥有最重要信息的国家结点

目前需应对的更大挑战是如何使信息保持更新，并以有效的方式挖掘现有知识。尽管信息正变得越来越重要，但至少在可预见的未来，SEA 工作者、科学家、决策者和一切受其影响者之间知识交流的实体/物理属性仍不可忽视。

世界范围内各类 SEA 培训计划已应运而生，包括那些由世界银行、联合国发展计划署（UNDP）、联合国环境规划署和国际影响评价协会（见第二十八章）所支持的计划。未来的挑战是如何在这些举措之间建立起协同机制。一种方法是通过新的认证机制来提高信息共享程度，使人们能够复制、重新组合和发布 SEA 相关信息，以满足自身需要和个人或集体培训的要求。

致谢

作者感谢各个知识中心的代表，他们在 2005 年提供了原始信息，并于 2010 年更新了本章专栏中的信息。作者还要感谢她在 NCEA 的继任者 Anne Hardon，后者写了本章编后记并协助更新了专栏。

编后记

针对专栏中有关不同组织的信息，已根据 2010 年 8 月的最新情况相应做出了校订。自 2005 年举办 SEA 知识共享研讨会后，新举措已在策划当中。这里举出其中具有全球性视角的两个项目：

- SEA 任务组已于 2004 年依托环境与发展合作网络（ENVIRONET）[经合组织发展援助委员会（DAC）附属机构]而成立。该任务组编制了 *SEA 发展合作良好规范导则*（2006），并继续致力于有关 SEA 的对话、经验交流和资源共享。该网站提供了各类 SEA 资源（www.seataskteam.net）。
- IAIA 于 2009 年建立的 IAIA 维基网（IAIA Wiki）提供了影响评价相关主题的定义和解释等信息。任何人都可以浏览 IAIA 维基网站。然而目前可能只有 IAIA 成员会对维基网（www.iaia.org/iaiawiki）的网站建设出力。

第六篇
向着综合性可持续发展评价迈进

第三十三章　从战略环境评价发展为可持续发展评价

詹妮·波普　巴里·达拉尔-克雷顿
（Jenny Pope　Barry Dalal-Clayton）

引言

继环境影响评价（EIA）和战略环境评价（SEA）之后，可持续发展评价（SA）[①]成为第三代影响评价。在本章中，我们广义上将 SA 定义为一个事先评价过程[②]，旨在确定拟议行动的未来后果，使规划和决策朝着可持续性方向发展[③]。因此，可持续发展评价并不是预先规定好的过程，而是一个实践方向。

从这个定义衍生出两个要点，这两个要点都与 SEA 和 SA 之间的关系有关。第一点是，SA 可应用于任何层次的决策，范围从最具战略性的决策到最结合具体项目的决策等不一而足，这是战略环境评价和可持续发展评价之间的一个重要区别。第二点是，可持续性概念是 SA 实践的基础。我们将详细探讨如何在 SA 过程中应用可持续性概念。“三大支柱”方法已得到普遍运用，基于此，可持续发展评价试图调解和整合经济因素、社会因素和环境因素。我们将考虑如何以各种方式来将这一概念化过程应用于决策中，并分析其局限性和提出新兴替代方案。这里特别值得关注的是可持续发展与环境之间的关系，我们认为可持续发展评价必须保证在更大范围内保护环境资产。

回顾当前的国际惯例，我们可以发现，世界上不同的司法管辖区和部门在可持续发展评价程序方面已经有了相当多的实际经验（Dalal-Clayton 和 Sadler，2011）。本章旨在概述当前讨论和辩论的主题，借鉴布拉格战略环境评价大会上的发言和专题论文，并汲取经验教训，此外还试图反映该会议对这个迅速发展领域作出的最新贡献。

没有人尝试去编制一份包罗万象的指导手册来实施可持续发展评价，因为不可能存在这样的手册。相反，其目的是搞清楚我们到底要通过可持续发展评价来达成什么目标，并在这一过程中提出必须得到解决的问题，进而设计出在具体应用领域和背景下针对性较强的程序（Govender 等，2006）。我们首先设置特定背景来在环境影响评价（EIA）和战略环境评价（SEA）中定位可持续发展评价，从此处着手来逐步应用可持续发展评价，并进一步讨论这三种评价之间的关系。作为 SA 的理论家和实践者，我们工作的首要目标始终要着眼于向着可持续发展的社会模式转型，我们会花一些时间、腾出一些空间来探讨可持续发展概念。

我们讨论的核心是实现综合性可持续发展评价。我们探讨的是，若与可持续性联系在一起来看待，或放在决策背景下，则整合意味着什么，继而以更广阔的视角来看待可持续发展评价过程的策划与实施所采用的综合性方法。正如 Gibson（2006）所言，“成功虽不易把握，但指日可待”。

33.1 背景：战略环境评价和可持续发展评价

可持续发展评价从环境影响评价（EIA）和战略环境评价（SEA）演变而来，同时还从土地利用规划、资源管理和技术评价等过程中吸取养分，并受益于有关发展援助可持续性的广泛讨论。然而，为与本书主题保持一致，本章中我们的重点是环境影响评价（EIA）、战略环境评价（SEA）和可持续发展评价之间的关系。

33.1.1 可持续发展评价的演变与实践

各种形式的可持续发展评价已通过不同的机制和驱动力而在世界不同地区出现。英国的空间规划可持续性评估程序是最为完善的评价形式之一，它结合了欧洲战略环境评价指令的要求（Bond 和 Morrison-Saunders，2009）。与之形成对照的是，一些非欧洲指令辖区，如澳大利亚、加拿大和南非已将可持续发展评价应用于公共和私人项目建议书，作为构建于现有环境影响评价体制基础之上的审批程序的一部分（Hacking 和 Guthrie，2006；Pope 和 Grace，2006）。许多企业，尤其是大型工业企业，正将综合评价形式应用于其内部决策程序（Hacking 和 Guthrie，2006）；此外，可持续发展影响评价也越来越多地应用到贸易协定和发展战略中（Lee 和 Kirkpatrick，2001；Huge 和 Hens，2007）。

可持续发展评价从包括 EIA 和 SEA 在内的多种来源渐进性发展而来，产生的结果就是：世界上存在各式各样重要的可持续发展评价经验，从中我们可以总结出很多有价值的东西。这种“边干边学”的方式肯定脱胎于具体背景之下，在某些情况下是一种深思熟虑的政策，而当不同情况下在不同地点出现不同问题时，就是不可避免而为之的了。例如，西澳大利亚州是一个司法管辖区，在那里前政府采纳了一项决议，通过“做中学”这种方式来实现可持续发展评价（Pope 和 Grace，2006）。

33.1.2 环境影响评价、战略环境评价和可持续发展评价之间的关系

有趣的是，随着项目层次的规范渐趋成熟，环境影响评价已远远超出了“考虑社会和经济因素”这一范畴，项目层次和战略层次的可持续发展评价之间越来越呈现出明显的趋同倾向（Pope 等，2004）。因此，很多针对环境影响评价通病和积弊（例如反应不灵敏、对替代方案缺乏有效考虑以及过分专注于减少负面影响）的批评并不自动适用于项目层次的可持续发展评价。相反，项目建议书的可持续发展评价正越来越主动地融入到建议书的编制过程中，因此正在对决策发挥更大的影响力。建议书正在引导人们考虑更具可持续性的替代方案，使人们在基础设施选址过程中考虑环境因素，积极寻求以可持续发展观来指导项目实施。有些更进一步考虑到远远超出项目及其操作范畴的战略和政策层面可持续发展评价（Dalal-Clayton 和 Sadler，2005；Gibson 等，2005；Hacking 和 Guthrie，2008；Pope 和 Grace，2006）。

如果从战略环境评价到可持续发展评价的线性发展现象过于简单，而不是对现实的反映，那么战略环境评价和可持续发展评价之间的真实关系是什么？首先，正如大家所预料

的那样，本书其他章节所讨论的关于战略环境评价的争论焦点也是可持续发展评价背景下面临的挑战和存在的混淆现象。举例来说：

- ❖ 适合可持续发展评价的过程框架是什么，是否应将其移植到现有的决策程序或强加它自己的方法来使决策与可持续性保持一致？
- ❖ 环境与其他属于可持续发展概念且越来越多地在 SEA 过程中被提出的潜在竞争性目标之间是什么关系？
- ❖ 叠加是一个有用的概念吗？评价与其更广泛背景之间的关系是什么？
- ❖ 哪些体制安排是适当的？

对于上述问题，其中一些我们将会在以后解释。战略环境评价和可持续发展评价之间是可以相互借鉴的。但也许战略环境评价和可持续发展评价之间关系最受争议的一面是它们的差异点，而不管它们是否实际上是一回事（不可否认，不像战略环境评价，可持续发展评价可能也适用于项目建议书）。在某些情况下可能是如此，但也取决于每一种评价形式的概念基础。

虽然就战略环境评价是否以及何时应当提上综合性可持续发展评价议程，或战略环境评价是否应当成为纯粹的生物物理/生态评估过程等问题仍存在争议（Kørnøv 和 Thissen，2000；Govender 等，2006；Morrison- Saunders 和 Fischer，2006），可持续发展评价在这一点上较 SEA 更为明晰一些。在布拉格会议达成的普遍共识基础上，我们认为可持续发展评价的本质特点是，它必须以可持续发展为导向（Dalal-Clayton 和 Sadler，2011；Hacking 和 Guthrie，2006；Pope，2006）。因此，战略环境评价和可持续发展评价的相似程度取决于战略环境评价过程与可持续性概念之间融合的程度。

33.2 可持续发展：可持续发展评价的概念基础

在这里，可持续发展概念是可持续发展评价概念的基础。然而，可持续发展是一个模糊和有争议的概念（McManus，1996；Dobson，1996；Jacobs，1999）。许多替代理论已经得到了发展，这些理论都建立在共同关心的问题和原则基础上，但它们在决策背景、学科方向和其他方面有所不同（Gibson，2001；Hermans 和 Knippenberg，2006）。

在下面的讨论中，我们将通过比照整体化和概念化的主流“三大支柱”方法来突出这些概念的复杂性和所面临的挑战，并在接下来的章节中讨论如何在具有可操作性的实际决策中应用这一抽象概念。

33.2.1 三大支柱

可持续性概念化的最常见方式之一就是通过“三大支柱”方法来整合环境、社会和经济因素，相应地，大多数可持续发展评价都是基于这“三大支柱”方法（Eales 和 Twigger-Ross，2003；Pope 等，2004）。在环境这一概念广义上包括社会、经济以及生物物理因素的行政辖区内，环境影响评价和战略环境评价过程会给基于这“三大支柱”的可持续发展评价提供一个平台。然而，在评价背景下，更凸显出可持续性和环境之间的不稳定关系。围绕通过三大支柱实现可持续发展评价这一点的最主要争论在于它们阻挠了综合性、系统性思维，并且通过强调传统意义上经济与环境之间的冲突，鼓励在三大支柱之间进行取舍，通常以牺牲环境为代价（Gibson，2001；Lee，2002；Jenkins 等，2003；Sheate

等，2003；Morrison-Saunders 和 Fischer，2006）[④]。

从“三大支柱”的角度来看，长期整合通常指的是在可持续发展评价过程中，权衡环境、社会和经济之间的关系。这引发了有关应该在这个过程中还是在最终决策点出现这种整合的争论（Jenkins 等，2003）。在实践中，多基准分析（MCA）技术经常被用来整合可持续发展评价过程的各个要素，以确定能在各种方案之间加以比较所需参照的整体得分（Kain 和 Söderberg，2008）。这“三大支柱”的一体化也意味着承认不同因素之间的关系，例如，指出对保护区实施的保护措施可能通过增加旅游项目来获取经济效益，通过社区娱乐活动获取社会效益，以及获取直接的环境效益。

“三大支柱”概念可以按不同的方式应用于不同的可持续发展评价方法，其相应的目的和意图也不同（Pope 等，2004）。Morrison-Saunders 和 Therivel（2006） 区分了支撑可持续发展评价过程的八个不同目标，其中六个建立在可持续发展“三大支柱”概念化基础上。这其中包括不利影响最小化、目标最大化、整体净收益的产生和实现跨“三大支柱”的互惠互利性三方共赢局面。总之，如果目前的行为是不可持续的，且主要趋势是负面的，可持续发展评价就应该超越对项目建议书负面影响的识别、评价和缓解这一范畴，推动事务朝着一个更加积极的目标或方向发展（Gibson，2001；Pope 等，2005）。例如加拿大越来越要求展现对可持续性的贡献（Gibson 等，2005），这与实现“三方共赢”、“净收益”或“最大化目标”的努力更为一致。这些更积极的方法也普遍巩固了空间规划评价进程（Morrison-Saunders 和 Thérivel，2006）。与“三大支柱”方法形成对照的是，在下文中，Morrison-Saunders 和 Thérivel 通过两个最高级别概念将可持续性解释为一个综合概念。

33.2.2 三大支柱的替代方案

认为“三大支柱”是对可持续性不适当的简化论阐述，这种观点越来越有立场，并且在布拉格会议上博得广泛青睐。以评价为目的的替代方案已经得到许多人支持（Pope 等，2004；Gibson，2006；Morrison-Saunders 和 Thérivel，2006）。George（1999，2001）是第一个考虑对可持续性概念的替代性解释如何引导 SA 的人。他以英国可持续性评估为开端，认为有太多归属于可持续发展概念的因素其实本应划归为规划范畴才更合适。此外，他认为可持续发展评价应该以里约宣言的可持续发展概念为基础，这种概念是以保护未来子孙的生存环境为标志。

其他促进可持续发展模式的模型也是建立在以“三大支柱”为基础的原则之上。Hermans 和 Knippenberg（2006）提出一个以司法、灵活性和效率原则为基础的模型。乍一看好像与“三大支柱”方法相一致，但本质上更具综合性。Gibson（Gibson 等，2001，2005，2006）也提出一套内在综合性可持续发展原则，他认为，这些原则若在其最高层次上得到普遍认可（专栏 33.1）[⑤]，将会起到“推动目标、结果评价和决策标准免于归为三大传统类别”的作用，这是实现可持续发展评价的基础性概念，实质上是回归到了可持续性的本质属性。

33.2.3 作为综合性概念的可持续性

除了模糊“三大支柱”的分界线以及内在地将人与生物物理要素联系在一起，专栏 33.1 所列的可持续发展原则还使人联想到可持续发展概念范畴内固有的一些其他联系。可持续发展还涵盖“现在和未来、局部和全局、主动和预防、批判和替代性远景、概念和实践、普遍性和特殊性”（Gibson，2006）。可持续发展综合概念需要考虑各个方面的多层次问题。

专栏 33.1　综合性可持续发展原则

- 社会生态系统的完整性。
- 生活的自给自足和机会。
- 代内公平。
- 代际公平。
- 资源维护和效率。
- 社会生态文明和民主管理。
- 预防和适应。
- 近期和长期融合。

来源：Gibson，2006。

也有人认为，可持续发展概念应该把其具体化和定量化概念与一些无形概念和定性化概念综合起来（Bradbury 和 Rayner，2002）。在实践中，人们常常发现，后一类如公平、正义和民主等概念往往被边缘化，且很少在决策过程中得到考虑（Davison，2001；Owens 和 Cowell，2002），协商和接触过程（在下一节讨论）可能有助于纠正这种不平衡。例如，Bradbury 和 Rayner（2002）强调社会科学的描述方法在可持续发展评价中的优势，可持续发展评价更加关注创造就业机会、维护公共基础设施，此外还重视解释性社会科学和社会意义与价值的重要性。同样，Knippenberg 和 Edelmann（2005）强调可持续发展评价中社会因素的“强烈定性化基调”和“过程类特征”，并针对可持续发展的社会文化领域提供了另一种概念模型。

最近，专栏 33.1 中列出的第一个可持续发展原则（社会生态系统完整性概念，以及复杂性和弹性）引起了从业者越来越多的关注（Audouin 和 de Wet，2010; Gaudreau 和 Gibson，2010；Grace，2010）。以千年生态系统评价（2005）为范例的该系统方法在既定地理区域内将社会经济与生态系统组分相互关联，并将其视为评价的出发点。它首先要了解社会生态系统的动力学，尤其要了解使整个系统弹力承受压力的临界点，将其视为评价拟议活动对该地区影响的依据。只有可持续发展目标压倒一切，才能确保健康和社会生态系统的恢复能力得到保证（Grace，2010）。

正如 Gibson（2006）所指出的：“可持续发展本质上是一个综合性概念。与针对可能产生持久影响的计划所做出的决策相配套，将可持续发展评价设计成综合性决策过程和框架似乎较为合理。”但综合性可持续发展评价过程实际上又是什么样子呢？在下面的章节中，我们将探讨综合性可持续发展评价框架，这一框架基于综合性可持续发展整体概念以及其他以流程为主导的一体化形式。

33.3　综合性可持续发展评价过程

Gibson（2006）认为，可持续发展是一个综合概念，可持续发展评价必须考虑到全球化与地方化、定性化与抽象化、定量化与具体化、未来与现在以及特殊化与概念化要素。他更进一步解释道，一体化应成为可持续发展评价的指导原则，这不仅是关乎可持续发展本身的解释，更应延伸到过程设计的方方面面和可持续性管理综合体系。一个特别重要的过程一体化形式是在编制项目建议书过程中整合可持续发展评价概念。这意味着，在制定重要决策时，评价是主动的而不是被动的（Lee，2002）。

本节我们研究了整体、综合性可持续发展概念在实践性决策中的应用，提出了一个旨在促进一体化的广泛性方法框架，并讨论了影响一体化进程的重要因素，包括管理和体制结构、协商和接触过程等。

33.3.1　概念运用：可持续发展评价的可持续性

虽然综合性可持续发展评价的出发点必须是旨在避免“三大支柱”方法简化主义的可持续发展整体概念化进程，但仍然存在这样的风险：当其应用于具体决策时，这一概念将被简化，变得机械化，即使尽了最大努力，也将回归到类似“三大支柱”方法的某种理论（Hacking 和 Guthrie，2006）。应对这种趋势的方法在于过程设计、对评价与建议书编制过程之间关系的掌控、对协商和接触过程的有效利用以及制度改革（下一节将涉及）。当前重点是如何把可持续发展概念应用到决策中，并且确保它仍然是全局性和整体性决策。

33.3.2　可持续性决策基准

在实践层面上，可持续发展概念对于可持续性决策制定过程来说必须是“可操作性”标准（Gibson，2001；Hacking 和 Guthrie，2006）。Dalal-Clayton 和 Sadler 认为，可持续发展评价是在目标、原则、规则和指标的明确框架下开展的影响评价。同样，Pope 和 Grace（2006）讨论了“可持续性决策制定协议”这一概念，它为决策制定过程提供了指导，并为项目建议书的可持续性评估提供了基础，无论该评估是由内部决策者还是外部监管者提出。

制定决策标准的第一步是确定决策制定过程中应考虑到的可持续发展因素。这些因素必须和目前的决策相关，并且是以专栏 33.1 中所提出的可持续发展原则为指导，并反映出社会生态体系的动态。更高级别的原则有助于确保纳入那些可能会被忽视的全面性可持续发展论述要素，特别是诸如公平和公正这样的抽象概念（Gibson，2006）。和 Gibson 一样，Verheem（2002）提醒我们，当我们在考虑可持续发展时，它的影响超出了当地范围和可预见的未来，而且可持续发展评价的核心在于计划或项目是否会促进各方面改进，或是否有在时间或空间上将影响由一个领域转移到另一个领域的风险（Verheem，2002）。

因此，可持续发展综合概念对于评价和决策而言意义重大，后者超越了识别建议书各要素之间联系这一范畴，也超越了寻求成果之间有益性协同关系这一层面。可持续发展评价必须寻求各种途径来充分认识到并吸取可持续发展概念的外延与内涵，包括其全球化因素，并抵制任何一种狭隘观点和短视的诱惑。Hacking 和 Guthrie（2006）摸索出多种方法来制定可持续发展决策标准。和 Gibson（2006）一样，他们也意识到将高级别可持续发展通用原则与当地状况相结合以指导具体决策这一做法所带来的挑战，他们还考虑到利益相关者的参与、后向估计和叠加，通过这些方式，高水平决策为低水平决策设置了一个界限。

可持续发展决策标准不应被视为针对简化论的另一次尝试，即可持续发展决策不应只是机械式地转化成一些定量化指标和目标。相反，它应该被看作是一个使决策得以制定的框架，这一过程应无所不包且博大精深，并承认可持续发展是以价值为基础的主观性要素。可持续发展决策标准为相互冲突的意见之间的辩论提供了催化剂，在这样的讨论中基础假设和世界观得以展现，而学习过程和系统性理解也得以进行。专栏 33.2 列举实例以说明该标准如何在实践中加以运用。

可持续性决策标准应包括理想目标和可接受度界限，后者代表了可持续性与不可持续性之间的界限（Devuyst，2001；Hacking 和 Guthrie，2006），理论上它们均衍生于系统动力学和弹性理论（Grace，2010）。对可接受度界限或底线的阐述对于防止过去 30 年来成果损失殆尽和确保在决策中考虑生态问题而言尤为重要（Sadler，1999；Sippe，1999）。否则，无论可持续发展评价是以三大支柱还是以可持续发展综合概念为基础，可能仍然很容易被权衡取舍所左右，就如 Gibson（2006）所指出的那样：“不能以一种威胁到它们的方式来引进可持续发展评价”。

专栏 33.2　西南 Yarragadee 供水项目开发

作为从西澳洲西南地区每年提取 45 加仑水到西澳洲首府珀斯这一决议的一部分，西南 Yarragadee 供水项目在 2004—2006 年引入了可持续发展评价。这项决议引起很大争议，因为这样一来就潜在地否定了其所在地区未来将他们的水用于私人农业的权利。

评价遵循“可持续发展决策议定书”来确定相关的可持续性因素、目标和可接受性标准。然后根据该议定书收集和评价了影响数据，将水的经济价值最大化确定为经济目标意味着水应该被供应到一个综合系统中，也就意味着供应给城市，因为农村地区与综合体系无关，因此不被纳入供应范围。这就和确保原始部落合理使用水的社会目标相冲突，但这样一种潜在分析社会影响的方式为未来提供了一种标准。

围绕两大目标之间冲突的商议导致重新定义两大目标：除了供应城市，综合供水计划也可以将服务范围扩展到农村社区。这将确保以最经济的方式对水加以利用，也满足了社会目标。

来源：Pope 和 Grace，2006。

33.3.3　权衡与取舍

前面已经讨论过的整合问题之一是各类可持续性因素或目标之间的关系。这些因素和目标或相互支持，则结果是“双赢”，或相互冲突，则只能进行权衡取舍。Gibson 等（2005）指出，取舍往往是不可避免的，可能要在确定最佳综合备选方案时被接受，因为取舍允许在确保重要成果的利益时产生一些不利影响。虽然重点始终应是避免取舍，但在无法避免取舍的情况下，旨在确定哪些取舍可以接受的指导文件是十分必要的（Gibson，2006）。

由于发展几乎不可避免会对自然环境产生一些不利影响，因此往往需要有良好的机制来从发展中实现净收益。这种机制包括“净保护收益”或“环境补偿”等概念。补偿可被视为一种特殊取舍，是在其中一个支柱的范畴内做出取舍，而不是在“三大支柱”之间进行取舍。

旨在为指导决策而制定的取舍规则致力于保护可持续性论述的构成要素，例如环境，如果潜在的取舍没有被具体确定下来和得到评估，那么环境可能是脆弱的（Gibson 等，2005；Gibson，2006）。这些规则基于以下原则：确保最大净收益；将争论的重担放在权衡理论支持者身上；避免重大负面影响；通过拒绝将重大负面影响转嫁给下一代来保护下一代，并要求有明确的论证和公开的过程。

33.3.4 一体化进程的框架和方法

在战略环境评价领域有这样一种观点，即早在建议书编制阶段就已启动，并向每个决策阶段传达信息的评价方法比那些被动接受的方法取得了更好的环境效果（Thérivel 和 Partidário，1996；Brown 和 Thérivel，2000；Eggenberger 和 Partidário，2000；Noble 和 Storey，2001）。对于可持续发展评价而言，这同样也是正确的，这样不仅取得了一个更好的结果，而且和可持续性概念的完整性阐释保持一致，而不太可能导致产生取舍局面（Morrison-Saunders 和 Thérivel，2006）。

评价和决策过程之间的关系在 Morrison-Saunders 和 Thérivel(2006)以及 Pope 和 Grace（2006）的讨论中已经有了定义。他们把战略性、开放式问题（如 X 地区未来应该是什么样的？）与可接受性问题（如在 Y 地区，建议 X 是可以接受的吗？）作了对比。前者鼓励积极的评价方法，借此定义了理想结果，并提出和评价了实现这一结果的替代性手段（Noble 和 Storey，2001；Thérivel，2004）。从本质上说，后者定义了一项对建议持被动态度的评价。关于问题和整合之间关系的例子见专栏 33.3。

在战略环境评价和可持续发展评价中，不同的问题和相应的不同程序方法在不同情况下可能相关。例如，基于环境影响评价的项目可持续发展评价可能会更加被动，虽然项目级可持续发展评价也开始变得更加积极主动，并在建议书形成过程中发挥了更大作用。与此相反，就其性质而言，地区发展计划可能会更加积极主动并具有战略性（Morrison-Saunders 和 Thérivel，2006）。

专栏 33.3 西澳大利亚州 Gorgon 燃气开发项目

本案例与西澳大利亚州 A 级自然保护区 Barrow 岛于 2002—2003 年开展的 Gorgon 燃气开发项目综合评价密切相关。

问题：Gorgon 燃气加工设施能否位于 Barrow 岛？ 这一问题实际上是对项目建议者优选方案的逆评价。

途径：最初这种三方共赢评价模式应用了“三大支柱”方法，重点在于实现环境、社会和经济领域的共同收益，并应用“净保护收益”或环境补偿措施以实现整体正环境效益。最终证明不可能实现预期的三方共赢局面，原因在于环境风险较高，因此该方法实际上转变为旨在“尽可能减小影响”。

一体化：影响评价是分别从两个单独的切入点来着手实施的：环境领域以及社会与经济领域，这就产生了两个相反的结论。因此“一体化”就限定为权衡决策，旨在使建议书得到批准。

结论：如果遵循限定性与非战略性逆评价程序，或单独考虑环境、社会与经济意义，则会较难实现一体化进程与三方共赢局面。

来源：Morrison-Saunders 和 Thérivel，2006。

综合性、主动性 SA 过程的通用框架可能包括以下主要步骤（Noble 和 Storey，2001）：

- 定义亟待解决的问题和期望的结果，尽可能确保这一定义具有公开性和战略性。
- 确定可持续性决策原则。
- 确认实现预期结果的替代性手段。
- 分析每一种替代方法的可持续性。
- 选择最理想的替代方案。
- 简化首选替代方案以使潜在收益最大化，并使潜在负面影响最小化。

最近有人认为，这个简单的框架可以通过以下举措得到增强（Grace，2010）：

- 采取系统性方法，从社会生态学定义着手，努力去理解旨在确定可持续性决策标准和评价替代方案的动力学和弹性。
- 在使系统受到约束的一系列未来条件性方案背景下实施可持续发展评价。
- 确认过程固有的不确定性并制定适应性管理战略，以确保系统完整性在未来也一直会得到保证。

33.3.5 针对整合过程的管理和体制安排

从管理角度来看，整合是指具体的可持续发展评价应与所有级别的其他决策（即叠加概念）和超越评价层面的决策进程（例如监督和跟踪评价）相关联。但目前能支持这些整合形式的管理和体制结构在现实中仍然罕见。可持续发展评价的最新经验强调：基于综合性与完整性可持续发展概念的决策往往与传统官僚机构不相适应，后者使得环境、社会和经济指令相互分离（Gibson，2006）。这种情况可能会导致各机构之间的冲突，很少有机会利用综合方法来评价可持续性或可持续发展的积极成果（Pope 等，2005）。在加拿大和西澳大利亚州这样的司法管辖区，人们已尝试着向政府政策制定者提供可持续发展建议来改善那种一盘散沙的状况（Gibson 等，2005；Gibson，2006；Pope 和 Grace，2006）。可以采用系统方法来突出所有系统组分之间的相互关联，在各级政府机构和其他机构的职权范围内提倡建立一个旨在合作和分担责任的高级别管辖区。

可持续发展评价的影响及目的可能超越决策制定层面。Hacking 和 Guthrie（2006）以及 Pope 和 Grace（2006）阐述了个别项目级可持续发展评价如何影响到他们的政策和体制背景要素，以及这些评价如何引发更根本的问题，例如社会是如何通过社会学习过程来构建的。战略环境评价也有类似的结论（Owens 和 Cowell，2002；Bina，2003）。综合性方法提倡利用管理体系来取得这样的学习成果并予以贯彻实施（Jenkins 等，2003）。此外，在建议书编制过程中，可以在何种程度上鼓励私人项目支持者采取积极主动的可持续性方法取决于已到位的法规和管理结构。因此，未来在某些司法管辖区，很可能要求实施体制和立法改革，以提升可持续发展评价进程的融合程度（Pope 和 Grace，2006）。

33.3.6 协商和接触

本书的很多作者都注意到，纵贯环境评价的整个历史过程，人们越来越强调公众参与影响评价和决策制定过程，并指出这一趋势在改善以下几方面所具有的潜在优势：社会责任和学习；程序性公正；社会价值观与分析性决策的结合；增强公众对决策和决策制定者的信任和信心；通过业外人士来挑战和质疑专家的假设，以提高技术评价过程的质量（Kørnøv 和

Thissen，2000；Monnikhof 和 Edelenbos，2001；Scrase 和 Sheate，2002；Petts，2003）。

表 33.1 从战略环境评价演变为可持续发展评价：总结性陈述

主要趋势和问题	可持续发展评价的快速发展反映了世界范围内的一系列方法、对各种机会的把握和根据实际经验来进行整体思考与学习的需要。 认识到对可持续发展评价过程中隐含的可持续性概念的解释会对过程及其潜在结果产生重大影响，而且要认识到，在理想情况下，可持续性应当被确认为向过程中的每一阶段传达信息的综合性概念。 可持续发展评价过程的基础是社会经济生态系统的完整性和弹性。 关于可持续发展评价和决策制定过程本身之间适当关系的争论。认识到这是由引导决策形成的问题提出方式和应用性质决定的。 以过程框架、工具和技术为形式，增加实际指导，进而来支撑对概念的理解
主要观点	**现状**：可持续发展评价出现于不同背景、应用范围和司法管辖区。 虽然已从这些经验中学到了很多东西，但仍需进一步跨地区地分享和学习，对于不同的规范及其作用和宗旨要予以全面理解。特别要注意以可持续性概念本身以及可持续发展评价过程策划与实施为特征的整合意味着什么。可持续发展评价的各类系统性方法正在不断涌现出来。 优势和弱点：目前各种实现可持续发展评价的方法本身就是一种优势，这种优势反映了与其实施背景颇为融洽的可持续发展评价规范的演变，它还提供了丰富的实际经验供我们学习。但它也有一个缺点，那就是在比较不同规范时引起了很多麻烦，因为经常要在特定程序中考虑到依赖于背景的假设。 可持续发展评价的实际应用是建立在现有规范基础之上的，尤其是在环境影响评价和战略环境评价背景下，而这既是优势也是劣势。优势是指这个过程可以在边做边学中产生合理的演化。劣势是直到今天，可持续发展评价那独具特色、卓尔不群的概念与理论基础却很少有人问津。而以具体问题为重点的影响评价遗产以及对其予以支持的机构，可能会限制可持续发展评价过程中综合性和可持续性整体概念的发挥。 另一个相关弱点是，按照对评价过程中应用到的可持续发展概念的解释，环境保护有受到削弱的危险。这对以实质上并非一体的环境、社会和经济要素为“三大支柱”的评价过程来说尤为如此。 **信息输入**：因应用范围的不同，信息输入的质量也会有所不同。然而，在一般情况下，可持续发展评价凭借其广泛的范围，往往产生大量数据。 结果和利益：作为决策过程中不可或缺的一部分，可持续发展评价已被证明可以用来完善个人决策，包括项目建议。这一过程也有可能通过“细水长流”的方式来影响和改变过程中的现行政策和体制环境要素，并最终改善全社会的生态系统。另外，涵盖整体决策的可持续发展评价过程会支持社会学习，进而对可持续性作出重要贡献
主要经验教训	可持续发展评价综合方法应遵循可持续性的全局性和整体性概念，应成为建议书编制过程中的固有组分，应得到适度管理和制度体系的支持，并应接纳社区参与和讨论。 对可持续发展评价的概念基础与意图的思考对于实践而言至关重要。这种思考也将促使在不同部门和不同地区工作的从业者不断学习。反过来，这与可持续发展评价的不断发展亦息息相关
可持续发展评价的未来发展所面临的挑战	如上所定义，不断发展的综合性可持续发展评价方法，特别是可持续发展评价过程的未来发展考虑到了社会生态系统和弹性。 可持续发展评价与其实施所依托的背景之间的关系，以及彼此影响的可能性。 通过讨论与参与，可持续发展评价过程会对社会学习过程作出一定的贡献。 在特定决策背景下实施可持续发展评价和建立适当决策标准时面临的诸多挑战。 这些概念要素所揭示出来的实施导则编制情况

然而，Bradbury 和 Rayner（2002）通过观察发现，协商和接触过程往往局限于“工具性”方法，使得“来自机构的信息成为一种使消极的公众受体产生变化（响应）的商品（信息输入）”，而主要目的是使那些正在顺利制定过程中的决策合法化。这种方法已被反复证明是完全不适当的，会激化而非压制冲突。因此，人们越来越认识到，最好是在决策过程的早期阶段便鼓励更广泛的社区居民参与到评价的制定、替代方案的鉴定和社会生态系统模型化等几个阶段中来（Enserinck，2000；Monnikhof 和 Edelenbos，2001；Petts，2003；Partidario 等，2009）。Owens 和 Cowell（2002）扩展了这一论点，他们认为，协商和接触过程应当促进社会学习过程，利用评价过程的潜力来探查有关政策和发展战略的问题（Sinclair 等，2008）。在与西澳大利亚州项目级可持续发展评价有关的案例中可观察到这一现象。在此，通过公众参与和公开协商已确认了即时政策和体制背景下的差距和异常情况，也对影响可持续发展评价的根深蒂固的社会与政治假设提出了挑战（Pope 和 Grace，2006）。

在可持续发展评价过程中提供商讨空间可能是综合性一体化可持续发展评价过程最有力的一面。这有助于确保以整体性方法来实施可持续发展评价，不但尊重不同的价值观和世界观，还使它们在制定旨在摒弃简化论和机械论的可持续发展决策过程中发挥重要作用。此外，允许上述挑战存在应该会促使社会逐渐意识到全球可持续发展需要什么，从而在更深层次上根本性地将现有决策与其背景结合在一起。

33.4　结论

虽然可持续发展评价与战略环境评价有很多共同点，但其与众不同的特征是，可持续发展评价以社会目标的可持续性、复杂性和模糊性为基础，这些在本章都有过简单介绍。这一看似简单的独特性有着更广泛的意义，使可持续发展评价超越个人决策，而寻求对社会可持续发展作出贡献。

我们已经探讨了可持续发展评价的综合性框架轮廓，研究了如何使评价过程和项目建议书编制过程相结合，研究了决策与其更广泛的管理与体制背景之间的关系，研究了协商在促进一体化方面的潜在力量。我们试图简要介绍用系统方法去实现可持续发展评价的新兴思维，我们不能说我们的阐述是完整的。相反，我们希望将讨论重点放在概念层面上，这为以下两大重要活动提供了基础：分享不同背景下的经验，以及制定切实有效的可持续发展评价规范。这都需要我们去反思我们实践活动的概念基础。

在继续发展和完善可持续发展评价程序以便向可持续性社会转型的过程中，我们必须问自己：

- 我们怎么理解可持续性？
- 如何使得眼前的建议有助于可持续发展？
- 在社会生态系统中，按什么样的标准来定义可持续性？
- 评价过程要协助回答的问题是什么？
- 什么样的过程方法论最能有效回答这个问题？
- 机制和监管的意义是什么？
- 在更大的社区范围内，我们怎样去整合不同的观点和价值观？

只有当这些问题都已经解决，我们才能考虑哪些分析工具和技术能帮助我们收集和分析评价过程所依赖的数据。

如果要使可持续发展评价有效促进这一全球性议程，其从业人员必须充分理解可持续性概念，探究其概貌和与评价和决策有关的意义。可持续性要求我们挑战自己对影响评价是什么以及应该是什么等问题的固有理解，促使我们思考我们的实践领域如何发展来创造更加美好的未来。

致谢

我们非常感谢 Barry Sadler、Robert Gibson、Theo Hacking 和 Angus Morrison-Saunders 的意见和投稿。

注释

① 然而另一个术语“sustainability appraisal”在英国有特殊含义，我们将使用“sustainability assessment”作为更广泛使用到的词，这也反映了布拉格会议大多数参与者的偏好。

② 我们在这里使用术语“事前”，意思是在建议书和行动执行之前实施的评价，与设法确定某一地区“可持续发展状态”并成为“事后”监督工具的“可持续发展评价”相对应。

③ 这个定义根据 Theo Hacking 的建议而来（个人交流）。我们通过选择“可持续性”代替“可持续发展”来修改该定义，按照 Davison（2001）的建议，前者有着更为全面和综合的含义。

④ 在开发部门，人们以更为积极的态度来看待权衡与取舍所具有的潜力。可持续发展评价的综合性三重底线方法被看作是一种在环境、社会和经济成果之间寻求适度平衡的过程，因此可能会使那些从环境角度来看原本不可接受的方法变得可以接受（Pope 等，2004）。

⑤ 近期文献中的术语有着明显的多变性：例如，Hacking 和 Guthrie（2006）用“目标”（objectives）这一术语来表达（我们术语体系中的）预期标准和阈值标准；Gibson（2006）使用“基准”（criteria）这一术语来指代 Hacking 和 Guthrie（2006）以及 Pope 和 Grace（2006）所使用的“原则”（principles）这一术语。

参考文献

[1] Audouin, M. A. and de Wet, B. (2010) Applied Integrative Sustainability Thinking (AIST): An Introductory Guide to Incorporating Sustainability Thinking into Environmental Assessment and Management, CSIR, Pretoria.

[2] Bailey, J. and Dixon, J. (1999) ‘Policy environmental assessment’, in Petts, J. (ed) Handbook of Environmental Impact Assessment, vol 2, Blackwell, Oxford.

[3] Bina, O. (2003) ‘Reconceptualising strategic environmental assessment: Theoretical overview and case study from Chile’, unpublished PhD thesis, geography department, University of Cambridge.

[4] Bond, A. and Morrison-Saunders, A. (2009) ‘Sustainability appraisal: Jack of all trades, master of none?’, Impact Assessment and Project Appraisal, vol 27, no 4, pp321-329.

[5] Bradbury, J. and Rayner, S. (2002) 'Reconciling the irreconcilable', in Abaza, H. and Baranzini, A. (eds) Implementing Sustainable Development: Integrated Assessment and Participatory Decision-Making Processes, Edward Elgar, Cheltenham.

[6] Brown, A. L. and Thérivel, R. (2000) 'Principles to guide the development of strategic environmental assessment methodology', Impact Assessment and Project Appraisal, vol 18, no 3, pp183-189.

[7] Dalal-Clayton, B. and Sadler, B. (2005) Strategic Environmental Assessment: A Sourcebook and Reference Guide to International Experience, Earthscan, London.

[8] Dalal-Clayton, B. and Sadler, B. (2011, in press) Sustainability Appraisal: A Sourcebook and Reference Guide to International Experience, Earthscan, London.

[9] Davison, A. (2001) Technology and the Contested Meanings of Sustainability, State University of New York Press, Albany.

[10] Devuyst, D. (2001) 'Sustainability reporting and the development of sustainability targets', in Devuyst, D., Hens, L. and De Lannoy, W. (eds) How Green is the City? Sustainability Assessment and the Management of Urban Environments, Columbia University Press, New York.

[11] Dobson, A. (1996) 'Environmental sustainabilities: An analysis and a typology', Environmental Politics, vol 5, no 3, pp401-428.

[12] Eales, R. and Twigger-Ross, C. (2003) 'Emerging approaches to integrated appraisal', paper presented to IAIA annual meeting, Marrakech, Morocco.

[13] Eggenberger, M. and Partidário, M. (2000) 'Development of a framework to assist the integration of environmental, social and economic issues in spatial planning', Impact Assessment and Project Appraisal, vol 18, no 3, pp201-207.

[14] Enserinck, B. (2000) 'A quick scan for infrastructure planning: Screening alternatives through interactive stakeholder analysis', Impact Assessment and Project Appraisal, vol 18, no 1, pp15-22.

[15] Gaudreau, K. and Gibson, R. (2010) 'Illustrating integrated sustainability and resilience based assessments: A small-scale biodiesel project in Barbados', Impact Assessment and Project Appraisal, vol 28, no 3, pp233-243.

[16] George, C. (1999) 'Testing for sustainable development through assessment', Environmental Impact Assessment Review, vol 19, no 2, pp175-200.

[17] George, C. (2001) 'Sustainability appraisal for sustainable development: Integrating everything from jobs to climate change', Impact Assessment and Project Appraisal, vol 19, no 2, pp95-106.

[18] Gibson, R. (2001) 'Specification of sustainability-based environmental assessment decision criteria and implications for determining "significance" in environmental assessment', Canadian Environmental Assessment Agency Research and Development Program, Ottawa.

[19] Gibson, R. (2006) 'Beyond the pillars: Sustainability assessment as a framework for effective integration of social, economic and ecological considerations in significant decision-making', Journal of Environmental Assessment, Policy and Management, vol 8, no 3, pp259-280.

[20] Gibson, R., Hassan, S., Holtz, S., Tansey, J. and Whitelaw, G. (2005) Sustainability Assessment: Criteria, Processes and Applications, Earthscan, London.

[21] Grace, W. (2010) 'Healthy and resilient socio-ecological systems: Towards a common approach to sustainability assessment and management', paper presented at Sustainfability Assessment Symposium 2010: Towards Strategic Assessment for Sustainability, Fremantle, Western Australia, 25-26 May 2010, http://integral-sustainability.net/sas-2010-programme-updates/papers/bill-grace, accessed 30 June 2010.

[22] Govender, K., Hounsome, R. and Weaver, A. (2006) 'Sustainability assessment: Dressing up SEA, experiences from South Africa', Journal of Environmental Assessment, Policy and Management, vol 8, no 3, pp320-340.

[23] Hacking, T. and Guthrie, P. (2006) 'Sustainable development objectives in impact assessment: Why are they needed and where do they come from?', Journal of Environmental Assessment, Policy and Management, vol 8, no 3, pp341-371.

[24] Hacking, T. and Guthrie, P. (2008) 'A framework for clarifying the meaning of triple bottom-line, integrated, and sustainability assessment', Environmental Impact Assessment Review, vol 28, no 1, pp73-89.

[25] Hermans, F. and Knippenberg, L. (2006) 'A principle-based approach for the evaluation of sustainable development', Journal of Environmental Assessment, Policy and Management, vol 8, no 3, pp299-319.

[26] Hugé, J. and Hens, L. (2007) 'Sustainability assessment of poverty reduction strategy papers', Impact Assessment and Project Appraisal, vol 25, no 4, pp247-258.

[27] Jacobs, M. (1999) 'Sustainable development as a contested concept', in Dobson, A. (ed) Fairness and Futurity: Essays on Environmental Sustainability and Social Justice, Oxford University Press, New York.

[28] Jenkins, B., Annandale, D. and Morrison-Saunders, A. (2003) 'Evolution of a sustainability assessment strategy for Western Australia', Environmental Planning and Law Journal, vol 20, no 1, pp56-65.

[29] Kain, J.-H. and Söderberg, H. (2008) 'Management of complex knowledge in planning for sustainable development: The use of multi-criteria decision aids', Environmental Impact Assessment Review, vol 28, no 1, pp7-21.

[30] Knippenberg, L. and Edelmann, E. (2005) 'A framework for the assessment of the social cultural domain of sustainable development', paper presented to the IAIA SEA Conference, Prague.

[31] Kørnøv, L. and Thissen, W. (2000) 'Rationality in decision and policy-making: Implications for strategic environmental assessment', Impact Assessment and Project Appraisal, vol 18, no 3, pp191-200.

[32] Lee, N. (2002) 'Integrated approaches to impact assessment: Substance or makebelieve?', in Environmental Assessment Yearbook 2002, Institute for Environmental Management and Assessment, Lincoln, and the EIA Centre, University of Manchester.

[33] Lee, N. and Kirkpatrick, C. (2001) 'Methodologies for sustainability impact assessments of proposals for new trade agreements', Journal of Environmental Assessment, Policy and Management, vol 3, no 3, pp395-412.

[34] McManus, P. (1996) 'Contested terrains: Politics, stories and discourses of sustainability', Environmental Politics, vol 5, no 1, pp48-73.

[35] Millennium Ecosystem Assessment (2005) Millennium Ecosystem Assessment Synthesis Report, Island Press, Washington, DC.

[36] Monnikhof, R. and Edelenbos, J. (2001) 'Into the fog? Stakeholder input in participatory impact assessment', Impact Assessment and Project Appraisal, vol 19, no 1, pp29-39.

[37] Morrison-Saunders, A. and Fischer, T. (2006) 'What's wrong with EIA and SEA anyway? A sceptic's perspective on sustainability assessment', Journal of Environmental Assessment, Policy and Management, vol 8, no 1, pp19-39.

[38] Morrison-Saunders, A. and Thérivel, R. (2006) 'Sustainability, integration and assessment', Journal of Environmental Assessment, Policy and Management, vol 8, no 3, pp281-298.

[39] Noble, B. and Storey, K. (2001) 'Towards a structured approach to strategic environmental assessment', Journal of Environmental Assessment, Policy and Management, vol 3, no 4, pp483-508.

[40] Owens, S. and Cowell, R. (2002) Land and Limits: Interpreting Sustainability in the Planning Process, Routledge, London and New York.

[41] Partidário, M., Sheate, W., Bina, O., Byron, H. and Augusto, B. (2009) 'Sustainability assessment for agriculture scenarios in Europe's mountain areas: Lessons from six study areas', Environmental Management, vol 43, no 1, pp144-165.

[42] Petts, J. (2003) 'Barriers to deliberative participation in EIA: Learning from waste policy, plans and projects', Journal of Environmental Assessment, Policy and Management, vol 5, no 3, pp269-293.

[43] Pope, J. (2006) 'Editorial: What's so special about sustainability assessment?', Journal of Environmental Assessment, Policy and Management, vol 8, no 3, ppv-ix.

[44] Pope, J. and Grace, W. (2006) 'Sustainability assessment in context: Issues of process, policy and governance', Journal of Environmental Assessment, Policy and Management, vol 8, no 3, pp373-398.

[45] Pope, J., Annandale, D. and Morrison-Saunders, A. (2004) 'Conceptualising sustainability assessment', Environmental Impact Assessment Review, vol 24, no 6, pp595-616.

[46] Pope, J., Morrison-Saunders, A. and Annandale, D. (2005) 'Applying sustainability assessment models', Impact Assessment and Project Appraisal, vol 23, no 4, pp293-302.

[47] Sadler, B. (1999) 'A framework for environmental sustainability assessment and assurance', in Petts, J. (ed) Handbook of Environmental Impact Assessment, vol 1, Blackwell, Oxford.

[48] Scrase, I. and Sheate, W. (2002) 'Integration and integrated approaches to assessment: What do they mean for the environment?', Journal of Environmental Policy and Planning, vol 4, no 4, pp275-284.

[49] Sheate, W., Dagg, S., Richardson, J., Aschemenn, R., Palerm, J. and Steen, U. (2003) 'Integrating the environment into strategic decision-making: Conceptualizing policy SEA', European Environment, vol 13, no 1, pp1-18.

[50] Sinclair, J., Diduck, A. and Fitzpatrick, P. (2008) 'Conceptualizing learning for sustainability through environmental assessment: Critical reflections on 15 years of research', Environmental Impact Assessment Review, vol 28, no 7, pp415-428.

[51] Sippe, R. (1999) 'Criteria and standards for assessing significant impact', in Petts, J. (ed) Handbook of Environmental Impact Assessment, vol 1, Blackwell, Oxford.

[52] Thérivel, R. (2004) Strategic Environmental Assessment in Action, Earthscan, London.

[53] Thérivel, R. and Partidário, M. (1996) The Practice of Strategic Environmental Assessment, Earthscan, London.

[54] Verheem, R. (2002) 'Environmental Impact Assessment in the Netherlands: Views from the Commission for EIA in 2002, Commission for EIA, Netherlands.

第三十四章　可持续发展评价：理论框架及其在采矿业中的应用

西奥·哈箐　彼得·古斯瑞

（Theo Hacking　Peter Guthrie）

引言

本章以采矿项目为例，讨论了如何实施评价以确保规划和决策过程有利于可持续发展（SD）/可持续性[①]。本章包括两个主要部分：第一，可持续发展评价，即将评价视为有利于可持续发展的决策支持工具。本文通过查阅相关文献，定义了可持续发展评价的特征。第二，在加拿大、纳米比亚、南非的某些采矿项目中，已经应用了本文中可持续发展评价的理论框架。通过这些项目，理论框架在采矿业中得到了应用。“战略性”以及“综合性”和“整体性”是将可持续发展评价和其他形式的评价区分开来的一个关键特征。因此，在本章中，将着重阐述战略性的相关概念。

34.1　可持续发展评价的特征

近年来，人们普遍要求加强或重新定位评价以促进可持续发展。本文查阅了许多相关文献来定义可持续发展评价的特征。审查涉及一系列部门，也涉及政策、规划和计划以及项目等层次的评价。以往的文献总结了从环境影响评价、战略环境评价和其他方式评价的应用中汲取的丰富经验。借鉴以往的历史经验，研究者已经形成了很多规范化建议书，但是其中很多建议书都基本未得到过检验，因为即使有一些建议书得以施行，也只应用于有限范围。而且，在评价支持下的决策要获得明显的预期效果，一般需要几年甚至几十年的时间。

以采矿项目为例，只有在项目结束后，能够成功地恢复环境、获得持久的利益时，计划和决策的效果才能被完全证实。在对得到批准的采矿项目予以支持的可持续发展评价中，没有哪项评价足以成熟到可以判断其对实现可持续发展目标的积极贡献和判断原先评价方法的有效性。然而，有大量证据表明，应用环境影响评价和其他形式的评价有助于获得预期效果，其中包含可持续发展的重要因素。这些经验为利用影响评价来获得可持续发展预期效果的工作奠定了基础。

在以往提出的可持续发展的众多特征中，只针对评价流程范围内的特征实现了理论饱和度[②]。不可能把流程与用来识别可持续发展的环境特征割裂开来。以往提出的增强评价方法有效性的特征也与可持续发展有关。这些特征无疑非常重要，但本章将重点放在使可持续发展评价有别于固有评价模式的特征。可以合理地想象，可持续发展评价将同环境影响评价和战略环境评价一样面临同样的挑战，而这些挑战会影响其效能的发挥。已经提出的关于环境影响评价和战略环境评价是否对实质性决策产生影响的问题同样存在于增强型评价形式中。这种情况可能对政治敏感性决策提出进一步的挑战。

评价流程中的特征集中出现在三个主要类别中：可持续发展“主题”被涉及的程度（综合性），应用的评价技术和（或）涉及的主题之间的一致性、关联性、比较性和（或）结合性（整合性），重心的广泛性和前瞻性（战略性）。如图 34.1 所示，这些类别可以构成一个三维空间坐标系。在这个坐标系中，可以通过分析评价方法所包涵的特征而不是附加的“标签”来定位各种类型的评价方法（Hacking 和 Guthrie，2008）。根据坐标轴来揭示这些特征的方法能够以主旨而不是语义为基础来进行比较。这种方法在术语的使用不一致，甚至有时发生混淆的领域很有用。

可持续发展评价经常被用来指代专门的战略评价形式，这种形式只包涵框架的最前沿特征（图 34.1）。作者偏爱使用这一术语来指代整个框架所覆盖的范围。这与 Dalal-Clayton 和 Sadler（2004）提出的定义相一致，即：“在从政策到项目的所有层次上，尤其是在可持续性发展原理、指标或战略框架下，用来将可持续性的环境、社会和经济支柱与有关拟定行动的决策相结合或相关联的方法。”他们指出，整体评价与这里提出的特征相一致（Dalal-Clayton 和 Sadler，2004），是可持续发展的必要但不充分条件。

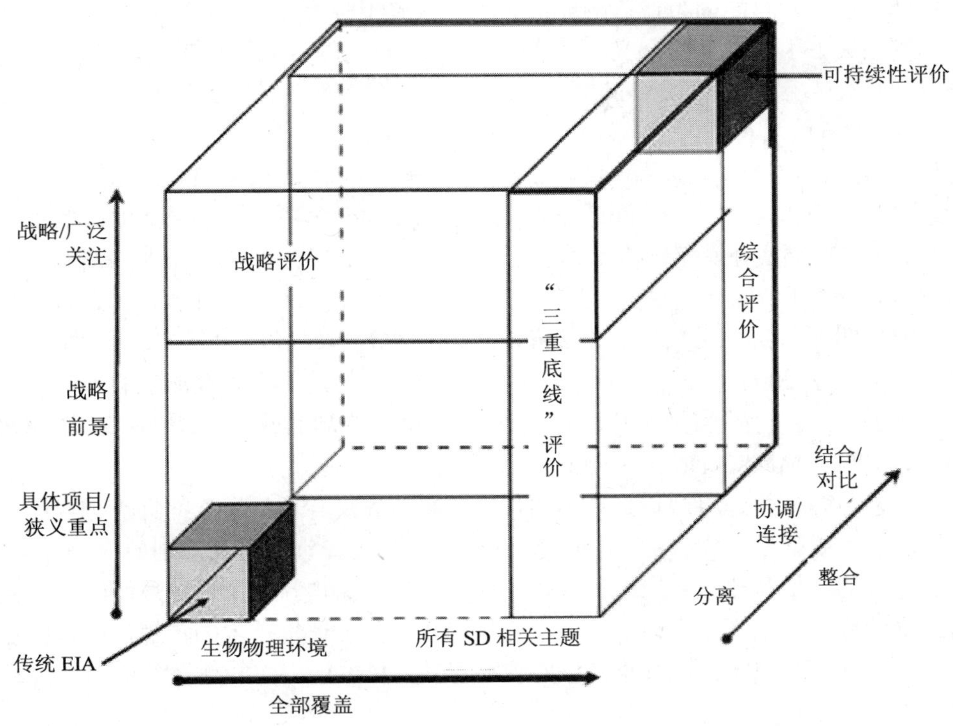

来源：Hacking 和 Guthrie，2008。

图 34.1　可持续发展评价的特征范围

涉及可持续发展评价的讨论经常会出现观点上的分歧，英国的区域规划可持续发展评价体系代表了其中一种观点；而澳大利亚、加拿大和南非等国在项目层次上的可持续发展评价则代表了另外一种观点（Dalal-Clayton 和 Sadler，2005；Gibson 等，2005；Grace 和 Pope，2005）。在英国，“可持续发展评价”这一术语被用来区别侧重于生物物理学的“传统”战略环境评价和涉及社会与经济影响的一种战略评价形式（Dalal-Clayton 和 Sadler，2005）。Govender 等（2005）指出，某些国家的可持续发展评价实际上和南非的战略环境评价在本质上是一样的，在南非，“环境”有着非常广泛的定义。在相关文献中，累积效应评价、战略环境评价和可持续发展评价这三者之间的特征有相当大的重叠。作为加强项目层次环境影响评价和“良好规范”指导方针中特征的手段，累积效应评价已经被大范围推广（Bisset，1996；IFC，2009；Shell，2002）。然而，许多评价者已经意识到在战略层次上实施累积效应评价更有效，因为它要求在更大的空间尺度和更长的时间尺度上进行大量的活动（Bisset，1996；Sadler，1996；Stinchcombe 和 Gibson，2001；北美矿业可持续发展项目，2002；Dalal-Clayton 和 Sadler，2005）。制定南非指导方针的作者注意到，在累积效应评价是否应该被纳入到环境影响评价和战略环境评价这一问题上，各方已达成一致意见。在参阅了累积效应评价文献后，Stiff（2001）总结道：“累积效应评价应该同时在具体的项目层次上和区域规划基础上实施，以便做出关于人类活动的环境影响的完整描述。在这些进程之间需要建立关联。”

本章的其余部分将重心放在战略轴线上，因为它包含了在寻求可持续发展评价过程中面临的最大挑战。可能因为在影响评价文献中被过于频繁地提起，术语“战略化”已经在很大程度上失去了它原有的意义，而仅仅在政策、规划和计划评价中广泛使用。在本章中，术语“战略化”用于在传统意义上指代那些描述各个评价层次上战略受重视程度的特征（Noble，2000）。

与许多规范化评价文献的一贯做法不一样，图 34.1 中的战略轴线故意不细分成理想化的规划层次。项目层次的评价和政策、规划和计划（PPP）层次的战略评价通常是要相互区分开的。战略轴线在其某一点上跨越了项目层次和 PPP 层次的评价和规划边界，而某些形式的“叠加”对于轴得以继续延伸是必要的。然而，“叠加”因其对现实情况的不真实反映而饱受恶评（Dalal-Clayton 和 Sadler，2005；Gibson 等，2005；Lee 和 Kirkpatrick，2000；Pope 等，2004；Scrase 和 Sheate，2002）。尤其是关于“叠加”的规范化文献中也未能妥善应对由制定了战略规划的私人部门启动的项目所带来的挑战（Goodland 和 Mercier，1999；MMSD North America，2002）。

通过避免理想化地将政策、规划和计划层次的评价与项目层次的评价加以区分，这个框架能够应用于从发展完善的“叠加”体系到实际缺乏评价的更高规划层次等广泛背景中。在发展完善的评价和政策、规划和计划层次的规划范畴内，一个叠加系统能够比较好地覆盖到战略轴线。因此应该强调，框架不仅只代表对单一评价技术的覆盖，而是特定背景下所有评价和准评价技术的净效果。按照这种思路，Vanclay（2004）把“评价”一词定义为“能代表一种综合性方法或所有形式影响评价的总和的一般术语”。

在战略观点是可持续发展评价的一个必要但不充分条件这一点上已逐渐形成共识。当考虑到与项目层次评价有关的框架时，难题就出现了，即沿着战略轴线能（或应当）实现多大程度上的迁移。这种情况下必然会提出一个疑问：哪种项目层次的评价能成为可持续发展评价？在影响范围较大的采矿项目中，环境影响评价是最常采用的评价方法。社会影响评价和其他专业化形式的评价也正逐渐被采用。在政策、规划和计划层次的评价和计划都失效的情况下，项目层次的评价可能会成为战略轴线。在加拿大西北地区（NWT）采矿项目的环境影响评价中，独立审查员注意到，虽然可以证明具体的项目评价不是处理累积效应和土地利用规划的适当平台，但当缺乏更高层次的规划流程时，它会成为焦点（CIRL，1997）。Couch（2002）也同样总结到，加拿大北部的环境影响评价审查已成为“城镇里的唯一亮点”，因此，“一般情况下，大型项目的环境影响评价的特色归因于战略环境评价……他们已经被用来填补比许多欧洲国家还大的地区的政策和（或）区域规划空白，并成为政府采取更广泛措施的催化剂。”

34.2　采矿业与可持续发展

在 2002 年可持续发展世界峰会（约翰内斯堡峰会）上签署的实施规划承认了采矿业的重要性（联合国，2002b）。会议指出：“采矿业、矿物和金属对许多国家的经济和社会发展而言非常重要。矿物在现代生活中必不可少。”但是，恶意批评者强调的是，一些采矿项目带来的健康和安全问题以及生态破坏和社会动荡问题、在一些以采矿业为支柱的国家中低下的经济效益，以及矿业常与腐败伴生并成为财政冲突的根源等问题（MMSD，2002；Weaver 和 Cald well，1999；Weber-Fahr，2002）。

近年来，这些问题成为人们关注的焦点，并且成为可持续发展议程不可缺少的组成部分。然而在此之前，矿业公司的领导们已经在积极努力地采取措施来保证员工的健康和安全，减少环境破坏，并致力于促进社区发展。在普华永道的机构调查中，3/4 的受访者表示股东价值的提高和业务的长期生存推动了可持续发展战略的运用。然而，运营阶段管理系统和部门领导提交的有关可持续发展绩效的公开“事后”报告往往出现在项目的“事前”可持续发展评价实施之前。这种类似于“把车放在马前面”的本末倒置的做法必须得到扭转。一位评论家指出，目前可持续发展报告和评价正在“平行宇宙”中实施（Heather-Clark，2004）。因此到目前为止，可持续发展相关部门之间的合作最突出的成果是十大国际矿业公司（ICMM，2010）于 1999 年发起了全球采矿行动（GMI）。全球采矿行动提议重新审视采矿和矿业部门在促进可持续发展中扮演的角色，以及如何加强其贡献。他们通过世界可持续发展理事会与国际环境与发展研究所定下了协议，进行一项为期两年的独立研究和商讨进程，即采矿、矿产与可持续发展项目（MMSD，2002）。

该项目涉及南部非洲、南美州、澳洲和北美洲等区域的伙伴关系；大约 20 个国家的国家级项目；23 个全球性研讨会，其与会者多达 700 人，来自各个地区；以及大约 175 家受委托的研究所。MMSD 项目的最终报告以广泛的资料数据库为支撑。Clayton 和 Sadler（2005）提议这一过程可被视为这个行业的全球尺度可持续发展评价。

全球采矿行动以广泛的利益相关方参与的会议而宣告结束。全球采矿行动推动形成了一个新的行业协会，即国际采矿与金属协会。这个协会是实施部分 MMSD 项目建议的一个渠道。国际采矿与金属协会采用“十个原则”来巩固可持续发展框架，其企业成员致力于依照这些原则来评定效能。

人们经常认为采矿不符合可持续发展原则，因为它开采了不可再生资源，并且矿山的寿命是有限的。然而北美洲 MMSD 项目得出的结论是："从可持续发展的角度来看，矿产是不可再生（或常备）资源这一事实已相对不重要了——至少在宏观尺度上……现在的重点是作为一项活动的采矿业及其对社区和与矿产伴生的可再生资源的意义"。这使得单个采矿项目（或任何其他项目）的"可持续性"变得没有任何意义。Little 和 Mirrlees（1994）指出，如果"将不可持续性当作拒绝一个项目的理由，就没有采矿业，也没有工业了……世界将退回到原始社会"。

重要的是如何才能使采矿业实现可持续发展（MMSD，2002）："在矿产部门运用可持续发展理念并不意味着一个矿山接着一个矿山地实现'可持续性'。可持续发展框架的主要挑战是，确保整个矿业部门有助于提高人类福利和福祉，而又不减少子孙后代享有同等权利的能力。"

如果可持续发展是对社会、经济和环境的综合考虑，那么一个成熟的、可操作的环境和社会友好型开采项目可视为具有促进可持续发展的作用。这一目标的关键是确保利用该项目的收益来以一种"在矿山关闭后仍能长久存活"的方式来开发该地区（联合国，2002）。

Robinson 等人（1996）反对将可持续发展概念仅仅看作是随时间推移的持久性，他们解释说，"首先要确认利益攸关的整个系统，然后作为一个整体，确认该系统的可持续性"。

34.2.1 矿业部门的案例研究

本节分析了被视为各自管辖范围内最佳实践的六个矿业项目，以确定文献中提出的 SA 特征被利用的程度，并找出任何可能已经在实践中使用的附加特征。特征得到利用的证据表现为朝着至少在特定背景下认可其实用性这一目标迈进的一步。我们的目的也是为了分析与采矿业有关的具体经验，这些经验无法从一般的文献或其他部门或规划领域的文献中获得。'最佳实践'案例入选，是因为它们最有可能包含可持续发展特征。为了获得一系列经济和环境管理背景下的经验，案例研究选定在加拿大、纳米比亚和南非（见表 34.1）。通过跨个案比较分析，探究了具体背景下的机会和限制。

表 34.1 案例研究

名称	地点	主要业主	主要参考文献
Skorpion 锌矿项目	Karas 区，纳米比亚南部	Anglo Base Metals	Bannon 和 Morrall（2003）；eco.plan（2000）；Kilbourn Louw 和 Green（2003）；WEC（1998，2001）
Rössing 铀矿项目	Erongo 区，纳米比亚中部	Rio Tinto plc	Middleditch（2004）；Mining Journal（2004，2005）；RUL（2003a，b）
Gamsberg 锌矿项目	北开普省，南非	Anglo Base Metals	Brownlie 等（2005）；Envirolink（2000a，b，c）；IUCN 和 ICMM（2004）；Joughin（2000）
Der Brochen 铂金项目	Mpumalanga 省，南非	Anglo American Platinum Corporation	Coombes（2004b）；SRK（2002）
Voisey 湾镍矿项目	拉布拉多，加拿大	Inco Limited	CEAA（1999）；Gibson（2000，2001，2002，2005）；Gibson 等（2005）；VBNC（1997）
Snap 湖钻石项目	西北地区，加拿大	De Beers Canada Inc	Couch（2002）；De Beers（2002）；Ednie（2004）；Morgan（2004，2005）；MVEIRB（2003）

34.2.2 Skorpion 锌矿项目

该锌矿精炼厂于 2003 年 9 月正式开业。它位于纳米比亚西南部遥远而荒凉的地方，距南非边界以北 40 公里。最近的村落是东南方向约 25 公里的 Rosh Pinah，建立于 30 多年前，为邻近的 Rosh Pinah 锌矿提供服务。该地位于两个重要保护区之间，即西面的 Sperrgebiet（禁区）和东面的 Ai-Ais Richersveld 境外公园。该区域位于 Succulent Karoo 生态区的北端，Succulent Karoo 生态区拥有世界上最多样化的干旱环境，并且是国际自然保护联盟（IUCN）生物多样性“热点”名单中唯一的沙漠生物群落，也是非洲南部保护最少、受威胁最大的生物群落。

34.2.3 Rössing 铀矿项目

自 1976 年以来，Rössing 铀矿有限公司（RUL）在纳米比亚中西部的 Erongo 地区运营大型露天铀矿。该矿山位于纳米布沙漠，距大西洋沿岸的 Swakopmund 东北方向 65 公里。最近的城镇是 Arandis，距其西部约 5 公里，这座小镇是 20 世纪 70 年代为了解决半熟练和非熟练员工及其家属的住宿问题而建立的。1990 年，由于不利的市场局面和随着纳米比亚独立而改变了的政治环境，RUL 选择了放弃对 Arandis 的控制。在 2003 年经营亏损后，该公司发表声明说，将在 2007 年关闭矿山，因为考虑到通过目前的露天开采方式，矿产资源将被耗尽，除非情况有所改善。

矿山的关闭将导致约 1000 个直接就业机会的流失，纳米比亚将失去其国内生产总值的 4%，出口总值的 10%。特别值得关注的是对 Arandis 的影响，因为如果目前关闭矿山，这个镇不太可能有光明的未来。在发布有关延长矿山寿命的公告后，随之发出了关闭警告。由于全球铀价的飙升，该铀矿还未关闭，若干进一步延长矿山寿命的项目还在调查研究阶段（RUL，2007）。然而，像所有矿山一样，Rössing 铀矿最终将关闭，针对 2007 年铀矿可能被关闭这一情况而做的规划将使其有所准备。

34.2.4 Gamsberg 锌矿项目

该矿床坐落于南非北开普省 Gamsberg 岛山的正下方，位于靠近纳米比亚边界的 Springbok 和 Pofadder 镇之间。最近的城镇是 Aggeneys，向西约 20 公里，属于现有的黑山铅锌矿。北开普省拥有丰富矿产，其经济几十年来一直由开采业主导；然而，该行业已处于衰退期，这加剧了普遍贫困，造成了高失业率。该项目代表了一种“取舍两难”的陈规局面，因为迫切需要的社会经济发展只有靠牺牲稀有生态系统的一部分才能实现（Brownlie 和 Wynberg，2001）。

与世隔绝、不寻常的地形、极端和变化无常的气候条件以及不同的土壤类型等因素结合在一起，造就了具有一系列特有珍稀多汁植被的独特生境。作为 Nama-Karoo 生物区内位于高海拔的 Succulent Karoo 外露层，Gamsberg 岛山被认为是保护该地区的最重要场所。1998 年，该地区所有权被现在的英美资源集团收购，该集团发起了 Gamsberg 岛山锌矿项目的可行性研究。2000 年底，Gamsberg 获得授权，然而 2001 年，由于锌矿市场的不利前景，公司推迟了该项目。2010 年初，该项目出售给 Vedanta 资源有限公司，并宣布他们打算“迅速开展”这个项目（英美资源集团，2010）。

34.2.5 Der Brochen 铂金项目

英美铂金公司（AAPC）正调查南非 Mpumalanga 省 Der Brochen 白金集团金属矿的建立。Burgersfort、Lydenburg、Dullstroom 和 Rossenekal 以 30～45km 的直线距离环绕在矿山周围。区内贫困和失业水平位居全国之冠，且水资源短缺已严重制约发展。该区域位于所谓的 Sekhukhunel 和地方特殊性中心（SCE）范围内。不规则的地形、多样的小气候和多样的地质与物理特征相结合，产生了高水平的生物多样性和地方特殊性。矿址所在的这一地区在环境保护上具有相当的重要性，因为它和 SCE 更易进入的区域相比相对未受干扰，后者受农业、定居点和维生活动干扰的情况颇为普遍。2001—2002 年，AAPC 申请 Der Brochen 地区的采矿授权。政府起初不愿意受理申请，因为此时以获得黑色经济授权（BEE）为目标的矿业政策制定仍悬而未决。这一纷争最终由 AAPC 同意将 Der Brochen 地区拆分为两大独立矿井而告结束，其中一个由 AAPC 完全拥有，另一个通过 50%：50%的合资形式与 BEE 合作伙伴共同拥有。获得这一授权后，AAPC 通过设计大规模矿井来施压，以应对主要由南非货币坚挺而造成的急速恶化的经济形势。2003 年，AAPC 审查了它的扩建项目，并趋向于延缓包括 Der Brochen 在内的项目的实施。

34.2.6 Voisey 湾镍矿项目

2003 年，Voisey 湾镍矿公司，即国际镍业公司的全资附属子公司，在位于加拿大东北部海岸的拉布拉多半岛北部开始了 Voisey 湾镍矿的建设。该矿位于欢乐谷—鹅湾以北 350 公里，Nain 以南 35 公里，以及 Utshimassits 以北 79km 处。土著居民世代居住在那里，已经超过了 6000 年。在加拿大，原住民的权利受宪法保护，并通过许多法律先例来加以巩固。Voisey 湾是由两大原住民团体均提出土地所有权的区域，因为对于自治和收益共享的期望集中在这一备受瞩目的开发项目中，该项目增加了土地所有权磋商过程的筹码。北拉布拉多是具有北极和亚北极气候的一片荒凉地区。这是一个拥有最朴实的美丽景色的区域，是世界上所剩不多的面积广阔的荒野之一。它涵盖了北美最大的种群——乔治河流域驯鹿群的大部分。该地区也有相当数量的其他野生动物种群，如黑熊和北极熊。

34.2.7 Snap 湖钻石项目

2005 年，加拿大钻石生产商德比尔斯集团（De Beers）开始了 Snap 湖钻石项目建设。这是西北地区第三个钻石矿，加拿大第一个完全地下的钻石矿，并且是德比尔斯集团在非洲之外经营的第一座矿藏。Snap 湖是位于西北地区一片被称为“不毛之地”的 Yellowknife 镇东北方 220 公里处的一个小湖。该地区属于原住民传统的地域范围，由原住民掌握土地产权。

自治条款规定下的综合土地产权协议于 2000 年 1 月签署，但最终协议直到 2003 年 8 月才签署，比项目环境评价（EA）的批准仅仅早了两个月。一些原住民聚居地位于该项目的社会经济影响区内，会因该项目对传统资源的影响而受到（实际的或可感知到的）潜在影响。类似于北拉布拉多地区，西北地区同样是一片拥有严酷气候和奇特自然美景的荒野。Snap 湖刚好在“林木线”以北，大致在寸草不生的北极和亚北极之间的边界上。西北地区的钻石矿都位于 Bathurst 驯鹿群的范围内，但有迹象表明，由于其巨石遍布的地形，较少有驯鹿穿过该地迁移。该地区还提供了其他野生动物如灰熊和狼的栖息地。

34.2.8　案例研究评价

案例研究评价建立在社会和环境影响评价（SEIA）[③]之上，在首席顾问和一些专家的协助下，由项目支持者开展。这些评价通过技术上和经济上的可行性研究以并行和互动的方式展开，并在最低限度上遵循最佳实践的 SEIA 过程，包括利益相关方咨询（联合国环境署，2003）。在这一章中，“评价”不只是指 SEIA，它作为一个通用术语，还可以理解为一个综合性方法或复合型/包罗万象的总体影响评价（Vanclay，2004）。图 34.2 总结了应用到的主要评价技术和使用到的术语。

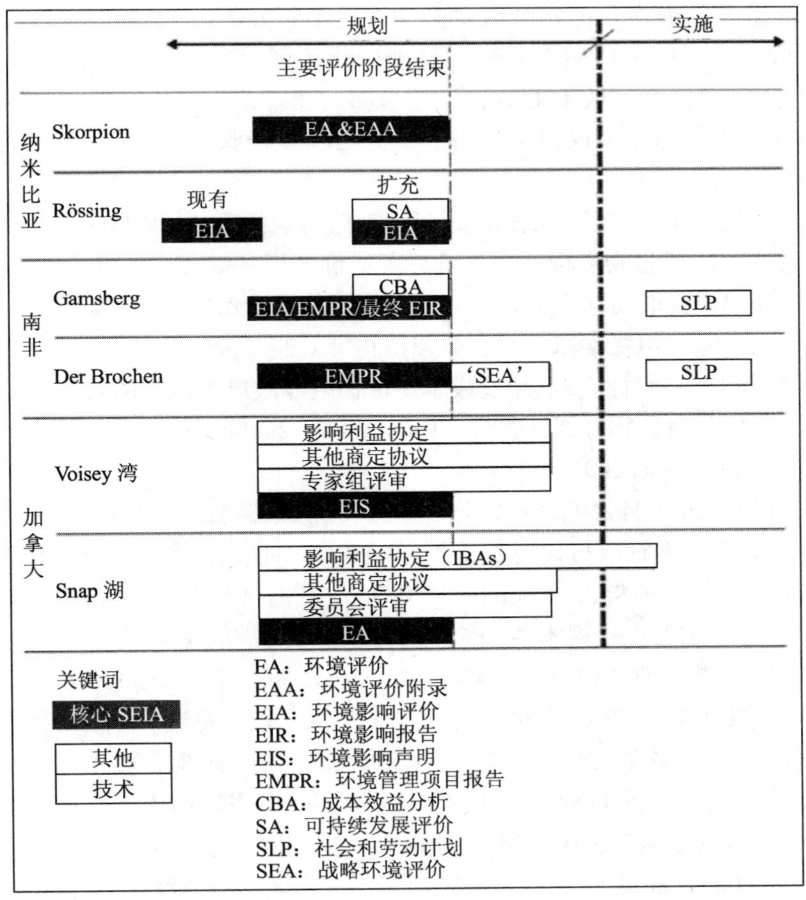

图 34.2　应用的主要评价技术

项目的制定是渐进的，尤其是在建设之前。作为采矿业普遍现象的长期拖延是造成影响评价很少以“教科书”的方式开展，而是凭一时高兴，忽冷忽热地实施的关键原因。针对案例研究而启动的核心 SEIA 过程在 2005 年 5 月之前全部结束。

对“标准化”SEIA 的显著改进和（或）变更表现为 SA（Rossing）、CBA（Gamsberg）、SEA（Der Brochen）、IBAs 和专家组/董事会审查的合理运用（Voisey 湾和 Snap 湖）。

34.2.8.1 可持续发展评价（Rössing 铀矿）

这是“由项目团队成员采取的一个直观方法”（RUL，2003a）。制定了 Arandis 镇可持续发展目标，然后根据自己的能力，将“基本案例”和各类扩建方案与要满足的目标进行比较。这项研究是为了确定是否要关闭会导致许多负面影响的煤矿，或延长其寿命以延长其积极影响。该方法需要制定一项整体规划，然后确定战略目标、战略行动和用以实现这一愿景的管理措施。对备选方案进行评价，以确定它们在何种程度上满足这些要求。目标—行动—贡献这一等级结构是针对人生价值的质量而开发的，人生价值包括：社会认可、生理或基本需求、安全和安全需求，以及自尊和自我实现。这些价值被用于构建分析，最终的“可持续性检验”是用于确定矿山关闭后的耐久性。

34.2.8.2 成本效益分析（Gamsberg）

采矿对旅游业的潜在负面影响所受到的关注不断升级，作为回应，该项目支持者做出了相关分析，并提出了用生态旅游代替采矿业的可行性建议（Joughin，2000；毕马威会计师事务所，2000）。成本效益评价的目的是要“确定超出了以公司盈利方式所取得的净私人收益的那部分拟议投资项目的社会与环境净收益或成本”（毕马威会计师事务所，2000）。

只有两个实质性事项被予以量化。顾问们计算出了预期的税收收入净现值，并利用支付意愿和重置成本法对生物多样性损失进行了估价（毕马威会计师事务所，2000）。没有人愿意提供薪酬调查，取而代之的是用邻近保护区的政府保护支出来调整，以适应区域间的差异。重置成本基于植物学家对具有类似植物价值的 1 000 平方公里土地的采购成本估算。CBA 的结论是该项目的收益超过成本。保护区非政府组织（NGO）和当局对这些结果不甚满意，特别是对生物多样性损失（Envirolink，2000b）的估价不满意。

34.2.8.3 SEA（Der Brochen）

鉴于 Der Brochen 项目的地理位置——“位于一个敏感的生物物理环境和贫穷落后的社会经济环境中”，并根据行政与计划委员会（AAPC）旨在运用国际最佳实践的政策，公司的环境专家建议应当开展 SEA（Coombes，2004b）。在向 AAPC 高级管理人员呈交案例时，提交的 SEA 方法与 EIA 存在根本性差异，因为“EIA 考虑的是采矿业对环境造成的影响，而与之相反，SEA 考虑的是如何使采矿业与环境相适应”（Heymann，2004）。

这项建议被接受后，SEA 在 2004 年上半年启动，经过将近一年的时间，在经由法定 SEIA 程序批准后最终完成。2004 年 9 月，AAPC 管理部门批准了经由 SEA 过程制定的战略，这在很大程度上是一个目标导向性的土地利用规划工作。由于 AAPC 拥有比开采所需的土地面积大得多的土地，它认识到（Coombes，2004a)：“这表示，以实现社会经济效益而不是以 Sekhukhunel 和地方特殊性中心为代价的方式，有可能将拟议矿山项目与由英美铂金公司所拥有的更大范围地区整合在一起。”

作为 SEA 关键成果的土地利用规划的目的是划定区域来指引基础设施的位置，尽可能考虑到土地利用的不同强度（Coombes，2004b)。一个主要的矿业开发区位于较大的保护与社会经济区。每个区域都建立了管理目标、具体目标和业务规则。

34.2.8.4 IBAs 和专家组/董事会的审查（Voisey 湾和 Snap 湖）

加拿大有一个成熟的 EA 体系，但在该国原住民居住的一些地方，已经逐步形成了自己的评价方法，Couch（2002）称之为“二进程评价法”，Klein 等人（2004）则将其表述为“两个差异明显但相互关联的评价进程”。EA 是其中一个进程，另一个是司法谈判或监管协议（CIRL，1997）。Galbraith 和 Bradshaw（2005）将后者定义为：具有法律约束力，但在现行法律中未予描述的具体项目协议。通常，它们与 EA 搭配应用，由制定资源开发规划的公司和受该项规划影响的利益相关者集团（即通常是原住民，但可能包括政府）共同协商制定。

与当局和土著团体签订的协议和专门与土著团体签订的 IBAs 相互之间是有区别的。即使在缺少定居地权利主张而未对 IBAs 做出要求的情况下，Inco 和德比尔斯公司也都选择了商谈 IBAs（MVEIRB，2003；CEAA，1999）。然而，基于以前的项目所开的先例，不遵守 IBAs 将很难获得批准（CIRL，1997）。SEIA 和 IBA 的有效整合面临两个障碍：时机，以及 IBAs 的保密性（Klein 等，2004；MVEIRB，2003）。在 Voisey 湾，在 EIS 获得通过后大约三年才商定 IBAs。在 Snap 湖，在 EA 批准后不久就签署了非 IBA 协议，但尽管经过两年多的谈判，IBAs 相关事宜仍未完结（最后四项 IBAs 最终于 2007 年达成协议。）

加拿大案例研究的一个主要特点是，通过详细的先期范围界定和最后的审查（包括公开听证会），专家组或董事会参与协调评价过程。其审查报告提供了对建议者及其他当事人提交的报告的概述和分析，以及针对建议者和当局的意见和建议。与此相反，由南部非洲有关部门授予的批准不支持任何实质性报告，因此他们的基本理论是晦涩的。在加拿大，和南部非洲的情况一样，承担和资助评价的责任仍主要取决于支持者，他们可以“使开发商处于为社区代言的强势地位”（MVEIRB，2002）。加拿大的公开听证会提供了通过不由支持者控制的途径提交意见书的机会。

34.2.9 案例研究评价的战略性

通过沿战略轴线“推动”项目评价，或者在更高水平上将评价/规划的结果关联起来，可以以战略眼光来了解项目层次的规划。纳入更高规划层次的战略特征可能不太具有挑战性和（或）更为适当；但是，项目一级评价可能在不同程度上以战略角度来进行，尤其是在更高层次上缺乏完善成熟的规划时。战略性应由评价的特点决定，而不是由该项规划所处的层次决定。正如 Couch（2002）所说：项目层次的评价具有战略环境评价的特点，而 PPP 层次上的评价不具备“战略性”特点（Nobel，2000）。

图 34.3 总结了案例研究评价和更高层次上的规划举措之间的关系。该年表大约在主要的预批准评价阶段结束时进行了规范化，以便在各规划序列之间进行比较。其主要目的是揭示在核心评价阶段之内或之后的叠加操作，以及揭示其演变过程。案例研究表明，在其评价中没有实质性的“叠加”证据。战略规划行动只有在项目批准后才有发展势头，在大多数情况下，它们的出现（至少在某种程度上）仅是为应对项目和（或）其他类似的项目。

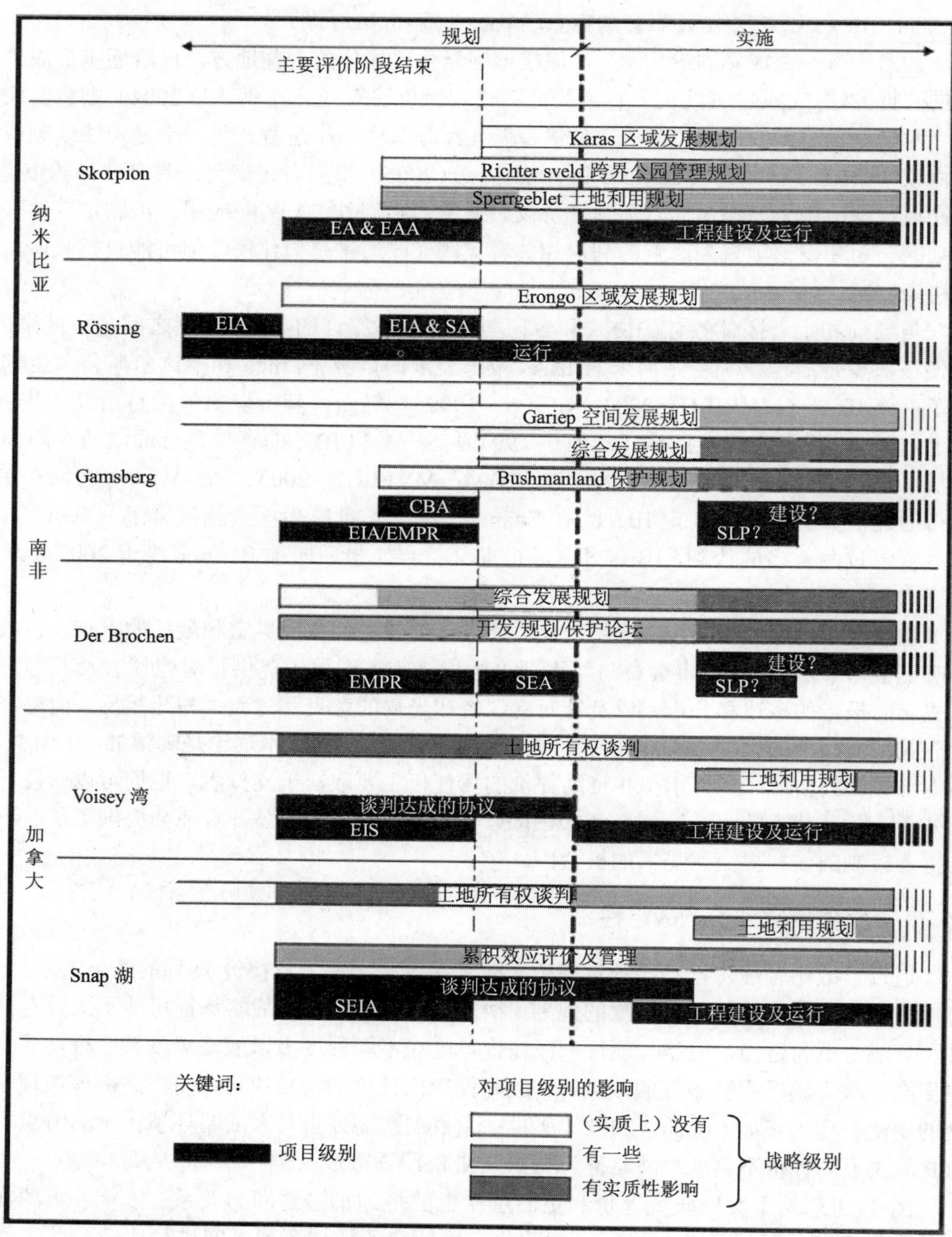
规划
实施
主要评价阶段结束
Skorpion
纳米比亚
Karas 区域发展规划
Richter sveld 跨界公园管理规划
Sperrgeblet 土地利用规划
EA & EAA
工程建设及运行
Rössing
Erongo 区域发展规划
EIA
EIA & SA
运行
Gamsberg
南非
Gariep 空间发展规划
综合发展规划
Bushmanland 保护规划
CBA
EIA/EMPR
建设?
SLP?
Der Brochen
综合发展规划
开发/规划/保护论坛
建设?
EMPR
SEA
SLP?
Voisey 湾
加拿大
土地所有权谈判
土地利用规划
谈判达成的协议
EIS
工程建设及运行
Snap 湖
土地所有权谈判
土地利用规划
累积效应评价及管理
谈判达成的协议
SEIA
工程建设及运行
关键词:
项目级别
对项目级别的影响
(实质上)没有
有一些
有实质性影响
战略级别

图 34.3 总结:“叠加”强度

表 34.2　战略特征和最佳实践案例研究证据

战略特征	“最佳实践”案例研究证据
明确的评价目标：	
目的是加强积极影响并避免负面影响	加强作为一个明确评价目标的积极影响
目的是对可持续发展作出积极贡献	作为一个明确评价目标的可持续发展
评价基准：	
利用从利益相关者意见所发掘出来的可持续发展目标	利用与利益相关者协商中确定的议题来划定评价范围
利用从基准引申出来的可持续发展目标	在根据社会经济基准来实现积极趋势的条件下，尽可能应用以维持生态平衡为基础的土地利用规划
应用通过反推法确定的可持续发展目标	利用能确定生活质量的目标去选择替代方案，以实现目标
应用从可持续发展原则推导出的可持续发展目标	利用广泛原则作为可持续性检验的基础，利用与多个利益相关者的协商去建立一致性
应用通过“叠加”得出的可持续发展目标	参考现有的/不断演变的地区发展规划、土地利用规划或者其他战略规划行动。致力于通过当局来对战略规划作出贡献促进战略规划协会的建立
对不可持续性阈值的应用	利用对“可接受的”生态危害程度的最佳估计
空间和时间范围：	
对社会经济影响评价的大空间尺度应用	在项目影响范围内评价社区和城镇所受到的社会经济影响；评价经济要素和区域或国家层次的一些影响
对生物物理影响评价的大空间尺度应用	利用区域尺度的基准调查和分析来构建背景；为每个以生态/物理特征为基础的已定价值的生态系统组成部分建立边界
空间规划模型的应用	利用作为一个显著评价标准的空间尺度；在一个更大的生态和社会经济背景下，利用“嵌套式”计划模型去确定矿的位置
长期持续性影响评价	利用作为一个重要性评级标准的“持续期”
对未来影响，特别是采矿项目终止后影响的评价	概括地评价采矿项目终止后的社会经济负面影响，推进缓解措施，特别是避免“经济萧条和经济繁荣的交替循环”。参考类似的运营经验
采矿项目终止后的状况评价	评价矿山关闭后每个已定价值的生态系统组成部分受到的残余影响；致力于使生物物理条件尽可能恢复到采矿之前的水平；营造一种后采矿时期概观性远景
替代方案的考虑：	
评价“无项目”方案	列出不能实现的收益
评价实质性技术和地点的替代方案	对比地下开采和露天开采。通过在早期阶段 SEIA 和项目团队之间的动态互动，来考虑技术和地点的替代方案
利用更多的战略分析方法去选择技术和地点的替代方案	根据由“专家小组”组成的多学科 SEIA 团队制定的标准来选择替代方案；在生态敏感性基础上，划分土地利用区域，其中应该优先考虑土地利用的不同强度和类别
评价项目周期的替代方案	分析一系列项目长度（例如多样化生产率），并且通过考虑社会经济因素来选出最佳方案
评价住宿、运输和轮班的替代方案	概括地分析建立远程通勤系统和建立/扩建依赖采矿维生的城镇各自有哪些好处；调查替代性劳动力搭乘点和轮班制度

战略特征	“最佳实践”案例研究证据
评价土地利用的替代方案	提供当地经济部门及其机会与局限性的一般性介绍
评价时机选择的替代方案	为规划和社区留出足够的时间去准备，必要时可以推迟项目的完成时间
评价累积影响	评价项目自身对每一个已定价值的生态系统组成部分的整体影响；对能够和建议书协同作用的活动实施CEA。制定一个土地利用规划去限制未来的发展，并寻求其他利益相关者的支持
应对不确定性：	
揭示不确定性领域	揭示知识/数据的缺乏、不可预见的项目变化、复杂性/分析上的局限性和未知的/不可预测的未来所导致的不确定性
减少或者消除不确定性	在设计/管理计划/决策完成之前，采用事前研究的方法增加知识。采用设计/管理的方法去消除能引起不确定性影响的要素
调和不确定性	采用保守估计和“最坏情形”的情景分析；采用监管和适当的设计与管理方法

这些案例支持了那些断言“项目层面评价和战略层面评价之间是一种迭代关系”的研究人员的研究结果；战略层次可以认为是项目层次的“升华”；在很多国家，这种“叠加”仍然处于起步阶段，还有许多困难需要克服（Sadler，1996；Lee 和 George，2000；Noble，2000；Stinchcombe 和 Gibson，2001）。尤其是在那些只有当迫切问题出现时才会制定规划的发展中国家和地区，这种情况尤为明显。Der Brochen 明显违背了规范性模式，因为支持者启动的 SEA 要在 SEIA 之后才能实施。

判定评价的战略性的关键点在于：明确的目标；所使用的“基准”；空间和时间覆盖范围；替代方案、累积效应和不确定性得到考虑的程度。表 34.2 中包含针对这些特征的利用开展的案例研究所发现的最佳证据。

沿战略轴线的进展如下：在许多方面，案例研究的特点通常归因于 PPP 层面的评价。进展的领域包括：更广泛的空间和时间尺度的应用、对实质性替代方案的考虑、累积效应评价，以及为适应不确定性所做的工作。虽然试图以可持续发展目标为评价“基准”，但这个领域仍需要通过经验和研究来取得进一步发展（Hacking 和 Guthrie，2006）。

在回顾国际上的 SEA 经验时，Rössing 铀矿的战略性评价被认为是具有充分战略性特点的案例研究。人们注意到，SA“包括比矿山运营的可持续性要素更受关注的战略性要素和方案”（Dalal-Clayton 和 Sadler，2005）。一位致力于 SA 的受访者观察到，有别于传统的环境影响评价，SA“以战略眼光来看待项目如何适应远景这一问题”。

应用项目级评价作为解决更广泛的受关注问题的工具存在不少弊端。Stinchcombe 和 Gibson（2001）指出：“所有的相关经验都差强人意”，因为大多数项目级评价“对于有效处理更大的政策和规划事务而言显得过于被动和狭隘”。

34.3 结论

将项目级评价延伸至完全的战略程度是行不通的。特别是私营部门项目的支持者不愿考虑他们商业利益领域之外的替代方案。此外，私营部门的发展主要不是为了满足社会需要，尽管社会期望他们满足这种需要也无可厚非。在战略轴线的某一点上，PPP 层次和项目层次的评价与规划的范围存在重叠，有必要通过一些形式的“叠加”来维持战略轴线的持续性。在涉及除最发达地区以外所有地区的案例研究中，由主要的私营部门支持者开展的评价要提前于当局开展的战略规划。

如果认可完全战略性观点是必然要求，就像通过本研究所制定的框架显示的那样，那么只有通过更高级别的战略评价来提供信息的项目级评价才是真正的 SA。然而，案例研究表明，当具有必要的能力、意愿和指令来规划可持续发展的当局不加以监管时，仍可以取得相当大的进展，虽然大部分的负担落在了主要支持者身上。在案例研究司法管辖区内，由当局协调规划的可持续发展的进展令人鼓舞，这可能有助于更好地指导今后的项目评价。

虽然“叠加”的缺点已经得到公认，SEA 和 SA 文献仍倾向于被这种理想化模式操控。为了使这些形式的评价取得更长远的发展，应当更为重视项目层次和 PPP 层次规划之间的迭代关系，以及项目在促进发展中地区战略规划的发展过程中起到催化剂作用的潜力。

注释

① 可持续发展和可持续性在有些文献中有所区别（Piper，2002），不过在这一章中都作为同义词来使用。

② “理论饱和度”描述的是不会出现任何新的属性、因素或关系的点（Strauss 和 Corbin，1998）。

③ 为了避免混淆，社会和环境影响评价（SEIA）是用来指代环境影响评价类型的评价技术，也包括社会经济“主题”。

参考文献

[1] Anglo American (2010) ‘Anglo American announces sale of Zinc portfolio to Vedanta for $1,338 million’, Press releases, 10 May 2010, www.angloamerican.com/aal/media/releases/2010pr/zinc_portfolio, Accessed 20 April 2010.

[2] Bannon, J. and Morrall, A. (eds) (2003) The Skorpion Zinc Project: A Unique Development in a Unique Environment, Portiva Mining, Liverpool.

[3] Bisset, R. (1996) UNEP EIA Training Resource Manual-EIA: Issues, Trends and Practice, Scott Wilson Resource Consultants for United Nations Environment Programme (UNEP).

[4] Brownlie, S. and Wynberg, R. (2001) The Integration of Biodiversity into National Environmental Assessment Procedures: South Africa, UNEP Biodiversity Planning Support Programme, UNEP.

[5] Brownlie, S., De Villiers, C., Driver, A., Job, N., von Hase, A. and Maze, K. (2005) ‘Systematic conservation planning in the Cape Floristic region and Succulent Karoo, South Africa: Enabling sound

spatial planning and improved environmental assessment', Journal of Environmental Assessment Policy and Management, vol 7, no 2, pp201-228.

[6] CEAA (Canadian Environmental Assessment Agency) (1999) 'Voisey's Bay mine and mill environmental assessment panel report', CEAA, Ottawa, (Accessible at www.ceaa.gc.ca/default.asp?lang=En&n=0A571A1A-1&xml¼0A571A1A-84CD-496B-969E-7CF9CBEA16AE&offset=&toc=show).

[7] CIRL (Canadian Institute of Resources Law) (1997) 'Independent Review of the BHP Diamond Mine Process', University of Calgary for Department of Indian Affairs and Northern Development (Accessible at www.ainc-inac.gc.ca/nth/mm/pubs/bhp/bhp-eng.pdf).

[8] Coombes, P. J. (2004a) Der Brochen Mine State of the Environment Report, Anglo Technical Division for Anglo Platinum, unpublished report, Johannesburg.

[9] Coombes, P. J. (2004b) Strategic Environmental Report for Mining in a Sustainable Development Context in the Der Brochen Valley, Anglo Technical Division for Anglo Platinum, unpublished report, Johannesburg.

[10] Couch, W. J. (2002) 'Strategic resolution of policy, environmental and socio-economic impacts in Canadian Arctic diamond mining: BHP's NWT diamond project', Impact Assessment and Project Appraisal, vol 20, no 4, pp265-278.

[11] Dalal-Clayton, B. and Sadler, B. (2004) 'Sustainability appraisal: A review of international experience and practice', first draft, International Institute for Environment and Development (Accesible at www.iied.org/pubs/display.php?o=G02194).

[12] Dalal-Clayton, B. and Sadler, B. (2005) Strategic Environmental Assessment: A Sourcebook and Reference Guide to International Experience, Earthscan, London.

[13] De Beers (2002) Snap Lake Diamond Project Environmental Assessment, De Beers Canada Mining Inc, unpublished report, Toronto.

[14] DEAT (Department of Environmental Affairs and Tourism) (2004) 'Cumulative Effects Assessment (IEM Series No.7)', In Integrated Environmental Management Information Series, Pretoria.

[15] eco.plan (2000) The Skorpion Zinc Project Environmental Assessment Addendum, for Anglo Base Metals, unpublished draft, Windhoek.

[16] Ednie, H. (2004) 'De Beers Canada: Building a Canadian empire', CIM Bulletin, vol 97, no 1080, pp17-24.

[17] Envirolink (2000a) Gamsberg Zinc Project Addendum to the Draft EMPR and EIA, Anglo American Technical Services, unpublished report, Johannesburg.

[18] Envirolink (2000b) Gamsberg Zinc Project Environmental Impact Assessment, Anglo American Technical Services, unpublished report, Johannesburg.

[19] Envirolink (2000c) Gamsberg Zinc Project Environmental Management Programme Report, Anglo American Technical Services, unpublished report, Johannesburg.

[20] Galbraith, L. and Bradshaw, B. (2005) 'Towards a new supraregulatory approach for environmental assessment in Northern Canada', paper to IAIA Annual Meeting, Boston.

[21] Gibson, R. (2000) 'Favouring the higher test: Contributions to sustainability as the central criterion for reviews and decisions under the Canadian Environmental Assessment Act', Journal of Environmental Law and Practice, vol 10, no 1, pp39-54.

[22] Gibson, R. (2001) Specification of Sustainability-based Environmental Assessment Decision Criteria and Implications for Determining 'Significance' in Environmental Assessment, Canadian Environmental Assessment Agency Research and Development Program (Accessible at www.sustreport.org/downloads/Sustainability,EA.doc).

[23] Gibson, R. (2002) 'From Wreck Cove to Voisey's Bay: The evolution of federal environmental assessment in Canada', Impact Assessment and Project Appraisal, vol 20, no 3, pp151-159.

[24] Gibson, R. (2005) 'Sustainability assessment and conflict resolution: Reaching agreement to proceed with the Voisey's Bay nickel mine', Journal of Cleaner Production, vol 14, no 3-4, pp225-462.

[25] Gibson, R. B., Hassan, S., Holtz, S., Tansey, J. and Whitelaw, G. (2005) Sustainability Assessment: Criteria, Processes and Applications, Earthscan, London.

[26] Goodland, R. and Mercier, J-R. (1999) The Evolution of Environmental Assessment in the World Bank: From "Approval" to Results, World Bank, Washington, DC.

[27] Govender, K., Hounsome, R. and Weaver, A. (2005) 'Sustainability assessment: Dressing up SEA?', paper presented to the IAIA SEA Conference, Prague.

[28] Grace, W. and Pope, J. (2005) 'Sustainability assessment: Issues of process, policy and governance', paper presented to the IAIA SEA Conference, Prague.

[29] Hacking, T. and Guthrie, P. M. (2006) 'Sustainable development objectives: Why are they needed and where do they come from?', Journal of Environmental Assessment Policy and Management, vol 8, no 3, pp341-371.

[30] Hacking, T. and Guthrie, P. M. (2008) 'A framework for clarifying the meaning of Triple Bottom-Line, Integrated, and Sustainability Assessment', Environmental Impact Assessment Review, vol 28, no 2-3, pp73-89.

[31] Heather-Clark, S. (2004) 'Letter to the editor: Reconsidering IAIAs vision and mission', IAIA South Africa Newsletter, December 2004, pp2.

[32] Heymann, E. (2004) Sustainable Development Strategy for the Der Brochen Valley, Anglo Platinum, unpublished report, Johannesburg.

[33] ICMM (International Council on Mining and Metals) (2003) 'ICMM Sustainable Development Framework: ICMM Principles', ICMM Newsletter, vol 2, no 3, pp4-6.

[34] ICMM (2010) 'Our History', ICMM, www.icmm.com/about-us/icmm-history, Accessed 18 September 2010.

[35] IFC (International Finance Corporation) (2003) 'Environmental and Social Review Procedure', (Accessible at www.ifc.org/ifcext/sustainability.nsf/AttachmentsByTitle/pol_ESRP2009/$FILE/ESRP2009.pdf).

[36] IUCN and ICMM (2004) Integrating Mining and Biodiversity Conservation Case Studies from Around the World, (Accessible at www.icmm.com/page/1155/integratingmining-and-biodiversity-conservation-case-studies-from-around-the-world).

[37] Joughin, J. (2000) Gamsberg Zinc Project Final Environmental Impact Report, SRK Consulting, unpublished report, Johannesburg.

[38] Kilbourn Louw, M. and Green, N. (2003) The Skorpion Zinc Project IAIAsa Awards Submission 2003, Skorpion Zinc Project, unpublished report, Johannesburg.

[39] Klein, H., Donihee, J. and Stewart, G. (2004) 'Environmental impact assessment and impact and benefit agreements: Creative tension or conflict?', paper presented to the IAIA Annual Meeting, Vancouver.

[40] KPMG (2000) Cost Benefit Study on Eco-tourism: Gamsberg Feasibility Study, KPMG Tourism and Leisure Unit, unpublished report, Johannesburg.

[41] Lee, N. and George, C. (2000) 'Introduction', in Lee, N. and George, C. (eds) Environmental Assessment in Developing Countries and Countries in Transition: Principles, Methods and Practice, John Wiley and Sons, Chichester and New York.

[42] Lee, N. and Kirkpatrick, C. (2000) 'Integrated appraisal, decision making and sustainable development: an overview', in Kirkpatrick, C. (ed) Sustainable Development and Integrated Appraisal in a Developing World, Edward Elgar, Cheltenham, pp1-19.

[43] Little, I. M. D. and Mirrlees, J. A. (1994) 'The cost and benefits of analysis: Project appraisal and planning twenty years on', in Layard, R. and Glaister, S. (eds) Cost- Benefit Analysis, Cambridge University Press.

[44] Middleditch, D. (2004) 'Energy from the desert', Mining Magazine, May 2004, pp6-13.

[45] Mining Journal (2004) 'New closure warning from Rössing Uranium', Mining Journal 2 January 2004, p7.

[46] Mining Journal (2005) 'Revised mining plan reprieves Rössing', Mining Journal, 13 May 2005, p3.

[47] MMSD (Mining, Minerals, and Sustainable Development Project) (2002) Breaking New Ground: Mining, Minerals, and Sustainable Development: The Report of the MMSD Project, Earthscan, London.

[48] MMSD North America (2002) Seven Questions to Sustainability: How to Assess the Contribution of Mining and Minerals Activities, International Institute for Sustainable Development (IISD), Winnipeg, Manitoba.

[49] Morgan, R. (2004) 'What goes around . . . ', Mining Journal, 4 June 2004, p2.

[50] Morgan, R. (2005) 'A thickening wedge', Mining Journal, 1 April 2005, p2.

[51] MVEIRB (Mackenzie Valley Environmental Impact Review Board) (2002a) 'Issues and recommendations for social and economic impact assessment in the Mackenzie Valley', MVEIRB, Yellowknife, (Accessible at www.reviewboard.ca/upload/ref_library/SEIA-Nontech_summary.pdf).

[52] MVEIRB (2003) Report of Environmental Assessment and Reasons for Decision on the Snap Lake Diamond Project, MVEIRB, Yellowknife, (Accessible at www.reviewboard.ca/registry/project_detail.php?project_id=6&doc_stage=11).

[53] Noble, B. F. (2000) 'Strategic environmental assessment: What is it and what makes it strategic?', Journal of Environmental Assessment Policy and Management, vol 2, no 2, pp203-224.

[54] Piper, J. M. (2002) 'CEA and sustainable development: Evidence from UK case studies', Environmental Impact Assessment Review, vol 22, no 1, pp17-38.

[55] Pope, J., Annandale, D. and Morrison-Saunders, A. (2004) 'Conceptualising sustainability assessment', Environmental Impact Assess Review, vol 24, no 6, pp595-616.

[56] PricewaterhouseCoopers (2001) Mining and Minerals Sustainability Survey 2001, Pricewaterhouse Coopers and MMSD. (Accessible at www.iied.org/pubs/pdfs/G00741.pdf).

[57] Robinson, J. B., Francis, G., Lerner, S. and Legge, R. (1996) 'Defining a sustainable society', in Robinson, J. B. (ed) Life in 2030: Exploring a Sustainable Future for Canada, University of British Columbia Press, Vancouver.

[58] RUL (Rössing Uranium Limited) (2003a) Sustainability Assessment for the Life Extension of Rössing Uranium Mine, RUL, unpublished report, Swakopmund.

[59] RUL (2003b) Sustainability Assessment for the Life Extension of Rössing Uranium Mine: Integrated Executive Summary, RUL, unpublished report, Swakopmund.

[60] RUL (2007) Rössing Uranium Mine Expansion Project Social and Environmental Impact Assessment Public Information Document. Swakopmund (Accessible at www.rossing.com/files/mine_expansion/9_lom_expansion_20Aug07.pdf).

[61] Sadler, B. (1996) Environmental Assessment in a Changing World: Evaluating Practice to Improve Performance, final report of the International Study of the Effectiveness of Environmental Assessment, Canadian Environmental Assessment Agency (CEAA) and International Association for Impact Assessment (IAIA), Ottawa.

[62] Scrase, J. I. and Sheate, W. R. (2002) 'Integration and integrated approaches to assessment: what do they mean for the environment?', Journal of Environmental Policy and Planning, vol 4, no 4, pp275-294.

[63] Shell (2002) Guidance on Integrated Impact Assessment, Shell International Exploration and Production BV, unpublished.

[64] SRK (2002) Environmental Management Programme Report for the Der Brochen Mine: Volume 1 (Final Draft), SRK Consulting for Anglo Platinum, unpublished report, Johannesburg.

[65] Stiff, K. (2001) 'Cumulative effects assessment and sustainability: Diamond mining in the slave geological province', master's thesis, University of Waterloo.

[66] Stinchcombe, K. and Gibson, R. B. (2001) 'Strategic environmental assessment as a means of pursuing sustainability: Ten advantages and ten challenges', Journal of Environmental Assessment Policy and Management, vol 3, no 3, pp343-372.

[67] Strauss, A. L. and Corbin, J. M. (1998) Basics of Qualitative Research: Techniques and Procedures for Developing Grounded Theory, Sage, Thousand Oaks, London.

[68] Stueck, W. (2004) 'Natives hope for big gains from Inco's nickel riches', The Globe and Mail, 17 June 2004.

[69] UN (United Nations) (2002a) 'Berlin II Guidelines for Mining and Sustainable Development', (Accessible at http://commdev.org/content/document/detail/903/).

[70] UN (2002b) 'World Summit on Sustainable Development Plan of Implementation', (Accessible at www.un.org/esa/sustdev/documents/WSSD_POI_PD/English/WSSD_PlanImpl.pdf).

[71] UNEP (United Nations Environment Programme) (2003) UNEP Environmental Impact Assessment Training Resource Manual. Second Edition (Accessible at www.unep.ch/etu/publications/EIAMan_2edition_toc.htm).

[72] Vanclay, F. (2004) 'The triple bottom line and impact assessment: How do TBL, EIA, SIA, SEA and EMS relate to each other?', Journal of Environmental Assessment Policy and Management, vol 6, no 3, pp265-288.

[73] VBNC (Voisey's Bay Nickel Company Limited) (1997) Voisey's Bay Mine and Mill Project Environmental Impact Statement, VBNC, unpublished report.

[74] Weaver, A. and Caldwell, P. (1999) 'Environmental impact assessment of mining projects', in Petts, J. (ed) Handbook of Environmental Impact Assessment, vol 2, Blackwell, Oxford.

[75] Weber-Fahr, M. (2002) Treasure or Trouble? Mining in Developing Countries, International Finance Corporation, Washington, DC.

[76] WEC (Walmsley Environmental Consultants) (1998) Skorpion Zinc Environmental Assessment-Volume 1: Final Report, unpublished report for Reunion Mining Namibia (Pty) Ltd.

[77] WEC (2001) The Sperrgebiet Land Use Plan, unpublished report for the Ministry of Lands Resettlement and Rehabilitation and the Ministry of Mines and Energy.